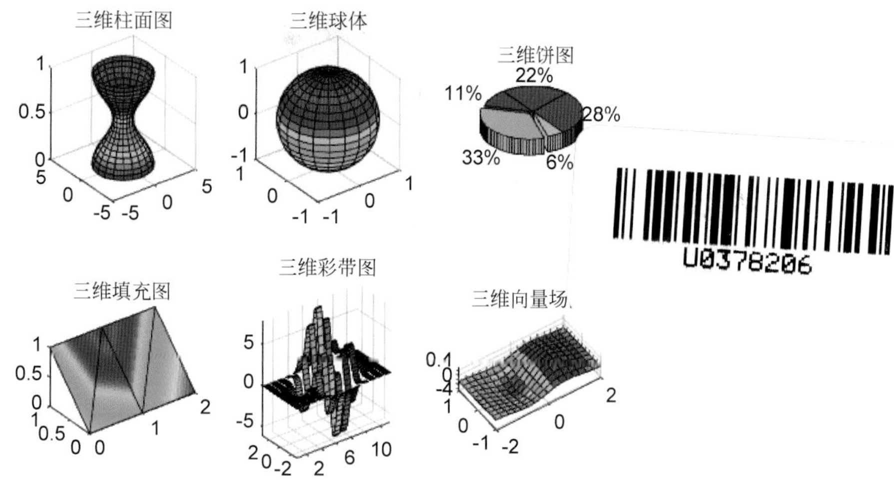

图 5-26　特殊三维图形

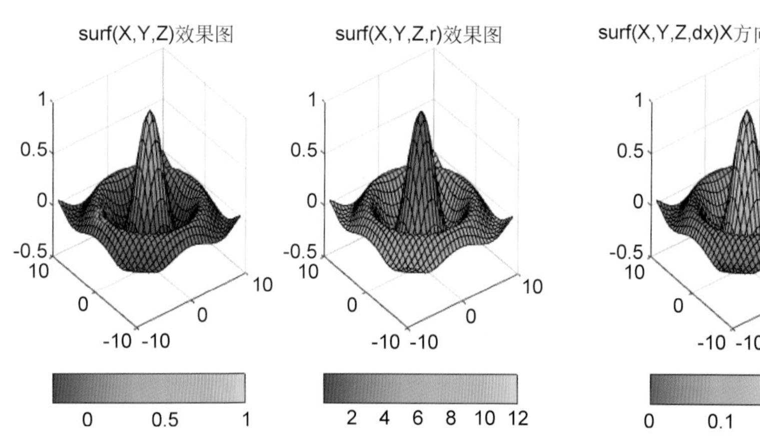

图 5-27　色彩表现函数的高度与半径特征效果图

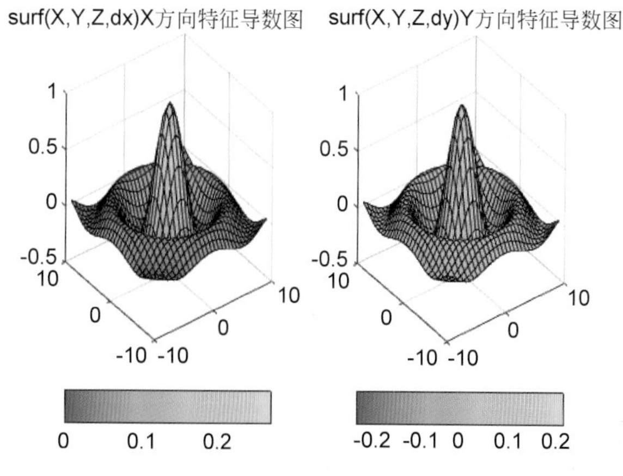

图 5-28　色彩表现 X 与 Y 方向特征导数图

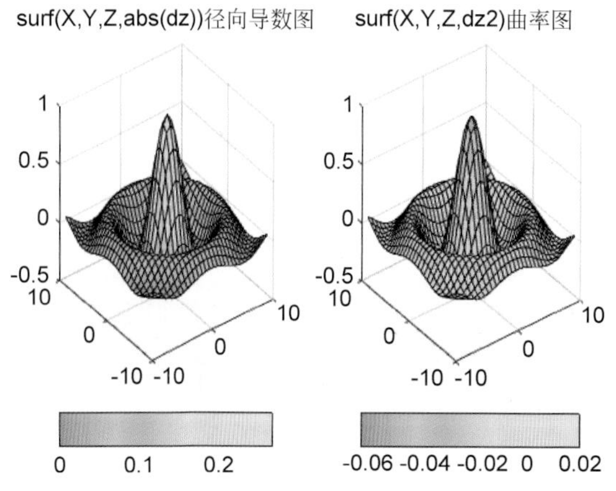

图 5-29　色彩表现函数的径向导数与曲率特征效果图

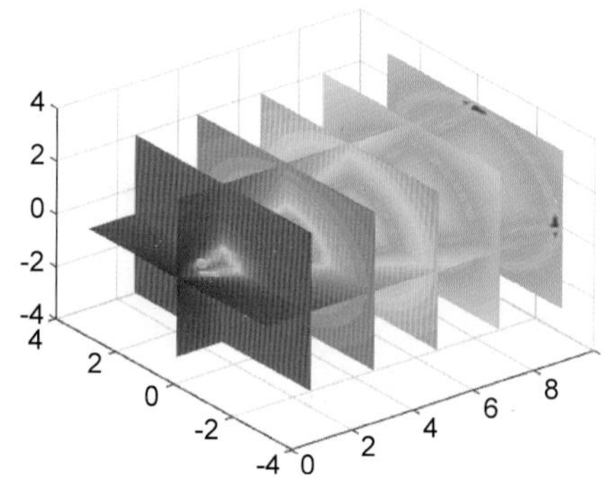

图 5-30　切片效果图

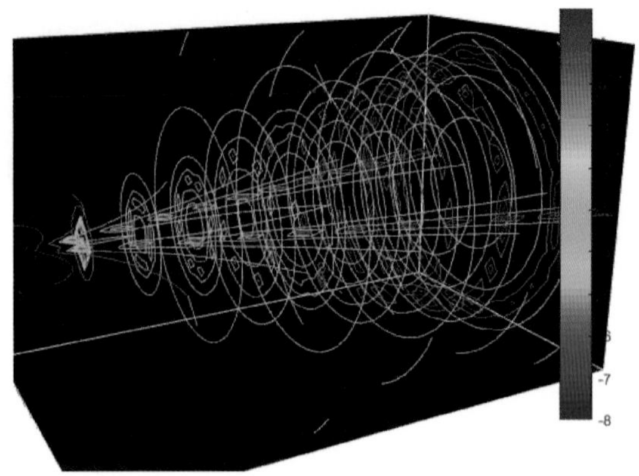

图 5-31　切片等位线效果图

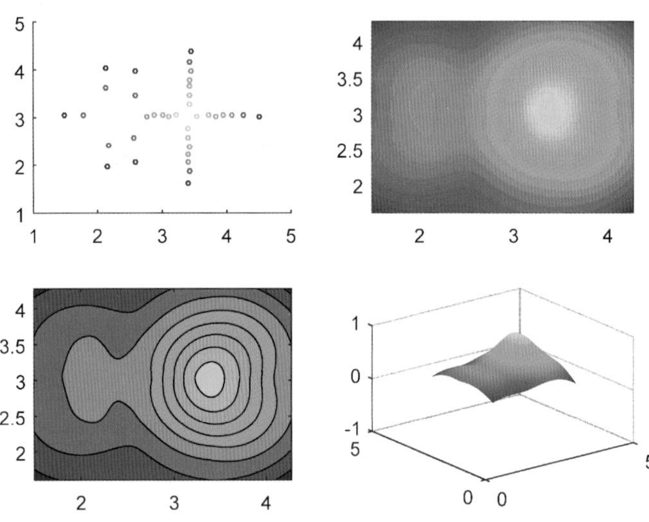

图 6-14　griddate 函数插值效果

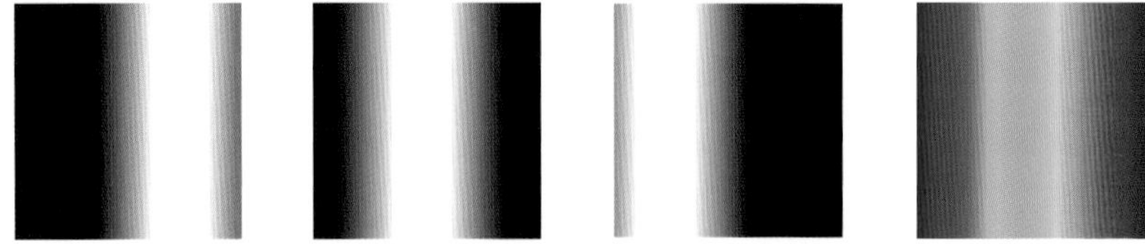

图 9-4　RGB 图像的分离颜色调色板

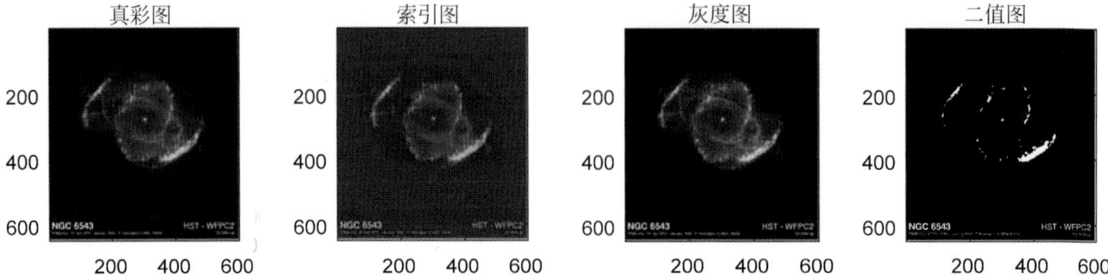

图 9-5　图像类型的转换

(a) 左边子区域显示trees.tif (b) 右边子区域显示forest.tif

图 9-11 子图像显示

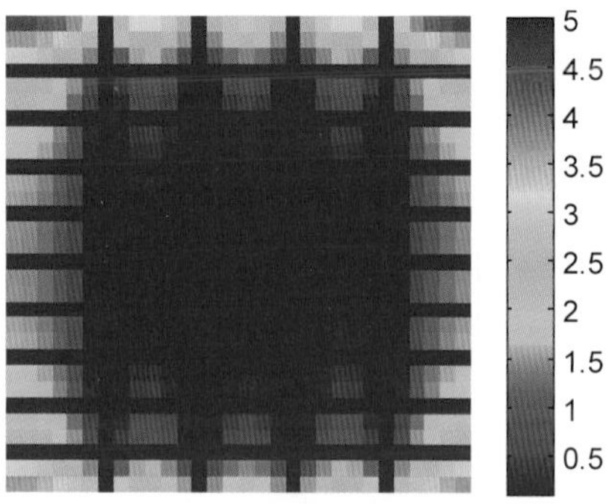

图 9-26 傅里叶变换幅度的对数显示

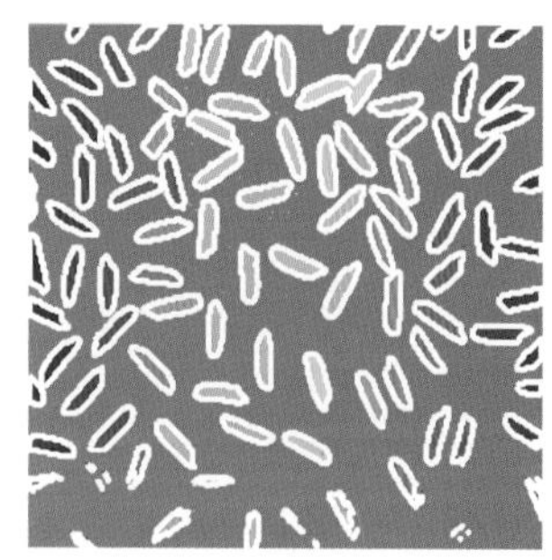

图 9-43 bwboundaries 实现边界跟踪

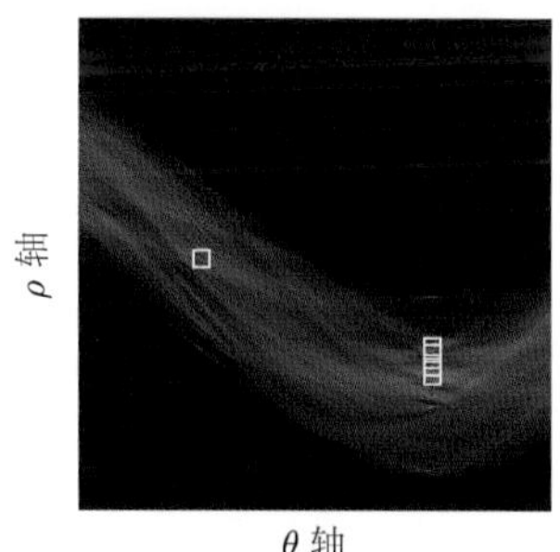

(a) Houg变换矩阵图像

(b) 检测的直线段

图 9-44 直线的提取

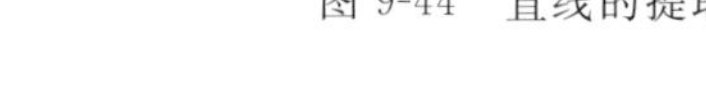

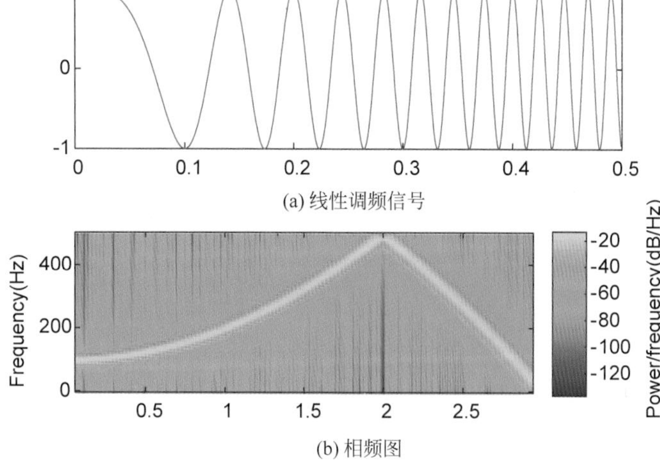

(a) 线性调频信号

(b) 相频图

图 10-5 扫频信号

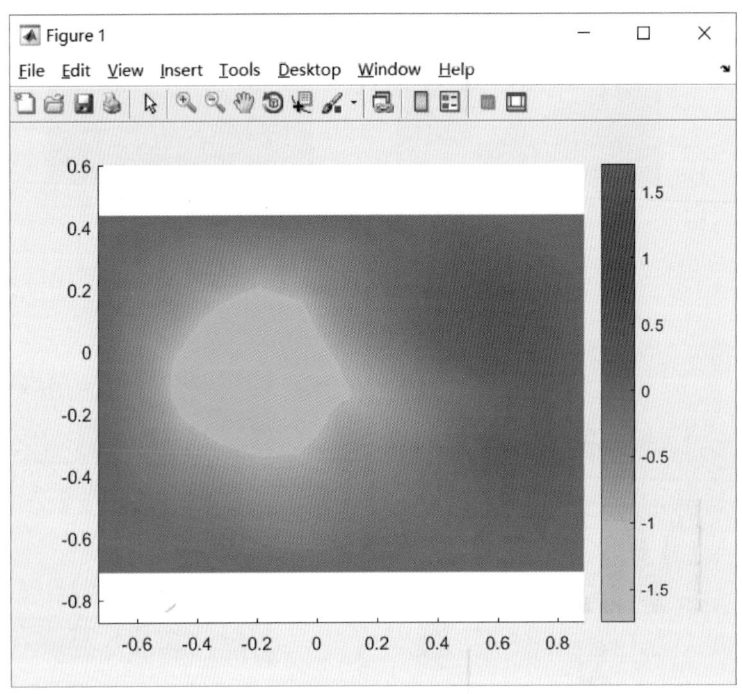

图 12-23　动态图像

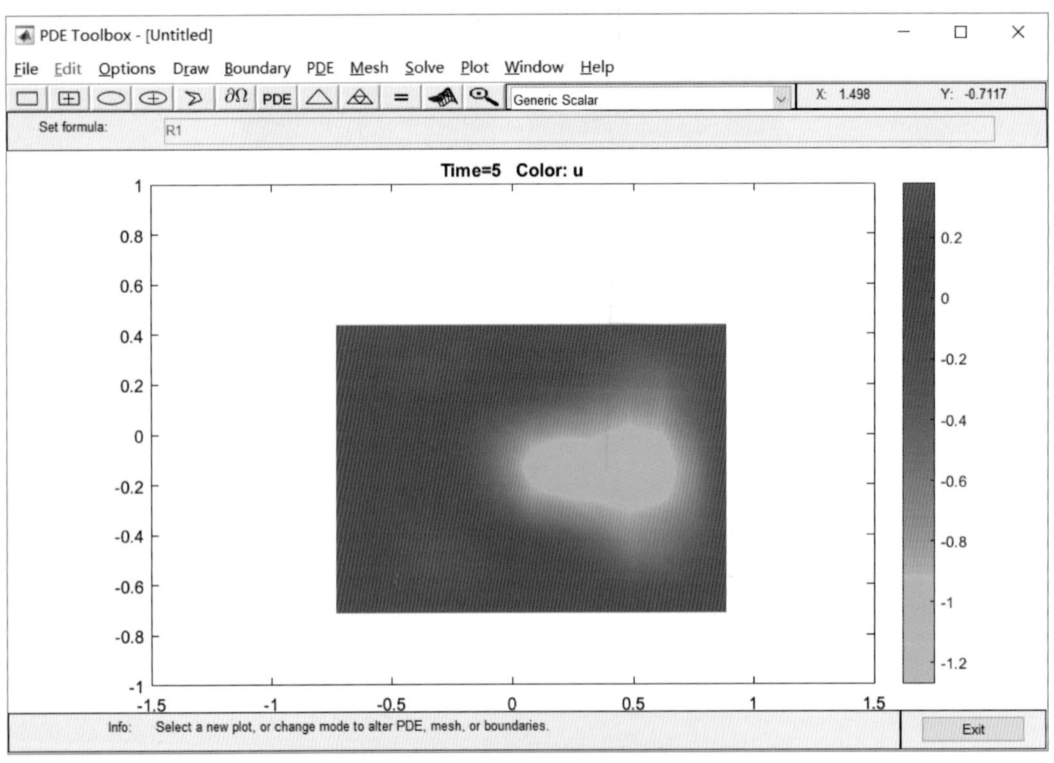

图 12-24　波动方程数值解的分布

MATLAB From Introduction to Practice

MATLAB 从入门到实战

李晓东◎编著
Li Xiaodong

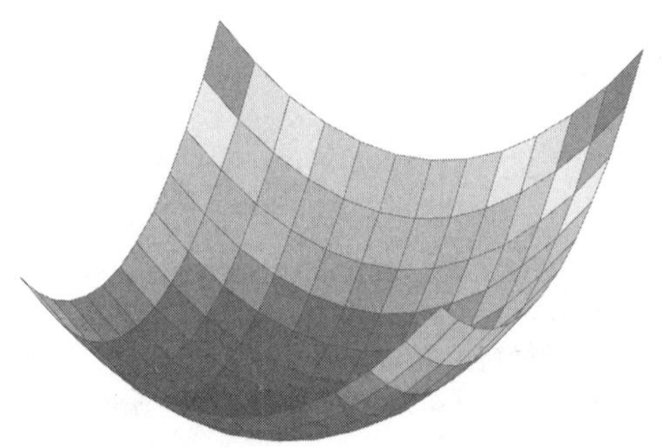

清华大学出版社
北京

内容简介

本书系统地介绍MATLAB的基础知识、工具箱的应用领域及技术的扩展。全书分为三大部分：第1～7章介绍MATLAB本身及该软件的使用功能；第8～13章介绍MATLAB常用工具箱的应用；第14～16章介绍MATLAB的技术扩展。全书语言通俗易懂，内容丰富翔实，突出以实例为中心的特点，全书共提供近400个实例，做到理论与实践相结合，让读者轻松、快捷地掌握MATLAB。

本书实用性强，应用范围广，可作为MATLAB初学者的学习用书，也可作为广大在校本科生和研究生的学习用书，还可作为广大科研人员、学者、工程技术人员的参考用书。

图书在版编目(CIP)数据

MATLAB从入门到实战/李晓东编著. —北京：清华大学出版社，2020.1（2022.10重印）
（科学与工程计算技术丛书）
ISBN 978-7-302-52134-1

Ⅰ. ①M… Ⅱ. ①李… Ⅲ. ①Matlab软件 Ⅳ. ①TP317

中国版本图书馆CIP数据核字(2019)第004121号

责任编辑：刘　星
封面设计：李召霞
责任校对：梁　毅
责任印制：朱雨萌

出版发行：清华大学出版社
网　　址：http://www.tup.com.cn，http://www.wqbook.com
地　　址：北京清华大学学研大厦A座　　**邮　　编**：100084
社 总 机：010-83470000　　**邮　　购**：010-62786544
投稿与读者服务：010-62776969，c-service@tup.tsinghua.edu.cn
质量反馈：010-62772015，zhiliang@tup.tsinghua.edu.cn
课件下载：http://www.tup.com.cn，010-83470236
印 装 者：三河市龙大印装有限公司
经　　销：全国新华书店
开　　本：185mm×260mm　　**印　　张**：38.75　　**彩　　插**：2　　**字　　数**：951千字
版　　次：2020年1月第1版　　**印　　次**：2022年10月第6次印刷
印　　数：6401～7600
定　　价：119.00元

产品编号：078012-01

序言

致力于加快工程技术和科学研究的步伐——这句话总结了 MathWorks 坚持超过三十年的使命。

在这期间,MathWorks 有幸见证了工程师和科学家使用 MATLAB 和 Simulink 在多个应用领域中的无数变革和突破:汽车行业的电气化和不断提高的自动化;日益精确的气象建模和预测;航空航天领域持续提高的性能和安全指标;由神经学家破解的大脑和身体奥秘;无线通信技术的普及;电力网络的可靠性,等等。

与此同时,MATLAB 和 Simulink 也帮助了无数大学生在工程技术和科学研究课程里学习关键的技术理念并应用于实际问题中,培养他们成为栋梁之才,更好地投入科研、教学以及工业应用中,指引他们致力于学习、探索先进的技术,融合并应用于创新实践中。

如今,工程技术和科研创新的步伐令人惊叹。创新进程以大量的数据为驱动,结合相应的计算硬件和用于提取信息的机器学习算法。软件和算法几乎无处不在——从孩子的玩具到家用设备,从机器人和制造体系到每一种运输方式——让这些系统更具功能性、灵活性、自主性。最重要的是,工程师和科学家推动了这些进程,他们洞悉问题,创造技术,设计革新系统。

为了支持创新的步伐,MATLAB 发展成为一个广泛而统一的计算技术平台,将成熟的技术方法(比如控制设计和信号处理)融入令人激动的新兴领域,例如深度学习、机器人、物联网开发等。对于现在的智能连接系统,Simulink 平台可以让您实现模拟系统,优化设计,并自动生成嵌入式代码。

"科学与工程计算技术丛书"系列主题反映了 MATLAB 和 Simulink 汇集的领域——大规模编程、机器学习、科学计算、机器人等。我们高兴地看到"科学与工程计算技术丛书"支持 MathWorks 一直以来追求的目标:助您加速工程技术和科学研究。

期待着您的创新!

Jim Tung

MathWorks Fellow

前言

MATLAB是美国MathWorks公司开发的商业数学软件。它作为一款科学计算软件逐渐被广大科研人员所接受，其强大的数据计算功能、图像可视化界面及代码的可移植性受到广大高校师生的认可。

最初的MATLAB版本是1967年由Cleve Moler用FORTRAN语言编写的，之后的MATLAB是由MathWorks公司用C语言完成的。它自1984年推入市场以来，随着版本的不断升级，具有越来越强大的数值计算能力、更为卓越的数据可视化能力及良好的符号计算功能，现已成为国际上认可的科技应用软件之一。

目前，MATLAB已经在很多领域取得了成功应用，这也表明，MATLAB所代表的数据分析处理手段在科学、工程等方面将发挥重要的作用。

MATLAB版本在更新的过程中，不断加入新的组件或功能。以往关于MATLAB的书均从软件组织的角度出发，向读者介绍MATLAB软件，但从使用者的知识结构看，由于编写组织分散，无统一体系，因而往往使用者对具体功能有所了解，但却不懂得怎样将其与自己的数学知识相结合并从整体上把握、运用该软件。编者编写本书的目的就在于全面阐述MATLAB软件的整体知识结构，从最基本的知识入手，深入讲解这一高效的应用软件，让读者循序渐进地熟悉全书，帮助使用者摆脱繁重而重复的数学计算，空出更多的时间与精力来理解所需解决的问题。

全书分为三大部分：第一部分是MATLAB的软件基础（第1～7章），主要介绍MATLAB软件及其相关基础知识；第二部分是MATLAB的应用（第8～13章），主要介绍MATLAB的相关工具箱在各领域中的应用；第三部分是MATLAB的技术扩展（第14～16章），主要介绍MATLAB自带的扩展编程工具。本书通过这三部分内容，全面、系统地向读者介绍MATLAB软件以及该软件的使用，再进一步介绍它在各领域中的应用，让读者领略到MATLAB软件功能的强大。

本书特色

1）深入浅出，循序渐进

本书以初、中级读者为对象，首先从MATLAB的基础知识开始介绍，辅以MATLAB在工程中的应用实例，帮助读者快速掌握MATLAB进行科学计算及工程分析的技能。

2）内容全面，实例清晰

MATLAB的基础内容涉及比较多的方面，本书在对相关主题介绍的同时，将函数或命令中比较常用的部分进行重点分析介绍，并通过相应的实例进行讲解，从而帮助读者。

3）轻松易学，内容新颖

全书结合编者多年使用MATLAB的经验和MATLAB在实际工程中的应用案例，对MATLAB的使用方法与技巧进行讲解，并在讲解的过程中辅以相应的图形进行说明，让读者一目了然，从而快速掌握 MATLAB。

4）实例典型，学以致用

本书让读者在典型的实例中学习解决实际领域中的问题，做到学以致用。

本书内容

全书共分为 16 章。

第 1 章　介绍 MATLAB 软件，主要包括 MATLAB 发展史、MATLAB 的特点及应用、MATLAB 的工作环境、MATLAB 的帮助系统等内容。

第 2 章　介绍 MATLAB 计算基础，主要包括变量与常量、数据类型、数组运算、矩阵操作等内容。

第 3 章　介绍 MATLAB 数值计算，主要包括矩阵运算、矩阵的数理分析、高维数组、稀疏矩阵、矩阵的分解等内容。

第 4 章　介绍 MATLAB 程序控件，主要包括程序结构、控制命令、MATLAB 函数、变量的检测与传递等内容。

第 5 章　介绍 MATLAB 可视化，主要包括图形绘制基础、二维基本绘图、函数绘图、三维基本绘图等内容。

第 6 章　介绍 MATLAB 数据分析，主要包括多项式及其函数、数据插值、函数的极限、数值积分、多元统计分析等内容。

第 7 章　介绍 MATLAB 符号计算，主要包括符号表达式、符号表达式的操作、符号函数、符号代数方程求解等内容。

第 8 章　介绍 MATLAB 概率与数理统计工具箱，主要包括概率密度函数、概率分布、参数估计、统计特征、统计图等内容。

第 9 章　介绍 MATLAB 数字图像处理工具箱，主要包括图像处理的基础、图像的运算、图像的邻域操作和选取、图像的变换、图像的增强等内容。

第 10 章　介绍 MATLAB 信号处理工具箱，主要包括信号的产生、连续信号的时域运算、时域分析、频域分析、谱估计等内容。

第 11 章　介绍 MATLAB 小波分析工具箱，主要包括小波分析概述、小波变换在信号中的应用、小波变换在图像处理中的应用、小波包在信号处理中的应用、小波包在图像处理中的应用等内容。

第 12 章　介绍 MATLAB 偏微分方程工具箱，主要包括偏微分方程的定解问题、偏微分方程的数值解、偏微分方程工具箱简介等内容。

第 13 章　介绍 MATLAB 最优化工具箱，主要包括最优化概述、无约束最优化问题、有约束最优化问题、二次规划问题、多目标规划问题等内容。

第 14 章　介绍 Simulink 仿真与应用，主要包括 Simulink 的基本介绍、封装子系统、动态系统的 Simulink 仿真、S-函数等内容。

第 15 章　介绍 MATLAB 图形用户界面，主要包括图形句柄、用 GUID 创建 GUI、M 文件创建 GUI、对话框等内容。

第 16 章　介绍 MATLAB 文件 I/O，主要包括文件夹管理、打开和关闭文件、导入数据等内容。

本书主要由李晓东编写，参加编写的还有赵书兰、周品、梁志成、梁仲轩、卢伟彬、罗嘉甫、彭伟星、施洁、许兴杰、杨平、叶利辉、詹锦超、陈添威、邓耀隆、高泳崇和李锦涛。

本书实用性强，应用范围广，可作为 MATLAB 初学者的学习用书，也可作为广大在校本科生和研究生的学习用书，还可作为广大科研人员、学者、工程技术人员的参考用书。

由于时间仓促，加之作者水平有限，所以书中难免存在错误和疏漏之处。在此，诚恳地期望得到各领域的专家和广大读者的批评指正。

作　者

2019 年 7 月

目录

第一部分　MATLAB 的软件基础

目录

目录

目录

第二部分 MATLAB 的应用

目录

目录

第二部分 MATLAB 的技术扩展

目录

第一部分
MATLAB的软件基础

第1章 MATLAB简述

MATLAB是目前在国际上使用的科学与工程计算软件。虽然Cleve Moler教授开发它的初衷是为了更简单、更快捷地解决矩阵运算,但现在的MATLAB已经发展成为一种集数值运算、符号运算、数据可视化、图形界面设计、程序设计、仿真等多种功能于一体的集成软件。

1.1 MATLAB发展史

20世纪70年代中后期,曾在密歇根大学、斯坦福大学和新墨西哥大学担任数学与计算机科学教授的Cleve Moler博士,为讲授矩阵理论和数值分析课程的需要,和同事用FORTRAN语言编写了两个子程序库EISPACK和LINPACK,这便是构思和开发MATLAB的起点。

MATLAB一词是Matrix Laboratory(矩阵实验室)的缩写,由此可看出MATLAB与矩阵计算的渊源。

MATLAB除了利用EISPACK和LINPACK两大软件包的子程序外,还包含用FORTRAN语言编写的、用于承担命令翻译的部分。

为进一步推动MATLAB的应用,在20世纪80年代初,John Little等人将先前的MATLAB全部用C语言进行改写,形成了新的一代的MATLAB。1984年,Cleve Moler和John Little等人成立MathWorks公司,并于同年向市场推出了MATLAB的第一个商业版本。

随着市场接受度的提高,其功能也不断增强,在完成数值计算的基础上,新增了数据可视化以及与其他流行软件的接口等功能,并开始了对MATLAB工具箱的研究开发。

1993年,MathWorks公司推出了基于PC并且以Windows为操作系统平台的MATLAB 4.0。

1994年推出的MATLAB 4.2扩充了MATLAB 4.0的功能,尤其在图形界面设计方面提供了新的方法。

1997年推出的MATLAB 5.0增加了更多的数据结构,如结构数组、细胞数组、多维数组、对象、类等，使其成为一种更方便的编程语言。

1999 年年初推出的 MATLAB 5.3 在很多方面又进一步改进了 MATLAB 的功能。

2000 年 10 月底推出了 MATLAB 6.0 正式版(Release 12)，在核心数值算法、界面设计、外部接口、应用桌面等诸多方面有了极大的改进。

2002 年 8 月又推出了 MATLAB 6.5，其操作界面进一步集成化，并开始运用 JIT 加速技术，使运算速度有了明显提高。

2004 年 7 月，MathWorks 公司又推出了 MATLAB 7.0(Release 14)，其中集成了 MATLAB 7.0 编译器、Simulink 6.0 图形仿真器及很多工具箱，在编程环境、代码效率、数据可视化、文件 I/O 等方面都进行了全面的升级。

2017 年 3 月，MathWorks 公司推出了 MATLAB 9.2。今天的 MATLAB 已经不仅是解决矩阵与数值计算的软件，而是一种集数值运算与符号运算、数据可视化图形表示与图形界面设计、程序设计、仿真等多种功能于一体的集成软件。

MATLAB 版本更新较快，但基本的功能变化不大，读者完全可以采用本书所讲的内容进行学习。

1.2 MATLAB 的特点及应用

MATLAB 有两种基本的数据运算量：数组和矩阵。单从形式上看，两者是不容易区分的。每一个运算量可能被当作数组，也可能被当作矩阵，这要根据所采用的运算法则或运算函数来决定。

在 MATLAB 中，数组与矩阵的运算法则和运算函数是有区别的。然而，不论是 MATLAB 的数组还是 MATLAB 的矩阵，都已经改变了一般高级语言中使用数组的方式和解决矩阵问题的方法。

在 MATLAB 中，矩阵运算是把矩阵视为一个整体来进行运算，基本上与线性代数的处理方法一致。矩阵的加、减、乘、除、乘方、开方、指数、对数等运算，都有一套专门的运算符或运算函数。

对于数组，不论是算术运算，还是关系运算或逻辑运算，甚至是调用函数的运算，形式上可以把数组当作整体，有一套有别于矩阵的、完整的运算符和运算函数，但实质上是针对数组的每个元素进行运算的。

当 MATLAB 把矩阵(或数组)独立地当作一个运算量来对待后，向下可以兼容向量和标量。不仅如此，矩阵和数组中的元素可以用复数作为基本单元，向下可以包含实数集。这些是 MATLAB 区别于其他高级语言的根本特点。以此为基础，还可以概括出 MATLAB 如下的一些特点。

1) 语言简洁，编程效率高

因为 MATLAB 定义了专门用于矩阵运算的运算符，所以矩阵运算可以像列出算式执行标量运算一样简单，而且这些运算符本身就能执行向量和标量的多种运算。

利用这些运算符可以使一般高级语言中的循环结构变成一个简单的 MATLAB 语

句，再结合 MATLAB 丰富的库函数可以使程序变得相当简短，几条语句即可代替数十行 C 语言或 FORTRAN 语言程序语句的功能。

2）交互性好，使用方便

在 MATLAB 的命令窗口中输入一条命令，立即就能看到该命令的执行结果，体现了良好的交互性。交互方式减少了编程和调试程序的工作量，给使用者带来了极大的方便。

使用 MATLAB 语言不用像使用 C 语言那样，要先编写源程序，然后对其进行编译、链接，形成可执行文件后，才便于数据可视化。

3）强大的绘图能力，便于数据可视化

利用 MATLAB 的绘图功能，可以轻易地获得高质量的曲线图；具有多种形式来表达二维、三维图形，并具有强大的动画功能，可以非常直观地表现抽象的数值结果。这也是 MATLAB 广为流行的重要原因之一。

4）领域广泛的工具箱，便于众多学科直接使用

MATLAB 提供了极为庞大的预定义函数库，提供了许多打包好的基本工程问题的函数，如求解微分方程、求矩阵的行列式、求样本方差等，都可以直接调用预定义函数完成。另外，MATLAB 提供了许多专用的工具箱，以解决特定领域的复杂问题。系统提供了信号处理工具箱、控制系统工具箱、图像工具箱等一系列解决专业问题的工具箱。用户也可以自行编写自定义的函数，将其作为自定义的工具箱。

5）开放性好，便于扩展

除内部函数外，MATLAB 的其他文件都是公开的、可读可改的源文件，体现了 MATLAB 的开放性特点。用户可修改源文件和加入自己的文件，甚至构造自己的工具箱。

6）文件 I/O 和外部引用程序接口

支持读入更大的文本文件，支持压缩格式的 MAT 文件，用户可以动态加载、删除或重载 Java 类等。

正是由于以上几个特点，MATLAB 的应用领域十分广泛。典型的应用如数值分析、数值和符号计算、工程与科学绘图、控制系统的设计与仿真、数字图像处理技术、数字信号处理技术、通信系统设计与仿真、财务与金融工程、管理与调度优化计算（运筹学）、汽车工业、语音处理、建模、仿真、样机开发、新算法研究开发等。

1.3 MATLAB 的功能

本节基于 MATLAB R2017a 进行讲述，其具有如下一些功能。

1）MATLAB 产品系列

- 引入 tall 数组用于操作超过内存限制的过大数据；
- 引入时间表数据容器用于索引和同步带时间戳的表格数据；
- 增加在脚本中定义本地函数的功能，以提高代码的重用性和可读性；
- 通过使用 MATLAB 的 Java API 可以在 Java 程序中调用 MATLAB 代码；
- MATLAB Mobile：通过在 MathWorks 云端的 iPhone 和 Android 传感器记

录数据；

- Database Toolbox：提供用于检索 Neo4j 数据的图形化数据库界面；
- MATLAB Compiler：支持将 MATLAB 应用程序（包括 tall 数组）部署到 Spark 集群上；
- Parallel Computing Toolbox：能够在台式机、装有 MATLAB Distributed Computing Server 的服务器以及 Spark 集群上利用 tall 数组进行大数据并行处理；
- Statistics and Machine Learning Toolbox：提供不受内存限制的大数据分析算法，包括降维、描述性统计、k-均值聚类、线性递归、逻辑递归和判别分析；
- Statistics and Machine Learning Toolbox：提供可以自动调整机器学习算法参数的 Bayesian 优化算法以及可以选择机器学习模型特征的近邻成分分析（NCA）；
- Statistics and Machine Learning Toolbox：支持使用 MATLAB Coder 自动生成实现 SVM 和逻辑回归模型的 C/C++代码；
- Image Processing Toolbox：支持使用三维超像素的立体图像数据进行简单线性迭代聚类（SLIC）和三维中值滤波；
- Computer Vision System Toolbox：使用基于区域的卷积神经网络深度学习算法（R-CNN）进行对象检测；
- Risk Management Toolbox：一个新的工具箱，用于开发风险模型和执行风险模拟；
- ThingSpeak：能够从联网的传感器采集数据，并使用由 Statistics and Machine Learning Toolbox、Signal Processing Toolbox、Curve Fitting Toolbox 和 Mapping Toolbox 提供的函数在云端进行 MATLAB 分析。

2）Simulink 产品系列

- 使用 JIT 编译器提升在加速器模式下运行的仿真的性能；
- 能够初始化、重置并终止子系统，进行动态启动和关闭行为建模；
- 状态读取器和写入器模块可以从模型中的任何位置完全控制重置状态行为；
- 对 Raspberry Pi 3 和 Google Nexus 的硬件支持；
- Simulink 和 Stateflow：简化参数和数据编辑的属性检查器、模型数据编辑器和符号管理器；
- Simscape：新增了一个模块库，用于模拟理想气体、半理想气体以及实际气体系统。

3）信号处理和通信

- Signal Processing Toolbox：可用于执行多时序的时域和频域分析的信号分析仪应用程序；
- Phased Array System Toolbox：针对空气传播和多路径传播，对窄频和宽频信号的影响提供建模支持；
- WLAN System Toolbox：为设计、仿真、分析和测试无线 LAN 通信系统提供了符合标准的功能；

- Audio System Toolbox：音频插件托管功能，可在 MATLAB 中直接运行和测试 VST 插件。

4）代码生成

- 交叉发布代码集成功能使得可以重用由较早版本生成的代码；
- 能够生成可用于任何软件环境的可插入式代码，包括动态启动和关闭行为；
- 支持仿真 AUTOSAR 基础软件，包括 Diagnostic Event Manager（DEM）和 NVRAM Manager(NvM)；
- HDL Coder：根据设定的目标时钟频率，以寄存器插入方式自适应流水化，以及可用于显示和分析转换和状态的逻辑分析仪（搭配使用 DSP System Toolbox）。

5）验证和确认

- Simulink Verification and Validation：Edit-time checking 功能，可帮助用户在设计时发现并修复问题以符合标准和规范；
- Simulink Test：用于进行测试评估自定义标准的定义功能；
- HDL Verifier：FPGA 数据采集功能，用于探测要在 MATLAB 或 Simulink 中进行分析的内部 FPGA 信号；
- Polyspace Bug Finder：支持 CERT C 编码规范，以用于网络安全漏洞检测。

1.4 MATLAB 的工作环境

在 MATLAB 安装目录 bin 文件夹下，双击 MATLAB. exe 图标，启动 MATLAB R2017a，弹出如图 1-1 所示的启动界面。启动后，弹出 MATLAB R2017a 的用户界面。

图 1-1　MATLAB R2017a 的启动界面

MATLAB R2017a 的主界面即用户的工作环境，包括菜单栏、工具条、开始按钮和各个不同用途的窗口，如图 1-2 所示。本节主要介绍 MATLAB 各交互界面的功能及其操作。

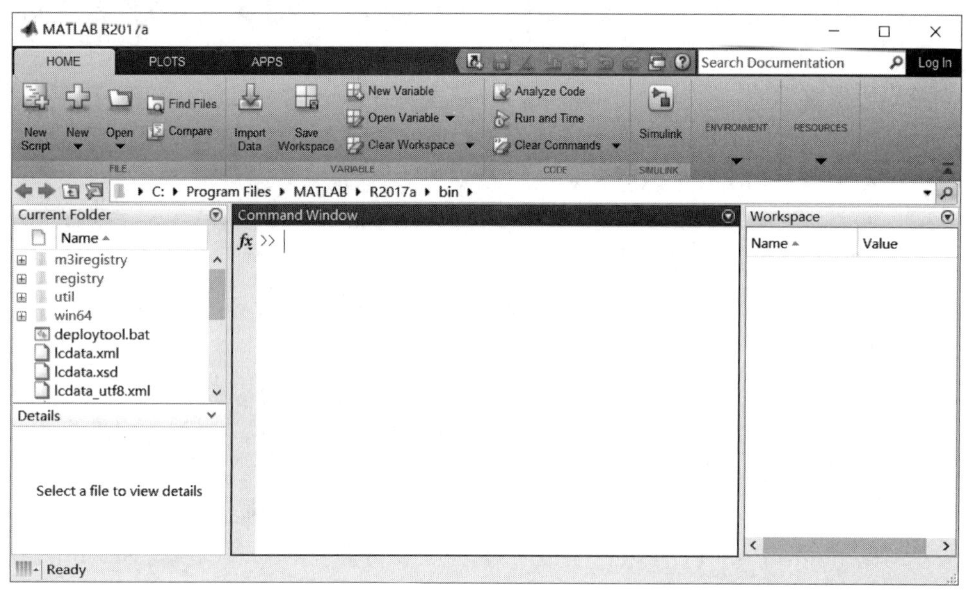

图 1-2　MATLAB R2017a 的工作界面

1.4.1　菜单/工具栏

MATLAB 的菜单/工具栏中包含 3 个标签，分别为 HOME（主页）、PLOTS（绘图）和 APPS（应用程序）。其中，绘图标签下提供了数据的绘图功能；而应用程序标签则提供了各应用程序的入口。主页标签提供了下述主要功能。

- New：用于建立新的.m 文件、图形、模型和图形用户界面。
- New Script：新建脚本，用于建立新的.m 脚本文件。
- Open：用于打开 MATLAB 的.m 文件、.fig 文件、.mat 文件、.mdl 文件、.cdr 文件等，也可通过快捷键 Ctrl+O 来实现此项操作。
- Import Data：导入数据，用于从其他文件导入数据，单击后弹出对话框，选择导入文件的路径和位置。
- Save Workspace：用于把工作区的数据存放到相应的路径文件中。
- Set Path：设置工作路径。
- Preferences：用于设置命令窗的属性，单击该按钮弹出如图 1-3 所示的属性窗口。
- Layout：提供工作界面上各个组件的显示选项，并提供预设的布局。
- Help：打开帮助文件或其他帮助方式。

1.4.2　命令行窗口

命令行窗口是 MATLAB 最重要的窗口，用户输入各种指令、函数、表达式等，都是在命令行窗口内完成的。

MATLAB 的命令行窗口不仅可以内嵌在 MATLAB 的工作界面，而且还可以以独

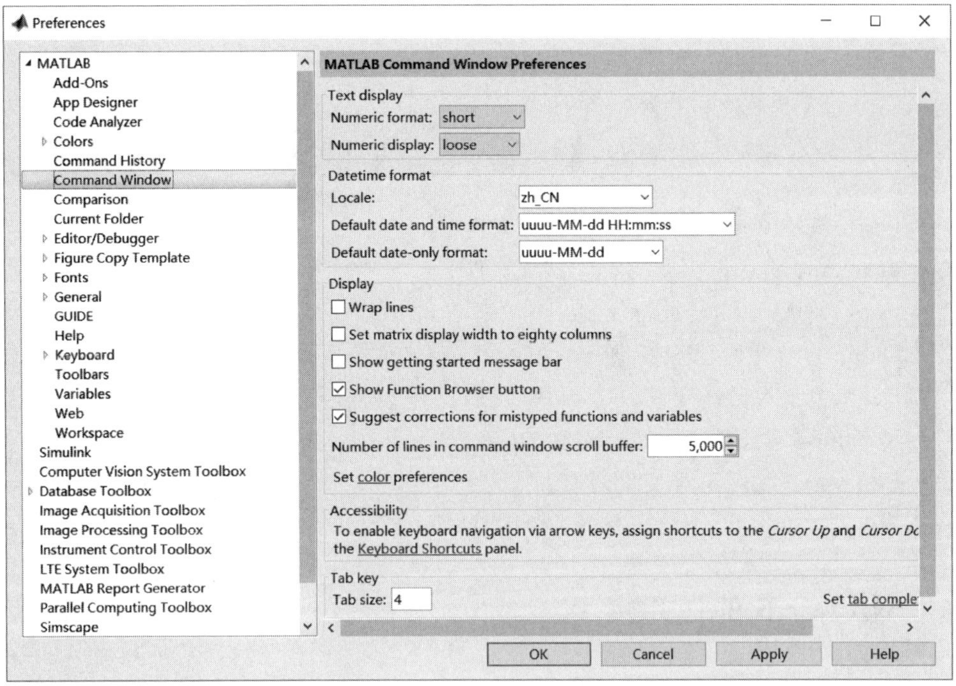

图 1-3 Preferences 窗口

立窗口的形式浮动在界面上。右击当前命令行窗口右上角的 ⊙ 按钮，在弹出的快捷菜单中，单击“取消停靠”选项，命令行窗口就以浮动窗口的形式显示，效果如图 1-4 所示。

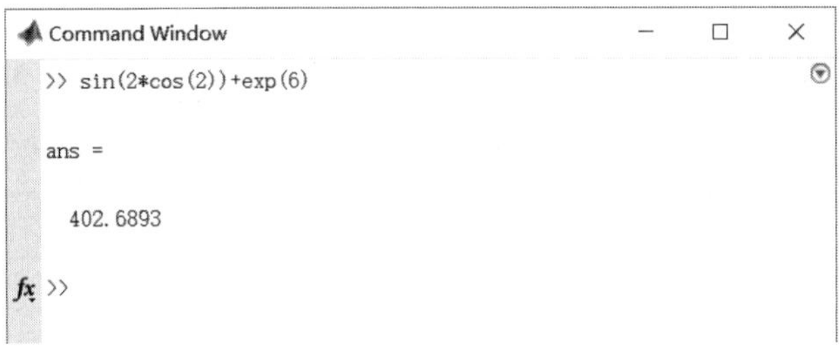

图 1-4 独立命令行窗口

注意：“≫”是运算提示符，表示 MATLAB 处于准备状态，等待用户输入指令进行计算。在提示符后输入命令，并按 Enter 键确认后，MATLAB 会给出计算结果，并再次进入准备状态。

1.4.3 工作区窗口

工作区窗口显示当前内存中所有的 MATLAB 变量的变量名、数据结构、字节数及数据类型等信息，如图 1-5 所示。不同的变量类型分别对应不同的变量名图标。

用户可以选中已有变量，右击对其进行各种操作。此外，工作界面的菜单/工具栏上也有相应的命令供用户使用。

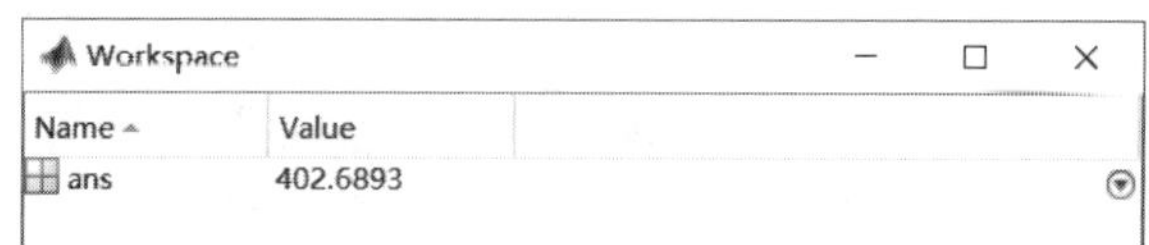

图 1-5　独立的工作区

- Open Selection：打开已选变量的编辑框。
- Save As：将已选变量另存为其他文件。
- Copy：对已选变量进行复制。
- Duplicate：重复已选变量。
- Delete：删除已选变量。
- Rename：对已选变量重命名。
- Edit vale：编辑已选变量的值。
- Plot Catalog：弹出已选变量的绘图选择框。

1.5　MATLAB 的通用命令

通用命令是 MATLAB 中经常使用的一组命令，这些命令可以用来管理目录、命令、函数、变量、工作区、文件和窗口。为了更好地使用 MATLAB，用户需要熟练掌握和理解这些命令。

1. 常用命令

常用命令的功能如表 1-1 所示。

表 1-1　常用命令

命令	说　　明	命令	说　　明
cd	显示或改变当前工作文件夹	load	加载指定文件的变量
dir	显示当前文件夹或指定目录下的文件	diary	日志文件命令
clc	清除工作窗口中的所有显示内容	!	调用 DOS 命令
home	将光标移到命令行窗口的左上角	exit	退出 MATLAB
clf	清除图形窗口	quit	退出 MATLAB
type	显示文件内容	pack	收敛内存碎片
clear	清理内存变量	hold	图形保持开关
echo	工作窗信息显示开关	path	显示搜索目录
disp	显示变量或文字内容	save	保存内存变量到指定文件

2. 输入内容的编辑

在命令行窗口中，为了便于对输入的内容进行编辑，MATLAB R2017a 提供了一些控制光标位置和进行简单编辑的常用编辑键与组合键，掌握这些内容可以在输入命令的过程中起到事半功倍的效果。表 1-2 列出了一些常用键盘按键及其作用。

表 1-2 命令行中的键盘按键

键盘按键	说　　明	键盘按键	说　　明
↑	Ctrl+P,调用上一行	Home	Ctrl+A,光标置于当前行开头
↓	Ctrl+N,调用下一行	End	Ctrl+E,光标置于当前行末尾
←	Ctrl+B,光标左移一个字符	Esc	Ctrl+U,清除当前输入行
→	Ctrl+F,光标右移一个字符	Delete	Ctrl+D,删除光标右边的字符
Ctrl+←	Ctrl+L,光标左移一个单词	Backspace	Ctrl+H,删除光标左边的字符
Ctrl+→	Ctrl+R,光标右移一个单词	Alt+Backspace	恢复上一次删除

3. 标点

在 MATLAB 语言中,一些标点符号也被赋予了特殊的意义或代表一定的运算,具体内容如表 1-3 所示。

表 1-3 MATLAB 语言的标点

标点	说　　明	标点	说　　明
:	冒号,具有多种应用功能	%	百分号,注释标记
;	分号,区分行及取消运行结果显示	~	连接号,调用操作系统运算
,	逗号,区分列及函数参数分隔符	=	等号,赋值标记
()	括号,指定运算的优先级	‘	单引号,字符串的标识符
[]	方括号,定义矩阵	.	小数点及对象域访问
{}	大括号,构造单元数组	…	续行符号

1.6 MATLAB 的文件管理

1.6.1 工作文件夹窗口

工作文件夹窗口可显示或改变当前文件夹,还可以显示当前文件夹下的文件,并提供文件搜索功能。与命令行窗口类似,该窗口也可以成为一个独立的窗口,如图 1-6 所示。

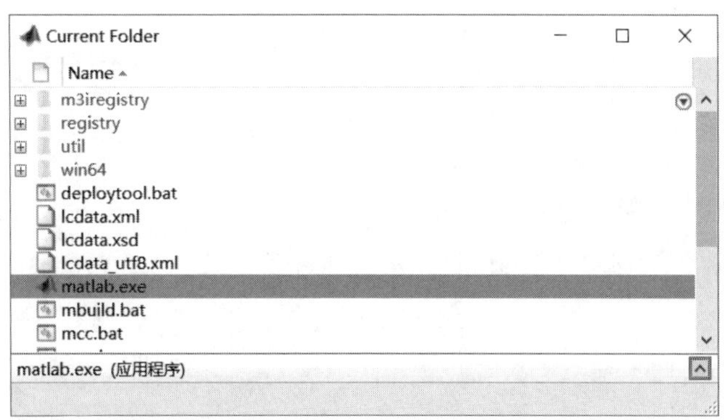

图 1-6 工作文件夹窗口

1.6.2 搜索路径及其设置

MATLAB提供了专门的路径搜索器来搜索存储在内存中的M文件和其他相关文件,MATLAB自带的文件所存放路径都被默认包含在搜索路径中,在MATLAB安装目录的toolbox文件夹中包含了所有此类目录和文件。

当用户在MATLAB提示符后输入一个字符串(如polyfit)后,MATLAB进行路径搜索步骤为:

(1) 检查polyfit是不是MATLAB工作区内的变量名,如果不是,执行下一步。

(2) 检查polyfit是不是一个内置函数,如果不是,执行下一步。

(3) 检查当前文件夹下是否存在一个名为polyfit.m的文件,如果没有,执行下一步。

(4) 按顺序检查所有MATLAB搜索路径中是否存在polyfit.m文件。

(5) 如果仍然没有找到polyfit,MATLAB就会给出一条错误信息。

提示:

根据上述步骤可以推断,凡是不在搜索路径上的内容(文件和文件夹),都不能被MATLAB搜索到;当某一文件夹的父文件夹在搜索路径中而其本身不在搜索路径中时,则此文件夹不会被搜索到。

一般情况下,MATLAB系统的函数,包括工具箱函数,都是在系统默认的搜索路径之中的,但是用户设计的函数有可能没有被保存到搜索路径下,容易造成MATLAB误认为该函数不存在。因此,只要把程序所在的目录扩展成MATLAB的搜索路径即可。

下面介绍MATLAB搜索路径的查看和设置方法。

1. 查看MATLAB的搜索路径

单击MATLAB主界面菜单/工具栏中的Set Path按钮,打开Set Path对话框,如图1-7所示。该对话框分为左右两部分,左侧的几个按钮用来添加目录到搜索路径,还可以从当前的搜索路径中移除选择的目录;右侧的列表框列出了已经被MATLAB添加到搜索路径的目录。

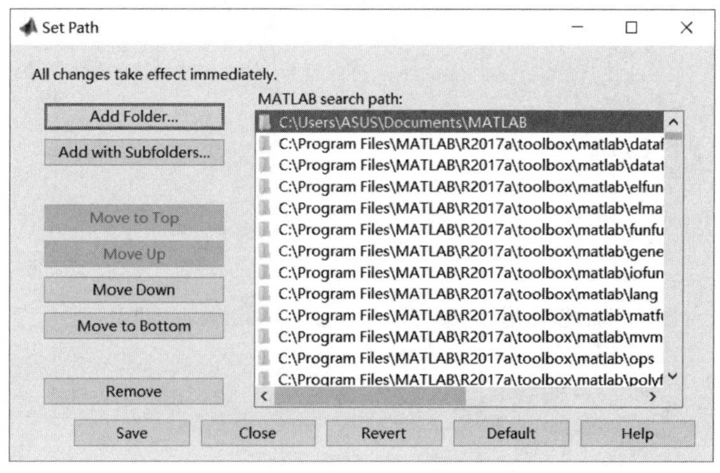

图1-7 Set Path对话框

此外，在命令行窗口中输入命令：

```
>> path
```

MATLAB 将会把所有的搜索路径列出来，例如：

```
MATLABPATH
C:\Users\ASUS\Documents\MATLAB
C:\Program Files\MATLAB\R2017a\toolbox\matlab\datafun
C:\Program Files\MATLAB\R2017a\toolbox\matlab\datatypes
C:\Program Files\MATLAB\R2017a\toolbox\matlab\elfun
C:\Program Files\MATLAB\R2017a\toolbox\matlab\elmat
...
```

2. 设置 MATLAB 的搜索路径

MATLAB 提供了 3 种方法来设置搜索路径。

(1) 在命令行窗口中输入：

```
>> edit path
```

或者：

```
>> pathtool
```

通过 MATLAB 主界面菜单栏上的 Set Path 快捷按钮，进入 Set Path 对话框，然后通过该对话框编辑搜索路径。

(2) 在命令行窗口输入：

```
path(path,'path')          %'path'为待添加的目录的完整路径
```

(3) 在命令行窗口中输入：

```
addpath 'path' - begin     %'path'为待添加的目录的路径,将新目标添加到搜索路径的开始
addpath 'path' - end       %'path'为待添加的目录的路径,将新目标添加到搜索路径的末端
```

1.7 MATLAB 的帮助系统

作为一个优秀的软件，MATLAB 为广大用户提供了有效的帮助系统，其中有联机帮助系统、远程帮助系统、演示程序、命令查询系统等多种方式帮助，这些无论对于入门读者还是经常使用 MATLAB 的人员都是十分有用的，经常查阅 MATLAB 帮助文档，可以帮助我们更好地掌握 MATLAB。

1.7.1 纯文本帮助

MATLAB中的各个函数，不管是内建函数、M文件函数，还是MEX文件函数等，一般都有M文件的使用帮助和函数功能说明，各个工具箱通常情况下也具有一个与工具箱名称相同的M文件来说明工具箱的构成内容。

因此，在MATLAB命令行窗口中，可以通过一些命令来获取这些纯文本的帮助信息。这些命令包括help、lookfor、which、doc、get、type等。

(1) help命令常用的调用方式为：

```
help FUN
```

执行该命令，可以查询到有关于FUN函数的使用信息。例如，要了解grid函数的使用方法，可以在命令行窗口中输入：

```
>> help grid
grid Grid lines.
   grid ON adds major grid lines to the current axes.
   grid OFF removes major and minor grid lines from the current axes.
   grid MINOR toggles the minor grid lines of the current axes.
   grid, by itself, toggles the major grid lines of the current axes.
   grid(AX,...) uses axes AX instead of the current axes.
    grid sets the XGrid, YGrid, and ZGrid properties of
   the current axes.
    AX.XMinorGrid = 'on' turns on the minor grid.
    See also title, xlabel, ylabel, zlabel, axes, plot, box.
```

grid参考页显示的帮助文档介绍了grid函数的主要功能、调用格式及相关函数的链接。

(2) lookfor命令常用的调用方式为：

```
lookfor topic
lookfor topic -all
```

执行该命令可以按照指定的关键字查找所有相关的M文件。例如：

```
>> lookfor grid
griddedInterpolant          - Interpolant for gridded data
cset_grdlatt                - Grid/Lattice CandidateSet generator object
cset_grid                   - Grid CandidateSet generator object
xreggridbaglayout           - GRIDBAGLAYOUT constructor for gridbaglayout Layout
xreggridlayout              - Constructor for grid layout object
cplxgrid                    - Polar coordinate complex grid.
...                         ...
setcoincidentgrid           - Set coincident grids for two axes.
gridunc                     - Define grid of uncertain parameter values.
surfht                      - Interactive contour plot of a data grid.
hdsReplicateArray - HDSREPLICATE Replicates data point array along grid dimensions.
```

1.7.2 Demos 帮助

通过 Demos 演示帮助，用户可以更加直观、快速地学习 MATLAB 中许多实用的知识。可以通过以下两种方式打开演示帮助。

- 选择 MATLAB 主界面菜单栏上的帮助下的 Examples 命令。
- 在命令行窗口中输入：

```
demos
```

无论采用上述哪种方式，执行命令后会弹出帮助窗口，如图 1-8 所示。MATLAB Examples 中又分为 Getting Started、Mathematics、Graphics 等一系列的演示。

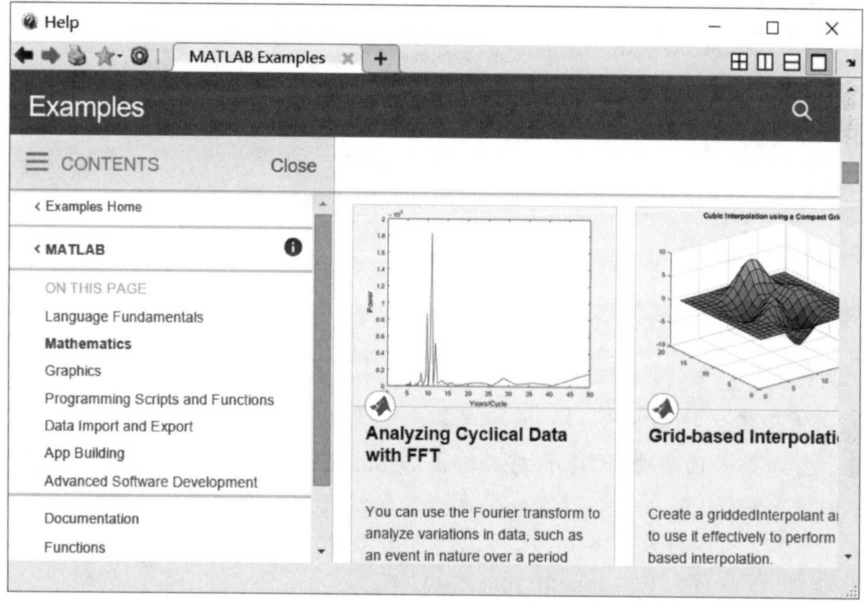

图 1-8 帮助窗口

1.7.3 帮助导航浏览器

帮助导航浏览器是 MATLAB 专门提供的一个独立的帮助子系统。该系统包含的所有帮助文件都存储在 MATLAB 安装目录下的 help 子目录下。用户可以采用以下两种方式打开帮助导航浏览器，分别为：

```
helpbrowser
```

或者：

```
doc
```

提示：单击 MATLAB 主界面工具栏上的 Help 按钮可弹出帮助窗口。此外，用户还可以按下 F1 键，系统也将弹出帮助窗口。

1.8 MATLAB 的初步使用

下面以一个简单的实例向读者展示怎样使用 MATLAB 进行数值计算。

【例 1-1】 对边长为 3m 的正方形铁板，在 4 个角处剪去相等的正方形以制成方形无盖水槽，问如何剪才能使水槽的容积最大。

现在要求在区间(0,1.5)上确定一个 x，使容积最大化。因为在优化工具箱中要求目标函数最小化，所以需要对目标函数进行转换，即要求最小化。

根据需要，编写目标函数 M 文件，代码为：

```
function f = M1_1fun(x)
f =- (3 - 2 * x).^2 * x;
```

调用 fminbnd 函数求解，代码为：

```
>> clear all;
x = fminbnd(@M1_1fun,0,1.5)
```

运行程序，输出如下：

```
x =
   0.5000
```

即剪掉的正方形的边长为 0.5m 时，水槽的容积最大。

注意：当命令后面有分号(半角符号格式)时，按 Enter 键后，命令行窗口中不显示运算结果；如果无分号，则在命令行窗口中显示运算结果。当希望先输入多条语句，然后再同时执行它们时，则在输入下一条命令时，要在按住 Ctrl 键的同时按 Enter 键进行换行输入。例如，比较使用“;”和不使用“;”的区别。

```
>> x = rand(3,4);
>> y = rand(3,4)
y =
     0.9572    0.1419    0.7922    0.0357
     0.4854    0.4218    0.9595    0.8491
     0.8003    0.9157    0.6557    0.9340
>> A = sin(x)
A =
     0.7275    0.7916    0.2749    0.8220
     0.7869    0.5910    0.5200    0.1570
     0.1266    0.0974    0.8178    0.8252
>> B = sin(y)
B =
     0.8176    0.1414    0.7119    0.0357
     0.4665    0.4094    0.8189    0.7507
     0.7176    0.7930    0.6097    0.8040
```

第2章 MATLAB计算基础

MATLAB是一个大型运算平台，参与运算的对象有数据流、信号流、逻辑关系及展示。如同计算器一样，在MATLAB中数学式的计算是直截了当的。但要了解这个大型计算器的使用方法并合理使用它，就要先了解一些MATLAB计算的基础知识。

2.1 变量与常量

变量是数值计算的基本单元。与C语言等其他高级语言不同，MATLAB语言中的变量无须事先定义，一个变量以其名称在语句命令中第一次合法出现而定义，运算表达式变量中不允许有未定义的变量，也不需要预先定义变量的类型，MATLAB会自动生成变量，并根据变量的操作确定其类型。

2.1.1 变量命名规则

MATLAB中的变量命名规则如下：

- 变量名区分大小写，因此A与a表示的是不同的变量，这一点初学者尤其要注意；
- 变量名以英文字母开始，第一个字母后可以使用字母、数字、下画线，但不能使用空格和标点符号。
- 变量名长度不得超过31位，超过的部分将被忽略；
- 某些常量也可以作为变量使用，如i在MATLAB中表示虚数单位，但也可以作为变量使用。

常量是指那些在MATLAB中已预先定义其数值的变量，默认的常量如表2-1所示。

表 2-1 MATLAB 默认常量

变量名	默 认 值
i 和 j	虚数单位($\sqrt{-1}$的解)
pi	圆周率(π)
ans	存放最近一次无赋值变量语句的预算结果
Inf	无穷大(∞)
eps	机器的浮点运算误差限(如果某变量的绝对值小于 eps,则视为 0)
NaN	不定式(0/0,或 inf/inf,或超出存储大小的值)
lasterr	存放最后一次的错误信息
lastwarn	存放最后一次的警告信息

注意：A 和 a 表示的是不同的变量，在编程时要注意。

2.1.2 MATLAB 变量的显示

任何 MATLAB 语句的执行结果都可以在屏幕上显示，同时赋值给指定的变量，没有指定变量时，赋值给一个特殊的变量 ans，数据的显示格式由 format 命令控制。format 命令只影响结果的显示，不影响其计算与存储。MATLAB 总是以双字长浮点数(双精度)来执行所有的运算。如果结果为整数，则显示没有小数；如果结果不是整数，则输出格式如表 2-2 所示。

表 2-2 MATLAB 的数据显示格式

格 式	含 义	格 式	含 义
format(short)	短格式(5 位定点数)	format long e	长格式 e 方式
format long	长格式{15 位定点数}	format bank	2 位十进制格式
format short e	短格式 e 方式	format hex	十六进制格式

2.1.3 MATLAB 变量的存取

工作空间中的变量可以用 save 命令存储到磁盘文件中。输入命令"save <文件名>"，将工作空间中的全部变量存到"<文件名>. mat"文件中去，如果省略"<文件名>"，则存入文件 matlab. mat 中；命令"save <文件名><变量集>"将"<变量名集>"指出的变量存入文件"<文件名>. mat"中。

用 load 命令可将变量从磁盘文件读入 MATLAB 的工作空间，其用法为"load <文件名>"，它将"<文件名>"指出的磁盘文件中的数据依次读入名称与"<文件名>"相同的工作空间中的变量中去。如果省略"<文件名>"，则从 matlab. mat 中读入所有数据。

用 clear 命令可从工作空间中清除现存的变量。

2.2 数据类型

MATLAB中的数据类型主要包括数值类型、逻辑类型、字符串、函数句柄、结构体和元胞数组类型。这 6 种基本的数据类型都是按照数组形式存储和操作的。另外，MATLAB中还有两种用于高级交叉编程的数据类型，分别是用户自定义的面向对象的用户类类型和Java类类型。

2.2.1 整数数据类型

MATLAB支持8位、16位、32位和64位的有符号和无符号整数数据类型。表2-3对这些数据类型进行了总结。

表 2-3　整数数据类型

数据类型	描　　述
uint8	8位无符号整数，范围是 $0\sim2^8-1$
int8	8位有符号整数，范围是 $-2^7\sim2^7-1$
uint16	16位无符号整数，范围是 $0\sim2^{16}-1$
int16	16位有符号整数，范围是 $-2^{15}\sim2^{15}-1$
uint32	32位无符号整数，范围是 $0\sim2^{32}-1$
int32	32位有符号整数，范围是 $-2^{31}\sim2^{31}-1$
uint64	64位无符号整数，范围是 $0\sim2^{64}-1$
int64	64位有符号整数，范围是 $-2^{63}\sim2^{63}-1$

表2-3中的整数数据类型除了定义范围不同外，它们具有相同的性质。它们的定义范围可以通过函数 intmax 和 intmin 获得，其中 intmax 获得范围的上限，intmin 获得范围的下限。例如：

```
>> intmax('int16')
ans =
  32767
>> intmin('uint32')
ans =
              0
```

下面实例演示了基于相同类型整数数据类型之间的数学运算。

```
>> k = int8(1:6)
k =
   1    2    3    4    5    6
>> m = int8(randperm(6))
m =
   6    3    5    1    2    4
>> k + m            % 整数相加
```

```
ans =
    7    5    8    5    7    10
>> k - m          % 相减
ans =
    -5   -1   -2   3    3    2
>> k. * m         % 元素间的相乘
ans =
    6    6    15   4    10   24
>> k./m           % 元素间的相除
ans =
    0    1    1    4    3    2
```

当运算超出了由函数 inmin 和 intmax 指定的上下限时，就将该结果设置为 intmin 或 intmax 的返回值，到底是哪一个，主要看溢出的方向。例如：

```
>> k = cast('hellomatlab','uint8')
k =
  104  101  108  108  111  109  97  116  108  97  98
>> double(k) + 160
ans =
  264  261  268  268  271  269  257 276  268  257 258
>> k + 160
ans =
  255  255  255  255  255  255  255 255  255  255 255
>> k - 110
ans =
  0    0    0    0    1    0    0   6    0    0   0
```

注意：MATLAB 支持各种整数数据类型。除了 64 位整数数据类型外，其他整数数据类型都具有比双精度类型较高的存储效率。

基于同一整数数据类型的数学运算符将产生相同的数据类型的结果。混合数据类型的运算仅限于一个双精度类型的标量和一个整数数据类型数组之间进行运算。

2.2.2 浮点数数据类型

在 MATLAB 中，浮点数包括单精度浮点数(single)和双精度浮点数(double)，其中双精度浮点数是 MATLAB 中默认的数据类型。如果输入某个数据后没有指定数据类型，则默认为双精度浮点型，即 double 类型。如果用户想得到其他类型的数，可以通过转换函数进行转换。

在 MATLAB 中，双精度浮点采用 8 个字节，即 64 位来表示，其中第 63 位表示符号，0 为正，1 为负，第 52～62 位表示指数部分，第 0～51 位表示小数部分。

在 MATLAB 中，单精度浮点数采用 4 个字节，即 32 位来表示，其中第 31 位为符号位，0 为正，1 为负，第 23～30 位表示指数部分，第 0～22 位表示小数部分。单精度浮点数比双精度浮点数能够表示的数值范围和数值精度都小。例如：

```
>> realmin('single')
ans =
  1.1755e-38
>> realmax('single')
ans =
  3.4028e+38
>> eps('single')
ans =
  1.1921e-07
>> realmax('double')
ans =
  1.7977e+308
```

单精度数据之间或单精度与双精度之间的数学运算的结果将为单精度数。单精度数据类型中包含双精度数据类型中常见的特殊浮点值 Inf 和 NaN。例如：

```
>> c = 1:8
c =
    1        2        3        4        5        6        7        8
>> c(1:2:end) = 0
c =
    0        2        0        4        0        6        0        8
>> c./c
ans =
    NaN      1        NaN      1        NaN      1        NaN      1
>> 3./c
ans =
    Inf      1.5000   Inf      0.7500   Inf      0.5000   Inf      0.3750
```

2.2.3 字符串

字符串是 MATLAB 中符号运算的基本元素，也是文字等表达方式的基本元素。在 MATLAB 中，字符串作为字符数组用单引号(')引用到程序中，还可以通过字符串运算组成更复杂的字符串。字符串数值和数字数值之间可以进行转换，也可以执行字符串的有关操作。

```
>> t = 'How about this character string?'
t =
How about this character string?
>> size(t)              % 查看字符串大小
ans =
    1    32
>> whos
  Name      Size      Bytes     Class      Attributes
  ans       1x2       16        double
  t         1x32      64        char
```

在 MATLAB 中，每个字符都是该字符串的一个元素，通常都用两个字节来存储。

要查看一个字符串的底层 ASCII 值，用户只要使用一个简单的数学运算函数（如 double、abs 等）就可以了。例如：

```
>> d = double(t)
    d =
  1 至 21 列
    72   111   119   32   97   98   111   117   116   32   116   104   105   115   32   99   104
  97   114   97   99
  22 至 32 列
   116   101   114   32   115   116   114   105   110   103   63
>> abs(t)
ans =
  1 至 21 列
   72   111   119   32   97   98   111   117   116   32   116   104   105   115   32   99   104   97
114   97   99
  22 至 32 列
   116   101   114   32   115   116   114   105   110   103   63
```

2.2.4 关系运算符

关系运算用于比较两个操作数的大小，返回值为逻辑型变量。在 MATLAB 中，关系运算符如表 2-4 所示。当两个操作数都为数组或矩阵时，这两个操作数的维数必须相同，否则会显示出错信息。

表 2-4 关系运算符

符号	函数	功能	符号	函数	功能
<	lt	小于	>=	ge	大于或等于
<=	le	小于或等于	==	eq	等于
>	gt	大于	～=	ne	不等于

注意：在比较浮点数是否相等时需要特别注意，因为浮点数在存储的时候存在相对误差。在程序中，最好不要直接比较两个浮点数是否相等，而是采用两个浮点数的差是否小于某个特别小的数，来判断两个浮点数是否相等。例如：

```
>> clear all;
s1 = 5 > 3
s2 = rand(3,4)
s3 = s2 >= 0.65                    % 小于或等于
s1 =
     1
s2 =
    0.8147    0.9134    0.2785    0.9649
    0.9058    0.6324    0.5469    0.1576
    0.1270    0.0975    0.9575    0.9706
s3 =
     1         1         0         1
     1         0         0         0
     0         0         1         1
```

2.2.5 逻辑运算符

在 MATLAB 中,逻辑运算分为 3 类,分别为逐个元素的逻辑运算、快速逻辑运算和逐位逻辑运算。逐个元素的逻辑运算有 4 种,分别为逻辑与(&)、逻辑或(|)、逻辑非(~)和逻辑异或,如表 2-5 所示。逻辑与和逻辑或是双目运算符,逻辑非为单目运算符。需要注意的是,在进行两个数组或矩阵的逻辑与和逻辑或运算时,必须具有相同的维数。

表 2-5 逐个元素的逻辑运算

运 算 符	函 数	说 明
&	and	逻辑与
|	or	逻辑或
~	not	逻辑非
⊕	xor	逻辑异或

例如:

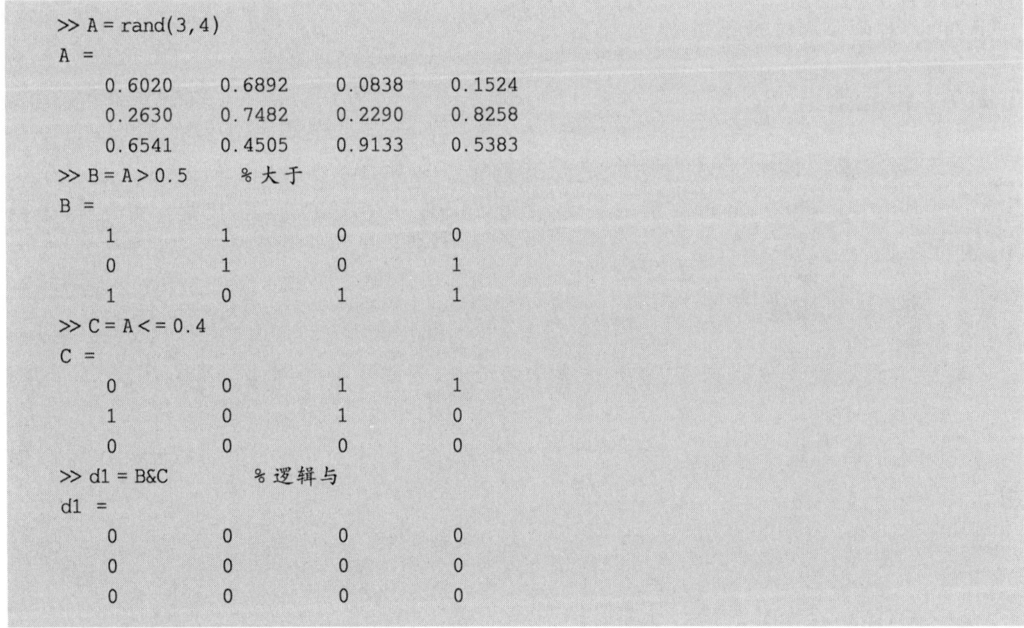

```
>> A = rand(3,4)
A =
    0.6020    0.6892    0.0838    0.1524
    0.2630    0.7482    0.2290    0.8258
    0.6541    0.4505    0.9133    0.5383
>> B = A > 0.5      % 大于
B =
    1         1         0         0
    0         1         0         1
    1         0         1         1
>> C = A <= 0.4
C =
    0         0         1         1
    1         0         1         0
    0         0         0         0
>> d1 = B&C          % 逻辑与
d1 =
    0         0         0         0
    0         0         0         0
    0         0         0         0
```

2.2.6 快速逻辑运算

在 MATLAB 中,有两个快速逻辑运算符,逻辑与(&&)和逻辑或(||),如表 2-6 所示。&& 运算符和 & 运算符非常相近。&& 运算符,在参与运算的第一个操作数为假时,直接返回假,不再计算第二个操作数。|| 运算符,在参与运算的第一个操作数为真时,直接返回真,不再判断第二个操作数。

表 2-6　快速逻辑运算

运算符	说　明
&&	快速逻辑与，当第一个操作数为假时，直接返回假，否则和“&”相同
||	快速逻辑或，当第一个操作数为真时，直接返回真，否则和“|”相同

例如：

```
>> clear all;
>> a = 0;
>> (a > 0)&&(4/a > 0)        % 快速逻辑与
ans =
     0
>> (a > 0)&(4/a > 0)         % 逻辑与
ans =
     0
>> (a == 0)||(4/a > 0)       % 快速逻辑或
ans =
     1
```

在程序中，采用快速逻辑与运算时，第一个操作数为假，直接返回假，即 0。采用逻辑与运算时，对两个操作数都进行了计算。

2.2.7　单元数组

单元数组就是每个元素为一个单元的数组。每个单元可以包含任意数据类型的 MATLAB 数组。例如，单元数组的一个单元可以是一个实数矩阵，或是一个字符串数组，也可以是一个复向量数组。

1. 单元数组构造

构造单元数组有左标志法、右标志法及函数法，下面详细介绍这 3 种方法。

1）左标志法

左标志法就是把单元标志符“{}”放在左边，例如，创建一个 2×2 的单元数组可以使用如下语句：

```
>> c{1,1} = 'Butterfly';
>> c{1,2} = @sin;
>> c{2,1} = eye(1,2);
>> c{2,2} = false;
```

2）右标志法

右标志法就是把单元标志符“{}”放在右边，例如，创建和上面一样的单元数组可以使用如下语句：

```
>> c(1,1) = {'Butterfly'};
>> c(1,2) = {@sin};
>> c(2,1) = eye{1,2};
>> c(2,2) = {false};
```

上述语句还可以简单地写成：

```
>> c = {'Butterfly',@sin;eye(1,2),false};
```

输出为：

```
>> c
c =
    'Butterfly'    @sin
    [1x2 double]   [ 0]
```

另一种显示单元数组的方法是使用 celldisp 函数。例如：

```
>> celldisp(c)
c{1,1} =
Butterfly
c{2,1} =
    1    0
c{1,2} =
    @sin
c{2,2} =
    0
```

注意：函数 celldisp 的显示格式与直接输入单元数组名的显示格式是不同的。celldisp 函数更适用于具有大量数据的单元数组的显示。

3）函数法

在 MATLAB 中还提供了 cell 函数用于创建元胞数组，函数的调用格式为：

c=cell(n)：建立一个 n×n 的空矩阵元胞数组 c。如果 n 不是标量，即产生错误。

c=cell(m, n)或 c=cell([m, n])：建立一个 m×n 的空矩阵元胞数组 c，m 与 n 必须为标量。

c=cell(m, n, p…)或 c=cell([m n p …])：创建一个 m×n×p×…的空矩阵元胞数组 c，m、n、p、…必须都为标量。

c=cell(size(A))：建立一个元胞数组 c，其大小与数组 A 一样，也就是说，c 中的空矩阵单元数等于 A 的元素数。

c=cell(javaobj)：将 Java 数组或 Java 对象 javaobj 转换为 MATLAB 元胞数组。

例如：

```
>> X = java_array('java.lang.String', 3);
X(1) = java.lang.String('one');
X(2) = java.lang.String('two');
X(3) = java.lang.String('three');
D = cell(X)
D =
    'one'
    'two'
    'three'
```

2. 单元数组的读取

以程序 c={'Butterfly',@sin;eye(1,2),false}为例，要读取 c{1,1}中的字符串，可以使用如下语句：

```
>> S = c{1,1}
```

输出为：

```
S =
Butterfly
```

如果要读取单元数组的若干个单元的数据，例如，读取单元数组 c 的第一行，可以使用如下语句：

```
>> c(1,:)
```

输出为：

```
ans =
    'Butterfly'     @sin
```

3. 单元数组的删除

将空矩阵赋给单元数组的某一整行或某一整列，就可以删除单元数组的这一行或一列。例如，删除单元数组 c 的第一行，可以用如下语句：

```
>> c(1,:) = []
```

输出为：

```
c =
[1x2 double]     [0]
```

2.2.8 结构体

结构体数组的基本成分(Element)是结构(Structure)。数组中的每个结构是平等的，它们以下标区分。结构必须在划分"域"后才能使用。数据不能直接存放于结构中，而只能存放在域中。结构的域可以存放任何类型、任何大小的数组(如任意维数数值数组、字符串数组、符号对象等)。而且，不同结构的同名域中存放的内容可以不同。

与数值数组一样，结构体数组维数不受限制，可以是一维、二维或更高维，不过一维结构数组用得最多。结构体数组对结构的编址方法也有单下标编址和全下标编址两种。

在 MATLAB 中，一个结构体对象就是一个 1×1 的结构体数组，因此，可以创建具有多个结构体对象的二维或多维结构体数组。

结构体与单元数组不同，它采用点号来访问字段中的数据变量，这一点与C语言中的类有些相似。若采用点号为结构体中的各个字段赋上初值，就创建了这个结构体。

创建结构体对象有3种方法，如下所述。

1）字段赋值法

在MATLAB中，可以通过字段赋值创建结构体，代码为：

```
>> patient.name = 'John Doe';
patient.billing = 127.00;
patient.test = [79 75 73; 180 178 177.5; 220 210 205];
patient                          %显示结构体数据
patient =
       name: 'John Doe'
    billing: 127
       test: [3x3 double]
```

2）圆括号法

在MATLAB中，可以通过圆括号索引指派，用字段赋值的方法创建结构体数组，代码为：

```
>> patient(1).name = 'John Doe';
>> patient(1).billing = 127.00;
>> patient(1).test = [79 75 73; 180 178 177.5; 220 210 205];
>> patient(2).name = 'Ann Lane';
>> patient(2).billing = 29.3;
>> patient(2).test = [67 89 71;111 118 120;176 167 190];
>> patient
patient =
1x2 struct array with fields:
    name
    billing
    test
>> patient(3).name = 'Alan Johnson'
patient =
1x3 struct array with fields:
    name
    billing
    test
>> patient(3).billing
ans =
    []
>> patient(3).test
ans =
    []
```

3）函数法

在MATLAB中还提供了struct函数用于创建结构数组，函数的调用格式为：

s=struct('field1', values1, 'field2', values2, …)：field*i* 表示字段名。value*i* 表示对应于field*i* 的字段值，必须是同样大小的元胞数组或标量。

s=struct('field1',{},'field2',{},…)：用指定字段field1、field2等建立一个空结构(无任何数据)。

s=struct([])：建立一个没有字段的空结构。

s=struct(obj)：将对象obj转换为它的等价结构。

例如：

```
>> field = 'f';
value = {'some text';
           [10, 20, 30];
           magic(5)};
s = struct(field,value)                    %显示结构体
s =
3x1 struct array with fields:
    f
>> s.f                                     %访问结构体的内容
ans =
some text
ans =
    10    20    30
ans =
    17    24     1     8    15
    23     5     7    14    16
     4     6    13    20    22
    10    12    19    21     3
    11    18    25     2     9
```

此外，在MATLAB中提供了若干函数对结构数组进行操作，常用的操作函数如表2-7所示。

表 2-7　常用的操作函数

函数	说　　明	函数	说　　明
deal	将输入直接分配给输出	fieldnames	得到结构的字段名
isfield	测试是否是结构数组的字段	isstruct	测试是否为结构，是，返回1；否，返回0
struct2cell	将结构数组转换为单元数组	struct	建立结构数组，或转换为结构数组

例如：

```
%调用deal函数操作结构数组
>> C = {rand(3),ones(3,1),eye(3),magic(3)};
>> [a,b,c,d] = deal(C{:})                 %将C直接分配给输出a,b,c,d
a =
    0.8147    0.9134    0.2785
    0.9058    0.6324    0.5469
    0.1270    0.0975    0.9575
b =
    1
    1
    1
```

```
c =
     1     0     0
     0     1     0
     0     0     1
d =
     8     1     6
     3     5     7
     4     9     2
 % 调用 fieldnames 函数操作结构数组
>> mystr(1,1).name = 'alice';
mystr(1,1).ID = 0;
mystr(2,1).name = 'gertrude';
mystr(2,1).ID = 1
mystr =
2x1 struct array with fields:
     name
     ID
>> n = fieldnames(mystr)
n =
     'name'
     'ID'
 % 调用 isfield 函数操作结构数组
>> patient.name = 'John Doe';
patient.billing = 127.00;
patient.test = [79 75 73; 180 178 177.5; 220 210 205];
>> isfield(patient,'billing')
ans =
     1
>> S = struct('one', 1, 'two', 2);
fields = isfield(S, {'two', 'pi', 'One', 3.14})
fields =
     1     0     0     0
 % 调用 struct2cell 函数操作结构数组
>> s.category = 'tree';
s.height = 37.4; s.name = 'birch';
>> s
s =
     category: 'tree'
       height: 37.4000
         name: 'birch'
>> c = struct2cell(s)
c =
     'tree'
     [37.4000]
     'birch'
```

2.2.9 函数句柄

函数句柄是 MATLAB 中用来间接调用函数的数据类型，可以传递给其他函数以便该函数句柄所代表的函数可以被调用。函数句柄还可以被存储起来，以便以后利用。

函数句柄可以用符号@后面加函数名来表示。

【例 2-1】 建立和调用函数句柄。

```
>> clear all;
>> f1 = @sin        % 函数句柄
f1 =
    @sin
>> t = 0:pi/6:pi
t =
              0    0.5236    1.0472    1.5708    2.0944    2.6180    3.1416
>> f1(t)
ans =
              0    0.5000    0.8660    1.0000    0.8660    0.5000    0.0000
>> f2 = @complex    % 函数句柄
f2 =
    @complex
>> f2(4,5)
ans =
    4.0000 + 5.0000i
```

在程序中,通过符号@创建了函数句柄,并通过函数句柄调用了对应的函数。变量 f1 和 f2 的类型为函数句柄,每个函数句柄占用 16 字节的存储空间。

在 MATLAB 中,函数句柄的常用函数如表 2-8 所示。

表 2-8　函数句柄的常用函数

函　　数	说　　明
func2str(fhandle)	将函数句柄转换为字符串
str2func(str)	将字符串转换为函数句柄
functions(fhandle)	返回包含函数信息的结构体变量
isa(a,'function_handle')	判断是否为函数句柄
isequal(fhandle1,fhandle2)	检测两个函数句柄是否对应同一函数

【例 2-2】 函数句柄处理函数实例。

```
>> fhandle = @sin;
func2str(fhandle)
ans =
sin
>> fh_array = cellfun(@str2func, {'sin' 'cos' 'tan'}, ...
                      'UniformOutput', false);
fh array{2}(5)
ans =
    0.2837
>> f = functions(@poly)
f =
    function: 'poly'
        type: 'simple'
        file: 'C:\Program Files\MATLAB\R2013a\toolbox\matlab\polyfun\poly.m'
>> isa(true(2,3),'logical')
```

```
ans =
    1
>> A = [25 50]; B = [int8(25) int8(50)];
isequal(A, B)
ans =
    1
```

2.3 数组运算

数组运算是 MATLAB 计算的基础。由于 MATLAB 面向对象的特性，这种数值数组成为 MATLAB 最重要的一种内建数据类型，而数组运算就是定义这种数据结构的方法。

2.3.1 数组的创建与操作

在 MATLAB 中，一般使用方括号“[]”、逗号“,”、空格和分号“;”来创建数组，数组中同一行的元素使用逗号或空格进行分隔，不同行的元素之间用分号进行分隔。

注意：分隔符必须在英文状态下输入。

【例 2-3】 创建空数组、行向量、列向量。

```
>> clear all;
>> A = []
A =
    []
>> B = [2 5 8 8 1 2 -1]
B =
    2    5    8    8    1    2    -1
>> C = [1,2,3,4,5,6]
C =
    1    2    3    4    5    6
>> D = [2;8;6;3;8;2;1]
D =
    2
    8
    6
    3
    8
    2
    1
>> E = B' % 转置
E =
    2
    5
    8
    8
    1
    2
   -1
```

【例 2-4】 对数组进行访问。

```
>> clear all;
>> A = [6 9 8 7 11 -2 0 7]
A =
     6     9     8     7    11    -2     0     7
>> a1 = A(1)                      %访问数组第 1 个元素
a1 =
    6
>> a2 = A(1:3)                    %访问数组第 1,2,3 个元素
a2 =
     6     9     8
>> a3 = A(3:end)                  %访问数组第 3 个到最后一个元素
a3 =
     8     7    11    -2     0     7
>> a4 = A(end: -1:1)              %数组元素反序输出
a4 =
     7     0    -2    11     7     8     9     6
>> a5 = A([1 6])                  %访问数组第 1 个及第 6 个元素
a5 =
     6    -2
```

注意：A(end:−1:1)函数实现反序输出数组。

【例 2-5】 子数组的赋值实例。

```
>> clear all;
>> A = [5 9 -7 7 4 2 1]
A =
     5     9    -7     7     4     2     1
>> A(3) = 0
A =
     5     9     0     7     4     2     1
>> a([1 4]) = [2 2]
a =
     2     0     0     2
```

在 MATLAB 中还可以通过其他方式创建数组，下面给予介绍。

1. 冒号创建一维数组

通过冒号来创建一维数组，调用格式为 $X=N_1:step:N_2$，用于创建一维行向量 X，第一个元素为 N_1，然后每次递增(step>0)或递减(step<0)step，直到最后一个元素与 N_2 的差的绝对值小于或等于 step 的绝对值为止。当不指定 step 时，系统默认 step=1。

【例 2-6】 通过冒号创建一组数组。

```
>> A = 1:5
   A =
    1     2     3     4     5
```

```
>> B = 2.6:2:11.2              %通过冒号创建数组
B =
     2.6    4.6    6.6    8.6    10.6
>> C = 2.4:1.5:10
C =
     2.4    3.9    5.4    6.9    8.4    9.9
```

在程序中，如果不指定 step，则系统默认为 1。如果 step>0，则每次递增 step，但是如果 $N_1 > N_2$ 则返回空数组。如果 step<0，则每次递减 step，但是如果 $N_1 < N_2$ 则返回空数组。

2. logspace 创建一维数组

在 MATLAB 中，可以通过 logspace 建立一维矩阵，和函数 linspace 的功能类似。该函数的调用格式为：

y=logspace(a,b)：在[10 ^ a,10 ^ b]区间生成 50 个差值相等的数。

y=logspace(a,b,n)：在[10 ^ a,10 ^ b]区间生成 n 个差值相等的数。

y=logspace(a,pi)：在[10 ^ a, pi]区间生成 50 个差值相等的数，常用于数字信号处理。

【例 2-7】 利用 logspace 函数创建一维矩阵。

```
>> clear all;
>> A = logspace(1,7,9)
A =
  10   56.234   316.23   1778.3   10000   56234   3.1623e+05   1.7783e+06   1e+07
>> B = logspace(0,2,7)
B =
  1     2.1544     4.6416     10     21.544     46.416     100
>> C = logspace(2,5,8)
C =
  100     268.27     719.69     1930.7     5179.5     13895 37276     1e+05
>> D = logspace(0,7,1)
d =
    10000000
```

3. linspace 创建一维数组

在 MATLAB 中，可以通过函数 linspace 创建一维矩阵，和冒号的功能类似。该函数的调用格式为：

y=linspace(a,b)：该函数创建行向量 y，第一个元素为 a，最后一个元素为 b，形成总共默认为 100 个元素的等差数列。

y=linspace(a,b,n)：该函数创建行向量 y，第一个元素为 a，最后一个元素为 b，形成总共 n 个元素的等差数列。如果 n<2，该函数返回值为 b。

【例 2-8】 利用 linspace 函数创建一维矩阵。

```
>> clear all;
>> A = linspace(1,5,10) % 创建数组
A =
1  1.4444  1.8889  2.3333  2.7778  3.2222  3.6667  4.1111  4.5556  5
>> B = linspace(1,3,7)
B =
  1     1.3333     1.6667     2     2.3333     2.6667     3
>> C = linspace(2,7,1)
C =
     7
```

2.3.2 常见数组运算

在 MATLAB 中，常见的数组运算有算术运算、关系运算、逻辑运算等。

1. 算术运算

数组的运算是从数组的单个元素出发，针对每个元素进行的运算。在 MATLAB 中，一维数组的算术运算包括加、减、乘、左除、右除和乘方等。

（1）数组的加减运算：通过格式 A+B 或 A−B 可实现数组的加减运算，但是运算规则要求数组 A 和 B 的维数相同。

【例 2-9】 实现数组的加减运算。

```
>> clear all;
>> A = [1 7 9 44 6 -2]
A =
     1     7     9    44     6    -2
>> B = [0 5 -3 7 8 9]
B =
     0     5 -3       7     8     9
>> C = [1 2 1 1 2]
C =
     1     2     1     1     2
>> S1 = A + B                % 加法
S1 =
     1    12     6    51    14     7
>> S2 = A - B                % 减法
S2 =
     1     2    12    37    -2   -11
>> S3 = A + 5                % 数组与常数的加法
S3 =
     6    12    14    49    11     3
>> S4 = A - C                % 不同维数相加
```

（2）数组的乘除运算：通过格式“.*”或“./”可实现数组的乘除运算，但是运算规则要求数组 A 和 B 的维数相同。

乘法：数组 A 和 B 的维数相同，运算为数组对应元素相乘，计算结果与 A 和 B 是相同维数的数组。

除法：数组 A 和 B 的维数相同，运算为数组对应元素相除，计算结果与 A 和 B 是相同维数的数组。

右除和左除的关系：A. /B=B. \A，其中 A 是被除数，B 是除数。

提示：如果两个数组的维数不相同，则给出错误的信息。

【例 2-10】 数组的乘除法运算。

```
>> clear all;
>> A = [1 5 6 8 9 6]
A =
     1     5     6     8     9     6
>> B = [9 5 6 4 2 0]
B =
     9     5     6     4     2     0
>> C = A. * B                  % 数组的点乘
C =
     9    25    36    32    18     0
>> D = A * 4                   % 数组与常数相乘
D =
     4    20    24    32    36    24
>> E = A. /B                   % 数组右除
E =
     0.1111      1.0000      1.0000      2.0000      4.5000      Inf
>> F = A. \B                   % 数组左除
F =
     9.0000      1.0000      1.0000      0.5000      0.2222      0
>> E2 = A. /3                  % 数组与常数除法
E2 =
     0.3333      1.6667      2.0000      2.6667      3.0000      2.0000
>> F2 = A/3
F2 =
     0.3333      1.6667      2.0000      2.6667      3.0000      2.0000
```

注意：如果除数为 0，则结果为无穷大 Inf。

(3) 通过乘方格式“. ^”实现数组的乘方运算。数组的乘方运算包括数组间的乘方运算、数组与某个具体数值的乘方运算，以及常数与数组的乘方运算。

【例 2-11】 数组的乘方运算。

```
>> clear all;
>> A = [1 5 6 8 9 7]
A =
     1     5     6     8     9     7
>> B = [9 5 4 0 2 1]
B =
     9     5     4     0     2     1
>> C = A. ^B           % 数组乘方
C =
           1    3125    1296     1    81     7
```

```
>> D = A.^3          % 数组与常数乘方
D =
     1    125    216    512    729    343
>> E = 3.^A          % 常数与数组的乘方
E =
           3    243     729    6561    19683    2187
```

通过 dot 函数可实现数组的点积运算，其等价于.*，但是运算规则要求数组 A 和 B 的维数相同。函数的调用格式为：

C=dot(A,B)：C 为返回的内积结果。A 与 B 为输入的向量或者矩阵，它们要求有相同的行数和列数。

C=dot(A,B,dim)：参数 dim 用于指定内积计算的维数。当 dim=1 时，对矩阵的列向量进行内积计算，dim 默认为 1。当 dim=2 时，对矩阵的行向量进行计算。

【例 2-12】 数组的点积运算。

```
>> clear all;
>> A = [1 4 8 0 9 1]
A =
     1     4     8     0     9     1
>> B = [6 9 7 0 1 2]
B =
     6     9     7     0     1     2
>> C = dot(A,B) % 数组的点积
C =
   109
>> D = sum(A. * B) % 数组元素的乘积之和
D =
   109
```

注意：函数 C=dot(A,B)计算数组的点积，通过函数 sum(A. * B)也可以得到相同的结果。

2. 关系运算

在 MATLAB 中，提供了 6 种数组关系运算符，即<(小于)、<=(小于或等于)、>(大于)、>=(大于或等于)、==(恒等于)、~=(不等于)。

关于运算的运算规则为：

- 当两个比较量是标量时，直接比较两个数的大小。如果关系成立，则返回的结果为 1，否则为 0。
- 当两个比较量是维数相等的数组时，逐一比较两个数组相同位置的元素，并给出比较结果。最终的关系运算结果是一个与参与比较的数组维数相同的数组，其组成元素为 0 或 1。

【例 2-13】 数组的关系运算。

```
>> clear all;
>> A = [1 4 8 0 9 1]
```

```
A =
     1     4     8     0     9     1
>> B = [6 9 7 0 1 2]
B =
     6     9     7     0     1     2
>> C = A < 5
C =
     1     1     0     1     0     1
>> D = A >= 5
D =
     0     0     1     0     1     0
>> E = A < B
E =
     1     1     0     0     0     1
>> F = A >= B
F =
     0     0     1     1     1     0
```

3. 逻辑运算

在 MATLAB 中,数组提供了 3 种逻辑运算符,即 &(与)、|(或)和～(非)。逻辑运算的运算规则为:

- 如果是非零元素则为真,用 1 表示;反之是零元素则为假,用 0 表示。
- 当两个比较量是维数相等的数组时,逐一比较两个数组相同位置的元素,并给出比较结果。最终的关系运算结果是一个与参与比较的数组维数相同的数组,其组成元素为 0 或 1。
- 与运算(a&b)时,a、b 全为非零,则为真,运算结果为 1;或运算(a|b)时,只要 a、b 有一个为非零,则运算结果为 1;非运算(～a)时,如果 a 为 0,运算结果为 1,a 为非零,则运算结果为 0。

【例 2-14】 数组的逻辑运算。

```
>> clear all;
>> A = [1 4 8 0 9 1]
A =
     1     4     8     0     9     1
>> B = [6 9 7 0 1 2]
B =
     6     9     7     0     1     2
>> C = A&B          % 与
C =
     1     1     1     0     1     1
>> C2 = A|B         % 或
C2 =
     1     1     1     0     1     1
>> C3 = ～A          % 非
C3 =
     0     0     0     1     0     0
```

2.4 矩阵操作

矩阵是 MATLAB 中数据存储的最佳形式，尽管 MATLAB 还可以采用其他的存储方式，但采用矩阵的方式有利于各类数据的运算和操作。

2.4.1 矩阵的生成

矩阵的生成有多种方式，通常有以下 4 种方法：

- 在命令行窗口中直接输入矩阵；
- 在 M 文件中建立矩阵；
- 从外部的数据文件中导入矩阵；
- 通过语句和函数产生特殊矩阵。

下面分别对这 4 种方法作简要介绍。

1. 直接输入法

在命令行窗口中直接输入矩阵是最简单、最常用的创建数值矩阵的方法，比较适合于创建较小的简单矩阵，把矩阵的元素直接排列到方括号中，每行内的元素用空格或逗号相隔，行与行之间的内容用分号相隔。

【例 2-15】 利用直接输入法创建矩阵。

```
>> A = [1 5 8 7 9;0 3 -2 4 7;6 9 5 2 1]
A =
     1     5     8     7     9
     0     3    -2     4     7
     6     9     5     2     1
```

这样，在 MATLAB 工作空间中就建立了一个矩阵 A，以后就可以使用矩阵 A。

在输入矩阵的元素时，也可以分成几行输入，用 Enter 键代替分号，即按照下列方式输入：

```
>> A = [1 5 8 7 9 0 3 -2 4 7 6 9 5 2 1]
A =
     1     5     8     7     9
     0     3    -2     4     7
     6     9     5     2     1
```

注意：

- 输入矩阵时要以“[]”为其标识符号，矩阵的所有元素必须都在括号内；
- 矩阵同行元素之间用空格或逗号分隔，行与行之间用分号或 Enter 键分隔；
- 矩阵大小不需要预先定义；
- 如果“[]”中无元素，则表示空矩阵。

此外，矩阵元素也可以是表达式，MATLAB将自动计算结果。例如：

```
>> B = [12 6-sqrt(5) cos(2);24 4 * 6 abs(-9)]
B =
      12.0000     3.7639     - 0.4161
      24.0000    24.0000       9.0000
```

在MATLAB中，矩阵元素也可以是复数，建立复数矩阵的方法和数值矩阵的方法相同。

【例2-16】 创建复数矩阵。

```
>> C = [1 - 2i 3 5 * sqrt(5);6 7/8 3 + 5i]
C =
      1.0000 - 2.0000i    3.0000 + 0.0000i    11.1803 + 0.0000i
      6.0000 + 0.0000i    0.8750 + 0.0000i     3.0000 + 5.0000i
```

也可以分别建立实部矩阵和虚部矩阵，再合起来构成复数矩阵。例如：

```
>> R = [1 5 7;4 9 11];
>> I = [1.2 1.3 1.4;2.2 2.3 2.4];
>> ri = R + i * I
ri =
      1.0000 + 1.2000i    5.0000 + 1.3000i     7.0000 + 1.4000i
      4.0000 + 2.2000i    9.0000 + 2.3000i    11.0000 + 2.4000i
```

注意：这里的i是单个数据，i * I表示一个数与一个矩阵相乘。

2. M文件建立矩阵法

对于比较大且比较复杂的矩阵，可以为它专门建立一个M文件。下面通过一个简单的例子来说明怎样利用M文件创建矩阵。

首先启动相关文本编辑程序或MATLAB的脚本编辑器，并输入待建矩阵，如图2-1所示，将输入的内容保存，名为matrix.m。

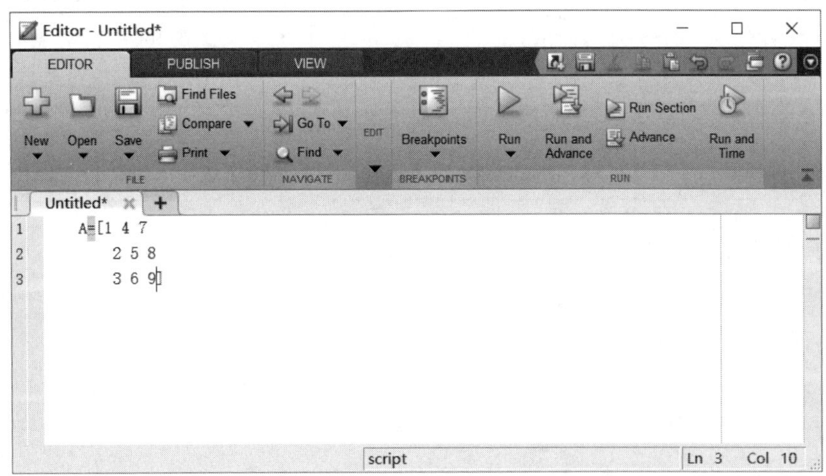

图2-1 脚本编辑器

在命令行窗口中输入 matrix,即运行该 M 文件,就会自动建立一个名为 A 的矩阵,如下所示:

```
>> matrix
    A =
     1     4     7
     2     5     8
     3     6     9
```

3. 外部数据文件建立矩阵

MATLAB 语言也允许用户调用在 MATLAB 环境之外定义的矩阵。利用任意的文本编辑器编辑所要使用的矩阵,矩阵元素之间以特定分隔符分开,并按行列布置。

用户可以通过 load 命令,将外部数据文件中的内容调入工作空间中创建矩阵,外部文件的扩展名为.dat。

【例 2-17】 利用文本编辑器创建一个数据文件 test.dat,包含下列数据:

```
1     2     3     5
0     9    -2     4
10    8     7     6
```

利用 MATLAB 实现载入,代码为:

```
>> load test.dat
>> test
test =
     1     2     3     5
     0     9    -2     4
    10     8     7     6
```

4. 函数产生矩阵

对于经常用到的一些特殊的矩阵,如单位阵、全零阵、全 1 阵、随机阵、魔方阵、对角阵等,MATLAB 提供了相应的函数来快速生成这些矩阵,灵活运用这些函数和矩阵修改的一些操作,便于生成一些特殊格式的矩阵,如利用对角阵和矩阵的左右翻转函数,可以生成矩阵元素从下角到右上角的对角线上的特殊矩阵。MATLAB 常用的特殊矩阵生成函数如表 2-9 所示,利用这些函数可以创建一些特殊矩阵。

表 2-9 MATLAB 常用的特殊矩阵生成函数

函　　数	说　　明
ones(n) ones(sz1,…,szN) ones(size(A))	构建一个 n×n 的 1 矩阵(矩阵的元素全部为 1) 构建一个 m×n×…×p 的 1 矩阵 构建一个和矩阵 A 同样大小的 1 矩阵
zeros(n) zeros(sz1,…,szN) zeros(size(A))	构建一个 n×n 的 0 矩阵(输出矩阵的元素全部为 0) 构建一个 m×n×…×p 的 0 矩阵 构建一个矩阵 A 同样大小的 0 矩阵

续表

函　　数	说　　明
eye(n) eye(sz1,…,szN) eye(size(A))	构建一个 n×n 的单位矩阵 构建一个 m×n×…×p 的单位矩阵 构建一个矩阵 A 同样大小的单位矩阵
magic(n)	构建一个 n×n 的魔方矩阵,其每一行、每一列元素之和都相等
rand(n) rand(m,n,…,p)	构建一个 n×n 的矩阵,其元素为 0～1 均匀分布的随机数 构建一个 m×n×…×p 的矩阵,其元素为 0～1 均匀分布的随机数
randn(n) randn(m,n,…,p)	构建一个 n×n 的矩阵,其元素为零均值、单位方差的正态分布随机数 构建一个 m×n×…×p 的矩阵,其元素为零均值、单位方差的正态分布随机数
hilb(n)	构建一个 n×n 的 hilbert 矩阵
vander(v)	构建一个 vander 矩阵
hankel(r,c)	构建一个 hankel 矩阵
hadamard(n)	构建一个 n×n 的 hadamard 矩阵

【例 2-18】 利用 MATLAB 提供的特殊函数创建矩阵。

```
>> B = ones(2,2)
B =
     1     1
     1     1
>> A = [1,2,3;4,5,6];
>> zeros(size(A))
ans =
     0           0           0
     0           0           0
>> randn(2,3)
ans =
     0.5377     -2.2588      0.3188
     1.8339      0.8622     -1.3077
>> rand(3,2)
ans =
     0.2785      0.9649
     0.5469      0.1576
     0.9575      0.9706
>> magic(4)
ans =
    16     2     3    13
     5    11    10     8
     9     7     6    12
     4    14    15     1
>> eye(3)
ans =
    1     0     0
    0     1     0
    0     0     1
>> c = 1:3; r = 7:10;
h = hankel(c,r)
```

```
h =
     1     2     3      8
     2     3     8      9
     3     8     9     10
>> hadamard(4)
ans =
     1     1     1     1
     1    -1     1    -1
     1     1    -1    -1
     1    -1    -1     1
```

2.4.2 矩阵的操作

1. 矩阵的部分删除

在MATLAB中，可以将矩阵的某行和某列赋值为空值而直接删除此行或列。删除行或列的部分元素则会出错。

【例 2-19】 矩阵的部分删除。

```
>> D = [1 1 1;0 2 8;inf inf 9]
D =
       1       1     1
       0       2     8
     Inf     Inf     9
>> D(:,2) = []
D =
       1       1
       0       8
     Inf       9
>> D(3,2) = []
```

空赋值只能具有一个非冒号索引。

2. 矩阵元素的修改

对矩阵元素的修改主要是指对角元素和上(下)三角阵的抽取。对角矩阵和三角矩阵的抽取函数调用格式为：

X=diag(v,k)：当v有n个元素的向量时，返回方阵X，它的大小为n+abs(k)，向量v的元素位于X的第k条对角线上，其中k=0是主对角线，k>0位于主对角线以上，k<0位于主对角线以下。

X=diag(v)：将向量v的元素放在方阵X的主对角线上，等同于调用格式X=diag(v,k)中k=0的情况。

v=diag(X,k)：对于矩阵X，返回列向量v，它的元素由X的第k条对角线的元素构成。

v=diag(X)：返回矩阵X的主对角线元素，等同于调用格式v=diag(X,k)中k=0的情况。

注意：如果输入参数 k 为小数，MATLAB 会自动把小数部分去掉。

L=tril(X)：返回矩阵 X 的下三角部分，其余部分用 0 补齐。

L=tril(X,k)：返回矩阵 X 的第 k 条对角线以下的元素，其余部分用 0 补齐，其中 k=0 是主对角线，k>0 位于主对角线以上，k<0 位于主对角线以下。

U=triu(X)：返回矩阵 X 的上三角部分元素，其余部分用 0 补齐。

U=triu(X,k)：返回矩阵 X 的第 k 条对角线以上的元素，其余部分用 0 补齐，其中 k=0 是主对角线，k>0 位于主对角线以上，k<0 位于主对角线以下。

【例 2-20】 矩阵元素的修改。

```
>> B = ones(3)
B =
      1     1     1
      1     1     1
      1     1     1
>> tril(B, - 1)
ans =
      0     0     0
      1     0     0
      1     1     0
>> triu(B,1)
ans =
      0     1     1
      0     0     1
      0     0     0
```

3. 矩阵结构的修改

矩阵元素的修改与矩阵结构的修改是不一样，在 MATLAB 中，也提供了相关的函数实现矩阵的结构修改。函数的调用格式为：

reshape(B,m,n,p)：B 为待重置的数组，m、n 和 p 分别为新数组的行、列和页数。

reshape(B,…,[],…)：B 为待重置的数组，[]为被置空的列或行，其中[]×行(列)等于 B 的总元素数。

注意：矩阵的总元素数不变，即 sum(size(B))=m+n+p。

B=rot90(A)：将矩阵 A 逆时针旋转 90°。

B=rot90(A,k)：将矩阵 A 逆时针旋转 90°的 k 倍，k 的默认值为 1。

B=fliplr(A)：将矩阵 A 实现左右翻转。

B=flipud(A)：将矩阵 A 实现上下翻转。

B=flipdim(A,dim)：按指定的 dim 维对矩阵 A 进行翻转，生成矩阵 B,dim 的取值为：

- 当 dim=1 时，数组上下翻转，相当于函数 flipud(A)；
- 当 dim=2 时，数组左右翻转，相当于函数 fliplr(A)。

【例 2-21】 矩阵结构的修改。

```
>> clear all;
>> a = [1 1 1;2 2 2;3 3 3]
```

```
a =
     1     1     1
     2     2     2
     3     3     3
>> reshape(a,1,9)
ans =
     1     2     3     1     2     3     1     2     3
>> b=[1 2 3 4;5 6 7 8]
b =
     1     2     3     4
     5     6     7     8
>> rot90(b)
ans =
     4     8
     3     7
     2     6
     1     5
>> rot90(b,2)
ans =
     8     7     6     5
     4     3     2     1
>> fliplr(b)
ans =
     4     3     2     1
     8     7     6     5
>> flipud(b)
ans =
     5     6     7     8
     1     2     3     4
```

4. 矩阵的块操作

在 MATLAB 中，通过 repmat、blkdiags 和 kron 函数进行矩阵的块操作。函数的调用格式为：

B=repmat(A,m,n)或 B=repmat(A,[m n])：产生大的矩阵 B，把矩阵 A 当作单个元素，产生出 m 行和 n 列的矩阵 A 组成的大矩阵 B。

repmat(A,[m,n,p])：其中 A 为二维矩阵，[]中的三个数字 m、n 和 p 分别代表 A 在各维上的数目，具体举例如下：首先生成 2 阶全 1 矩阵，再用 repmat 指令，m、n 和 p 分别取 2、1 和 2，表示在行维、列维和页维分别放置 2 个、1 个和 2 个矩阵 A，得到新的高维数组。

out=blkdiag(a,b,c,d,…)：将多个矩阵 a,b,c,d,…作为对象块，产生新的矩阵。

K=kron(X,Y)：如果矩阵 X 为 2 行 3 列的矩阵，则函数 kron(X,Y)产生的矩阵为：

$$\begin{bmatrix} X(1,1)\times Y & X(1,2)\times Y & X(1,3)\times Y \\ X(2,1)\times Y & X(2,2)\times Y & X(2,3)\times Y \end{bmatrix}$$

【例 2-22】 矩阵的块操作实例。

```
>> B = repmat(eye(2),3,4)
B =
     1     0     1     0     1     0     1     0
```

```
     0     1     0     1     0     1     0     1
     1     0     1     0     1     0     1     0
     0     1     0     1     0     1     0     1
     1     0     1     0     1     0     1     0
     0     1     0     1     0     1     0     1
>> B1 = blkdiag(magic(3),[1:2;3:4])
B1 =
     8     1     6     0     0
     3     5     7     0     0
     4     9     2     0     0
     0     0     0     1     2
     0     0     0     3     4
>> B2 = blkdiag([1:2;3:4],magic(3))
B2 =
     1     2     0     0     0
     3     4     0     0     0
     0     0     8     1     6
     0     0     3     5     7
     0     0     4     9     2
>> B3 = kron([1:2;3:4],magic(3))
B3 =
     8     1     6    16     2    12
     3     5     7     6    10    14
     4     9     2     8    18     4
    24     3    18    32     4    24
     9    15    21    12    20    28
    12    27     6    16    36     8
>> B4 = kron(magic(3),[1:2;3:4])
B4 =
     8    16     1     2     6    12
    24    32     3     4    18    24
     3     6     5    10     7    14
     9    12    15    20    21    28
     4     8     9    18     2     4
    12    16    27    36     6     8
```

2.4.3 矩阵元素的数据变换

1. 取整数

在 MATLAB 中，可以对由小数构成的矩阵 A 取整，也可以把矩阵写成有理数形式，同时也可求矩阵的余数。

floor(A)：将矩阵 A 中元素按 $-\infty$ 方向取整，即取不足整数。

ceil(A)：将矩阵 A 中元素按 $+\infty$ 方向取整，即取过剩整数。

round(A)：将矩阵 A 中元素按最近整数取整，即四舍五入取整。

fix(A)：将矩阵 A 中元素按离 0 近的方向取整。

【例 2-23】 实现矩阵取整。

```
>> clear all;
>> A = 2 * rand(3)
A =
     1.6294    1.8268    0.5570
     1.8116    1.2647    1.0938
     0.2540    0.1951    1.9150
>> B1 = floor(A)
B1 =
     1         1         0
     1         1         1
     0         0         1
>> B2 = ceil(A)
B2 =
     2         2         1
     2         2         2
     1         1         2
>> B3 = round(A)
B3 =
     2         2         1
     2         1         1
     0         0         2
>> B4 = fix(A)
B4 =
     1         1         0
     1         1         1
     0         0         1
```

2. 有理数形式

在 MATLAB 中，提供了 rat 函数用于实现矩阵的有理数形式。函数的调用格式为：[n,d]=rat(A)：表示将矩阵 A 表示为两个整数矩阵相乘，即 A=n./d。

【例 2-24】 矩阵有理数形式。

```
>> clear all;
>> A = rand(3)
A =
     0.9649    0.9572    0.1419
     0.1576    0.4854    0.4218
     0.9706    0.8003    0.9157
>> [n,d] = rat(A)
n =
     687       581        21
      29        83       407
      33       569       163
d =
     712       607       148
     184       171       965
      34       711       178
```

3. 余数

在 MATLAB 中，提供了 rem 函数实现矩阵元素的余数。函数的调用格式为：

B=rem(A,x)：表示矩阵 A 除以模数 x 后的余数。如果 x=0，则定义 rem(A,0)=NaN；如果 x≠0，则整数部分由 fix(A./x)表示，余数 C=A−x.*fix(A./x)，允许模数 x 为小数。

【例 2-25】 矩阵元素的余数。

```
>> B = randn(3)
B =
     1.4090     - 1.2075     0.4889
     1.4172       0.7172     1.0347
     0.6715       1.6302     0.7269
>> rem(A,2)
ans =
     0.9649       0.9572     0.1419
     0.1576       0.4854     0.4218
     0.9706       0.8003     0.9157
```

第3章 MATLAB数值计算

MATLAB在矩阵分析和运算方面提供了强大的函数和命令功能。由于MATLAB中的所有数据都是通过矩阵形式存在的，因此，MATLAB的数值计算主要分为两类：一类是针对整个矩阵的数值计算，即矩阵运算；另一类则是针对矩阵中的元素进行的，可以称为矩阵元素的计算。

3.1 矩阵运算

矩阵是MATLAB数据组织和运算的基本单元，矩阵的加、减、乘、除、幂运算等代数运算是MATLAB数值计算最基础的部分。

3.1.1 矩阵的算术运算

矩阵算术运算的书写格式与普通算术运算相同，包括优先顺序规则，但其乘法和除法的定义和方法与标量截然不同。

表3-1为MATLAB矩阵的算术运算符及说明。

表3-1 MATLAB矩阵的算术运算符及说明

运算符	名称	实例	说　明
+	加	A+B	如果A、B为同维数矩阵，则表示A与B对应元素相加；如果其中一个矩阵为标量，则表示另一矩阵的所有元素加上该标量
−	减	A−B	如果A、B为同维数矩阵，则表示A与B对应元素相减；如果其中一个矩阵为标量，则表示另一矩阵的所有元素减去该标量
*	矩阵乘	A*B	矩阵A与B相乘，A和B均可为向量或标量，但A和B的维数必须符合矩阵乘法的定义
\	矩阵左除	A\B	方程A*X=B的解X
/	矩阵右除	A/B	方程X*A=B的解X
^	矩阵乘方	A^B	当A、B均为标量时，表示A的B次方幂；当A为方阵，B为正整数时，表示矩阵A的B次乘积；当A、B均为矩阵时，无定义

【例 3-1】 矩阵的算术运算。

```
>> A = [1 4 7;2 5 8;3 6 9];
>> B = [0 2 75;12 3 8;10 5 3];
>> C = A + B                        % 矩阵的加法运算
C =
     1         6         82
    14         8         16
    13        11         12
>> D = A - B                        % 矩阵的减法运算
D =
      1         2        - 68
   - 10         2           0
    - 7         1           6
>> E = A\B                          % 矩阵的左除运算
Warning: Matrix is singular to working precision.
E =
       NaN          NaN       NaN
     - Inf          Inf       Inf
       Inf        - Inf     - Inf
>> F = A/B                          % 矩阵的右除运算
F =
      0.1518      - 1.0654      1.3785
      0.1702      - 1.2198      1.6638
      0.1886      - 1.3743      1.9491
>> H = A * B                        % 矩阵的乘方运算
H =
      118         49        128
      140         59        214
      162         69        300
>> J = A^3                          % 矩阵的乘方运算
J =
      468        1062       1656
      576        1305       2034
      684        1548       2412
```

注意：

(1) 如果 A、B 两矩阵进行加、减运算，则 A、B 必须维数相同，否则系统提示出错。

(2) 如果 A、B 两矩阵进行乘运算，则前一矩阵的列数必须等于后一矩阵的行数(内维数相等)。

(3) 如果 A、B 两矩阵进行右除运算，则两矩阵的列数必须相等(实际上，$X=B/A=B\times A^{-1}$)。

(4) 如果 A、B 两矩阵进行左除运算，则两矩阵的行数必须相等(实际上，$X=A\backslash B=A^{-1}\cdot B$)。

3.1.2 矩阵的转置

矩阵的转置计算在 MATLAB 中非常简单，就是运算符“'”，此运算符的运算级别比加、减、乘、除等运算要高。

【例 3-2】 矩阵的转置运算。

```
>> clear all;
>> A = [1 1 1 1;2 2 2 2;3 3 3 3;4 4 4 4]
A =
     1     1     1     1
     2     2     2     2
     3     3     3     3
     4     4     4     4
>> A'
ans =
      1    2    3    4
      1    2    3    4
      1    2    3    4
      1    2    3    4
```

如果一个矩阵与其转置矩阵相等,则称其为对称矩阵;如果一个矩阵与其转置矩阵的和为零矩阵,则称其为反对称矩阵。在 MATLAB 中,判断对称和反对称的方法非常简单,如果 isequal(A,A')返回 1,则矩阵 A 为对称矩阵;如果 isequal(A,-A')返回 1,则矩阵 A 为反对称矩阵。例如:

```
>> B = [1 2 3;2 2 2;3 2 4]
B =
     1     2     3
     2     2     2
     3     2     4
>> isequal(B,B')
ans =
     1
```

3.1.3 方阵的行列式

对于方阵的行列式,手工计算是非常烦琐的,尤其是对于高阶方阵。而在 MATLAB 中,利用 det(A)函数就可以非常简单地计算矩阵行列式的值。由线性代数的知识可以知道,如果方阵 A 的元素为整数,则计算结果也为整数。

【例 3-3】 矩阵行列式的值。

```
>> A = [1 5 9;3 4 7;6 8 2]
A =
     1     5     9
     3     4     7
     6     8     2
>> det(A)
ans =
      132
```

注意：利用 det(X)=0 来检验方阵是否为奇异矩阵，并不是任何时候都有效，在某些情况下就会判断错误。利用 abs(det(X))<=tol 来判断矩阵的奇异性也并不可靠，因为误差 tol 是很难确定的，通常利用 cond(X)来判断奇异或接近奇异的矩阵比较合理。

3.1.4 矩阵的逆与伪逆

对于方阵 A，如果为非奇异方阵，则存在逆矩阵 inv(A)，使得 A * inv(A)=I。手工计算矩阵的逆是非常烦琐的，而利用函数 inv(A)则会非常方便地求出方阵的逆。函数 inv(A)在求方程的逆时采用高斯消去法。如果 A 不是方阵或 A 为奇异或接近奇异的方阵，函数会给出警告信息，计算结果将都为 Inf。在不是采用 IEEE 算法的机器上，上述情况会出错。

【例 3-4】 矩阵的逆。

```
>> A = [1 4 8 7;3 5 7 9;11 5 7 8;0 2 7 12];
>> B = inv(A)                      % 求矩阵的逆
B =
    -0.0246    -0.1088     0.1228     0.0140
    -0.1719     0.5719    -0.1404    -0.2351
     0.3860    -0.3860     0.0702     0.0175
    -0.1965     0.1298    -0.0175     0.1123
>> A * B
ans =
     1.0000     0.0000      -0.0000      0.0000
    -0.0000     1.0000      -0.0000           0
    -0.0000          0       1.0000      0.0000
    -0.0000          0      -0.0000      1.0000
>> C = [0 0 0;0 2 0;0 0 0]
C =
     0     0     0
     0     2     0
     0     0     0
>> inv(C)
```

警告：矩阵为奇异工作精度。

```
ans =
     Inf       Inf       Inf
     Inf       Inf       Inf
     Inf       Inf       Inf
```

对于奇异方阵或非方阵的矩阵，并不存在逆矩阵，但可以用函数 pinv(A)求其伪逆。其调用格式为：

```
B = pinv(A)
B = pinv(A,tol)
```

函数返回一个与矩阵 A 具有相同大小的矩阵 B，并且满足 ABA=A，BAB=B，且 AB

和BA都是Hermintain矩阵。计算方法是基于奇异值分解svd(A)，并且任何小于公差的奇异值都被看作零，其默认的公差为max(size(A)) × norm(A) * eps。如果A为非奇异方阵，函数的计算结果与inv(A)相同，但却会耗费大量的计算时间，相比较而言，inv(A)花费更少的时间。在其他情况下，pinv(A)具有inv(A)的部分特性，但却不是与inv(A)完全等同。例如：

```
>> pinv(A)
ans =
   -0.0246   -0.1088    0.1228    0.0140
   -0.1719    0.5719   -0.1404   -0.2351
    0.3860   -0.3860    0.0702    0.0175
   -0.1965    0.1298   -0.0175    0.1123
```

pinv(A)也可以用来求线性方程Ax=b，x可以由pinv(A) * b和A/b分别解得，其中A可以是方阵，也可以是奇异方阵。

【例3-5】 利用矩阵的逆运算求解线性方程组。

```
>> pinv(A)
ans =
   -0.0246   -0.1088    0.1228    0.0140
   -0.1719    0.5719   -0.1404   -0.2351
    0.3860   -0.3860    0.0702    0.0175
   -0.1965    0.1298   -0.0175    0.1123
>> rank(A)
ans = >> b = [0.3;0.4;0.5;0.6]
b =
    0.3000
    0.4000
    0.5000
    0.6000
>> pinv(A) * b
ans =
      0.0189
     -0.0340
      0.0070
      0.0516
>> A\b
ans =
      0.0189
     -0.0340
      0.0070
      0.0516
```

3.1.5 矩阵或向量的范数

矩阵或向量范数是度量矩阵或向量在某种意义下的长度。范数有多种定义，其定义不同，范数值也就不同。在线性代数方程组的数值解法中，经常需要分析解向量的误差，需要比较误差向量的“大小”或“长度”，那么怎样定义向量的长度呢？在初等数学里知道，定义向量的长度，实际上就是对每一个向量按一定的法则规定一个非负实数与之对应，这一思想推广到 n 维线性空间里，就是向量的范数或模。

1）向量的3种常用范数及其计算函数

设向量 $V=(v_1,v_2,\cdots,v_n)$，下面讨论向量的3种范数。

（1）1范数。

$$\|V\|_1=\sum_{i=1}^{n}|v_i|$$

（2）2范数。

$$\|V\|_2=\sqrt{\sum_{i=1}^{n}v_i^2}$$

（3）∞范数。

$$\|V\|_\infty=\max_{1\leqslant i\leqslant n}\{|v_i|\}$$

在MATLAB中，求这3种向量范数的函数分别为：

- norm(V, 1)：计算向量V的1范数。
- norm(V)或norm(V,2)：计算向量V的2范数。
- norm(V, inf)：计算向量V的∞(无穷)范数。

【例3-6】 计算向量的3种范数。

```
>> clear all;
X = randperm(5)                        % 产生向量
y = X.^2;
N2 = sqrt(sum(y));                     % 利用范数定义求解向量范数
Ninf = max(abs(X));
Nneg_inf = min(abs(X));
%利用范数函数求解向量范数
n2 = norm(X);
ninf = norm(X, inf);
nneg_inf = norm(X, - inf);
%输出计算结果
disp('根据定义计算的范数结果:');
fprintf('2 范数: %8.6f\n', N2)
fprintf('无穷范数: %8.6f\n', Ninf)
fprintf('负无穷范数: %8.6f\n', Nneg_inf)
disp('根据 norm 函数计算的范数结果:')
fprintf('2 范数: %8.6f\n', n2)
fprintf('无穷范数: %8.6f\n', Ninf)
fprintf('负无穷范数: %8.6f\n', Nneg_inf)
```

运行程序，输出如下：

```
X =
     1     2     4     3     5
根据定义计算的范数结果:
2 范数:7.416198
无穷范数:5.000000
```

```
负无穷范数:1.000000
根据 norm 函数计算的范数结果:
2 范数:7.416198
无穷范数:5.000000
负无穷范数:1.000000
```

2）矩阵的范数

设 A 为 n 阶方阵，R^n 中已定义了向量范数 $\|\cdot\|$，则称 $\sup\limits_{\|X\|=1}\|AX\|$ 为矩阵 A 的范数或模，记为 $\|A\|$。

$$\|A\| = \sup_{\|X\|=1}\|AX\|$$

矩阵 A 的任一特征值的绝对值不超过 A 的范数 $\|A\|$。

矩阵 A 的特征值的最大绝对值称为 A 的谱半径，记为：

$$\rho(A) = \max_{-1\leqslant i\leqslant 1}|\lambda_i|$$

MATLAB 提供了 4 种求矩阵范数的函数。

- norm(A)或 norm(A,2)：计算矩阵 A 的 2 范数。
- norm(A,1)：计算矩阵 A 的 1 范数。
- norm(A,inf)：计算矩阵 A 的∞(无穷)范数。
- norm(A,'fro')：计算矩阵 A 的 Frobenius 范数。

【例 3-7】 求解 Hilbert 矩阵的范数。

```
>> clear all;
X = hilb(5) % 产生 Hilbert 矩阵,其中 H(i,j) = 1/(i + j - 1)
% 利用范数定义求解向量范数
N1 = max(sum(abs(X)));
N2 = norm(X);
Ninf = max(sum(abs(X')));
Nfro = sqrt(sum(diag(X' * X)));
% 利用范数函数求解向量范数
n1 = norm(X,1);
n2 = norm(X,2);
ninf = norm(X, inf);
nfro = norm(X, 'fro');
% 输出计算结果
disp('根据定义计算的范数结果');
fprintf('1 范数: % 8.6f\n', N1)
fprintf('2 范数: % 8.6f\n', N2)
fprintf('无穷范数: % 8.6f\n', Ninf)
fprintf('Frobenius 范数: % 8.6f\n', Nfro)
disp('根据 norm 函数计算的范数结果')
fprintf('2 范数: % 8.6f\n', n1)
fprintf('2 范数: % 8.6f\n', n2)
fprintf('无穷范数: % 8.6f\n', ninf)
fprintf('负无穷范数: % 8.6f\n', nfro)
```

运行程序，输出如下：

```
X =
    1.0000    0.5000    0.3333    0.2500    0.2000
    0.5000    0.3333    0.2500    0.2000    0.1667
    0.3333    0.2500    0.2000    0.1667    0.1429
    0.2500    0.2000    0.1667    0.1429    0.1250
    0.2000    0.1667    0.1429    0.1250    0.1111
```

根据定义计算的范数结果为：

```
1 范数:2.283333
2 范数:1.567051
无穷范数:2.283333
Frobenius 范数:1.580906
根据 norm 函数计算的范数结果
2 范数:2.283333
2 范数:1.567051
无穷范数:2.283333
负无穷范数:1.580906
```

3.1.6 矩阵的条件数

在线性代数中，描述线性方程 $Ax=b$ 的解对 b 的误差或不确定性的敏感度度量就是矩阵 A 的条件数，其对应的数学定义为：

$$k = \|A^{-1}\| \cdot \|A\|$$

根据数学基础知识可知，矩阵的条件数总是大于或等于 1。其中，正交矩阵的条件数为 1，奇异矩阵的条件数为∞，而病态矩阵的条件数则比较大。

依据条件数，方程解的相对误差可以由以下不等式来估算：

$$\frac{1}{k}\left(\frac{|\delta b|}{|x|}\right) \leqslant \frac{|\delta x|}{|x|} \leqslant k\left(\frac{|\delta b|}{|b|}\right)$$

在 MATLAB 中，提供了 cond(A)求取矩阵 A 的条件数。函数的调用格式为：

c=cond(X)：计算矩阵 X 的 2 范数下的条件数。

c=cond(X,p)：计算矩阵的 p 范数下的条件数，p 的取值有：

- p=1 时，即为计算矩阵 X 的 1 范数下的条件数。
- p=2 时，即为计算矩阵 X 的 2 范数下的条件数。
- p=inf 时，即为计算矩阵 X 的∞范数下的条件数。
- p=fro 时，即为计算矩阵 X 的 Frobenius 范数下的条件数。

【例 3-8】 计算矩阵的条件数。

```
>> A = [1 5 9 4;3 6 7 9;12 0 8 4];
>> C1 = norm(A)                    % 矩阵 2 范数下的条件数
C1 =
    20.4664
>> C2 = norm(A,1)                  % 矩阵 1 范数下的条件数
C2 =
    24
```

```
>> C3 = norm(A,inf)                    % 矩阵∞范数下的条件数
C3 =
     25
>> C4 = norm(A,'fro')                  % 矩阵 Frobenius 范数下的条件数
C4 =
     22.8473
```

在 MATLAB 中，采用 rcond 函数来计算矩阵条件数的倒数值。函数的调用格式为：

c=rcond(A)：计算矩阵 A 条件数的倒数。当矩阵 A 为病态时，该函数的返回值接近 0；当矩阵为良态时，返回值接近 1。

【例 3-9】 计算矩阵条件数的倒数值。

```
>> A = magic(3)
A =
     8          1          6
     3          5          7
     4          9          2
>> r1 = rcond(A)        % 魔方矩阵的条件数的倒数值
r1 =
     0.1875
>> B = hilb(3)          % 3 阶病态矩阵
B =
     1.0000     0.5000     0.3333
     0.5000     0.3333     0.2500
     0.3333     0.2500     0.2000
>> r2 = rcond(B)        % 病态矩阵的条件数的倒数值
r2 =
     0.0013
```

此外，在 MATLAB 中，采用 condest 函数计算矩阵 1 范数下的条件数的估计值，该函数的调用格式为：

c=condest(A)：计算矩阵 A 的 1 范数下的条件数的估计值。

【例 3-10】 计算矩阵 1 范数下的条件数的估计值。

```
>> M = rand(1000);
t1 = clock;
M_cond = cond(M,1)
t2 = clock;
t_norm = etime(t2,t1)
t3 = clock;
M_condest = condest(M)
t4 = clock;
t_condest = etime(t4,t3)
```

运行程序，输出如下：

```
M_cond =
     1.2773e+05
```

```
t_norm =
     0.3590
M_condest =
     1.2773e+05
t_condest =
     0.1880
```

3.1.7 矩阵的秩

矩阵的秩用函数 rank 来求取，该函数返回矩阵的行向量或列向量的不相关个数。

函数 rank 返回矩阵 A 的奇异值中比误差 tol 大的奇异值的个数，tol 的默认值为 max(size(A)) * norm(A) * eps。rank(A,tol)将指定误差 tol。

在 MATLAB 中，计算矩阵的秩的算法是以奇异值分解为基础的，用奇异值分解的方法来求解矩阵的秩非常耗时，但却是最有效的方法。

【例 3-11】 求矩阵的秩。

```
>> A=[3 8;7 9;2 1;3 4];
>> rank(A)
ans =
     2
>> B=[1 3 7;2 5 8];
>> rank(B)
ans =
     2
>> C=rank(magic(3))
C =
     3
```

3.1.8 矩阵的迹

矩阵的迹等于矩阵的对角线元素之一，也等于矩阵的特征值之和。在 MATLAB 中，提供了 trace 函数求矩阵的迹。函数的调用格式为：

b=trace(A)：求矩阵 A 的迹，返回值为 b。

【例 3-12】 求矩阵的迹。

```
>> A=magic(3)
    A =
     8     1     6
     3     5     7
     4     9     2
>> trace(A)                   % 矩阵的迹
ans =
     15
```

3.1.9 矩阵的正交基

在 MATLAB 中，提供了 orth 函数求矩阵的标准正交基。函数的调用格式为：

B=orth(A)：矩阵 B 的列向量组成了矩阵 A 的标准正交基，于是 B' * B=eye(rank(A))。

【例 3-13】 求矩阵的标准正交基。

```
>> A = [1 2 3;3 8 9;7 4 5];
>> O1 = orth(A)                 % 矩阵的标准正交基
O1 =
     - 0.2374     - 0.1357     - 0.9619
     - 0.7880     - 0.5521       0.2724
     - 0.5680       0.8227       0.0241
>> O1' * O1                     % 检验
ans =
       1.0000          0     - 0.0000
            0     1.0000       0.0000
     - 0.0000     0.0000       1.0000
>> O2 = orth(B)                 % 矩阵的标准正交基
O2 =
     - 0.5774       0.7071       0.4082
     - 0.5774       0.0000     - 0.8165
     - 0.5774     - 0.7071       0.4082
>> O2' * O2                     % 检验
ans =
       1.0000       0.0000     - 0.0000
       0.0000       1.0000     - 0.0000
     - 0.0000     - 0.0000       1.0000
```

3.1.10 矩阵化零

对于非满秩的矩阵 A，存在某矩阵 Z，满足 A · Z=0，同时矩阵 Z 是一个正交矩阵，也就是说 Z′ · Z=I，则矩阵 Z 被称为矩阵 A 的化零矩阵。在 MATLAB 中，提供了 null 函数实现矩阵的化零矩阵求解。函数的调用格式为：

Z=null(A)：返回矩阵 A 的化零矩阵，如果化零矩阵不存在，则返回空矩阵。

Z=null(A,'r')：返回有理形式的化零矩阵。

【例 3-14】 求非满秩矩阵 A 的化零矩阵。

```
>> clear all;
A = [1  2  3;1  2  3;1  2  3];
Z = null(A)
Z =
            0        0.9636
     - 0.8321      - 0.1482
       0.5547      - 0.2224
```

```
>> A * Z
ans =
  1.0e-015 *
    0.2220              0.2220
    0.2220              0.2220
    0.2220              0.2220
>> Z' * Z
ans =
     1.0000             0.0000
     0.0000             1.0000
>> ZR = null(A,'r')                    %求解有理数形式化零矩阵
ZR =
    -2                 -3
     1                  0
     0                  1
>> RZ = A * ZR
RZ =
     0                  0
     0                  0
     0                  0
```

3.1.11 矩阵的特征向量

特征值和特征向量的求解和运算问题是线性代数中一个重要的课题，它们在工程和科学实践中应用非常广泛。

对 $n\times n$ 方阵 A，其特征值 λ（标量）和特征值对应的特征向量 x（向量）满足关系式：

$$Ax = \lambda x$$

如果把矩阵 A 的 n 个特征值放在矩阵的对角线上，得到 D，即 $D=\mathrm{diag}(\lambda_1,\lambda_2,\cdots,\lambda_n)$时，如果把特征值对应的向量按照和特征值对应的次序排列，可以得到矩阵 V 的数据列。如果矩阵 V 是可逆的，那么，特征值问题可以转化为 $A=VD$。进一步可表示为：

$$A = VDV^{-1}$$

关于特征值和特征向量，MATLAB 中提供了多个命令来进行分析。

在 MATLAB 中，提供了 eig 函数用于求矩阵特征值和特征向量。函数的调用格式为：

d=eig(A)：求矩阵 A 的全部特征值，构成向量 d。

d=eig(A,B)：求矩阵 A 与矩阵 B 的特征值，且 A、B 为方阵。

[V,D]=eig(A)：求矩阵 A 的全部特征值，构成对角阵 D，并求 A 的特征向量构成 V 的列向量。

[V,D]=eig(A,'nobalance')：直接求矩阵 A 的特征值与特征向量。

[V,D]=eig(A,B)：求方阵 A、B 的特征值，构成对角阵 D，并求特征向量构成 V 的列向量，并且 A * V=B * V * D。

[V,D]=eig(A,B,flag)：指定算法 flag 计算特征值和特征向量，flag 取值如下：

- chol：利用 Cholesky 分解法求解矩阵的特征值与特征向量。

- qz：利用 QZ 分解法求解矩阵的特征值与特征向量。

【例 3-15】 求矩阵的特征值与特征向量，并求出相似矩阵 T 与平衡矩阵 B。

```
>> clear all;
A = [ 3  -2  -.9 2 * eps;  -2 4 1  - eps;
    - eps/4    eps/2     -1    0; -.5     -.5    .1    1];
>> [V,E] = eig(A)
V =
      0.6153       -0.4176       -0.0000       -0.1437
     -0.7881       -0.3261       -0.0000        0.1264
     -0.0000       -0.0000       -0.0000       -0.9196
      0.0189        0.8481        1.0000        0.3432
E =
    5.5616         0         0         0
         0    1.4384         0         0
         0         0    1.0000         0
         0         0         0   -1.0000
>> A = [ 3  -2  -.9 2 * eps;  -2 4 1  - eps;
    - eps/4    eps/2     -1    0; -.5     -.5    .1    1];
>> [T,B] = balance(A)
T =
   1.0e + 07 *
    0.0000         0         0         0
         0    0.0000         0         0
         0         0    0.0000         0
         0         0         0    3.3554
B =
     3.0000     -2.0000     -0.0000      0.0000
    -2.0000      4.0000      0.0000     -0.0000
    -0.0000      0.0000     -1.0000           0
    -0.0000     -0.0000      0.0000      1.0000
>> [V,E] = eig(B)
V =
     0.6154     -0.7882     -0.0000     -0.0000
    -0.7882     -0.6154     -0.0000      0.0000
    -0.0000     -0.0000     -0.0000     -1.0000
     0.0000      0.0000      1.0000      0.0000
E =
    5.5616         0         0         0
         0    1.4384         0         0
         0         0    1.0000         0
         0         0         0   -1.0000
```

在一些工程及物理问题中，通常只需要求出矩阵 A 的按模最大的特征值(称为 A 的主特征值)和相应的特征向量，这些求部分特征值的问题可以利用 eigs 函数来实现。函数的调用格式为：

d=eigs(A)：求矩阵 A 的 6 个最大特征值，并以向量 d 形式存放。

[V,D]=eigs(A)：求矩阵 A 的 6 个最大特征值，并返回部分对角矩阵 D 和部分特征向量 V。

[V,D,flag]=eigs(A)：flag 为返回的收敛标志。如果 flag=0，即表示融合所有的

特征值；否则，即不能融合所有的特征值。

[V,D,flag]=eigs(A,k)：返回矩阵 A 的 k 个最大特征值。

[V,D,flag]=eigs(A,k,sigma)：根据 sigma 的取值来求 A 的部分特征值，其中 sigma 的取值及说明如表 3-2 所示。

表 3-2　sigma 取值及说明

sigma 取值	说　明
'lm'	求按模最大的 k 个特征值
'sm'	求按模最小的 k 个特征值
'la'	对实对称问题求 k 个最大特征值
'sa'	对实对称问题求 k 个最小特征值
'be'	同时返回实对称问题 k 个最大及最小特征值
'lr'	对非实对称和复数问题求 k 个最大实部特征值
'sr'	对非实对称和复数问题求 k 个最小实部特征值
'li'	对非实对称和复数问题求 k 个最大虚部特征值
'si'	对非实对称和复数问题求 k 个最小虚部特征值

[V,D,flag]=eigs(A,K,sigma,opts)：opts 为指定的结构体属性，默认值为{}。

[V,D,flag]=eigs(Afun,n,…)：根据 sigma 的取值来求由 M 文件 Afun.m 生成的矩阵 A 的 n 个最大特征值。

【例 3-16】 求矩阵的按模最大与最小特征值。

```
>> A=[1 3 -2 0;-5 7 12 -9;-2 0 3 6;1 1 0 1];
>> dmax=eigs(A,1)                    %求按模最大特征值
dmax =
    4.0329 - 4.9181i
>> [V,D]=eigs(A,1)
V =
     -0.3596 - 0.3056i
      0.1488 - 0.8406i
      0.0169 + 0.0867i
     -0.1880 - 0.0731i
D =
    4.0329 + 4.9181i
>> dmin=eigs(A,1,'sm')               %求按模最小特征值
dmin =
      -1.7818
>> [V1,D1]=eigs(A,1,'sm')            %求按模最小特征值
V1 =
      -0.7679
       0.3818
      -0.4953
       0.1388
D1 =
      -1.7818
```

3.1.12 矩阵的指数和对数

矩阵的指数运算用 expm 函数来实现，expm(X)＝V * diag(exp(diag(D)))/V(其中 X 为已知矩阵，[V,D]＝eig(X))。对数运算用 logm 函数来实现，L＝logm(A)，与矩阵的指数运算互为逆运算。

【例 3-17】 矩阵的指数和对数运算。

```
>> clear all;
>> A = rand(4)
A =
      0.8147    0.6324    0.9575    0.9572
      0.9058    0.0975    0.9649    0.4854
      0.1270    0.2785    0.1576    0.8003
      0.9134    0.5469    0.9706    0.1419
>> B = expm(A)
B =
      4.7204    2.4561    4.1836    3.6737
      2.9289    2.4812    3.2288    2.5767
      1.4100    1.0458    2.5691    1.8036
      3.0394    1.9091    3.3480    3.3748
>> C = logm(A)
```

警告：没有为包含非正实数特征值的 A 定义主矩阵对数，返回非主矩阵对数。

```
> In logm (line 78)
C =
   -1.4731 + 1.9566i    0.6562 - 0.7525i    2.0518 - 1.3177i    1.3357 - 1.1300i
    0.2052 - 0.8626i   -0.5924 + 2.5938i    0.3846 - 0.9592i    0.9259 - 0.8225i
    1.7795 - 0.4950i    0.0202 - 0.3144i   -1.6024 + 2.5911i   -0.9987 - 0.4720i
    0.2522 - 0.9002i    0.2665 - 0.5716i    0.4827 - 1.0009i    0.0236 + 2.2832i
```

3.1.13 Jordan 标准型

即使一个矩阵无法相似于对角矩阵，它依旧可以相似于一个分块对角阵。如果某个 t 重特征值 λ_k 计算得出的线性无关特征向量数量小于 t，那么：

$$(A-\lambda_k)^j \eta = 0$$

其中，$j=1,2,\cdots,k-1$。由此计算的 η 成为第 j 阶广义特征向量。增加 j 的值，直到找出全部的 t 个线性无关广义特征向量。每个高阶特征向量都能在那些比它低一阶的特征向量中找到一个对应的特征向量，满足 $(A-\lambda)\eta_j=\eta_{j-1}$。然后再把所有特征向量组合成矩阵 P 时，需要将高阶广义特征向量与它对应的低一阶的特征向量放在一起，满足

$$J = P^{-1}AP$$

计算得到矩阵 A 的 Jordan 标准型 J。

J 是一个分块对角矩阵，而且对角矩阵块满足如下情形：

$$\begin{bmatrix} \lambda_k & 1 & 0 & 0 & 0 \\ 0 & \lambda_k & 1 & 0 & 0 \\ \vdots & \vdots & \ddots & \vdots & \vdots \\ 0 & 0 & 0 & \lambda_k & 1 \\ 0 & 0 & 0 & 0 & \lambda_k \end{bmatrix}$$

容易发现，Jordan 标准型有个不错的性质：计算 A 的 n 次方，当 n 趋于无穷时，只要将特征值 λ_k 的绝对值小于 1，其对应的矩阵块将趋于 0。

在 MATLAB 中，提供了 jordan 函数来求 Jordan 标准型。函数的调用格式为：

J=jordan(A)：J 为 A 的 Jordan 标准型。

[V,J]=jordan(A)：J 为 A 的 Jordan 标准型，同时返回标准型的相似变换矩阵 V。

【例 3-18】 求矩阵的 Jordan 标准型。

```
>> A = [1 -3 -2; -1 1 -1; 2 4 5]
[V, J] = jordan(A)
A =
     1    -3    -2
    -1     1    -1
     2     4     5
V =
    -1     1    -1
    -1     0     0
     2     0     1
J =
     2     1     0
     0     2     0
     0     0     3
>> V\A * V
ans =
     2     1     0
     0     2     0
     0     0     3
```

3.2 矩阵的数理分析

前面对矩阵的一些运算及操作进行了介绍，本节对矩阵的数理分析进行介绍。

3.2.1 最大值与最小值

在 MATLAB 中，提供了 max 与 min 函数用于求数据序列的最大值与最小值。两个函数的调用格式与操作过程类似，可以分别用来求向量或矩阵的最大值与最小值。max 函数的调用格式为：

C=max(A)：如果 A 为向量，则返回 A 的最大值存入 C，若 A 中包含复数元素，则按模取最大值。如果 A 为矩阵，即返回一个行向量，向量的第 i 个元素是矩阵 A 的第 i 列上的最大值。

C=max(A,B)：返回与 A、B 大小相同的最大元素，A、B 的大小必须相同或是 A、B

都为方阵。

C=max(A,[],dim)：dim 取 1 或 2。当 dim=1 时，该函数等价于 max(A)；当 dim=2 时，返回一个列向量，其第 i 个元素是 A 矩阵的第 i 行上的最大值。

[C,I]=max(…)：返回行向量 C 与 I,C 向量记录 A 的每列的最大值，I 向量记录 A 的每列的最大值行号。

min 函数与 max 函数的调用格式类似。

【例 3-19】 求向量与矩阵的最大(小)值。

```
>> clear all;
A=[1 8 9 0 5 7 6 12 8 -7 15];
y=max(A)                        %求向量 A 的最大值
y =
     15
>> y2=min(A)                    %求向量 A 的最小值
y2 =
     -7
>> B=[12 3 -0 49;5 39 75 4;5 3 8 121];
[C,I]=max(B)                    %求矩阵 B 的最大值
C =
     12    39    75    121
I =
      1     2     2      3
>> [C2,I2]=min(B)               %求矩阵 B 的最小值
C2 =
     5     3     0     4
I2 =
     2     1     1     2
```

3.2.2 元素的查找

在 MATLAB 中，提供了 find 函数用于矩阵元素的查找，它通常与关系函数和逻辑运算相结合。函数的调用格式为：

ind=find(X)：查找矩阵 X 中的非零矩阵，函数返回这些元素的单下标。

[row,col]=find(X,…)：查找矩阵 X 中的非零元素，函数返回这些元素的双下标 row 和 col。

[row,col,v]=find(X,…)：查找矩阵 X 中的非零元素，函数返回这些元素的双下标 row 和 col，同时返回下标的索引 v。

【例 3-20】 实现矩阵元素的查找。

```
>> clear all;
A= magic(4)
A =
    16     2     3    13
     5    11    10     8
     9     7     6    12
     4    14    15     1
```

```
>> [r,c,v] = find(A > 10)
r =
     1
     2
     4
     4
     1
     3
c =
     1
     2
     2
     3
     4
     4
v =
     1
     1
     1
     1
     1
     1
```

3.2.3 元素的排序

在 MATLAB 中,矩阵元素的排序使用函数 sort,该函数默认按照升序排列,返回值为排序后的矩阵,和原矩阵的维数相同。函数的调用格式为:

B=sort(A):对矩阵 A 按照升序进行排列。当 A 为向量时,返回由小到大排序后的向量;当 A 为矩阵时,返回 A 中各列按照由小到大排序后的矩阵。

B=sort(A,dim):返回在给定的维数 dim 上按照由小到大顺序排序后的结果。当 dim=1 时,按照列进行排序;当 dim=2 时,按照行进行排列。

B=sort(…,mode):可以指定排序的方式。参数 mode 默认值为'ascend',即按照升序进行排列;当 mode 为'descend'时,对矩阵进行降序排列。

[B,IX]=sort(A,…):输出参数 B 为排序后的结果,输出参数 IX 中元素表示 B 中对应元素在输入参数 A 中的位置。

【例 3-21】 矩阵元素的排序。

```
>> clear all;
>> A = [9 0 -7 5 3 8 -10 4 2];
B = sort(A)                          % 向量排序
B =
    -10     -7     0     2     3     4     5     8     9
>> C = [3 6 5; 7 -2 4; 1 0 -9]
C =
     3      6      5
     7     -2      4
     1      0     -9
```

```
>> D1 = sort(C)                    % 矩阵中元素按照列进行升序排序
D1 =
     1    -2    -9
     3     0     4
     7     6     5
>> D2 = sort(C,2)                  % 矩阵中元素按照行进行升序排序
D2 =
     3     5     6
    -2     4     7
    -9     0     1
>> D3 = sort(C,'descend')          % 矩阵中元素按照列进行降序排序
D3 =
     7     6     5
     3     0     4
     1    -2    -9
>> D4 = sort(C,2,'descend')        % 矩阵中元素按照行进行降序排序
D4 =
     6     5     3
     7     4    -2
     1     0    -9
```

3.2.4 求和与求积运算

在 MATLAB 中，提供了 sum 函数用于求数据序列的和，prod 函数用于求数据序列的积。sum 函数的调用格式为：

B=sum(A)：如果 A 为向量，返回各元素的和；如果 A 为矩阵，返回一个行向量，其第 i 个元素是矩阵 A 的第 i 列的各元素之和。

B=sum(A,dim)：当 dim=1 时，等价于 sum(A)；当 dim=2 时，返回一个列向量，其第 i 个元素是矩阵 A 的第 i 行的各元素之和。

B=sum(…, 'double')或 B=sum(…, dim,'double')：不论 A 为单精度类型或是整型数据，都返回一个双精度类型。

prod 函数的调用格式与 sum 函数类似。

【例 3-22】 矩阵的求和与求积运算。

```
>> clear all;
>> A = [1 3 2; 4 2 5; 6 1 4]
A =
    1     3     2
    4     2     5
    6     1     4
>> sum(A)                     % 矩阵中元素按照列进行求和
ans =
     11     6     11
>> sum(A,2)                   % 矩阵中元素按照行进行求和
ans =
      6
     11
```

```
    11
>> prod(A)                      %矩阵中元素按照列进行求积
ans =
    24     6    40
>> prod(A,2)                    %矩阵中元素按照行进行求积
ans =
     6
    40
    24
```

提示：通过 sum(sum())可求出矩阵所有元素的和。

3.2.5 求累和与求累积运算

在 MATLAB 中，提供了 cumsum 函数用于求向量或矩阵的累和运算，cumprod 函数用于求向量或矩阵的累积运算。函数的调用格式为：

B=cumsum(A)：如果 A 为向量，返回向量 A 的累加和；如果 A 为矩阵，返回一个矩阵，其第 i 列是矩阵 A 的第 i 列的累加和。

B=cumsum(A,dim)：当 dim=1 时，等价于 cumsum(A)；当 dim=2 时，返回一个矩阵，其第 i 行是矩阵 A 的第 i 行的累加和。

B=cumprod(A)：当 A 为向量时，返回向量 A 的累乘积；当 A 为矩阵时，返回一个矩阵，其第 i 列是矩阵 A 的第 i 列的累乘积。

B=cumprod(A,dim)：当 dim=1 时，等价于 comprod(A)；当 dim=2 时，返回一个向量，其第 i 行是矩阵 A 的第 i 行的累乘积。

【例 3-23】 求矩阵的累和与累积运算。

```
>> clear all;
>> A = [1 4 7; 2 5 8; 3 6 9]
A =
     1     4     7
     2     5     8
     3     6     9
>> cumsum(A)                          %矩阵各列元素的和
ans =
     1     4     7
     3     9    15
     6    15    24
>> cumsum(A,2)                        %矩阵各行元素的和
ans =
     1     5    12
     2     7    15
     3     9    18
>> cumprod(A)                         %矩阵各列元素的积
ans =
     1     4     7
     2    20    56
     6   120   504
```

```
>> cumprod(A,2)                                % 矩阵各行元素的积
ans =
     1     4    28
     2    10    80
     3    18   162
```

3.2.6 平均值与中值

在 MATLAB 中，提供了 mean 函数用于求数据序列的平均值，median 函数用于求数据序列的中值。函数的调用格式为：

M=mean(A)：如果 A 为向量，返回 A 的算术平均值；如果 A 为矩阵，返回一个行向量，其第 i 个元素是矩阵 A 的第 i 列的算术平均值。

M=mean(A,dim)：当 dim=1 时，等价于 mean(A)；当 dim=2 时，返回一个列向量，其第 i 个元素是矩阵 A 的第 i 行的算术平均值。

M=median(A)：如果 A 为向量，返回 X 的中值；如果 A 为矩阵，返回一个行向量，其第 i 个元素是矩阵 A 的第 i 列的中值。

M=median(A,dim)：当 dim=1 时，等价于 median(A)；当 dim=2 时，返回一个列向量，其第 i 个元素是矩阵 A 的第 i 行的中值。

【例 3-24】 求矩阵的平均值与中值运算。

```
>> clear all;
>> A = [0 1 1; 2 3 2; 1 3 2; 4 2 2]
A =
     0     1     1
     2     3     2
     1     3     2
     4     2     2
>> M1 = mean(A)
M1 =
    1.7500    2.2500    1.7500
>> M2 = mean(A,2)
M2 =
      0.6667
      2.3333
      2.0000
      2.6667
>> m1 = median(A)
m1 =
    1.5000    2.5000    2.0000
>> m2 = median(A,2)
m2 =
      1
      2
      2
      2
```

3.2.7 标准差

在 MATLAB 中，提供了 std 函数用于计算数据序列的标准差。函数的调用格式为：

s=std(X)：如果 X 为向量，返回向量 X 的一个标准差；如果 X 为矩阵，返回一个行向量，它的各个元素便是矩阵 X 各列或各行的标准差。

s=std(X,flag,dim)：dim 可以取 1 或 2。当 dim=1 时，求各列元素的标准差；当 dim=2 时，则求各行元素的标准差。flag 可以取 0 或 1，当 flag=0 时，置前因子为 1/n−1；否则置前因子为 1/n。默认 flag=0 且 dim=1。

【例 3-25】 求矩阵的标准差。

```
>> A = [4 -5 1; 2 3 5; -9 1 7];
S = std(A)
S =
    7.0000    4.1633    3.0551
>> S2 = std(A,0,1)
S2 =
    7.0000    4.1633    3.0551
>> S3 = std(A,0,2)
S3 =
    4.5826
    1.5275
    8.0829
>> S4 = std(A,1,1)
S4 =
    5.7155    3.3993    2.4944
>> S5 = std(A,1,2)
S5 =
    3.7417
    1.2472
    6.5997
>> w = [1 1 0.5];                  %置前因子
S6 = std(A,w)
S6 =
    4.8826    3.6661    2.4000
```

3.2.8 相关系数

在 MATLAB 中，提供了 corrcoef 函数用于求数据的相关系数。函数的调用格式为：

R=corrcoef(X)：返回从矩阵 X 形成的一个相关系数矩阵，此相关系数矩阵的大小与矩阵 X 一样。它把矩阵 X 的每列作为一个变量，然后求它们的相关系数。

R=corrcoef(X,Y)：返回两个随机变量 X 与 Y 之间的相关系数。

[R,P]=corrcoef(…)：返回一个矩阵 P，用于测试矩阵的 p 值。

[R,P,RLO,RUP]=corrcoef(…)：返回矩阵 RLO 与 RUP，其大小与 R 相同，分别为置信区间在 95%相关系数的上限与下限。

[…]=corrcoef(…,'param1',val1,'param2',val2,…)：param1,param2,…与 val1,var2,…为指定的额外参数名与参数值。

【例 3-26】 计算矩阵的相关系数。

```
>> clear all;
x = randn(30,4);                          % 不相关数据
x(:,4) = sum(x,2);                        % 相关性引进
[r,p] = corrcoef(x)                       % 计算样本相关及 p 值
r =
     1.0000    -0.0994    -0.3324     0.3448
    -0.0994     1.0000    -0.0978     0.3810
    -0.3324    -0.0978     1.0000     0.4787
     0.3448     0.3810     0.4787     1.0000
p =
    1.0000    0.6012    0.0727    0.0620
    0.6012    1.0000    0.6070    0.0378
    0.0727    0.6070    1.0000    0.0075
    0.0620    0.0378    0.0075    1.0000
>> [i,j] = find(p<0.05);                  % 寻找相关性
[i,j]
ans =
     4     2
     4     3
     2     4
     3     4
```

3.2.9 元素的差分

差分运算是累积和的逆运算，MATLAB 中对应的函数为 diff，该函数是数组支持函数。函数的调用格式为：

Y=diff(X)：计算矩阵各列的差分。

Y=diff(X,n)：计算矩阵各列的 n 阶差分。

Y=diff(X,n,dim)：计算矩阵在 dim 方向上的 n 维差分。当 dim=1 时，计算矩阵各列元素的差分；当 dim=2 时，计算矩阵各行元素的差分。

【例 3-27】 矩阵的差分运算。

```
>> clear all;
>> A = magic(3)
A =
     8     1     6
     3     5     7
     4     9     2
>> B1 = diff(A)                   % 矩阵各列元素的差分
B1 =
    -5     4     1
     1     4    -5
>> B2 = diff(A,2)                 % 矩阵各列元素的差分
```

```
B2 =
    6     0    -6
>> B3 = diff(A,1,1)                    % 矩阵各列元素的差分
B3 =
    -5     4     1
     1     4    -5
>> B4 = diff(A,1,2)                    % 矩阵各行元素的差分
B4 =
    -7     5
     2     2
     5    -7
```

提示：当参数 n≥size(x,dim)时，函数的值是空矩阵。

3.3 高维数组

随着数组的维数增加，数组的运算和处理就会变得越来越困难，在 MATLAB 中提供了一些函数可以进行这些高维数组的处理和运算。常见的高维数组处理和运算函数如表 3-3 所示。

表 3-3 常见的高维数组处理和运算函数

函　数	说　明
squeeze	用此函数来消除数组中的“弧维”，即大小等于 1 的维，从而起到降维的作用
sub2ind	将下标转换为单一索引数值
ind2sub	将数组的单一索引数值转换为数组的下标
flipdim	沿着数组的某个维轮换顺序，第二个参数为变换的对称面
shiftdim	维序号循环轮换移动
permute	对多维数组进行广义共轭转置操作
ipermute	取消转置操作
size	获取数组的维数大小数值

【例 3-28】 高维数组的处理和操作。

```
>> clear all;
>> A = [ -1:2;3:6;7:10]
A =
    -1     0     1     2
     3     4     5     6
     7     8     9    10
>> B = reshape(A,[2 2 3])
B(:,:,1) =
    -1     7
     3     0
B(:,:,2) =
     4     1
     8     5
```

```
B(:,:,3) =
     9     6
     2    10
>> C = cat(4,B(:,:,1),B(:,:,2),B(:,:,3))
C(:,:,1,1) =
    -1     7
     3     0
C(:,:,1,2) =
     4     1
     8     5
C(:,:,1,3) =
     9     6
     2    10
>> D = squeeze(C)                    %降维操作
D(:,:,1) =
    -1     7
     3     0
D(:,:,2) =
     4     1
     8     5
D(:,:,3) =
     9     6
     2    10
>> sub2ind(size(D),1,2,3)            %索引转换
ans =
    11
>> [i,j,k] = ind2sub(size(D),11)
i =
     1
j =
     2
k =
     3
>> flipdim(D,1)                      %按行进行翻转
ans(:,:,1) =
     3     0
    -1     7
ans(:,:,2) =
     8     5
     4     1
ans(:,:,3) =
     2    10
     9     6
>> flipdim(D,2)                      %按列进行翻转
ans(:,:,1) =
     7    -1
     0     3
ans(:,:,2) =
     1     4
     5     8
ans(:,:,3) =
     6     9
    10     2
```

```
>> flipdim(D,3)                         %按页进行翻转
ans(:,:,1) =
     9     6
     2    10
ans(:,:,2) =
     4     1
     8     5
ans(:,:,3) =
    -1     7
     3     0
>> shiftdim(D,1)                        %移动一维
ans(:,:,1) =
    -1     4     9
     7     1     6
ans(:,:,2) =
     3     8     2
     0     5    10
>> F = ipermute(ans,[3,2,1])
F(:,:,1) =
    -1     4     9
     3     8     2
F(:,:,2) =
     7     1     6
     0     5    10
```

3.4 稀疏矩阵

在许多问题中提到了含有大量零元素的矩阵,这样的矩阵称为稀疏矩阵。为了节省存储空间和计算时间,MATLAB 考虑到矩阵的稀疏性,在对它进行运算时有特殊的命令。

一个稀疏矩阵中有许多元素等于零,这便于矩阵的计算和保存。如果 MATLAB 把一个矩阵当作稀疏矩阵,那么只需在 m×3 的矩阵中存储 m 个非零项。第 1 列是行下标,第 2 列是列下标,第 3 列是非零元素值,不必保存零元素。如果存储每个浮点数需要 8 字节,存储每个下标需要 4 字节,那么整个矩阵在内存中存储需要 16×m 字节。

3.4.1 稀疏矩阵与全矩阵

MATLAB 利用二维数组存储全矩阵时,对零元素、非零元素不作区分,统一采用浮点数。MATLAB 在存储稀疏矩阵时只存储非零元素及其对应的索引值(整型),显然,这种方式能够大大提高稀疏矩阵的存储效率。

【例 3-29】 稀疏矩阵的存储效率。

```
>> tic
A = sprand(2000,3000,0.1);
toc
Elapsed time is 0.731645 seconds.
>> tic
```

```
fullA = full(A);
toc
Elapsed time is 0.039148 seconds.
>> whos
  Name       Size              Bytes     Class     Attributes
  A        2000x3000          6863092    double    sparse
  fullA    2000x3000         48000000    double
```

从上面的结果可看出,稀疏矩阵占用的空间比全矩阵小得多。

注意:代码中的 tic 表示计时开始,toc 表示计时结束,时间差约为中间代码执行时间。

采用稀疏矩阵的另外一个好处就是执行效率的提高。对 m×n 矩阵 A,非零元素所占比例为 α,计算 2×A 需要执行 m×n 次浮点数乘法;将矩阵 A 转换为稀疏矩阵 sparse_A,利用 sparse_A 计算 2×A 时,仅对非零元素进行运算,因此仅需执行 m×n×α 次浮点数乘法,运行效率提高了(1/α−1)倍。

3.4.2 稀疏矩阵的存储方式

对于稀疏矩阵,MATLAB 仅存储矩阵所有的非零元素的值及其位置(行号和列号)。显然,这对于具有大量零元素的稀疏矩阵来说是十分有效的。

设矩阵 $A=\begin{bmatrix}1 & 0 & 0 & 0\\ 0 & 5 & 0 & 0\\ 2 & 0 & 0 & 6\end{bmatrix}$是具有稀疏矩阵特征的矩阵,其完全存储方式是按列存储的全部 12 个元素:1,0,2,0,5,0,0,0,0,0,0,6;其稀疏存储方式为:(1,1),1,(3,1),2,(2,2),5,(3,4),6,其中,括号内为元素的行列位置,后面为元素值。当矩阵非常“稀疏”时,会有效地节省存储空间。

3.4.3 稀疏矩阵的生成

MATLAB 提供了多种创建稀疏矩阵的方法:

- 利用 sparse 函数从满矩阵转换得到稀疏矩阵。
- 利用一些特定函数创建包括单位稀疏矩阵在内的特殊稀疏矩阵。

1. 利用 sparse 创建稀疏矩阵

在 MATLAB 中,提供了 sparse 函数创建一般的稀疏矩阵,full 函数将稀疏矩阵 S 转换为一个满矩阵。函数的调用格式为:

S=sparse(A):将矩阵 A 转化为稀疏矩阵形式,即由 A 的非零元素和下标构成稀疏矩阵 S。如果 A 本身为稀疏矩阵,则返回 A 本身。

S=sparse(m,n):生成一个 m×n 的所有元素都是 0 的稀疏矩阵 S。

S=sparse(i,j,s):生成一个由长度相同的向量 i、j 和 s 定义的稀疏矩阵 S,其中 i、j

是整数向量,定义稀疏矩阵的元素位置(i,j),s是一个标量或与i、j长度相同的向量,表示在(i,j)位置上的元素。

S=sparse(i,j,s,m,n):生成一个m×n的稀疏矩阵S,(i,j)对应位置元素为s,m=max(i)且n=max(j)。

S=sparse(i,j,s,m,n,nzmax):生成一个m×n的含有nzmax个非零元素的稀疏矩阵S,nzmax的值必须大于或者等于向量i和j的长度。

【例3-30】 利用sparse函数创建稀疏矩阵。

```
>> S = sparse(1:10,1:10,1:10)              %行下标分别为1～10
S =
     (1,1)        1
     (2,2)        2
     (3,3)        3
     (4,4)        4
     (5,5)        5
     (6,6)        6
     (7,7)        7
     (8,8)        8
     (9,9)        9
     (10,10)     10
>> S = sparse(1:10,1:10,5)                 %行下标都设置为5
S =
     (1,1)        5
     (2,2)        5
     (3,3)        5
     (4,4)        5
     (5,5)        5
     (6,6)        5
     (7,7)        5
     (8,8)        5
     (9,9)        5
     (10,10)      5
```

此外,sparse函数还可以将一个满矩阵转换成一个稀疏矩阵,相应的调用格式为:

S=sparse(X):X为满矩阵。

【例3-31】 将满矩阵$A=\begin{bmatrix}1&0&0&0\\0&5&0&0\\2&0&0&6\end{bmatrix}$转换为稀疏矩阵。

```
>> clear all;
>> A = [1 0 0 0;0 5 0 0;2 0 0 6];
>> S = sparse(A)
S =
    (1,1)       1
    (3,1)       2
    (2,2)       5
    (3,4)       6
```

反之,MATLAB提供了full函数把稀疏矩阵转换为满矩阵。full函数的调用格式为：

A=full(S)：把矩阵存储方式从任何一个存储形式转换为满矩阵形式。

【例 3-32】 利用 sparse 函数创建稀疏矩阵，并将稀疏矩阵转换为满矩阵。

```
>> clear
>> s = sparse([1 2 3 4 5],[2 1 4 6 2],[10 3 - 2 - 5 1],10,12)    % 利用 sparse 函数创建一个稀
                                                                  % 疏矩阵
s =
     (2,1)        3
     (1,2)       10
     (5,2)        1
     (3,4)       -2
     (4,6)       -5
>> F = full(s)                                                    % 将稀疏矩阵转换为满矩阵
F =
     0    10     0     0     0     0     0     0     0     0     0     0
     3     0     0     0     0     0     0     0     0     0     0     0
     0     0     0    -2     0     0     0     0     0     0     0     0
     0     0     0     0     0    -5     0     0     0     0     0     0
     0     1     0     0     0     0     0     0     0     0     0     0
     0     0     0     0     0     0     0     0     0     0     0     0
     0     0     0     0     0     0     0     0     0     0     0     0
     0     0     0     0     0     0     0     0     0     0     0     0
     0     0     0     0     0     0     0     0     0     0     0     0
     0     0     0     0     0     0     0     0     0     0     0     0
>> whos s F
  Name      Size            Bytes Class     Attributes
  s         10x12             112 double    sparse
  F         10x12             960 double
```

2. 利用特定函数创建稀疏矩阵

在 MATLAB 中，除了 sparse 函数外，还提供了一些函数来创建特殊的稀疏矩阵，如表 3-4所示。

表 3-4 创建特殊稀疏矩阵的函数

函　　数	说　　明
S=speye(m,n)	创建单位稀疏矩阵
S=spones(X)	创建非零元素为 1 的稀疏矩阵
S=sprand(X)	创建非零元素为均匀分布的随机数的稀疏矩阵
S=sprandn(X)	创建非零元素为高斯分布的随机数的稀疏矩阵
s=sprandsym(X)	创建非零元素为高斯分布的随机数的对称稀疏矩阵
s=spdiags(X)	创建对角稀疏矩阵
s=spalloc(X)	为稀疏矩阵分配空间

【例 3-33】 利用 speye 函数创建单位稀疏矩阵。

```
>> clear all;
>> A = speye(5)                    % 创建 5 阶单位稀疏矩阵
```

```
A =
   (1,1)     1
   (2,2)     1
   (3,3)     1
   (4,4)     1
   (5,5)     1
>> C1 = full(A)
C1 =
     1     0     0     0     0
     0     1     0     0     0
     0     0     1     0     0
     0     0     0     1     0
     0     0     0     0     1
>> B = speye(5,6)                        % 创建5×6稀疏矩阵
B =
   (1,1)     1
   (2,2)     1
   (3,3)     1
   (4,4)     1
   (5,5)     1
>> C2 = full(B)
C2 =
     1     0     0     0     0     0
     0     1     0     0     0     0
     0     0     1     0     0     0
     0     0     0     1     0     0
     0     0     0     0     1     0
```

注意：通过speye函数建立的单位稀疏矩阵，只有对角线元素为1，其余位置元素均为0。

【例3-34】 创建非零元素为随机数的对称稀疏矩阵。

```
>> clear all;
>> A = sprandsym(5,0.1)                  % 建立非零元素为随机数的对称稀疏矩阵
A =
     (4,1)      0.5377
     (5,1)      1.8339
     (1,4)      0.5377
     (1,5)      1.8339
>> C1 = full(A)
C1 =
          0          0          0     0.5377     1.8339
          0          0          0          0          0
          0          0          0          0          0
     0.5377          0          0          0          0
     1.8339          0          0          0          0
>> B = spones(A)                         % 建立非零元素为1的与矩阵A维数相同的对称稀疏矩阵
B =
     (4,1)     1
     (5,1)     1
     (1,4)     1
     (1,5)     1
```

3.4.4 稀疏矩阵的操作

由于稀疏矩阵的维度一般比较大，直接查看系数矩阵不利于用户查看系统矩阵的信息，为此 MATLAB 提供了查看稀疏矩阵定量信息和图形化信息的函数，主要用来查看稀疏矩阵的非零元素信息和图形化稀疏矩阵信息。

1）nnz 函数

该函数用于返回稀疏矩阵中所有非零元素存储单元的个数。函数的调用格式为：

n=nnz(X)：返回矩阵 X 中分配给稀疏矩阵中所有非零元素存储单元的个数。

2）nonzeros 函数

该函数用于返回一个包含所有非零元素的列向量。函数的调用格式为：

s=nonzeros(A)：返回矩阵 A 中非零元素按列顺序构成的列向量。

3）nzmax 函数

该函数用于返回稀疏矩阵中所有非零元素存储单元的个数。函数的调用格式为：

n=nzmax(S)：返回矩阵 S 中分配给稀疏矩阵中所有非零元素存储单元的个数。

4）spy 函数

MATLAB 提供了查看稀疏矩阵的图形化函数 spy。函数的调用格式为：

- spy(S)：绘制稀疏矩阵 S 中非零元素的分布图形，S 可以为全元素矩阵。
- spy(S,markersize)：绘制稀疏矩阵 S 中非零元素的分布图形，markersize 为整数，指定点阵大小。
- spy(S,'LineSpec')：绘制稀疏矩阵 S 中非零元素的分布图形，LineSpec 指定绘图标记和颜色。
- spy(S,'LineSpec',markersize)：绘制稀疏矩阵 S 中非零元素的分布图形，LineSpec 指定绘图标记和颜色，markersize 指定点阵的大小。

【例 3-35】 查看稀疏矩阵的信息实例。

```
>> A = [1 5 0 0 0;0 0 2 1 0;0 0 0 0 3;0 7 8 5 0];
>> S = sparse(A);
>> n1 = nnz(S)                          % 非零元素的个数
n1 =
     8
>> n2 = nonzeros(S)                     % 非零元素的值
n2 =
     1
     5
     7
     2
     8
     1
     5
     3
>> n3 = nzmax(S)                        % 非零元素的存储空间
n3 =
     8
>> spy(S)                               % 以图形形式显示稀疏矩阵，效果如图 3-1 所示
```

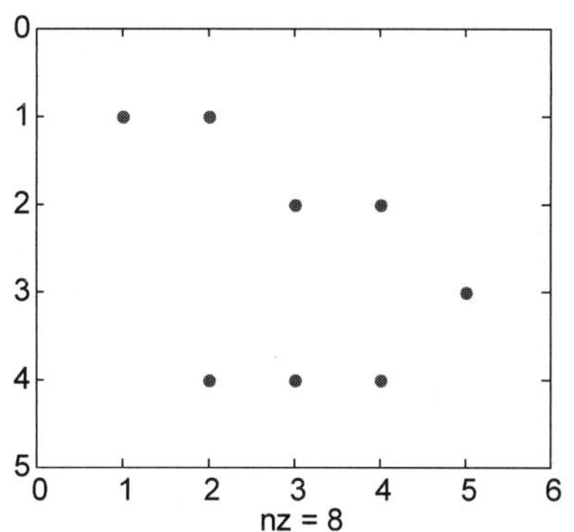

图 3-1 稀疏矩阵图形显示效果

3.4.5 稀疏矩阵的运算

满矩阵的四则运算对稀疏矩阵同样有效，但是返回结果有可能是稀疏矩阵或满矩阵。

- 对于单个稀疏矩阵的输入，大部分函数输出的结果都是稀疏矩阵，少部分函数输出的结果是满矩阵。
- 对于多个矩阵的输入，如果其中至少有一个矩阵是满矩阵，那么大部分函数的输出结果是满矩阵。
- 对于矩阵的加、减、乘、除运算，只要其中有一个是满矩阵，则输出的结果都是满矩阵。
- 稀疏矩阵的数乘为稀疏矩阵。
- 稀疏矩阵的幂为稀疏矩阵。

3.5 矩阵的分解

矩阵分解是一个非常重要的概念，如求矩阵的特征值和特征向量、矩阵的秩等重要参数时都要用到矩阵的分解。在实际工程中，在特定的场合要对矩阵进行特定形式的分解。

在 MATLAB 中，常见的矩阵分解有 Cholesky 分解、LU 分解、QR 分解、Schur 分解、Hessenberg 分解等。

3.5.1 Cholesky 分解

Cholesky 分解是专门针对对称正定矩阵的分解。设 $A=(a_{ij})\in R^{n\times n}$ 是对称正定矩阵，$A=R^{\mathrm{T}}R$ 称为矩阵 A 的 Cholesky 分解，其中 $R\in R^{n\times n}$ 是一个具有正值对角元素的上三角矩阵，即：

$$R=\begin{pmatrix} r_{11} & r_{12} & r_{13} & r_{14} \\ & r_{22} & r_{23} & r_{24} \\ & & r_{33} & r_{34} \\ & & & r_{44} \end{pmatrix}$$

这种分解是唯一存在的。

在 MATLAB 中,提供了 chol 函数用于实现 Cholesky 分解。函数的调用格式为:

R=chol(A):返回 Cholesky 分解因子 R。

L=chol(A,'lower'):把矩阵 A 分解为一个下三角矩阵。

R=chol(A,'upper'):把矩阵 A 分解为一个上三角矩阵。

[R,p]=chol(A):若 A 为正定矩阵,则 p=0,R 为分解因子;若 A 为非正定矩阵,则 p 为正整数,R 为有序的上三角矩阵。

[L,p]=chol(A,'lower'):若 A 为正定矩阵,则 p=0,L 为下三角矩阵;若 A 为非正定矩阵,则 p 为正整数,L 为有序的下三角矩阵。

[R,p]=chol(A,'upper'):若 A 为正定矩阵,则 p=0,R 为上三角矩阵;若 A 为非正定矩阵,则 p 为正整数,L 为有序的上三角矩阵。

[R,p,S]=chol(A):若 A 为稀疏矩阵,S 为返回的转置矩阵。

[R,p,s]=chol(A,'vector'):如果 A 为稀疏矩阵,则返回一个向量转换信息 s,使得 A(s,s)=R' * R。

【例 3-36】 利用 chol 函数实现矩阵的 Cholesky 分解。

```
>> clear all;
>> n = 5;
X = pascal(n)
X =
     1     1     1      1      1
     1     2     3      4      5
     1     3     6     10     15
     1     4    10     20     35
     1     5    15     35     70
>> [R,p] = chol(X)
R =
     1     1     1     1     1
     0     1     2     3     4
     0     0     1     3     6
     0     0     0     1     4
     0     0     0     0     1
p =
     0
>> R' * R  % 检验
ans =
     1     1     1      1      1
     1     2     3      4      5
     1     3     6     10     15
     1     4    10     20     35
     1     5    15     35     70
```

Cholesky 分解除了可应用于对正定矩阵进行分解外，还可对线性方程组进行求解。

【例 3-37】 使用 Cholesky 分解求解线性方程组$\begin{cases}x_1+x_2+x_3+x_4=1\\x_1+2x_2+3x_3+4x_4=4\\x_1+3x_2+6x_3+10x_4=6\\x_1+4x_2+10x_3+20x_4=13\end{cases}$。

其实现的 MATLAB 代码为：

```
>> clear all;
A = [1 1 1 1;1 2 3 4;1 3 6 10;1 4 10 20];
b = [1 4 6 13]';
x = A\b                          % 用左除法求解方程的解
x =
    - 9
     23
   - 19
      6
>> R = chol(A)                   % Cholesky 分解
R =
     1     1     1     1
     0     1     2     3
     0     0     1     3
     0     0     0     1
>> Rt = transpose(R);            % 进行转置
>> x1 = R\(Rt\b)                 % 利用 Cholesky 分解求解线性方程
x1 =
    - 9
     23
   - 19
      6
```

由 x 及 x1 的结果可看出，使用 Cholesky 分解求解得到的线性方程组的数值解和使用左除法求解线性方程组的数值解相一致。其数学原理为：

对于线性方程组 $Ax=b$，其中 A 为对称正定矩阵，有 $A=R^{\mathrm{T}}R$，则根据定义，线性方程组可以转换为 $R^{\mathrm{T}}Rx=b$，该方程组的数值为 $x=R\backslash(R^{\mathrm{T}}\backslash b)$。

3.5.2 LU 分解

高斯消去法分解又称 LU 分解，它可以将任意一个方阵 A 分解为一个下三角矩阵 L 和一个上三角矩阵 U 的乘积，即 $A=LU$。LU 分解在 MATLAB 中用函数 lu 来实现。函数的调用格式为：

[L,U]=lu(A)：对矩阵 A 进行 LU 分解，其中 L 为单位下三角矩阵或其变换形式，U 为上三角矩阵。

[L,U,P]=lu(A)：L 为单位下三角矩阵，U 为上三角矩阵，P 为置换矩阵，满足 LU=PA。

[L,U,P,Q]=lu(A)：L 为单位下三角矩阵，U 为上三角矩阵，P 为行重新排列矩

阵，Q为列重新排列矩阵，满足 P * A * Q=L * U。

[L,U,P,Q,R]=lu(A)：L为单位下三角矩阵，U为上三角矩阵，P、Q为置换矩阵，R为对角缩放矩阵，满足 P * (R\A) * Q=L * U。

Y=lu(A)：A为一个方阵，把上三角矩阵和下三角矩阵合并在矩阵Y中给出，矩阵Y的对角元素为上三角矩阵的对角元素，即Y=L+U−I。置换矩阵P的信息丢失。

考虑线性方程组 $Ax=b$，其中，矩阵 A 可以被 LU 分解，使得 $A=LU$，这样线性方程组就可以改写成 $LUx=b$，由于左除运算符"\"可以快速处理三角矩阵，因此可以快速解出：

$$x=U\backslash(L\backslash b)$$

利用LU分解来计算行列式的值和矩阵的逆，其形式为：

- det(A)=det(L) * det(U)。
- inv(A)=inv(U) * inv(L)。

【例 3-38】 对矩阵进行LU分解。

```
>> clear all;
>> A = [1 4 9 11;2 5 8 13;3 6 9 17;0 1 8 10]
A =
     1     4     9    11
     2     5     8    13
     3     6     9    17
     0     1     8    10
>> [L1,U1] = lu(A)
L1 =
    0.3333    1.0000         0         0
    0.6667    0.5000   -0.2000    1.0000
    1.0000         0         0         0
         0    0.5000    1.0000         0
U1 =
    3.0000    6.0000    9.0000   17.0000
         0    2.0000    6.0000    5.3333
         0         0    5.0000    7.3333
         0         0         0    0.4667
>> [L2,U2,P] = lu(A)
L2 =
    1.0000         0         0         0
    0.3333    1.0000         0         0
         0    0.5000    1.0000         0
    0.6667    0.5000   -0.2000    1.0000
U2 =
    3.0000    6.0000    9.0000   17.0000
         0    2.0000    6.0000    5.3333
         0         0    5.0000    7.3333
         0         0         0    0.4667
P =
     0     0     1     0
     1     0     0     0
     0     0     0     1
     0     1     0     0
```

```
>> Y1 = lu(A)
         3.0000        6.0000          9.0000         17.0000
         0.3333        2.0000          6.0000          5.3333
Y1  =
              0        0.5000          5.0000          7.3333
         0.6667        0.5000        - 0.2000          0.4667
>> L1 * U1                                   % 验证
ans  =
    1         4         9         11
    2         5         8         13
    3         6         9         17
    0         1         8         10
>> Y2 = L2 + U2 - eye(size(A))               % 验证
Y2  =
    3.0000        6.0000          9.0000         17.0000
    0.3333        2.0000          6.0000          5.3333
         0        0.5000          5.0000          7.3333
    0.6667        0.5000        - 0.2000          0.4667
```

注意：通过 lu 函数对矩阵进行分解时，L1 为下三角形矩阵的置换矩阵，L2 为下三角形矩阵，并进行原矩阵 A＝L1 * U1、Y2＝L2＋U2-eye(size(A))的验证。

此外，矩阵的 LU 分解常用于求解线性方程组 $Ax=b$。首先对系数矩阵 A 作 LU 分解，使 $PA=LU$，此时线性方程组 $Ax=b$ 转换为 $LUx=Pb$，求解过程分两步进行：

(1) 求解线性方程组 $Ly=Pb$，得 $y=L\backslash(Pb)$。

(2) 求原方程组的解 $Ux=y$，得 $x=U\backslash y$。

【例 3-39】 利用 LU 分解求线性方程组 $\begin{bmatrix}1&1&1&1\\1&2&3&4\\1&3&6&10\\1&4&10&20\end{bmatrix}x=\begin{bmatrix}1\\4\\6\\13\end{bmatrix}$ 的解。

```
>> clear all;
A = [1 1 1 1;1 2 3 4;1 3 6 10;1 4 10 20];
b = [1 4 6 13]';
[L,U,P] = lu(A)                          % LU 分解
L =
    1.0000             0             0             0
    1.0000        1.0000             0             0
    1.0000        0.6667        1.0000             0
    1.0000        0.3333        1.0000        1.0000
U =
    1.0000        1.0000          1.0000          1.0000
         0        3.0000          9.0000         19.0000
         0             0        - 1.0000        - 3.6667
         0             0               0          0.3333
P =
    1         0         0         0
    0         0         0         1
    0         0         1         0
    0         1         0         0
>> % 令 Ux = y, 则 Ly = Py, 所以 y = L\(Pb)
```

```
y = L\(P * b)
y =
     1
    12
    -3
     2
>> x = U\y                          % 原方程组 x = U\y 的解
x =
   -9.0000
   23.0000
  -19.0000
    6.0000
```

3.5.3 QR 分解

在数值分析中,为了求解矩阵的特征值,引入了正交(QR)分解方法。对于非奇异矩阵 $A(n\times n)$,则存在正交矩阵 Q 和上三角矩阵 R,使得 $A=Q*R$,QR 分解是唯一的。

在 MATLAB 中,提供了 qr 函数实现 QR 分解。函数的调用格式为:

[Q,R]=qr(A):返回正交矩阵 Q 和上三角矩阵 R,Q 和 R 满足 A=QR。若 A 为 m×n 矩阵,则 Q 为 m×m 矩阵,R 为 m×n 矩阵。

[Q,R]=qr(A,0):产生矩阵 A 的"经济型"分解,即若 A 为 m×n 矩阵,且 m>n,则返回 Q 的前 n 列,R 为 n×n 矩阵;否则该命令等价于[Q,R]=qr(A)。

[Q,R,E]=qr(A):求得正交矩阵 Q 和上三角矩阵 R,E 为置换矩阵,使得 R 的对角线元素按绝对值大小降序排列,满足 AE=QR。

[Q,R,E]=qr(A,0):产生矩阵 A 的"经济型"分解,E 为置换矩阵,使得 R 的对角线元素按绝对值大小降序排列,且 A(:,E)=Q*R。

R=qr(A):对稀疏矩阵 A 进行分解,产生一个上三角矩阵 R,R 为 A'A 的 Cholesky 分解因子,即满足 R'R=A'A。

R=qr(A,0):对稀疏矩阵 A 的"经济型"分解。

[C,R]=qr(A,B):此命令用来计算方程组 Ax=b 的最小二乘解。

【例 3-40】 对矩阵进行 QR 分解。

```
>> clear all;
>> A = [ -3 4 5;8 2 6;1 9 5];
>> [Q,R] = qr(A)
Q =
   -0.3487      -0.4556      -0.8190
    0.9300      -0.0598      -0.3627
    0.1162      -0.8882       0.4446
R =
    8.6023       1.5112       4.4174
         0      -9.9356      -7.0780
         0            0      -4.0482
>> [Q,R,E] = qr(A)
Q =
```

```
      - 0.3980          0.4133          - 0.8190
      - 0.1990        - 0.9104          - 0.3627
      - 0.8955          0.0186            0.4446
R =
   - 10.0499          - 1.2935          - 7.6618
           0          - 8.5045          - 3.3028
           0                 0          - 4.0482
E =
     0     1     0
     1     0     0
     0     0     1
>> [Q,R] = qr(A,0)
Q =
   - 0.3487        - 0.4556          - 0.8190
     0.9300        - 0.0598          - 0.3627
     0.1162        - 0.8882            0.4446
R =
    8.6023          1.5112            4.4174
         0        - 9.9356          - 7.0780
         0               0          - 4.0482
>> R = qr(A)
R =
    8.6023          1.5112            4.4174
  - 0.6895        - 9.9356          - 7.0780
  - 0.0862          0.6750          - 4.0482
```

在程序中，对矩阵进行 QR 分解。矩阵的 QR 分解不一定是方阵，对于长方形矩阵也适用。对分解的结果进行验证，即 A=QR。

【例 3-41】 利用 QR 分解求线性方程组 $\begin{bmatrix}1 & 1 & 1 & 1\\1 & 2 & 3 & 4\\1 & 3 & 6 & 10\\1 & 4 & 10 & 20\end{bmatrix}x=\begin{bmatrix}1\\4\\6\\13\end{bmatrix}$的解。

```
>> clear all;
A = [1 1 1 1;1 2 3 4;1 3 6 10;1 4 10 20];
b = [1 4 6 13]';
if issparse(A),
    R = qr(A);
else R = triu(qr(A));
end
x = R\(R'\(A' * b))                    % 求解
r = b - A * x                          % 检验
err = R\(R'\(A' * r))                  % 误差
```

运行程序，输出如下：

```
x =
   - 9.0000
    23.0000
  - 19.0000
```

```
    6.0000
r =
    1.0e-14 *
   -0.5329
         0
   -0.7105
         0
err =
      1.0e-12 *
   -0.0497
    0.1101
   -0.0924
    0.0266
```

在MATLAB中，还可以对QR分解得到的矩阵的行和列进行删除和添加操作，其中，qrdelete函数为删除行或列，而qrinsert函数则为插值某些行或列。这两个函数格式的形式几乎相同，此处以qrdelete函数为例进行说明。qrdelete函数的调用格式为：

[Q1,R1]=qrdelete(Q,R,j)：返回矩阵A1的QR分解结果，其中A1是矩阵A删除第j列得到的结果，而矩阵A=QR。

[Q1,R1]=qrdelete(Q,R,j,'col')：计算结果和[Q1,R1]=qrdelete(Q,R,j)相同。

[Q1,R1]=qrdelete(Q,R,j,'row')：返回矩阵A1的QR分解结果，其中A1是矩阵A删除第j行得到的结果，而矩阵A=QR。

【例3-42】 QR分解的删除与插入操作。

```
>> clear all;
A = magic(4);
[Q,R] = qr(A);
j = 3;
[Q1,R1] = qrdelete(Q,R,j,'row')                          %QR分解的删除操作
Q1 =
    0.9284        -0.3592        -0.0950
    0.2901         0.5411         0.7893
    0.2321         0.7604        -0.6066
R1 =
    17.2337        8.2977         9.1681        14.6225
          0       15.8792        15.7392         0.4198
          0             0        -1.4909         4.4728
x = 1:4;
[Q1,R1] = qrinsert(Q,R,j,x,'row')                        %QR分解的插入操作
Q1 =
    0.8219        -0.4207         0.2754        -0.1474         0.2236
    0.2568         0.5122        -0.4422         0.1617         0.6708
    0.0514         0.0900         0.4571         0.8833         0.0000
    0.4623         0.1278        -0.5177         0.2280        -0.6708
    0.2055         0.7323         0.5016        -0.3462        -0.2236
R1 =
    19.4679       10.6842        11.0438        18.6974
          0       16.1198        15.8814         1.2551
          0             0         2.1941        -3.8394
```

```
    0        0        0        5.3000
    0        0        0        0
```

3.5.4 Schur 分解

Schur 分解是 Schur 于 1909 年提出的矩阵分解，它是一种典型的酉相似变换，这种变换的最大好处是能够保持数值稳定，因此在工程计算中也是重要的工具之一。

Schur(舒尔)分解定义式为：

$$A = USU'$$

其中，A 必须是一个方阵，U 是一个酉矩阵，S 是一个块对角化矩阵，由对角线上的 1×1 和 2×2 块组成。特征值可以由矩阵 S 的对角块给出，而矩阵 U 给出比特征向量更多的数值特征。此外，对缺陷矩阵也可以进行 Schur 分解。

在 MATLAB 中，提供了 schur 函数用于实现 Schur 分解。函数的调用格式为：

T=schur(A)：返回 Schur 矩阵 T，若 A 有复特征值，则相应的对角元以 2×2 的块矩阵形式给出。

T=schur(A,flag)：若 A 有复特征值，则 flag=complex，否则 flag=real。

[U,T]=schur(A,…)：返回酉矩阵 U 和 Schur 矩阵 T。

另外，函数 rsf2csf 可以把实数形式的舒尔矩阵转换成复数形式的舒尔矩阵。

【例 3-43】 对矩阵进行 Schur 分解。

```
>> clear all;
>> A = pascal(5)
 A =
    1        1        1        1        1
    1        2        3        4        5
    1        3        6       10       15
    1        4       10       20       35
    1        5       15       35       70
>> [U,S] = schur(A)
U =
     0.1680       -0.5706       -0.7660        0.2429        0.0175
    -0.5517        0.5587       -0.3830        0.4808        0.0749
     0.7025        0.2529        0.1642        0.6110        0.2055
    -0.4071       -0.5179        0.4377        0.4130        0.4515
     0.0900        0.1734       -0.2189       -0.4074        0.8649
S =
    0.0108         0         0         0         0
         0    0.1812         0         0         0
         0         0    1.0000         0         0
         0         0         0    5.5175         0
         0         0         0         0   92.2904
>> U * S * U' - A                    % 检验
ans =
    1.0e-13 *
    0      0.0044      0.0111      0.0133      0.0089
```

```
    0.0044      0.0089      0.0266      0.0178      0.0178
    0.0133      0.0266      0.0533      0.0711      0.0711
    0.0111      0.0178      0.0711      0.1421      0.1421
    0.0044      0.0178      0.0711      0.1421      0.2842
>> [t,t] = rsf2csf(U,S)
t =
    0.0108           0           0           0           0
         0      0.1812           0           0           0
         0           0      1.0000           0           0
         0           0           0      5.5175           0
         0           0           0           0     92.2904
t =
    0.0108           0           0           0           0
         0      0.1812           0           0           0
         0           0      1.0000           0           0
         0           0           0      5.5175           0
         0           0           0           0     92.2904
```

3.5.5 Hessenberg 分解

如果矩阵 H 的第一子对角线下元素都是 0,则 H(或其转置形式)称为上(下)Hessenberg 矩阵。这种矩阵在零元素所占比例及分布上都接近三角矩阵,虽然其在特征值等性质方面不如三角矩阵那样简单,但在实际应用中,应用相似变换将一个矩阵化为 Hessenberg 矩阵是可行的,而化为三角矩阵则是不易实现;而且通过化为 Hessenberg 矩阵来处理矩阵计算问题能够大大节省计算量,因此在工程计算中,Hessenberg 分解也是常用的工具之一。

在 MATLAB 中,提供了 hess 函数实现 Hessenberg 分解。函数的调用格式为:

H=hess(A):返回矩阵 A 上的 Hessenberg 分解矩阵 H。

[P,H]=hess(A):返回一个上 Hessenberg 矩阵 H 和一个酉矩阵 P,满足 A=PHP 且 P'P=I。

[AA,BB,Q,Z]=hess(A,B):对于方阵 A、B,返回上 Hessenberg 矩阵 H、上三角矩阵 T 及酉矩阵 Q、U,使得 QAU=H 且 QBU=T。

【例 3-44】 对矩阵进行 Hessenberg 分解。

```
>> clear all;
>> A = [ -149 -50 -154;537 180 546; -27 -9 -25];
>> H1 = hess(A)                    % 矩阵的 Hessenberg 分解
H1 =
  -149.0000    42.2037 -156.3165
  -537.6783   152.5511 -554.9272
          0     0.0728    2.4489
>> [P2,H2] = hess(A)               % 矩阵的 Hessenberg 分解
P2 =
    1.0000           0           0
         0     -0.9987      0.0502
```

```
    0          0.0502          0.9987
H2 =
 -149.0000         42.2037         -156.3165
 -537.6783        152.5511         -554.9272
         0          0.0728            2.4489
>> B = P2 * H2 * P2'                    % 验证
B =
 -149.0000        -50.0000         -154.0000
  537.0000        180.0000          546.0000
  -27.0000         -9.0000          -25.0000
>> C = P2' * P2
C =
    1.0000               0                 0
         0          1.0000                 0
         0               0            1.0000
```

程序中，对于分解的结果，采用公式 A＝PHP'和 P'P＝eye(size(P))进行验证，满足这两个公式。

3.5.6 SVD 分解

设 A 为 $M\times N$ 矩阵，$A^{H}A$ 是特征值为 $\lambda_1\geqslant\lambda_2\geqslant\cdots\geqslant\lambda_r\geqslant\lambda_{r+1}=\cdots=\lambda_n=0$，则称 $\sigma_i=\sqrt{\lambda_i}\,(i=1,2,\cdots,r)$为矩阵 A 的奇异值，r 为 A 的秩。存在 M 阶酉矩阵 U 和 N 阶酉矩阵 V，使得 $A=U\begin{bmatrix}\sum & 0_{r\times(N-r)}\\ 0_{(M-r)\times r} & 0_{(M-r)\times(N-r)}\end{bmatrix}V$，其中 $\sum=\begin{bmatrix}\sigma_1 & & & \\ & \sigma_2 & & \\ & & \ddots & \\ & & & \sigma_r\end{bmatrix}$，称为 A 的SVD(奇异值)分解。

在 MATLAB 中，提供了 svd 函数用于矩阵 SVD 分解。函数的调用格式为：

s＝svd(X)：返回矩阵 X 的奇异值向量 s。

[U,S,V]＝svd(X)：得到一个与 X 的维数相同的正交矩阵 S 和两个正定矩阵 U 与 V。

[U,S,V]＝svd(X,0)：返回 m×n 矩阵 X 的“经济型”奇异值分解。若 m>n，则只计算出矩阵 U 的前 n 列，矩阵 S 为 n×n 矩阵，否则同[U,S,V]＝svd(X)。

[U,S,V]＝svd(X,'econ')：产生一个“经济型”分解，如果 X 为 m×n 矩阵，且 m>n，则等价于[U,S,V]＝svd(X,0)；如果 m<n，则只计算矩阵 V 的前 m 列，S 为 m×n 矩阵。

矩阵的奇异值大小通常决定矩阵的形态，如果矩阵的奇异值变化特别大，则矩阵中某个元素有一个很小的变化会严重影响到原矩阵的参数，又称其为病态矩阵。

【例 3-45】 对矩阵进行 SVD 分解。

```
>> clear all;
>> X = [1 2;3 4;5 6;7 8];
>> [U,S,V] = svd(X)
```

```
U =
   - 0.1525          - 0.8226          - 0.3945          - 0.3800
   - 0.3499          - 0.4214            0.2428            0.8007
   - 0.5474          - 0.0201            0.6979          - 0.4614
   - 0.7448            0.3812          - 0.5462            0.0407
S =
    14.2691               0
          0          0.6268
          0               0
          0               0
V =
     - 0.6414            0.7672
     - 0.7672          - 0.6414
>> [U,S,V] = svd(X,0)
U =
     - 0.1525          - 0.8226
     - 0.3499          - 0.4214
     - 0.5474          - 0.0201
     - 0.7448            0.3812
S =
    14.2691               0
          0          0.6268
V =
     - 0.6414            0.7672
     - 0.7672          - 0.6414
```

3.5.7 特征分解

对 N 阶方阵 A,其特征值 $\lambda_1,\lambda_2,\cdots,\lambda_N$,对应的特征向量为 $v_1,v_2,\cdots,v_N$。令 $\Lambda=\begin{bmatrix}\lambda_1 & & & \\ & \lambda_2 & & \\ & & \ddots & \\ & & & \lambda_N\end{bmatrix}$,$V=[v_1,v_2,\cdots,v_N]$,则有 $AV=V\Lambda$。如果$\{v_1,v_2,\cdots,v_N\}$线性无关,则 V 可逆,因此有 $A=V\Lambda V^{-1}$。$A=V\Lambda V^{-1}$称为矩阵 A 的特征解(EVD),对角阵 Λ 称为 A 的标准型,并且称 A 相似于对角阵 Λ,相似于对角阵的矩阵称为对角化矩阵。

MATLAB 提供了 eig 函数用于矩阵的特征分解,在此通过实例来演示 eig 函数实现矩阵的分解。

【例 3-46】 矩阵的特征值分解。

```
>> X = magic(4)
X =
    16     2     3    13
     5    11    10     8
     9     7     6    12
     4    14    15     1
>> A = [1 1 0 1;0 2 3 6;4 7 3 1;0 0 8 9]
A =
```

```
     1      1      0      1
     0      2      3      6
     4      7      3      1
     0      0      8      9
>> E = eig(X)
E =
   34.0000
    8.9443
   -8.9443
    0.0000
>> [V,D] = eig(X)
V =
  -0.5000     -0.8236      0.3764     -0.2236
  -0.5000      0.4236      0.0236     -0.6708
  -0.5000      0.0236      0.4236      0.6708
  -0.5000      0.3764     -0.8236      0.2236
D =
  34.0000          0          0          0
        0     8.9443          0          0
        0          0    -8.9443          0
        0          0          0     0.0000
>> Z = X * V - V * D                              % 验证
Z =
   1.0e-13 *
  -0.0355      0.0089     -0.0755      0.0135
  -0.1421      0.0400      0.0092      0.0005
  -0.0355      0.0144      0.0311     -0.0404
  -0.0711     -0.0133     -0.0444      0.0492
>> [V,D] = eig(X,A)
V =
   1.0000      0.3333     -0.0725     -0.4899
  -0.3815      1.0000      0.7584      1.0000
  -0.4186     -1.0000     -1.0000     -0.4306
   0.3300     -0.3333      0.2600      0.7381
D =
  19.2627          0          0          0
        0    -0.0000          0          0
        0          0     0.7796          0
        0          0          0     1.9758
>> Z = X * V - A * V * D
Z =
   1.0e-13 *
  -0.0355      0.0626      0.1110      0.0844
   0.0278     -0.0457      0.0035     -0.0533
  -0.1155     -0.0156     -0.0089     -0.0533
  -0.0355     -0.0568     -0.0178     -0.0888
```

第4章 MATLAB程序控件

作为程序设计语言，MATLAB同样支持程序设计所需要的各种结构，并提供相应指令语句。MATLAB程序以.m为扩展名进行文件(M-file)保存。这样的M文件有两种：脚本(scripts)文件和函数(functions)文件。

脚本文件只包含一系列MATLAB语句，无须输入参数，也不返回输出参数。它与命令行窗口的交互式输入及运算结果共享基本工作空间，可对工作空间的变量进行操作，产生的新变量也存放于工作空间中。为此，特别要注意避免变量覆盖造成的程序错误。

函数文件有自己特有的格式要求，接收输入数据，并返回输出参数。它使用自己的局部变量，形成独立的工作空间，只有在程序调试时才可从基本工作空间转换进入查看。

4.1 程序结构

MATLAB与各种常见的高级语言一样，也提供了多种经典的程序结构控制语句。一般来讲，决定程序结构的语句分为顺序语句、循环语句、分支语句三种。每种语句有各自的流控机制，相互配合使用可以实现功能强大的程序。

4.1.1 顺序结构

顺序结构是最简单的程序结构，顺序语句就是依次执行程序的各条语句。顺序结构程序比较容易编制，但是，由于它不包含其他的控制语句，程序结构比较单一，因此实现的功能比较有限。

【例4-1】 使用顺序结构编写绘制函数的图形。

```
>> clear all;
syms t tb                                  %定义符号变量
y = exp( - t/4) * sin(1/2 * 3);
s = subs(int(y,0,tb),tb,t);                %符号表达式的积分
ezplot(s,[0,6 * pi]);
grid on;                                   %绘制网格
```

运行程序，效果如图 4-1 所示。

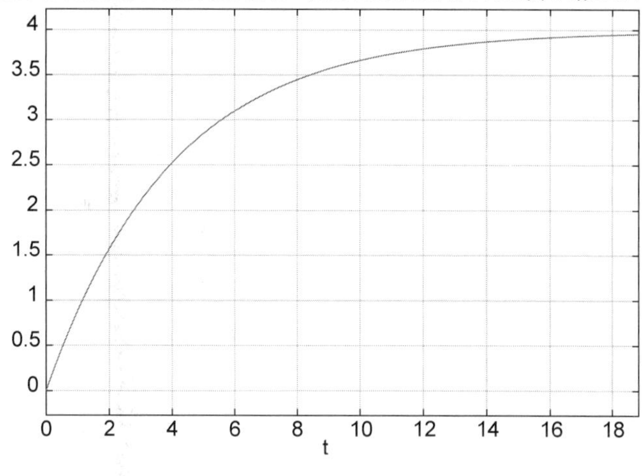

图 4-1　网格图(截取)

4.1.2　选择结构

MATLAB 中的选择结构有两种，即为 if…else…end 结构和 switch…case 结构。

1. if 语句

在编写程序时，往往要根据一定的条件进行一定的判断，此时需要使用判断语句进行流控制。if 语句通过检验逻辑表达式的真假，判断是否运行后面的语句组。执行 if 语句需要计算逻辑表达式的结果，如果值为 1，说明逻辑表达式为真；如果值为 0，说明逻辑表达式为假。值得注意的是，当逻辑表达式使用矩阵时，要求矩阵元素必须都不为 0，逻辑表达式才为真。

if 语句的语法结构包括以下三种。

1) if…end

```
if 逻辑表达式
   执行语句
end
```

这是最简单的判断语句。当表达式为真时，则执行 if 与 end 之间的执行语句；当表达式为假时，则跳过执行语句，执行 end 后面的程序。

【例 4-2】 实现向量的四则运算。

```
>> clear all;
x = 5; y = 15;
z = x * y
if x < 15
   w = z - x + y;
```

```
end
w=x+y+z
```

运行程序,输出如下:

```
z =
     75
w =
     95
```

2) if…else…end

```
if 逻辑表达式
   执行语句 1
else
   执行语句 2
end
```

如果表达式为真时,则执行语句 1,否则执行语句 2。

【例 4-3】 试判断输入变量 A 为偶数或是奇数。

```
>> clear all;
A = input('请输入变量 A:')
if rem(A,2) == 0                                   %当 A 能够被 2 整除时,显示 A 为偶数
     disp(strcat(num2str(A),'为偶数'));
else                                               %否则显示 A 为奇数
     disp(strcat(num2str(A),'为奇数'));
end
```

运行程序,输出如下:

```
请输入变量 A:6
A =
     9
6 为偶数
```

3) if…elseif…else…end

当有更多判断条件的情况下,可以使用此结构。

```
if 逻辑表达式 1
   执行语句 1
elseif 逻辑表达式 2
   执行语句 2
elseif 逻辑表达式 3
   执行语句 3
elseif …
…
else
   执行语句
end
```

在这种情况下，如果程序运行到某一条表达式为真时，则执行相应的语句，此时系统不再对其他表达式进行判断，即系统将直接跳到 end。另外，最后的 else 可有可无。

值得注意的是，如果 elseif 被分开误写为 else if，那么系统会认为这是一个嵌套的 if 语句，所以最后需要有多个 end 关键词相匹配。

【例 4-4】 利用分支语句 if…else 语句实现输入一个百分制成绩，要求输出成绩的等级为 A、B、C、D、E，其中 90～100 分为 A，80～89 分为 B，70～79 分为 C，60～69 分为 D，60 分以下为 E。

```
>> clear;
disp(' if_else 语句!')
x = input('请输入分数:');
if (x<= 100 & x>= 90)
     disp('A')
elseif (x>= 80 & x<= 89)
     disp('B')
elseif (x>= 70 & x<= 79)
     disp('C')
elseif (x>= 60 & x<= 69)
     disp('D')
elseif (x<60)
     disp('E')
end
```

运行程序，输出如下：

```
 if_else 语句!
请输入分数:65
D
```

2. switch 语句

在 MATLAB 中，除了上面介绍的 if 分支语句外，还提供了另外一种分支语句形式，那就是 switch 分支语句。switch 语句是将表达式的值依次和提供的检测值范围比较，如果比较结果都不同，则取下一个检测范围进行比较；如果比较结果包含相同的检测值，则执行相应的语句组，然后跳出结构。

switch 语句的语法结构为：

```
switch 表达式
  case 条件语句 1
      执行语句 1
  case 条件语句 2
      执行语句 2
…
  case 条件语句 n
      执行语句组 n
otherwise
      执行语句组
end
```

其中，otherwise 表示除 n 种情况之外的情况，可以省略。

需要说明的是，switch 指令后面的表达式可以是一个标量，也可以是一个字符串。当此表示式是一个标量时，需要判断“表达式值==检测值 I”是否成立；当它是一个字符串时，MATLAB 将调用函数 strcmp 来实现比较。case 指令后面的检测值可以是标量、字符串或元胞数组。当检测值是一个元胞数组时，系统将表达式值与元胞数组中的所有元素比较，当某个元素和表达式值相等，则执行相应 case 指令后的语句组。

【例 4-5】 在一个坐标系中的向量$\vec{r}$，在旋转后的新坐标系中以$\vec{r}'$表示，如果平面 $y-z$、$z-x$ 及 $x-z$ 分别绕 x、y 及 z 轴旋转角度 θ 的话，则有：

$$\begin{cases} \vec{r}' = R_x(\theta)\vec{r} \\ \vec{r}' = R_y(\theta)\vec{r} \\ \vec{r}' = R_z(\theta)\vec{r} \end{cases}$$

其中，

$$R_x(\theta) = \begin{bmatrix} 1 & 0 & 0 \\ 0 & \cos\theta & \sin\theta \\ 0 & -\sin\theta & \cos\theta \end{bmatrix},\quad R_y(\theta) = \begin{bmatrix} \cos\theta & 0 & -\sin\theta \\ 0 & 1 & 0 \\ \sin\theta & 0 & \cos\theta \end{bmatrix},\quad R_z(\theta) = \begin{bmatrix} \cos\theta & \sin\theta & 0 \\ \sin\theta & \cos\theta & 0 \\ 0 & 0 & 1 \end{bmatrix}$$

$R(\theta)$就是旋转矩阵，具有一个重要的性质 $R^{-1}(\theta)=R^{\mathrm{T}}(\theta)=R(-\theta)$，下面以 switch 语句实现旋转矩阵的计算，代码如下：

```
function m = fun(a,x)
x = x * pi/180;                           %把角度化为弧度
m = zeros(3,3);
switch a
    case 1                                %绕 x 轴旋转
        m(1,1) = 1;
        m(2,2) = cos(x);
        m(2,3) = sin(x);
        m(3,2) = - sin(x);
        m(3,3) = cos(x);
    case 2                                %绕 y 轴旋转
         m(1,1) = cos(x);
         m(1,3) = - sin(x);
         m(2,2) = 1;
         m(3,1) = sin(x);
         m(3,3) = cos(x);
    case 3                                %绕 z 轴旋转
         m(1,1) = cos(x);
         m(1,2) = sin(x);
         m(2,1) = - sin(x);
         m(2,2) = cos(x);
         m(3,3) = 1;
end
```

调用旋转矩阵，在命令行窗口输入：

```
>> m = fun(1,35)                                          % 绕 x 轴旋转 35°的旋转矩阵
m =
    1.0000         0         0
         0    0.8192    0.5736
         0   -0.5736    0.8192
>> m = fun(2,45)                                          % 绕 y 轴旋转 45°的旋转矩阵
m =
    0.7071         0   -0.7071
         0    1.0000         0
    0.7071         0    0.7071
>> m = fun(3,60)                                          % 绕 z 轴旋转 60°的旋转矩阵
m =
    0.5000    0.8660         0
   -0.8660    0.5000         0
         0         0    1.0000
```

4.1.3 循环结构

在实际工程问题中,可能会遇到很多有规律的重复运算或操作,如果在某些程序中需要反复执行某些语句,就可以使用循环语句对其进行控制。在 MATLAB 中,提供了两种循环方式:for 循环和 while 循环。

1. for 循环

for 循环的特点在于:它的循环判断条件同时是对循环次数的判断。也就是说,for 循环次数是预先定好的。

for 循环的语法格式为:

```
for 循环变量 = 表达式 1:表达式 2:表达式 3
    循环体
end
```

需要说明的是,循环体的执行次数是由表达式的值决定的,表达式 1 的值是循环变量的起点,表达式 2 的值是循环变量的步长(步长的默认值是 1),表达式 3 的值是循环变量按步长方向增加时不允许超过的界限。

循环结构可以嵌套使用。

【例 4-6】 设 $f(x)=e^{-0.5x}\sin\left(x+\dfrac{\pi}{6}\right)$,求 $s=\int_0^{3\pi}f(x)dx$。

求函数 $f(x)$在$[a,b]$上的定积分,其几何意义就是求曲线 $y=f(x)$与直线 $x=a$、$x=b$、$y=0$ 所围成的曲边梯形的面积。为了求得曲边梯形面积,先将积分区间$[a,b]n$ 等分,每个区间的宽度为 $h=(b-a)/n$,对应地将曲边梯形 n 等分,每个小部分即是一个小曲边梯形,近似求出每个小曲边梯形面积,然后将 n 个小曲边梯形的面积加起来,就得到总面积,即定积分的近似值。近似地求每个小曲边梯形的面积,常用的方法有矩形法、梯形法、辛普森法则等。以梯形法为例,程序代码如下:

```
>> clear all;
a = 0; b = 3 * pi;
n = 1000; h = (b - a)/n;
x = a; s = 0;
f0 = exp( - 0.5 * x) * sin(x + pi/6);
for i = 1:n
      x = x + h;
      f1 = exp( - 0.5 * x) * sin(x + pi/6);
      s = s + (f0 + f1) * h/2;
      f0 = f1;
end
s
```

运行程序,输出如下:

```
s =
    0.9008
```

上述程序来源于传统的编程思想,也可以利用向量运算使程序更加简洁,更具有MATLAB的特点。其源程序如下:

```
>> clear all;
a = 0; b = 3 * pi;
n = 1000; h = (b - a)/n;
x = a:h:b;
f = exp( - 0.5 * x). * sin(x + pi/6);
for i = 1:n
      s(i) = (f(i) + f(i + 1)) * h/2;
end
s = sum(s)
```

运行程序,输出如下:

```
s =
      0.9008
```

程序中 x、f、s 均为向量,f 的元素为各个 x 点的函数值,s 的元素分别为 n 个梯形的面积,s 各元素之和即定积分近似值。

2. while 循环

与 for 循环不同,while 语句的判断控制是逻辑判断语句,因此,它的循环次数并不确定。

while 循环的语法格式为:

```
while 表达式
      执行语句
end
```

在这个循环中，只要表达式的值不为假，程序就会一直运行下去。通常在执行语句中要有使表达式改变的语句。

注意：当程序设计出现了问题，例如，表达式的值总是真时，程序就容易陷入死循环。因此在使用 while 循环时，一定要在执行语句中设置使表达式的值为假的情况，以避免出现死循环。

【例 4-7】 求解圆周率 π 的近似值，使用常用公式之一 $\pi\approx4\times(1-1/3+1/5-1/7+1/9\cdots)$，直到最后一项的绝对值小于 10^{-7} 为止。

```
>> clear all;
t = 1;                                %变量 t 表示计算式括号中的各项
pi = 0;                               %pi 代表圆周率，首先置 0
n = 1;                                %n 为表示分母的变量
s = 1;                                %变量 s 做正负数的改变
                                      %使用 while 循环语句
while abs(t)> = 1e - 7                %当 t 的绝对值小于 10^-7 时，结束循环执行条件
    pi = pi + t;                      %循环体
    n = n + 2;
    s = - s;
    t = s/n;
end                                   %结束循环
pi = 4 * pi;                          %计算最终圆周率计算结果
fprintf('pi = %f\n',pi);              %输出计算结果
```

运行程序，输出如下：

```
pi =
     3.141592
```

3. while 循环与 for 循环的联合使用

【例 4-8】 使用循环体语句创建一个 4×4 的矩阵，其中矩阵中的每一个元素的值与其对应的行数和列数有如下关系：$a=|i-j|$，其中，a 为矩阵中任意一个元素，i 为这个元素所对应的行数，j 为这个元素所对应的列数。

```
>> clear all;
for i = 1:5                                   %行数循环，1～5
     j = 5;
     while j > 0                              %列数循环，5～1
         a(i,j) = i - j;                      %矩阵中第 i 行、第 j 列的元素 a 的值为(i - j)
         if a(i,j)< 0
              a(i,j) = - a(i,j);              %当 a(i,j)为负数时，取其相反数
         end
         j = j - 1;
     end
end
a
```

运行程序，输出如下：

```
a =
     0     1     2     3     4
     1     0     1     2     3
     2     1     0     1     2
     3     2     1     0     1
     4     3     2     1     0
```

4.1.4 容错结构

在程序设计中，有时候会遇到不能确定某段代码是否会出现运行错误的情况。因此，为了保证程序在所有的条件下都能够正常地运行，我们有必要在程序中添加错误检测语句。MATLAB 提供了 try-catch 结构用来捕获和处理错误。

try-catch 结构的语法格式为：

```
try
    执行语句组 1
catch
    执行语句组 2
end
```

一般来说，执行语句组 1 中的所有命令都要执行。如果执行语句组 1 中没有 MATLAB 错误出现，那么在执行完语句组 1 后，出现控制即直接跳到 end 语句；但是，如果在运行执行语句组 1 的过程中出现了 MATLAB 错误，那么程序控制即马上转移到 catch 语句，然后执行语句组 2。在 catch 模块中，函数 lasterr 包含了在 try 模块中遇到的错误生成的字符串。这样，catch 模块中的执行语句组 2 即可获取这个错误字符串，然后采取相应的动作。

【例 4-9】 对 3×3 魔方阵进行援引，当行数超出魔方阵的最大行数时，将改向对最后一行的援引，并显示“出错”警告。

```
>> clear all;
n = i;                                  %n 为行数,其值 i 是输入提示
A = magic(3);
try
    A_n = A(n,:)                        %取 A 的第 n 行元素
catch
    A_end = A(end,:)                    %如果取 A(n,:)出错,则改变 A 的最后一行
    disp(lasterr)                       %显示出错的原因
end
```

当 i 默认为虚数单位时，程序执行 try 和 catch 之间的代码，结果为：

```
A_end =
     4     9     2
```

下标索引必须为正整数类型或逻辑类型。

当 i=2 时，程序执行 try 和 catch 之间的代码，结果为：

```
A_n =
     4     9     2
```

当 i=5 时，程序执行 try 和 catch 之间的代码，结果为：

```
A_end =
     4     9     2
```

索引超出矩阵维度。

4.1.5 其他数据流

前面已经介绍了 MATLAB 的一些常用的流程控制结构，用户可以使用这些语句进行一些比较复杂的程序设计。但是在程序中还会经常遇到一些特殊情况，如提前终止循环、跳出子程序、显示出错信息等情况。因此，除了上面介绍的这些控制语句外，还需要其他的控制流语句配合来实现这些功能。MATLAB 中，能实现这些功能的函数有 continue、break、return、echo、error 等。在此，只介绍 echo 命令行。

通常在运行 M 文件时，执行的语句是不显示在命令行窗口中的。但在特殊情况下，例如，需要查看程序运行的中间变量，以及调试和演示程序时需要将每条命令都显示出来。对于函数文件和脚本文件，echo 命令的语法格式稍有不同。

对于函数文件，echo 命令的语法格式为：

```
echo file on:显示文件名为 file 的 M 文件的执行语句。
echo file off:不显示文件名为 file 的 M 文件的执行语句。
echo file:在显示与不显示两种情况之间进行切换，用户只要输入 echo 命令，就可以将现有的状态切换成其对立的状态。
echo on all:显示其后所有 M 文件的执行语句。
echo off all:不显示其后所有 M 文件的执行语句。
echo on:显示其后所有执行的语句。
echo off:不显示其后所有执行的语句。
echo:在显示与不显示两种情况之间进行切换。
```

【例 4-10】 使用 echo 命令显示执行语句。

```
>> clear all;
echo on;
x1 = rand(3);
y1 = sin(x1);
echo off
x2 = rand(3)
y2 = cos(x1)
```

运行程序，输出如下：

```
x2 =
      0.3922    0.7060    0.0462
      0.6555    0.0318    0.0971
      0.1712    0.2769    0.8235
y2 =
      0.7023    0.9994    0.7784
      0.5739    0.6606    0.7264
      0.7926    0.5946    0.7364
```

4.2 控制命令

在 MATLAB 中，也提供了相关函数实现程序的控制命令，从而改变程序的执行方向，下面给予介绍。

4.2.1 continue 命令

在 MATLAB 中，continue 命令的作用就是结束本次循环，即跳过本次循环中尚未执行的语句，进行下一次是否执行循环的判断。

【例 4-11】 利用 continue 语句退出循环结果。

```
>> clear all;
fid = fopen('magic.m','r');                       %打开magic.m文件
count = 0;
while ~feof(fid)                                  %读取文件行数
     line = fgetl(fid);
     if isempty(line) || strncmp(line,'%',1) || ~ischar(line)
         continue
     end
     count = count + 1;
end
fprintf('%d lines\n',count);
fclose(fid);
```

运行程序，输出如下：

```
25 lines
```

4.2.2 break 命令

break 命令的作用是终止本次循环，跳出最内层的循环，也就是说不必等到循环的结束而是根据条件来退出循环。它的用法和 continue 类似，常常和 if 语句联合使用来强制终止循环，但 break 和 continue 命令不同的是：break 语句将终止整个循环；continue 语句将结束本次循环，并进入下一次循环。

【例 4-12】 查找某二维逻辑数组 A(元素为 0 或 1)中每一行中第一个零元素的位置。

```
>> clear all;
m = 3; n = 4;
A = rand(m,n)< 0.7                              %返回一个二维逻辑数组
res = zeros(m,1);
for i = 1:m
     for j = 1:n
          if ~A(i,j)
             res(i) = j;
             break;
          end
     end
     if res(i) == 0
          res(i) = Inf;
     end
end
res
```

运行程序,输出如下:

```
A =
     0     0     0     0
     0     0     1     0
     1     1     1     0
res =
     1
     1
     4
```

在以上代码中,两层 for 循环遍历这一数组的每一行每一列,在某一行中找到非零元素时,将其下标保存在结果中,并退出这一行在列方向的循环。

4.2.3 return 命令

return 命令可以使正在执行的函数正常退出,返回调用它的函数,并且继续执行该函数。return 命令经常被用于函数的末尾以正常结束函数的运行,当然也可以在某一个条件满足时强行退出该函数。

【例 4-13】 编写一个求两矩阵相加之和的程序。

```
function c = M4_13 (a,b)
%此函数用来求矩阵 a、b 相加之和
[m1,n1] = size(a);
[m2,n2] = size(b);
%若 a、b 中有一个为空矩阵或两者的维数不一致则返回空矩阵,并给出警告信息
if isempty(a)
     warning('a 为空矩阵!');
     c = [];
     return;
elseif isempty(b)
     warning('a 为空矩阵!');
```

```
        c = [];
        return;
  elseif m1~ = m2|n1~ = n2
        warning('两个矩阵的维数不一致!');
        c = [];
        return;
  else
        for i = 1:m1
              for j = 1:n1
                    c(i,j) = a(i,j) + b(i,j);
              end
        end
  end
```

将以上文件保存在 MATLAB 搜索目录中，并命名为 M4_13.m，选取两个矩阵 a、b，运行结果如下：

```
>> a = [];
b = [4 7];
c = M4_13(a,b)
警告: a 为空矩阵!
> In M4_13 (line 7)
c =
     []
```

4.2.4 pause 命令

pause 命令用于暂时中止运行程序。当程序运行到此命令时，程序暂时中止，然后等待用户按任意键继续运行。pause 命令在程序调试的过程中和用户需要查询中间结果时经常用到，它的调用格式为：

```
pause:暂时中止程序执行,等待用户按任意键继续。
pause(n):使程序暂时中止 n 秒,n 为非负实数。
pause on:允许后续的 pause 命令暂时中止程序的执行。
pause off:使后续的 pause 或 pause(n)命令变为无效。
```

【例 4-14】 使用 pause 命令查看绘图结果。

```
>> clear all;
t = 0:0.001 * pi:2 * pi;
y = exp(sin(t));
a = plot(t,y,'Ydatasource','y');
for k = 1:10
      y = exp(sin(t. * k));
      refreshdata(a,'caller');
      drawnow;
      pause(0.3);
end
```

本实例中所绘制的图形在程序运行过程中是不断变化的，其最终的图形结果如图 4-2所示。

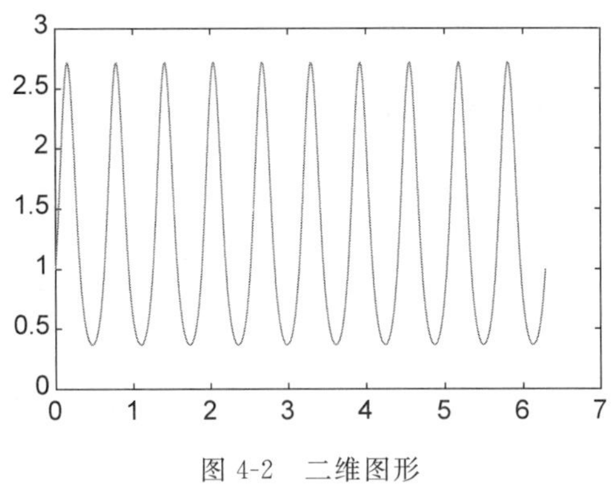

图 4-2　二维图形

4.2.5　input 命令

input 命令的作用是提示用户在程序运行过程中向系统中输入参数，并且通过按 Enter 键接收输入值送到工作空间。input 命令的调用格式为：

x=input(prompt)：显示 prompt，等待用户输入，将用户输入的数值、字符串和元胞数组等赋给变量 x。

str=input(prompt,'s')：将用户输入的数值、字符串和元胞数组等作为字符串赋给变量 str。

【例 4-15】 使用 input 函数进行猜字谜小游戏设计。系统产生一个 0～10 的整数，有 3 次机会，猜错给出提示，猜对退出程序。

```
>> clear all;
disp('开始游戏!')                          % 游戏开始
x = fix(10 * rand);                        % 生成一个随机数，大小为 0～10
for n = 1:3                                % 循环语句，用户有 3 次机会
    a = input('请输入你的数字:');
    if a < x                               % 所猜的数偏小
        disp('你的数字偏低了!');
    elseif a > x                           % 所猜的数偏大
        disp('你的数字偏高了!');
    else
        disp('猜对了!');                   % 猜对了
        return
    end
end
disp('游戏结束!'); % 如果 3 次都没有猜对，提示用户游戏结束
```

运行程序，在命令行窗口中输出结果如下：

```
开始游戏!
请输入你的数字:3
你的数字偏低了!
请输入你的数字:9
你的数字偏高了!
请输入你的数字:2
你的数字偏低了!
游戏结束!
```

本实例中窗口输出结果显示，我们猜了 3 次都没有猜对，此时显示“游戏结束!”。

4.2.6 keyboard 命令

keyboard 命令的作用是停止程序的执行，并把控制权交给键盘。通常 keyboard 指令用于程序的调试和变量的修改。系统执行 keyboard 命令时，显示提示符，等待用户输入，显示如下：

```
K>>
```

当用户输入 return 命令，按下 Enter 键，则控制权将再次交给程序。

注意：keyboard 命令和 input 命令功能类似，不同的是，input 命令只允许输入变量的值，而 keyboard 命令却可以输入多行 MATLAB 命令。

4.2.7 error 命令

error 命令用来指示出错信息，并且终止当前程序的运行，其调用格式为：

error(msg)：msg 为出错信息，此指令终止程序的执行。

【例 4-16】 使用 error 命令显示出错信息。

```
>> clear all;
b = inf;
if isinf(b)
    error('b is a infinity number');
    disp('再次显示');
end
```

运行程序，输出如下：

```
b is a infinity number
```

可以看出，命令行窗口中没有显示“再次显示”的信息。实例表明，执行 error 语句后，程序将终止运行。

4.2.8 warning 命令

warning 命令的作用是显示警告信息，常用于必要的错误提示，其调用格式为：

warning('message')：message 表示显示的警告内容。

【例 4-17】 使用 warning 命令显示警告信息。

```
>> clear all;
b = inf;
if isinf(b)
    warning('b is a infinity number');
    disp('再次显示');
end
```

运行程序，输出如下：

```
警告: b is a infinity number
再次显示
```

命令行窗口中显示了“再次显示”信息。实例表明，执行 warning 语句，程序仍继续执行。

4.3 MATLAB 函数

如前所述，MATLAB 提供两种源程序文件格式：一种是脚本文件；另一种是函数文件。脚本文件执行简单，用户只需要在 MATLAB 提示符下输入该文件的文件名，MATLAB 就会自动执行该 M 文件中的各条语句。脚本文件只能对 MATLAB 工作空间中的数据进行处理，文件中所有语句的执行结果也完全返回到工作空间中，适用于用户需要立即得到结果的小规模运算。函数文件除了输入和输出变量外，其他在函数内部产生的所有变量都是局部变量，只有在调试过程中可以查看，在函数调用结束后这些变量均将消失。

4.3.1 MATLAB 函数的结构

下面以一个 MATLAB 自身的函数源程序及其帮助文件为例，来分析 MATLAB 函数的基本结构。

```
>> type magic                                          % 查看函数 magic 的源程序
function M = magic(n)
%MAGIC Magic square.
%MAGIC(N) is an N-by-N matrix constructed from the integers
%1 through N^2 with equal row, column, and diagonal sums.
%Produces valid magic squares for all N > 0 except N = 2.
%Copyright 1984-2015 The MathWorks, Inc.
```

```
n = floor(real(double(n(1))));
if mod(n,2) == 1
      % Odd order
      M = oddOrderMagicSquare(n);
elseif mod(n,4) == 0
      % Doubly even order.
      % Doubly even order.
      J = fix(mod(1:n,4)/2);
      K = J' == J;
      M = (1:n:(n*n))' + (0:n-1);
      M(K) = n*n+1 - M(K);
else
      % Singly even order.
      p = n/2;                    % p is odd.
      M = oddOrderMagicSquare(p);
      M = [M M+2*p^2; M+3*p^2 M+p^2];
      if n == 2
            return
      end
      i = (1:p)';
      k = (n-2)/4;
      j = [1:k (n-k+2):n];
      M([i; i+p],j) = M([i+p; i],j);
      i = k+1;
      j = [1 i];
      M([i; i+p],j) = M([i+p; i],j);
end

function M = oddOrderMagicSquare(n)
p = 1:n;
M = n*mod(p'+p-(n+3)/2,n) + mod(p'+2*p-2,n) + 1;

>> help magic                    %查看函数 magic 的帮助
 magic Magic square.
     magic(N) is an N-by-N matrix constructed from the integers
     1 through N^2 with equal row, column, and diagonal sums.
     Produces valid magic squares for all N > 0 except N = 2.
     Reference page for magic
```

从函数 magic 的源程序来看，MATLAB 函数的基本结构为如下几部分。

- 函数定义行：function [返回变量列表]=函数名(输入变量列表)。
- 帮助文本：注释说明语句段，由%引导，其中第一行被称为 H1 行帮助文本，有特殊作用。
- 函数主体：函数体语句段(其中由%引导的是注释语句)。

1）函数定义行

函数定义行定义了函数的名称。函数首先以关键字 function 开头，并在首行中列出全部输入/输出参量以及函数名。函数名应置于等号右侧，虽没作特殊要求，但一般函数名与对应的 M 文件名相同。输出参量紧跟在 function 之后，常用方括号括起来(如果仅有一个输出参量则无须方括号)；输入参量紧跟在函数名之后，用圆括号括起来。如果函数有多个输入或输出参数，输入变量之间用“,”分隔，返回变量用“,”或空格分隔。与输入或输出参数相关的两个特殊变量是 varargin 和 varargout，它们都是单元数组，分别获取输入和输出的各元素内容，这两个参数对可变输入或输出参数特别有用。

2）帮助文本

H1 行是函数帮助文本的第一行，以%开头，用来简要说明该函数的功能。在 MATLAB 中用命令 lookfor 查找某个函数时，查找到的就是函数 H1 行及其相关信息。

在 H1 行之后而在函数主体之前的说明文本就是函数帮助文本。它可以有注释行，每行均以%开头，是对该函数比较详细的注释，说明函数的功能与用法、函数开发与修改的日期等。在 MATLAB 中用命令“help 函数名”查询帮助时，就会显示函数 H1 行以及帮助文本的内容。

3）函数主体

函数主体是函数的主要部分，是实现该函数功能、进行运算的所有程序代码的执行语句。函数主体中除了进行运算外，还包括函数调用与程序调用的必要注释。注释语句段每行用%引导，%后的内容不执行，只起注释作用。

此外，函数结构中一般都应有变量检测部分。如果输入或返回变量格式不正确，则应该给出相应的提示。输入和返回变量的实际个数分别用 nargin 和 nargout 这两个 MATLAB 保留量给出，只要进入函数，MATLAB 就将自动生成这两个变量。nargin 和 nargout 可以实现变量检测。

【例 4-18】 编写 MATLAB 函数，实现如下算法。

利用分布图法可以剔除疏失误差，即剔除既不具有确定分布规律，也不具有随机分布规律，显然与事实不符的误差。分布图算法如下：

首先对 n 个测量结果从小到大进行排序，得到测量序列 $x_1, x_2, \cdots, x_n$，其中 x_1 为下极限，x_n 为上极限。

再定义中位值为：

$$\begin{cases} x_m = x_{\frac{n+1}{2}}, & n\text{ 为奇数} \\ x_m = \dfrac{x_{\frac{n}{2}} + x_{\frac{n+1}{2}}}{2}, & n\text{ 为偶数} \end{cases}$$

下四分位数 F_l 为区间$[x_1, x_m]$的中位值，上四分位数 F_u 为区间$[x_m, x_n]$的中位值。

四分位离散度为：

$$\mathrm{d}F = F_u - F_l$$

认定测量结果中与中位数的距离大于 $\beta\mathrm{d}F$ 的数据为奇异数据，应该剔除。此处 β 为常数，其大小取决于系统的测量精度，通常取 1、2 等值。

```
function reP = distri_method(a)              % 定义函数,剔除输入向量 a 的奇异数值
b = sort(a);                                 % 对输入向量 a 排序
xm = getXm(b);                               % 调用子函数求向量 b 的中值
f1 = b(1:ceil(length(b)/2));                 % 取向量的前半部分
if rem(length(b),2) == 0                     % 如向量长度为 2 的整数倍时
    f1 = [f1 xm];                            % 添加中位值
end
```

```
f11 = getXm(f1);                                %调用子函数,求取下四分位数
if rem(length(b),2)~ = 0                        %当向量长度不是2的整数倍时
    fu = b(ceil(length(b)/2):length(b));        %取向量b的后部分
else
    fu = [xm,b((length(b)/2 + 1):length(b))];
end
fuu = getXm(fu);                                %调用子函数,求取上四分位数
reP = b(find(abs(b)<= 2 * (fuu - f11)));        %求取剔除奇异数据后的向量,取β = 2

function xm = getXm(b)                          %子函数定义.求向量中位值
if rem(length(b),2)~ = 0                        %当向量长度不是2的整数倍时
    index = ceil(length(b)/2);
    xm = b(index);                              %中位值取中间值
else
    index = length(b)/2;
    xm = (b(index) + b(index + 1))/2;           %否则,中位值取中间两个值的均值
end
```

在命令行窗口中实现测试：

```
>> a = [2 5 7 11 16 8 9 12];                    %a的长度为偶数值
>> reP = distri_method(a)
reP =
     2     5     7     8
>> a = [2 5 7 11 16 8 9 12 121];                %a的长度为奇数值
>> reP = distri_method(a)
reP =
     2     5     7     8
```

程序定义了子函数用于求取向量中值,并在求取上四分位数和下四分分位数时得到调用。需要说明的是,在此为了演示而自定义编写了求取中值的子函数。在MATLAB中可以直接调用median函数实现中值的求取,调用prctile函数求取分位数。

4.3.2 匿名函数

匿名函数没有函数名,也不是函数M文件,只包含一个表达式和输入/输出参数。用户可以在命令行窗口中输入代码,创建匿名函数。匿名函数的创建方法为：

```
fhandle = @(arglist) expression
```

其中,expression通常为一个简单的MATLAB变量表达式,实现函数的功能,如x+x.^2、sin(x).*cos(x)等；arglist为此匿名函数的输入参数列表,它指定函数的输入参数列表,对于多个输入参数的情况,通常要用逗号分隔各个参数；符号@是MATLAB中创建函数句柄的操作符,表示创建由输入参数列表arglist和表达式expression确定的函数句柄,并把这个函数句柄返回给变量fhandle,这样,以后就可以通过fhandle来调用定义好的这个函数。

【例 4-19】 建立方程 $y=ax^2+bx$ 的多输入参数匿名函数，并求其函数值。

```
>> clear all;
f = @(x,a,b)a * x.^2 + x. * b                  %创建一个名为 f 的函数句柄
f(1,2,3)
f(2,3,4)
f(1:3,2,3)
```

运行程序，输出如下：

```
f =
    @(x,a,b)a * x.^2 + x. * b
ans =
    5
ans =
    20
ans =
    5    14    27
>> whos                                        %查看变量 f 的信息
    Name     Size     Bytes     Class              Attributes
    ans      1x3      24        double
    f        1x1      32        function_handle
```

在程序中，建立了 3 个输入参数的匿名函数，通过该匿名函数的句柄来调用该匿名函数。在该匿名函数中，参数 x 运行为点乘。

4.3.3 子函数

在 MATLAB 中，多个函数的代码可以同时写到一个 M 函数文件中，其中，出现的第一个函数称为主函数（primary function），该文件中的其他函数称为子函数（sub function）。保存时所用的函数文件名应当与主函数定义名相同，外部程序只能对主函数进行调用。

子函数的书写规范如下：

(1) 每个子函数的第一行是其函数声明行。

(2) 在 M 函数文件中，主函数的位置不能改变，但是多个子函数的排列顺序可以任意改变。

(3) 子函数只能被处于同一 M 文件中的主函数或其他子函数调用。

(4) 在 M 函数文件中，任何指令通过“名称”对函数进行调用时，子函数的优先级仅次于 MATLAB 内置函数。

(5) 同一 M 文件的主函数、子函数的工作区都是彼此独立的。各个函数间的信息传递可以通过输入/输出变量、全局变量或跨空间指令来实现。

(6) help、lookfor 等帮助指令都不能显示一个 M 文件中的子函数的任何相关信息。

【例 4-20】 主函数和子函数调用。

```
function [avg,med] = calculate (u);
% 主函数 calculate 调用两个子函数求输入向量的平均值和中值
% 获得参数长度
n = length(u);
% 调用子函数 average
avg = average(u,n);
% 调用子函数 median
med = median(u,n);
% 定义子函数 average,计算平均值
function a = average(v,n);
a = sum(v)/n;
% 定义子函数 median,计算中值
function m = median(v,n);
% 对向量进行排序
w = sort(v);
if rem(n,2) == 1
     m = w((n+1)/2);
else
     m = (w(n/2) + w(n/2+1))/2;
end
```

在程序中,子函数 average 用于计算输入向量的平均值,即用向量的和除以向量的长度,子函数 median 计算输入向量的中值,即对向量中的元素按大小进行排序,如果输入向量的长度为奇数,则中值为向量中最中间的元素;如果输入向量的长度为偶数,则中值为向量中居中的两个元素的平均值。主函数先调用函数 length 求输入向量的长度,并用向量长度 n 作为参数调用两个子函数。

在命令行中执行函数 calculate:

```
>> a = [2 4 7 8 6 ];
>> [v,m] = calculate(a)
v =
     5.4000
m =
     6
```

如果函数的输入参数为矩阵,则此函数不能对其进行很好的列向处理。因为函数 length 的输入参数如果是矩阵,则返回行数或列数中的最大值,所以只有当矩阵的行数大于或等于列数时,平均值为各列中的平均值,中值为第一列的中值。

当输入一个方阵时:

```
>> a = [2 4 7; 8 6 5;5 3 4];
>> [v,m] = calculate(a)
v =
     5.0000     4.3333     5.3333
m =
     5
```

在同一个M文件的不同函数中定义的变量是不能直接引用的，只能以参数传递形式使用。如果需要在几个函数中使用同一个变量，则应将其定义为全局变量。使用help命令显示函数帮助信息时，不能显示子函数定义之后的注释行。

4.3.4 重载函数

重载是计算机编程中非常重要的概念，经常用于处理功能类似但变量属性不同的函数。例如，实现两个相同的计算功能，输入的变量数量相同，不同的是，其中一个输入变量为双精度浮点类型，另一个输入变量为整型，这时，用户就可以编写两个同名函数，分别处理这两种不同情况。当用户实际调用函数时，MATLAB就会根据实际传递的变量类型选择执行哪一个函数。

MATLAB的内置函数中就有许多重载函数，放置在不同的文件路径下，文件夹通常命名为"@＋代表MATLAB数据类型的字符"。例如，@int8路径下的重载函数的输入变量应为8位整型变量，而@double路径下的重载函数的输入变量应为双精度浮点类型。

【例4-21】 下面通过实例详细地讲解怎样建立重载函数。在搜索目录下建立目录@int8，然后在该目录内新建求最大值的函数max，代码如下：

```
function m = max(x,y,z,w,varargin)
%新建重载函数 max()
%该函数求4个标量的最大值
%author,copyright
if nargin~ = 4
    return;
end
temp = x;
if x<y
    temp = y;
end
if temp<z
    temp = z;
end
if temp<w
    temp = w;
end
m = temp;
```

建立了函数max的重载函数，有4个输入参数，1个输出参数。输入参数和输出参数都是标量，求输入的4个数的最大值。此时，如果在命令行窗口利用help查询函数max的帮助信息，则会显示新建的重载函数，结果如下：

```
>> help max
 新建重载函数 max()
 该函数求4个标量的最大值
 author,copyright
```

```
Overloaded methods:
   codistributed/max
   gpuArray/max
   fints/max
   localpspline/max
   localpoly/max
   ordinal/max
   timeseries/max
   int8/max.m
```

从函数 max 的帮助信息可看到，函数 max 现在增加了一个重载函数，该重载函数为 int/max.m，现在函数 max 共有 8 个重载函数。下面建立脚本 M 文件，查询重载函数的帮助信息并调用该重载函数，代码如下：

```
>> clear all;
help int/max.m
a = int8(1);
b = int8(2);
c = int8(7);
d = int8(10);
max(a,b,c,d)
```

运行程序，输出如下：

```
新建重载函数 max()
 该函数求 4 个标量的最大值
 author,copyright
 ans =
      int8
      1    0
```

4.3.5 内联函数

内联函数(inline function)的属性和编写方式与普通函数文件相同，但相对来说，内联函数的创建简单得多。其具体格式为：

inline(expr)：其功能是把字符串表达式 expr 转化为输入变量自动生成的内联函数。本语句将自动对字符串 expr 进行辨识，其中除了“预定义变量名”(如圆周率 pi)、“常用函数名”(如 sin、rand 等)，其他由字母和数字组成的连续字符辨识为变量，连续字符后紧接左括号的，不会被识别为变量，如 array(1)。

inline(expr,arg1,arg2,…)：把字符串表达式 expr 转换为 arg1、arg2 等指定的输入变量的内联函数。本语句创建的内联函数最为可靠，输入变量的字符串用户可以随意改变，但是由于输入变量已经规定，因此生成的内联函数不会出现辨识失误等错误。

inline(expr,n)：把字符串表达式 expr 转化为 n 个指定的输入变量的内联函数。本语句对输入变量的字符是有限制的，其字符只能是 $x, P_1, \cdots, P_n$，其中 P 一定为大写字母。

说明：

(1) 字符串 expr 中不能包含赋值符号“＝”。

(2) 内联函数是沟通 eval 和 feval 两个函数的桥梁，只要是 eval 可以操作的表达式，都可以通过 inline 指令转化为内联函数，这样，内联函数总是可以被 feval 调用。MATLAB 中的许多内置函数就是通过被转换为内联函数，从而具备了根据被处理的方式不同而变换不同函数形式的能力。

MATLAB 中关于内联函数的相关属性指令如表 4-1 所示。

表 4-1 内联函数相关属性指令

指　　令	说　　明
class(inline_fun)	提供内联函数的类型
char(inline_fun)	提供内联函数的计算公式
argnames(inline_fun)	提供内联函数的输入变量
vectorize(inline_fun)	使内联函数适用于数组运算的规则

【例 4-22】 利用内联函数定义以下函数：

$$\begin{cases} f(x) = x^2 \\ g(x) = 3\sin(2x^2) \\ h(x,y) = x\cos y - y^2 \end{cases}$$

其实现的 MATLAB 代码如下：

```
>> clear all;
% 用内联函数定义函数 f(x)
f = inline('t^2')
f =
     Inline function:
     f(t) = t^2
>> char(f)                                      % 用字符串形式输出内联函数
ans =
t^2
>> % 用内联函数定义函数 g(x)
f = inline('3 * sin(2 * x.^2)')
f =
     Inline function:
     f(x) = 3 * sin(2 * x.^2)
>> argnames(f)                                  % 输出变量参数
ans =
     'x'
>> formula(f)                                   % 公式化内联函数
ans =
3 * sin(2 * x.^2)
>> % 用内联函数定义函数 h(x,y)
h = inline('x * cos(y) - y^2')                  % 按字母顺序输出变量
h =
     Inline function:
     h(x,y) = x * cos(y) - y^2
```

```
>> h1 = inline('x * cos(y) - y ^ 2','y','x')          % 按输出顺序指定输出变量
h1 =
     Inline function:
     h1(y,x) = x * cos(y) - y ^ 2
```

使用 inline 定义的函数可以在脚本文件中调用,不必单独使用一个函数文件来定义专门的函数。因此,所有程序内容都可编写到一个 M 文件中,便于用户日后的文件管理、保存和输出。当然,如果函数的表达式非常复杂,还是建议用户使用函数文件定义脚本文件。inline 函数如果出现在核心循环,也会使速率下降,此时需要考虑用函数文件替代,或直接把表达式写入循环中。在 inline 函数中只能出现函数和参数,要传递一个可变函数 $f(x)=\sin(2ax)+4e^{-x^2}$,这里 a 为一个参数,可通过下面代码实现:

```
>> a = 1.3;                                                   % 对传递参数 a 进行赋值
f = inline(['sin(2 * x * ',num2str(a),') + 4 * exp( - x.^2)'])  % 把参数 a 转化为字符串
y1 = f(0.5)
```

运行程序,输出如下:

```
f =
     Inline function:
     f(x) = sin(2 * x * 1.3) + 4 * exp( - x.^2)
y1 =
     4.0788
```

4.3.6 eval 函数

eval 函数可以与文本变量一起使用,实现文本宏工具。其格式为:

eval(expression):为使用 MATLAB 的注释器求表达式的值或执行包含文本字符串 expression 的语句。

【例 4-23】 利用 eval 函数分别计算 4 种不同类型的语句字符串,分别为:

- “表达式”字符串。
- “指令语句”字符串。
- “备选指令语句”字符串。
- “组合”字符串。

1) 实现“表达式”字符串

```
>> Array = 1:6;
String = '[Array * 3;Array/3;2.^Array]';
Output = eval(String)
Output =
     3.0000     6.0000     9.0000    12.0000    15.0000    18.0000
     0.3333     0.6667     1.0000     1.3333     1.6667     2.0000
     2.0000     4.0000     8.0000    16.0000    32.0000    64.0000
```

2）实现“指令语句”字符串

```
>> clear all;
theta = 2 * pi;
eval('Output = exp(sin(theta))');
whos
Output =
    1.0000
  Name        Size            Bytes     Class       Attributes
  Output      1x1             8                     double
  theta       1x1             8                     double
```

3）实现“备选指令语句”字符串

```
>> Matrix = magic(3)
Array = eval('Matrix(5,:)','Matrix(3,:)')
errmessage = lasterr
Matrix =
     8     1     6
     3     5     7
     4     9     2
Array =
     4     9     2
errmessage =
     0×0 empty char array
```

4）实现“组合”字符串

```
>> Expression = {'zeros','ones','rand','magic'};
Num = 2;
Output = [];
for i = 1:length(Expression)
     Output = [Output eval([Expression{i},'(',num2str(Num),')'])];
end
Output
Output =
     0     0    1.0000    1.0000    0.8147    0.1270    1.0000    3.0000
     0     0    1.0000    1.0000    0.9058    0.9134    4.0000    2.0000
```

4.3.7 feval 函数

feval 函数的格式为：[y1,…,yN]=feval(fun,x1,…,xM)，针对变量 x1,x2,…,xM 来执行 fun 函数指定的计算。

说明：

(1) 在此 fun 为函数名。

(2) 在 eval 函数与 feval 函数通用的情况下（使用这两个函数均可以解决问题），feval 函数的运行效率比 eval 函数高。

(3) feval 函数主要用来构造“泛函”型函数文件。

【例 4-24】 feval 函数的简单运用。

(1) 实现 feval 和 eval 函数运行区别之一是：feval 函数的 fun 不可以是表达式。

(2) feval 函数中的 fun 只接受函数名，不能接受表达式。

```
% 实现(1)的代码
>> Array = 1:6;
String = '[Array * 3;Array/3;3.^Array]';
Output1 = eval(String)                                  % 使用 eval 函数运行表达式
Output2 = feval(String)                                 % 使用 feval 函数运行表达式
Output1  =
     3.0000    6.0000     9.0000    12.0000     15.0000     18.0000
     0.3333    0.6667     1.0000     1.3333      1.6667      2.0000
     3.0000    9.0000    27.0000    81.0000    243.0000    729.0000
Error using feval
Invalid function name '[Array * 3;Array/3;3.^Array]'.
% 实现(2)的代码
>> j = sqrt( - 1);
Z = exp(j * ( - pi:pi/100:pi));
subplot(1,2,1);eval('plot(Z)');
set(gcf,'units','normalized','position',[0.2 0.3 0.2 0.2]);
title('eval 绘图');axis('square');
set(gcf,'units','normalized','position',[0.2 0.3 0.2 0.2]);
subplot(1,2,2);feval('plot',Z);
title('feval 绘图');
axis('square');
```

运行程序，效果如图 4-3 所示。

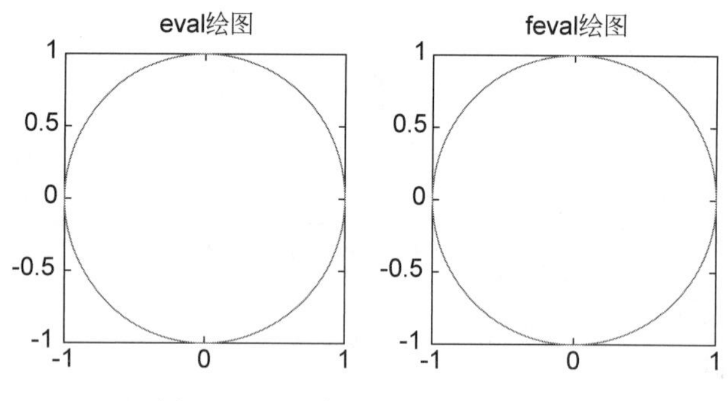

图 4-3　feval 与 eval 函数运行结果

4.4　变量的检测与传递

M 文件中不同文件之间数据的传递是以变量为载体来实现的，数据的保存和中转都是以空间为载体来实现的。因此，M 文件中变量的检测与传递是检验运算关系和运算正确与否的有力保障。

4.4.1 输入/输出变量

在 MATLAB 中，函数 nargin 的值为输入参数的个数，函数 nargout 的值为输出参数的个数。MATLAB 中函数的输入参数的个数和输出参数的个数非常灵活，有很多的参数可以采用默认值。例如，计算矩阵 A 每一列的平均值，函数 mean(A)和函数 mean(A,1)返回相同的结果，函数 mean(A)只有一个输入参数，函数 mean(A,1)的第二个输入参数取默认值 1。

【例 4-25】 不同输入参数的个数。

```
function b = addme(a1,a2,a3)
%计算标量或向量的最大值
if nargin == 0
     b = 0;
     disp('请输入参数!');
     return;
elseif nargin == 1
     a2 = 0;
     a3 = 0;
elseif nargin == 2
     a3 = 0;
end
t1 = max(a1);
t2 = max(a2);
t3 = max(a3);
b = max([t1,t2,t3]);
```

在该函数中，最多可以有 3 个输入参数，也可以没有输入参数。如果没有输入参数，则输出结果为 NaN，并显示提示信息“请输入参数!”；如果只有 1 个输入参数，则 a2=0，a3=0，然后计算最大值；如果有 2 个输入参数，则 a3=0，然后计算最大值；如果有 3 个输入参数，则计算这 3 个数的最大值。在命令行窗口中，该函数的调用格式为：

```
>> clear all;
>> x = [1 4 7];y = 15;z = [6 8 4 22 7]';
>> b = addme(x)
b =
     7
>> b = addme(x,y)
b =
     22
>> b = addme(x,y,z)
b =
     15
```

【例 4-26】 不同输出参数的个数。

```
function [b1,b2] = outadd(a1,a2)
%计算标量或向量的平均值
```

```
if nargin == 1
      b1 = mean(a1);
      b2 = b1;
elseif nargin == 2
      b1 = mean(a1);
      b2 = mean(a2);
end
if nargout == 1
      b1 = mean(b1,b2);
end
```

在该函数中,计算输入参数的平均值,输入参数最多为 2 个,输出参数也是最多为 2 个。如果输出参数只有 1 个,则输出值为所有输入参数的平均值;如果输出参数有 2 个,则分别对应第 1 个和第 2 个输入参数的平均值。在命令行窗口中,函数调用格式为:

```
>> clear all;
>> a = [2 8 7;6 2 4];b = [3 9 4 5 7]';
>> outadd(a,b)
ans =
      4.0000    5.0000    5.5000
>> [x,y] = outadd(a,b)
x =
      4.0000    5.0000    5.5000
y =
      5.6000
>> [x,y] = outadd(a)
x =
      4.0000    5.0000    5.5000
y =
      4.0000    5.0000    5.5000
```

4.4.2 可变数目的参数传递

利用 varargin 和 varargout 函数可以传递任意数目的输入参数和输出参数。MATLAB 将所有的输入参数打包成一个元胞数组,而输出参数需要自己编写代码打包成元胞数组,以便 MATLAB 将输出参数传递给调用者。

1) varargin 函数

varargin 函数作为输入参数,其调用格式为:

function y=bar(varargin):函数 bar 接受任意数目的输入参数,而 MATLAB 将这些参数构成一个单元数组,varargin 则为单元数组名。

【例 4-27】 编写 vartest 函数,将显示预期参数和可选参数传递给它。

```
function vartest(argA, argB, varargin)
optargin = size(varargin,2);                                          %输入参数大小
stdargin = nargin - optargin;                                         %输入参数个数
fprintf('Number of inputs =  %d\n', nargin)                           %显示输入参数
fprintf(' Inputs from individual arguments( %d):\n', stdargin) %显示输入参数
```

```
if stdargin >= 1
    fprintf(' %d\n', argA)
end
if stdargin == 2
    fprintf(' %d\n', argB)
end
fprintf(' Inputs packaged in varargin( %d):\n', optargin)
 for k = 1 : size(varargin,2)
    fprintf(' %d\n', varargin{k})
end
```

在命令行窗口中,函数的调用格式为:

```
>> vartest(10,20,30,40,50,60,70)
Number of inputs = 7
 Inputs from individual arguments(2):
    10
    20
 Inputs packaged in varargin(5):
    30
    40
    50
    60
    70
```

2) varargout 函数

varargout 函数用于返回可变参数数目,其调用格式为:

```
function varargout = foo(n)
```

从函数 foo 返回任意个输出参数,返回的参数包含在 varargout 中。与 varargin 相反,返回输出的函数必须把单个的数据组合成元胞数组,放在 varargout(它又变成了元胞数组名)中,以便于 MATLAB 把输出参数返回给调用函数。而输出时,MATLAB 则将元胞数组拆成单个数据。

【例 4-28】 varargout 函数使用实例。

```
function [s,varargout] = mysize(x)
nout = max(nargout,1) - 1;
s = size(x);
for k = 1:nout,
    varargout(k) = {s(k)};
end
```

调用 mysize 函数,得到:

```
>> [s,rows,cols] = mysize(rand(3,5))
s =
    3    5
```

```
rows =
     3
cols =
     5
```

3）使用 varargin 和 varargout 函数的原则

- 在函数定义行中，它们必须是输入或输出参数列表中的最后一个参数；
- 在函数定义行中，它们必须是小写字母；
- 它们只被用在 M 文件函数中。

4.4.3 跨空间变量传递

在 MATLAB 中，不同工作区之间的数据传递是通过变量来实现的，主要形式有两种：函数的输入/输出变量和全局变量。本节将对除此之外的第 3 种数据传递渠道——跨空间计算表达式的值进行介绍。

在 MATLAB 中，提供了 evalin 函数实现跨空间变量的传送。函数的调用格式为：

evalin(ws, expression)：该指令的功能为跨空间计算字符串表达式的值。

说明：

(1)“工作区(ws)”的可取值有两个，分别是 base 和 caller。

(2) 工作机理：当“工作区”为 base，表达式计算 evalin('expression')时，将从基本工作区获得变量值；当“工作区”为 caller，表达式计算 evalin('expression')时，将从主调函数基本工作空间区获得变量值。主调函数是相对于被调函数而言的，被调函数是指 evalin 所在的函数。

evalin(ws, expression1, expression2)：该指令的功能为跨空间计算替代字符串表达式的值。

说明：

(1)“工作区”的可取值有两个，分别是 base 和 caller。

(2) 工作机理：先从所在函数空间获取变量值，用 evalin('expression1')计算原字符串表达式，如果计算失败，则从“工作区”指定的基本工作区或主调函数工作区获得变量值，再通过 evalin('expression2')计算替代字符串表达式的值。

【例 4-29】 跨空间变量传递实例。

```
>> clear all;
n = 7;                                          % 作出图片为 7 瓣的花
j = sqrt( - 1);
phi = 0:pi/(20 * n):2 * pi;
amp = 0;
for i = 1:n
     amp = [amp 1/20:1/20:1 19/20: - 1/20:0];
end
String = {'base','caller','self'};              % 字符串为 base 时，调用基本工作区
% 字符串为 caller 时，调用函数空间；字符串为 self 时，调用子函数空间
```

```
for i = 1:3
    y = Flower(6,String{i});                          % 作出图片为 6 瓣的花
    subplot(1,3,i);
    plot(y,'r','LineWidth',3.5);
    axis('square');
end
```

程序调用到其他空间变量的 M 文件代码为：

```
function y = Flower(n,s)
j = sqrt( - 1);
phi = 0:pi/(20 * n):2 * pi;
amp = 0;
for i = 1:n
    amp = [amp 1/20:1/20:1 19/20: - 1/20:0];
end
y = subflower(5,s);                                   % 作出图片为 5 瓣的花

function y2 = subflower(n,s)
j = sqrt( - 1);
phi = 0:pi/(20 * n):2 * pi;
amp = 0;
for i = 1:1:n
    amp = [amp 1/20:1/20:1 19/20: - 1/20:0];
end
func = 'amp. * exp(j * phi)';
switch s
    case{'base','caller'}
        y2 = evalin(s,func);
    case 'self'
        y2 = eval(func);
end
```

运行程序，效果如图 4-4 所示。

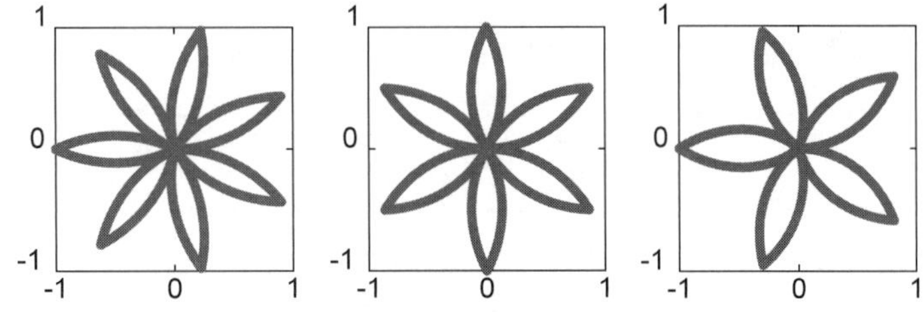

图 4-4　跨空间变量传递效果图

4.4.4　跨空间变量赋值

实现不同工作区之间变化传递的第 4 种方式是跨空间变量赋值，在 MATLAB 中，提供了 assignin 函数实现该功能。函数的调用格式为：

assignin(ws, 'var', val)：为跨空间变量 var 赋值，把当前工作区 ws 中的变量 val 的值赋值给指定“工作区”中的指定变量 var。assignin 的使用机理与跨空间变量传递的机理相同。下面通过实例来说明 assignin 指令的注意事项。

【例 4-30】 assignin 运行机理。

```
>> clear all;
>> assignin('base','Num',0)
>> Num
```

输出如下：

```
Num =
     0
>> Array = 1:8;
>> assignin('base','Array(3:6)',Num)
```

输出如下：

```
Error using assignin
Invalid variable name "Array(3:6)" in ASSIGNIN.
>> evalin('base','Array(3:6) = Num')
```

输出如下：

```
Array =
     1     2     0     0     0     0     7     8
```

提示：assignin 不能对数组进行赋值。当需要对数组进行赋值时，可以使用 evalin 指令的相应逻辑功能代替。

第5章 MATLAB可视化

MATLAB不仅具有强大的数值运算功能，还有强大的绘图功能，能够将数据方便地以二维、三维乃至四维的图形可视化，并且能够设置图形的颜色、线性、视觉角度等。应用MATLAB除了能作一般的曲线图、条形图、散点图等统计图形外，还能绘制流线图、三维向量图等工程实用图形。由于系统采用面向对象的技术和丰富的矩阵计算，所以在图形处理方面既方便又高效。

5.1 图形绘制基础

5.1.1 离散函数

一个二元实数标量对(x_0, y_0)可以用平面上的点来表示，一个二元实数标量数组$[(x_1, y_1), (x_2, y_2), \cdots, (x_n, y_n)]$可以用平面上的一组点来表示。对于离散函数$Y=f(X)$，当$X$为一维标量数组$[x_1, x_2, \cdots, x_n]$时，根据函数关系可以求出$Y$相应的一维标量数组$[y_1, y_2, \cdots, y_n]$。当把这两个向量数组在直角坐标系中用点序列表示时，就实现了离散函数的可视化。当然，这些图形上的离散序列反映的只是X所限定的有限点上或是有限区间内的函数关系，应当注意的是，MATLAB是无法实现对无限区间上的数据可视化的。

【例5-1】 在某次工程实验中，测得时间t与温度T的数据如表5-1所示。

表5-1 时间与温度的关系

时间 t/s	0	1	2	3	4	5	6	7	8	9	10	11	12
温度 T/℃	0	32.5	45.8	79.0	86.5	96.5	107.3	110.4	115.7	118	119.2	119.8	120

描绘出这些点，以观察温度随时间变化的关系。

其实现的MATLAB代码如下：

```
>> clear all;
t = 0:12;                                   % 输入时间 t 的数据
% 输入温度 T 的数据
```

```
T=[0 32.5 45.8 79.0 86.5 96.5 107.3 110.4 115.7 118 119.2 119.8 120];
plot(t,T,'ro')                             %用红色描绘出相应的数据点
xlabel('时间');ylabel('温度');
```

运行程序,效果如图 5-1 所示。

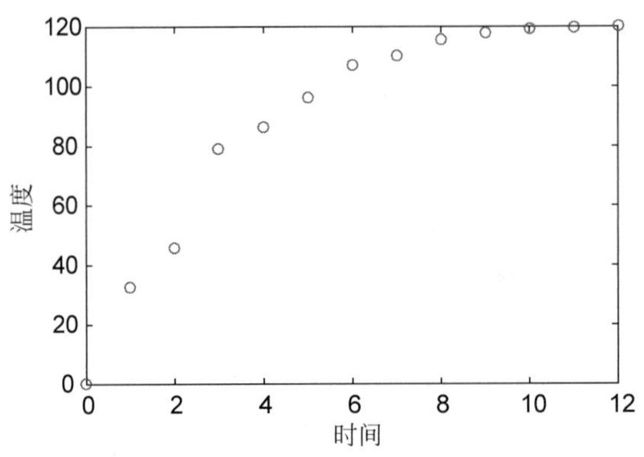

图 5-1　离散数据散点图

【例 5-2】 用图形表示离散函数 $y=2e^{-2x}$在[−1,1]区间二十等分点处的值。

```
>> clear all;
x = -1:0.1:1;
y = 2 * exp(-2 * x);
plot(x,y,'md');
grid on;
xlabel('x');ylabel('y');
```

运行程序,效果如图 5-2 所示。

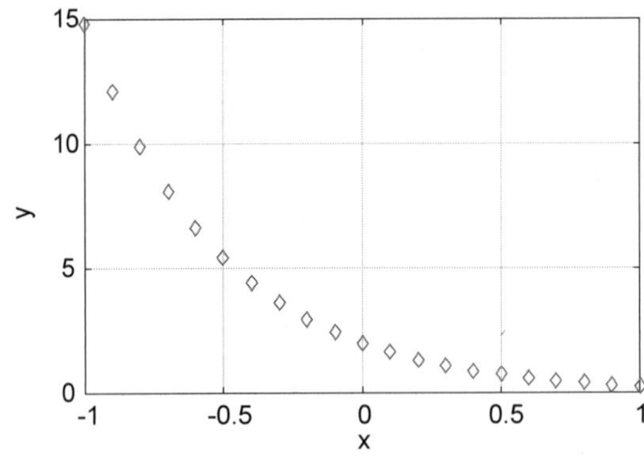

图 5-2　离散函数效果图

5.1.2　连续函数

在 MATLAB 中无法画出真正的连续函数,因此在实现连续函数的可视化时,首先必须将连续函数用在一组离散自变量上来计算函数结果,然后将自变量数组和结果数组

在图形中表示出来。

当然,这些离散的点还是不能表现函数的连续性。为了更形象地表现函数的规律及其连续变化,通常采用以下两种方法。

(1) 对离散区间进行更细的划分,逐步趋近函数的连续变化特性,直到达到视觉上的连续效果。

(2) 把每两个离散点用直线连接,以每两个离散点之间的直线来近似表示两点间的函数特性。

【例 5-3】 绘制方程$\begin{cases}x=2(\cos t-t\sin t)\\ y=2(\sin t+t\cos t)\end{cases}$在$t\in[-2\pi,2\pi]$上的图像。

```
>> clear all;
t1 = - 2 * pi:pi/5:2 * pi;
t2 = - 2 * pi:pi/20:2 * pi;
x1 = 2 * (cos(t1) - t1. * sin(t1));
y1 = 2 * (sin(t1) + t1. * cos(t1));
x2 = 2 * (cos(t2) - t2. * sin(t2));
y2 = 2 * (sin(t2) + t2. * cos(t2));
subplot(221);plot(x1,y1,'m.');
title('图 1');axis square;
subplot(222);plot(x2,y2,'m.');
title('图 2');axis square;
subplot(223);plot(x1,y1);
title('图 3');axis square;
subplot(224);plot(x2,y2);
title('图 4');axis square;
```

运行程序,效果如图 5-3 所示。

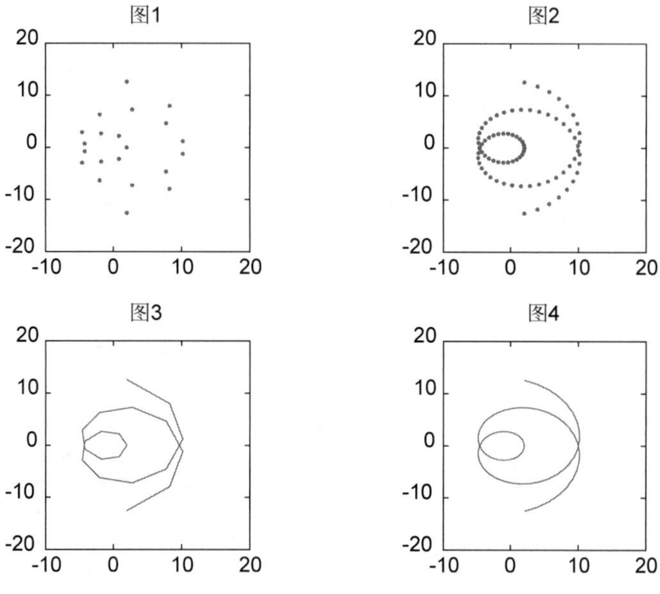

图 5-3　连续函数绘图

5.1.3 图形绘制实例

【例 5-4】 设函数 $y=x+\cos(x)+e^x$，试利用 MATLAB 绘制该函数在 $x\in\left[-\frac{\pi}{2}\quad\frac{\pi}{2}\right]$上的图像。

(1) 准备图形数据。用户需要选定数据的范围，选择对应范围的自变量，计算相应的函数值，代码为：

```
>> clear all;
x = - pi/2:0.01:pi/2;
y = x + cos(x) + exp(x);
```

(2) 使用 plot 函数绘图图形，代码为：

```
>> plot(x,y)
```

运行程序，效果如图 5-4 所示。

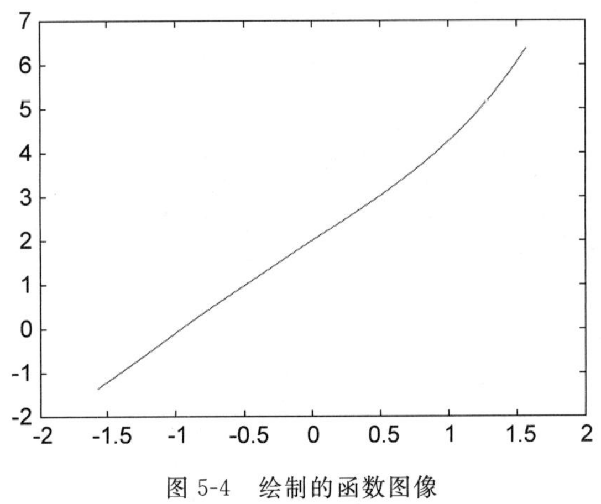

图 5-4　绘制的函数图像

(3) 为了更好地观察各个数据点的位置，给背景设置网格线，同时采用红色空心星号来标记数据点，代码为：

```
>> plot(x,y,' - ro')
>> grid on;
```

运行程序，效果如图 5-5 所示。

(4) 给图形添加一些注释。为了进一步使图形具有可读性，用户还需要给图形添加一些注释，如图形的名称、坐标轴的名称、图例、文字说明等。给实例图形取名为"y 的函数图像"；x 坐标轴和 y 坐标轴分别取名为 x 和 y；图例设置为"$y=x+\cos(x)+e^x$"。实现代码为：

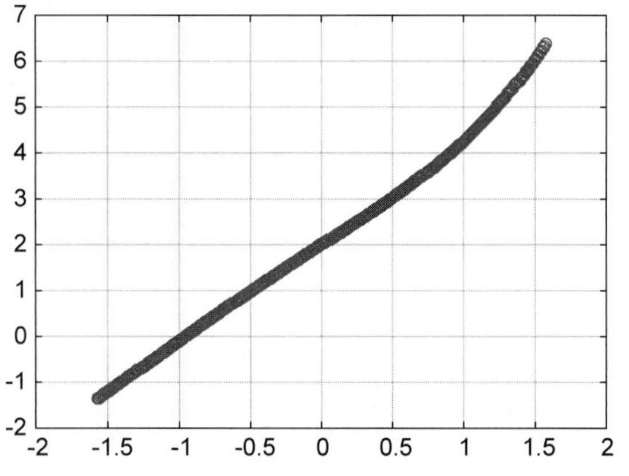

图 5-5　添加网格线并修改曲线样式效果图

```
>> title('y 的函数图像');
>> xlabel('x');ylabel('y');
>> legend('y = x + cos(x) + e^{x}');
```

运行程序，效果如图 5-6 所示。

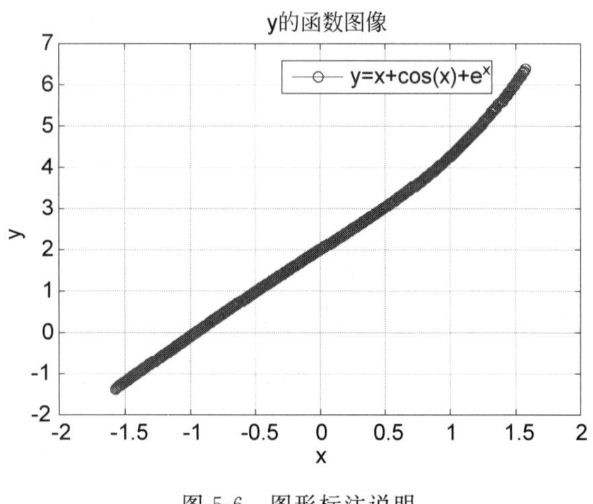

图 5-6　图形标注说明

(5) 图形的输出。完成图形的绘制和编程后，用户可以将图形打印或在图形窗口的菜单栏中选择“文件”|“保存为”选项，将图形保存成用户需要的格式。

5.1.4　图形绘制的步骤

通过例 5-4 可以总结出，利用 MATLAB 绘制图形大致分为如下 7 个步骤。

(1) 数据准备。主要工作是产生自变量采样向量，计算相应的函数值向量。

(2) 选定图形窗口及子图位置。在默认情况下，MATLAB 系统绘制的图形为 figure.1、figure.2 等。

(3) 调用绘图函数绘制图形，如 plot 函数。

（4）设置坐标轴的范围、刻度及坐标网格。

（5）利用对象属性值或者图形窗口工具栏设置线型、标记类型及其大小等。

（6）添加图形注释，如图名、坐标名称、图例、文字说明等。

（7）图形的导出与打印。

5.2 二维基本绘图

二维图形是 MATLAB 图形的基础，也是应用最广泛的图形类型之一。MATLAB 提供了许多二维图形绘制函数。

5.2.1 基本绘图函数

MATLAB 的基本绘图函数包括 line 函数、plot 函数和 polar 函数，line 函数是直角坐标系中的简单绘图函数，plot 函数是直角坐标系中常用的绘图函数，而 polar 函数是极坐标中的绘图函数。

在 MATLAB 中绘制曲线的基本函数有很多，表 5-2 列出了常用的基本绘图函数。

表 5-2　常用的基本绘图函数

函　　数	功　　能
plot	建立向量或矩阵的图形
line	将数组中的各点用线段连接起来
semilogx	x 轴用于对数标度，y 轴线性标度绘制图形
semilogy	y 轴用于对数标度，x 轴线性标度绘制图形
loglog	x、y 轴都取对数标度建立图形
plotyy	在图的左右两侧分别建立纵坐标轴
subplot	同一个图形窗口中同时显示多个坐标轴的图形

1. plot 函数

MATLAB 中最常用的二维曲线的绘图函数为 plot，使用该函数 MATLAB 将开辟一个图形窗口，并画出坐标上的一条二维曲线。函数的调用格式为：

plot(Y)：输入参数 Y 就是 Y 轴的数据，一般习惯输入向量，则 plot(Y)可以用以绘制索引值所对应的行向量 Y，若 Y 为复数，则 plot(Y)等于 plot(real(Y)，image(Y))；在其他几种使用方式中，如果有复数出现，则复数的虚数部分将不被考虑。

plot(X1，Y1，…，Xn，Yn)：若 Xi、Yi 均为实数向量，且为同维向量（可以不是同型向量），则 plot 先描出点(X(i)，Y(i))，然后用直线依次相连；若 Xi，Yi 为复数向量，则不考虑虚数部分；若 Xi、Yi 均为同型实数矩阵，则 plot(Xi，Yi)依次画出矩阵的几条线段；若 Xi、Yi 一个为向量，另一个为矩阵，且向量的维数等于矩阵的行数或列数，则矩阵按向量的方向分解成几个向量，再与向量配对分别画出，矩阵可分解成几个向量就有几条线。在上述的几种使用形式中，若有复数出现，则复数的虚数部分将不被考虑。

plot(X1,Y1,LineSpec,…,Xn,Yn,LineSpec)：LineSpec 为选项(开关量)字符串，用于设置曲线颜色、线型、数据点等，如表 5-3 所示；LineSpec 的标准设定值的前 7 种颜色(蓝、绿、红、青、品红、黄、黑)依次自动着色。

表 5-3 常用的绘图选项

选 项	含 义	选 项	含 义
—	实线	.	用点号标出数据点
——	虚线	O	用圆圈标出数据点
:	点线	x	用叉号标出数据点
—.	点画线	+	用加号标出数据点
r	红色	s	用小正方形标出数据点
g	绿色	D	用菱形标出数据点
b	蓝色	V	用下三角标出数据点
y	黄色	^	用上三角标出数据点
m	洋红	<	用左三角标出数据点
c	青色	>	用右三角标出数据点
w	白色	H	用六角形标出数据点
k	黑色	P	用五角形标出数据点
*	用星号标出数据点		

plot(X1,Y1,LineSpec,'PropertyName',PropertyValue)：对所有用 plot 函数创建的图形进行属性值设置，常用属性如表 5-4 所示。

表 5-4 常用属性

属 性 名	含 义	属 性 名	含 义
LineWidth	设置线的宽度	MarkerEdgeColor	设置标记点的边缘颜色
MarkerSize	设置标记点的大小	MarkerFaceColor	设置标记点的填充颜色

h = plot(X1,Y1,LineSpec,'PropertyName',PropertyValue)：返回绘制函数的句柄值 h。

【例 5-5】 在[0,2π]上同时绘制三条曲线 $y_1=\sin(x)$、$y_2=\sin(x-0.25)$及 $y_3=\sin(x-0.5)$，并设置曲线线型和颜色。

```
>> clear all;
x = 0:pi/100:2*pi;
y1 = sin(x);
y2 = sin(x-0.25);
y3 = sin(x-0.5);
figure
plot(x,y1,x,y2,'r--',x,y3,'k:')
```

运行程序，效果如图 5-7 所示。

2. line 函数

line 函数用于在直角坐标系下简单画线，调用格式为：

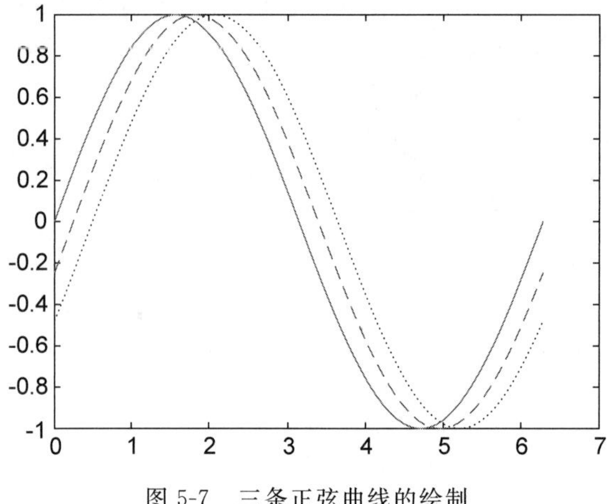

图 5-7　三条正弦曲线的绘制

line(X,Y)：X 和 Y 都是一维数组，line 函数将数组中(X(i),Y(i))代表的各点用线段连接起来，形成一条折线。

line(X,Y,Z)：创建的三维坐标中的线段。

line(X,Y,Z,'PropertyName',propertyvalue,…)：设置对应的属性名 PropertyName 及属性值 propertyvalue。

h = line(…)：返回绘制线段的句柄值 h。

【例 5-6】 利用 line 函数绘制线型。

```
>> clear all;
t = 0:pi/20:2 * pi;
hline1 = plot(t,sin(t),'k');
ax = gca;
hline2 = line(t + .06,sin(t),...
     'LineWidth',4,...
     'Color',[.8 .8 .8],...
     'Parent',ax);
set(gca,'Children',[hline1 hline2])
```

运行程序，效果如图 5-8 所示。

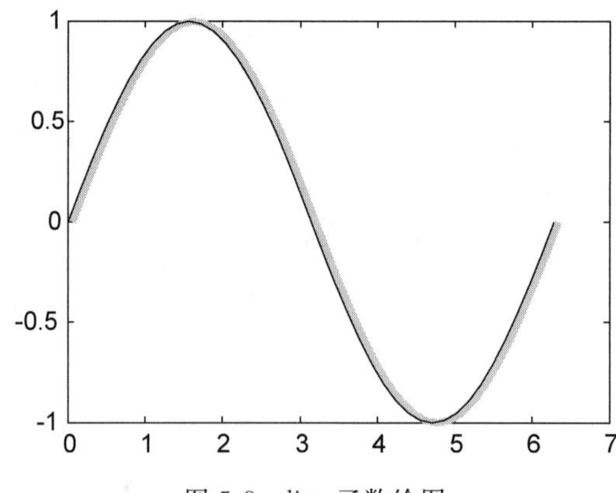

图 5-8　line 函数绘图

3. 轴对数坐标

利用 semilogx、semilogy 函数绘制图形时，x、y 轴采用对数坐标。如果没有指定使用的颜色，当绘制的线条较多时，semilogx、semilogy 函数将自动使用当前轴的 ColorOrder 与 LineStyleOrder 属性指定的颜色顺序与线型顺序来绘制。函数的调用格式为：

semilogx(Y)：对 x 轴的刻度求常用对数(以 10 为底)，而 y 轴为线性刻度。若 Y 为实数向量或矩阵，则结合 Y 的列向量下标与 Y 的列向量绘制出线条；若 Y 为复数向量或矩阵，则 semilogx(Y)等价于 semilogx(real(Y),imag(Y))。在 semilogx 函数的其他调用格式中，Y 的虚数部分将被忽略。

semilogx(X1,Y1,…)：结合 Xi 与 Yi 绘制出线条，若其中只有 Xi 或 Yi 为矩阵，另外一个为向量，行向量的维数等于矩阵的列数，列向量的维数等于矩阵的行数，则按向量的方向分解矩阵，再与向量结合，分别绘制出线条。

semilogx(X1,Y1,LineSpec,…)：按顺序取 3 个参数 Xi、Yi、LineSpec 绘制线条，参数 LineSpec 指定使用的线型、标记符号及颜色。用户可以混合使用二参数与三参数形式。

semilogx(…,'PropertyName',PropertyValue,…)：对所有由 semilogx 函数生成的图形对象句柄的属性进行设置。

h=semilogx(…)：返回 line 图形句柄向量，每条线对应一个句柄，相对于 x 轴采用对数坐标形式。

h=semilogy(…)：返回 line 图形句柄向量，每条线对应一个句柄，相对于 y 轴采用对数坐标形式。

利用 loglog 函数绘制图形时，x 轴与 y 轴均采用对数坐标，其调用格式与 semilogx 函数相同。

【例 5-7】 绘制双对数图形、x 轴半对数图形及 y 轴半对数图形。

```
>> clear all;
x = 0:.1:10;
figure;loglog(x,exp(x),'-s');                    % 双对数图形
figure;semilogy(x,10.^x);                        % y 轴半对数图形
figure;semilogx(x,10.^x);                        % x 轴半对数图形
```

运行程序，效果如图 5-9 所示。

4. plotyy 函数

实际中，如果两组数据的数据范围相差较大，而又希望放在同一个图形中比较分析，可以绘制双 y 轴图形。在 MATLAB 中，提供了 plotyy 函数实现双 y 轴图形的绘制。函数的调用格式为：

plotyy(x1,y1,x2,y2)：在一个图形窗口同时绘制两条曲线(x1,y1)和(x2,y2)，曲线(x1,y1)用左侧的 y 轴，曲线(x2,y2)用右侧的 y 轴。

plotyy(x1,y1,x2,y2,fun)：fun 是字符串格式，用来指定绘图的函数名，如 plot、semilogx 等。例如，plotyy(x1,y1,x2,y2,'semilogx')就是用函数 semilogx 来绘制曲线

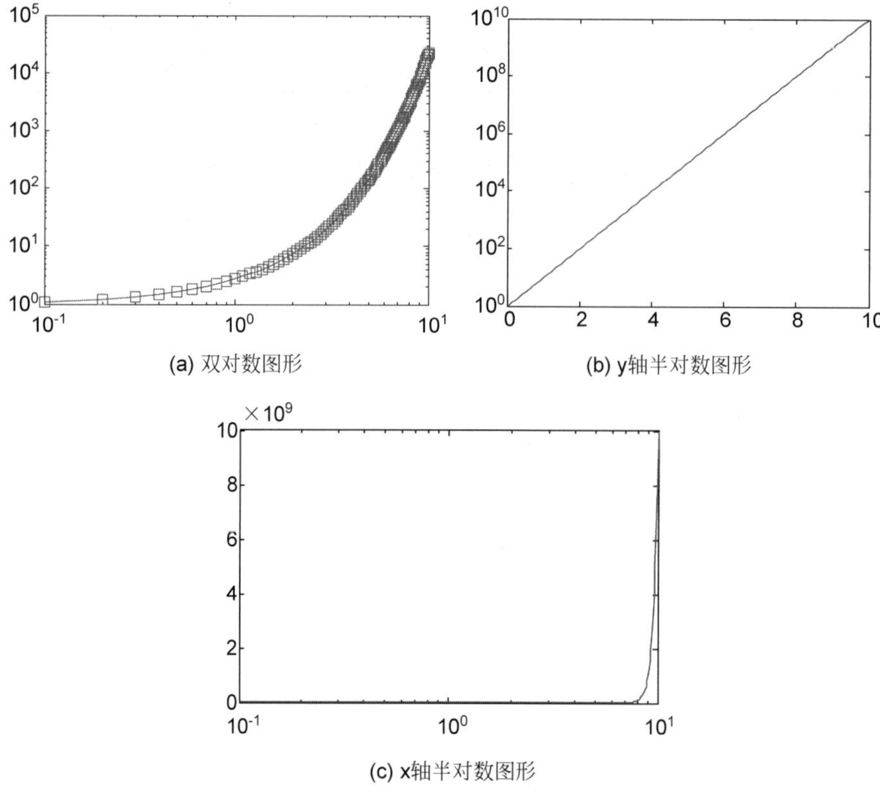

(a) 双对数图形

(b) y轴半对数图形

(c) x轴半对数图形

图 5-9　轴对数坐标图

(x1,y1)和(x2,y2)。

plotyy(x1,y1,x2,y2,fun1,fun2)：和第二种形式类似，只是用 fun1 和 fun2 可以指定不同的绘图函数分别绘制这两种曲线。

【例 5-8】 用不同标度在同一坐标系内绘制曲线 $y_1=200e^{-0.05x}\sin(x)$ 及曲线 $y_2=0.8e^{-0.5x}\sin(10x)$。

```
>> clear all;
x = 0:0.01:20;
y1 = 200 * exp( - 0.05 * x). * sin(x);
y2 = 0.8 * exp( - 0.5 * x). * sin(10 * x);
[AX,H1,H2] = plotyy(x,y1,x,y2,'plot')
```

运行程序，输出如下，效果如图 5-10 所示。

```
AX =
  1x2 Axes 数组:
    Axes    Axes
H1 =
  Line (具有属性):
              Color: [0 0.4470 0.7410]
```

```
            LineStyle: '-'
            LineWidth: 0.5000
               Marker: 'none'
           MarkerSize: 6
      MarkerFaceColor: 'none'
                XData: [1x2001 double]
                YData: [1x2001 double]
                ZData: [1x0 double]
   显示 所有属性
H2 =
  Line (具有属性):
                Color: [0.8500 0.3250 0.0980]
            LineStyle: '-'
            LineWidth: 0.5000
               Marker: 'none'
           MarkerSize: 6
      MarkerFaceColor: 'none'
                XData: [1x2001 double]
                YData: [1x2001 double]
                ZData: [1x0 double]
   显示 所有属性
```

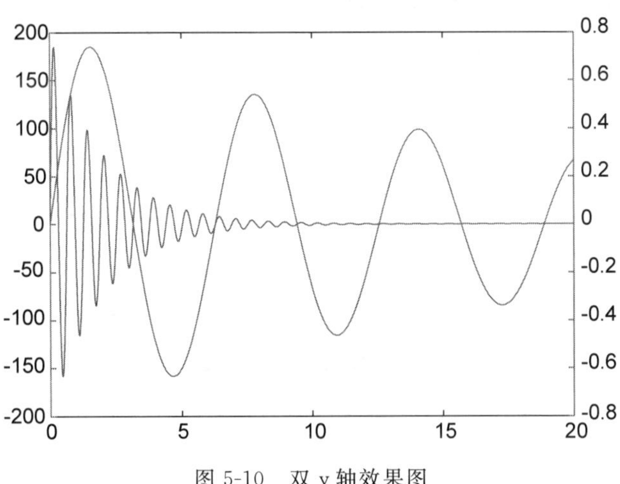

图 5-10　双 y 轴效果图

5. subplot 函数

有的时候，为了便于对比或节省绘图空间，需在同一个图形窗口中同时显示多个坐标轴的图形，即建立多个坐标系并在坐标系中分别绘图，这时就需要用到 subplot 函数。函数的调用格式为：

subplot(m,n,p)：将当前图形窗口分成 m×n 个绘图区，即共 m 行，每行 n 个，子绘图区的编号按行优先从左到右编号。该函数选定第 p 个区为当前活动区，在每一个子绘图区允许以不同的坐标系单独绘制图形。

subplot(m,n,p,'replace')：如果定义的坐标轴已经存在，则删除已有的，并创建一个新的坐标轴。

subplot(m,n,p,'align')：对齐坐标轴。

subplot(h)：使句柄 h 对应的坐标轴为当前显示，用于后面图形的输出显示。

subplot('Position',[left bottom widthheight])：在指定的位置上建立坐标轴。

subplot(…,prop1,value1,prop2,value2,…)：设置坐标轴的属性名及属性值。

h=subplot(…)：返回坐标轴的句柄值 h。

【例 5-9】 利用 subplot 绘制多个子图。

```
>> clear all;
figure
y = zeros(4,15);
for k = 1:4
     y(k,:) = rand(1,15);
     subplot(2, 2, k)
     plot(y(k,:));
end
hax = axes('Position', [.35, .35, .3, .3]);
bar(hax,y,'EdgeColor','none')
set(hax,'XTick',[])
```

运行程序，效果如图 5-11 所示。

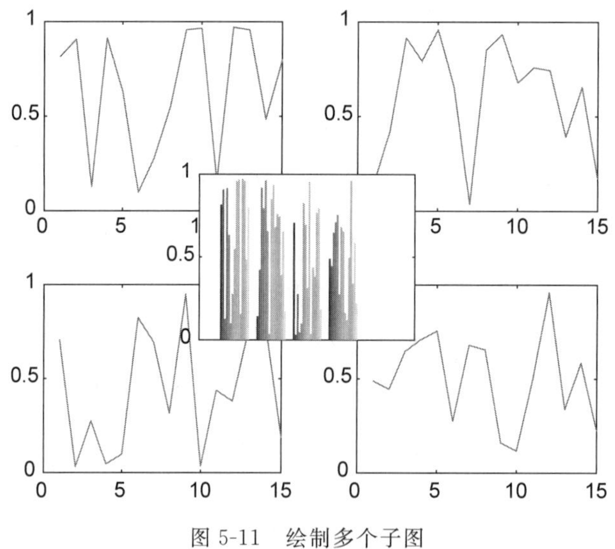

图 5-11 绘制多个子图

5.2.2 图形注释

为了让所绘制的图形让人看起来舒服、易懂，MATLAB 提供了许多图形控制函数，下面给予介绍。

1. 坐标轴注释

在 MATLAB 中，提供了 xlabel 函数给图形对象的 x 轴加注释；提供了 ylabel 函数给图形对象的 y 轴加注释；提供了 zlabel 函数给图形对象的 z 轴加注释。函数的调用格式如下：

xlabel('string')：在当前轴对象中的 x 轴上标注说明语句 string。

xlabel(fname)：先执行函数 fname,返回一个字符串,然后在 x 轴旁边显示出来。

xlabel(…,'PropertyName',PropertyValue,…)：指定轴对象中要控制的属性名及要改变的属性值。

h=xlabel(…)：返回作为 x 轴标注的 text 对象句柄值 h。

ylabel(…)：在当前轴对象中的 y 轴上标注说明语句 string。

h=ylabel(…)：返回作为 y 轴标注的 text 对象句柄值 h。

zlabel(…)：返回作为 z 轴标注的 text 对象句柄值 h。

h=zlabel(…)：返回作为 z 轴标注的 text 对象句柄值 h。

2. 图形注释

在 MATLAB 中,提供了 title 函数用于给图形对象加标题。函数的调用格式为：

title('string')：在当前坐标轴上方正中央放置字符串 string 作为图形标题。

title(fname)：先执行能返回字符串的函数 fname,然后在当前轴上方正中央放置返回的字符串作为标题。

title(…,'PropertyName',PropertyValue,…)：对由 title 函数生成的 text 图形对象的属性进行设置。

h=title(…)：返回作为标题的 text 对象句柄值 h。

3. 标志文本

在对所绘制的图形进行详细的标注时,最常见的两个函数为 text 与 gtext,它们均可以在图形的具体部分进行标注。函数的调用格式如下：

text(x,y,'string')：在图形中指定的位置(x,y)上显示字符串 string。

text(x,y,z,'string')：在三维图形空间中的指定位置(x,y,z)上显示字符串 string。

text(x,y,z,'string','PropertyName',PropertyValue,…)：在三维图形空间中的指定位置(x,y,z)上显示字符串 string,并且对指定的属性进行设置。

h=text(…)：返回 text 对象的句柄值 h。

gtext('string')：当光标位于一个图形窗口内时,等待用户单击或按下键盘。若单击或按下键盘,则在光标的位置放置给定的文字 string。

gtext({'string1','string2','string3',…})：当光标位于一个图形窗口内时,等待用户单击或按下键盘。若单击或按下键盘,则在光标位置的每个单独行上放置所给定的字符 string1,string2,string3,…。

gtext({'string1';'string2';'string3';…})：当光标位于一个图形窗口内时,等待用户单击或按下键盘。每单击一次或按一次键盘,即放置一个 string,直到放置完为止。

h=gtext(…)：当用户在鼠标指定的位置放置文字 string 后,返回一个 text 图形对象句柄给 h。

4. 添加图例

除了给图形添加标题、标注和文本，利用 legend 函数给图形添加注释，它用文本确认每一个数据集，为图形添加图例便于图形的观察和分析。函数的调用格式为：

legend：对当前图形中所有的图例进行刷新。

legend('string1','string2',…)：用指定的文字 string1,string2,…在当前坐标轴中对所给数据的每一部分显示一个图例。

legend(h,'string1','string2',…)：用指定的文字 string 在一个包含于句柄向量 h 中的图形中显示图例。

legend(M)：用字符矩阵参量 M 的每一行字符串作为标签。

legend(h,M)：用字符矩阵参量 M 的每一行字符串作为标签，给包含于句柄向量 h 中的相应的图形对象加标签。

legend(M,'parameter_name','parameter_value',…)：用字符矩阵参量 M 的每一行字符串作为标签，并指定其属性值。

legend(h,M,'parameter_name','parameter_value',…)：用字符矩阵参量 M 的每一行字符串作为标签，给包含于句柄向量 h 中的相应的图形对象加标签，并指定其属性值。

legend(axes_handle,…)：给由句柄 axes_hanlde 指定的坐标轴显示图例。

legend('off')或 legend(axes_handle,'off')：给由句柄 axes_hanlde 指定的坐标轴显示图例，并关闭标注的内容。

legend('toggle'), legend(axes_handle,'toggle')：用双位按钮使图例在关闭与显示之间进行切换。

legend('hide'), legend(axes_handle,'hide')：给由句柄 axes_hanlde 指定的坐标轴显示图例，并隐藏标注内容。

legend('show'), legend(axes_handle,'show')：给由句柄 axes_hanlde 指定的坐标轴显示图例，并显示标注内容。

legend('boxoff'), legend(axes_handle,'boxoff')：给由句柄 axes_hanlde 指定的坐标轴显示图例，并关闭标注图例之外的边框。

legend('boxon'), legend(axes_handle,'boxon')：给由句柄 axes_hanlde 指定的坐标轴显示图例，并显示标注图例之外的边框。

legend_handle=legend(…)：返回图例的句柄值向量 legend_handle。

legend(…,'Location','location')：在指定的位置 location 放置图例。

legend(…,'Orientation','orientation')：在指定的方向 orientation 放置图例。

【例 5-10】 为图形添加修改。

```
>> clear all;
x = 0:0.05 * pi:2 * pi;
plot(x,sin(x),'r + ',x,cos(x),'b:');
xlabel('x');ylabel('y');
title('sinandcos');
legend('sin','cos');
gtext('sin(x)')
gtext('cos(x)');
```

运行程序，效果如图 5-12 所示。

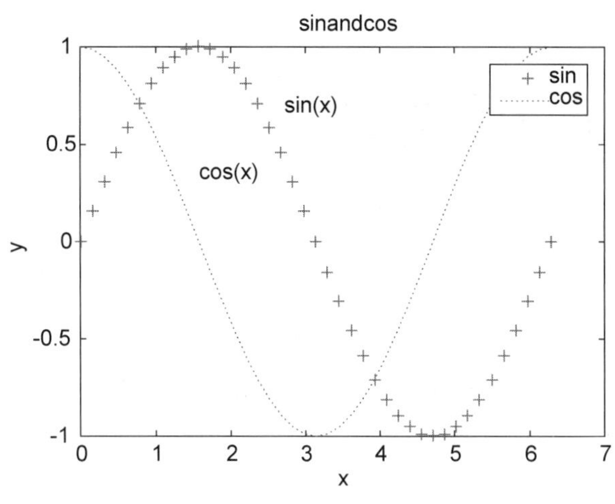

图 5-12 为图形添加修改

5.2.3 特殊二维图形

在二维统计分析时常常需要用不同的图形来表示统计结果，如条形图、阶梯图、杆图和填充图等。这时 plot 函数绘制的图形不能满足这些要求，MATLAB 就提供了绘制特殊图形的函数，下面给予介绍。

1. 条形图

在 MATLAB 中，使用 bar 和 barh 函数来绘制条形图，两者的区别是：bar 函数用来绘制垂直的条形图，而 barh 用来绘制水平的条形图。函数的调用格式为：

bar(Y)：如果 Y 为向量，柱状图的高度代表向量 Y 中每个数据的大小，横坐标即为 1 到 length(Y)；如果 Y 为矩阵，则把矩阵 Y 分解成行向量，横坐标为 1 到 Y 行数，不同的列以不同的柱状图系列标识，即如果 Y 为 n×m 的矩阵，将把 Y 矩阵分为 n 组，每组 m 个列数据的柱状图。

bar(x,Y)：以 x 为横坐标，绘制数据 Y 的柱状图，其中 x 必须为单调递增的向量。

bar(…,width)：参数 width 用于设置柱状图的宽度，默认值为 0.8。如果 width 设置为 1，则条形之间没有间隔；如果 width 值大于 1，则柱状之间将重合。

bar(…,style)：style 参数用于设置柱状图的排列类型，默认情况下为 group 类型。按分组式的方法显示柱状图，当 style 为 Y 时，柱状图分为 n 组，每组有 m 个垂直柱状；按照累计式方法显示柱状图，即对于 n×m 的矩阵 Y，每一行向量显示在一个条形中，条形的高度为该行数据的总和，每一列在各柱状图中用不同的颜色标识。

bar(…,bar_color)：定义柱状的颜色为 bar_color。

bar(…,Name,Value)：设置柱状图的属性名 Name 及属性值 Value。

bar(axes_handle,…)：根据给定的坐标轴 axes_handle 绘制柱状图。

h=bar(…)：返回柱状图的句柄值 h。

barh 函数的调用格式与 bar 函数类似。

【例 5-11】 绘制函数 $y=e^{-x^2}$ 的条形图。

```
>> clear all;
x = -2.9:0.2:2.9;
subplot(1,2,1);bar(x,exp(-x.*x),'r');
xlabel(x);ylabel(',exp(-x.*x)');
title('垂直条形图');
subplot(1,2,2);barh(x,exp(-x.*x),'y');
xlabel(x);ylabel(',exp(-x.*x)');
title('水平条形图');
```

运行程序,效果如图 5-13 所示。

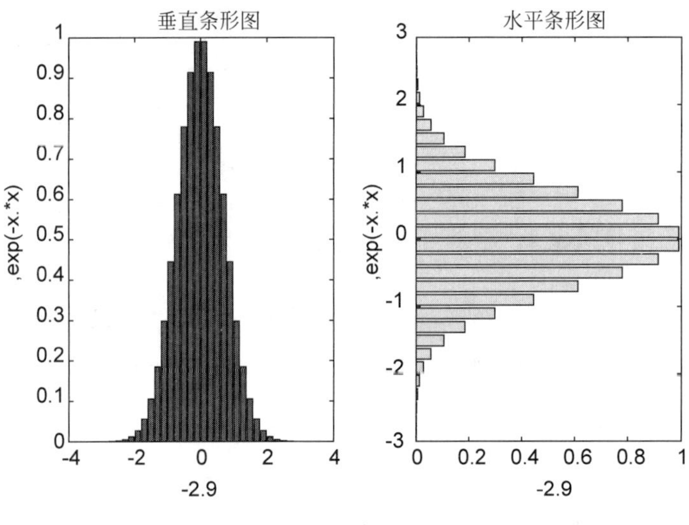

图 5-13 条形图

2. 饼形图

在统计学中,经常要使用饼形图来表示各个统计量占总量的份额,饼形图可以显示向量或矩阵中的元素占总体的百分比。在 MATLAB 中,提供了 pie 来绘制二维饼形图。函数的调用格式为:

pie(X):X 是向量,根据 X 中各分量所占的百分比,绘制出它在整个圆中占的比例。如果向量各元素之和小于 1,则只绘制部分圆。

pie(X,explode):可以把指定的部分从圆形中抽取出来,explode 为一个与 X 长度相同的向量,其中不为零的数所对应的部分,将被抽取出来。

pie(…,labels):对每个分块添加标注,labels 为单元数组,长度与 X 相同,并且只能用字符串表示。

pie(axes_handle,…):根据给定的句柄值 axes_handle 绘制饼形图。

h=pie(…):返回饼形图的句柄值 h。

【例 5-12】 根据给定的数据绘制饼形图。

```
>> clear all;
X = [19.3 22.1 51.6; 34.2 70.3 82.4; 61.4 82.9 90.8; 50.5 54.9 59.1;29.4 36.3 47.0];
```

```
x = sum(X);
explode = zeros(size(x));
[c,offset] = max(x);
explode(offset) = 1;                    % 为 1 时表示与扇形分离,为 0 时即不分离
h = pie(x,explode);
colormap summer                         % 添加颜色效果
```

运行程序,效果如图 5-14 所示。

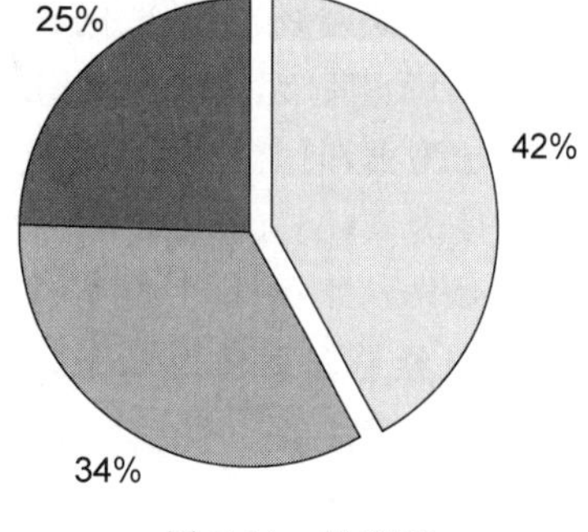

图 5-14 饼形图

3. 极坐标图

在 MATLAB 中,利用 polar 函数绘制极坐标图,该函数接受极坐标形式的函数rho=f(θ)。函数的调用格式为:

polar(theta, rho):用极角 theta 和极径 rho 画出极坐标图形,其中极角 theta 为从 X 轴到半径向量(由弧度定义)的角度大小,极径 rho 为半径向量的长度(由单位数据空间定义)。

polar(theta, rho, LineSpec):用 LineSpec 指定极坐标图中线条类型绘图符号和颜色。

polar(AX,…):在句柄值为 AX 的坐标轴中绘制极坐标图。

h=polar(…):返回极坐标图的句柄值 h。

【例 5-13】 利用 polar 绘制极坐标图。

```
>> clear all;
theta = 0:0.01:2 * pi;
rho = sin(2 * theta). * cos(2 * theta);
figure
polar(theta,rho,'--r')
```

运行程序,效果如图 5-15 所示。

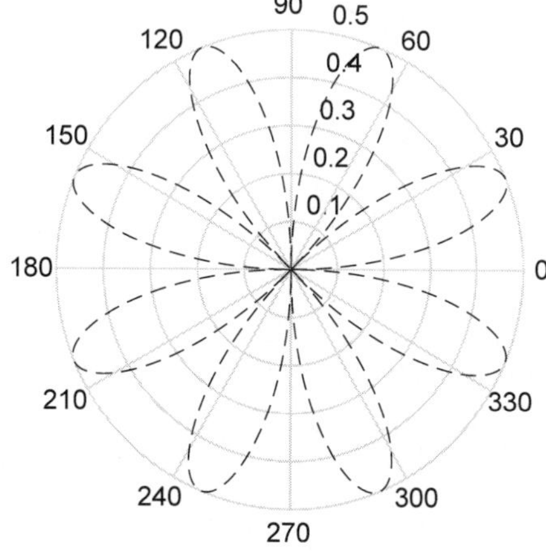

图 5-15 极坐标图

4. 误差条图

在一条曲线上，可以在数据点的位置包括误差线，方便用户观察此处误差的变化范围。通过 errorbar 函数绘制沿曲线的误差柱状图，其中，误差柱的长度是数据的置信水平或沿曲线的偏差情况。函数的调用格式为：

errorbar(Y,E)：以默认的横坐标绘制数据 Y 的变化图，同时在数据 Y 点的上、下方各绘制一段误差线，误差线的长度为相应各点输入参数中的误差 E。

errorbar(X,Y,E)：X、Y、E 必须为同型参量。如果同为向量，在点(X(i),Y(i))处绘制向下长为 E，向上长为 E 的误差图。如果同为矩阵，则在曲面点(X(i,j),Y(i,j))处，绘制出长度为 E(i,j)的误差图。

errorbar(X,Y,L,U)：X、Y、L 和 U 必须为同型参量。如果同为向量，在点(X(i,j),Y(i,j))处绘制向下长为 L(i)，向上长为 U(i)的误差图；如果同为矩阵，则在点(X(i,j),Y(i,j))处绘制向下长为 L(i,j)，向上长为 U(i,j)的误差图。

errorbar(…,LineSpec)：用 LineSpec 设定线型、标记符和颜色等绘制误差图。

h=errorbar(…)：返回误差图的句柄值 h。

【例 5-14】 绘制误差条图。

```
>> clear all;
x = 0:pi/10:pi;
y = sin(x);
e = std(y) * ones(size(x));
figure
errorbar(x,y,e)
```

运行程序，效果如图 5-16 所示。

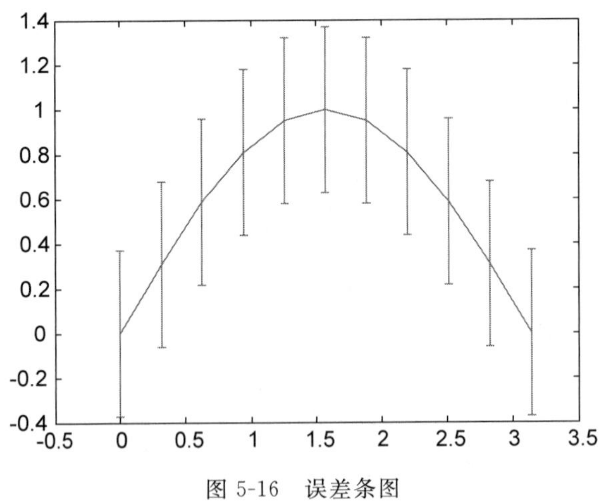

图 5-16　误差条图

5. 火柴杆图

数据火柴杆图用于反映离散数据点离某一横轴的距离，图形是用垂直于横轴的线条和上端点处的小圆圈(默认点型)或其他点型表示,并在纵轴上标记数据值。在MATLAB中绘制火柴杆图使用stem函数,输入的数据参数可以是向量或矩阵。如果数据为向量,则绘制向量每一个分量的火柴杆图;如果数据为矩阵,则将矩阵分成行向量绘制每一个分量的火柴杆图。函数的调用格式为:

stem(Y):以X=1,2,3,…为各个数据点的x坐标,以Y向量的各个对应元素为y坐标,在(x, y)坐标点画出一个空心的小圆圈,并连接一条线段到x坐标轴。

stem(X,Y):以向量X的各个元素为x坐标,以Y向量的各个对应元素为y坐标,在(x, y)坐标点画出一个空心小圆圈,并连接一条线段到x坐标轴。

stem(…,'fill'):以向量X的各个元素为x坐标,以Y向量的各个对应元素为y坐标,在(x, y)坐标点画出一个实心小圆圈,并连接一条线段到x坐标轴。

stem(…,LineSpec):以LineSpec确定的线型要素绘制数据的火柴杆图。

stem(axes_handle,…):在句柄值为axes_handle的坐标轴中绘制火柴杆图。

h=stem(…):返回火柴杆图的句柄值h。

【例5-15】 绘制火柴杆图。

```
>> clear all;
x = 0:25;
y = [exp( - .07 * x). * cos(x);exp(.05 * x). * cos(x)]';
h = stem(x,y);
set(h(1),'MarkerFaceColor','blue')
set(h(2),'MarkerFaceColor','red','Marker','square')
```

运行程序,效果如图5-17所示。

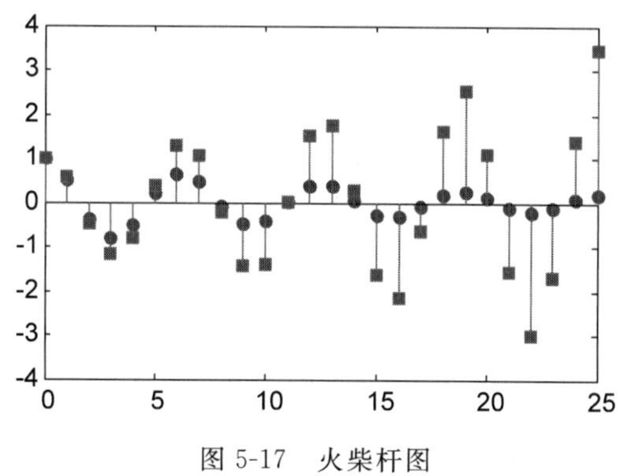

图5-17 火柴杆图

6. 阶梯图

阶梯图是以一个恒定间隔的边沿显示数据点。在MATLAB中,提供了stairs函数用于绘制阶梯图。函数的调用格式为:

stairs(Y):绘制Y中元素的阶梯图。当Y为向量时,x轴的比例为1~size(Y);当Y为矩阵时,x轴度量1~Y的行数。

stairs(X,Y):绘制X与Y的列的阶梯图。X与Y为相同大小的向量或相同大小的矩阵。另外,X可以是行向量或列向量,Y为是一个长度为X的矩阵。

stairs(…,LineSpec)：指定线型、标记和图形颜色。

stairs(…,Name,Value)：设置相应的属性名 Name 及属性值 Value。

stairs(axes_handle,…)：根据指定的 axes_handle 坐标轴绘制阶梯图。

h=stairs(…)：返回阶梯图的句柄值 h。

[xb,yb]=stairs(…)：不绘制图形，但返回向量 xb 与 yb，然后调用 plot(xb,yb)绘制阶梯图。

【例 5-16】 利用 stairs 函数绘制阶梯图。

```
>> clear all;
X = linspace(0,1,30)';
Y = [cos(10 * X), exp(X). * sin(10 * X)];
h = stairs(X,Y);
set(h(1),'Marker','o','MarkerSize',4)                    %根据返回句柄值设置阶梯图的属性
set(h(2),'Marker','o','MarkerFaceColor','m')             %根据返回句柄值设置阶梯图的属性
```

运行程序，效果如图 5-18 所示。

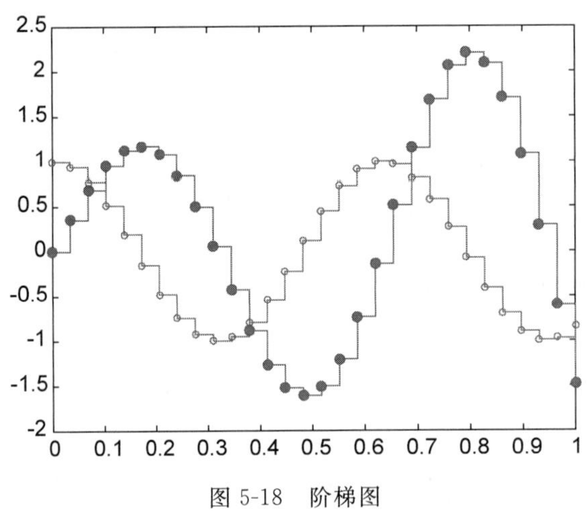

图 5-18　阶梯图

7. 等高线

等高线经常用来显示多元函数值的变化趋势。MATLAB 提供了 contour 函数和 contourf 函数用于绘制等高线图，其中，contour 函数绘制一般等高线图，contourf 函数绘制填充模式的等高线图。函数的调用格式为：

contour(Z)：绘制等高线效果图，并给出等高线的高度数据 Z。

contour(Z,n)：绘制 n 条高为 Z 的等高线。

contour(Z,v)：绘制等高线效果图，其中 Z 为指定等高线的高度数据，v 表示指定高度值处的等高线。

contour(X,Y,Z)：绘制等高线，其中 X 与 Y 分别用于指定 X 轴与 Y 轴的坐标，Z 表示等高线的高度。

contour(X,Y,Z,n)：绘制 n 条等高线，其中 X 与 Y 分别用于指定 X 轴与 Y 轴的坐

标，Z 表示等高线的高度。

contour(X,Y,Z,v)：绘制等高线，其中 X 与 Y 分别用于指定 X 轴与 Y 轴的坐标，Z 表示等高线的高度，v 表示指定高度值处的等高线。

contour(…,LineSpec)：指定等高线的线型、点型及颜色。

contour(axes_handle,…)：根据给定的句柄值 axes_handle 绘制等高线。

[C,h]=contour(…)：返回等高线的颜色矩阵及等高线的句柄值 h。

contourf 函数调用格式与 contour 函数调用格式类似。

【例 5-17】 利用 contour 绘制等高线图。

```
>> clear all;
[x,y,z] = peaks(75);                              % 生成坐标刻度数据和高度数据
s(1) = subplot(221);
contour(z);
title('根据高度数据绘制等高线');
s(2) = subplot(222);
contour(x,y,z);
title('根据刻度数据与高度数据绘制等高线');
s(3) = subplot(223);
contour(x,y,z,4);
title('指定等高线数目');
s(4) = subplot(224);
contour(x,y,z,linspace(min(z(:)),max(z(:)),12));
title('等间隔指定高度位置');
axis(s,'square'); % 设置所有坐标轴为正方形
```

运行程序，效果如图 5-19 所示。

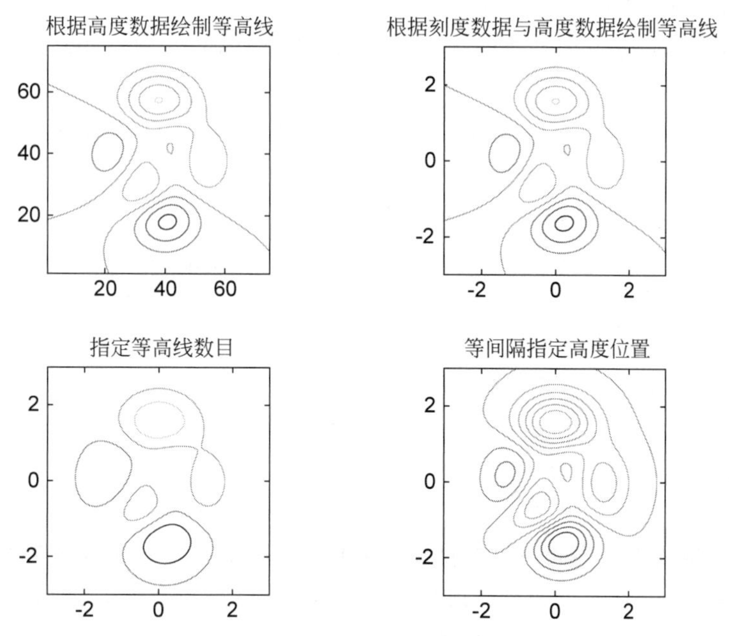

图 5-19 等高线图

5.3　函数绘图

如果只知道某个函数的表达式，也可以绘制该函数的图形。函数 fplot 用于绘制一元函数的图形，函数 ezplot 用于绘制二元函数的图形，函数 ezploar 用于绘制极坐标图形。下面分别给予介绍。

1. fplot 函数

fplot 函数根据函数的表达式自动调整自变量的范围，无须给函数赋值，直接生成反映函数变化规律的图形，在函数变化快的区域，采用小的间隔，否则采用大的坐标间隔，使绘制的图形计算量与时间最小，而又能尽可能精确地反映图形的变化。fplot 函数一般在对横坐标的取值间隔没有明确要求，仅查看函数大致变化规律的情况下使用。函数的调用格式为：

fplot(fun,limits)：在指定范围 limits=[a,b,c,d]内画出函数名为 fun 的一元函数图形，a、b 为设定的绘图横轴的下限及上限，c、d 是纵轴的下限及上限。

fplot(fun,limits,LineSpec)：用指定的线型 LineSpec 画出函数 fun 的图形。

fplot(fun,limits,tol)：用相对误差值 tol 画出函数 fun 的画形，相对误差的默认值为 2e−3。

fplot(fun,limits,tol,LineSpec)：用指定的相对误差值 tol 和指定的线型 LineSpec 画出函数 fun 的图形。

fplot(fun,limits,n)：当 n≥1 时，至少画出 n+1 个点(即至少把范围 limits 分成 n 个小区间)，最大步长不超过(xmax−xmin)/n。

fplot(fun,lims,tol,n,LineSpec)：允许可选参数 tol、n 和 LineSpec 以任意组合方式输入。

[X,Y]=fplot(fun,limits,…)：返回横坐标与纵坐标的值给变量 X 与 Y，此时 fplot 不画出图形。如需画出图形，可使用 plot(X,Y)语句。

【例 5-18】 利用 fplot 函数绘制效果图。

```
>> clear all;
hmp = @humps;
subplot(2,1,1);fplot(hmp,[0 1])
sn = @(x) sin(1./x);
subplot(2,1,2);fplot(sn,[.01 .1])
```

运行程序，效果如图 5-20 所示。

注意：fplot 与 plot 的区别在于，fplot 的指令可以自动地画出一个已定义的函数图形，而无须产生绘图所需要的一组数据作为参数；fplot 采用自适应步长控制来画出函数 fun 的示意图，在函数变化激烈的区间，自动采用小的步长，反之采用大的步长，这样能使计算量与时间最小，并且图形尽可能精确。

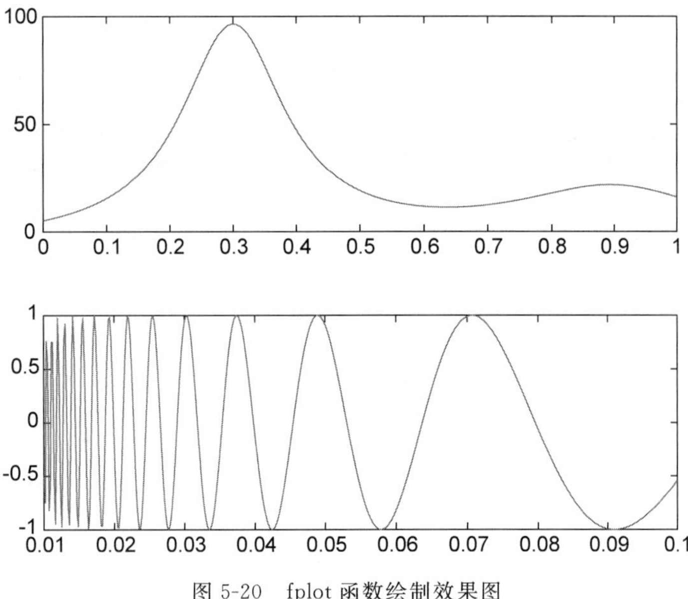

图 5-20　fplot 函数绘制效果图

2. ezplot 函数

函数 fplot 只能绘制一元函数的图形，在 MATLAB 中，采用 ezplot 函数绘制二元函数的图形。该函数不仅能够绘制显函数，还能绘制隐函数。对于显函数 y=fun(x)，函数的调用格式为：

ezplot(fun)：绘制函数 fun(x,y)=0 的图形，变量 x 默认为开区间(−2π,2π)。

ezplot(fun,[xmin,xmax])：该函数的变量 x 在开区间(a,b)上绘制 y=fun(x)的函数。

对于隐函数 fun=fun(x,y)，函数的调用格式为：

ezplot(fun2)：绘制函数 fun2(x,y)=0 的图形，变量 x 和变量 y 都默认为开区间(−2π,2π)。

ezplot(fun2,[xymin,xymax])：该函数绘制函数 fun2(x,y)=0 的图形，变量 x 和 y 的区间为(xymin,xymax)。

ezplot(fun2,[xmin,xmax,ymin,ymax])：该函数绘制函数 fun2(x,y)=0 的图形，变量 x 的区间为(xmin,xmax)，变量 y 的区间为(ymin,ymax)。

ezplot(funx,funy)：该函数在变量 t∈(−2π,2π)上绘制参数函数 funx=funx(t)、funy=funy(t)。

ezplot(funx,funy,[tmin,tmax])：该函数在变量 t∈(tmin,tmax)上绘制参数函数 funx=funx(t)、funy=funy(t)。

ezplot(…,figure_handle)：该函数在指定图形窗口 figure_handle 中绘制函数图形，省略时默认为当前图形窗口。

【例 5-19】 分别绘出参数函数$\begin{cases}x=\cos 5t \\ y=\sin 3t\end{cases}$，　$t\in[0,2\pi]$与隐函数 $5x^2+25y^2=6$ 的

图形。

```
>> clear all;
subplot(2,1,1);
ezplot('cos(5 * t)','sin(3 * t)',[0,2 * pi])                %绘制参数函数效果图
grid on;
subplot(2,1,2);
ezplot('5 * x^2 + 25 * y^2 = 6',[ - 1.5,1.5, - 1,1])        %绘制隐函数效果图,并扩展其坐标
grid on;
```

运行程序,效果如图 5-21 所示。

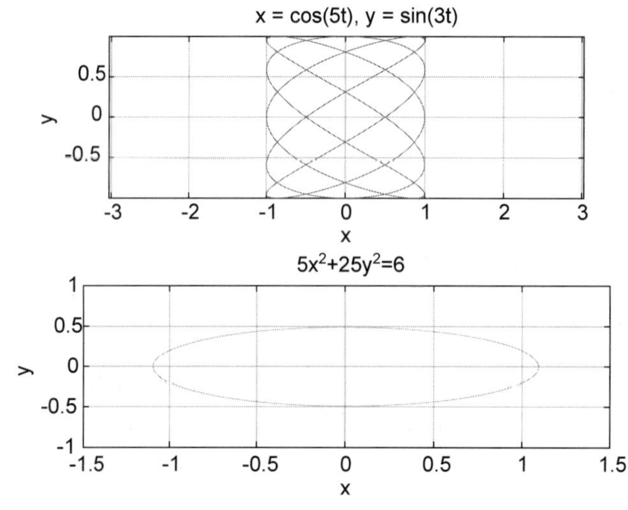

图 5-21　参数与隐函数效果图

3. ezpolar 函数

在 MATLAB 中,利用 ezpolar 函数绘制极坐标系下的图形。函数的调用格式为:

ezpolar(fun):函数在极坐标系中绘制函数 rho=fun(theta)的图形,变量 theta 默认为开区间(0,2π)。

ezpolar(fun,[a,b]):该函数的变量 theta 在开区间(a,b)上绘制函数 rho=fun(theta)的图形。

ezpolar(axes_handle,…):在指定的图形窗口坐标系 axes_handle 中绘制极坐标图形。

【例 5-20】 利用 ezpolar 函数绘制极坐标系下的图形。

```
>> clear all;
subplot(121);
ezpolar('sin(2 * t). * cos(3 * t)',[0 pi]);                  %极坐标绘图
subplot(122);
ezpolar(@(t)sin(3 * t),[0 2 * pi]);                          %极坐标绘图
```

运行程序,效果如图 5-22 所示。

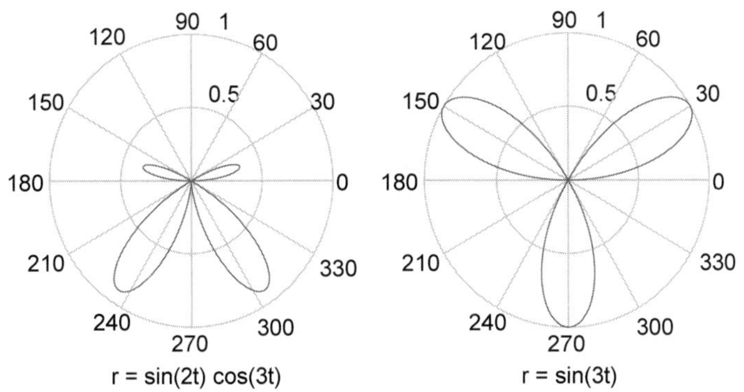

图 5-22 ezpolar 绘图

5.4 三维基本绘图

在科学计算可视化过程中，三维空间的立体图是一种非常的手段。因此在这一节中，将要介绍 MATLAB 中的各种三维绘图函数。三维绘图函数在很多方面与二维绘图类似，其中曲线的属性设置完全相同。

5.4.1 三维曲线图

对应于二维空间的 plot 函数，在三维空间中则是 plot3 函数。函数的调用格式为：

plot3(X1,Y1,Z1,…)：以默认线型属性绘制三维点集(Xi,Yi,Zi)确定的曲线。Xi、Yi、Zi 为相同大小的向量或矩阵。

plot3(X1,Y1,Z1,LineSpec,…)：以参数 LineSpec 确定的线型属性绘制三维点集(Xi,Yi,Zi)确定的曲线，Xi、Yi、Zi 为相同大小的向量或矩阵。

plot3(…,'PropertyName',PropertyValue,…)：绘制三维曲线，根据指定的属性值设定曲线的属性。

h = plot3(…)：返回绘制的曲线图的句柄值 h。

【例 5-21】 利用 plot3 函数绘制以下参数方程的三维曲线。

$$\begin{cases} x = t \\ y = \cos t \\ z = \sin 2t \end{cases}$$

其实现的 MATLAB 代码如下：

```
>> clear all;
x = 0:0.01:50;
y = cos(x);
z = sin(2 * x);
plot3(x,y,z,'r - .');
grid on;
title('三维曲线');
```

运行程序，效果如图 5-23 所示。

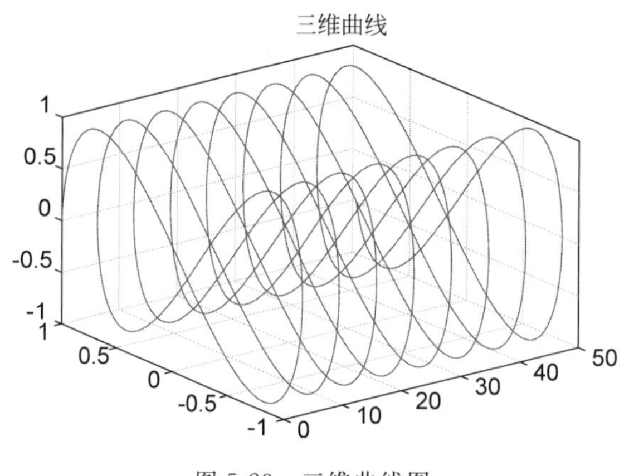

图 5-23　三维曲线图

5.4.2　三维网格图

三维网格图和三维曲面图的绘制比三维曲线图的绘制稍显复杂，主要是因为绘图数据的准备及三维图形的色彩、明暗、光照和视角等的处理。绘制函数 $z=f(x,y)$ 的三维网格图的过程如下。

(1) 确定自变量 x 和 y 的取值范围和取值间隔。

```
x = x1:dx:x2
y = y1:dy:y2
```

(2) 构成 xOy 平面上的自变量采样"格点"矩阵。

① 利用"格点"矩阵的原理生成矩阵。

```
x = x1:dx:x2;
y = y1:dy:y2;
X = ones(size(y)) * x;
Y = y * ones(size(x));
```

② 利用 meshgrid 函数生成"格点"矩阵。

```
x = x1:dx:x2;
y = y1:dy:y2;
[X,Y] = meshgrid(x,y);
```

(3) 计算在自变量采样"格点"上的函数值：$z=f(x,y)$。

在 MATLAB 中，提供了 mesh 函数用于绘制三维网格图。函数的调用格式为：

mesh(X,Y,Z)：绘制三维网格图，颜色和曲面的高度相匹配，如果 X 与 Y 为向量，且 length(X)=n，length(Y)=m，[m,n]=size(Z)，空间中的点(X(j),Y(i),Z(i,j))为所画曲面网线的交点；如果 X 与 Y 均为矩阵，则空间中的点(X(i,j),Y(i,j),Z(i,j))为所画曲面网线的交点。

mesh(Z)：参数 Z 是维数为 m×n 的矩阵，网格曲面的颜色分布与 Z 方向上的高度值成正比。

mesh(…,C)：参数 X、Y、Z 都为矩阵值，参数 C 表示网格曲面的颜色分布情况。

mesh(…,'PropertyName',PropertyValue,…)：对指定的属性 PropertyName 设置属性值 PropertyValue，可以在同一语句中对多个属性进行设置。

h = mesh(…)：返回图形对象的句柄值 h。

另外，MATLAB 中还有两个 mesh 的派生函数：

(1) meshc 在绘制曲面图的同时，在 x-y 平面上绘制函数的等值线。

(2) meshz 在曲面图基础上，在图形的底部外侧绘制平行 z 轴的边框线。

【例 5-22】 利用 mesh、meshz 及 meshc 绘制三维网格图。

```
>> clear all;
[X,Y] = meshgrid( - 3:.125:3);
Z = peaks(X,Y);
subplot(1,3,1);mesh(X,Y,Z);
title(' mesh 绘图')
axis([ - 3 3  - 3 3  - 10 5])
subplot(1,3,2);meshc(X,Y,Z);
title('meshc 绘图')
axis([ - 3 3  - 3 3  - 10 5])
subplot(1,3,3);meshz(X,Y,Z);
title(' meshz 绘图')
axis([ - 3 3  - 3 3  - 10 5])
set(gcf,'color','w');
```

运行程序，效果如图 5-24 所示。

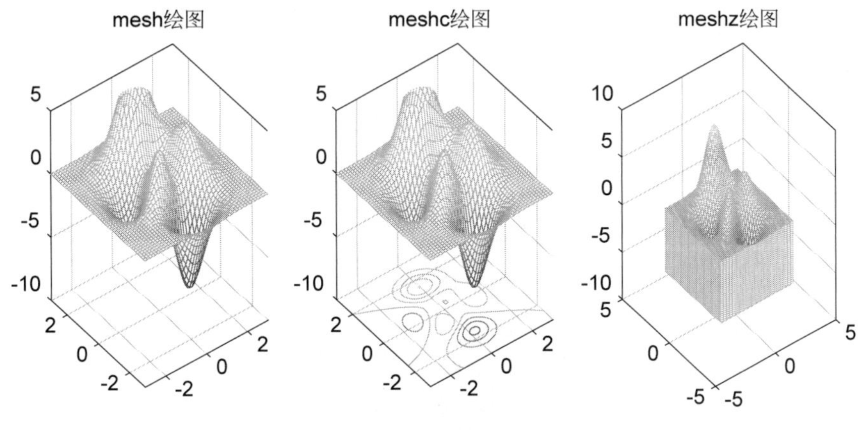

图 5-24 三维网格图

5.4.3 三维曲面图

三维曲面图也可以用来表示三维空间内数据的变化规律，与之前讲述的三维网格图的不同之处在于，对网格的区域填充了不同的色彩。在 MATLAB 中绘制三维曲面图的函数主要有 surf 函数、surfc 函数、surfl 函数。surfl 函数用于产生一个带有阴影效果的曲面，该阴影效果是基于环绕、分散、特殊光照等模型得到的。surfc 函数是在 surf 函数的基础上添加曲面的等高线。surfc 函数和 surfl 函数的用法与 surf 函数类似。surf 函数的调用格式为：

surf(X,Y,Z)：该函数绘制彩色的三维曲面图，其中矩阵 X 和 Y 控制 x 轴和 y 轴，矩阵 Z 为 z 轴数据。

surf(X,Y,Z,C)：图形的颜色采用参数 C 设置。

surf(Z) 或 surf(Z,C)：该函数默认向量 x 为 1:n，向量 y 为 1:m，其中[m,n]=size(Z)。

surf(…,'PropertyName',PropertyValue)：该函数中对图形的一些属性值进行设置。

h=surf(…)：返回三维表面图的句柄值 h。

此外，在 MATLAB 中，采用函数 surfc 绘制带有等高线的三维曲面图，该函数的调用格式和 surf 相同。通过函数 surfl 添加三维曲面的光照效果，该函数和 surf 函数的调用格式相同。

【例 5-23】 利用 surf 函数，绘制旋转抛物面 $z=x^3+y^3$ 的图形。

```
>> clear all;
x = -2:0.05:2;
y = -2:0.05:2;
[X,Y] = meshgrid(x,y);                          % 生成数据点矩阵 X 与 Y
z = X.^3 + Y.^3;
surf(X,Y,z)                                     % 绘制曲面图
grid on;                                        % 绘制网格线
shading flat                                    % 阴影效果
```

运行程序，效果如图 5-25 所示。

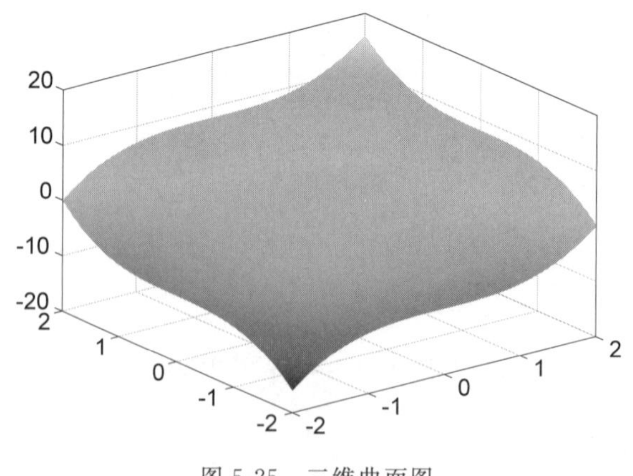

图 5-25　三维曲面图

5.4.4 特殊三维图形

在科学研究中，有时也需要绘制一些特殊的三维图形，如统计学中三维直方图、圆柱体图、饼形图等。MATLAB中提供了用于绘制这些特殊三维图形的函数，下面通过一个实例来演示特殊三维图形的效果。

【例 5-24】 绘制各种特殊三维图形。

```
>> clear all;
t = 0:pi/10:2 * pi;
[X1,Y1,Z1] = cylinder(2 + cos(t));
subplot(231);surf(X1,Y1,Z1)
axis square;title('三维柱面图');
subplot(232);sphere
axis equal;title('三维球体');
x1 = [1 3 0.5 2.5 2];
explode = [0 1 0 0 0];
subplot(233);pie3(x1,explode)
title('三维饼图');axis equal;
X2 = [0 1 1 2;1 1 2 2;0 0 1 1];
Y2 = [1 1 1 1;1 0 1 0;0 0 0 0];
Z2 = [1 1 1 1;1 0 1 0;0 0 0 0];
C = [0.5000 1.0000 1.0000 0.5000;
     1.0000 0.5000 0.5000 0.1667;
     0.3330 0.3330 0.5000 0.5000];
subplot(234);fill3(X2,Y2,Z2,C);
colormap hsv
title('三维填充图');axis equal;
[x2,y2] = meshgrid( - 3:.5:3, - 3:.1:3);
z2 = peaks(x2,y2);
subplot(235);ribbon(y2,z2)
colormap hsv
title('三维彩带图');axis equal;
[X3,Y3] = meshgrid( - 2:0.25:2, - 1:0.2:1);
Z3 = X3. * exp( - X3.^2 - Y3.^2);
[U,V,W] = surfnorm(X3,Y3,Z3);
subplot(236);quiver3(X3,Y3,Z3,U,V,W,0.5);
hold on
surf(X3,Y3,Z3);
colormap hsv
view( - 35,45);
title('三维向量场图');axis equal;
set(gcf,'color','w');                          %设置背景色为白色
```

运行程序，效果如图5-26所示。

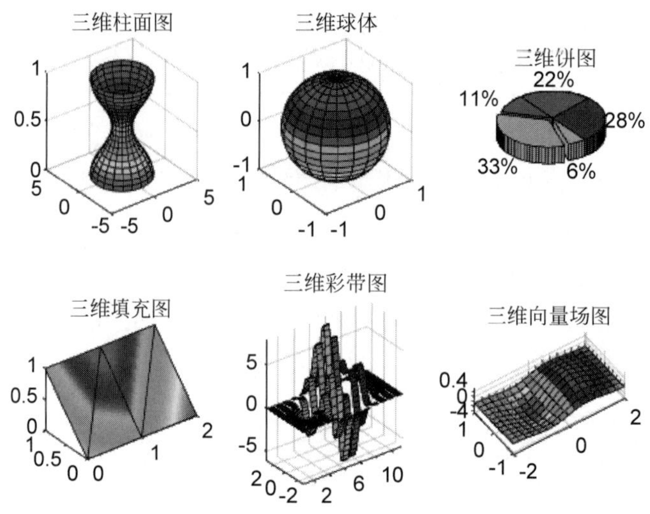

图 5-26　特殊三维图形(见彩插)

5.5　四维绘图

人对自然界的理解和思考是多维的。人的感官不仅善于接受一维、二维、三维的几何信息，而且对几何物体的运动、颜色、声音、气味、触感等反应灵敏。从某种意义上来说，MATLAB 色彩控制、动画等指令，为四维或更高维表现提供了手段。

5.5.1　用色彩表现函数特征

下面直接通过一个例子来演示色彩表现函数的特征对图形的影响。

【例 5-25】 当三维网线图、曲面图的第四个输入变量取一些特殊矩阵时，色彩就能表现或加强函数的某些特征，如梯度、曲率、方向导数等。

```
>> clear all;
x = 3 * pi * ( - 1:1/15:1);y = x;
[X,Y] = meshgrid(x,y);
r = sqrt(X.^2 + Y.^2) + eps;
Z = sin(r)./r;
[dx,dy] = gradient(Z);                              % 计算对 r 全导数
dz = sqrt(dx.^2 + dy.^2);
dz2 = del2(Z);                                      % 计算曲率
subplot(1,2,1);surf(X,Y,Z);
title(' surf(X,Y,Z)效果图');
shading faceted, colorbar('horiz');
brighten(0.3);
subplot(1,2,2);surf(X,Y,Z,r);
title(' surf(X,Y,Z,r)效果图');
shading faceted, colorbar('horiz');
set(gcf,'color','w');
```

运行程序，效果如图 5-27 所示。

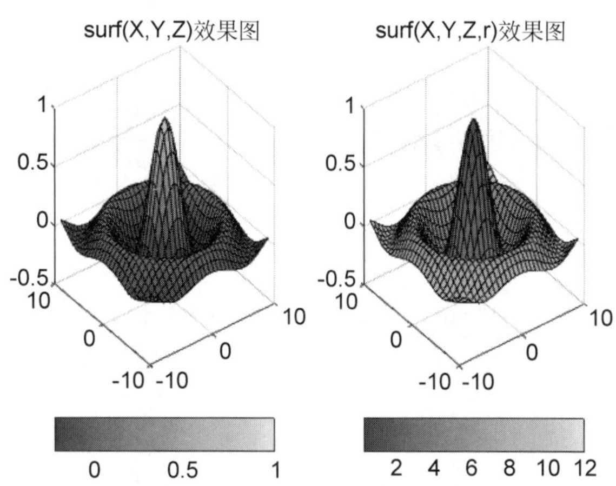

图 5-27　色彩表现函数的高度与半径特征效果图(见彩插)

如果想要改变表现函数 X 方向与 Y 方向的导数特征，其实现的 MATLAB 代码如下：

```
>> subplot(1,2,1);surf(X,Y,Z,dz);
shading faceted, colorbar('horiz');
brighten(0.25);
title('surf(X,Y,Z,dx)X 方向特征导数图')
subplot(1,2,2);surf(X,Y,Z,dy);
shading faceted, colorbar('horiz');
title('surf(X,Y,Z,dy)Y 方向特征导数图')
```

运行程序，效果如图 5-28 所示。

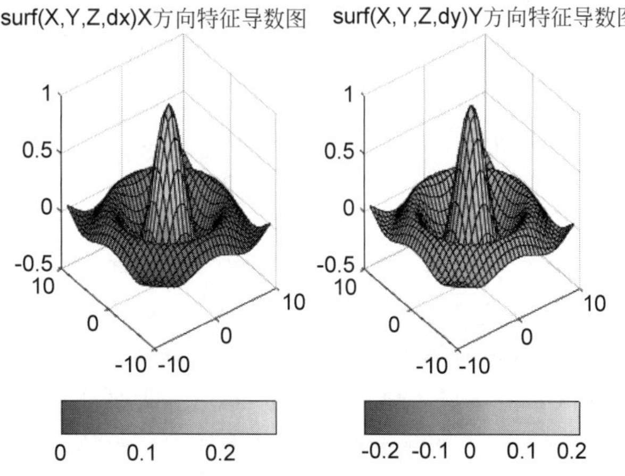

图 5-28　色彩表现 X 与 Y 方向特征导数图(见彩插)

如果想要用色彩表现函数的径向导数与曲率特征，其实现的 MATLAB 代码如下：

```
>> subplot(1,2,1);surf(X,Y,Z,abs(dz));
shading faceted, colorbar('horiz');
brighten(0.5);
title('surf(X,Y,Z,abs(dz))径向导数图')
subplot(1,2,2);surf(X,Y,Z,dz2);
shading faceted, colorbar('horiz');
title('surf(X,Y,Z,dz2)曲率图')
```

运行程序,效果如图 5-29 所示。

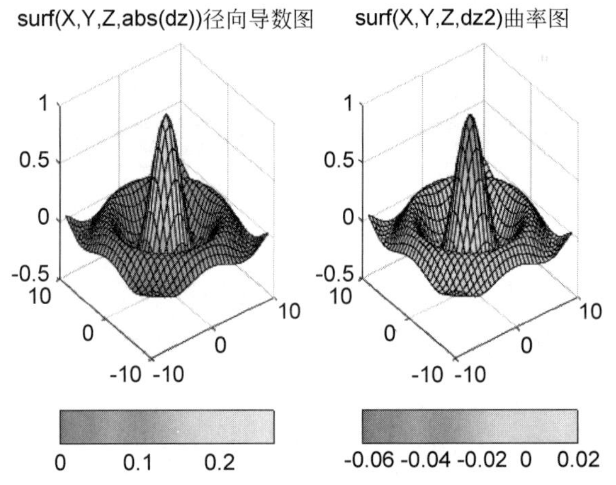

图 5-29 色彩表现函数的径向导数与曲率特征效果图(见彩插)

5.5.2 切片图与切片等位线图

前面介绍的用色彩表现函数特征绘制效果,仅仅表现出了三维函数的某些特征,还不能充分表现出四维图形的效果。在 MATLAB 中提供了 meshgrid、slice、contourslice 函数,可充分表现四维图形的效果。meshgrid 函数在 5.4.2 节中已经介绍过,下面只对后面两个函数进行简单的介绍。

1. slice 函数

函数 slice 用于绘制三维切片图。三维切片图可形象地称为“四维图”,可以在三维空间内表达第四维的信息,用颜色来标识第四维数据的大小。函数的调用格式为:

slice(V, sx, sy, sz):绘制立体 V 在 X 轴、Y 轴、Z 轴方向上与 sx、sy、sz 向量所对应点的切片图,其中 V 为 m×n×p 的三维立体数组,包含在默认 X=1:n、Y=1:m 与Z=1:p 位置上的数据值。sx、sy、sz 向量的每一个元素定义了一个切片面在 X 轴、Y 轴、Z 轴的方向。

slice(X, Y, Z, sx, sy, sz):绘制立体 V 在 X 轴、Y 轴、Z 轴方向上与 sx、sy、sz 向量所对应点的切片图。X、Y、Z 为三维数组,用于指定立体体积数据 V 的坐标,V 为一个 m×n×p 的数组,并且 X、Y、Z 必须为单调且正交间隔的数组(与使用函数 meshgrid 的结果一样)。每点的颜色是由对立体 V 进行三维内插所确定的。

slice(V, X1, Y1, Z1)：在立体 V 中绘制矩阵 X1、Y1、Z1 所定义的切面图。X1、Y1、Z1 定义一个曲面，同时在曲面点上计算立体 V 的值。X1、Y1、Z1 必须为大小相同的矩阵。

slice(X,Y, Z, V, X1, Y1, Z1)：沿着由数组 X1、Y1、Z1 定义的曲面绘制穿过立体 V 的切片。

slice(…, 'method')：指定内插的方法。method 为以下方法之一。

- 'linear'：使用三次线性内插法(默认值)。
- 'cubic'：使用三次立方内插法。
- 'nearest'：使用邻近最近点内插法。

slice(axes_handle,…)：在句柄值为 axes_handle 的坐标轴中绘制立体切片图。

h=slice(…)：返回组成立体切片图的 surface 图形对象句柄值 h，因此可通过类似设置 surface 对象属性的做法来控制立体的切片图。

【例 5-26】 利用 slice 函数绘制无限大小水体中水下射流速度数据 flow。

```
>> clear all;
[X,Y,Z,V] = flow;                                    % 取 4 个(50 × 25 × 25)的射流数据矩阵,
                                                     % V 是射流速度
x1 = min(min(min(X))); x2 = max(max(max(X)));        % 取 X 坐标上下限
y1 = min(min(min(Y))); y2 = max(max(max(Y)));        % 取 Y 坐标上下限
z1 = min(min(min(Z))); z2 = max(max(max(Z)));        % 取 Z 坐标上下限
sx = linspace(x1 + 1.5,x2,5);                        % 确定 5 个垂直 X 轴的切面坐标
sy = 0;                                              % 在 y = 0 处,取垂直 Y 轴的切面
sz = 0;                                              % 在 z = 0 处,取垂直 Z 轴的切面
slice(X,Y,Z,V,sx,sy,sz);
view([ - 38,38]); shading interp;
colormap jet;
set(gcf,'color','w');
```

运行程序，效果如图 5-30 所示。

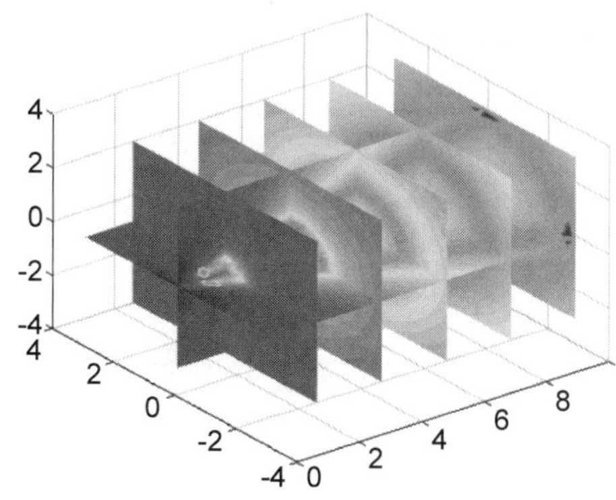

图 5-30　切片效果图(见彩插)

2. contourslice 函数

contourslice 函数用来实现三元函数切面等高线的效果图。函数的调用格式为：

contourslice(X,Y,Z,V,Sx,Sy,Sz)：X、Y、Z是维数为m×n×p的自变量"格点"数组；V是与X、Y、Z同维的函数值数组；Sx、Sy、Sz是决定切片位置的数值向量。假如取"空阵",就表示不取切片。

【例5-27】 使用contourslice函数进行flow设置,说明飞机上使用切片轮廓数据的效果。

```
>> clear all;
[x y z v] = flow;
h = contourslice(x,y,z,v,[1:9],[],[0],linspace(-8,2,10));
axis([0,10,-3,3,-3,3]); daspect([1,1,1]);
camva(24); camproj perspective;
campos([-3,-15,5]);
set(gcf,'Color',[.5,.5,.5],'Renderer','zbuffer');
set(gca,'Color','black','XColor','white', 'YColor','white','ZColor','white');
colormap jet; colorbar;
box on;
set(gcf,'color','w');
```

运行程序,效果如图5-31所示。

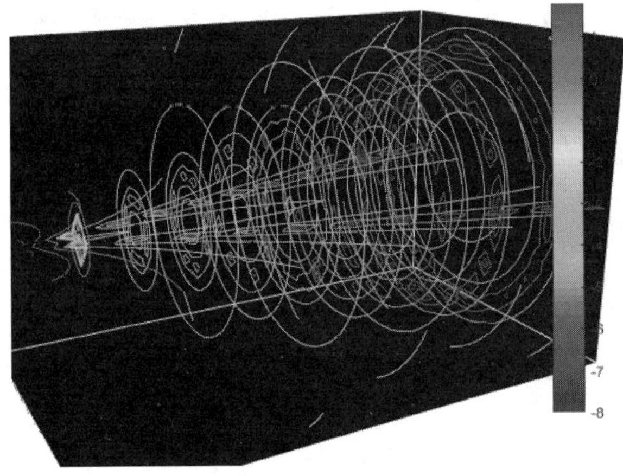

图5-31 切片等位线效果图(见彩插)

第6章 MATLAB数据分析

在研究与解决工程实际问题中，往往会遇到各种各样的数学计算，这些计算常常难以用手工精确而快捷地进行，必须借助计算机编写相应的程序做近似计算。MATLAB 为解决此类问题提供了一个很好的计算平台，同时提供了相当丰富的数学函数，用于解决各种实际数学计算问题。

6.1 多项式及其函数

多项式作为线性方程组的表现形式，在运算及应用中具有非常重要的意义，本节将重点介绍多项式的各种运算法则、运算函数及操作指令，并特别对有理多项式进行说明。

6.1.1 多项式的表达与创建

多项式是我们最熟悉的简单表达式，n 次一元多项式的一般形式为：

$$P_n(x) = a_0 + a_1x + a_2x^2 + \cdots + a_nx^n$$

在 MATLAB 中，用 $P_n(x)$的系数组成的行向量

$$p = [a_n \quad a_{n-1} \quad a_{n-2} \quad \cdots \quad a_1 \quad a_0]$$

来表达多项式 $P_n(x)$。如果多项式有缺项，输入时要用 0 作为缺项的系数。

【例 6-1】 输入多项式 $2x^4 - 85x^3 + 15x + 100$。

在命令行窗口输入：

```
>> p = [2 - 85 0 15 100]
```

运行程序，输出如下：

```
p =
      2     - 85     0     15     100
```

注意：必须包括具有 0 系数的项，如例 6-1 中，多项式并没有二次项，因此二次项的系数为 0，否则 MATLAB 是无法知道哪一项为 0 的。

在 MATLAB 中，提供了 poly2sym 函数用于创建多项式。函数的调用格式为：

r=poly2sym(c)：c 为多项式的系数向量。

r=poly2sym(c, v)：c 为多项式的系数向量，v 为其变量。

【例 6-2】 利用 poly2sym 函数创建多项式。

```
>> a = poly2sym([1 5 9 11])
```

运行程序，输出如下：

```
a =
x^3 + 5*x^2 + 9*x + 11
```

6.1.2 多项式的四则运算

四则运算主要包括加、减、乘、除运算，下面给予介绍。

1. 加、减法

对于次数相同的若干个多项式，可直接对多项式系数向量进行加、减的运算。对多项式加法，MATLAB 没有提供专门的函数。如果两个多项式向量大小相同，标准的数组加法有效。例如两个多项式 $a(x)=x^3+2x^2+5x+7$ 和 $b(x)=x^3+4x^2+8x+15$，把多项式$a(x)$与 $b(x)$相加，代码为：

```
>> clear all;
>> a = [1 2 5 7];
>> b = [1 4 8 15];
>> d = a + b
d =
     2     6     13     22
>> poly2sym(d)                                          %显示多项式
ans =
2*x^3 + 6*x^2 + 13*x + 22
```

当两个多项式阶次不同，低阶的多项式必须用首零填补，使其与高阶多项式有同样的阶次。例如 $c(x)=x^5+2x^4-6x^3+14x^2+99$，把多项式 $c(x)$与 d 相加，代码为：

```
>> c = [1 2 -6 14 0 99];
>> e = c + [0 0 d]
e =
     1     2     -4     20     13     121
```

```
>> poly2sym(e)
ans =
x^5 + 2*x^4 - 4*x^3 + 20*x^2 + 13*x + 121
```

注意：首零而不是尾零，是因为相关的系数像 x 幂次一样，必须整齐。

2. 乘法

在 MATLAB 中，提供了 conv 函数用于实现两个多项式的乘运算（执行两个数组的卷积）。函数的调用格式为：

c=conv(a,b)：执行 a、b 两个向量的卷积运算。

c=conv(a,b,'shape')：按形参 shape 返回卷积运算，shape 的取值有：

- full：返回完整的卷积，其为默认值。
- same：返回部分卷积，其大小与向量 a 大小相等。
- valid：只返回无填充零部分的卷积，此时输出向量 c 的最大值为 max(length(a)−max(0,length(b)−1), 0)。

【例 6-3】 求两个多项式的乘积。

```
>> clear all;
>> u = [1 0 1];
v = [2 7];
>> w = conv(u,v)
w =
     2     7     2     7
>> poly2sym(w)
ans =
2*x^3 + 7*x^2 + 2*x + 7
>> u = [-1 2 3 -2 0 1 2];
v = [2 4 -1 1];
w = conv(u,v,'same')
w =
    15     5    -9     7     6     7    -1
>> poly2sym(w)
ans =
15*x^6 + 5*x^5 - 9*x^4 + 7*x^3 + 6*x^2 + 7*x - 1
```

3. 除法

某些特殊情况下，一个多项式需要除以另一个多项式。在 MATLAB 中，提供了 deconv 函数用于实现多项式的除法。函数的调用格式为：

[q,r]=deconv(v,u)：q 为多项式 u 除以 v 的商式，r 为多项式 u 除以 v 的余式。返回的 q 与 r 仍是多项式系数向量。

【例 6-4】 利用 deconv 函数实现多项式 $b(x)=x^3+4x^2+9x+15$ 除以 $c(x)=x^6+2x^5-3x^4+12x^3+20x^2-16x+21$ 多项式。

```
>> clear all;
>> b = [1 4 9 15];
```

```
>> c = [1 2 -3 20 -16 21];
>> [q,r] = deconv(c,b)
q =
     1    -2    -4
r =
     0     0     0    39    50    81
>> poly2sym(q)                                    %商多项式
ans =
x^2 - 2*x - 4
>> poly2sym(r)                                    %余项多项式
ans =
39*x^2 + 50*x + 81
```

6.1.3 多项式求导

多项式求导的概念是显然的，对 n 阶多项式 $p(x)=a_nx^n+a_{n-1}x^{n-1}+\cdots+a_1x+a_0$，其求导为 $n-1$ 阶多项式为 $\mathrm{d}p(x)=na_nx^{n-1}+(n-1)a_{n-1}x^{n-2}+\cdots+a_1$。原多项式及其导数多项式表示分别为 $P=[a_n,a_{n-1},\cdots,a_0]$，$\mathrm{d}p=[na_n,(n-1)a_{n-1},\cdots,a_1]$。

在 MATLAB 中，提供了 polyder 函数用于对多项式求导。函数的调用格式为：

k=polyder(p)：求多项式 p 的导函数多项式。

k=polyder(a,b)：求多项式 a 与多项式 b 乘积的导函数多项式。

[q,d]=polyder(b,a)：求多项式 b 与多项式 a 相除的导函数多项式，导函数的分子存入 q 中，分母存入 d 中。其中，参数 p、a、b 是多项式的系数向量，返回结果 q、d 也是多项式的系数向量。

【例 6-5】 利用 polyder 对给定的多项式进行求导。

```
>> clear all;
p = [3 0 -2 0 1 5];
>> poly2sym(p)
ans =
3*x^5 - 2*x^3 + x + 5
>> q = polyder(p)
q =
    15     0    -6     0     1
>> poly2sym(q)
ans =
15*x^4 - 6*x^2 + 1
a = [1 -2 0 0 11];
b = [1 -10 15];
>> poly2sym(a),poly2sym(b)
ans =
x^4 - 2*x^3 + 11
ans =
x^2 - 10*x + 15
>> q2 = polyder(a,b)
q2 =
     6   -60   140   -90    22  -110
```

```
>> poly2sym(q2)
ans =
6 * x^5 - 60 * x^4 + 140 * x^3 - 90 * x^2 + 22 * x - 110
```

【例 6-6】 已知多项式 $p(x)=2x^3-x^2+3$ 和 $q(x)=2x+1$，求如下导数：p'、$(p\cdot q)'$、$(p/q)'$。

```
>> clear all;
>> k1 = polyder([2, - 1,0,3])
k1 =
     6    - 2    0
>> poly2sym(k1)
ans =
6 * x^2 - 2 * x
>> k2 = polyder([2, - 1,0,3],[2,1])
k2 =
    16     0    - 2     6
>> poly2sym(k2)
ans =
16 * x^3 - 2 * x + 6
>> [k3,d] = polyder([2, - 1,0,3],[2,1])
k3 =
     8     4    - 2    - 6
d =
     4     4     1
```

6.1.4 多项式求值

在 MATLAB 中，提供了两种求多项式值的函数，分别为 polyval 和 polyvalm，它们的输入参数均为多项式系数向量 p 和自变量 x。两者的区别在于，前者是代数多项式求值，后者是矩阵多项式求值。

1. polyval 函数

polyval 函数用来求代数多项式的值，函数的调用格式为：

y=polyval(p,x)：p 为多项式的系数向量，x 为矩阵，它是按数组运算规则来求多项式的值。

[y,delta]=polyval(p,x,S)：使用可选的结构数组 S 产生由 polyfit 函数输出的估计参数值；delta 是预测未来的观测估算的误差标准偏差。

y=polyval(p,x,[],mu)或[y,delta]=polyval(p,x,S,mu)：使 $\hat{x}=(x-\mu_1)/\mu_2$ 替代 x，在等式中，μ_1=mean(x)，μ_2=std(x)，其中心点与坐标值 mu=[μ_1,μ_2]可由 polyfit 函数计算得出。

【例 6-7】 已知多项式 x^4+6x^3-9，分别取 x=1.3 和一个给定矩阵 2×3 个元素为自变量，计算该多项式的值。

```
>> clear all;
A=[1 6 0 0 -9];                             %多项式系数
x=1.3;                                      %取自变量为一数值
y1=polyval(A,x)
y1 =
    7.0381
>> B=[-1 1.3 1.5;2 -1.8 1.6];               %一个矩阵
y2=polval(A,B)
y2 =
   -14.0000      7.0381    16.3125
    55.0000    -33.4944    22.1296
```

2. polyvalm 函数

polyvalm 函数用来求矩阵多项式的值，其调用格式与 polyval 相同，但两者含义不同。polyvalm 函数要求 x 为方阵，它以方阵为自变量求多项式的值。

【例 6-8】 已知多项式 $p(x)=3x^3-x^2+5$，求矩阵 $A=\begin{pmatrix}-1 & 2\\-2 & 1\end{pmatrix}$的多项式的值。

```
>> clear all;
>> p=[3 -1 0 5];
>> x=[-1 2;-2 1];
>> polyval(p,x)
ans =
     1    25
   -23     7
>> polyvalm(p,x)
ans =
    17   -18
    18    -1
```

6.1.5 多项式求根

找出多项式的根，即多项式为零的值，可能是许多学科共同的问题。MATLAB 可求解这个问题，并提供其他的多项式操作工具。在 MATLAB 中，多项式由一个行向量表示，它的系数按降序排列。

MATLAB 中的多项式求根函数为 roots，函数的调用格式为：

r=roots(c)：c 为多项式的系数向量，返回向量 r 为多项式的根，即 r(1)，r(2)，…，r(n)分别代表多项式的 n 个根。

【例 6-9】 求多项式 $x^3-6x^2-72x-27$ 的根。

```
>> p = [1 -6 -72 -27]
p =
     1    -6   -72   -27
>> r = roots(p)
```

```
r =
    12.1229
    -5.7345
    -0.3884
```

另外,如果已知多项式的全部根,MATLAB还提供了poly函数用来建立该多项式。函数调用格式为:

c=poly(r):r为多项式的根,返回向量c为多项式的系数向量。

【例6-10】 求多项式 $x^4-12x^3+25x+116$ 的根。

```
>> clear all;
>> p = [1 -12 0 25 116];
>> r = roots(p)
r =
    11.7473 + 0.0000i
    2.7028 + 0.0000i
    -1.2251 + 1.4672i
    -1.2251 - 1.4672i
```

在MATLAB中,无论是一个多项式还是多项式的根,都是向量,MATLAB按惯例规定,多项式是行向量,根是列向量。给出一个多项式的根,也可以构造相应的多项式,利用poly函数执行这个任务。

```
>> clear all;
>> p = [1 -12 0 25 116];
>> r = roots(p)
r =
    11.7473 + 0.0000i
    2.7028 + 0.0000i
    -1.2251 + 1.4672i
    -1.2251 - 1.4672i
>> pp = poly(r)
pp =
    1.0000    -12.0000    -0.0000    25.0000    116.0000
>> pp = real(pp)
pp =
    1.0000    -12.0000    -0.0000    25.0000    116.0000
```

MATLAB可无隙地处理复数,当用根重组多项式时,如果一些根有虚部,由于截断误差,则poly的结果有一些小的虚部,这是很普遍的。

6.1.6 部分分式展开

在信号处理与控制系统的分析应用中,常常需要将分母多项式与分子多项式构成的传递函数进行部分分式展开,即:

$$\frac{b(s)}{a(s)}=\frac{r_1}{s-p_1}+\frac{r_2}{s-p_2}+\cdots+\frac{r_n}{s-p_n}+k(s)$$

在 MATLAB 中，提供了 residue 函数实现部分分式展开。函数的调用格式为：

[r,p,k]=residue(b,a)：b、a 分别为分子与分母多项式系数的行向量，r 为留数行向量，p 为极点行向量，k 为直项行向量。

[b,a]=residue(r,p,k)：p 为极点行向量，k 为直项行向量，b、a 分别为分子与分母多项式系数的行向量。

【例 6-11】 对有理多项式$\frac{10(s+2)}{(s+1)(s+3)(s+4)}$进行展开。

```
>> clear all;
>> num = 10 * [1 2];                        % 分子
>> den = poly([ - 1; - 3; - 4]);            % 分母
>> [res,poles,k] = residue(num,den)
res =
     - 6.6667
     5.0000
     1.6667
poles =
     - 4.0000
     - 3.0000
     - 1.0000
k =
     []
```

结果是余数、极点和部分分式展开的常数项，如下：

$$\frac{10(s+2)}{(s+1)(s+3)(s+4)}=\frac{-6.6667}{s+4}+\frac{5}{s+3}+\frac{1.6667}{s+1}+0$$

这个函数也执行逆运算。代码为：

```
>> [n,d] = residue(res,poles,k)
n =
     - 0.0000     10.0000     20.0000
d =
     1.0000     8.0000     19.0000     12.0000
```

6.1.7 最小二乘拟合

在科学研究和实际工作中，常常会遇到这样的问题：给定两个变量 x、y 的 m 组实验数据(x_1,y_1)，(x_2,y_2)，…，(x_m,y_m)，如何从中找出这两个变量间函数关系的近似解析表达式(也称为经验公式)，使得能对 x 与 y 之间除了实验数据外的对应情况作出某种判断。

这样的问题一般可分为两类：一类是对 x 与 y 之间所存在的对应规律一无所知，这时要从实验数据中找出切合实际的近似解析表达式是相当困难的，俗称这类问题为黑箱问题；另一类是依据对问题所作的分析，通过数学建模或者通过整理归纳实验数据，能够判定出 x 与 y 之间满足或大体上满足某种类型的函数关系式 $y=f(x,a)$，其中 $a(a_1,a_2,\cdots,a_n)$是 n 个待定的参数，这些参数的值可以通过 m 组实验数据来确定(一般要求

$m>n$)，这类问题称为灰箱问题，解决灰箱问题的原则通常是使拟合函数在 x_i 处的值与实验数值的偏差平方和最小，即 $\sum_{i=1}^{n}[f(x_i,a)-y_i]^2$ 取得最小值。这种在方差意义下对实验数据实现最佳拟合的方法称为"最小二乘法"，$a_1,a_2,\cdots,a_n$ 称为最小二乘解，$y=f(x,a)$称为拟合函数。

下面推导最小二乘法的求解公式。

对给定的一组数据$(x_i,y_i)(i=1,2,\cdots,n)$，求作 m 次($m=N$) 多项式 $y=\sum_{j=0}^{m}a_jx^j$，令 $y_i=\sum_{j=0}^{m}a_jx_i^j$，$e_i$ 为残差。显然，残差的大小是衡量拟合好坏的重要标志。如果使得多项式尽可能通过点$(x_i,y_i)(i=1,2,\cdots,n)$，即残差最小，可采用下列 3 种原则。

- 使残差的最大绝对值 $\max|e_i|$ 为最小；
- 使残差的绝对值之和 $\sum_i|e_i|$ 为最小；
- 使残差的平方和 $\sum_i e_i^2$ 为最小。

分析以上 3 种原则，前两种提法比较自然，但是由于含有绝对值运算不便于实际应用。基于第三种准则选取拟合曲线的方法更易于实现，这种方法称作曲线拟合的最小二乘法。

令总误差为Q，则问题的目标是使$Q=\sum_{i=1}^{N}\left[y_i-\sum_{j=0}^{m}a_jx_i^j\right]^2$ 为最小，而Q可以看作关于 $a_j(j=0,1,2,\cdots,m)$ 的多元函数，因此，上述拟合多项式的构造问题可归结为多元函数的极值问题。

令$\dfrac{\partial Q}{\partial \alpha_k}=0(k=0,1,2,\cdots m)$，得

$$\sum_{i=1}^{N}\left[y_i-\sum_{j=0}^{m}a_jx_i^j\right]x_i^k=0,\quad k=0,1,2,\cdots,m$$

即有

$$\begin{cases}a_0N+a_1\sum x_i+\cdots+a_m\sum x_i^m=\sum y_i\\ a_0\sum x_i+a_1\sum x_i^2+\cdots+a_m\sum x_i^{m+1}=\sum x_iy_i\\ \vdots\\ a_0\sum x_i^m+a_1\sum x_i^{m+1}+\cdots+a_m\sum x_i^{2m}=\sum x_i^my_i\end{cases}$$

这是关于系数 a_j 的线性方程组，通常称为正则方程组，经证明正则方程组有唯一解。作为特例，遂于直线拟合，给定数据点$(x_i,y_i)(i=1,2,\cdots,n)$，令一次式 $y=a+bx$，其正则方程组为：

$$\begin{cases}aN+b\sum x_i=\sum y_i\\ a\sum x_i+b\sum x_i^2=\sum x_iy_i\end{cases}$$

在 MATLAB 中，提供了 polyfit 函数用于实现最小二乘曲线拟合。函数的调用格式为：

p=polyfit(x,y,n)：对 x 与 y 进行 n 维多项式的曲线拟合，输出结果 p 为含有 n+1

个元素的行向量，该向量以维数递减的形式给出拟合多项式的系数。

[p,S]=polyfit(x,y,n)：结果中的 S 包括 R、df、normr，分别表示对 x 进行 OR 分解的三角元素、自由度、残差。

[p,S,mu]=polyfit(x,y,n)：在拟合过程中，首先对 x 进行数据标准化处理，用来在拟合中消除量纲等的影响，mu 包含两个元素，分别是标注化处理过程中使用的 x 均值与标准差。

【例 6-12】 使用 polyfit 函数进行多项式的数值拟合，并分析曲线拟合的误差情况。

```
>> clear all;
x = (0:0.1:5)';
y = erf(x);
%计算多项式拟合的参数
[p,s] = polyfit(x,y,5);
[yp,delta] = polyval(p,x,s);
plot(x,y,'rp',x,yp,'.',x,yp + 2 * delta,'-.',x,yp - 2 * delta);
grid on;
axis([0 5 0 1.2]);
legend('原始曲线','拟合曲线','yp + 2 * delta','yp - 2 * delta');
```

运行程序，效果如图 6-1 所示。

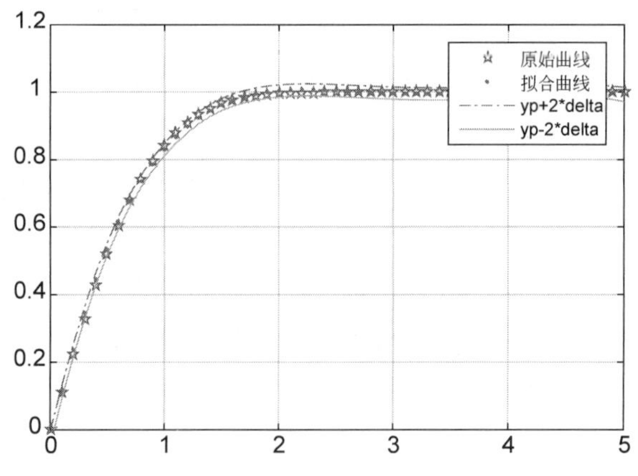

图 6-1　最小二乘曲线拟合

下面通过几个实例来演示最小二乘拟合在实际领域中的应用。

【例 6-13】 某年美国旧车价格的调查资料如表 6-1 所示，其中 xi 表示轿车的使用年数，yi 表示相应的平均价格。试分析用什么形式的曲线来拟合这些数据，并预测使用 4.5 年后轿车的平均价格大致为多少。

表 6-1　某年美国旧车价格的调查资料

xi	1	2	3	4	5	6	7	8	9	10
yi	2615	1943	1494	1087	765	538	484	290	226	204

可以利用最小二乘拟合首先求出拟合多项式，然后把 4.5 代入拟合多项式计算出使用 4.5 年后轿车的平均价格。

其实现的 MATLAB 代码为：

```
>> clear all;
x = 1:10;
y = [2615   1943   1494   1087   765   538   484   290   226   204];
n = 3;
p = polyfit(x,y,n)
xi = linspace(0,12,100);
z = polyval(p,xi);
plot(x,y,'o',xi,z,'k:');
legend('原始数据','3 阶曲线 r 拟合');
```

运行程序，输出如下，效果如图 6-2 所示。

```
p =
     1.0e + 03 *
    - 0.0027     0.0800     - 0.8528     3.3801
```

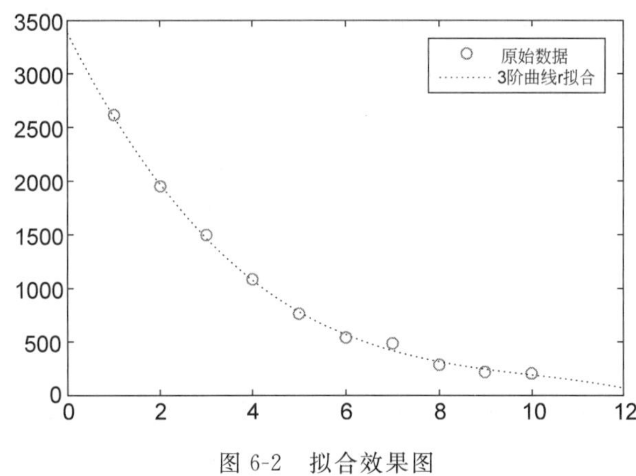

图 6-2　拟合效果图

利用 polyval 函数求使用 4.5 年后轿车的平均价格，代码为：

```
>> z = polyval(p,4.5)
```

运行程序，输出如下：

```
z =
    919.4665
```

【例 6-14】 在某化工厂生产过程中，为研究温度 x（单位：摄氏度）对收率（产量）y（%）的影响，测得一组数据，如表 6-2 所示，试根据这些数据建立 x 与 y 之间的拟合函数。

表 6-2　温度 x 与 y 的关系

温度 x/℃	100	110	120	130	140	150	160	170	180	190
收率 y(%)	45	51	54	61	66	70	74	78	85	89

同样利用最小二乘法拟合，代码为：

```
>> clear all;
x = 100:10:190;
y = [45  51  54  61  66  70  74  78  85  89];
n = 3;
p = polyfit(x,y,n)
xi = linspace(80,200,100);
z = polyval(p,xi);                          %最小二乘拟合
plot(x,y,'ro',xi,z,'k:',x,y,'b');
legend('原始数据','拟合曲线');
```

运行程序，输出如下，效果如图 6-3 所示。

```
p =
     0.0000     - 0.0070     1.5073     - 51.1907
```

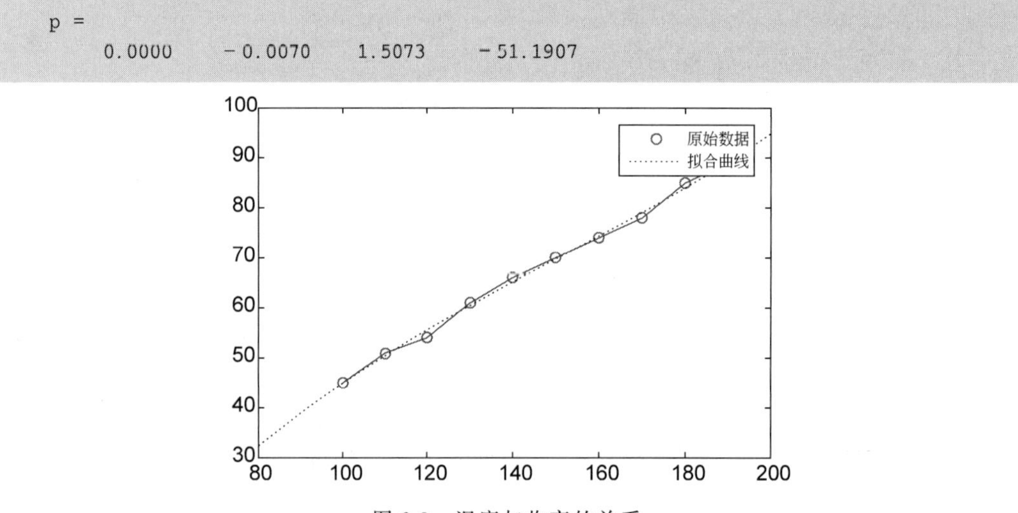

图 6-3　温度与收率的关系

【例 6-15】 某地区有一煤矿，为估计其储量以便于开采，先在该地区进行勘探。假设该地区是一长方形区域，长为 4km，宽为 5km。经勘探得到如表 6-3 所示的数据。

表 6-3　煤矿勘探数据表

编号	1	2	3	4	5	6	7	8	9	10
横坐标/km	1	1	1	1	1	2	2	2	2	2
纵坐标/km	1	2	3	4	5	1	2	3	4	5
煤层厚度/m	13.72	25.80	8.47	25.27	22.32	15.47	21.33	14.49	24.83	26.19
编号	11	12	13	14	15	16	17	18	19	20
横坐标/km	3	3	3	3	3	4	4	4	4	4
纵坐标/km	1	2	3	4	5	1	2	3	4	5
煤层厚度/m	23.28	26.48	29.14	12.04	14.58	19.95	23.73	15.35	18.01	16.29

请估计出此地区（$2\leqslant x\leqslant 4, 1\leqslant y\leqslant 5$）煤的储量，单位为 m^3，并画出该煤矿的三维图像。

首先,直接绘制出三维曲线,代码为:

```
>> clear all;
x = 1:4;
y = 1:5;
[X,Y] = meshgrid(x,y)
Z = [13.72  25.80  8.47  25.27  22.32;15.47  21.33  14.49  24.83  26.19;...
    23.28  26.48  29.14  12.04  14.58;19.95  23.73  15.35  18.01  16.29]'
surf(X,Y,Z);
```

运行程序,输出如下,效果如图 6-4 所示。

```
X =
     1     2     3     4
     1     2     3     4
     1     2     3     4
     1     2     3     4
     1     2     3     4
Y =
     1     1     1     1
     2     2     2     2
     3     3     3     3
     4     4     4     4
     5     5     5     5
Z =
   13.7200   15.4700   23.2800   19.9500
   25.8000   21.3300   26.4800   23.7300
    8.4700   14.4900   29.1400   15.3500
   25.2700   24.8300   12.0400   18.0100
   22.3200   26.1900   14.5800   16.2900
```

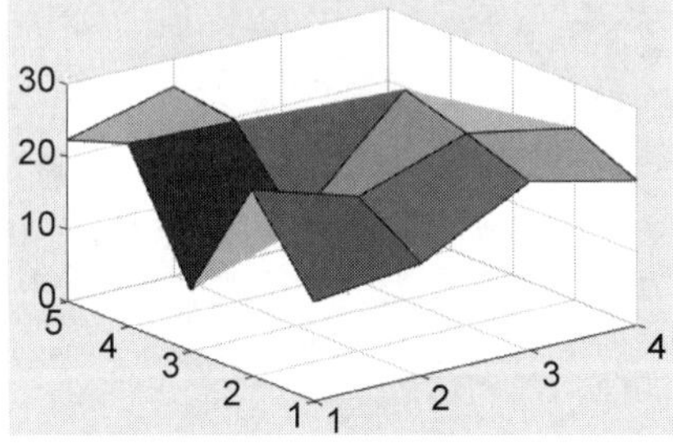

图 6-4　三维曲面图

粗略计算体积,即底面积乘以平均高度,代码为:

```
>> p = sum(Z);
q = p(:,[2,3,4]);
h = sum(q')/15
v = 2000 * 4000 * h
```

运行程序,输出如下:

```
h =
    20.0773
v =
    1.6062e+08
```

下面用拟合的方法解决以上的问题。在此编写几个 M 函数问题,用于实现上述问题,如下:

```
function U = leftmatrix(x,p,y,q)
%U*a=V ,a为系数列矩阵,长度为p*q
%U为p*q矩阵
%x,y为长度一致的列矩阵,给定点的坐标
%p,q为拟合的函数中x,y的幂的最高次数
m = length(x);
if(nargin~ = 4)&(m~ = length(y))
    error('错误,检查检查!');
end
U_L = p*q; %U为p*q阶方阵
U = zeros(U_L,U_L);                                    %赋值0,目的是分配内存
for i = 1:p*q
    for j = 1:p*q
        x_z = quotient(j-1,q) + quotient(i-1,q); %x的幂的次数,quotient为求商
        y_z = mod(j-1,q) + mod(i-1,q);           %y的幂的次数
        U(i,j) = qiuhe(x,x_z,y,y_z);
    end
end

function V = rightmatrix(x,p,y,q,z)
%U*a=V
%V为一个列向量,长为p*q
%x,y,z为点的坐标
%p,q分别为x,y幂的最高次数
if nargin~ = 5
    error('错误,检查检查 rightmatrix');
end
V = zeros(p*q,1);
for i = 1:p*q
    x_z = quotient(i-1,q);
    y_z = mod(i-1,q);
    V(i,1) = qiuhe(x,x_z,y,y_z,z);
end

function sh = quotient(x,y)
%sh为x/y的商
sh = (x-mod(x,y))/y;
```

```
function he = qiuhe(x,p,y,q,z)
%x,y向量长度相同
%p,q分别为x,y的幂的次数
m = length(x);
if(nargin<4)&(m~ = length(y))                    %输入量至少为4,x,y行向量长度必须一样
    error('错误,检查检查!');
end
if nargin == 4                                   %没有z,默认为元素全部为1的向量
    z = ones(m,1);
end
he = 0;
for i = 1:m
    he = he + x(i)^p * y(i)^q * z(i);
end
```

下面进行拟合,然后验证拟合的效果,代码为:

```
>> clear all;
x = 1:4;
y = 1:5;
[X,Y] = meshgrid(x,y);
Z = [13.72  25.80  8.47  25.27  22.32;15.47  21.33  14.49  24.83  26.19;...
    23.28  26.48  29.14  12.04  14.58;19.95  23.73  15.35  18.01  16.29]';
surf(X,Y,Z);
x = reshape(X,20,1);
y = reshape(Y,20,1);
z = reshape(Z,20,1);
p = 4;
q = 5;
U = leftmatrix(x,p,y,q);                        %U * a_n = V
V = rightmatrix(x,p,y,q,z);
a_n = U\V;
for i = 1:length(a_n)                           %把长度为p*q的列向量a_n转换成p*q的矩阵aa
    ii = quotient(i - 1,q) + 1;                 %quotient 求商
    jj = mod(i - 1,q) + 1;
    aa(ii,jj) = a_n(i,1);
end
aa
m = 31;n = 41;
[X1,Y1] = meshgrid(linspace(1,4,m),linspace(1,5,n));
xx = reshape(X1,m * n,1);
yy = reshape(Y1,m * n,1);
zz = zeros(m * n,1);
xy = zeros(m * n,1);
xt = zeros(m * n,1);
yt = zeros(m * n,1);
for i = 1:p                                     %zz是xx,yy代入所拟合的函数求出的函数值
    for j = 1:q                                 %aa为p*q的系数矩阵
        xt = xx.^(i - 1);
        yt = yy.^(j - 1);
        xy = xt. * yt;
```

```
            zz = zz + aa(i,j). * xy;
        end
    end
    Z1 = reshape(zz,n,m);
    surf(X1,Y1,Z1);
    p = sum(Z);
    q = p(:,[2,3,4]);
    h = sum(q')/15
    v = 2000 * 4000 * h
```

运行程序,输出如下,效果如图 6-5 所示。

```
aa =
     1.0e + 03 *
       0.1465     - 0.2678      0.2132    - 0.0624      0.0058
     - 0.7287       1.3972    - 0.9275      0.2412    - 0.0210
       0.4416     - 0.8415      0.5487    - 0.1407      0.0122
     - 0.0680       0.1295    - 0.0839      0.0214    - 0.0018
h =
     20.0773
v =
     1.6062e + 08
```

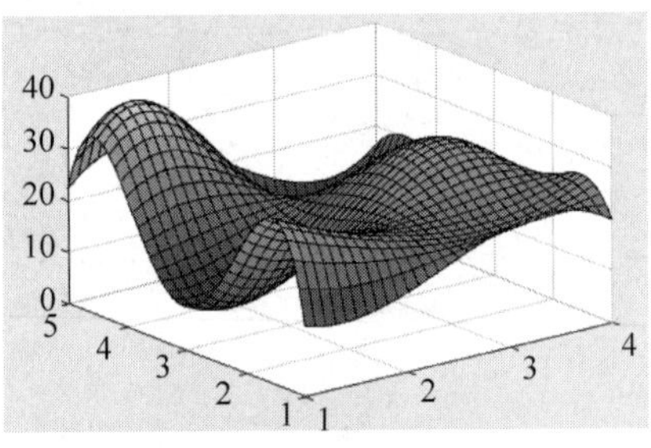

图 6-5　曲面拟合结果

6.2　数据插值

插值法是一种古老的数学方法。插值问题的数学定义如下：

由实验或测量的方法得到函数 $y=f(x)$在互异点 $x_0,x_1,\cdots,x_n$ 处的数值 $y_0,y_1,\cdots,y_n$(如图 6-6 所示),然后构造一个函数 $\varphi(x)$作为 $y=f(x)$的近似表达式,即

$$y = f(x) \approx \varphi(x)$$

使得 $\varphi(x_0)=y_0,\varphi(x_1)=y_1,\cdots,\varphi(x_n)=y_n$,这类问题称为插值问题。$y=f(x)$称为被插值函数,$\varphi(x)$称为插值函数,$x_0,x_1,\cdots,x_n$ 称为插值节点。

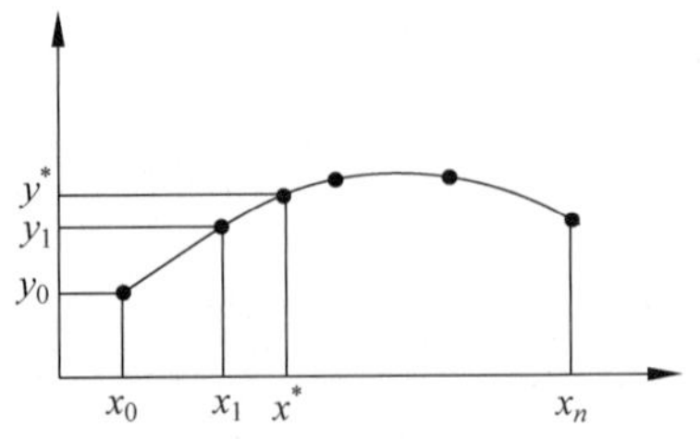

图 6-6　一维插值示意图

插值的任务是由已知的观测点为物理量建立一

个简单、连续的解析模型，以便能根据该模型推测该物理量在非观测点处的特性。

插值包括多项式插值、艾尔米特插值、分段插值与样条插值、三角函数插值、辛克插值等几种。插值在数据分析、信号处理、图像处理等诸多领域有着十分重要的应用。

6.2.1 一维插值

当被插值函数 $y=f(x)$ 为一元函数时，称为一维插值，如图 6-6 所示。MATLAB 使用 interp1 函数来实现一维插值。函数的调用格式为：

YI=interp1(X,Y,XI)：对一组节点(X,Y)进行插值，计算插值点 XI 的函数值。X 为节点向量值，Y 为对应的节点函数值；如果 Y 为矩阵，则插值对 Y 的每一列进行；如果 Y 的维数超过 X 或 XI 的维数，则返回 NaN。

YI=interp1(Y,XI)：默认 X=1:N，N 为 Y 的元素个数。

YI=interp1(X,Y,XI,method)：method 为指定的插值使用算法，默认为线性算法。其值可以取以下几种类型：

- nearest：线性最近邻插值；
- linear：线性插值(默认项)；
- spline：三次样条插值；
- pchip：分段三次埃尔米特(Hermite)插值；
- cubic：双三次插值。

这几种方法在速度、平滑性、内存使用方面有所区别，在使用时可以根据实际需要进行选择，包括：

- 线性最近邻插值是最快的方法，但是利用它得到的结果平滑性最差。
- 线性插值要比线性最近邻插值占用更多的内存，运行时间略长。与线性最近邻插值不同，线性插值生成的结果是连续的，但在顶点处会有坡度变化。
- 分段三次 Hermite 插值需要更多内存，而且运行时间比线性最近邻插值和线性插值要长。但是，使用此方法时，插值数据及其导数都是连续的。
- 双三次插值的运行时间相对来说最长，内存消耗比三次插值略少。它生成的结果平滑性最好，但是，如果输入数据不是很均匀，可能会得到意想不到的结果。

所有的插值方法要求 X 的元素是单调的，可不等距。当 X 的元素单调、等距时，使用 linear、nearest、cubic 或 spline 选项可快速得到插值结果。如果 Y 是矩阵，那么 Y 的各列将以 X 为公共的横坐标，计算多个(等于 Y 的列数，size(Y,2))插值函数，输出值 YI 将是 XI 维数×size(Y,2)矩阵。XI 值超出范围[Xmin, Xmax]时，YI 将返回 NaN。

yi=interp1(Y, XI)：这里，X 和 method 均为默认设置，即 X=1 : N，其中 N=size(Y)；method=linear。

对于 nearest 与 linear 方法，如果 XI 超出 X 的范围，则返回 NaN；而对于其他几种方法，系统将对超出范围的值进行外推计算。

yi = interp1(X,Y,XI,method,'extrap')：利用指定的方法对超出范围的值进行外推计算。

yi = interp1(X,Y,XI,method,extrapval)：返回标量 extrapval 为超出范围值。

pp = interp1(X,Y,method,'pp')：利用指定的方法产生分段多项式。

【例 6-16】 在 1～12 点的 11 小时内，每隔 1 小时测量一次温度(℃)，测得温度依次为 4 6 9 13 20 24 26 30 22 25 28 23。

```
>> clear all;
h = 1:12;                                            % 时间
t = [4 6 9 13 20 24 26 30 22 25 28 23];              % 温度
hi = 1:0.1:12;                                       % 插值点坐标
subplot(2,2,1);ti = interp1(h,t,hi,'nearest');       % 线性插值
plot(h,t,'o',hi,ti,h,t,'r:');
xlabel('(a) nearest 插值')
subplot(2,2,2);ti = interp1(h,t,hi,'spline');        % 三次样条插值
plot(h,t,'+',hi,ti,h,t,'k:');
xlabel('(b) spline 插值');
subplot(2,2,3);ti = interp1(h,t,hi,'pchip');         % 分段三次 Hermite 插值
plot(h,t,'*',hi,ti,h,t,'m:');
xlabel('(c) pchip 插值');
subplot(2,2,4);ti = interp1(h,t,hi,'cubic');         % 双三次插值
plot(h,t,'s',hi,ti,h,t,'b:');
xlabel('(d) cubic 插值');
```

运行程序，效果如图 6-7 所示。

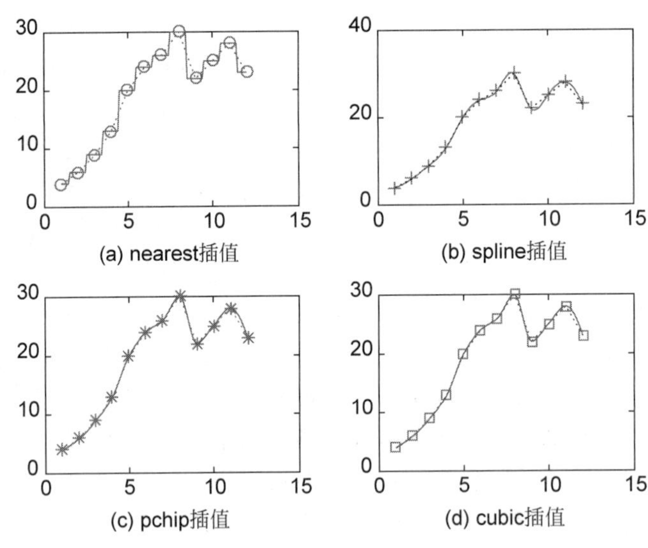

图 6-7 各类插值效果

插值运算可以分为内插和外插两种：

(1) 只对已知数据点集内部的点进行的插值运算称为内插，内插可以根据已知数据点的分布，构建能够代表分布特性的函数关系，比较准确地估测插值点上的函数值；

(2) 对插值点落在已知数据集外部时的插值称为外插，用外插估计函数值是很难的。

interp1 函数中可以通过添加 extrap 参数，指明插值算法也用于外插运算。另外，还可以直接对数据集外的函数点赋值为 extraval，一般赋值为 NaN(默认值)或 0。

【例 6-17】 外插值运算与误差。

```
>> clear all;
x = 0:10;
y = cos(x);
xi = 5:.25:15;
yi = cos(xi);
y1 = interp1(x,y,xi,'nearest','extrap');
y2 = interp1(x,y,xi,'linear','extrap');
y3 = interp1(x,y,xi,'spline','extrap');
y4 = interp1(x,y,xi,'cubic','extrap');
y5 = interp1(x,y,xi,'nearest',0);
plot(x,y,'rs',xi,yi,'m:',xi,y1,'b-.',xi,y2,'g--',xi,y3,xi,y4,xi,y5); % 各种插值结果
xlabel('数据');ylabel('插值效果');
legend('data','cos','nearest','linear','spline','cublic','0');          % 标注图例
table = [xi',yi',y1',y2',y3',y4',y5'];
n = size(table,1);
table([1:10,n-10:n],:)   % 比较各种算法的内插和外插结果
```

运行程序,输出如下,效果如图 6-8 所示。

```
ans =
     5.0000     0.2837     0.2837     0.2837     0.2837     0.2837     0.2837
     5.2500     0.5121     0.2837     0.4528     0.5103     0.4999     0.2837
     5.5000     0.7087     0.9602     0.6219     0.7062     0.7201     0.9602
     5.7500     0.8612     0.9602     0.7910     0.8599     0.8913     0.9602
     6.0000     0.9602     0.9602     0.9602     0.9602     0.9602     0.9602
     6.2500     0.9994     0.9602     0.9086     0.9979     0.9437     0.9602
     6.5000     0.9766     0.7539     0.8570     0.9739     0.8990     0.7539
     6.7500     0.8930     0.7539     0.8055     0.8914     0.8333     0.7539
     7.0000     0.7539     0.7539     0.7539     0.7539     0.7539     0.7539
     7.2500     0.5679     0.7539     0.5291     0.5667     0.6050     0.7539
    12.5000     0.9978    -0.8391    -0.6589     7.2001     2.1784          0
    12.7500     0.9832    -0.8391    -0.6409     8.8961     2.8888          0
    13.0000     0.9074    -0.8391    -0.6229    10.7942     3.7006          0
    13.2500     0.7753    -0.8391    -0.6049    12.9045     4.6205          0
    13.5000     0.5949    -0.8391    -0.5869    15.2369     5.6552          0
    13.7500     0.3776    -0.8391    -0.5689    17.8014     6.8115          0
    14.0000     0.1367    -0.8391    -0.5508    20.6080     8.0962          0
    14.2500    -0.1126    -0.8391    -0.5328    23.6667     9.5160          0
    14.5000    -0.3549    -0.8391    -0.5148    26.9874    11.0776          0
    14.7500    -0.5752    -0.8391    -0.4968    30.5802    12.7879          0
    15.0000    -0.7597    -0.8391    -0.4788    34.4550    14.6536          0
```

1. 分段线性插值

分段线性插值的算法是在每个小区间$[x_i, x_{i+1}]$上采用简单的线性插值。在区间$[x_i, x_{i+1}]$上的子插值多项式为:

$$F_i = \frac{x - x_{i+1}}{x_i - x_{i+1}} f(x_i) + \frac{x - x_i}{x_{i+1} - x_i} f(x_{i+1})$$

在此整个区间$[x_i, x_n]$上的插值函数为:

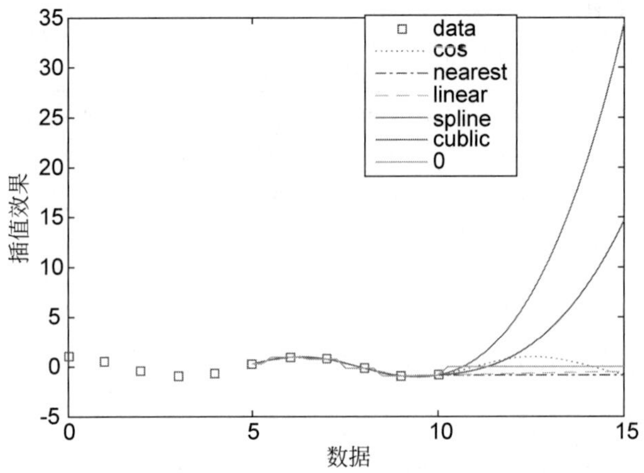

图 6-8　cos 函数的各种外插效果图

$$F(x) = \sum_{i=1}^{n} F_i I_i(x)$$

其中 $I_i(x)$的定义为：

$$I_i(x) = \begin{cases} \dfrac{x - x_{i-1}}{x_i - x_{i-1}} & x \in [x_{i-1}, x_i](i = 0) \\ \dfrac{x - x_{i+1}}{x_i - x_{i+1}} & x \in [x_i, x_{i+1}](i = 0) \\ 0, & x \notin [x_{i-1}, x_{i+1}] \end{cases}$$

【例 6-18】 采用 interp1 对 $y=\sin(x)$进行分段线性插值。

```
>> clear all;
x = 0:2 * pi;
y = sin(x);
xx = 0:0.5:2 * pi;
yy = interp1(x,y,xx);
plot(x,y,'s',xx,yy);
xlabel('x');ylabel('y');
```

运行程序,效果如图 6-9 所示。

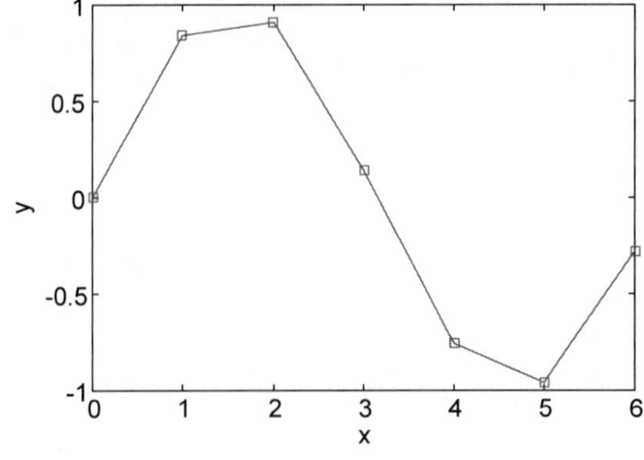

图 6-9　分段线性插值

2. 一维快速傅里叶插值

一维快速傅里叶插值通过函数 interpft 来实现，该函数用傅里叶变换把输入数据变换到频域，然后用更多点的傅里叶逆变换回时域，其结果是对数据进行增采样。函数的调用格式为：

Y=interpft(X,N)：对 X 进行傅里叶变换，然后采用 N 点傅里叶逆变换，变回到时域。如果 X 为一个向量，数据 X 的长度为 M，采样间隔为 dX，则数据 Y 的采样间隔为 dX×M/N，其中 N 必须大于 M。如果 X 为矩阵，则该函数对矩阵 X 的列进行操作，其返回的结果 Y 与 X 具有相同的列，行数为 N。

注意：N 值必须大于 M；如果 X 是矩阵，则函数操作在 X 的列上，返回结果与 X 具有相同的列数，但其行数为 N。

Y=interpft(X,N,dim)：在 dim 指定的维度上进行操作。

【例 6-19】 利用一维快速傅里叶插值实现数据增采样。

```
>> clear all;
y = [0 .5 1 1.5 2 1.5 1 .5 0 -.5 -1 -1.5 -2 -1.5 -1 -.5 0]; %插值数据
N = length(y);
L = 5;
M = N*L;                                    %将采样提高了 5 倍
x = 0:L:L*N-1;
xi = 0:M-1;
yi = interpft(y,M);                         %采用一维快速傅里叶插值
plot(x,y,'o',xi,yi,'r:')
legend('原始数据','插值后数据');
```

运行程序，效果如图 6-10 所示。

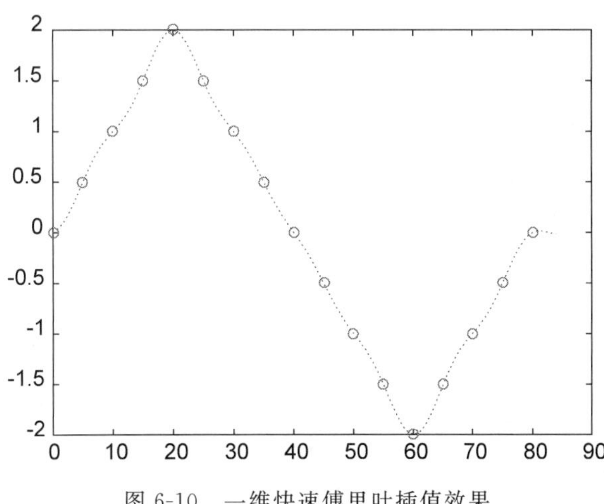

图 6-10 一维快速傅里叶插值效果

6.2.2 二维插值

在实际中可能遇到自然变量数据为两个自由度，即二维插值问题。二维插值问题的数学表述为：已知二元函数 $f(x,y)$在矩形区域($x\in[a,b]$，$y\in[c,d]$)内系列点(x_m，y_n)的函数值 $z_{m,n}$，计算该矩形区域内任意一点的插值近似函数 $f(x)$。

根据数据点(x_m，y_n)分布的情况，常见的二维插值问题可分为两种情况：二维网格数据插值与二维散点数据插值。其中二维网格数据插值适用于节点比较规范的情况，即在包含所给节点矩形区域内，节点由两组平行于坐标轴的直线的交点组成；二维散点数据插值适用于一般的节点，多用于节点不太规范(即节点为两组平行于坐标轴的直线的部分交点)的情况。

1. 二维网格数据插值

在 MATLAB 中提供了 interp2 函数实现二维网格数据插值。函数的调用格式为：

ZI=interp2(X,Y,Z,XI,YI)：矩阵 X 与 Y 指定 2-D 区域数据点，在这些数据点处数值矩阵 Z 已知，依此构造插值函数 Z=F(X,Y)，返回在相应数据点 XI、YI 处函数值 ZI=F(XI,YI)。超出范围[xmin,xmax,ymin,ymax]的 XI 与 YI 值将返回 ZI=NAN。

ZI=interp2(Z,XI,YI)：这里默认的设置为 X=1：N，Y=1：M，其中[M,N]=size(Z)，即 N 为矩阵 Z 的行数，Y 为矩阵 Z 的列数。

ZI=interp2(Z,ntimes)：在 Z 的各点间插入数据点对 Z 进行扩展，一次执行 ntimes 次，默认为一次。

ZI=interp2(X,Y,Z,XI,YI,method)：method 指定的是插值使用的算法，默认为线性算法，其值可以取以下几种类型：

- nearest：线性最近邻插值；
- linear：线性插值(默认项)；
- spline：三次样条插值；
- pchip：分段三次埃尔米特(Hermite)插值；
- cubic：双三次插值。

所有插值方法要求 X 与 Y 的元素是单调的，即单调递增或单调递减，可不等距。当 X 与 Y 的元素单调、等距时，使用 nearest、linear、spline、pchip 及 cubic 选项可快速得到插值结果。对一元向量 XI 与 YI，应先使用语句[XI,YI]=meshgrid(xi,yi)生成数据点矩阵 XI 与 YI。

ZI=interp2(…,method, extrapval)：返回标量 extrapval 为超出范围值。

【例 6-20】 设人们对平板上的温度分布估计感兴趣，给定的温度值取自平板表面均匀分布的格栅。

采集了下列的数据：

```
>> clear all;
width = 1:5;                                          % 定义平板宽度(如 x 方向)
depth = 1:3;                                          % 定义平板深度(如 y 方向)
```

```
temps = [82 81 80 82 83;78 65 60 79 81;83 82 81 85 87]
temps =
     82     81     80     82     83
     78     65     60     79     81
     83     82     81     85     87
```

如同标引点上测量一样，矩阵 temps 表示整个平板的温度分布。temps 的列与下标 depth 或 y 维相联系，行与下标 width 或 x 维相联系。为了估计中间点的温度，必须对它们进行辨识，其实现的 MATLAB 程序代码如下：

```
>> wi = 1:0.2:5;
d = 2;
zlin = interp2(width,depth,temps,wi,d);                        % 双线性插值
zcu = interp2(width,depth,temps,wi,d,'cubic');                 % 立方插值
plot(wi,zlin,':',wi,zcu);
xlabel('板宽');ylabel('摄氏度');
title(['板深度 d = ' num2str(d),'处的温度']);
```

运行程序，效果如图 6-11 所示。

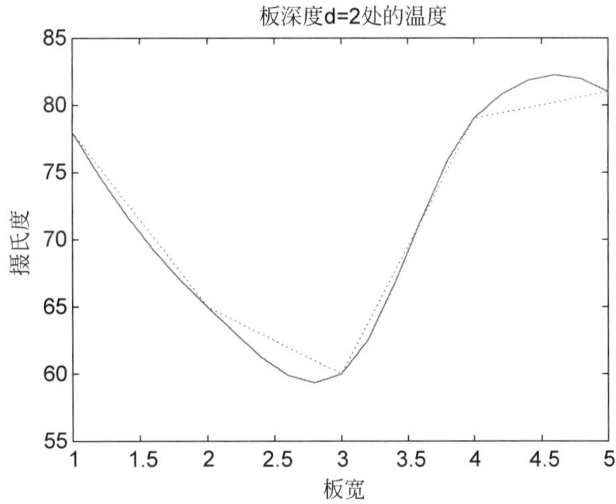

图 6-11　在深度 d=2 处的平板温度

另一种方法，我们可以在两个方向插值。先在三维坐标绘制出原始数据，看一下该数据的粗糙程度，其实现的 MATLAB 程序代码如下：

```
>> mesh(width,depth,temps);
xlabel('板宽'); ylabel('板深度');zlabel('摄氏度');
```

运行程序，效果如图 6-12 所示。

然后以平滑数据在两个方向上插值，其实现的 MATLAB 程序代码如下：

```
>> di = 1:0.2:3;
wi = 1:0.5:5;
```

```
[wi,di] = meshgrid(1:0.5:5,1:0.2:3);
zcu = interp2(width,depth,temps,wi,di,'cubic');
mesh(wi,di,zcu);
xlabel('板宽'); ylabel('板深度');zlabel('摄氏度');
axis('ij');
```

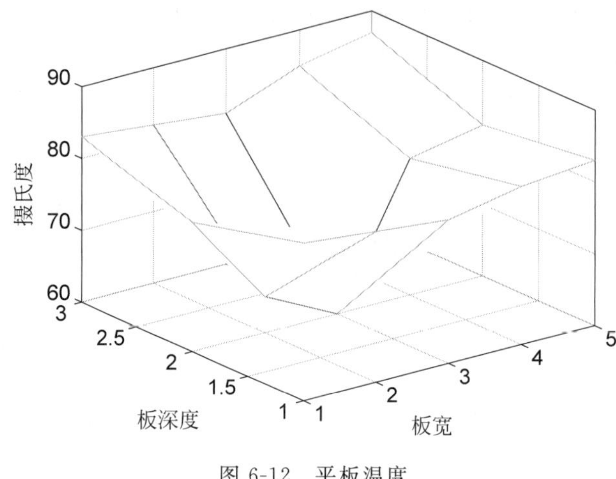

图 6-12 平板温度

运行程序,效果如图 6-13 所示。

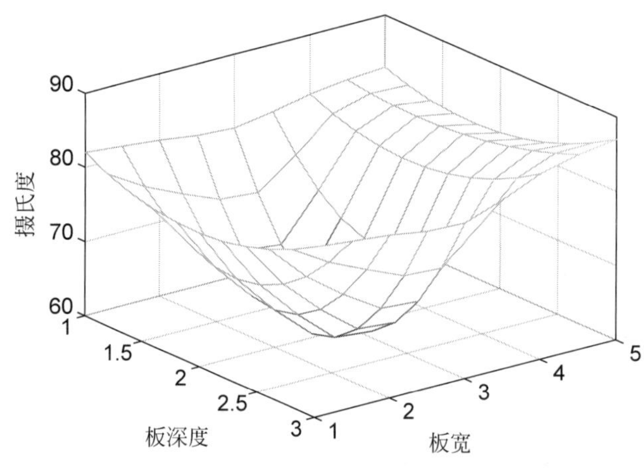

图 6-13 二维插值后的平板温度

可选的参数 method 可以是 linear、cubic 或 nearest。在这种情况下,cubic 不意味着三次样条,而是使用三次多项式的另一种算法。linear 方法是线性插值,仅用作连接图上数据点。nearest 方法只选择最接近各估计点的粗略数据点。在所有的情况下,假定独立变量 X 和 Y 是线性间隔和单调的。

2. 二维散点数据插值

通过上面的例子可看出,MATLAB 提供的二维插值函数还是能较好地进行二维插值运算的。但该函数有一个重要的缺陷,就是它只能处理以网格形式给出的数据,如果已知数据不是以网格形式给出的，则用该函数是无能为力的。在实际应用中，大部分问题都是以实测的多组(x_i，y_i，z_i)点给出的，所以不能直接使用函数 interp2 进行二维插值。

在 MATLAB 中提供了一个更一般的 griddata 函数，专门用来解决这样的问题。函数的调用格式为：

ZI＝griddata(X，Y，Z，XI，YI)：其中 X、Y、Z 是已知样本点坐标，这里并不要求是网格型的，可以是任意分布的，均由向量给出。XI、YI 是期望的插值位置，可以是单个点，也可以是向量或网格型矩阵，得出的 ZI 应该维数和 XI、YI 一致，表示插值的结果。

[XI，YI，ZI]＝griddata(X，Y，Z，XI，YI)：这里与[XI，YI]＝meshgrid(XI，YI)效果相同。

[…]＝griddata(…，method)：method 指定的是插值使用的算法，其值可以取以下几种类型：nearest、linear、cubic、v4。

方法 linear 与 nearest 用于生成曲面函数为不连续的一阶导数，方法 cubic 与 v4 用于生成光滑曲面。除 v4 外所有的方法都基于数据的 Delaunay 三角部分。

【例 6-21】 利用 griddate 函数对给定的一系列点的坐标进行插值，并绘制三维曲面图。

(1.486,3.059,0.1);(2.121,4.041,0.1);(2.570,3.959,0.1);(3.439,4.396,0.1);
(4.505,3.012,0.1);(3.402,1.604,0.1);(2.570,2.065,0.1);(2.150,1.970,0.1);
(1.794,3.059,0.2);(2.121,3.615,0.2);(2.570,3.473,0.2);(3.421,4.160,0.2);
(4.271,3.036,0.2);(3.411,1.876,0.2);(2.561,2.562,0.2);(2.179,2.420,0.2);
(2.757,3.024,0.3);(3.439,3.970,0.3);(4.084,3.036,0.3);(3.402,2.077,0.3);
(2.879,3.036,0.4);(3.421,3.793,0.4);(3.953,3.036,0.4);(3.402,2.219,0.4);
(3.000,3.047,0.5);(3.430,3.639,0.5);(3.822,3.012,0.5);(3.411,2.385,0.5);
(3.103,3.012,0.6);(3.430,3.462,0.6);(3.710,3.036,0.6);(3.402,2.562,0.6);
(3.224,3.047,0.7);(3.411,3.260,0.7);(3.542,3.024,0.7);(3.393,2.763,0.7)

其实现的 MATLAB 代码为：

```
>> clear all;
A = [1.486,3.059,0.1;2.121,4.041,0.1;2.570,3.959,0.1;3.439,4.396,0.1; 4.505,3.012,0.1;...
    3.402,1.604,0.1;2.570,2.065,0.1;2.150,1.970,0.1; 1.794,3.059,0.2;2.121,3.615,
0.2;...
    2.570,3.473,0.2;3.421,4.160,0.2; 4.271,3.036,0.2;3.411,1.876,0.2;2.561,2.562,
0.2;...
    2.179,2.420,0.2; 2.757,3.024,0.3;3.439,3.970,0.3;4.084,3.036,0.3;3.402,2.077,
0.3;...
    2.879,3.036,0.4;3.421,3.793,0.4;3.953,3.036,0.4;3.402,2.219,0.4; 3.000,3.047,
0.5;...
    3.430,3.639,0.5;3.822,3.012,0.5;3.411,2.385,0.5; 3.103,3.012,0.6;3.430,3.462,
0.6;...
    3.710,3.036,0.6;3.402,2.562,0.6; 3.224,3.047,0.7;3.411,3.260,0.7;3.542,3.024,
0.7;...
    3.393,2.763,0.7];
x = A(:,1);y = A(:,2);z = A(:,3);
subplot(221);scatter(x,y,5,z)                                          % 散点图
[X,Y,Z] = griddata(x,y,z,linspace(1.486,4.271)',linspace(1.604,4.276),'v4') ; % 插值
```

```
subplot(222);pcolor(X,Y,Z);
shading interp                                       % 伪彩色图
subplot(223);contourf(X,Y,Z)                         % 等高线图
shading faceted
subplot(224);surf(X,Y,Z)                             % 三维曲面
shading flat
```

运行程序,效果如图 6-14 所示。

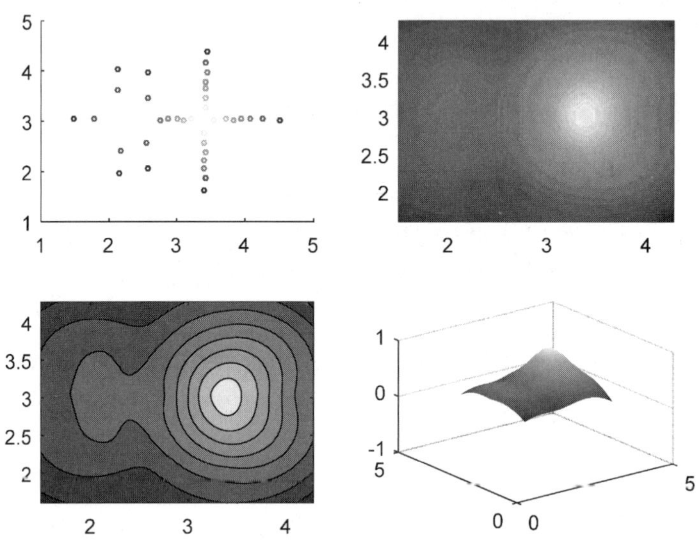

图 6-14　griddate 函数插值效果(见彩插)

6.2.3　三维插值

在 MATLAB 中,提供了 interp3 函数用于实现三维插值。函数的调用格式为:

VI=interp3(X,Y,Z,V,XI,YI,ZI):求出由参量 X、Y、Z 决定的三元函数 V=V(X,Y,Z)在点(XI,YI,ZI)的值。参量 XI、YI、ZI 是同型阵列或向量。若向量参量 XI、YI、ZI 是不同长度、不同方向(行或列)的向量,则输出参量 VI 与 Y1、Y2、Y3 为同型矩阵。Y1、Y2、Y3 为用函数 meshgrid(XI,YI,ZI)生成的同型阵列。若插值点(XI,YI,ZI)中有位于点(X,Y,Z)之外的点,则相应地返回特殊变量值 NaN。

VI=interp3(V,XI,YI,ZI):默认情况下,X=1:N,Y=1:M,Z=1:P,其中[M,N,P]=size(V)。

VI=interp3(V,n):作 n 次递归计算,在 V 的每两个元素之间插入它们的三维插值。这样,V 的阶数将不断增加。interp3(V)等价于 interp3(V,1)。

VI=interp3(…,method):用指定的算法 method 做插值计算,即 linear、cubic、spline、nearest 为最近邻插值。

VI=interp3(…,method,extrapval):进行外插值。

【例 6-22】　根据 $R(x,y,z)=ze^{-x^2-2y^2-3z^2}$ $(-3\leqslant x\leqslant 3,-2\leqslant y\leqslant 2)$的采样数据点

[X,Y,Z,R](采样间隔为0.1),由三维插值函数求插值网格[XI,YI,ZI,RI](采样间隔为0.02)上的函数值。

对$R(x,y,z)$采样得到的数据点[X,Y,Z,R],并显示切片图。实现的MATLAB代码为:

```
>> clear all;
x = -3:0.1:3;
y = -2:0.1:2;
z = -1:0.1:1;
[X,Y,Z] = ndgrid(x,y,z);
R = Z.*exp(-X.^2-2*Y.^2-3*Z.^3);
slice(Y,X,Z,R,[-1,0,1],[-0.5,0.5],-1);
```

运行程序,效果如图6-15所示。

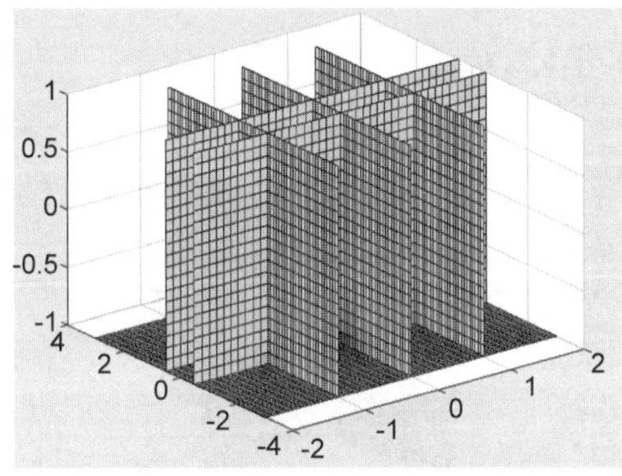

图6-15 例6-23运行效果图

6.2.4 n维插值

在MATLAB中,提供了interpn函数用于实现数据的n维插值。函数的调用格式为:

VI=interpn(X1,X2,…,Xn,V,Y1,Y2,…,YN):返回由参量X1,X2,…,XN,V确定的n元函数V=V(X1,X2,…,XN)在点(Y1,Y2,…,YN)处的插值。参量Y1,Y2,…,YN是同型的矩阵或向量。若Y1,Y2,…,YN是向量,则可以是不同长度、不同方向(行或列)的向量。它们将通过命令ndgrid生成同型的矩阵,再作计算。若点(Y1,Y2,…,YN)中有位于点(X1,X2,…,XN)之外的点,则相应地返回特殊变量NaN。

VI=interpn(V,Y1,Y2,…,YN):默认情况下,X1=1:size(V,1),X2=1:size(V,2),… ,XN=1:size(V,N)。

VI=interpn(V,ntimes):作ntimes次递归计算,在V的每两个元素之间插入它们的n维插值。这样,V的阶数将不断增加。interpn(V)等价于interpn(V, 1)。

VI=interpn(…,method):用指定的算法method计算,即linear、cubic、spline、nearest。

【例 6-23】 利用 interpn 函数实现函数 $f=te^{-x^2-y^2-z^2}$ 的 n 维插值。

```
>> clear all;
f = @(x,y,z,t) t.*exp(-x.^2 - y.^2 - z.^2);                          % 定义内联函数
[x,y,z,t] = ndgrid(-1:0.2:1,-1:0.2:1,-1:0.2:1,0:2:10);               % 网格数据
v = f(x,y,z,t);
% 构建一个更精细的网格
[xi,yi,zi,ti] = ndgrid(-1:0.05:1,-1:0.08:1,-1:0.05:1,0:0.5:10);
vi = interpn(x,y,z,t,v,xi,yi,zi,ti,'spline');                        % 实现 n 维的样条插值
nframes = size(ti, 4);
for j = 1:nframes
    slice(yi(:,:,:,j), xi(:,:,:,j), zi(:,:,:,j),vi(:,:,:,j),0,0,0);
    caxis([0 10]);
    M(j) = getframe;
end
movie(M);                                                            % 动画效果
```

运行程序,效果如图 6-16 所示。

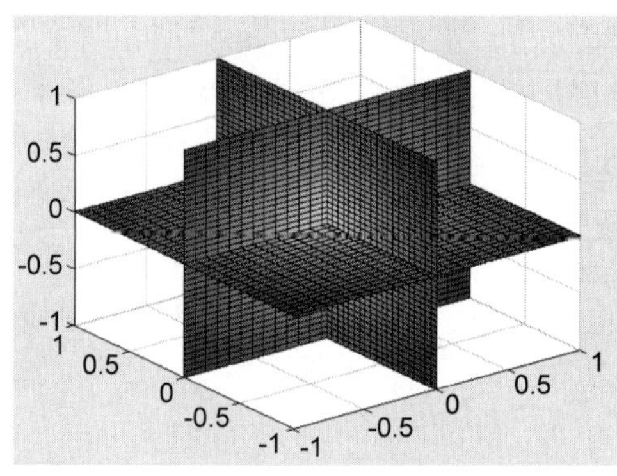

图 6-16 n 维插值效果图

6.2.5 栅格数据插值

在 MATLAB 中,提供了 griddedInterpolant 函数用于实现栅格数据插值。函数的调用格式为:

F=griddedInterpolant(X,V):根据给定的向量 X 和样本值的向量 V,创建一个一维向量插值采样点。

F=griddedInterpolant(X1,X2,…,XN,V):根据指定的一组 N 维阵列 X1,X2,…,XN,创建完整的网格形式样本点。

F=griddedInterpolant(V):V 为指定的一个数组,作为样本值,V 的大小必须与样本点完整的网格大小相同。

F=griddedInterpolant({xg1,xg2,…,xgN},V):xg1,xg2,…,xgN 为指定的采样点的网格向量的形式,其为一个单元阵列。

F=griddedInterpolant(…,method):method 为指定的插值方法,即 linear、cubic、 spline、spchip、nearest。

F=griddedInterpolant(…,Method,ExtrapolationMethod)：进行外插值。

【例 6-24】 对给定的一维数据进行栅格数据插值。

```
>> clear all;
x = [1 2 3 4 5];
v = [12 16 31 10 6];
F = griddedInterpolant(x,v,'pchip')
xq = 0:0.1:6;
vq = F(xq);
subplot(121);plot(x,v,'o',xq,vq,'-b');
title('线性内插值');
legend ('v','vq');
F.ExtrapolationMethod = 'nearest';
subplot(122);vq = F(xq);
plot(x,v,'o',xq,vq,'-b');
legend ('v','vq');
title('最近邻外插值');
```

运行程序，输出如下，效果如图 6-17 所示。

```
F =
  griddedInterpolant (具有属性):
             GridVectors: {[1 2 3 4 5]}
                  Values: [12 16 31 10 6]
                  Method: 'pchip'
  ExtrapolationMethod: 'pchip'
```

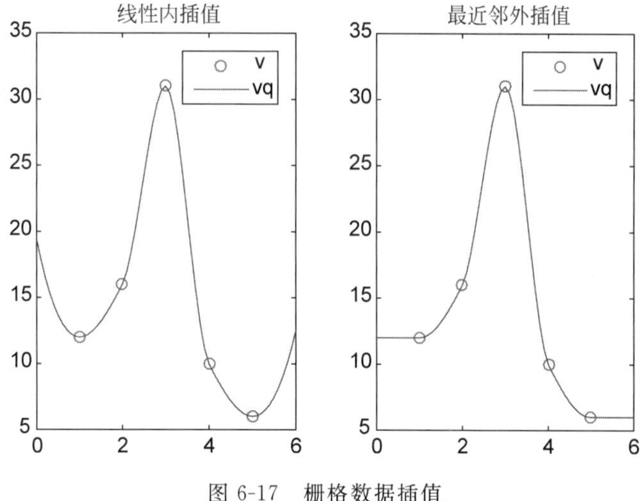

图 6-17　栅格数据插值

6.2.6　样条插值

样条函数的主要思想是，假设有一组已知的数据点，目标是找到一组拟合多项式，在多项式拟合的过程中，对于每组相邻的样本数点，用三次多项式去拟合样本数据之间的曲线。为了保证拟合的唯一性,对这个三次多项式在样点处的一阶、二阶导数加以约束。因此,除了研究区间的端点之外,所有样本点之间的数据也能保证连续的一阶和二阶导数。

在MATLAB中提供了interp1、spline和csape函数实现三次样条插值。它们的调用格式为:

```
yi = interp1(x,y,xi)
yy = spline(x,y,xx)
pp = csape(x,y,conds)
```

其中,x和y是已知的插值点,x是待求点的自变量值。函数csape是专门的三次样条插值函数,输出参数pp为一个结构体,需要调用函数ppval来计算各因变量的数值。

参数conds表示选用的插值边界条件,其默认的插值方法是拉格朗日边界条件,具体取值为:当取complete或者clamped时,表示边界的一阶导数,端点的一阶导数值在参数valconds中给出;当取默认参数valconds时,就是拉格朗日边界条件;当取not-a-knot时,表示非扭结边界条件;当取perodic时,表示周期性边界条件;当取second时,表示边界为二阶导数,导数值由参数valconds给出,如果参数valconds为二阶导数的默认值[0,0],则表示自然边界条件。

对于一些特殊的边界条件,可以通过参数conds取一个1×2的向量来表示,其元素取值为0、1、2,conds(i)=j表示设置为j阶导数。conds向量的第一个值对应于左边界,第二个值对应于右边界,相应导数值由valconds给出。利用函数csape可以解决不同边界条件的插值问题。

在最简单的用法中,spline获取数据点X和Y以及期望值XI,寻找拟合X和Y的三次样条曲插多项式,然后计算这些多项式,对每个XI的值,寻找相应的YI。例如,输入语句:

```
>> clear all;
>> x = 0:12;
>> y = tan(pi * x/25);
>> xi = linspace(0,12);
>> yi = spline(x,y,xi);
>> plot(x,y,'o',xi,yi);
>> title('样条插值');
```

运行程序,效果如图6-18所示。

这种方法适合于只需要一组内插值的情况。不过,如果需要从相同数据集中获取另一组内插值,再次计算三次样条系数是没有意义的。在这种情况下,可以调用仅带前两个参量的spline:

```
>> pp = spline(x,y)
pp =
      form: 'pp'
    breaks: [0 1 2 3 4 5 6 7 8 9 10 11 12]
     coefs: [12x4 double]
    pieces: 12
     order: 4
       dim: 1
```

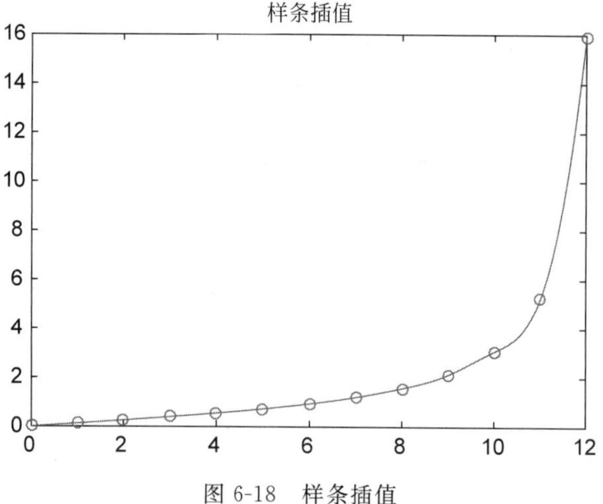

图 6-18　样条插值

当采用这种方式调用时，spline 返回一个称为三次样条的 pp 形式或分段多项式形式的数组。这个数组包含了对于任意一组所期望的内插值和计算三次样条所必需的全部信息。给定 pp 形式，函数 ppval 计算该三次样条。例如：

```
>> yi = ppval(pp,xi);
>> xi2 = linspace(10,12);
>> yi2 = ppval(pp,xi2);
```

运用 pp 形式，在限定的更细区间[10,12]内，再次计算该三次样条：

```
>> xi3 = 10:15
xi3 =
    10     11     12     13     14     15
>> yi3 = ppval(pp,xi3)
yi3 =
    3.0777     5.2422     15.8945     44.0038     98.5389     188.4689
```

这表明，可在计算三次多项式所覆盖的区间外，计算三次样条。若数据出现在最后一个断点之后或第一个断点之前，则分别运用最后一个或第一个三次多项式来寻找内插值。

上述给定的三次样条 pp 形式，存储了断点和多项式系数，以及关于三次样条表示的其他信息。因为所有信息都被存储在单个向量中，所以这种形式在 MATLAB 中是一种方便的数据结构。当要计算三次样条表示时，必须把 pp 形式分解成它的各个表示段。在 MATLAB 中，通过 unmkpp 函数完成这一过程。运用上述 pp 形式，该函数给出如下结果：

```
>> [breaks,coefs,npolys,ncoefs] = unmkpp(pp)
breaks =
    0    1    2    3    4    5    6    7    8    9    10    11    12
coefs =
    0.0007     -0.0001     0.1257     0
```

```
        0.0007      0.0020    0.1276    0.1263
        0.0010      0.0042    0.1339    0.2568
        0.0012      0.0072    0.1454    0.3959
        0.0024      0.0109    0.1635    0.5498
        0.0019      0.0181    0.1925    0.7265
        0.0116      0.0237    0.2344    0.9391
       -0.0083      0.0586    0.3167    1.2088
        0.1068      0.0336    0.4089    1.5757
       -0.1982      0.3542    0.7967    2.1251
        1.4948     -0.2406    0.9102    3.0777
        1.4948      4.2439    4.9136    5.2422
npolys =
    12
    ncoefs =
    4
```

这里 breaks 是断点，coefs 是矩阵，它的第 i 行是第 i 个三次多项式，npolys 是多项式的数目，ncoefs 是每个多项式系数的数目。

注意：这种形式非常一般，样条多项式不必是三次，这对于样条的积分和微分是很有益的。

给定上述分散形式，函数 mkpp 恢复了 pp 形式。

```
>> pp = mkpp(breaks,coefs)
pp =
        form: 'pp'
      breaks: [0 1 2 3 4 5 6 7 8 9 10 11 12]
       coefs: [12x4 double]
      pieces: 12
       order: 4
         dim: 1
```

因为矩阵 coefs 的大小确定了 npolys 和 neofs，所以 mkpp 不需要 npolys 和 ncoefs 去重构 pp 形式。pp 形式的数据结构仅在 mkpp 中给定为 pp=[10 1 npolys break(:)' ncoefs coefs(:)']。前两个元素出现在所有的 pp 形式中，它们作为确认 pp 形式向量的一种方法。

下面通过一个实例来演示样条插值的拟合效果。

【例 6-25】 分别用线性插值和样条插值拟合空间曲线$\begin{cases}x=\cos t\\y=\sin t\\z=t^2\end{cases}$。

```
>> clear all;
t = linspace(0,2 * pi,9);
x = cos(t);
y = sin(t);
z = t.^2;
```

```
t1 = linspace(0,2 * pi,36);
x1 = interp1(t,x,t1);
y1 = interp1(t,y,t1);
z1 = interp1(t,z,t1);
t2 = t1;
x2 = spline(t,x,t2);
y2 = spline(t,y,t2);
z2 = spline(t,z,t2);
plot3(x,y,z,'ro');
hold on;
plot3(x1,y1,z1,'m-.');
plot3(x2,y2,z2,'b-');
box on;
legend('插值点','线性插值','样条插值');
view(-50,26); % 调整视角效果
```

运行程序，效果如图 6-19 所示。

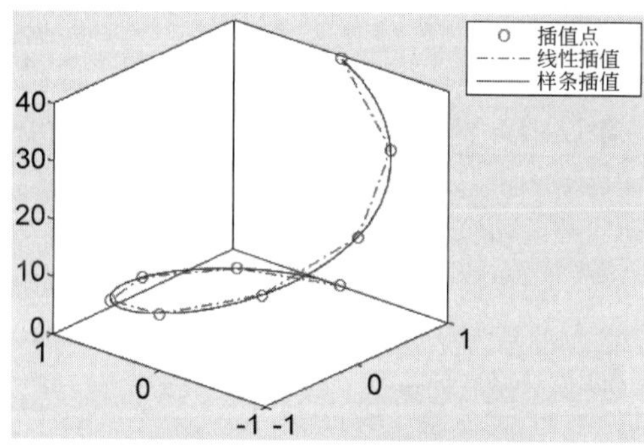

图 6-19　两种插值的拟合效果图

【例 6-26】 利用 csape 函数对表 6-4 所给定的数据进行样本插值计算。

表 6-4　样条插值计算数据

x	1	2	3	4	5	6
y	−0.47	1.89	2.96	4.77	6.89	7.12

比较不同的边界条件的插值效果，实现的 MATLAB 代码为：

```
>> clear all;
x = 1:6;
y = [-0.47  1.89  2.96  4.77  6.89  7.12];
xx = linspace(min(x),max(x),199);
subplot(2,2,1);pp = csape(x,y,'comlete');
yy = ppval(pp,xx);
plot(x,y,'ro',xx,yy,'k:');
title('拉格朗日边界条件');
subplot(2,2,2);pp = csape(x,y,'not-a-knot');
pp = ppval(pp,xx);
plot(x,y,'mp',xx,yy,'m:');
```

```
title ('非扭结边界条件');
subplot(2,2,3);pp = csape(x,y,'periodic');
pp = ppval(pp,xx);
plot(x,y,'b+',xx,yy,'b:');
title ('周期性边界条件');
subplot(2,2,4);pp = csape(x,y,'second');
pp = ppval(pp,xx);
plot(x,y,'gv',xx,yy,'g:');
title ('自然边界条件');
```

运行程序,效果如图 6-20 所示。

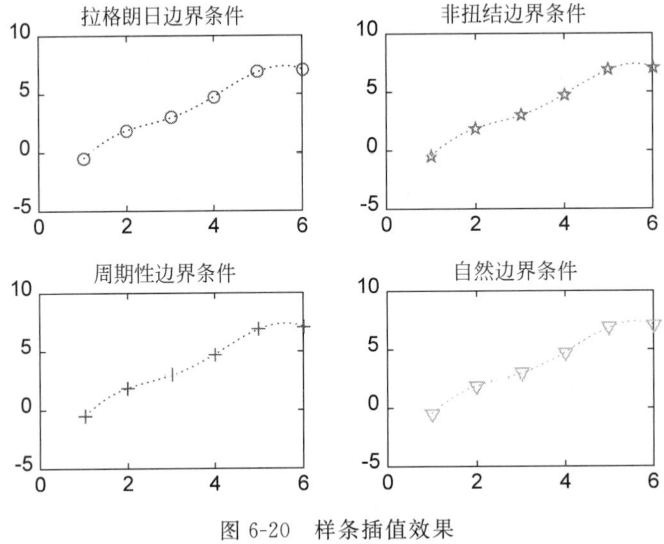

图 6-20　样条插值效果

6.2.7　样条函数用于数值积分和微分

下面通过一个实例来演示怎样利用样条函数实现数值积分与微分。实例将借此演示样条函数求数值不定积分、导函数的能力。

【例 6-27】　对于函数 $y=\sin(x)$,求 $S(x)=\int_0^x \sin(x)\mathrm{d}x=1-\cos x$,$y'=\cos x$ 。

```
>> clear all;
x = (0:0.1:1) * 2 * pi;
y = sin(x);
pp = spline(x,y);
int_pp = fnint(pp);
der_pp = fnder(pp);
xx = (0:0.01:1) * 2 * pi;
err_yy = max(abs(ppval(pp,xx) - sin(xx)))
err_int = max(abs(ppval(int_pp,xx) - (1 - cos(xx))))
err_der = max(abs(ppval(der_pp,xx) - cos(xx)))
```

```
DefiniteIntegral.bySpline = ppval(int_pp,[1,2]) * [ - 1;1];
DefiniteIntegral.byTheory = (1 - cos(2)) - (1 - cos(1));
Derivative.bySpline = fnval(der_pp,3);
Derivative.byTheory = cos(3);
Derivative.byDiference = (sin(3.01) - sin(3))/0.01;
DefiniteIntegral,Derivative

fnplt(pp,'r:');
hold on;
fnplt(int_pp,'m - ');
fnplt(der_pp,'k -- ');
hold off;
legend('y(x)','S(x)','dy/dx');
```

运行程序,输出如下,得到的 sin 函数曲线和其微分、积分曲线如图 6-21 所示。

```
err_yy =
    0.0026
err_int =
    0.0010
err_der =
    0.0253
DefiniteIntegral =
    bySpline: 0.9563
    byTheory: 0.9564
Derivative =
        bySpline: - 0.9895
        byTheory: - 0.9900
    byDiference: - 0.9907
```

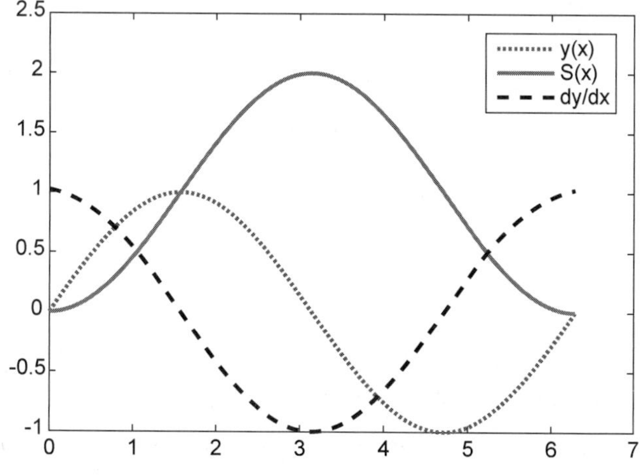

图 6-21　样条函数用于数值积分与微分效果图

6.3 函数的极限

极限理论是微积分学的基础理论。在 MATLAB 中,采用 limit 计算数量或函数的极限。

6.3.1 极限的概念

设$\{x_n\}$为数列,a 为常数。如果对任意给的正数 ε,总存在正整数 N,使得当 $n>N$ 时有$|x_n-a|<\varepsilon$,则称数列$\{x_n\}$收敛于a,常数 a 称为数列$\{x_n\}$的极限,记作

$$\lim_{n\to\infty} x_n = a$$

【例 6-28】 求当 $x\to 0$ 时,函数 $f(x)=\dfrac{\sin(x)}{x}$的变化趋势和极限。

```
>> clear all;
x = linspace( - pi,pi,45);
y = sin(x)./x;                                    % 数列
plot(x,y,'r-.');
xlabel('x');ylabel('y');
```

运行程序,效果如图 6-22 所示。

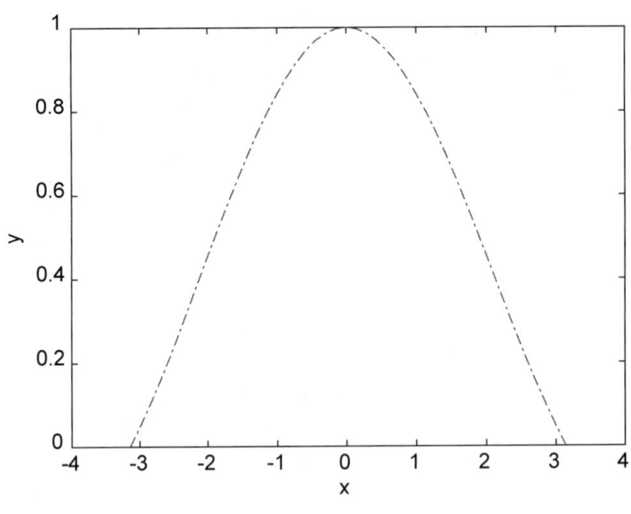

图 6-22　函数的极限

6.3.2 极限函数

当 $x\to x_0^-$ 时,如果函数 $f(x)$以 a 为极限,则称函数 $f(x)$当 $x\to x_0^-$ 时,以 a 为左极限;当 $x\to x_0^+$,如果函数 $f(x)$以 a 为极限,则称函数 $f(x)$当 $x\to x_0^+$ 时,以 a 为右极限。左极限和右极限统称单侧极限,当左极限和右极限同时存在且相等时,称 $\lim\limits_{n\to x_0^+} f(x)$存在

且等于 a。

在 MATLAB 中,提供了 limit 函数用于求某个具体函数的极限。函数的调用格式为:

limit(expr,x,a):当 x→a 时,对函数 expr 求极限,返回值为函数极限。

limit(expr,a):默认当 x→a 时,对函数 expr 求极限,返回值为函数极限。

limit(expr):默认当 x→0 时,对函数 expr 求极限,返回值为函数极限。

limit(expr,x,a,'left'):当 x→a 时,对函数 expr 求其左极限,返回值为函数极限。

limit(expr,x,a,'right'):当 x→a 时,对函数 expr 求其右极限,返回值为函数极限。

【例 6-29】 当 n 无穷大时,求数列 $\{n/(3n+1)\}$ 的极限。

```
>> clear all;
n = 1:200;
y = n./(3 * n + 1);
figure;
plot(n,y);                                    %显示数列
syms x;                                       %定义符号变量
f = x/(3 * x + 1);
z = limit(f,x,inf)
```

运行程序,输出如下,效果如图 6-23 所示。

```
z =
1/3
```

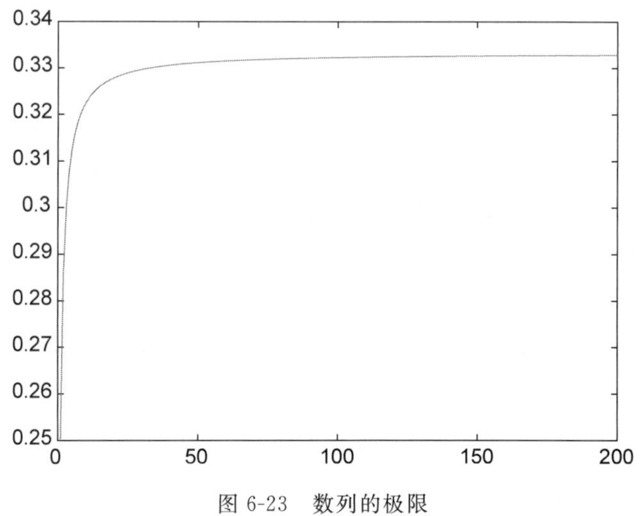

图 6-23 数列的极限

【例 6-30】 求 $\lim_{x \to x^{+0}} x^{\sin}$ 函数的单边极限。

```
>> clear all;
syms x;
expr = x ^ (sin(x));
l = limit(expr,x,0,'right')
l =
```

```
        1
>> x = - 0.1:0.001:0.1;
>> f = x.^(sin(x));
>> plot(x,f,'r',[0],[1],'p');                    % 在( - 0.1,0.1)区间绘制极限函数
```

运行程序，效果如图 6-24 所示。

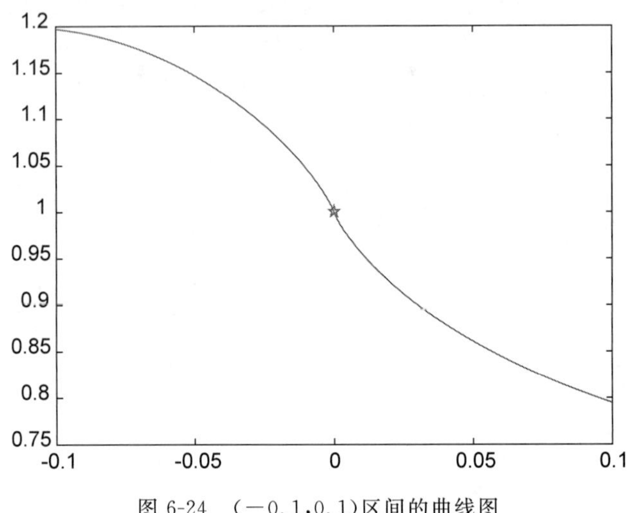

图 6-24 （$-0.1,0.1$）区间的曲线图

6.4 数值积分

定积分的计算可采用牛顿-莱布尼茨公式：

$$\int_a^b f(x)\mathrm{d}x = F(b) - F(a)$$

其中，$F(x)$是 $f(x)$的原函数之一，可用不定积分求得。然而在实际问题中，在应用上述公式时往往遇到一系列的问题。

- 被积函数 $f(x)$是使用函数表格提供的。
- 被积函数表达式极为复杂，求不出原函数；或者求出的原函数的形式很复杂，不利于计算。
- 大量函数的原函数不容易或者根本无法求出，如正弦型积分 $\int_0^1 \frac{\sin x}{x}\mathrm{d}x$ 等，根本无法用初等函数来表示其原函数，因而无法精确计算其定积分。

数值积分便是为了解决上述问题而提出的。数值积分只需计算 $f(x)$在节点 $x_i(i=1,2,\cdots,n)$上的值，计算方便且适合在计算机上实现。

6.4.1 数值积分的数学表述

区间$[a,b]$上的定积分 $\int_a^b f(x)\mathrm{d}x$ ，就是在区间$[a,b]$内取 $n+1$ 个点 $x_0,x_1,\cdots,x_n$，利

用被积函数 $f(x)$ 在这 $n+1$ 个点的函数数值的某一种线性组合来近似作为待求定积分的值，即：

$$\int_a^b f(x)\mathrm{d}x = \sum_{k=0}^{n} A_k f(x_k)$$

其中，x_k 称为积分节点，A_k 称为求积系数，右端公式称为左端定积分的某个数值积分公式。因此，求积分的关键在于积分节点 x_k 的选取及积分系数 A_k 的确定。

MATLAB 支持三重以下的积分运算，分别为 $\int_{x_{min}}^{x_{max}} f(x)\mathrm{d}x$、$\int_{x_{min}}^{x_{max}}\int_{y_{min}}^{y_{max}} f(x,y)\mathrm{d}x\mathrm{d}y$、$\int_{x_{min}}^{x_{max}}\int_{y_{min}}^{y_{max}}\int_{z_{min}}^{z_{max}} f(x,y,z)\mathrm{d}x\mathrm{d}y\mathrm{d}z$ 。在计算积分值时，要求积分区间是确定的。

6.4.2 单变量数值积分

单变量函数的数值积分还可以采用一般数值分析中介绍的其他算法进行求解。例如，采用自适应辛普森(Simpson)法求解出 $[x_i, x_{i+1}]$ 上的积分 Δf_i 的近似值为：

$$\Delta f_i = \frac{h_i}{12}\left[f(x_i) + 4f\left(x_i + \frac{h_i}{4}\right) + 2f\left(x_i + \frac{h_i}{2}\right) + 4f\left(x_i + \frac{3h_i}{4}\right) + f(x_i + h_i)\right]$$

式中，$h_i = x_{i+1} - x_i$。MATLAB 为单变量的数值积分提供了 4 个函数，分别为 quad、quadl、quadv、quadgk，下面分别给予介绍。

1. quad 函数

quad 采用遍历的 Simpson 法计算函数的数值积分，适用于精度要求低、被积函数平滑性较差的数值积分。函数的调用格式为：

q=quad(fun,a,b)：近似地从 a 到 b 计算函数 fun 的数值积分，误差为 1e−6。若给 fun 输入向量 x，应返回向量 y，即 fun 为单值函数。

q=quad(fun,a,b,tol)：用指定的绝对误差 tol 代替默认误差。tol 越大，函数计算的次数越少，速度越快，但计算结果精度变小。

q=quad(fun,a,b,tol,trace)：trace 用来控制是否展现积分过程，当取非 0 时展现积分过程，取 0 时(默认值)则不展现。

[q,fcnt]=quad(…)：除了返回参数的定积分值 q 外，还返回函数计算的次数 fcnt。

【例 6-31】 利用 quad 函数求 $\int_0^2 \frac{1}{x^3 - 2x - 5}\mathrm{d}x$ 。

根据需要，建立被积函数的 M 文件，代码为：

```
function y = fun32(x)
y = 1./(x.^3 - 2 * x - 5);
```

其实现的 MATLAB 代码为：

```
>> clear all;
a = 0;b = 2;
[Q,fcnt] = quad(@fun32,0,2)
Q =
```

```
   -0.460501739742492
fcnt =
     41
```

【例 6-32】 通过建立内联函数求如下函数的定积分。

$$g(c)=\int_0^1(x^2+cx+1)\mathrm{d}x$$

其实现的MATLAB代码如下：

```
>> g = @(c) (quad(@(x) (x.^2 + c*x + 1), 0, 1));           %建立内联函数
c = 2;
quad(@(x) (x.^2 + c*x + 1), 0, 1)
ans =
     2.3333
>> g = @(c) (quad(@(x) (x.^2 + c*x + 1), 0, 1))
g =
     @(c)(quad(@(x)(x.^2+c*x+1),0,1))
>> g(2)
ans =
     2.3333
```

2. quadl 函数

quadl函数采用遍历的自适应Lobatto法计算函数的数值积分，适用于精度要求高、被积函数曲线比较平滑的数值积分。函数的调用格式为：

q=quadl(fun,a,b)

q=quadl(fun,a,b,tol)

q=quadl(fun,a,b,tol,trace)

[q,fcnt]=quadl(…)

其中，q为计算的积分结果；fcnt为被积函数计算的次数；fun为函数的句柄值；a与b分别为积分的下限与上限，对于a与b的大小关系没有限制，如果用户交换a与b的位置，则所得结果是前面加一个负号；tol为精度控制量，其为一个较小的数，默认值为1e−6；参数trace用于在迭代过程中表示向量[fcnt,a,b−a,q]，其中输入参数fun、a、b是必需的。

【例 6-33】 分别用quad函数与quadl函数求如下函数的定积分的近似值，并在相同的积分精度下比较函数的调用次数。

$$y=\frac{1}{x^3-2x-5}$$

其实现的MATLAB代码为：

```
%调用函数quad求定积分
>> F = @(x) 1./(x.^3-2*x-5);                    %建立内联函数
[q,n] = quad(F,0,2,1e-10)
q =
   -0.4605
n =
   245
```

```
%调用函数 quadl 求定积分
>> [q1,n1] = quadl(F,0,2,1e-10)
q1 =
   -0.4605
n1 =
   228
```

由计算结果可知，利用 quadl 函数进行定积分计算，函数调用的步数明显小于 quad 函数。

3. quadv 函数

有的时候，被积函数 $f(x)$ 是一系列的函数，如下：

$$\int_0^1 x^k \mathrm{d}x, \quad k = 1,2,\cdots,n$$

当 k 取不同的数值时，该积分的结果也不尽相同。针对这种情况，MATLAB 提供了 quadv 函数，可以一次计算多个一元函数的数值积分值。

quadv 函数是 quad 函数的向量扩展，因此也称为向量积分。函数的调用格式为：

Q=quadv(fun,a,b)

Q=quadv(fun,a,b,tol)

Q=quadv(fun,a,b,tol,trace)

[Q,fcnt]=quadv(…)

该函数的输入和输出参数与函数 quad 的参数含义与用法类似，不同之处是对于函数 quadv，被积函数 fun 中含有向量或是由多个表达式组成的向量函数，因此输出积分结果 Q 的行数和列数与输入参数 fun 的行数和列数相同。

【例 6-34】 求解 $q = \int_0^1 [x^2 \sin(vx), x^3 \cos(2x)] \mathrm{d}x$ 的积分，其中参数 v 是一个向量，其值为 $v=[1\ 4\ 8\ 9\ 3]$。

```
>> clear all;
>> q = quadv(@(x)[x.^2.*sin([1 4 8 9 3]*x),x.^3*cos(2*x)],0,1)
q =
    0.2232    0.0171    0.0446    0.1062    0.2140    -0.0084
```

可见，利用函数 quadv 可以同时计算多个积分，在实际应用中非常方便，若要用函数 quad，则需要使用循环结构来计算。

quad、quadl、quadv 这 3 个函数都要求被积函数 fun 必须是函数句柄，同时积分区间 [a,b] 必须是有限的，因此不能为 inf。此外，在使用上述 3 个函数进行数值积分的求解时，可能会出现如下几种错误信息。

- 'Minimum steq size reached'：子区间的长度与计算机舍入误差相当，无法继续计算，原因可能是有不可积的奇点。
- 'Maximum function count exceeded'：积分递归计算超过了 10 000 次，原因可能是有不可积的奇点。

- 'Infinite or Not-a-Number function value encountered'：在积分计算时，区间内出现了浮点数溢出或者被零除的情况。

4. quadgk 函数

在 MATLAB 中提供了 quadgk 函数采用自适应高斯-克朗罗德(Gauss-Kronrod)积分法来计算数值积分，可以用来解决含有无穷区间端点的积分、端点中等奇异的积分以及沿分段线性路径积分。函数的调用格式为：

q=quadgk(fun,a,b)：q 为输出结果；fun 是被积函数对应的句柄；a、b 是积分的上、下限。

[q,errbnd]=quadgk(fun,a,b)：errbnd 为一个绝对误差的近似范围，其不大于 max(AbsTol,RelTol * |q|)。

[q,errbnd]=quadgk(fun,a,b,param1,val1,param2,val2,…)：param1 与 param2 表示属性名，val1 与 val2 为属性的相应取值，其中属性名包括：AbsTol 是绝对误差范围，默认值是 1e−10；RelTol 是相对误差范围，默认值为 1e−6；Waypoints 是积分区间内所有中断点按单调递增或者递减顺序组成的一个向量，其中奇异点不能包含在 Waypoint 向量里，奇异点只能是区间端点；MaxIntervalCount 是允许区间的最大数目，其默认值是 650，超过这个数值 MATLAB 将会以警告的方式通知用户。

【例 6-35】 计算函数 $q=\int_0^4 p(x)\mathrm{d}x$ 的积分，其中 $p(x)$为分段线性函数。

$$p(x)=\begin{cases} x, & x\in[0,1] \\ \sin x, & x\in(1,2) \\ \cos x, & x\in[2,3) \\ x^2-2x & x\in[3,4] \end{cases}$$

首先定义一个 fun36.m 的文件，代码如下：

```
function y = fun36(x)
y = x.^2 - 2 * x;
%被积函数表达式
y(x >= 0&x <= 1) = x(x >= 0&x <= 1);
y(x > 1&x < 2) = sin(x(x > 1&x < 2));
y(x >= 2&x < 3) = cos(x(x >= 2&x < 3));
```

其实现的积分代码如下，比较各积分效果：

```
>> clear all;
>> q = quad(@(x)fun36(x),0,4,'AbsTol',1e-4)              %利用 quad 求积分
     9     0.0000000000     1.08632000e+000     0.5730288848
    11     1.0863200000     1.82736000e+000     0.0321423255
    13     2.9136800000     1.08632000e+000     5.2703678459
q =
     5.875539056087324
>> q = quadgk(@(x)fun36(x),0,4,'AbsTol',1e-4)            %利用 quadgk 求积分
q =
     6.021587109872702
```

```
%设置中断点,利用 quadgk 求积分
>> q = quadgk(@(x)fun36(x),0,4,'Waypoints',[1,2,3],'AbsTol',1e-3)
q =
      6.021605056982802
```

由以上结果可看出,利用 quadgk 可成功地求解一些特殊的积分问题,对于含有断点的函数可以通过设置断点的属性来改善结果。比较上面的结果可看出,设置断点位置和不设置断点位置得到的结果在较小的小数位上不一样。

6.4.3 多重数值积分

本节将讨论被积函数为二元函数 $f(x,y)$和三元函数 $f(x,y,z)$的情况。MATLAB 提供了 dblquad 函数和 triplequad 函数用于计算二重数值积分和三重数值积分。

1. dblquad 函数

dblquad 函数可以用来计算被积函数在矩形区域 $x\in[x_{\min},x_{\max}]$、$y\in[y_{\min},y_{\max}]$内的数值积分值。该函数先计算内积分值,然后再利用内积分的中间结果来计算二重积分。根据 dxdy 的顺序,称 x 为内积分变量,y 为外积分变量。函数的调用格式为:

q=dblquad(fun,xmin,xmax,ymin,ymax):在[xmin,xmax,ymin,ymax]的矩形内计算 fun(x,y)的二重积分,此时默认的求解积分的数值方法为 quad,默认的公差为 1e−6。

q=dblquad(fun,xmin,xmax,ymin,ymax,tol):在[xmin,xmax,ymin,ymax]的矩形内计算 fun(x,y)的二重积分,默认的求解积分的数值方法为 quad,用自定义公差 tol 来代替默认公差。

q=dblquad(fun,xmin,xmax,ymin,ymax,tol,method):在[xmin,xmax,ymin,ymax]的矩形内计算 fun(x,y)的二重积分,用 method 进行求解数值积分方法的选择,用自定义公差 tol 来代替默认公差。

【例 6-36】 计算积分 $\int_0^{\pi}\int_0^{2\pi}(y\sin x+4\cos y-1)\mathrm{d}x\mathrm{d}y$ 。

```
>> clear all;
>> f = @(x,y)y * sin(x) + 4 * cos(y) - 1;
>> xmin = pi;
>> xmax = 2 * pi;
>> ymin = 0;
>> ymax = pi;
>> q = dblquad(f,xmin,xmax,ymin,ymax)
```

运行程序,输出如下:

```
q =
  -19.7392
```

【例 6-37】 计算 $f=\iint\limits_{E}\cos(x^2-2xy+y)\mathrm{d}x\mathrm{d}y$ 的积分,其中 E 表示椭圆 $\frac{x^2}{2}+\frac{y^2}{5}=1$ 的内部区域。

其实现的 MATLAB 代码如下：

```
>> clear all;
tol = 1e - 6;                                    % 设置精度
f = dblquad(@(x,y)cos(x.^2 - 2 * x * y + y). * (x.^2/2 + y.^2/5 <= 1), - sqrt(2),sqrt(2), -
sqrt(5),sqrt(5),tol)
f =
    2.7045
```

2. triplequad 函数

triplequad 函数可以用来计算被积函数在空间区域 $x\in[x_{\min},x_{\max}]$、$y\in[y_{\min},y_{\max}]$、$z\in[z_{\min},z_{\max}]$ 内的数值积分值。函数的调用格式为：

triplequad(fun,xmin,xmax,ymin,ymax,zmin,zmax)：fun 为被积函数；xmin 与 xmax 分别对应于变量 x 的下积分限与上积分限；ymin 与 ymax 分别对应于变量 y 的下积分限与上积分限；zmin 与 zmax 分别对应于变量 z 的下积分限与上积分限。

triplequad(fun,xmin,xmax,ymin,ymax,zmin,zmax,tol)：tol 是精度控制量,默认值是 1e−6。

triplequad(fun,xmin,xmax,ymin,ymax,zmin,zmax,tol, @quadl)：@quadl 表示使用求积分函数 quadl 代替默认的 quad 来计算。

triplequad(fun,xmin,xmax,ymin,ymax,zmin,zmax,tol,myquaddf)：myquaddf 表示使用用户自定义积分函数来代替 quad 函数。

【例 6-38】 计算三重积分 $\iiint\limits_{D}\left|\sqrt{x^2+y^2+z^2}-1\right|\mathrm{d}v$,式中,$D=\{(x,y,z)\mid z\geqslant\sqrt{x^2+y^2},z\leqslant 1\}$ 。

其实现的 MATLAB 代码为：

```
>> clear all;
f = inline('abs(sqrt(x.^2 + y.^2 + z.^2) - 1). * (z <= 1&z >= sqrt(x.^2 + y.^2))')
I = triplequad(f, - 1,1, - 1,1,0,1)
```

运行程序,输出如下：

```
f =
    Inline function:
    f(x,y,z) = abs(sqrt(x.^2 + y.^2 + z.^2) - 1). * (z <= 1&z >= sqrt(x.^2 + y.^2))
I =
    0.2169
```

6.4.4 梯形法求积分

求解定积分的数值方法是多种多样的，如简单的梯形法、Simpson 法、Romberg 法等算法都是数值分析课程中经常介绍的方法。它们的基本思想都是将整个积分空间$[a,b]$分割成若干个子空间$[x_i,x_{i+1}]$，$i=1,2,\cdots,N$，其中 $x_1=a$，$x_{N+1}=b$。这样整个积分问题就分解为求和形式，即：

$$\int_a^b f(x)\mathrm{d}x = \sum_{i=1}^{N}\int_{x_i}^{x_{i+1}} f(x)\mathrm{d}x = \sum_{i=1}^{N}\Delta f_i$$

而在每一个小的子空间上都可以近似地求解出来，当然最简单的求每一个小的子空间的积分方法是采用梯形近似的方法。梯形方法还可以应用于已知数据样本点的数值积分问题求解。假设在实验中测得一组数据(x_1,y_1)，(x_2,y_2)，…，(x_N,y_N)，且 x_i 为严格单调递增的数值，直接求取这些点对应曲线的数值积分最直观的方法就是梯形方法，用直线将这些点连接起来，则积分可以近似为该折线与 x 轴之间围成的面积 S，即：

$$S=\frac{1}{2}\left[\sum_{i=1}^{N-1}(y_{i+1}+y_i)(x_{i+1}-x_i)\right]=\frac{1}{2}\left\{\sum_{i=1}^{N-1}[(y_{i+1}-y_i)+2y_i](x_{i+1}-x_i)\right\}$$

在 MATLAB 中，提供了 trapz 函数利用梯形法求解函数的定积分。函数的调用格式为：

Z=trapz(Y)：用等距梯形法近似计算 Y 的积分。若 Y 为向量，则 trapz(Y)为 Y 的积分；若 Y 为矩阵，则 trapz(Y)为 Y 的每一列的积分；若 Y 为多维阵列，则 trapz(Y)沿着 Y 的第一个非单元集的方向进行计算。

Z=trapz(X,Y)：用梯形法计算 Y 在 X 点上的积分。若 X 为列向量，Y 为矩阵，且 size(Y,1)=length(X)，则 trapz(X,Y)通过 Y 的第一个非单元集方向进行计算。

Z=trapz(…,dim)：沿着 dim 指定的方向对 Y 进行积分。若参量中包含 X，则应有 length(X)=size(Y,dim)。

【例 6-39】 利用梯形法求解函数 $\int_0^{\pi}\sin(x)\mathrm{d}x$ 的定积分。

```
>> clear all;
X = 0:pi/100:pi;
Y = sin(X);
Z = trapz(X,Y)
```

运行程序，输出如下：

```
Z =
    1.9998
```

6.5 多元统计分析

在日常生活和科学研究过程中，往往同时观测 n 个对象的 p 个属性，然后再对这些数据进行整理分析，从而得到所期望的结论。多元统计分析就是处理这类问题的一个有力工具。

6.5.1 判别分析

在科学研究中，经常会遇到这样的问题：某研究对象以某种方式（如先前的结果或经验）划分成若干类型，而每一类型都是用一些指标 $X=(X_1,X_2,\cdots,X_p)^{\mathrm{T}}$ 来表征，即不同类型的 X 的观测值在某种意义上有一定的差异，当得到一个新样品（或个体）的关于指标 X 的观测值时，要判断该样品（或个体）属于已知类型中的哪一个，这类问题通常称为判别分析。也就是说，判别分析是根据所研究个体的某些指标的观测值来推断该个体所属类型的统计方法。

在 MATLAB 中，也提供了相关函数用于实现数据的判别分析，下面给予介绍。

1. classify 函数

该函数用于对未知类别的样品进行判别，可以进行距离判别和先验分布为正态分布的贝叶斯判别。函数的调用格式为：

class=classify(sample,training,group)：将 sample 中的每一个观测归入 training 观测所在的某个组。输入参数 sample 为待判别的样本数据矩阵，training 为用于构造判别函数的训练样本矩阵，它们的每一行对应一个观测，每一列对应一个变量，sample 和 training 具有相同的列数。参数 group 是与 training 相应的分组变量，group 和 training 具有相同的行数，group 中的每一个元素指定了 training 中相应观测所在的组。group 可以为一个分类变量（categorical variable，即用水平表示分组）、数值向量、字符串数组或字符串元胞数组。输出参数 class 为一个行向量，用来指定 sample 中各观测所在的组，class 与 group 具有相同的数据类型。classify 函数把 group 中的 NaN 或空字符作为缺失数据，从而忽略 training 中相应的观测。

class=classify(sample,training,group,'type')：允许用户通过'type'参数指定判别函数的类型，type 的可能取值为：

- 'type'='linear'：线性判别函数（默认情况）。假定 $G_i \sim N_p(\mu_i,\sum)$，$i=1,2,\cdots,k$，即各组的先验分布均为协方差矩阵相同的 p 元正态分布，此时由样本得出协方差矩阵的联合估计 $\hat{\sum}$ 。
- 'type'='diaglinear'：与'linear'类似，此时用一个对角矩阵作为协方差矩阵的估计。
- 'type'='quadratic'：二次判别函数。假定各组的先验分布均为 p 元正态分布，但是协方差矩阵并不完全相同，此时分别得出各个协方差矩阵的估计 $\hat{\sum}_i$，$i=1,2,\cdots,k$ 。
- 'type'='diagquadratic'：与'quadratic'类似，此时用对角矩阵作为各个协方差矩阵的估计。
- 'type'='mahalanobis'：各组的协方差矩阵不全相等并未知时的距离判别，此时分别得出各组的协方差矩阵的估计。

注意：当'type'参数为前 4 种取值时，classify 函数可用来作贝叶斯判别，此时可以通过第三种调用格式中的 prior 参数给定先验概率；当'type'参数取值为'mahalanobis'时，classify 函数用作距离判别，此时先验概率只是用来计算误判概率。

class=classify(sample,training,group,'type',prior)：允许用户通过 prior 参数指定各组的先验概率，默认情况下，各组先验概率相等。prior 可以是以下 3 种类型的数据：

- 一个元素全为正数的数值向量，向量的长度等于 group 中所包含的组的个数，即 group 中去掉多余的重复行后还剩下的行数。prior 中元素的顺序应与 group 中各组出现的顺序一致，prior 中各元素除以其所有元素之和即为各组的先验概率。
- 一个 1×1 的结构体变量，包括 prob 和 group 两个字段，其中 prob 为元素全为正数的数值向量，group 为分组变量（不含重复行，即不含多余的分组信息），prob 用来指定 group 中各组的先验概率，prob 中各元素除以其所有元素之和即为各组的先验概率。
- 字符串'empirical'，根据 training 和 group 计算各组出现的频率，作为各组先验概率的估计。

[class,err]=classify(…)：返回基于 training 数据的误判概率的估计值 err。

[class,err,POSTERIOR]=classify(…)：返回后验概率估计值矩阵 POSTERIOR，POSTERIOR 的第 i 行第 j 列元素为第 i 个观测属于第 j 个组的后验概率的估计值。当输入参数'type'的值为'mahalanobis'时，classify 函数不计算后验概率，即返回的 POSTERIOR 为[]。

[class,err,POSTERIOR,logp]=classify(…)：返回输入参数 sample 中各观测的无条件概率密度的对数估计值向量 logp。当输入参数'type'的值为'mahalanobis'时，classify 函数不计算 logp，即返回的 logp 为[]。

[class,err,POSTERIOR,logp,coeff]=classify(…)：返回一个包含组与组之间边界信息（即边界方程的系数）的结构体数组 coeff。coeff 的第 i 行第 j 列元素为一个结构体变量，包含了第 i 组和第 j 组之间的边界信息，它所有的字段及说明如表 6-5 所示。

表 6-5 输出参数 coeff 的字段及说明

字段	说　明	字段	说　明
type	由输入参数 type 指定的判别函数的类型	const	边界方程的常数项(K)
name1	第一个组的组名	linear	边界方程中一次项的系数向量(L)
name2	第二个组的组名	quadratic	边界方程中二次项的系数矩阵(Q)

【例 6-40】 以 $\lg(1/EC_{50})$ 作为活性高低的界限，测定了 26 个含硫芳香族化合物对发光菌的毒性数据。分别计算了这些化合物的 $\lg K_{ow}$、Hammett 电荷效应常数 σ，并测定了水解速度常数 k，如表 6-6 所示。试根据活性类别（两类）、变量 $\lg K_{ow}$、σ、$\lg k$ 所取的数据，对 3 个未知性同系物的活性进行判别。

表 6-6　26 个化合物的结构参数与判别分析结果

化合物编号与类别		lg(1/EC_{50})	σ	$\lg K_{ow}$	lg*k*
1	第Ⅰ类（低活性）	0.93	1.28	2.30	1.76
2		10.2	0.81	3.61	2.43
3		1.03	0.81	3.81	2.31
4		1.12	1.51	3.01	1.98
5		1.13	1.04	4.32	2.20
6		1.18	1.28	0.98	1.30
7		1.32	1.28	2.30	2.05
8		1.37	1.23	0.98	1.09
9		1.41	1.04	4.32	2.12
10		1.43	1.51	1.89	1.17
11		1.45	0.81	2.29	1.48
12		1.51	1.04	3.00	1.40
13		1.51	1.48	0.95	0.57
14	第Ⅱ类（高活性）	1.66	1.48	2.27	1.25
15		1.67	1.71	0.66	0.59
16		1.71	1.48	0.95	0.49
17		1.72	1.48	2.27	1.22
18		1.70	1.04	3.00	1.29
19		1.87	1.71	3.00	1.10
20		1.93	1.51	3.01	1.73
21		2.19	2.06	2.04	1.76
22		2.20	1.51	1.69	1.02
23		2.21	1.59	2.03	1.23
24		2.22	2.26	2.01	0.61
25		2.56	1.71	0.66	0.57
26		2.65	2.06	0.58	1.17
27	未知	1.33	0.81	2.29	1.71
28		1.72	1.59	3.35	1.46
29		1.55	1.71	3.00	1.17

其实现的 MATLAB 程序代码如下：

```
>> clear all;
x1 = [0.93 10.2 1.03 1.12 1.13 1.18 1.32 1.37 1.41 1.43 1.45 1.51 1.51 ...
     1.66 1.67 1.71 1.72 1.70 1.87 1.93 2.19 2.20 2.21 2.22 2.56 2.65]';
x2 = [1.28 0.81 0.81 1.51 1.04 1.28 1.28 1.23 1.04 1.51 0.81 1.04 1.48 ...
     1.48 1.71 1.48 1.48 1.04 1.71 1.51 2.06 1.51 1.59 2.26 1.71 2.06]';
x3 = [2.30 3.61 3.81 3.01 4.32 0.98 2.30 0.98 4.32 1.89 2.29 3.00 0.95 ...
     2.27 0.66 0.95 2.27 3.00 3.00 3.01 2.04 1.69 2.03 2.01 0.66 0.58]';
x4 = [1.76 2.43 2.31 1.98 2.20 1.30 2.05 1.09 2.12 1.17 1.48 1.40 0.57 ...
     1.25 0.59 0.49 1.22 1.29 1.10 1.73 1.76 1.02 1.23 0.61 0.57 1.17]';
training = [x1 x2 x3 x4];
group = [1 1 1 1 1 1 1 1 1 1 1 1 1 2 2 2 2 2 2 2 2 2 2 2 2 2]';
sample = [1.33 0.81 2.29 1.71;1.72 1.59 3.35 1.46;1.55 1.71 3.00 1.17];
[class,err,POSTERIOR,logp] = classify(sample,training,group)
```

运行程序，输出如下：

```
class =
       1
       2
       2
err =
     0.1154
POSTERIOR =
     0.9962 0.0038
     0.0753 0.9247
     0.0198 0.9802
logp =
   -3.9779
   -3.5741
   -3.7921
```

即3个未知化合物的活性类型分别属于低、高、高，与实际结果完全一样。

2. mahal 函数

设 x 取自均值向量为 μ、协方差矩阵为 $\sum$ 的总体 G，记为：

$$d(x,G)=\sqrt{(x-m)\sum^{-1}(x-m)^{\mathrm{T}}}$$

称 $d(x,G)$ 为 n 维向量 x 与总体 G 的马氏距离。

显然，当 $\sum$ 为单位矩阵时，马氏距离就是欧氏距离，记为：

$$\|x\|_p=\left(\sum_{i=1}^{n}|x_i|^p\right)^{\frac{1}{p}}$$

称 $\|x\|_p$ 为向量 x 的 l_p 范数，其中 $p\in[1,\infty]$。

在 MATLAB 中，提供了 mahal 函数用于计算马氏距离。函数的调用格式为：

d=mahal(Y,X)：计算 X 样本到 Y 中每一个点(行)的马氏距离。

【例 6-41】 对产生的随机数计算其马氏距离，并绘制其分类图。

```
>> clear all;
X = mvnrnd([0;0],[1 .9;.9 1],100);
Y = [1 1;1 -1;-1 1;-1 -1];
d1 = mahal(Y,X)                              %马氏距离计算
d2 = sum((Y-repmat(mean(X),4,1)).^2, 2)      %欧氏平方距离
scatter(X(:,1),X(:,2))                       %散点图
hold on
scatter(Y(:,1),Y(:,2),100,d1,'r','LineWidth',2)
hb = colorbar;
xlabel('数据集');
ylabel('马氏距离')
legend('X','Y','Location','NW')
```

运行程序，输出如下，效果如图 6-25 所示。

```
d1 =
     0.6288
    19.3520
    21.1384
     0.9404
d2 =
    1.6170
    1.9334
    2.1094
    2.4258
```

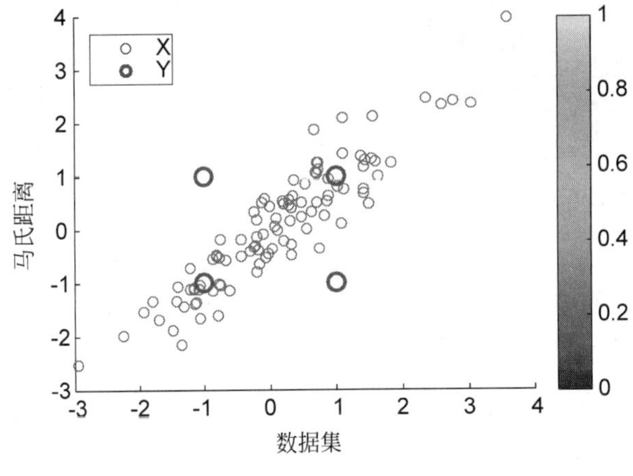

图 6-25　马氏距离

6.5.2　聚类分析

人类认识世界的一种重要方法是将世界上的事物进行分类，从中发现规律，进而改造世界。正因为这样，分类学早就成为人类认识世界的一门基础学科。由于事物的复杂性，单凭经验来分类是远远不够的，利用数学方法进行更科学的分类成为一种必然的趋势。随着计算机的普及，利用数学方法研究分类不仅非常必要，而且完全可能。因此，聚类分析作为多元分析的一个重要分支，发展非常迅速。

聚类与分类的不同在于，聚类所要求划分的类是未知的。

聚类是将数据分类到不同的类或簇的过程，所以同一个簇中的对象有很大的相似性，而不同簇中的对象有很大的相异性。

从统计学的观点看，聚类分析是通过数据建模简化数据的一种方法。传统的统计聚类分析方法包括系统聚类法、分解法、加入法、动态聚类法、有序样品聚类、有重叠聚类和模糊聚类等。采用 K-均值、K-中心点等算法的聚类分析工具已被加入到许多著名的统计分析软件包中，如 SPSS、SAS 等。

从实际应用的角度看，聚类分析是数据挖掘的主要任务之一。而且聚类能够作为一个独立的工具获得数据的分布状况，观察每一簇数据的特征，集中对特定的聚簇集合作进一步地分析。聚类分析还可以作为其他算法(如分类和定性归纳算法)的预处理步骤。

统计工具箱实现了两类聚类方法,即系统聚类法和K-均值聚类法。

1. 系统聚类法

系统聚类法是目前用得最多的一种聚类方法。它的基本思想是:首先,将要分类的n个变量各自看作一类,然后计算各类之间的关系密切程度(相关系数或距离),并将关系最密切的两类归为一类,其余不变,即得到$n-1$个类,如此重复进行下去,每次归类都减少一类,直至最后,n个变量都归为一类。这一归类过程可以用一张聚类图形象地表示出来,由聚类图可以明显地看出分类过程。

统计工具箱实现系统聚类法的基本步骤为:

(1) 计算数据集每对元素之间的距离,对应函数为pdist。函数的调用格式为:

D=pdist(X):计算样品对欧氏距离。输入参数X为n×p的矩阵,矩阵的每一行对应一个观测(样品),每一列对应一个变量。输出参数D为一个包含n(n−1)/2个元素的行向量,用(i,j)表示由第i个样品和第j个样品构成的样品对,则D中的元素依次是样品对(2,1),(3,1),…,(n,1),(3,2),…,(n,2),…,(n,n−1)的距离。

D=pdist(X,distance):计算样品对距离,用输入参数distance指定计算距离的方法,distance为字符串,可用的字符串如表6-7所示。

表6-7 pdist函数支持的各种距离

distance参数值	说明
'cuclidean'	欧氏距离,为默认情况
'seuclidean'	标准欧氏距离
'mahalanobis'	马哈拉诺比斯距离
'cityblock'	绝对值距离(或城市街区距离)
'minkowski'	闵可夫斯基距离
'cosine'	把样品作为向量,样品对距离为1减去样品对向量的夹角余弦
'correlation'	把样品作为数值序列,样品对距离为1减去样品对的相关系数
'spearman'	把样品作为数值序列,样品对距离为1减去样品对的Spearman秩相关系数
'hamming'	汉明(Hamming)距离,即不一致坐标所占的百分比
'jaccard'	1减去Jaccard系数,即不一致的非零坐标所占的百分比
'chebychev'	切比雪夫距离

(2) 对变量进行分类,构成一个系统聚类树,对应函数为linkage。函数的调用格式为:

Z=linkage(Y):利用最短距离法创建一个系统聚类树。输入参数Y为样品对距离向量,是包含n(n−1)/2个元素的行向量,可以是pdist函数的输出。输出参数Z为一个系统聚类树矩阵,它是(n−1)×3的矩阵,这里的n为原始数据中观测(即样品)的个数。Z矩阵的每一行对应一次并类,第i行上前两个元素为第i行上的第三个元素的第i次并类时的并类距离。

Z=linkage(Y,method):利用method参数指定的方法创建系统聚类树,method为字符串。

Z=linkage(X,method,metric):根据原始数据创建系统聚类树。输入参数X为原始数据矩阵，X 的每一行对应一个观测，每一列对应一个变量。method 参数用来指定系统聚类方法。

Z=linkage(X,method,pdist_inputs)：允许用户传递额外的参数给 pdist 函数，这里的 pdist_inputs 为一个包含输入参数的元胞数组。

Z=linkage(X,method,metric,'savememory',value)：当 value=true 时，使用节省内存的算法；当 value=false 时，使用标准算法。

(3) 怎样确定划分系统聚类树，得到不同的类，对应的函数为 cluster。函数的调用格式为：

T=cluster(Z,'cutoff',c)：由系统聚类树矩阵创建聚类。输入参数 Z 是由 linkage 函数创建的系统聚类树矩阵，它是(n−1)×3 的矩阵，这里的 n 是原始数据中观测(即样品)的个数。c 用来设定聚类的阈值，当一个节点和它的所有子节点的不一致系数小于 c 时，该节点及其下面的所有节点被聚为一类。输出参数 T 为一个包含 n 个元素的列向量，其元素为相应观测所属的类序号。

T=cluster(Z,'cutoff',c,'depth',d)：设置计算的深度为 d，默认情况下，计算深度为 2。

T=cluster(Z,'cutoff',c,'criterion',criterion)：设置聚类的标准。最后一个输入参数 criterion 为字符串，可能的取值为'inconsistent'(默认情况)或'distance'。如果为'distance'，则用距离作为标准，把并类距离小于 c 的节点及其下方的所有子节点聚为一类；如果为'inconsistent'，则等同于第一种调用格式。

T=cluster(Z,'maxclust',n)：用距离作为标准，创建一个最大类数为 n 的聚类。此时会找到一个最小距离，在该距离处断开聚类树形图，将样品聚为 n 个(或少于 n 个)。

【例 6-42】 利用系统聚类法对以下 5 个变量进行聚类。

```
>> clear all;
X = [1 2;2.5 4.5;2 2;4 1.5;4 2.5];                          %分析数据矩阵
%显示5个变量的位置
figure(1);
plot(X(:,1),X(:,2),'*');
grid on;axis([0 5 0 5]);gname
%计算变量之间的距离信息
Y = pdist(X);
DisM = squareform(Y)
Z = linkage(Y)                                               %生成系统聚类树
%显示系统聚类树
figure(2);dendrogram(Z);
%不同阈值的分类结果
T1 = cluster(Z,2)
T2 = cluster(Z,3)
T3 = cluster(Z,5)
```

运行程序，得到变量分类图如图 6-26 所示。

各个变量之间的距离矩阵为：

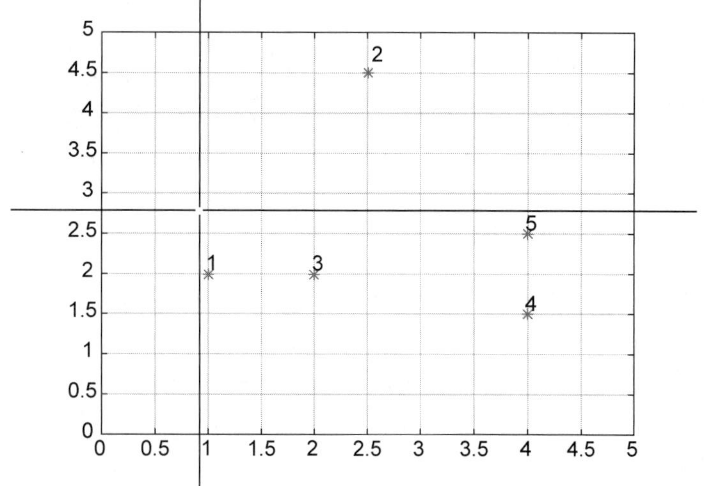

图 6-26　变量分类图

```
DisM =
         0    2.9155    1.0000    3.0414    3.0414
    2.9155         0    2.5495    3.3541    2.5000
    1.0000    2.5495         0    2.0616    2.0616
    3.0414    3.3541    2.0616         0    1.0000
    3.0414    2.5000    2.0616    1.0000         0
```

系统聚类树连接信息矩阵为：

```
Z =
    4.0000    5.0000    1.0000
    1.0000    3.0000    1.0000
    6.0000    7.0000    2.0616
    2.0000    8.0000    2.5000
```

5 个变量在空间的位置如图 6-27 所示。

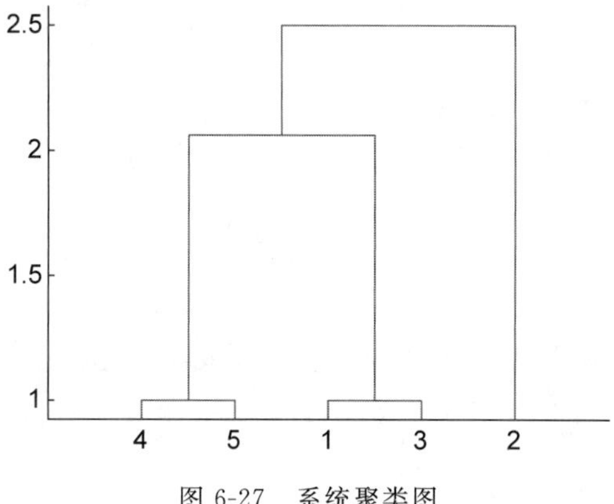

图 6-27　系统聚类图

当阈值为 2 时的聚类结果为：

```
T1 =
     2
     1
     2
     2
     2
```

这 5 个变量分为 2 类：{1,3,4,5},{2}。

当阈值为 3 时的聚类结果为：

```
T2 =
     2
     3
     2
     1
     1
```

这 5 个变量分为 3 类：{1,3},{2},{4,5}。

当阈值为 5 时的聚类结果为：

```
T3 =
     1
     2
     3
     4
     5
```

这 5 个变量分为 5 类：{1},{2},{3},{4},{5}。

2. K-均值聚类法

K-均值聚类法是一种简单、高效的聚类算法。假设有 n 个变量 $x_1,x_2,\cdots,x_n$，现将 n 个变量划分为 K 个类，分别用 $X_1,X_2,\cdots,X_k$ 表示。令 N_i 是第 i 个类 X_i 中的变量数目，m_i 是这些变量的均值，取距离函数为欧氏距离。实现 K-均值聚类法的步骤如下：

(1) 随机选择 K 个样本作为初始聚类中心 $m_1,m_2,\cdots,m_k$。

(2) 如果 $d(x_1,m_p)\leqslant d(x_j,m_i)$，$1\leqslant p\leqslant K$，$i=1,2,\cdots,k$，则分配 x_j 到第 p 类。

(3) 重新计算每个聚类的中心：$m_i=\dfrac{1}{N}\sum\limits_{x\in x_i}x$，$i=1,2,\cdots,k$。

(4) 重复步骤(2)和(3)，直到 m_i 不再变化，$i=1,2,\cdots,k$。

统计工具箱中实现 K-均值聚类法的函数为 kmeans。函数的调用格式为：

IDX=kmeans(X,k)：将 n 个点(或观测)分为 k 个类。输入参数 X 为 n×p 的矩阵，矩阵的每一行对应一个点，每一列对应一个变量。输出参数 IDX 为一个 n×1 的向量，其元素为每个点所属类的类序号。

[IDX,C]=kmeans(X,k)：返回 k 个类的重心坐标矩阵 C，C 为一个 k×p 的矩阵，

第 i 行元素为第 i 类的类重心坐标。

[IDX,C,sumd]=kmeans(X,k)：返回类内距离和(即类内各点重心距离之和)向量 sumd,sumd 为一个 1×k 的向量,第 i 个元素为第 i 类的类内距离之和。

[IDX,C,sumd,D]=kmeans(X,k)：返回每个点与每个类重心之间的距离矩阵 D,D 为一个 n×k 的矩阵,第 i 行第 j 列的元素是第 i 个点与第 j 类的类重心之间的距离。

[…]=kmeans(…,param1,val1,param2,val2,…)：允许用户设置更多的参数及参数值,用来控制 kmeans 函数所用的迭代算法。param1,parm2,… 为参数名,var1,var2,…为相应的参数值。其可用的参数名及参数值如表 6-8 所示。

表 6-8　kmeans 函数可用的参数名及参数值

参数名	参数值	说　　明
'distance'	'sqEuclidean'	平方欧氏距离(默认情况)
	'cityblock'	绝对值距离
	'cosine'	把每个点作为一个向量,两点间距离为 1 减去两向量夹角余弦
	'correlaion'	把每个点作为一个数值序列,两点间距离为 1 减去两个数值序列的相关系数
	'Hammig'	不一致字节所占的百分比,仅适用于二进制数据
'empyaction'	'error'	把空类作为错误对待(默认情况)
	'drop'	去除空类,输出参数 C 与 D 中相应值用 NaN 表示
	'singleton'	生成一个只包含最远点的新类
'onlinephase'	'on'	执行在线更新(默认情况)。对于大型数据,可能会占用比较多的时间,但是能保证收敛于局部最优解
	'off'	不执行在线更新
'options'	由 statset 函数创建结构体变量	用来设置迭代算法的相关选项
'replicates'	正整数	重复聚类的次数,每次聚类采用新的初始凝聚点,也可以通过设置'start'参数的参数值为 k×p×m 的 3 维数组,来设置重复聚类的次数为 m
'start'	'sample'	随机选择 k 个观测作为初始凝聚点
	'uniform'	在观测值矩阵 X 中随机并均匀地选择 k 个观测作为初始凝聚集点。这对于 Hamming 距离是无效的
	'cluster'	从 X 中随机选择 10%的子样本,进行预聚类,确定凝聚点。预聚类过程随机选择 k 个观测作为预聚类的初始凝聚点
	Matrix	如果为 k×p 的矩阵,用来设定 k 个初始凝聚点。如果为 k×p×m 的 3 维数组,则重复进行 m 次聚类,每次聚类通过相应页上的二维数组设定 k 个初始凝聚点

【例 6-43】　将一个 4 维数据分成不同的类。

```
>> clear all;
% 产生随机数
seed = 931316785;
rand('seed',seed);
randn('seed',seed);
```

```
load kmeansdata;                                    % 装载 MATLAB 自带数据
size(X);                                            % 数据大小
% 按照城市间的距离进行分类
% 类的数目为 3
k1 = 3;
idx3 = kmeans(X,k1,'distance','city');
% 显示聚类结果
figure(1);
[silh3,h] = silhouette(X,idx3,'city');
xlabel('Silhouette 值');ylabel('聚类');
% 类的数目为 4
k2 = 4;
idx4 = kmeans(X,k2,'dist','city','display','iter');
% 显示聚类结果
figure(2);
[silh4,h] = silhouette(X,idx4,'city');
xlabel('Silhouette 值');ylabel('聚类');
% 类的数目为 5
k3 = 5;
idx5 = kmeans(X,k3,'dist','city','replicates',5);
% 显示聚类结果
figure(3);
[silh5,h] = silhouette(X,idx5,'city');
xlabel('Silhouette 值');ylabel('聚类');
```

运行程序,类数目为 3 时的聚类结果如图 6-28 所示。

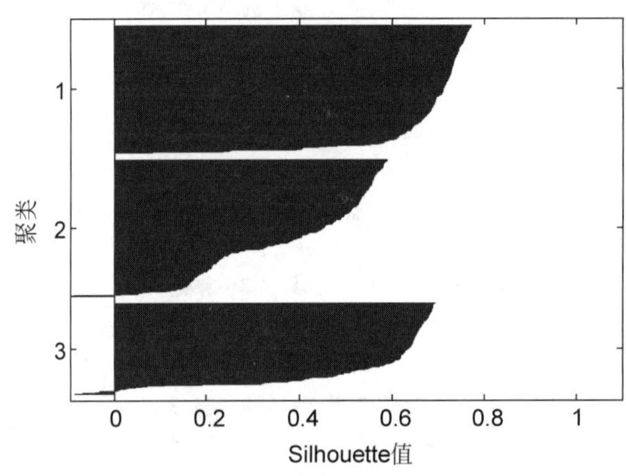

图 6-28　类数目为 3 时的聚类结果

由图 6-28 可以看出,第三类的大多数点具有较高的 silchouette 值,这说明第三类与其他的类比较好地区分开了。但是第二类的许多点的 silchouette 值较低,这说明第一类和第二类没有很好地区分开,为此需要增加类的数目。

利用可选参数 display 显示算法的迭代信息为:

```
iter     phase      num          sum
   1         1      560      2382.77
```

```
     2    1    38     2309.23
     3    1    10     2306.12
     4    1     6     2304.72
     5    1     2     2304.58
     6    1     2     2304.39
     7    1     1     2304.29
     8    1     1     2304.17
     9    1     1     2304.11
    10    1     1     2303.98
    11    1     1     2303.84
    12    1     1     2303.67
    13    1     2     2303.54
    14    1     1     2303.46
    15    2     1     2303.39
    16    2     0     2303.36
Best total sum of distances = 2303.36
```

可见最优的数目为 4,其聚类结果如图 6-29 所示。

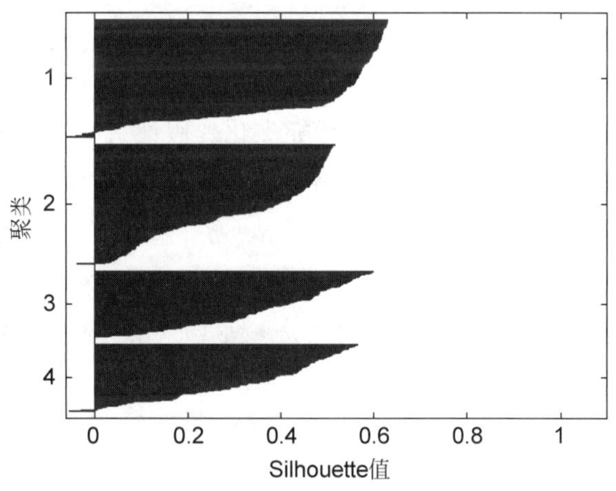

图 6-29　类数目为 4 时的聚类结果

由图 6-29 可以看出,这 4 个类很好地被分离开。继续增加类的数目为 5,得到的聚类结果如图 6-30 所示。

6.5.3　因素分析

多元数据常常包含大量的测量变量,有时候这些变量是相互重叠的。也就是说,它们之间存在相关性。因素分析的概念是英美心理统计学者们最早提出的,因素分析的目的就是从试验所得的 $m \times n$ 个数据样本中概括和提取较少量的关键因素,它们能反映和解释所得的大量观察事实,从而建立起最简单、最基本的概念系统,揭示出事物之间最本质的聚类。

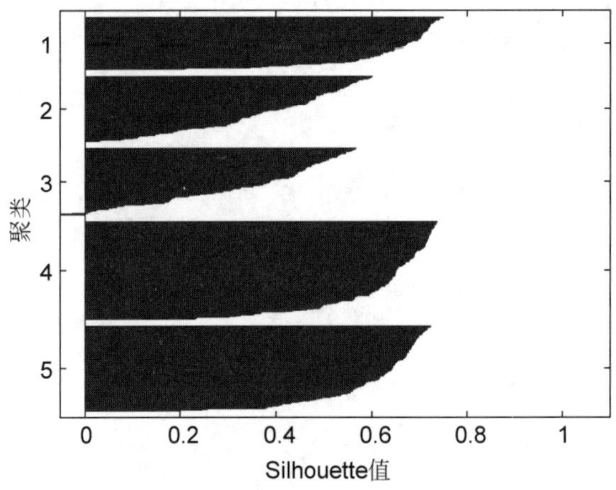

图 6-30　类数目为 5 时的聚类结果

因素分析的数学模型如下：

$$Y = Pf + s$$

其中，$Y=[y_1,y_2,\cdots,y_m]^T$ 为可观测的 m 维随机向量；任一分量 y_i 是随机时间序列变量，记作 $y_i=[y_{i1},y_{i2},\cdots,y_{iq}]^T$；$f=[f_1,f_2,\cdots,f_q]^T$，称作公共因素向量($q\leqslant m$)；$s=[s_1,s_2,\cdots,s_m]$为特殊因素向量；$P$ 为因素负荷矩阵($m\times q$)；f、s 都是相互无关的随机向量，一般是不可观测的。

为了计算方便，经常将随机向量 Y 进行标准化。假设进行了 n 次观测，标准化记作 Z，且 $Z=[z_1,z_2,\cdots,z_m]^T$，其中第 i 个分量第 j 次测定的标准值为：

$$z_{ij} = \frac{y_{ij} - \mu_i}{\sigma_I^2},\quad i = 1,2,\cdots,m;j = 1,2,\cdots,n$$

其中，$\mu_i = \sum_{j=1}^{n} \frac{x_{ij}}{n}$ 是第 i 个变量的观测均值，σ_I^2 是第 i 个变量的观测方差，这样，因素分析的模型可以重新写成：

$$Z = Pf + s$$

具体展开为：

$$z_{ij} = \sum_{k=1}^{q} p_{ik} f_{kj} + s_{ij}$$

上式表示第 i 个分量第 j 次测定标准值与公共因素和特殊因素的关系。负荷矩阵的统计意义：P 的行元素平方和代表公共因素对变量 z_i 的方差所做的贡献，称作共性方差，它的大小反映了变量 z_i 对公共因素的依赖限度；P 的列元素平方和代表第 k 个公共因素 f_k 对向量 Z 的影响，称作 f_k 的方差贡献，它的大小反映了随机向量 Z 对 f_k 的依赖程度，是衡量公共因素 f_k 相对重要性的一个重要尺度。

因素分析一般分为两步：第一步是从信号的相关矩阵 R 中求解出无限多个 P 中的一个，确定因素数目，称为因素提取过程；第二步是经过旋转变换，找到最合适的 P，称为因素旋转过程。通过因素提取过程得到了若干因素之后，因素的含义往往不明确，为了对因素做出解释，就需要对因素负荷矩阵的极大似然估计函数 factoran。

lambda=factoran(X,m)：返回包含 m 个公共因子模型的载荷阵 lambda。输入参数 X 是 n 行 d 列的矩阵，每行对应一个观测，每列对应一个变量。m 是一个正整数，表示模型中公共因子的个数。输出参数 lambda 是一个 d 行 m 列的矩阵，第 i 行第 j 列元素表示第 i 个变量在第 j 个公共因子上的载荷。默认情况下，factoran 函数调用 rotatefactors 函数。

[lambda,psi]=factoran(X,m)：返回特殊方差的最大似然估计 psi，psi 是包含 d 个元素的列向量，分别对应 d 个特殊方差的最大似然估计。

[lambda,psi,T]=factoran(X,m)：返回 m 行 m 列的旋转矩阵 T。

[lambda,psi,T,stats]=factoran(X,m)：返回一个包含模型检验信息的结构体变量 stats，模型检验的原假设是 H0：因子数=m。输出参数 stats 包括 4 个字段，其中 stats.loglike 表示对数似然函数的最大值，stats.def 表示误差自由度，误差自由度的取值为 $\frac{[(d-m)^2-(d+m)]}{2}$，stats.chisq 表示近似卡方检验统计量，stats.p 表示检验的 p 值。对于给定的显著性水平 α，如果检验的 p 值大于显著性水平 α，则接受原假设 H0，说明用含有 m 个公共因子的模型拟合原始数据是合适的；否则，拒绝原假设，说明拟合是不合适的。

注意：只有当 stats.def 是正的，并且 psi 中特殊方差的估计都是正数时，factoran 函数才计算 stats.chisq 和 stats.p。当输入参数 X 表示是协方差矩阵或相关系数矩阵时，如果要计算 stats.chisq 和 stats.p，必须指定 nobs 参数。

[lambda,psi,T,stats,F]=factoran(X,m)：返回因子得分矩阵 F。F 是一个 n 行 m 列的矩阵，每一行对应一个观测的 m 个公共因子的得分。如果 X 是一个协方差矩阵或相关系数矩阵，则 factoran 函数不能计算因子得分。factoran 函数用相同的旋转矩阵计算因子载荷阵 lambda 和因子得分 F。

[…]=factoran(…,param1,val1,param2,val2,…)：允许用户指定可选的成对出现的参数名与参数值，用来控制模型的拟合和输出。

在 MATLAB 中，实现因素的旋转变换过程函数为 rotatefactors。函数的调用格式为：

B=rotatefactors(A)：根据给定的旋转因子矩阵 A，返回旋转因子载荷。

B=rotatefactors(A,'Method','orthomax','Coeff',gamma)：'Method'为给定的旋转方法；'orthomax'为给定的旋转最大方差；'Coeff'是一个 0～1 的数，不同的值对应不同的 orthomax 旋转。如果取值为 0，对应 quartimax 旋转；如果取值为 1(默认值)，对应 varimax 旋转(最大方差旋转)；gamma 为给定的最大旋转因子。

B=rotatefactors(A,'Method','procrustes','Target',target)：根据给定的斜因子旋转目标 target 矩阵进行旋转因子的载荷。

B=rotatefactors(A,'Method','pattern','Target',target)：根据给定的斜因子旋转目标 target 矩阵进行旋转因子的载荷，并返回目标确定的“限制”的内容。

B=rotatefactors(A,'Method','promax')：旋转一个最大化准则。

[B,T]=rotatefactors(A,…)：同时返回旋转 T。

【例 6-44】 影响股票价格的因素分析。为此，记录了 100 周的时间内，10 个公司的股票价格的变化，在这 10 个公司中，4 个公司属于一般技术的公司，3 个公司属于金融公司，3 个公司属于零售公司。从原理上说，同一类型公司的股票价格应该同时变化，下面通过因子分析对此进行定量分析，这里的因子就是公司的类型。

```
>> clear all;
load stockreturns                                    %载入数据
%因子个数
m = 3;
%因子分析
[Loadings,specificVar,T,stats] = factoran(stocks,m,'rotate','none');
disp('未经旋转的公共因素负载矩阵:')
Loadings
disp('未经旋转的特殊因素矩阵:')
specificVar
[LoadingsPM,specificVarPM] = factoran(stocks,m,'rotate','promax');
disp('旋转后的公共因素负荷矩阵:')
LoadingsPM
subplot(121);
plot(LoadingsPM(:,1),LoadingsPM(:,2),'r.');
text(LoadingsPM(:,1),LoadingsPM(:,2),num2str((1:10)'));
line([-1 1 NaN 0 0 NaN 0 0],[0 0 NaN -1 1 NaN 0 0],'Color','black');
xlabel('因素 1');
ylabel('因素 2');
axis square;
subplot(122);
plot(LoadingsPM(:,1),LoadingsPM(:,3),'r.');
text(LoadingsPM(:,1),LoadingsPM(:,3),num2str((1:10)'));
line([-1 1 NaN 0 0 NaN 0 0],[0 0 NaN -1 1 NaN 0 0],'Color','black');
xlabel('因素 1');
ylabel('因素 3');
axis square;
```

运行程序，输出如下：

```
未经旋转的公共因素负载矩阵:
Loadings =
    0.8885     0.2367    -0.2354
    0.7126     0.3862     0.0034
    0.3351     0.2784    -0.0211
    0.3088     0.1113    -0.1905
    0.6277    -0.6643     0.1478
    0.4726    -0.6383     0.0133
    0.1133    -0.5416     0.0322
    0.6403     0.1669     0.4960
    0.2363     0.5293     0.5770
    0.1105     0.1680     0.5524
```

上述公共因素负荷矩阵难以与已知的三种类型的公司相对应，原因就在于未经旋转的因素负荷矩阵难以解释。

```
未经旋转的特殊因素矩阵:
specificVar =
    0.0991
    0.3431
    0.8097
    0.8559
    0.1429
    0.3691
    0.6928
    0.3162
    0.3311
    0.6544
```

由特殊因素矩阵可以看出,股票价格的变化还受到某种特殊因素的影响。

```
旋转后的公共因素负荷矩阵:
LoadingsPM =
      0.9452      0.1214     -0.0617
      0.7064     -0.0178      0.2058
      0.3885     -0.0994      0.0975
      0.4162     -0.0148     -0.1298
      0.1021      0.9019      0.0768
      0.0873      0.7709     -0.0821
     -0.1616      0.5320     -0.0888
      0.2169      0.2844      0.6635
      0.0016     -0.1881      0.7849
     -0.2289      0.0636      0.6475
```

由上述数据明显可看出,第一～四个公司属于同一类,与第一个因素有关;第五～七个公司属于同一类,与第二个因素有关;第八～十个公司属于同一类,与第三个因素有关。

在上述因素旋转过程中,采用的斜交旋转(promax 准则),这种旋转方式在负荷中产生一个简单的结构,即大多数的股票价格仅仅对一个因子有较大的负荷。为了清楚地看出这种结构,可以使用因素负荷为坐标绘制负荷矩阵,如图 6-31 所示。

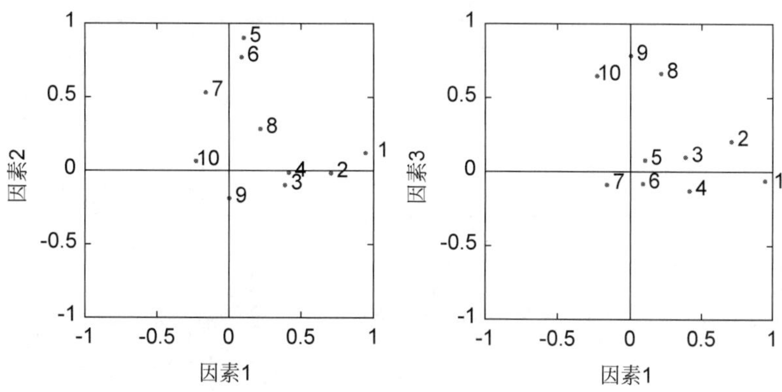

图 6-31 斜交旋转后的负荷矩阵结构

由图 6-31 可看出，第一个因素轴对应金融公司，第二个因素轴对应零售公司，第三个因素轴对应一般的公司。

6.5.4 方差分析

方差分析是用于科学研究的一种重要的统计分析方法。在实验研究中，往往会设计不同的实验因素，为了判断不同的因素是否引起实验结果差异需要做方差分析。因为实验结果的差异可能是不同实验因素造成的，或是外部的环境、随机误差造成的。因而方差分析是检验实验处理是否存在真实差异的有效手段。方差分析已广泛应用于气象预报、农业试验、工农、医学等许多领域中，同时它的思想也渗透到了数理统计的许多方法中。方差分析分为一元方差分析与多元方差分析。

1. 一元方差分析

一元方差分析主要分为单因素方差分析、双因素方差分析及多因素方差分析，在 MATLAB 中也提供了相关函数分别用于实现对应的因素方差分析。

1）单因素方差分析

单因素方差分析是指对单因素试验结果进行分析，检验因素对试验结果有无显著性影响的方法。在 MATLAB 中，提供了 anova1 函数实现单因素方差分析。函数的调用格式为：

p=anova1(X)：零假设存在的概率，一般 p 小于 0.05 或 0.01 时，认为结果显著（零假设可疑）。

p=anova1(X,group)：当 X 为矩阵时，利用 group 变量作为 X 中样本箱形图的标签。

p=anova1(X,group,displayopt)：displayopt 为 on 时，则激活 anova1 表和箱形图的显示。

[p,table]=anova1(…)：返回单元数组表中的 anova1 表。

[p,table,stats]=anova1(…)：返回 stats 结构，用于多元比较检验。

【例 6-45】 为了考察染整工艺对布的缩水率是否有影响，选用 5 种不同的染整工艺，分别用 A1、A2、A3、A4、A5 表示，每种工艺处理 4 块布样，测得缩水率的百分比如表 6-9 所示，试对其进行方差分析。

表 6-9 测量数据

布样	A1	A2	A3	A4	A5
1	4.3	6.2	6.5	9.8	9.6
2	7.7	7.5	8.2	9.4	9.0
3	3.2	4.5	8.4	7.1	11.5
4	6.5	4.2	8.5	10.1	8.0

利用 anova1 函数实现单因素方差分析，代码为：

```
>> clear all;
A = [4.3  6.2  6.5  9.8  9.6;7.7  7.5  8.2  9.4  9.0;3.2  4.5  8.4  7.1  11.5;6.5
4.2  8.5  10.1  8.0];
m = mean(A)                                    %求测量数据的平均值
[p,table,stats] = anova1(A)
```

运行程序，输出如下，效果如图 6-32 和图 6-33 所示。

```
m =
     5.4250 5.6000 7.9000 9.1000 9.5250
p =
     0.0032
table =
    'Source'      'SS'         'df'    'MS'          'F'         'Prob>F'
    'Columns'    [58.9430]    [ 4]    [14.7358]    [6.4189]    [0.0032]
    'Error'      [34.4350]    [15]    [ 2.2957]          []          []
    'Total'      [93.3780]    [19]           []          []          []
stats =
     gnames: [5x1 char]
          n: [4 4 4 4 4]
     source: 'anova1'
      means: [5.4250 5.6000 7.9000 9.1000 9.5250]
         df: 15
          s: 1.5151
```

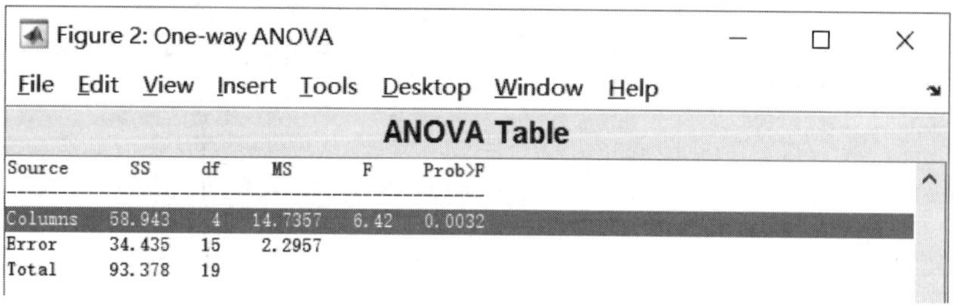
Figure 2: One-way ANOVA
File Edit View Insert Tools Desktop Window Help
ANOVA Table
Source SS df MS F Prob>F
Columns 58.943 4 14.7357 6.42 0.0032
Error 34.435 15 2.2957
Total 93.378 19

图 6-32　方差分析表

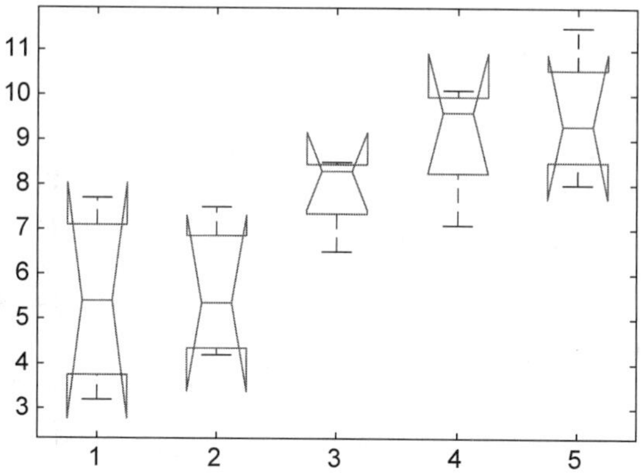
11
10
9
8
7
6
5
4
3
1
2
3
4
5

图 6-33　线箱图

同时，在 MATLAB 中，提供了 multcompare 函数用于多重比较。函数的调用格式为：

c=multcompare(stats)：根据结构体变量 stats 中的信息进行多重比较，返回两两比较的结果矩阵 c。c 为一个多行 5 列的矩阵，它的每一行对应一次两两比较的检验，每一行上的元素包括作比较的两个组的组标号、两个组的均值差、均值差的置信区间。

c＝multcompare(stats,param1,val1,param2,val2,…)：指定一个或多个成对出现的参数名 paramN 及参数值 valN 来控制多重比较。

[c,m]＝multcompare(…)：同时返回一个多行 2 列的矩阵 m,第一列为每一组均值的估计值,第二列为相应的标准误差。

[c,m,h]＝multcompare(…)：同时返回交互式多重比较的图形句柄值 h,可通过 h 修改图形属性,如图形标题和 X 轴标签等。

[c,m,h,gnames]＝multcompare(…)：同时返回组名变量 gnames,其是一个元胞数组,每一行对应一个组名。

【例 6-46】 利用 multcompare 函数对例 6-46 中的数据进行多重比较。

```
>> [c,m,h,gnames] = multcompare(stats)
```

运行程序,输出如下,效果如图 6-34 所示。

```
c =
    1.0000    2.0000   -3.4833   -0.1750    3.1333    0.9998
    1.0000    3.0000   -5.7833   -2.4750    0.8333    0.1952
    1.0000    4.0000   -6.9833   -3.6750   -0.3667    0.0262
    1.0000    5.0000   -7.4083   -4.1000   -0.7917    0.0122
    2.0000    3.0000   -5.6083   -2.3000    1.0083    0.2517
    2.0000    4.0000   -6.8083   -3.5000   -0.1917    0.0357
    2.0000    5.0000   -7.2333   -3.9250   -0.6167    0.0167
    3.0000    4.0000   -4.5083   -1.2000    2.1083    0.7938
    3.0000    5.0000   -4.9333   -1.6250    1.6833    0.5679
    4.0000    5.0000   -3.7333   -0.4250    2.8833    0.9942
m =
    5.4250    0.7576
    5.6000    0.7576
    7.9000    0.7576
    9.1000    0.7576
    9.5250    0.7576
h =
   Figure (boxplot) (具有属性):
        Number: 3
          Name: 'Multiple comparison of means'
         Color: [0.9400 0.9400 0.9400]
      Position: [426 46 537 362]
         Units: 'pixels'
     显示 所有属性
  gnames =
  1
  2
  3
  4
  5
```

2) 双因素方差分析

在科研和生产实践中,常常需要同时研究两个及两个以上因素对实验结果的影响情况。如何同时研究两个因素对实验结果的影响,即利用双因素方差进行分析。

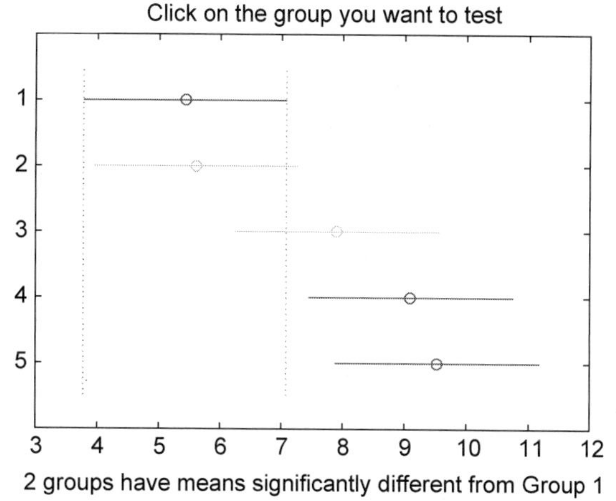

图 6-34　交互式的多重比较图

在 MATLAB 中，提供了 anova2 函数实现双因素方差分析。函数的调用格式为：

p=anova2(X,reps)：比较 X 中两列以上和两行以上的均值。不同列中的数据代表一个因子 A 的变化，不同行中的数据代表因素 B 的变化。若每一行-列匹配点有一个以上的观察值，则变量 reps 指示每一个"单元"中观察量的个数。p 为假设的概率，当其值小于 0.05 或 0.01 时，一般认为可以拒绝零假设。

p=anova2(X,reps,displayopt)：当 displayopt 为 on 时，则显示方差分析表和箱形图。

[p,table]=anova2(…)：返回单元数组表中的 anova 表。

[p,table,stats]=anova2(…)：返回 stats 结构，用于多元检验。

【例 6-47】 水稻品种(因素 A)和密度(因素 B)实验的产量结果方差分析，实验数据如表 6-10 所示。

表 6-10　水稻品种(因素 A)和密度(因素 B)实验的产量结果

组　合	重　复		
	Ⅰ	Ⅱ	Ⅲ
A1B1	42	40	43
A2B1	45	42	45
A3B1	47	37	47
A1B2	43	46	46
A2B2	50	47	49
A3B2	49	49	51

根据以上水稻品种(因素 A)和密度(因素 B)实验的产量结果进行双因素方差分析，代码为：

```
>> clear all;
X = [42 45 47 43 50 49;40 42 37 46 47 49;43 45 47 46 49 51];
[p,table,stats] = anova2(X,3)                    % 双因素方差分析
```

运行程序，输出如下，效果如图 6-35 所示。

Figure 1: Two-way ANOVA

File Edit View Insert Tools Desktop Window Help

ANOVA Table

Source	SS	df	MS	F	Prob>F
Columns	143.778	5	28.7556	3.81	0.0269
Rows	0	0	NaN	NaN	NaN
Interaction	0	0	Inf	Inf	NaN
Error	90.667	12	7.5556		
Total	234.444	17			

图 6-35　双因素方差分析表

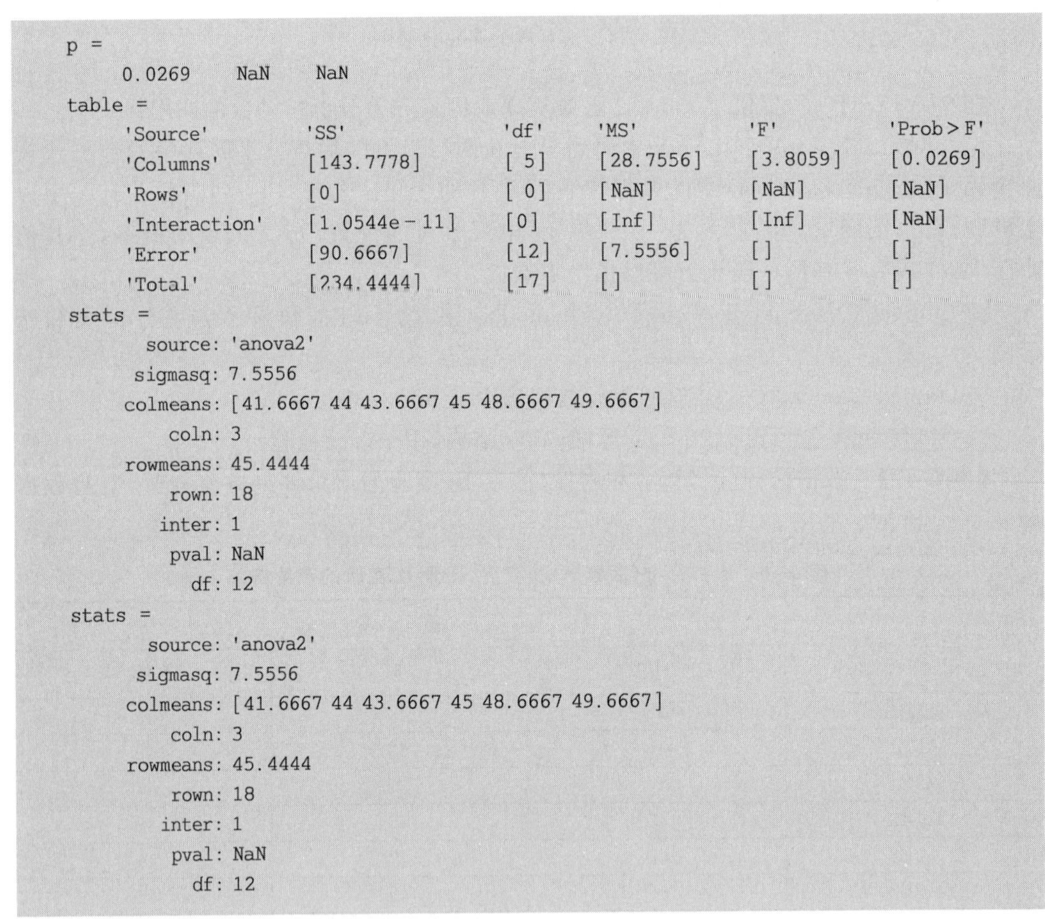

```
p =
     0.0269     NaN     NaN
table =
      'Source'          'SS'                'df'     'MS'            'F'           'Prob>F'
      'Columns'         [143.7778]          [ 5]     [28.7556]       [3.8059]      [0.0269]
      'Rows'            [0]                 [ 0]     [NaN]           [NaN]         [NaN]
      'Interaction'     [1.0544e-11]        [0]      [Inf]           [Inf]         [NaN]
      'Error'           [90.6667]           [12]     [7.5556]        []            []
      'Total'           [234.4444]          [17]     []              []            []
stats =
        source: 'anova2'
       sigmasq: 7.5556
      colmeans: [41.6667 44 43.6667 45 48.6667 49.6667]
          coln: 3
      rowmeans: 45.4444
          rown: 18
         inter: 1
          pval: NaN
            df: 12
stats =
        source: 'anova2'
       sigmasq: 7.5556
      colmeans: [41.6667 44 43.6667 45 48.6667 49.6667]
          coln: 3
      rowmeans: 45.4444
          rown: 18
         inter: 1
          pval: NaN
            df: 12
```

3）多因素方差分析

多因素方差分析用来研究两个及两个以上控制变量是否对观测变量产生显著影响。这里，由于研究多个因素对观测变量的影响，因此称为多因素方差分析。多因素方差分析不仅能够分析多个因素对观测变量的独立影响，更能够分析多个控制因素的交互作用能否对观测变量的分布产生显著影响，进而最终找到利于观测变量的最优组合。

在 MATLAB 中，提供了 anovan 函数实现多因素方差分析。函数的调用格式为：

p=anovan(y,group)：根据样本观测值向量 y 进行均衡或非均衡试验的多因素一元方差分析，检验多个因素的主效应是否显著。输入参数 group 为一个元胞数组，它的每一个元素对应一个因素，是该因素的水平列表，与 y 等长，用来标记 y 中每个观测所对应的因素的水平。每个元胞中因素的水平列表可以是一个分类(categorical)数组、数值向量、字符矩阵或单列的字符串元胞数组。输出参数 p 是检验的 p 值向量，p 中的每个元素对应一个主效应。

p=anovan(y,group,param,val)：通过指定一个或多个成对出现的参数名与参数值来控制多因素一元方差分析。

[p,table]=anovan(y,group,param,val)：同时返回元胞数组形式的方差分析表 table(包含列标签和行标签)。

[p,table,stats]=anovan(y,group,param,val)：同时返回一个结构体变量 stats，用于进行后续的多重比较。当某因素对试验指标的影响显著时，在后续的分析中，可以调用 multcompare 函数，把 stats 作为它的输入，进行多重比较。

[p,table,stats,terms]=anovan(y,group,param,val)：同时返回方差分析计算中的主效应项和交互效应项矩阵 terms。terms 的格式与'model'参数的最后一种取值的格式相同。当'model'参数的取值为一个矩阵时，anovan 函数返回的 terms 就是这个矩阵。

【例 6-48】 分析出产地(A：欧洲、日本或美国)、是否为四缸的(B)以及时间(C)这 3 个因素对汽车里程的影响是否显著。

```
>> clear all;
%装载数据
load carbig
whos
%3 个因素
factornames = {'Origin','4Cyl','MfgDate'};
%多因素方差分析
[p,tbl,stats,termvec] = anovan(MPG,{org cyl4 when},2,3,factornames);
p,termvec
```

运行程序，输出如下，效果如图 6-36 所示。

```
  Name            Size       Bytes    Class     Attributes
  Acceleration    406x1      3248     double
  Cylinders       406x1      3248     double
  Displacement    406x1      3248     double
  Horsepower      406x1      3248     double
  MPG             406x1      3248     double
  Mfg             406x13     10556    char
  Model           406x36     29232    char
  Model_Year      406x1      3248     double
  Origin          406x7      5684     char
```

```
    Weight     406x1      3248      double
    cyl4       406x5      4060      char
    org        406x7      5684      char
    when       406x5      4060      char
p =
     0.0000
     0.0000
     0.0000
     0.6422
     0.0001
     0.3348
termvec =
     1     0     0
     0     1     0
     0     0     1
     1     1     0
     1     0     1
     0     1     1
```

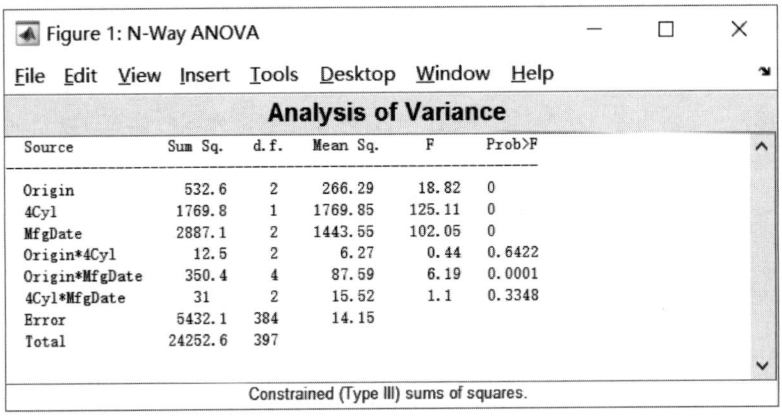

Figure 1: N-Way ANOVA

File Edit View Insert Tools Desktop Window Help

Analysis of Variance

Source	Sum Sq.	d.f.	Mean Sq.	F	Prob>F
Origin	532.6	2	266.29	18.82	0
4Cyl	1769.8	1	1769.85	125.11	0
MfgDate	2887.1	2	1443.55	102.05	0
Origin*4Cyl	12.5	2	6.27	0.44	0.6422
Origin*MfgDate	350.4	4	87.59	6.19	0.0001
4Cyl*MfgDate	31	2	15.52	1.1	0.3348
Error	5432.1	384	14.15		
Total	24252.6	397			

Constrained (Type III) sums of squares.

图 6-36　多因素方差分析

2. 多元方差分析

与一元方差分析类似，多元样本也可以进行方差分析。两者的区别在于：一元方差分析中要分析的指标是一元随机变量，而多元方差分析中要分析的指标是多元随机变量。统计工具箱中实现单因素多元方差分析的函数为 manova1。函数的调用格式为：

d= manova1 (X, group)：根据样本观测值矩阵 X 进行单因素多元方差分析(MANOVA)，比较 X 中的各组观测是否具有相同的均值向量，原假设是各组的组均值是相同的多元向量。样本观测值矩阵 X 是一个 m×n 的矩阵，它的每一列对应一个变量，每一行对应一个观测，每一个观测都是 n 元的。输入参数 group 是一个分组变量，用来表示 X 中每个观测所在的组，group 可以是一个分类变量(categorical variable)、向量、字符串数组或字符串元胞数组，group 的长度应与 X 的行数相同，group 中相同元素对应的 X 中的观测是来自同一个总体(组)的样本。

各组的均值向量生成了一个向量空间，输出参数 d 是这个空间的维数的估计。当 d=0 时，接受原假设；当 d=1 时，在显著性水平 0.05 下拒绝原假设，认为各组的组均值不全相同，但是不能拒绝它们共线的假设；类似地，当 d=2 时，拒绝原假设，此时各组的组均值可能共面，但是不共线。

d=manova1(X,group,alpha)：指定检验的显著性水平 alpha。返回的 d 为满足p>alpha 的最小的维数，此时检验各组的均值向量是否位于一个 d 维空间。

[d,p]=manova1(…)：同时返回检验 p 值的向量 p，它的第 i 个元素对应的原假设为各组的均值向量位于一个 i−1 维空间，如果 p 的第 i 个元素小于或等于给定的显著性水平，则拒绝原假设。

[d,p,stats]=manova1(…)：返回一个结构体变量 stats。

【例 6-49】 某工厂排放出的污水属于第二类污染物，为了达到国家污水排放标准，工厂对污水进行了处理。为了考察处理工艺参数对处理效果的影响，对污水进行监测。某段时间的监测结果如表 6-11 所示。

表 6-11　排放污水中污染物浓度　　(单位：mg/l)

测量值 / 序号	pH	悬浮物	COD_{Cr}	BOD_5
处理参数 1	6.3	167	360	286
处理参数 1	6.8	172	371	280
处理参数 1	7.1	170	363	273
处理参数 1	6.6	174	365	271
处理参数 2	7.3	200	388	289
处理参数 2	7.1	215	374	282
处理参数 2	7.4	210	382	279
处理参数 2	6.8	189	390	260
处理参数 3	7.7	195	360	268
处理参数 3	7.2	194	358	267

```
>> clear all;
x=[6.3  167  360  286;6.8  172  371  280;7.1  170  363  273;6.6  174  365  271;...
    7.3  200  388  289;7.1  215  374  282;7.4  210  382  279;6.8  189  390  260;...
    7.7  195  360  268;7.2  194  358  267];
group=[{'参数 1';'参数 1';'参数 1';'参数 1';'参数 2';'参数 2';'参数 2';'参数 2';...
    '参数 3';'参数 3'}];
[d,p,stats]=manova1(x,group)
```

运行程序，输出如下：

```
d =
     1
p =
     0.0007
     0.0556
stats =
         W:[4x4 double]
```

```
            B:[4x4 double]
            T:[4x4 double]
          dfW:7
          dfB:2
          dfT:9
       lambda:[2x1 double]
        chisq:[2x1 double]
      chisqdf:[2x1 double]
     eigenval:[4x1 double]
     eigenvec:[4x4 double]
        canon:[10x4 double]
        mdist:[10x1 double]
       gmdist:[3x3 double]
       gnames:{3x1 cell}
```

6.6 假设检验

统计推断的另一类重要的问题是假设检验。在总体的分布函数完全未知或只知其形式但不知其参数的情况下，为了推断总体的某些未知特性，提出某些关于总体的假设。假设检验是作出决策的过程，数据是否满足假设，需要检验。

6.6.1 单个正态总体均值的检验

单个正态总体均值的假设检验分为两种情况。

1. *方差 μ 已知关于均值的检验*

在正态总体方差已知的情况下，采用统计量来确定拒绝域，即：

$$Z=\frac{\overline{X}-\mu}{\sigma/\sqrt{n}}$$

式中，n 为样本中观测量的个数。这种检验法通常称为 Z 检验法。

在 MATLAB 中，提供了 ztest 函数用于实现 Z 检验法。函数的调用格式为：

h=ztest(x,m,sigma)：在 0.05%显著性水平下检验正态分布的样本 x 是否具有均值 m 和标准差 sigma。

h= ztest(x,m,sigma,Name,Value)：在假设检验中设置一个或多个属性名 Name 及其对应的属性值 Value。

[h,p,ci,zval]= ztest(…)：返回参数 h 为假设检验；ci 为真正均值 μ 的(1－alpha)的置信区间；zval 为统计量的值，ci 和 zval 可默认。

【例 6-50】 某切割机正常工作时，切割的金属棒的长度服从正态分布 N(100,4)。从该切割机切割的一批金属棒中随机抽取 15 根，测得它们的长度(单位：mm)如下：

97，102，105，112，99，103，102，94，100，95，105，98，102，100，103

假设总体方差不变，检验该切割机工作是否正常，即总体均值是否等于100mm。取显著假设：

$$H_0:\mu=\mu_0=100,\quad H_1:\mu\neq\mu_0$$

其实现的MATLAB代码为：

```
>> clear all;
%定义样本观测值向量
X = [97, 102, 105, 112, 99, 103, 102, 94, 100, 95, 105, 98, 102, 100, 103];
%调用 ztest 函数作总体均值的双侧检验
[h,p,muci,zval] = ztest(X,100,2,0.05)
```

运行程序，输出如下：

```
h =                                          %h=1时,拒绝原假设; h=0时,接受原假设
     1
p =
     0.0282
muci =
   100.1212    102.1455
zval =
     2.1947
```

当$h=0$或$p>\alpha=0.05$时，接受原假设H_0；当$h=1$或$p\leqslant\alpha=0.05$时，拒绝原假设H_0。

由于ztest函数返回的检验值$p=0.0282<0.05$，所以在显著性水平$\alpha=0.05$下拒绝原假设$H_0:\mu=\mu_0=100$，认为该切割机工作不正常。由于ztest函数返回的总体均值的置信水平为95%的置信区间为[100.1212　102.1455]，它的两个置信限均大于100，因此还需要作如下的检验：

$$H_0:\mu\leqslant\mu_0=100,\quad H_1:\mu>\mu_0$$

其实现的MATLAB代码为：

```
>> [h,p,muci,zval] = ztest(X,100,2,0.05,'right')
```

运行程序，输出如下：

```
h =                                          %h=1时,拒绝原假设; h=0时,接受原假设
     1
p =
     0.0141
muci =
   100.2839 Inf
zval =
     2.1947
```

ztest函数的第五个输入'right'用来指定对立假设的形式为$H_1:\mu>\mu_0$，如果把'right'改为'left'，则表示对立假设为$H_1:\mu<\mu_0$。由于ztest函数返回的检验p值为0.0141<

0.05，所以在显著性水平 $\alpha=0.05$ 下拒绝原假设 $H_0:\mu\leqslant\mu_0=100$，认为总体均值大于100。

2. 方差未知关于均值的检验

在正态总体方差未知的情况下，采用统计量来确定是否接受原假设，即：

$$t=\frac{\overline{X}-\mu}{S/\sqrt{n}}$$

这种利用 t 统计量得出的检验法称为 t 检验法。

在MATLAB中，单个变量的 t 检验法由ttest函数来实现。函数的调用格式为：

h=ttest(x)：对正态总体x做均值为0的假设检验，默认的显著水平为0.05，返回假设检验的结果，h=0表示接受原假设，h=1表示拒绝原假设。

h=ttest(x,y)：对正态总体x做均值为0的假设检验，y为来自正态分布的均值。

h=ttest(x,y,Namc,Valuc)：对正态总体x做均值为0的假设检验，并设置假设检验的属性名Name及其对应的属性值Value。

h=ttest(x,m)：对正态总体x做均值为m的假设检验。

h=ttest(x,m,Name,Value)：对正态总体x做均值为m的假设检验，并设置假设检验的属性名Name及其对应的属性值Value。

[h,p] =ttest(…)：同时返回假设检验的最小拒绝原假设的最小显著概率值p。

[h,p,ci,stats]= ttest(…)：同时返回真实均值的(1−alpha)置信区间ci和t检验的统计量stats，其中包括t值、自由度和估计标准差。

【例6-51】 某种电子元件的寿命 X(单位：h)服从正态分布，μ、σ^2 均未知。现测得16只元件的寿命如下：

160 297 107 210 227 378 181 256 223 367 170 256 150 248 482 169

问是否有理由认为元件的平均寿命大于225?

解析：未知 σ^2，在水平 $\alpha=0.05$ 下检验假设：$H_0:\mu<\mu_0=225$，$H_1:\mu>\mu_0=225$。

```
>> clear all;
X = [160 297 107 210 227 378 181 256 223 367 170 256 150 248 482 169];
[h,sig,ci] = ttest(X,225,0.05,1)
```

运行程序，输出如下：

```
h =
     0
sig =
     0.2425
ci =
     199.5583 Inf
```

结果表明：$h=0$ 表示在水平 $\alpha=0.05$ 下应该接受原假设 H_0，即认为元件的平均寿命不大于225h。

6.6.2 两个正态总体均值差的检验

进行两个独立正态总体下样本均值的比较时，根据方差齐与不齐两种情况，应用不同的统计量进行检验。

方差齐时，统计量为：

$$t=\frac{\overline{X}-\overline{Y}}{\sqrt{\frac{S_X^2}{m}+\frac{S_Y^2}{n}}}$$

其中，$\overline{X}$ 与 $\overline{Y}$ 表示样本1和样本2的均值；S_X^2 和 S_Y^2 为样本1和样本2的方差；m 和 n 为样本1和样本2的数据个数。

方差不齐时，统计量为：

$$t=\frac{\overline{X}-\overline{Y}}{S_W\sqrt{\frac{1}{m}+\frac{1}{n}}}$$

其中，S_W 为两个样本的标准差，它是样本1的方差和样本2的方差的加权平均值的方根，计算公式为：

$$S_W=\sqrt{\frac{(m-1)S_X^2+(n-1)S_Y^2}{m+n+1}}$$

当两个总体的均值差异不显著时，该统计量应服从自由度为 $m+n-2$ 的 t 分布。

在 MATLAB 中，提供了 ttest2 函数实现两个样本均值差异的 t 检验。函数的调用格式为：

h=ttest2(x,y)：返回 μ 的显著性水平为 0.05 的两个正态分布样本均值的假设检验，其中 x、y 为正态分布的样本。

h=ttest2(x,y,Name,Value)：设置两个样本均值 t 检验的一个或多个属性名 Name 及其对应的属性值 Value。

[h,p] =ttest2(…)：p 为观察值的概率，当 p 为小概率时，对原假设提出质疑。

[h,p,ci,stats]= ttest2(…)：参数 ci 为真正均值 μ 的(1−alpha)置信区间(可默认)；stats 为统计构造的一些值(可默认)。

【例 6-52】 在平炉上进行一项试验，以确定改变操作方法的建议是否会增加钢的产率，试验是在同一只平炉上进行的。每炼一炉钢时除操作方法外，其他条件都尽可能做到相同。先用标准方法炼一炉，接着用改良方法炼一炉，交替进行，各炼10炉，其产率分别为：

标准方法：77.9　78.3　76.8　80.3　72.1　73.7　71.0　69.2　80.1　77.4

改良方法：79.8　80.7　79.3　82.1　79.3　78.7　80.4　81.2　79.2　80.3

设这两个样本相互独立，且分别来自正态总体 $N(\mu_1,\sigma^2)$ 与 $N(\mu_2,\sigma^2)$，μ_1、μ_2 与 σ^2 均未知，问建议的改良方法能否提高产率(取 $\alpha=0.05$)。

两个总体方差不变时，在水平 $\alpha=0.05$ 下检验假设：$H_0:\mu_1$，$H_1:\mu_1<\mu_2$，此时选择 tail=−1。

```
>> clear all;
X = [77.9 78.3 76.8 80.3 72.1 73.7 71.0 69.2 80.1 77.4];
Y = [79.8 80.7 79.3 82.1 79.3 78.7 80.4 81.2 79.2 80.3];
[h,sig,ci] = ttest2(X,Y,0.05, - 1)
h =      1
sig =
    0.0014
ci =
       - Inf   - 2.2012
```

$h=1$ 表明在置信水平 $\alpha=0.05$ 下拒绝原假设，sig＝0.0014 表明两个总体均值相等的概率小，因此认为建议改良的方法提高了产率，比原方法好。

6.7 回归分析

在客观世界中普通存在着变量之间的关系，某个现象的发生或某种结果的得出往往与其他某个或某些因素有关，但这种关系又不是很确定的，只是从数据上可以看出“有关”的趋势。回归分析就是用来研究具有这种特征的变量之间的线性关系，用一定的线性回归模型来拟合因变量和自变量的数据，并通过确定模型参数得到回归方程。

6.7.1 一元线性回归分析

当线性回归中的自变量只有一个时，称为一元线性回归。假设对于 x(在某个区间内)的每一个值有

$$y \sim N(a+bx,\sigma^2)$$

其中，a、b、σ^2 都是不依赖于 x 的未知参数。记 $\varepsilon=Y-(a+bx)$，对于 Y 作这样的正态假设，相当于假设

$$\begin{cases} Y = a + bx + \varepsilon \\ \varepsilon \sim N(0,\sigma^2) \end{cases}$$

其中，未知参数都不依赖于 x。

通常采用最小二乘法来确定上面两个特定参数 a 和 b，即要求观测值与利用上面回归模型得到的拟合值之间的差值的平方和最小。差值平方和达到最小时的模型参数便作为待定参数的最终取值，代入模型，即可得到回归方程。

在 MATLAB 中，提供了 polyfit 函数来实现从一次到高次多项式的回归法。函数 polyfit 在前面章节已介绍过，在此不再介绍。

【例 6-53】 表 6-12 中的数据为退火温度 x 对黄铜延性 Y 效应的试验结果，Y 为延长度计算的结果。

表 6-12 退火温度 x 对黄铜延性 Y 效应的试验

x(℃)	300	400	500	600	700	800
Y(%)	41	52	56	62	68	71

其实现的 MATLAB 代码为：

```
>> clear all;
x = [3 4 5 6 7 8] * 100;
Y = [41  52  56  62  68  71];
p = polyfit(x,Y,1)
plot(x,Y,'mo');
lsline;
xlabel('退火温度');ylabel('黄铜延性');
```

运行程序，输出如下，效果如图 6-37 所示。

```
p =
    0.0583    26.2762
```

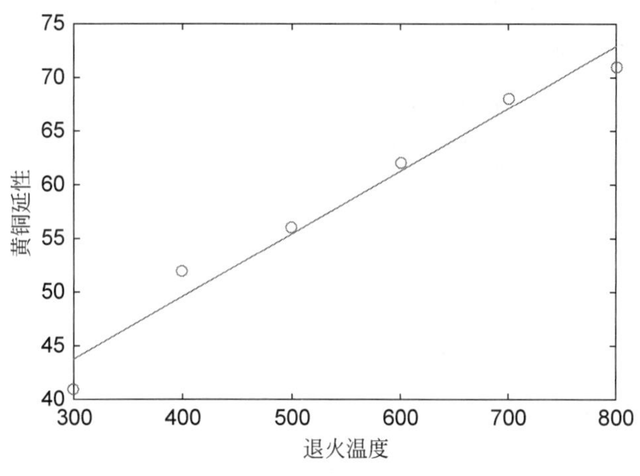

图 6-37　一元线性回归效果图

6.7.2　多元线性回归分析

在实际问题中，随机变量 Y 往往与多个普通变量 $x_1,x_2,\cdots,x_p(p>1)$有关。对于自变量 $x_1,x_2,\cdots,x_p$ 的一组确定的值，Y 有它的分布。如果 Y 的数学期望存在，则它是 $x_1,x_2,\cdots,x_p$ 的函数，记为 $\mu(x_1,x_2,\cdots,x_p)$，它就是 Y 关于 x 的回归函数。多元线性回归模型为：

$$b_0+b_1x_1+\cdots+b_px_p+\varepsilon,\varepsilon\sim N(0,\sigma^2)$$

在 MATLAB 中，提供了 regress 函数用于实现多元线性回归分析。函数的调用格式为：

b=regress(y,X)：对因变量 y 和自变量 X 进行多元线性回归，b 是对回归系数的最小二乘估计。

[b,bint]=regress(y,X)：同时返回系数估计值的 95% 置信区间 bint，它为一个 p×2 的矩阵，第一列为置信下限，第二列为置信上限。

[b,bint,r]=regress(y,X)：同时返回残差(因变量的真实值 y_i 减去估计值 $\hat{y}_i$)向量 r,它是一个 n×1 的列向量。

[b,bint,r,rint]=regress(y,X)：同时返回残差的 95%置信区间 rint,它是一个 n×2 的矩阵,第一列为置信下限,第二列为置信上限。rint 可用于异常值(或离群值)的诊断,如果第 i 组观测的残差的置信区间不包括 0,则可认为第 i 组观测值为异常值。

[b,bint,r,rint,stats]=regress(y,X)：stats 是一个 1×3 检验统计量,其中第一个值为回归方程的置信度(相关系数),第二个值为 F 统计量,第三个值为与 F 统计量相应的 p 值。

[…]=regress(y,X,alpha)：alpha 指定的是置信水平。

【例 6-54】 营业税税收总额 y 与社会商品零售总额 x 有关。为了能从社会商品零售总额去预测税收总额,需要了解两者的关系。现收集了如表 6-13 所示的 9 组数据,试利用关于营业税税收总额 y 与社会商品零售总额 x 的回归方程,预测当前社会商品零售总额 x=300 亿元时,营业税税收总额 y 为多少亿元。

表 6-13　社会商品零售总额与营业税税收总额

序号	社会商品零售总额 x/亿元	营业税税收总额 y/亿元
1	142.08	3.93
2	177.30	5.96
3	204.68	7.85
4	242.88	9.82
5	316.24	12.50
6	341.99	15.55
7	332.69	15.79
8	389.29	16.39
9	453.40	18.45

解析：进行点预测和区间预测。由于 x=300 亿元接近社会商品零售总额的平均值,故用近似置信区间进行区间预测,显著性水平取 0.05。

```
>> clear all;
x = [142.08,177.30,204.68,242.88,316.24,341.99,332.69,389.29,453.40]';
y = [3.93,5.96,7.85,9.82,12.50,15.55,15.79,16.39,18.45]';
X = [ones(length(x),1),x];                          % 构造自变量观测值矩阵
[b,bint,r,rint,stats] = regress(y,X);               % 线性回归建模与评价
b,stats                                             % 显示所关心的输出参数
x0 = 300;
y0 = b(1) + b(2) * x0                               % 点预测
SSE = sum((y - (b(1) + b(2) * x)).^2);              % 计算残差平方和
STD = sqrt(SSE/(length(x) - 2));                    % 计算标准误差
DELTA = 2 * STD;                                    % 计算 0.05 显著性水平下的边际误差
ci = [y0 - DELTA,y0 + DELTA]                        % 0.95 置信区间
```

运行程序，输出如下：

```
b =
     -2.2610
     0.0487
stats =
     0.9625    179.7711    0.0000    1.1315
y0 =
     12.3423
ci =
     10.2149 14.4698
```

由此可知，回归方程为$\hat{y}=-2.2610+0.0487x$，回归方程高度显著，可得系数 $r^2=0.9625$，模型方差的估计$\hat{\sigma}^2=1.1315$。即当社会商品零售总额为 300 亿元时，营业税税收总额的预测值约为 12.3423 亿元，其 0.95 置信区间为(10.2149,14.4698)。

第7章 MATLAB符号计算

在 MATLAB 中也提供了强大的符号运算功能，可以按照推理解析的方法进行运算。MATLAB 符号运算的功能是建立在数学计算软件 Maple 基础上的，在进行符号计算时，MATLAB 调用 Maple 软件进行计算，然后将结果返回命令行窗口中。符号运算的类型很多，几乎涉及数学的所有分支。

7.1 符号表达式

进行符号运算时，首先要定义基本的符号对象，它可以是常数、变量、表达式。符号表达式由这些基本符号对象构成。运算中，凡由包含符号对象的表达式所生成的对象也都为符号对象。

在 MATLAB 中，可以使用 sym 函数和 syms 函数来创建符号对象。

1. sym 函数创建

在 MATLAB 可以自己确定变量类型的情况下，可以不用 sym 函数来显式地生成符号表达式。但在某些情况下，特别是建立符号数组时，必须要用 sym 函数将字符串转换成符号表达式。函数的调用格式为：

S=sym(A)：该函数由输入参数 A 建立符号对象 S，输出参数的类型为 sym。输入参数 A 不带单引号，表示是一个由数字、数值矩阵或表达式转换成的符号矩阵。

Num=sym(Num,flag)：输入参数 flag 为转换的符号对象应该符合的格式类型。如果被转换的对象为数值对象，flag 可以有如下选项。

- 'r'：最接近有理表示，为系统默认设置。
- 'e'：带估计误差的有理表示。
- 'f'：十六进制浮点表示。
- 'd'：最接近的十进制浮点精度表示。

S=sym('A')：输入参数 A 带单引号，表示 A 为一个字符串，输出是由字符串转换成的符号对象，符号字符串可以是常量、变量、函数或表达式。当被转化的对象为字符串时，flag 有如下选项。

- 'positive'：限定输入参数 A 为正的实型符号变量。
- 'real'：限定输入参数 A 为实型符号变量。
- 'unreal'：限定输入参数 A 为非实型符号变量。

A＝sym('A',dim)：创建向量或矩阵的符号变量。

sym(A,'clear')：清除先前设置的符号变量 A。

2. syms 函数创建

sym 函数一次只能定义一个符号变量,使用不方便。MATLAB 提供了另一个函数 syms,一次可以定义多个符号变量。在 MATLAB 中提倡采用 syms 函数进行变量的定义,因为书写简单,符合 MATLAB 符号运算简洁的特点。函数的调用格式为：

syms var1 … varN：创建符号变量 var1 … varN。

syms var1 … varN set：创建符号变量 var1 … varN,并指定符号对象的格式。

- 'positive'：限定 var 表示正的实型符号变量。
- 'real'：限定 var 为实型符号变量。

syms var1 … varN clear：清除前面已指定的符号对象 var1 … varN。

syms f(arg1,…,argN)：创建符号函数 f,函数中包含符号变量 arg1,…,argN。

【例 7-1】 利用 sym 与 syms 函数创建符号表达式。

```
>> clear all;
%sym 函数创建符号表达式
>> a1 = [1/3,pi/7,sqrt(6),pi + sqrt(6)]              %a1 是数值常数,不是符号对象
a1 =
    0.3333    0.4488    2.4495    5.5911
>> a2 = sym([1/3,pi/7,sqrt(6),pi + sqrt(6)])         %最接近的有理表示
a2 =
[ 1/3, pi/7, 6^(1/2), 6294999149225763/1125899906842624]
>> a3 = sym([1/3,pi/7,sqrt(6),pi + sqrt(6)],'e')     %带估计误差的有理表示
a3 =
[ 1/3 - eps/12, pi/7 - (13 * eps)/165, 6^(1/2) - (251 * eps)/257, 6294999149225763/
1125899906842624]
>> a4 = sym('[1/3,pi/7,sqrt(6),pi + sqrt(6)]')       %准确的数值表示
a4 =
[ 1/3, pi/7, 6^(1/2), pi + 6^(1/2)]
>> a24 = a2 - a4                                     %符号表达式的减运算
a24 =
[ 0, 0, 0, 6294999149225763/1125899906842624 - 6^(1/2) - pi]
%syms 函数创建符号表达式
>> syms s(t) f(x,y)
>> f(x,y) = x + 2 * y
f(x, y) =
x + 2 * y
>> syms x
f(x) = [x x^3; x^2 x^4]
f(x) =
[   x, x^3]
[ x^2, x^4]
```

7.2 符号表达式的操作

符号表达式的操作有很多种，如合并同类项、因子分解、表达式的简化等。

7.2.1 合并同类项

在 MATLAB 中，提供了 collect 函数用于将符号表达式合并。函数的调用格式为：

R=collect(S)：将表达式 S 中相同次幂的项合并，系统默认按照 x 的相同次幂项进行合并。

R=collect(S,v)：将表达式 S 按照 v 的相同次幂项进行合并。输入参数 S 可以是一个表达式，也可以是一个符号矩阵。

【例 7-2】 按不同的方式合并表达式的同类项。

```
>> clear all;
%sym函数的使用
>> EXPR = sym('(x^2 + x * exp( - t) + 1) * (x + exp( - t))');
>> expr1 = collect(EXPR)                    %默认合并x同幂项系数
expr1 =
x^3 + 2 * exp( - t) * x^2 + (exp( - 2 * t) + 1) * x + exp( - t)
>> expr2 = collect(EXPR, 'exp( - t)')       %合并exp( - t)同幂项系数
expr2 =
x * exp( - 2 * t) + (2 * x^2 + 1) * exp( - t) + x * (x^2 + 1)
%syms函数的使用
>> syms x y;
>> R1 = collect((exp(x) + x) * (x + 2))
R1 =
x^2 + (exp(x) + 2) * x + 2 * exp(x)
>> R2 = collect((x + y) * (x^2 + y^2 + 1), y)
R2 =
y^3 + x * y^2 + (x^2 + 1) * y + x * (x^2 + 1)
>> R3 = collect([(x + 1) * (y + 1), x + y])
R3 =
[ (y + 1) * x + y + 1, x + y]
```

7.2.2 因式分解

函数 factor 可用于对符号表达式进行因式分解，同时也可对某一整数进行因式分解。函数的调用格式为：

f=factor(n)：n 是多项式或多项式矩阵，系数是有理数，MATLAB 还会将表达式 n 表示成系数为有理数的低阶多项式相乘的形式，如果多项式 n 不能在有理数范围内进行因式分解，该函数会返回 n 本身，默认 x 为第一变量。

【例 7-3】 利用 factor 函数对正整数、符号表达式和数值矩阵进行因式分解。

```
>> f = factor(123)                          % 对正整数进行质数分解
f =
         15129
>> syms x y;
factor(x^3 - y^3)                           % 对符号表达式进行因式分解
ans =
(x - y)*(x^2 + x*y + y^2)
>> syms a b;
factor([a^2 - b^2, a^3 + b^3])              % 对矩阵进行因式分解
ans =
[ (a - b)*(a + b), (a + b)*(a^2 - a*b + b^2)]
>> factor([123 5 9;102 7 32;9 4 602])       % 对矩阵进行因式分解
ans =
  1.0e+005 *
    0.1524    0.0000    0.0000
    0.2636    0.0035    0.0000
    3.6381    0.2540    0.0000
```

7.2.3 嵌套型分解

在 MATLAB 中，提供了 horner 函数用于将符号多项式转换成嵌套形式。函数的调用格式为：

R=horner(P)：P 为待嵌套的符号表达式，R 为嵌套后的符号表达式。

【例 7-4】 符号表达式的因式分解。

```
>> syms x y
>> horner(x^3 - 6*x^2 + 11*x - 6)
ans =
x*(x*(x - 6) + 11) - 6
>> horner([x^2 + x; y^3 - 2*y])
ans =
   x*(x + 1)
 y*(y^2 - 2)
```

7.2.4 化简

在 MATLAB 中，使用 simplify 函数可以进行符号表达式的化简。函数的调用格式为：

B=simplify(A)：将符号表达式 A 中的每一个元素进行简化。

B=simplify(A,S)：对参数 S 化简 50 步，50 为默认值。

【例 7-5】 使用 simplify 函数对创建的表达式进行化简。

```
>> syms x a b c;
r1 = simplify(sin(x)^2 + cos(x)^2)
```

```
r1 =1
>> r2 = simplify(exp(c * log(sqrt(a + b))))
r2 =
   (a + b)^(c/2)
>> S = [(x^2 + 5 * x + 6)/(x + 2), sqrt(16)];
r3 = simplify(S)
r3 =
    [ x + 3, 4]
```

7.2.5 表达式的转化

在 MATLAB 中，提供了 pretty 函数对符号表达式的形式进行转化。函数的调用格式为：

pretty(X)：将符号表达式 X 用书写的形式表示出来。

【例 7-6】 把创建的符号表达式转为手写格式的形式。

```
>> A = sym(pascal(2))
B = eig(A)
pretty(B)
A =
[ 1, 1]
[ 1, 2]
B =
 3/2 - 5^(1/2)/2
 5^(1/2)/2 + 3/2
  +-          -+
  |      1/2   |
  |  3   5     |
  |  - - ----  |
  |  2    2    |
  |            |
  |   1/2      |
  |  5       3 |
  |  ----  + - |
  |   2      2 |
  +-          -+
```

7.2.6 提取分子分母

如果符号表达式是有理分数的形式，则在 MATLAB 中提供了 numden 函数来实现符号表达式中的分子与分母提取。numden 可将符号表达式合并、有理化，并返回所得的分子与分母。函数的调用格式为：

[N,D]=numden(A)：提取符号表达式 A 的分子与分母，并把其存放在 N 与 D 中。

【例 7-7】 写出矩阵 $\begin{bmatrix} \frac{3}{2} & \frac{x^2+3}{2x+1}+\frac{3x}{x-1} \\ \frac{4}{x^2} & 3x+4 \end{bmatrix}$ 各元素的分子、分母多项式。

其实现的 MATLAB 代码为：

```
>> clear all;
syms x;
A = [3/2,(x^2+3)/(2*x-1)+3*x/(x-1);4/x^2,3*x+4];
[n,d] = numden(A)
pretty(simplify(A))
```

运行程序，输出如下：

```
n =
[ 3, x^3 + 5*x^2 - 3]
[ 4,           3*x + 4]
d =
[    2, (2*x - 1)*(x - 1)]
[ x^2,                 1]
/                   2         \
|  3   3 x     x  +3  |
| -, -----+-------|
|  2   x - 1   2 x - 1 |
|                      |
|  4                   |
|--,     3 x + 4       |
|  2                   |
\ x                  /
```

7.2.7 极限

在 MATLAB 中求极限的函数是 limit。函数的调用格式为：

limit(expr,x,a)：求符号函数 expr(x)的极限值，即计算当变量 x 趋近于常数 a 时，expr(x)函数的极限值。

limit(expr,a)：求符号函数 expr(x)的极限值。由于没有指定符号函数 expr(x)的自变量，则使用该格式时，符号函数 expr(x)的变量为函数 findsym(expr)确定的默认自变量，即变量 x 趋近于 a。

limit(expr)：求符号函数 expr(x)的极限值。符号函数 expr(x)的变量为函数 findsym(expr)确定的默认变量；没有指定变量的目标值时，系统默认变量趋近于 0，即 a=0 的情况。

limit(expr,x,a,'left')：求符号函数 expr 的极限值，left 表示变量 x 从左边趋近于 a。

limit(expr,x,a,'right')：求符号函数 expr 的极限值，right 表示变量 x 从右边趋近于 a。

【例 7-8】 计算符号表达式的极限值。

```
>> %计算双向极限
>> syms x h a
limit(sin(x)/x)
ans =
1
>> limit((sin(x + h) - sin(x))/h, h, 0)
ans =
cos(x)
>> limit(1/x, x, 0, 'right')          %计算符号表达式自变量从右边趋近于0
ans =
Inf
>> limit(1/x, x, 0, 'left')           %计算符号表达式自变量从左边趋近于0
ans =
-Inf
>>v = [(1 + a/x)^x, exp(-x)];
limit(v, x, inf)
ans =
[ exp(a), 0]
```

7.2.8 求导数

在 MATLAB 中,提供了 diff 函数用于求符号表达式的导数。函数的调用格式为:

diff(F):对表达式 F 中的符号变量 var 计算 F 的一阶导数,其中 var=findsym(F)。

diff(F,var):对表达式 F 中指定的符号变量 var 计算 F 的一阶导数。

diff(F,n):对表达式 F 中的符号变量 var 计算 F 的 n 阶导数,其中 var=findsym(F)。

diff(F,var,n):对表达式 F 中指定的符号变量 var 计算 F 的 n 阶导数。

diff(F,n,var):对表达式 F 中的符号变量 var 计算 F 的 n 阶导数。

diff(F,var1,…,varN):对指定的几个符号变量求 F 的导数。

【例 7-9】 已知 $y=\sin ax$,求 $A=\frac{\mathrm{d}y}{\mathrm{d}x}, B=\frac{\mathrm{d}y}{\mathrm{d}a}, C=\frac{\mathrm{d}^2 y}{\mathrm{d}^2 x}$的导数。

其实现的 MATLAB 代码为:

```
>> clear all;
>> syms a x;
y = sin(a * x);
>> A = diff(y,x)
A =
a * cos(a * x)
>> B = diff(y,a)
B =
x * cos(a * x)
>> C = diff(y,x,2)
C =
-a^2 * sin(a * x)
```

7.2.9 求积分

在 MATLAB 中，提供了 int 函数用于求不定积分、定积分、反常积分等。函数的调用格式为：

int(expr,var)：计算 expr 关于变量 var 的不定积分。

int(expr,var,Name,Value)：设置多个属性的名称及值。

int(expr,var,a,b)：计算函数 expr 在区间[a,b]上的定积分。

int(expr,var,a,b,Name,Value)：设置多个属性的名称及值。

【例 7-10】 求积分：$I=\int\frac{x^2+1}{(x^2-2x+2)^2}\mathrm{d}x$；$J=\int_0^{\frac{\pi}{2}}\frac{\cos x}{\cos x+\sin x}\mathrm{d}x$；$K=\int_0^{+\infty}\mathrm{e}^{-x^2}\mathrm{d}x$。

```
>> clear all;
>> syms x
>> f = (x^2 + 1)/(x^2 - 2 * x + 2)^2;
>> g = cos(x)/(sin(x) + cos(x));
>> h = exp( - x^2);
>> I = int(f)
I =
(3 * atan(x - 1))/2 + (x/2 - 3/2)/(x^2 - 2 * x + 2)
>> J = int(g,0,pi/2)
J =
pi/4
>> K = int(h,0,inf)
K =
pi^(1/2)/2
```

7.2.10 级数求和

级数是一系列与自然数 n 有关的函数集合，其可表示为：

$$a_n=f(n)$$

这里 $f(n)$是一个与 n 有关的函数。n 是不连续的，其步长为 1，而级数求和可认为是一种比较粗糙的积分模型，即积分步长 dn 不是趋于 0，而是等于 1。

在 MATLAB 中，提供了 symsum 函数用于实现符号表达式的求和。函数的调用格式为：

r=symsum(expr)：计算符号表达式 expr 中默认变量的有限项和。

r=symsum(expr,v)：计算符号表达式 expr 中指定变量为 v 的有限项和。

r=symsum(expr,a,b)：计算符号表达式 expr 中默认变量从 a 到 b 时的有限项和。

r=symsum(expr,v,a,b)：计算符号表达式 expr 中指定变量为 v 从 a 到 b 时的有限项和。

【例 7-11】 求下列级数的和。

(1) $\sum_{n=1}^{\infty}\frac{1}{n^2}$； (2) $\sum_{n=1}^{\infty}\frac{(-1)^{n-1}}{n}$； (3) $\sum_{n=1}^{\infty}\frac{x^{2n-1}}{2n-1}$。

其实现的 MATLAB 代码为：

```
>> clear all;
syms x n;
f1 = symsum(1/n^2,1,inf)                        %求(1)的级数和
f1 =
pi^2/6
f2 = symsum((-1)^(n-1)/n,1,inf)                 %求(2)的级数和
f2 =
log(2)
f3 = symsum(x^(2*n-1)/(2*n-1),n,1,inf)          %求(3)的级数和
f3 =
piecewise([abs(x) < 1, atanh(x)])
```

7.2.11 泰勒级数展开

泰勒(Taylor)级数将一个任意函数表示为一个幂级数，并且在许多情况下，只需要取幂级数的前有限项来表示该函数，这对于大多数工程应用问题来说，精度已经足够。在 MATLAB 中提供了 taylor 函数实现泰勒级数。函数的调用格式为：

taylor(f,Name,Value)：指定一个或多个属性名及其属性值，对符号表达式求泰勒级数。

taylor(f,v)：指定符号变量为 v，求 Maclaurin 多项式。

taylor(f,v,Name,Value)：指定一个或多个属性名及其属性值，对符号表达式求泰勒级数。

taylor(f,n,v)：返回符号表达式 f 中的指定符号自变量 v(若表达式 f 中有多个变量时)的 n－1 阶的 Maclaurin 多项式(即在零点附近 v=0)近似式，其中 v 可以是字符串或符号变量。

taylor(f,n,v,a)：返回符号表达式 f 中的指定符号自变量 v 的 n－1 阶的泰勒级数(在指定的 a 点附近 v=a)的展开式，其中 a 可以是数值、符号、代表数字值的字符串或未知变量。用户可以任意的次序输入参量 n、v 与 a，命令 taylor 能从它们的位置与类型确定它们的目的。解析函数 $f(x)$在点 $x=a$ 的泰勒级数定义为 $f(x)=\sum_{n=0}^{\infty}\frac{f^{(n)}(a)}{n!}(x-a)^n$。

【例 7-12】 求下面函数的泰勒级数展开式。

(1) 求 $\sqrt{1-2x+x^4}-\sqrt[4]{1-3x+x^2}$ 的 6 阶泰勒级数展开式。

(2) 求$\frac{1-2x+x^2}{1-x-x^2}$在 $x=1$ 处的 5 次多项式展开式。

其实现的 MATLAB 代码为：

```
>> clear all;
syms x
```

```
f1 = sqrt(1 - 2 * x + x ^4) - (1 - 3 * x + x ^2)^(1/4);          %(1)的表达式
t1 = taylor(f1,x,6)                                              %(1)的6阶泰勒级数展开式
t1 =
(23829 * x ^5)/8192 + (3149 * x ^4)/2048 + (53 * x ^3)/128 + (3 * x ^2)/32 - x/4
>> f2 = (1 - 2 * x + x ^2)/(1 - x - x ^2);                       %(2)的表达式
t2 = taylor(f2,6,1)                                              %(2)的5次多项式展开式
t2 =
3 * (x - 1)^3 - (x - 1)^2 - 8 * (x - 1)^4 + 21 * (x - 1)^5
```

【例 7-13】 对给定的表达式实现 n 阶展开,并绘制对应的拟合曲线。

```
>> clear all;
syms x
f = sin(x)/x;                         %原始表达式
t6 = taylor(f)                        %实现6阶近似展开
t8 = taylor(f, 'Order', 8)            %实现8阶近似展开
t10 = taylor(f, 'Order', 10)          %实现10阶近似展开
ezplot(t6, [ - 4, 4])
hold on
ezplot(t8, [ - 4, 4])
ezplot(t10, [ - 4, 4])
ezplot(f, [ - 4, 4])
legend('6阶近似展开拟合','8阶近似展开拟合','10阶近似展开拟合','原始函数拟合',...
'Location', 'South')
title('泰勒级数展开')
hold off
```

运行程序,输出如下,效果如图 7-1 所示。

```
t6 =
x ^4/120 - x ^2/6 + 1
t8 =
- x ^6/5040 + x ^4/120 - x ^2/6 + 1
t10 =
x ^8/362880 - x ^6/5040 + x ^4/120 - x ^2/6 + 1
```

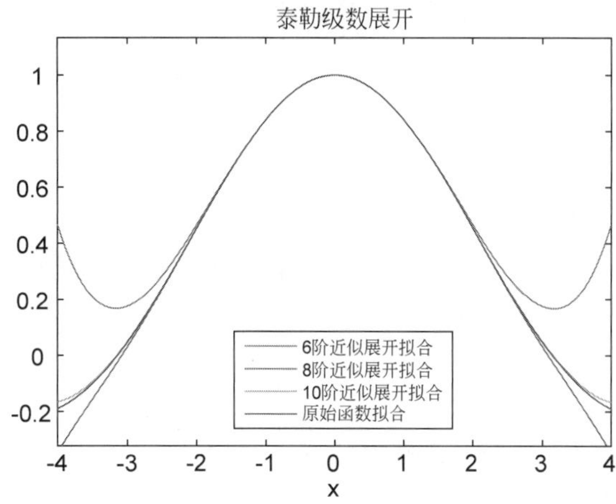

图 7-1 泰勒级展开效果图

7.2.12 Jacobian 矩阵

在数学分析中，微分运算也可以对列向量进行操作，所得的结果也是一种列向量。在数学分析中，多元向量函数 f 的 Jacobian 矩阵的定义如下：

对于多元向量函数 $f(v)=\begin{bmatrix} f_1(v) \\ \vdots \\ f_n(v) \end{bmatrix}$ 和向量变量 $v=[v_1,\cdots,v_m]$，函数 f 的 Jacobian 矩阵为 $f(v)=\begin{bmatrix} \frac{\partial f_1}{\partial v_1} & \cdots & \frac{\partial f_1}{\partial v_m} \\ \vdots & \ddots & \vdots \\ \frac{\partial f_n}{\partial v_1} & \cdots & \frac{\partial f_n}{\partial v_m} \end{bmatrix}$。

在 MATLAB 中，提供了 jacobian 函数用于求多元函数的导数。函数的调用格式为：

jacobian(f,v)：计算数量或向量 f 对于向量 v 的 Jacobian 矩阵。函数的返回值的第 i 行和第 j 列的数为 df(i)/dv(j)。当 f 为数量时，该函数返回 f 的梯度。此外，参数 v 可以是数量，jacobian(f,v)等价于 diff(f,v)。

【例 7-14】 求 $f=\begin{bmatrix} x_1 e^{x_2} \\ x_2 \\ \cos(x_1)\sin(x_2) \end{bmatrix}$ 的 Jacobian 矩阵。

```
>> clear all;
>> syms x1 x2 x3;
>> f = [x1 * exp(x2);x2;cos(x1) * sin(x2)];
>> v = [x1 x2];
>> fj = jacobian(f,v)
```

运行程序，输出如下：

```
fj =
[                exp(x2),        x1 * exp(x2)]
[                     0,                    1]
[ - sin(x1) * sin(x2), cos(x1) * cos(x2)]
```

7.3 符号函数

在 MATLAB 中，也提供了相关函数用于实现符号的其他变换。

7.3.1 反函数

在高等数学中，反函数是一个最基本的内容，基本定义为：对于函数 $f(x)$，如果在实数范围内，存在一个函数 $g(y)$，使得表达式 $g(f(x))=x$ 成立，那么函数 $g(x)$ 称为原函

数 $f(x)$的反函数。在 MATLAB 中，提供了 finverse 函数用于求符号的反函数。函数的调用格式为：

g=finverse(f)：g 为符号函数 f 的反函数。f 为符号函数表达式，单变量为 x，则函数 g 为符号函数，使得 g(f(x))=x。

g=finverse(f,v)：返回的符号函数表达式的自变量为 v，这里 v 为符号，是表达式的向量变量，则 g 的表达式要使得 g(f(v))=v。当 f 包括不止一个变量时，最好使用此形式。

【例 7-15】 求符号表达式的反函数。

```
>> clear all;
>> syms u v x
>> f(x) = 1/tan(x);
g = finverse(f)
g(x) =
atan(1/x)
>> finverse(exp(u - 2 * v), u)
ans =
2 * v + log(u)
```

7.3.2 复合函数

另一类比较常见的符号函数为复合函数操作，即在数学分析中，其中一个函数的自变量通过另一个函数代替，将该函数带入后得到完整的函数结果，即函数 $z=f(y)$和 $y=g(x)$，将后者带入前者的表达式中，得到第一个函数的最终表达形式。在 MATLAB 中，提供了 compose 函数用于实现复合函数。函数的调用格式为：

compose(f,g)：返回函数当 f=f(x)和 g=g(y)时的复合函数 f(g(y))，其中，x 为由函数 findsym 确定的 f 的符号变量，y 为由函数 findsym 确定的 g 的符号变量。

compose(f,g,z)：返回 f=f(x)和 g(y)时的复合函数 f(g(z))，返回的函数以 z 为自变量。例如，如果 f=sin(x/t)，那么函数 compose(f,g,z)将返回 sin(g(z)/f)。

compose(f,g,x,z)：返回复合函数 f(g(z))，x 为函数 f 的独立变量。例如，如果 f=sin(x/t)，那么函数 compose(f,g,t,z)将返回 sin(g(z)/f)，并且函数 compose(f,g,t,z)将返回 sin(x/g(z))。

compose(f,g,x,y,z)：返回复合函数 f(g(z))，并且 x 为函数 f 的独立变量，y 为函数 g 的独立变量。例如，如果 y=sin(x/t)并且 g=cos(y/u)，那么函数 compose(f,g,x,y,z)将返回 sin(cos(z/u)/t)，并且函数 compose(f,g,x,u,z)将返回 sin(cos(y/z)/t)。

【例 7-16】 求符号表达式的复合函数。

```
>> clear all;
syms x y z t u;
%定义的符号函数
f = 1/(1 + x^2); g = sin(y); h = x^t; p = exp( - y/u);
a = compose(f,g)
a =
```

```
1/(sin(y)^2 + 1)
>> b = compose(f,g,t)
b =
1/(sin(t)^2 + 1)
>> c = compose(h,g,x,z)
c =
sin(z)^t
>> d = compose(h,g,t,z)
d =
x^sin(z)
>> e = compose(h,p,x,y,z)
e =
(1/exp(z/u))^t
>> f = compose(h,p,t,u,z)
f =
x^(1/exp(y/z))
```

7.3.3 置换函数

在 MATLAB 中，提供了 subs 函数用于实现符号表达式的置换。函数的调用格式为：

R=subs(S)：用函数中的值或 MATLAB 工作区间的值替代符号表达式 S 中的所有变量，如果没有指定某符号变量的值，则返回值中的该符号变量不被替换。

R=subs(S,new)：用新的符号变量 new 替换原来的符号表达式 S 中的默认变量。

R=subs(S,old,new)：用新的符号变量 new 替换原来符号表达式 S 中的变量 old，当 new 是数值形式的符号时，实际上用数值替换原来的符号计算表达式的值，结果仍为字符串形式。

【例 7-17】 下面演示 subs 的置换规则。

```
%产生符号函数
>> syms a x;
>> f = a * sin(x) + 5
f =
a * sin(x) + 5
%符号变量置换
>> f1 = subs(f,'sin(x)',sym('y'))
f1 =
a * y + 5
%符号常数置换
>> f2 = subs(f,{a,x},{2,sym(pi/3)})
f2 =
3^(1/2) + 5
%双精度数值置换(即所有自由变量被双精度数值取代,取 a = 2,x = pi/3)
>> f3 = subs(f,{a,x},{2,pi/3})
f3 =
3^(1/2) + 5
%数值数组置换之一(取 a = 2,x = 0:pi/6:pi)
```

```
>> f4 = subs(subs(f,a,2),x,0:pi/6:pi)
f4 =
[ 5, 6, 3^(1/2) + 5, 7, 3^(1/2) + 5, 6, 5]
%常数数组置换之二(取 a = 0:6,x = 0:pi/6:pi)
>> f5 = subs(f,{a,x},{0:6,0:pi/6:pi})
f5 =
[ 5, 11/2, 3^(1/2) + 5, 8, 2*3^(1/2) + 5, 15/2, 5]
```

7.4 符号代数方程求解

方程求解在数学理论研究、实际应用中都是一类非常重要的问题，也是符号运算关注的一个主要内容。MATLAB 符号工具箱对符号方程求解提供了强大的支持。

7.4.1 线性方程组的符号解

矩阵计算是求解线性方程组最简便、有效的方法。在 MATLAB 和相应的数学工具箱中，不管数据对象是数值还是符号，实现矩阵运算的指令形式几乎完全相同。

【例 7-18】 用符号线性方程组的基本解法求 $d+\frac{n}{2}+\frac{p}{2}=q, n+d+q-p=10, q+d-\frac{n}{4}=p, q+p-n-8d=1$ 线性方程组的解。

方程组的形式为 $\begin{bmatrix} 1 & \frac{1}{2} & \frac{1}{2} & -1 \\ 1 & 1 & -1 & 1 \\ 1 & -\frac{1}{4} & -1 & 1 \\ -8 & -1 & 1 & 1 \end{bmatrix}\begin{bmatrix} d \\ n \\ q \\ p \end{bmatrix}=\begin{bmatrix} 0 \\ 10 \\ 0 \\ 1 \end{bmatrix}$。

其实现的 MATLAB 代码为：

```
>> A = sym([1 1/2 1/2 -1;1 1 -1 1;1 -1/4 -1 1;-8 -1 1 1]);
>> b = sym([0;10;0;1]);
>> x = A\b                    %符号求解方程
```

运行程序，输出如下：

```
x =
 1
 8
 8
 9
```

7.4.2 符号代数方程求解

代数方程只涉及符号对象的代数运算，相对比较简单，它还可以细分为线性方程和非线性方程两类。前者往往可以很容易地求得所有解，但是对于后者来说，却经常容易丢掉一些解，这时就必须借助函数绘制图形，通过图形来判断方程解的个数。

这里所讲的一般代数方程包括线性、非线性和超越方程等，求解指令是 solve。当方程组不存在符号解，又无其他自由参数时，solve 将给出数值解。函数的调用格式为：

S=solve(eqn,var)：求解由符号表达式或不带符号的字符串 eqn 组成的方程组，其自变量由参数 var 指定。

S=solve(eqn,var,Name,Value)：同时设置方程组的属性名 Name 及属性值 Value。

Y=solve(eqns,vars)：指定几个自变量参数 vars。

Y=solve(eqns,vars,Name,Value)：同时设置方程组的几个属性名 Name 及属性对应的属性值 Value。

[y1,…,yN]=solve(eqns,vars)：指定的输出变量名 y1,…,yN，方程解的结果分别赋值给它们，而且赋值的顺序是按未知变量名在字母表中的排序输出。

输出解有以下 3 种情况：

- 对于单个方程单个输出参数的情况，将返回由多个解构成的列向量。
- 对于有和方程数目相同的输出参数的情况，方程组的解将分别赋给每个输出参数，并按照字母表的顺序进行排列。
- 对于只有一个输出参数的方程组，方程组的解将以结构矩阵的形式赋给输出参数。

【例 7-19】 符号代数方程求解。

```
>> syms x;
>> f = sym('a * x + b * x ^ - 1 + c')
f =
c + a*x + b/x
>> solve(f)
ans =
 -(c + (c^2 - 4*a*b)^(1/2))/(2*a)
 -(c - (c^2 - 4*a*b)^(1/2))/(2*a)
>> syms a x;
>> f = sym('a * x ^ 2 + b * x + c')
f =
a*x^2 + b*x + c
>> solve(f,x)
ans =
 -(b + (b^2 - 4*a*c)^(1/2))/(2*a)
 -(b - (b^2 - 4*a*c)^(1/2))/(2*a)
>> solve(f,a)
ans =
-(c + b*x)/x^2
>> clear all;
>> syms x y;
>> f1 = sym('x ^ 2 + y ^ 2 = 25')
f1 =
x^2 + y^2 == 25
>> f2 = sym('x * y = 12')
f2 =
```

```
x * y == 12
>> [x,y] = solve(f1,f2)
x =
 - 3
 - 4
   4
   3
y =
 - 4
 - 3
   3
   4
>> clear all;
>> syms x y a b;
>> f1 = sym('x^2 + y^2 = a^2')
f1 =
x^2 + y^2 == a^2
>> f2 = sym('x * y = b')
f2 =
x * y == b
>> S = solve(f1,f2,x,y)
S =
    x: [4x1 sym]
    y: [4x1 sym]
>> S.x
ans =
 -((a^2/2 - (-(- a^2 + 2 * b) * (a^2 + 2 * b))^(1/2)/2)^(3/2) - a^2 * (a^2/2 -
(-(- a^2 + 2 * b) * (a^2 + 2 * b))^(1/2)/2)^(1/2))/b
 -((a^2/2 + (-(- a^2 + 2 * b) * (a^2 + 2 * b))^(1/2)/2)^(3/2) - a^2 * (a^2/2 +
(-(- a^2 + 2 * b) * (a^2 + 2 * b))^(1/2)/2)^(1/2))/b
 ((a^2/2 - (-(- a^2 + 2 * b) * (a^2 + 2 * b))^(1/2)/2)^(3/2) - a^2 * (a^2/2 -
(-(- a^2 + 2 * b) * (a^2 + 2 * b))^(1/2)/2)^(1/2))/b
 ((a^2/2 + (-(- a^2 + 2 * b) * (a^2 + 2 * b))^(1/2)/2)^(3/2) - a^2 * (a^2/2 +
(-(- a^2 + 2 * b) * (a^2 + 2 * b))^(1/2)/2)^(1/2))/b
>> S.y
ans =
 (a^2/2 - (-(- a^2 + 2 * b) * (a^2 + 2 * b))^(1/2)/2)^(1/2)
 (a^2/2 + (-(- a^2 + 2 * b) * (a^2 + 2 * b))^(1/2)/2)^(1/2)
 -(a^2/2 - (-(- a^2 + 2 * b) * (a^2 + 2 * b))^(1/2)/2)^(1/2)
 -(a^2/2 + (-(- a^2 + 2 * b) * (a^2 + 2 * b))^(1/2)/2)^(1/2)
```

提示：当输出变量的个数为1时，返回结果为结构数据类型。

7.4.3 符号微分方程求解

从数值计算角度看，与初值问题求解相比，微分方程边值问题的求解显得复杂和困难。对于应用数学工具去求解实际问题的科研人员来说，不妨尝试通过符号计算函数进行求解。因为对于符号计算来说，不论是初值问题还是边值问题，其求解微分方程的函数形式都相同，且相当简单。

当然，符号计算可能花费较多的计算机资源，可能得不到简单的解析解或封闭形式的解,甚至无法求解。既然没有万能的微分方程一般解法,那么,求解微分方程的符号法和数值法就有很好的互补作用。

函数 dsolve 用来求常微分方程的符号解。在方程中,用大写字母 D 表示一次微分,D2、D3 分别表示二次、三次微分运算。以此类推,符号 D2y 表示$\frac{d^2y}{dt^2}$。函数 dsolve 把 d 后面的字符当作因变量,并默认所有这些变量对符号 t 进行求解。函数 dsolve 的调用格式为:

Y=dsolve(eqns):求由 eqns 指定的常微分方程的符号解,自变量为默认值。

Y=dsolve(eqns,conds):指定常微分方程的边界条件 conds。

Y=dsolve(eqns,conds,Name,Value):指定常微分方程的属性名 Name 及其对应的属性值。

[y1,…,yN]=dsolve(eqns)、y1,…,yN]=dsolve(eqns,conds)、y1,…,yN]=dsolve(eqns,conds,Name,Value):返回的常微分方程组的解为 y1,…,yN。

【例 7-20】 符号常微分方程求解。

```
>> clear all;
>> syms a x(t)
dsolve(diff(x) ==  - a * x)
ans =
C1 * exp( - a * t)
>> clear all;
>> syms f(t)
dsolve(diff(f) == f + sin(t))
ans =
C1 * exp(t) - (2^(1/2) * cos(t - pi/4))/2
>> clear all;
>> syms a b y(t)
dsolve(diff(y) == a * y, y(0) == b)
ans =
b * exp(a * t)
>> clear all;
>> syms a y(t)
Dy = diff(y);
dsolve(diff(y, 2) ==  - a^2 * y, y(0) == 1, Dy(pi/a) == 0)
ans =
exp( - a * t * 1i)/2 + exp(a * t * 1i)/2
>> clear all;
>> syms x(t) y(t)
z = dsolve(diff(x) == y, diff(y) ==  - x)
z =
     y: [1x1 sym]
     x: [1x1 sym]
>> z.x
ans =
C2 * cos(t) + C1 * sin(t)
>> z.y
ans =
C1 * cos(t) - C2 * sin(t)
```

【例 7-21】 求常微分方程组 $\begin{cases}\dfrac{df}{dx}=3f+4g \\ \dfrac{dg}{dx}=-4f+3g\end{cases}$ 的通解及满足初始条件 $f(0)=0.1$，$g(0)=2.5$ 的特解。

其实现的 MATLAB 代码为：

```
>> clear
>> [f1,g1] = dsolve('Df = 3 * f + 4 * g,Dg = - 4 * f + 3 * g','x')    %求常微分方程组的通解
f1 =
C6 * cos(4 * x) * exp(3 * x)  + C5 * sin(4 * x) * exp(3 * x)
g1 =
C5 * cos(4 * x) * exp(3 * x)  - C6 * sin(4 * x) * exp(3 * x)
%求常微分方程组的特解
>> [f2,g2] = dsolve('Df = 3 * f + 4 * g,Dg = - 4 * f + 3 * g','f(0) = 0.1','g(0) = 2.5','x')
f2 =
(cos(4 * x) * exp(3 * x))/10  + (5 * sin(4 * x) * exp(3 * x))/2
g2 =
(5 * cos(4 * x) * exp(3 * x))/2  - (sin(4 * x) * exp(3 * x))/10
%根据得到的特解,利用 fplot 函数绘制特解曲线图,效果如图 7-2 所示
>> fplot('[(cos(4 * x) * exp(3 * x))/10  + (5 * sin(4 * x) * exp(3 * x))/2,(5 * cos(4 * x) * exp
(3 * x))/2  - (sin(4 * x) * exp(3 * x))/10]',pi * [ - 1,1, - 1,1],'p')
```

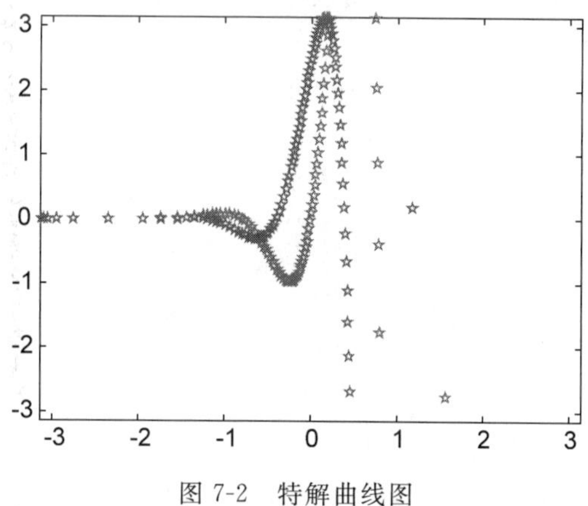

图 7-2 特解曲线图

7.5 符号积分变换

在数学中，为了把较复杂的运算转换为比较简单的运算，经常采用一种变换手段。例如，数量的乘积或商可以变换成对数的和或差，然后再取反对数，即可求得原来数量的乘积或商。这种变换的目的就是把比较复杂的乘除运算通过对数变换转换为简单的加减运算。

所谓积分变换，就是通过积分运算，把一类函数 A 变换成另一类函数 B，函数 B 一般是含有参量 a 的积分：$\int_a^b f(t)K(t,a)\mathrm{d}x$。该变换的目的就是把某函数类 A 中的函数 $f(t)$

通过积分运算变成另一类函数 B 中的函数 $F(a)$。这里 $K(t,a)$是一个确定的二元函数，称为积分变换的核。当选取不同的积分区间与变换核时，就成为不同的积分变换。$f(t)$称为原函数，$F(a)$称为象函数。在一定条件下，原函数与象函数两者一一对应，成为一个积分变换对。变换是可逆的，由原函数求象函数，反之则是逆变换。

积分变换的理论与方法，在自然科学和工程技术的各个领域中都有着广泛的应用，成为不可缺少的运算工具。变换的使用会极大地简化计算，有的变换则为开创新的学科奠定了基础。

7.5.1 傅里叶变换及其逆变换

时域中的 $f(x)$与它在频域中的傅里叶(Fourier)变换存在如下关系：

$$f = f(x) \Rightarrow F = F(w) = \int_{-\infty}^{+\infty} f(x)\mathrm{e}^{-\mathrm{i}wx}\,\mathrm{d}x$$

$$f(x) = \frac{1}{2\pi}\int_{-\infty}^{+\infty} F(w)\mathrm{e}^{\mathrm{i}wx}\,\mathrm{d}w$$

在 MATLAB 中，提供了 fourier 函数用于实现傅里叶积分变换，提供了 ifourier 函数用于实现傅里叶逆变换。函数的调用格式为：

fourier(f,trans_var,eval_point)：对函数 f 进行傅里叶积分变换，trans_var 为指定的变量，eval_point 为符号变量或表达式表示的评价点，这个变量通常被称为“频率变量”。默认变量为 w。

ifourier 函数的调用格式与 fourier 函数调用格式相似。

【例 7-22】 求符号表达式的傅里叶变换及其逆变换。

```
>> syms x w u v;
>> f = exp(-x^2);
fourier(f)                    % 傅里叶变换
ans =
pi^(1/2)/exp(w^2/4)i
>> g = exp(-abs(w));
fourier(g)                    % 傅里叶变换
ans =
2/(v^2 + 1)
>> f = x*exp(-abs(x));
fourier(f,u)                  % 傅里叶变换
ans =
-(4*u*i)/(u^2 + 1)^2
>> f = exp(-x^2*abs(v))*sin(v)/v;
fourier(f,v,u)                % 傅里叶变换
ans =
piecewise([x <> 0, atan((u + 1)/x^2) - atan((u - 1)/x^2)])
>> syms x a w real;
f = exp(-w^2/(4*a^2));
F = ifourier(f)               % 傅里叶逆变换
F =
1/(2*pi^(1/2)*exp(a^2*x^2)*(1/(4*a^2))^(1/2))
>> F = simplify(F)            % 化简傅里叶逆变换结果
```

```
F =
abs(a)/(pi^(1/2)*exp(a^2*x^2))
>> g = exp(-abs(x));
ifourier(g)                    %傅里叶逆变换
ans =
1/(pi*(t^2 + 1))
```

提示：傅里叶逆变换以后得到的函数如果与原函数不同，可以采用 simplify 函数来对其进行化简。

7.5.2 拉普拉斯变换及其逆变换

在数学分析中，拉普拉斯(Laplace)变换及其逆变换的定义为：

$$F(s) = \int_0^{\infty} L(t)\mathrm{e}^{-st}\,\mathrm{d}t$$

$$L(t) = \frac{1}{2\pi}\int_{c-\mathrm{j}\infty}^{c+\mathrm{j}\infty} F(s)\mathrm{e}^{st}\,\mathrm{d}s$$

由于该变换也是用积分来定义的，因此，可以用 int 命令直接求解拉普拉斯变换。在 MATLAB 中，提供了 laplace 函数用于实现拉普拉斯变换，提供了 ilaplace 函数用于实现拉普拉斯逆变换。函数的调用格式为：

laplace(f,trans_var,eval_point)：对函数 f 实现拉普拉斯变换，参数 trans_var 为指定的变量，eval_point 为符号变量或表达式表示的评价点，这个变量通常称为“频率变量”，默认变量为 w。

ilaplace 函数的调用格式与 laplace 函数调用格式相似。

【例 7-23】 求符号表达式的拉普拉斯变换及其逆变换。

```
>> clear all;
>> syms x y
>> f = 1/sqrt(x);
laplace(f, x, y)
ans =
pi^(1/2)/y^(1/2)
>> clear all;
>> syms a t y
f = exp(-a*t);
laplace(f, y)
ans =
1/(a + y)
>> clear all;
>> syms t s
laplace(dirac(t - 3), t, s)
ans =
exp(-3*s)
>> clear all;
>> syms a b c d w x y z
laplace([exp(x), 1; sin(y), i*z],[w, x; y, z],[a, b; c, d])
```

```
ans =
[        exp(x)/a,        1/b]
[ 1/(c^2 + 1), 1i/d^2]
>> clear all;
>> syms a s x
F = 1/(s - a)^2;
ilaplace(F, x)
ans =
x * exp(a * x)
>> clear all;
>> syms a b c d w x y z
ilaplace([exp(x), 1; sin(y), i * z],[w, x; y, z],[a, b; c, d])
ans =
[            exp(x) * dirac(a),            dirac(b)]
[ ilaplace(sin(y), y, c), dirac(1, d) * 1i]
```

7.5.3　Z 变换及其逆变换

和前面两个变换不同，Z 变换适用于离散的因果系列，Z 变换及其逆变换定义为：

$$F(z) = \sum_{n=0}^{\infty} f(n) z^{-n}$$

$$f(n) = Z^{-1}\{F(z)\}$$

由于该变换也是用积分来定义的，因此，可以用 int 命令直接求解 Z 变换。在 MATLAB 中，提供了 ztrans 函数用于实现 Z 积分变换，提供了 iztrans 函数用于实现 Z 积分逆变换。函数的调用格式为：

ztrans(f,trans_index,eval_point)：对函数 f 实现 Z 积分变换，trans_index 为指定的符号变量，通常称为"离散时间变量"，默认变量为 n。eval_point 为符号变量或表达式表示的评价点，这个变量通常被称为"复杂的频率可变"，默认评价点为 w。

iztrans 函数的调用格式与 ztrans 函数调用格式相同。

【例 7-24】 求符号表达式的 Z 变换及其逆变换。

```
>> syms a n z w;
f = n^4;
ztrans(f)                              %Z 变换
ans =
(z^4 + 11 * z^3 + 11 * z^2 + z)/(z - 1)^5
>> f = sin(a * n);
ztrans(f, w)                           %Z 变换
ans =
(w * sin(a))/(w^2 - 2 * cos(a) * w + 1)
>> g = a^z;
ztrans(g)                              %Z 变换
ans =
-w/(a - w)
>> f = 2 * z/(z - 2)^2;                %Z 逆变换
```

```
iztrans(f)
ans =
2^n + 2^n*(n - 1)
>>g = n*(n+1)/(n^2+2*n+1);
iztrans(g)                          %Z逆变换
ans =
(-1)^k
```

7.6 符号函数图示化

与其他的高级语言相比，MATLAB语言的一个重要优点是简单易学，在符号运算方面，MATLAB同样体现了这个特点。MATLAB语言提供了图示化符号函数计算器，用户可以进行一些简单的符号运算和图形处理。虽然它的功能不是十分强大，但是，由于它操作方便、使用简单，可视性和人机交互性都很强，因此深得用户喜欢。MATLAB语言有两种符号计算器，一种是单变量符号函数计算器，另一种是泰勒级数逼近计算器。

7.6.1 单变量符号函数计算器

对于习惯使用计算器或者只进行一些简单的符号运算与图形处理的读者，MATLAB提供的图示化符号函数计算器是一个较好的选择。

在MATLAB命令行窗口中输入funtool命令后按Enter键，即可弹出如图7-3所示的funtool分析界面。

图7-3所示的funtool分析界面由两个图形窗口(Figure No.1和Figure No.2)与一个函数运算控制窗口(Figure No.3)组成。在任何时候，两个图形窗口只有一个处于激活状态。函数运算控制窗口上的任何操作都只能对被激活的函数图形窗口起作用，即被激活的函数图像可随运算控制窗口的操作而进行相应的变化。

(1) 第一排按键只对 f 起作用，如求导、积分、简化、提取分子和分母、计算 $1/f$ 及求反函数。

(2) 第二排按钮处理函数 f 和常数 a 之间的加、减、乘、除等运算。

(3) 第三排前四个按钮对两个函数 f 和 g 进行算术运算；第五个按钮求复合函数；第六个按钮的功能是把 f 函数传递给 g；最后一个按钮swap用于实现 f 和 g 的互换。

(4) 第四排按键用于对计算器自身进行操作。funtool计算器有一张函数列表fxlist。这7个按键的功能依次如下。

- Insert：把当前激活窗的函数写入列表。
- Cycle：依次循环显示fxlist中的函数。
- Delete：从fxlist列表中删除激活窗的函数。
- Reset：使计算器恢复到初始调用状态。
- Help：获得关于界面的在线提示说明。
- Demo：自动演示。
- Close：关闭对话框。

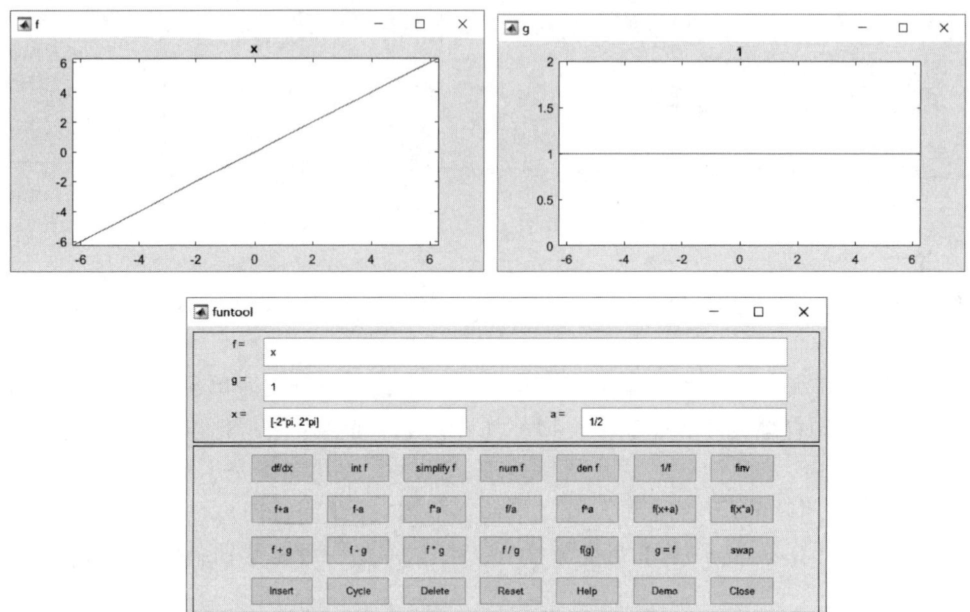

图 7-3　funtool 分析界面

【例 7-25】 funtool 符号函数运算实例。

在命令行窗口中输入：

```
>> funtool
```

在 Figure No. 3 窗口的 f 函数右侧的文本框中输入 sin(3x)后按 Enter 键，完成 f 函数的设置。f 函数的图形如图 7-4 所示。

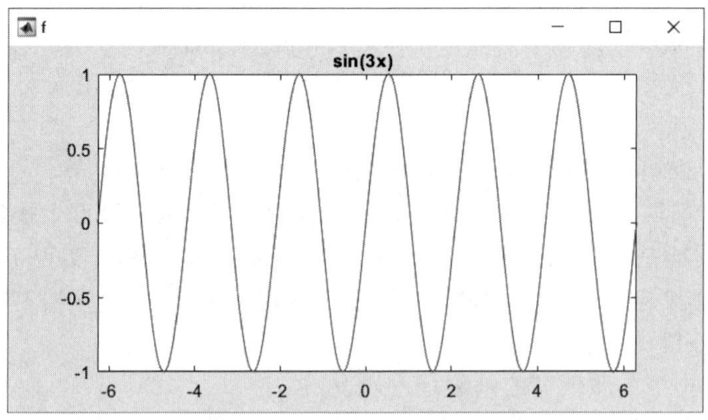

图 7-4　sin(3x)函数图像

在 Figure No. 3 窗口的 g 函数右侧的文本输入框中输入 cos(x)＋sin(x)并回车，完成 g 函数的设置。g 函数的图形如图 7-5 所示。

设置完成的 Figure No. 3 如图 7-6 所示。

下面计算 f 函数与 g 函数的乘积，单击 Figure No. 1 中第三排第三个按钮，完成函数

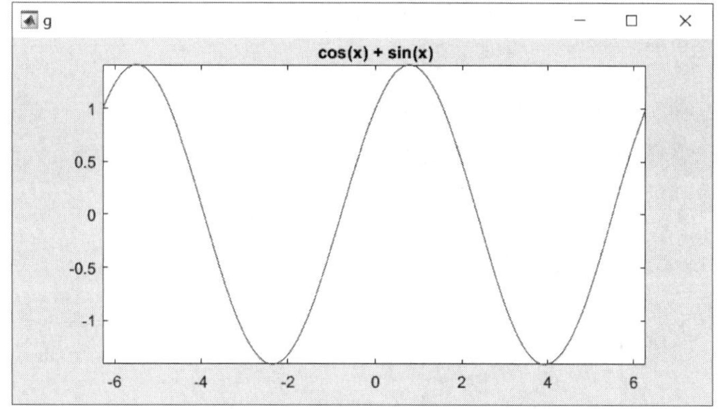

图 7-5　cos(x)＋sin(x)函数图像

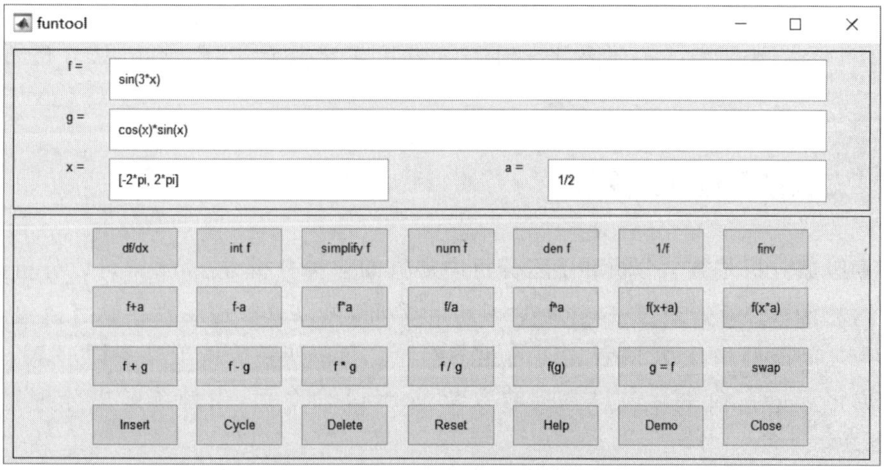

图 7-6　funtool 分析界面的参数设置

的乘积，乘积的函数图形显示在 Figure No. 1 中，如图 7-7 所示。

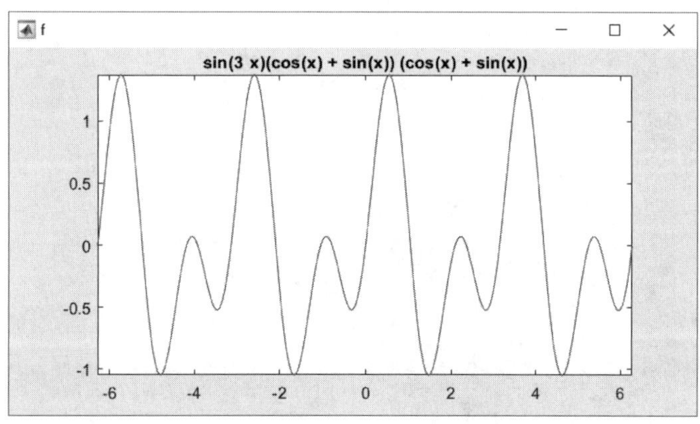

图 7-7　f 函数与 g 函数乘积图像

计算 f 函数与 g 函数的复合函数。单击 Figure No. 3 中第三排第五个按钮，完成复

合函数 $f(g)$，复合函数图形显示在 Figure No.1 中，如图 7-8 所示。

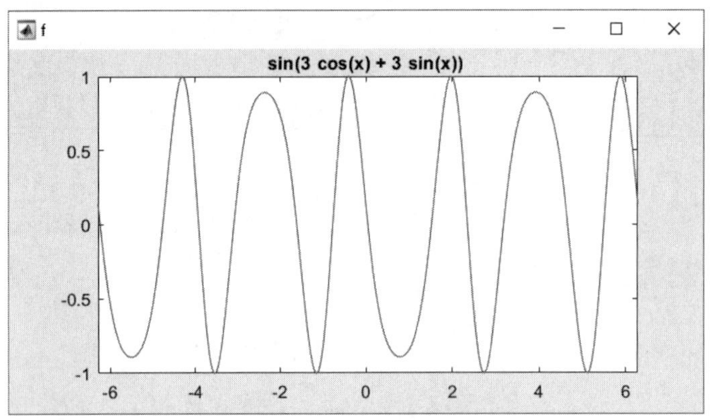

图 7-8　sin(3cos(x)+3sin(x))复合函数图像

提示：如果想要完成复合函数 $g(f)$，可以先实现函数交换 swap，然后使用 $f(g)$ 按钮。

7.6.2　泰勒级数逼近计算器

泰勒级数分析是数学分析和工程分析中常见的一种分析方法，常常可以分析某一变化范围内的函数性态。通过 Taylor Tool 分析界面，可以直观地观察泰勒级数逼近和原来的函数之间的偏差，以及两者之间的性态差异。和单变量分析工具一样，Taylor Tool 分析界面也可以在命令行窗口直接输入 taylortool 命令后，由系统弹出分析界面，如图 7-9所示。

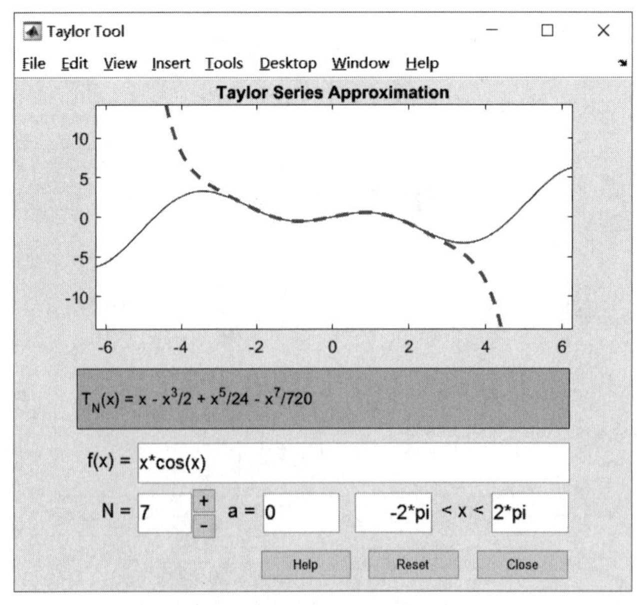

图 7-9　Taylor Tool 分析界面

在该分析界面中，函数可以通过 f(x)文本框输入，N 表示函数展开的阶数，a 表示函数的展开点位置，函数的展开范围可以通过右端的范围文本框输入。默认情况下的函数 x * cos(x)的泰勒级数展开后的函数形态和原函数之间的图形关系如图 7-9 所示，可以看出两者之间形态的直接差异。

taylortool(f)在[-2π,2π]区间内绘制函数 f 第 1～N 阶的部分泰勒级数和，默认的 N 值为 7。

【例 7-26】 求函数 $f(x)=\sin(x)*\cos(x)$在区间[$-\pi$,π]的 12 阶泰勒级数。

在图 7-9 所示界面中的“f(x)=”文本框中输入 sin(x) * cos(x)，在“N=”文本框中输入 12，在“<x<”文本框的左右两边输入-pi 和 pi，按 Enter 键，得到如图 7-10 所示的泰勒级数逼近图。

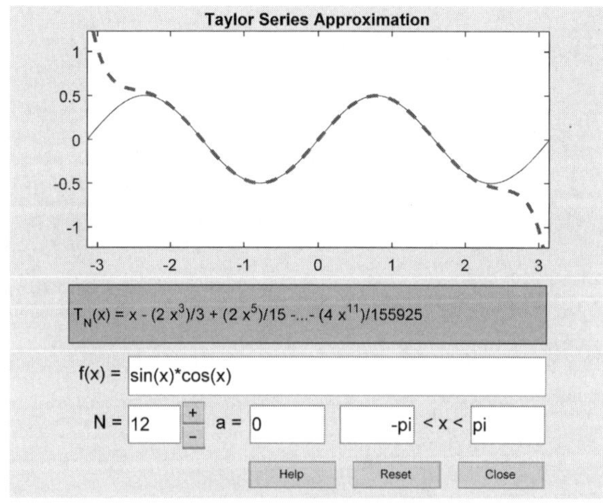

图 7-10　泰勒级数逼近图

第二部分
MATLAB的应用

第 8 章　MATLAB 概率与数理统计工具箱

第 9 章　MATLAB 数字图像处理工具箱

第 10 章　MATLAB 信号处理工具箱

第 11 章　MATLAB 小波分析工具箱

第 12 章　MATLAB 偏微分方程工具箱

第 13 章　MATLAB 最优化工具箱

第8章 MATLAB概率与数理统计工具箱

概率与数理统计是研究随机现象数量规律性的一门应用数学学科，是经济数学的重要组成部分，是统计学的一个基本工具，它在经济和管理领域的应用日趋广泛与深入。

8.1 概率密度函数

在数学中，连续型随机变量的概率密度函数（在不至于混淆时可以简称为密度函数）是一个描述这个随机变量的输出值，在某个确定的取值点附近的可能性的函数。

8.1.1 连续分布密度函数

连续型随机变量的变化是连续的，根据随机变量概率分布函数和概率密度函数的定义，我们知道对概率分布函数求导就得到相应随机量的密度函数，反过来对密度函数求定积分就会得到随机量的分布函数。连续型随机变量和离散型随机变量不同，计算连续型随机变量在某个值的概率是没有意义的，人们一直关注随机变量落在某个区间上的概率；但是概率密度却是描述随机分布的一个有力工具，对于人们认清随机量的分布规律很有帮助。

连续型随机变量的分布规律有许多，下面介绍几种常用的。

1. 正态分布

如果连续型随机变量 X 的密度函数为：

$$f(x)=\frac{1}{\sigma\sqrt{2\pi}}\mathrm{e}^{-\frac{(x-\mu)^2}{2\sigma^2}},\quad -\infty<x<\infty;\ \sigma>0$$

则称 X 为服从正态分布的随机变量，记作 $X\sim N(\mu,\sigma^2)$。

【例 8-1】 设随机变量 $\xi\sim N(0,1)$，计算 x，使 $P\{|\xi|>x\}<0.2$。

解析：随机变量服从标准正态分布，密度函数图像关于 y 轴对称，所以有 $P\{\xi<-x_0\}=P\{\xi>x_0\}$。设 x_0 即为所求的随机数，则有 $P\{\xi<-x_0\}=0.5(1-0.2)$。

```
>> clear all;
>> p = 0.5 * (1 - 0.2);
>> mu = 0;
>> sigma = 1;
>> x0 = - norminv(p,mu,sigma)
x0 =
    0.2533
```

【例 8-2】 试分别绘制(μ,σ^2)为(−1,1),(0,0.1),(0,1),(0,10),(1,1)时正态分布的概率密度函数与分布函数曲线。

```
>> clear all;
x = [ - 5:0.02:5]';
y1 = [ ];y2 = [ ];
mu1 = [ - 1,0,0,0,1];
sig1 = [1 0.1 1 10 1];
sig1 = sqrt(sig1);
for i = 1:length(mu1)
    y1 = [y1,normpdf(x,mu1(i),sig1(i))];
    y2 = [y2,normcdf(x,mu1(i),sig1(i))];
end
figure;plot(x,y1);
gtext('μ = - 1,σ ^2 = 1');gtext('μ = 0,σ ^2 = 0.1');gtext('μ = 0,σ ^2 = 1');gtext('μ = 1,σ ^2 = 1');
gtext('μ = 0,σ ^2 = 10');figure;plot(x,y2);gtext('μ = - 1,σ ^2 = 1');gtext('μ = 0,σ ^2 = 0.1');
gtext('μ = 0,σ ^2 = 10');gtext('μ = 1,σ ^2 = 1');gtext('μ = 1,σ ^2 = 1');
```

运行程序,效果如图 8-1 和图 8-2 所示。

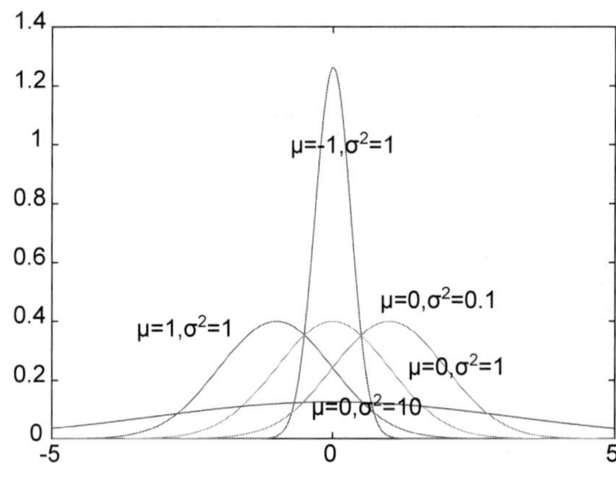

图 8-1 正态分布函数曲线

2. 指数分布

在实际应用问题中,某特定事物发生所需要的时间往往服从指数分布。如某些元件的寿命、某人打一个电话持续的时间、随机服务系统中的服务时间、动物的寿命等都常假定服从指数分布。

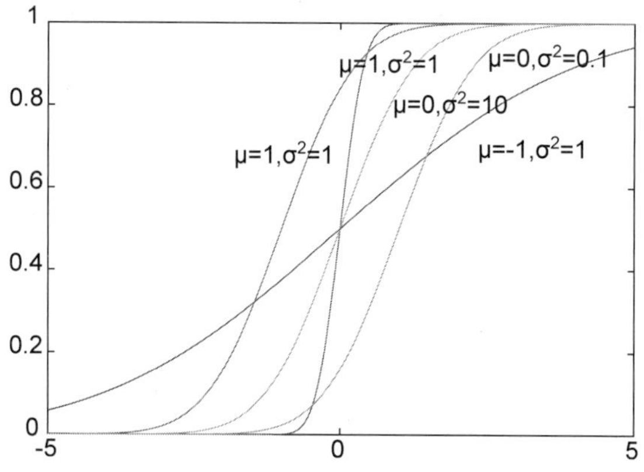

图 8-2　正态分布密度函数曲线

如果连续型随机变量 X 的密度函数为：

$$f(x)=\begin{cases}\lambda e^{-\lambda x}, & x>0\\ 0, & x\leqslant 0\end{cases};\quad \lambda>0$$

则称 X 为服从参数为 λ 的指数分布的随机变量，记作 $X\sim\exp(\lambda)$。

【例 8-3】 设某电子元件厂生产的电子元件的寿命 $X(h)$ 符合指数分布 $X\sim e(\lambda)$，$\lambda=4000$，该厂规定寿命低于 350h 的元件可以退换，求被退换的产品占总产品的比例，并绘出指数分布的概率密度图像和分布函数图像。

解析：实例所求的问题事实上就是寿命这个随机量小于 350h 的概率，这样在已知随机量服从指数分布且 $\lambda=4000$ 的情况下问题就很好解决了。

```
>> clear all;
lamda = 4000;
expcdf(350,lamda)
ans =
    0.0838
x = 1:4000;
Px = exppdf(x,lamda);
P = expcdf(x,lamda);
subplot(121);plot(x,Px);
axis('square');
title('系数分布概率密度函数');
subplot(122);plot(x,P);
axis('square');
title('指数分布的分布函数');
```

运行程序，效果如图 8-3 所示。

3. 均匀分布（连续）

如果随机变量 X 的密度函数为：

$$f(x)=\begin{cases}\dfrac{1}{b-a}, & a\leqslant x\leqslant b\\ 0, & \text{其他}\end{cases}$$

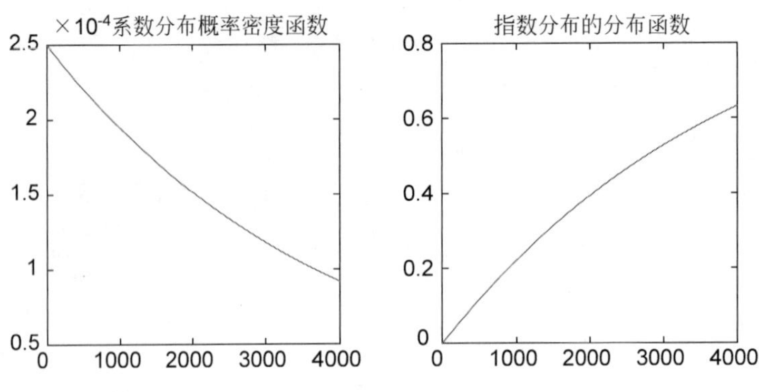

图 8-3　指数分布图像

则称 X 服从$[a,b]$上的均匀分布，记作 $X \sim U[a,b]$。

均匀分布在实际应用中经常使用，如一个半径为 R 的汽车轮胎，因为轮胎上的任一点接触地面的可能性相同，所以轮胎圆周接触地面的位置 X 服从$[0,2\pi R]$上的均匀分布，这只要看报废轮胎圆周磨损程度几乎是相同的，就可以明白均匀分布的含义了。

【例 8-4】 (投掷硬币的计算机模拟)投掷硬币 1000 次，试模拟掷硬币的结果。

```
>> clear all;
n = 1000;
t1 = 0; t2 = 0; a = [];
for j = 1:n
    a(j) = unifrnd(0,1);
    if a(j)< 0.5
        t1 = t1 + 1;
    else
        t2 = t2 + 1;
    end
end
p1 = t1/n
p2 = t2/n
```

运行程序，输出如下：

```
p1 =
    0.4910
p2 =
    0.5090
```

说明：当再次运行程序时，结果与上面的不一定相同，因为这相当于又做了一次投掷硬币 1000 次的实验。当程序中 n=1000 改为 n=100 000 时，就相当于投掷硬币 100 000 次的实验。

8.1.2　离散分布密度函数

离散型随机变量是一个个离散的点值，常见的有 0-1 分布、几何分布、二项分布和泊松分布。0-1 分布也叫伯努利分布或者两点分布，这 4 个离散随机变量的分布很广，它们内部有着很深的联系。

MATLAB 提供的命令函数概括来说主要包括四种功能运算：计算相应分布的累积概率、概率、逆累积概率和产生相应分布的随机数。累积概率就是随机量落在区间[0,x]上的概率；逆累积运算就是给出了累积概率，计算此时随机量的上界 x，随机数的产生则是给出一组或者一个符合某种分布的随机变量。

1. 几何分布

在伯努利实验中，每次实验成功的概率为 p，失败的概率为 $q=1-p$，$0<p<1$，设实验进行到第 ξ 次才出现成功，则 ξ 的分布为：

$$P(\xi = k) = pq^{k-1}, \quad k = 1,2,\cdots$$

【例 8-5】 设有 2000 件零件，其中优等品 700 件，随机抽取 150 件来检查，计算：

(1) 其中不多于 40 件优等品的概率，绘出这 150 件产品中优等品的概率分布图像。

(2) 根据(1)中算得的概率 p，进行逆累积概率计算，把算得的结果和 40 进行比较。

(3) 其中恰好有 40 件优等品的概率，绘出随机变量的分布概率密度图像。

```
>> clear all;
p1 = hygecdf(40,2000,700,150)
x = hygeinv(p1,2000,700,150)
p2 = hygepdf(40,2000,700,150)
x = 1:150;
px1 = hygecdf(x,2000,700,150);
px2 = hygepdf(x,2000,700,150);
subplot(1,2,1);stairs(x,px1);
axis('square');
title('优等品的概率分布图');
subplot(1,2,2);stairs(x,px2)
axis('square');
title('优等品的概率密度分布图');
```

运行程序，输出如下，效果如图 8-4 所示。

```
p1 =
    0.0151
x =
    40
p2 =
    0.0058
```

2. 二项分布

如果随机变量 X 的分布列为：

$$p(X = k) = \binom{n}{k} p^k (1-p)^{n-k}, \quad k = 0,1,\cdots,n$$

则这个分布称为二项分布，记为 $X \sim b(n,p)$，当 $n=1$ 时的二项分布又称为 0-1 分布。

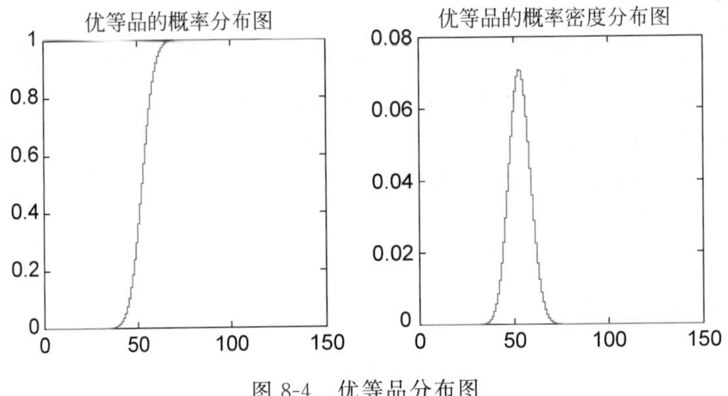

图 8-4　优等品分布图

【例 8-6】 生成二项分布的随机数。

```
>> clear all;
%设置二项分布的参数
N=100;
p=0.5;
%产生 len 个随机数
len=5;
y1=binornd(N,p,[1 len])
%产生 P 行 Q 列的矩阵
P=3;
Q=4;
y2=binornd(N,p,P,Q)
%显示二项分布的柱状图
M=1000;
y3=binornd(N,p,[1 M]);
figure(1);
t=0:2:N;
hist(y3,t);
axis([0 N 0 300]);
xlabel('取值');ylabel('计数值');
```

运行程序，输出如下，效果如图 8-5 所示。

```
y1 =
    58    52    49    48    56
y2 =
    45    50    49    60
    60    54    52    53
    46    42    55    50
```

3. 泊松分布

泊松分布是 1837 年由法国泊松提出的，其概率分布为：

$$P(X=k)=\frac{\lambda^k}{k!}e^{-\lambda},\quad k=0,1,\cdots,n;\ \lambda>0$$

记作 $X\sim P(\lambda)$。

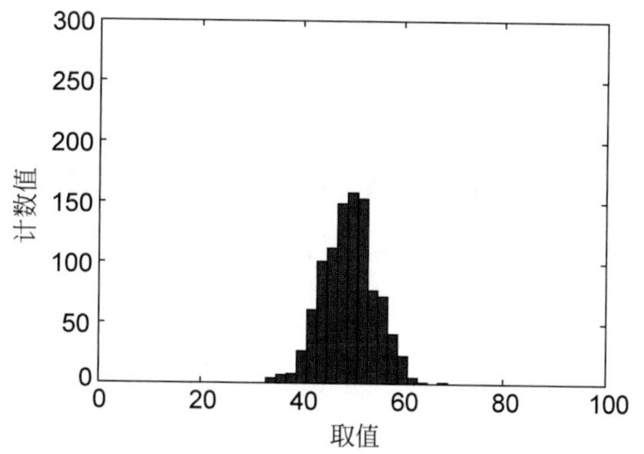

图 8-5　二项分布直方图

【例 8-7】　设有一批产品 1500 个，其中有 30 个次品，随机抽取 100 个产品，求其中次品数 x 的概率密度分布。有两种抽取方法：

(1) 不放回抽样，一次抽取 100 个；

(2) 放回抽样，抽 100 次。

解析：不放回抽样的情况下，x 应服从超几何分布；放回抽样的情况下，x 应服从二项分布，此时次品率按 30/1500＝0.02 计算。由于抽取的样品数量为 100 个，同时次品率较小，$P=0.02$，所以 x 的分布又可以按泊松分布计算，此时分布参数 $\lambda=100\times0.02=2$。

```
>> clear all;
x = 0:20;
p1 = hygepdf(x,1500,30,100);
p2 = binopdf(x,100,0.02);
p3 = poisspdf(x,2);
subplot(3,1,1);plot(x,p1,'r+');
title('几何分布');
subplot(3,1,2);plot(x,p2,'k*');
title('二项分布');
subplot(3,1,3);plot(x,p3,'b.');
title('泊松分布');
```

运行程序，效果如图 8-6 所示。

8.1.3　抽样分布密度函数

1. χ^2 分布

设随机变量 $X_1,X_2,\cdots,X_n$ 相互独立，且服从正态分布 $N(0,1)$，则称随机变量 $\chi_n^2=X_1^2+X_2^2+\cdots+X_n^2$ 服从自由度为 n 的 χ^2 分布，记作 $\chi_n^2\sim\chi^2(n)$，也称随机变量 χ_n^2 为 χ^2 变量。

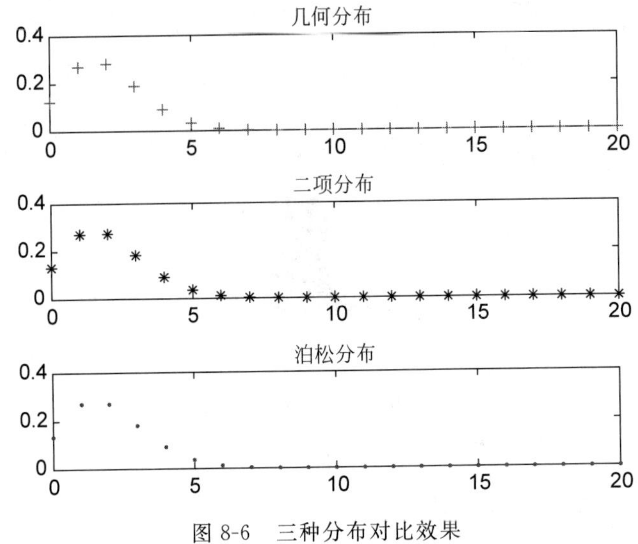

图 8-6　三种分布对比效果

【例 8-8】 分别绘制自由度 $n=3$、5、15 的 χ^2 分布概率密度函数曲线，并求出自由度为 15 的 χ^2 分布的均值与方差。

```
>> clear all;
x = 0:0.1:30;               % 给出 x 的取值
y1 = chi2pdf(x,3);          % 计算出对应于 x 的自由度为 3 的概率密度函数数值
plot(x,y1,'r:');
hold on;
y2 = chi2pdf(x,5);
plot(x,y2,'kp');
y3 = chi2pdf(x,15);
plot(x,y3,'b-.');
gtext('自由度为 3');gtext('自由度为 5');gtext('自由度为 15');
axis([0 30 0 0.25])         % 指定显示的图形区域
[m,v] = chi2stat(15)
```

运行程序，输出如下，效果如图 8-7 所示。

```
m =
    15
v =
    30
```

2. F 分布

设随机变量 $X\sim\chi^2(m)$，$Y\sim\chi^2(n)$，且 X 与 Y 相互独立，则称随机变量 $F=\dfrac{F/m}{Y/n}$ 服从自由度为(m,n)的 F 分布，记作 $F=F(m,n)$。

【例 8-9】 试分别绘制出(p,q)为(1,1)、(2,1)、(3,1)、(3,2)、(4,1)时 F 分布的概率密度函数与分布曲线。

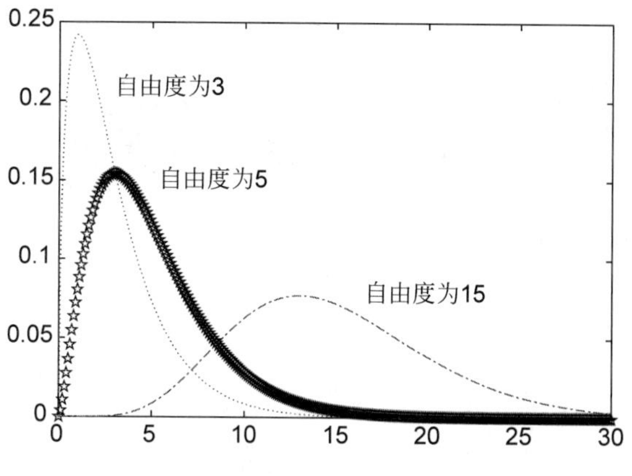

图 8-7 χ^2 分布概率密度图

```
>> clear all;
x = [ - eps: - 0.02: - 0.05,0:0.02:5];
x = sort(x');
p1 = [1 2 3 4];q1 = [1 1 1 2 1];
y1 = [ ];y2 = [ ];
for i = 1:length(p1)
    y1 = [y1,fpdf(x,p1(i),q1(i))];
    y2 = [y2,fcdf(x,p1(i),q1(i))];
end
figure;plot(x,y1);
gtext('(1,1)');gtext('(2,1)');
gtext('(3,1)');gtext('(4,1)');gtext('(3,2)');
figure;plot(x,y2);
gtext('(1,1)');gtext('(2,1)');
gtext('(3,1)');gtext('(4,1)');gtext('(3,2)');
```

运行程序,效果如图 8-8 和图 8-9 所示。

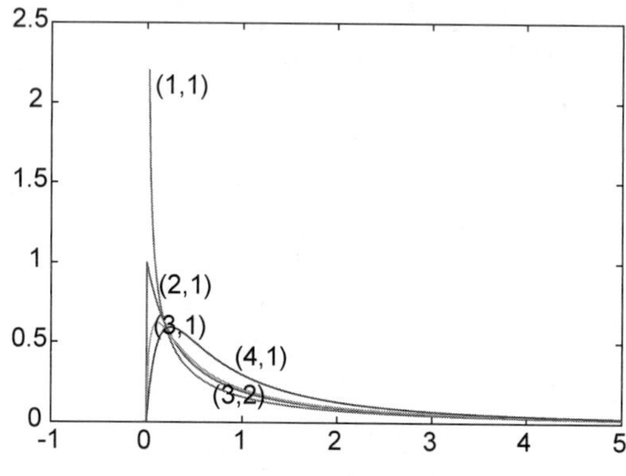

图 8-8 F 分布的概率密度图

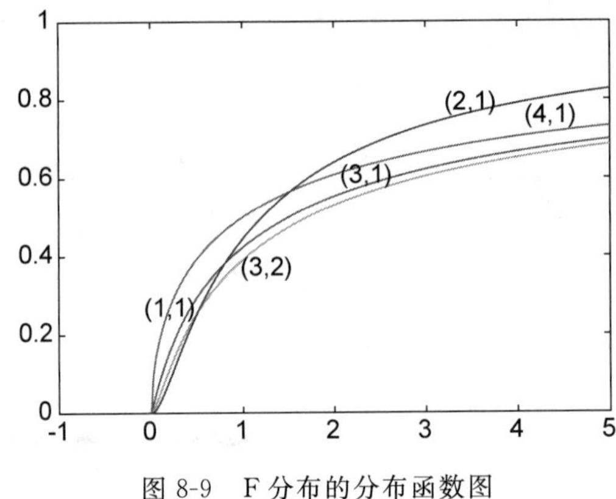

图 8-9　F 分布的分布函数图

3. t 分布

设随机变量 $X \sim N(0,1)$，$Y \sim \chi^2(n)$，且 X 与 Y 相互独立，则称随机变量 $T=\frac{X}{\sqrt{Y/n}}$ 服从自由度为 n 的 t 分布，记作 $T \sim t(n)$。

【例 8-10】 试分别绘制出 k 为 1、2、5、10 时 t 分布的概率密度函数与分布函数曲线。

```
>> clear all;
x = [ - 5:0.02:5]';
y1 = [];y2 = [];
k1 = [1 2 5 10];
for i = 1:length(k1)
    y1 = [y1,tpdf(x,k1(i))];
    y2 = [y2,tcdf(x,k1(i))];
end
figure;plot(x,y1);
gtext('k = 1');gtext('k = 2');gtext('k = 5');gtext('k = 10');
figure;plot(x,y2);
gtext('k = 1');gtext('k = 2');gtext('k = 5');gtext('k = 10');
```

运行程序，效果如图 8-10 和图 8-11 所示。

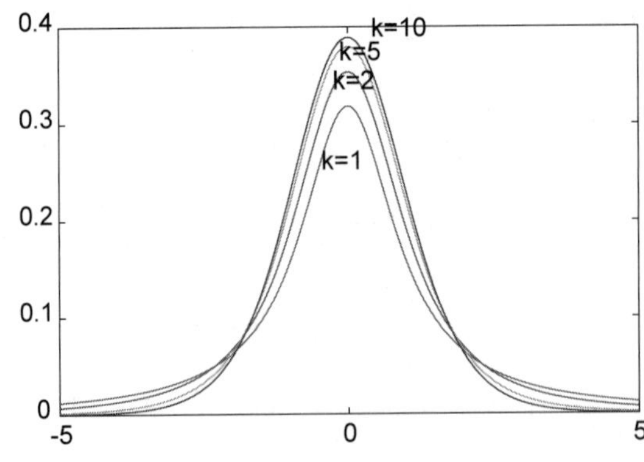

图 8-10　t 分布的概率密度图

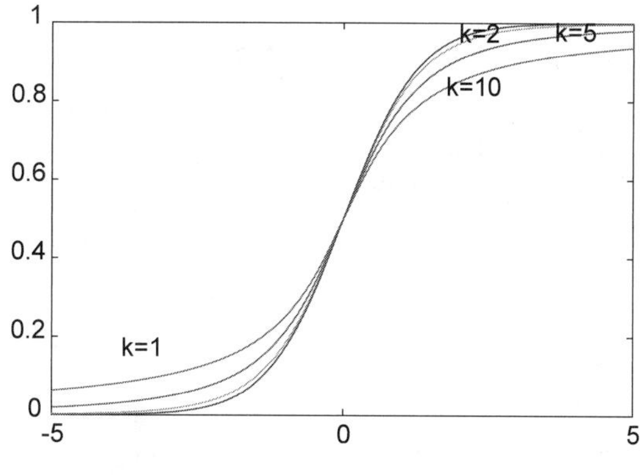

图 8-11　t 分布的分布函数图

8.2　概率分布

在统计工具箱中，为每一种分布提供了 5 类命令函数，其命令字符分别为：pdf 表示概率密度；cdf 表示累积概率(或称概率分布函数)；inv 表示逆累积概率；stat 表示均值与方差；rnd 生成相应分布的随机数。这样，当需要一种分布的某一类命令函数时，只需将表 8-1 中的分布名称字符后加命令函数字符并输入命令参数即可。

表 8-1　几种常见的分布名称字符表

字符	分布名	字符	分布名	字符	分布名
bino	二项分布	norm	正态分布	weib	威布尔分布
geo	几何分布	logn	对数正态分布	ncf	非中心 F 分布
poiss	泊松分布	F	F 分布	nct	非中心 t 分布
unif	连续均匀分布	chi2	χ^2 分布	ncx2	非中心 χ^2 分布
exp	指数分布	t	t 分布	beta	贝塔全面

表 8-2 为常见的累加函数的命令及说明。

表 8-2　常见的累加函数的命令及说明

分布名	调用形式	说明	对应的累加密度
二项分布	Y=binopdf(x,n,p)	$p\in(0,1)$	$y=C_n^x p^x(1-p)^{n-x},x=0,1,2,\cdots$
几何分布	Y=geopdf(x,p)	$p\in(0,1)$	$y=p(1-p)^x,x=0,1,2,\cdots$
泊松分布	Y=poisspdf(x,λ)	$\lambda>0$	$y=\frac{\lambda^x}{x!}e^{-\lambda},x=0,1,2,\cdots$
均匀分布	Y=unifpdf(x,a,b)	$a<b$	$y=(b-a)^{-1},x\in(a,b)$
指数分布	Y=exppdf(x,λ)	$\lambda=\mu^{-1}$	$y=\lambda e^{-\lambda x},(x>0)$
正态分布	Y=normpdf(x,μ,σ)	$N(\mu,\sigma^2)$	$y=\frac{1}{\sqrt{2\pi}\sigma}\exp\left(-\frac{(x-\mu)^2}{2\sigma^2}\right)^{\frac{n+1}{2}}$
t 分布	Y=tpdf(x,n)	n 为正整数	$y=\frac{\Gamma\left(\frac{k+1}{2}\right)}{\sqrt{k\pi}\Gamma\left(\frac{k}{2}\right)}\left(1+\frac{x^2}{k}\right)^{-\frac{k+2}{2}}$
χ^2 分布	Y=chi2pdf(x,n)	n 为正整数	$y=\frac{1}{2^{\frac{n}{2}}\Gamma\left(\frac{n}{2}\right)}x^{\frac{n}{2}}e^{\frac{x}{2}},x\geqslant 0$

表 8-3 为常见分布的均值与方差的命令调用形式。

表 8-3　常见分布的均值与方差的命令调用形式(M 为期望,V 为方差)

分 布 名	调 用 格 式	说　明
二项分布	[M,V]=binostat(n,p)	n 为试验次数,p 为二项分布概率
几何分布	[M,V]=geostat(p)	p 为几何分布的几何概率
泊松分布	[M,V]=poisstat(Lambda)	Lambda 为泊松分布的参数
均匀分布	[M,V]=unifstat(a,b)	a、b 为均匀分布的分布区间端点值
指数分布	[M,V]=expstat(Lambda)	Lambda 为指数分布的参数
正态分布	[M,V]=normstat(mu,sigma)	mu 为均值,sigma 为标准差
χ^2 分布	[M,V]=chi2stat(n)	n 为 χ^2 分布参数
t 分布	[M,V]=tstat(n)	n 为 t 分布参数

下面通过一个实例来演示随机变量的概率分布。

【例 8-11】 (计算机模拟超市收费口的情景)假设只有一个收银员收费,顾客到来间隔时间 X 服从参数为 0.1 的指数分布；收银员对顾客的服务时间 Y 服从[4,15]上的均匀分布；排队按先到先服务规则,对队长没有限制。假设时间以分钟为单位,对上述模型模拟在开始收银后 300min 内的情形,要求模拟得到下列数据：300min 内共有多少顾客接受了服务以及顾客的平均等待时间。

解析：假设顾客源是无限的,且已知排队按先到先服务规则,对队长没有限制。收银模型的全过程为：

(1) 开始计数。

(2) 第一个顾客到达,记录到达时间,收银员开始服务,记录服务时间；在此期间可能有新的顾客到达等待,记录第二个顾客到达的时间和等待时间(第二个顾客的等待时刻=接受服务的时刻－到达时刻=前一个顾客离开的时刻－到达时刻)。

(3) 顾客接受完服务后离开。

在此过程中,有两个因素是随机的,一个是每个顾客到达收银台的时间,另一个是该顾客接受服务的时间。

符号说明：接受服务的顾客数为 i；x_i 为第 i 个顾客到达时刻与第 $i-1$ 个顾客到来的时刻差即时间间隔；y_i 为第 i 个顾客接受服务的时间；c_i 为第 i 个顾客到来的时刻；b_i 为第 i 个顾客接受服务的时刻；e_i 为第 i 个顾客结束服务的时刻；w_i 为第 i 个顾客等待的时间；wati 表示累计等待时间；waita 表示平均等待时间。按照变量之间的联系,有以下关系：

$$\begin{cases} c_i = x_1 + x_2 + \cdots + x_i = c_{i-1} + x_i \\ e_i = b_i + y_i \\ b_i = \max(c_i, e_{i-1}) \end{cases}$$

其中,x_i、y_i 为随机变量。

```
>> clear all;
i = 1; wait = 0;
x(i) = exprnd(10);
c(i) = x(i);b(i) = x(i);
s = b(i);
while s <= 300
    y(i) = unifrnd(4,15);          % 产生模拟顾客接受服务的时间的随机数
    e(i) = b(i) + y(i);
    wait = wait + b(i) - c(i);
    i = i + 1;
    x(i) = exprnd(10);             % 产生模拟顾客到达收银台的时间间隔
    c(i) = c(i - 1) + x(i);
    b(i) = max(c(i),e(i - 1));
    s = b(i);
end
i = i - 1;
waita = wait/i                     % 计算顾客平均等待时间
m = i                              % 计算完成服务顾客的个数
```

运行程序，输出如下：

```
waita =
    8.8600
m =
    31
```

结果表明，在 300min 内，顾客的平均等待时间为 8.86min，有 31 个人接受了服务。

8.3 参数估计

参数估计问题分为点估计问题与区间估计问题两类。所谓点估计就是用某一个函数值作为总体未知参数的估计值；区间估计就是对于未知参数给出一个范围，并且在一定的可靠度下使这个范围包含未知参数的真值。

8.3.1 点估计

点估计是用样本统计量来估计总体参数，因为样本统计量为数轴上某一点的值，估计的结果也是以一个点的数值表示，所以称为点估计。点估计和区间估计属于总体参数估计问题。当从样本获得一组数据后，如何通过这组信息对总体特征进行估计，也就是如何从局部结果推论总体的情况，称为总体参数估计。

点估计也称定估计，它是以抽样得到的样本指标作为总体指标的估计量，并以样本指标的实际值直接作为总体未知参数的估计值的一种推断方法。

对于同一个未知参数，常用多种估计方法，怎样选择？这涉及估计量的评价标准，常从以下三个不同角度进行考察。

1. 无偏性

设总体 A 含有未知参数 θ，$X_1, X_2, \cdots, X_n$ 为来自总体的简单随机样本，又设 $\hat{\theta}=\hat{\theta}(X_1, X_2, \cdots, X_n)$ 为 θ 的一个估计量。如果在给定范围内无论 θ 怎样取值，总有 $E_\theta(\hat{\theta})=\theta$，则称 $\hat{\theta}$ 为 θ 的一个无偏估计量；如果 $E_\theta(\hat{\theta})\neq\theta$，则称 $\hat{\theta}$ 为 θ 的一个有偏估计量。

无论是有偏估计还是无偏估计，可以统一使用"均方误差"MSE 评价：

$$\mathrm{MSE}(\hat{\theta}) = E_\theta(\hat{\theta}-\theta)^2 = D_\theta(\hat{\theta}) + [\theta - E_\theta(\hat{\theta})]^2$$

【例 8-12】 设总体 $X\sim x^2(n)$，$X_1, X_2, \cdots, X_{20}$ 为来自总体的简单随机样本，估计总体均值 μ（注意 n 未知），比较以下三个点估计量的好坏：$\hat{\mu}_1=101X_1-100X_2$，$\hat{\mu}_2=\frac{1}{2}(X_{10}+X_{11})$，$\hat{\mu}_3=\overline{X}$。

解析：实例给出了利用 MSE 评价点估计量的随机模拟方法。由于 $x^2(n)$ 的总体均值为 n，因此可以先取定一个固定值，如 $n=\mu_0=5$，然后在这个参数已知且固定的总体中抽取容量为 20 的样本，分别用样本依照三种方法计算估计值，比较哪种方法误差大，哪种方法误差小。一次估计的比较一般不能说明问题，好比低手射击也可能命中 10 环，高手射击也可能命中 9 环，如果连续射击 10 000 次，总环数多的才一定是高手。同理，如果抽取容量为 20 的样本 $N=10\,000$ 次，分别计算 $\mathrm{MSE}(\hat{\mu}_i)\approx\frac{1}{N}\sum_{k=1}^{N}[\hat{\mu}_i(k)-\mu_0]^2$，值小者为好。

其实现的 MATLAB 代码为：

```
>> clear all;
N = 10000;
m = 5;n = 20;
mse1 = 0;mse2 = 0;mse3 = 0;
for k = 1:N
    x = chi2rnd(m,1,n);
    m1 = 101 * x(1) - 100 * x(2);
    m2 = median(x);
    m3 = mean(x);
    mse1 = mse1 + (m1 - m2)^2;
    mse2 = mse2 + (m2 - m)^2;
    mse3 = mse3 + (m3 - m)^2;
end
mse1 = mse1/N
mse2 = mse2/N
mse3 = mse3/N
```

运行程序，输出如下：

```
mse1 =
    1.9728e + 05
mse2 =
    0.9908
mse3 =
    0.4988
```

可见，第一个虽为无偏估计量，但MSE极大，表现很差。第二个虽为有偏估计，但表现与第三个相差不多，也是较好的估计量。另外，重复运行以上代码，每次的结果是不同的，但优劣表现几乎是一致的。

2. 有效性

对于无偏估计，在 $\mathrm{MSE}(\hat{\theta})=D_\theta(\hat{\theta})+[\theta-E_\theta(\hat{\theta})]^2$ 中第二项为0，故比较两个无偏估计量，只需比较各自的方差即可。称方差小的无偏估计量为有效的，当然是对两个无偏估计量相对而言的。

3. 相合性

设 $\hat{\theta}=\hat{\theta}(X_1,X_2,\cdots,X_n)$ 为总体未知参数 θ 的估计量，如果对于任意给定的 $\varepsilon>0$，总有：

$$\lim_{n\to\infty}P(|\hat{\theta}_n-\theta|<\varepsilon)=1$$

则称 $\hat{\theta}_n$ 为 θ 的相合估计量。如果 $P(\lim\limits_{n\to\infty}|\hat{\theta}_n-\theta|=0)=1$，则称 $\hat{\theta}_n$ 为 θ 的强相合估计量。

相合估计的含义是：样本容量越大，估计值越精确。

8.3.2 区间估计

区间估计是指用两个估计量 $\hat{\theta}_1$ 与 $\hat{\theta}_2$ 估计未知参数，使得随机区间 $(\hat{\theta}_1,\hat{\theta}_2)$ 能够包含未知参数的概率为指定的 $1-\alpha$，即：

$$P(\hat{\theta}_1<\theta<\hat{\theta}_2)\geqslant 1-\alpha$$

称满足上述条件的区间 $(\hat{\theta}_1,\hat{\theta}_2)$ 为 θ 的置信区间，$1-\alpha$ 为置信水平，$\hat{\theta}_1$ 为置信下限，$\hat{\theta}_2$ 为置信上限。

1. 单正态总体均值的置信区间

在方差 σ^2 已知的情况下，对于总体 $N(\mu,\sigma^2)$ 中的样本 $X_1,X_2,\cdots,X_n$，μ 的置信区间为：

$$\left(\overline{X}-\frac{\sigma_0}{\sqrt{n}}u_{\frac{\alpha}{2}},\overline{X}+\frac{\sigma_0}{\sqrt{n}}u_{\frac{\alpha}{2}}\right)$$

其中，$u_{\frac{\alpha}{2}}$ 可以用 norminv(1-a/2)来计算。

【例 8-13】 设1.1、2.2、3.3、4.4、5.5为来自正态总体 $N(\mu,2.3^2)$ 的简单随机样本，求 μ 的置信水平为95%的置信区间。

```
>> clear all;
x = [1.1 2.2 3.3 4.4 5.5];
n = length(x);
m = mean(x);
c = 2.3/sqrt(n);
d = c * norminv(0.975);
```

```
a1 = m - d;
b1 = m + d;
[a1,b1]
```

运行程序,输出如下:

```
ans =
    1.2840    5.3160
```

在方差 σ^2 未知的情况下,对于总体 $N(\mu,\sigma^2)$ 中的样本 $X_1,X_2,\cdots,X_n$,μ 的置信区间为:

$$\left(\overline{X}-\frac{S}{\sqrt{n}}t_{\frac{\alpha}{2}},\overline{X}+\frac{S}{\sqrt{n}}t_{\frac{\alpha}{2}}\right)$$

其中,$t_{\frac{\alpha}{2}}$ 为自由度 $n-1$ 的 t 分布临界值。

【例 8-14】 数据同例 8-13,求 σ^2 未知,均值 μ 的置信区间。

```
>> clear all;
x = [1.1 2.2 3.3 4.4 5.5];
n = length(x);
m = mean(x);
S = std(x);
dd = S * tinv(0.975,4)/sqrt(n);
a2 = m - dd;
b2 = m + dd;
[a2,b2]
```

运行程序,输出如下:

```
ans =
    1.1404    5.4596
```

2. 单正态总体方差的置信区间

由于 $W=\frac{1}{\sigma^2}\sum_{i=1}^{n}(X_i-\overline{X})^2\sim x^2(n-1)$,查 F 分布临界值表求临界值 c_1 与 c_2(也可用例 8-15 的方法求得),使得 $P(c_1<W<c_2)=1-\alpha$,则 σ^2 的置信区间为:

$$\left(\frac{1}{c_2}(n-1)S^2,\frac{1}{c_1}(n-1)S^2\right)$$

其中,查 F 分布临界值表可用函数 chi2inv 进行。

【例 8-15】 数据同例 8-13,求 σ^2 的置信区间。

```
>> clear all;
x = [1.1 2.2 3.3 4.4 5.5];
n = length(x);
c1 = chi2inv(0.025,4);
c2 = chi2inv(0.975,4);
T = (n - 1) * var(x);
```

```
a3 = T/c2;
b3 = T/c1;
[a3,b3]
```

运行程序，输出如下：

```
ans =
    1.0859   24.9784
```

3. 两正态总体均值差的置信区间

当方差已知时，设 $X_1,X_2,\cdots,X_m\sim N(\mu_1,\sigma_1^2)$，$Y_1,Y_2,\cdots,Y_m\sim N(\mu_2,\sigma_2^2)$，两样本独立，此时 $\mu_1-\mu_2$ 的置信区间为：

$$\left(\overline{X}-\overline{Y}-u_{\frac{\alpha}{2}}\sqrt{\frac{\sigma_1^2}{m}+\frac{\sigma_2^2}{n}},\overline{X}-\overline{Y}+u_{\frac{\alpha}{2}}\sqrt{\frac{\sigma_1^2}{m}+\frac{\sigma_2^2}{n}}\right)$$

在此已知 $u_{\frac{\alpha}{2}}$ 可用 norminv(0.975)求得。

当方差未知但相等时，此时 $\mu_1-\mu_2$ 的置信区间为：

$$(\overline{X}-\overline{Y}-t_{\frac{\alpha}{2}}C,\overline{X}-\overline{Y}+t_{\frac{\alpha}{2}}C)$$

其中，$C=\sqrt{\frac{1}{m}+\frac{1}{n}}\sqrt{\frac{(m-1)S_1^2+(n-1)S_2^2}{m+n-2}}$，而 $t_{\frac{\alpha}{2}}$ 依照自由度 $m+n-2$ 计算。

4. 两正态总体方差比的置信区间

查自由度为$(m-1,n-1)$的 F 分布临界值表，使得：

$$P(c_1<F<c_2)=1-\alpha$$

则$\frac{\sigma_1^2}{\sigma_2^2}$的置信区间为$\left[\frac{\left(\frac{S_1^2}{S_2^2}\right)}{c_2},\frac{\left(\frac{S_1^2}{S_2^2}\right)}{c_1}\right]$。

【例 8-16】 设两台车床加工同一零件，各加工 8 件，长度的误差为：

```
A: -0.12  -0.80  -0.05  -0.04  -0.01  0.05  0.07  0.21
B: -1.50  -0.80  -0.40  -0.10   0.20  0.61  0.82  1.24
```

求方差比的置信区间。

```
>> clear all;
x = [ -0.12 -0.80 -0.05 -0.04 -0.01 0.05 0.07 0.21];
y = [ -1.50 -0.80 -0.40 -0.10 0.20 0.61 0.82 1.24];
v1 = var(x);
v2 = var(y);
c1 = finv(0.025,7,7);
c2 = finv(0.975,7,7);
a4 = (v1/v2)/c1;
b4 = (v1/v2)/c1;
[a4,b4]
```

运行程序，输出如下：

```
ans =
    0.5720    0.5720
```

方差比小于1的概率至少达到95%，说明车床A的精度明显较高。

8.3.3　区间估计的相关函数

在MATLAB中，还提供了专门的相关函数用于实现区间估计的相关操作，下面给予介绍。

1. nlinfit函数

在MATLAB中，提供了nlinfit函数用于求解高斯-牛顿法的非线性最小二乘数据拟合。函数的调用格式为：

beta=nlinfit(x,y,fun,beta0)：返回在fun中描述的非线性函数的系数。fun为用户提供形如$\hat{y}=f(\beta,x)$的函数，该函数返回已给初始参数估计值β和自变量x的预测值$\hat{y}$。

[beta,r,J,COVB,mse]=nlinfit(x,y,fun,beta0)：返回的beta为拟合系数，r为残差，J为Jacobian矩阵，COVB为评估的协方差矩阵，mse为误差的方差。输入参数beta0为初始预测值。

[…]=nlinfit(x,y,fun,beta0,options)：指定控制参数后返回值。参数options包括MaxIter、TolFun、TolX、Display、DerivStep等。当x为矩阵时，则x的每一列为自变量的取值，y是一个相应的列向量。如果fun中使用了@，则表示函数的句柄。

【例8-17】　使用nlinfit函数求高斯-牛顿法的非线性最小二乘数据拟合。

```
>> clear all;
S = load('reaction');
X = S.reactants;
y = S.rate;
beta0 = S.beta;
% 求高斯 - 牛顿法的非线性最小二乘数据拟合
beta = nlinfit(X,y,@hougen,beta0)
beta =
    1.2526
    0.0628
    0.0400
    0.1124
    1.1914
```

2. nlparci函数

在MATLAB中，提供了nlparci函数用于求解非线性模型的参数估计的置信区间。函数的调用格式为：

ci=nlparci(beta,resid,'covar',sigma)：返回置信度为95%的置信区间，beta为非

线性最小二乘法估计的参数值，resid 为残差，sigma 为协方差矩阵系数。

ci=nlparci(beta,resid,'jacobian',J)：返回置信度为 95%的置信区间，beta 为非线性最小二乘法估计的参数值，resid 为残差，J 为 Jacobian 矩阵。

ci=nlparci(…,'alpha',alpha)：返回 100×(1-alpha)%的置信区间。

【例 8-18】 利用 nlparci 函数求非线性模型 $y_i = a_1 + a_2 \exp(-a_3 x_i) + \varepsilon_i$ 的参数估计的置信区间。

```
>> clear all;
mdl = @(a,x)(a(1) + a(2) * exp( - a(3) * x));          % 建立内联函数
rng(9845,'twister') % for reproducibility
a = [1;3;2];
x = exprnd(2,100,1);
epsn = normrnd(0,0.1,100,1);
y = mdl(a,x) + epsn;
a0 = [2;2;2];
[ahat,r,J,cov,mse] = nlinfit(x,y,mdl,a0);
ci = nlparci(ahat,r,'Jacobian',J)
ci =
    0.9869    1.0438
    2.9401    3.1058
    1.9963    2.2177
>> ci = nlparci(ahat,r,'covar',cov)
ci =
    0.9869    1.0438
    2.9401    3.1058
    1.9963    2.2177
```

3. nlintool 函数

在 MATLAB 中，提供了 nlintool 函数求解非线性拟合并显示交互图形。函数的调用格式为：

nlintool(x,y,fun,beta0)：返回数据(x,y)的非线性曲线的预测图形，它用两条红色曲线预测全局置信区间。beta0 为参数的初始预测值，默认值为 0.05，即置信度为 95%。

nlintool(x,y,fun,beta0,alpha)：将置信度设置为(1−alpha)×100%。

nlintool(x,y,fun,beta0,alpha,'xname','yname')：给 x 和 y 的变量分别赋予变量名 xname 和 yname。

【例 8-19】 使用 nlintool 函数求非线性拟合并显示交互图形。

```
>> clear all;
>> load reaction
nlintool(reactants,rate,@hougen,beta,0.01,xn,yn)
```

运行程序，效果如图 8-12 所示。

4. nlpredci 函数

在 MATLAB 中，提供了 nlpredci 函数用于求解非线性模型置信区间预测。函数的

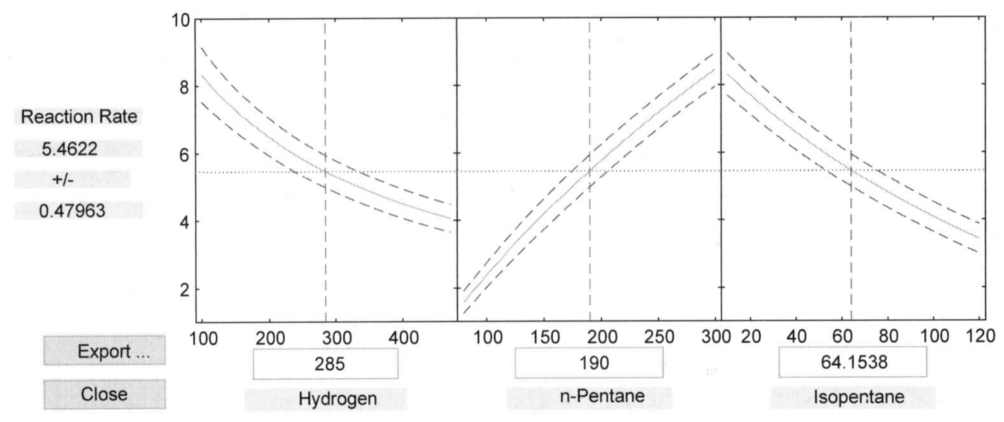

图 8-12　非线性拟合显示的交互图形

调用格式为：

[ypred,delta]=nlpredci(modelfun,x,beta,resid,'jacobian',J)：返回预测值 ypred，fun 与前面相同，beta 为给出的适当参数，resid 为残差，J 为 Jacobian 矩阵，x 为非线性函数中的独立变量的矩阵值。返回的 delta 为非线性最小二乘法估计的置信区间长度的一半。当 resid 长度超过 beta 的长度，并且 J 的列满秩时，置信区间的计算才是有效的，[ypred−delta,ypred+delta]为置信度，是 95%的不同置信区间。

[ypred,delta]=nlpredci(modelfun,x,beta,resid,'covar',sigma)：参数 sigma 为协方差矩阵系数。

[…]=nlpredci(…,param1,val1,param2,val2,…)：设置多个参数的名称及其对应的值，参数包括'alpha'、'mse'、'predopt'和'simopt'。

【例 8-20】 使用 nlpredci 函数求非线性最小二乘预测置信区间。

```
>> clear all;
S = load('reaction');
X = S.reactants;
y = S.rate;
beta0 = S.beta;
[beta,R,J] = nlinfit(X,y,@hougen,beta0);
[ypred,delta] = nlpredci(@hougen,[100,100,100],beta,R,'Jacobian',J,...
                         'PredOpt','observation')
ypred =
    1.8346
delta =
    0.5101
>> [ypred - delta,ypred + delta]              %得到的置信区间范围
ans =
    1.3245    2.3447
```

8.4　统计特征

采集到大量的样本数据以后，常常需要用一些统计量来描述数据的集中程度和离散程度，并通过这些指标来对数据的总体特征进行归纳。

8.4.1 集中趋势的统计量

描述样本趋势的统计量有算术平均值、中值、从数、几何均值、调和均值和截尾均值等。

1. 几何均值

样本数据 $x_1, x_2, \cdots, x_n$ 的几何均值 m 可以根据下式求得：

$$m = \left[\prod_{i=1}^{n} x_i\right]^{\frac{1}{n}}$$

在 MATLAB 中，提供了 geomean 函数计算样本的几何均值。函数的调用格式为：

m=geomean(X)：对于向量，geomean(x)为数据 X 中元素的几何均值。对于矩阵，geomean(X)为一个向量，包含每列数据的几何均值。对于多维数组，geomean(X)沿 X 的第一个成对维进行计算。

geomean(X,dim)：计算 X 的第 dim 维的几何均值。

【例 8-21】 样本均值大于或等于样本的几何均值。

```
>> clear all;
>> x = exprnd(1,10,6);
geometric = geomean(x)
geometric =
    0.2941    0.2369    0.4512    0.8296    0.5367    0.6766
>> average = mean(x)
average =
    0.7205    0.6045    0.8071    1.5613    0.6545    0.9889
```

2. 调和均值

样本数据 $x_1, x_2, \cdots, x_n$ 的调和平均值 m 定义为：

$$m = \frac{n}{\sum_{i=1}^{n} \frac{1}{x_i}}$$

在 MATLAB 中，提供了 harmmean 函数计算样本数据的调和均值。函数的调用格式为：

m=harmmean(X)：函数计算样本的调和平均值。对于向量，harmmean(X)函数为 X 中元素的调和平均值。对于矩阵，harmmean(x)函数为包含每列元素调和均值的行向量。对于多维数组，harmmean(X)沿 X 的第一个成对维进行计算。

harmmean(X,dim)：计算 X 的第 dim 维的调和均值。

【例 8-22】 样本均值大于或等于样本的调和均值。

```
>> x = exprnd(1,10,6);
harmonic = harmmean(x)
harmonic =
    0.2240    0.3185    0.3106    0.3892    0.5241    0.0356
```

```
>> average = mean(x)
average =
    0.8686    0.8525    0.5796    1.5330    0.8582    1.0901
```

3. 算术平均值

样本数据 $x_1,x_2,\cdots,x_n$ 的算术平均值$\bar{x}$定义为：

$$\bar{x}=\frac{1}{n}\sum_{i=1}^{n}x_i$$

在 MATLAB 中，提供了 mean 函数计算向量和矩阵中元素的均值。函数的调用格式为：

M=mean(A)：对于向量，mean(A)为 A 中元素的均值；对于矩阵，mean(A)为包含 A 的每列元素均值的行向量。

M=mean(A,dim)：计算 A 的第 dim 维元素的均值。

【例 8-23】 计算给定矩阵的平均值。

```
>> A = [0 1 1; 2 3 2; 1 3 2; 4 2 2]
A =
     0     1     1
     2     3     2
     1     3     2
     4     2     2
>> M = mean(A)
M =
    1.7500    2.2500    1.7500
>> M2 = mean(A,2)
M2 =
    0.6667
    2.3333
    2.0000
    2.6667
```

4. 中值

所谓中值，是指在数据序列中其值的大小恰好在中间。例如，数据序列 4,3,−2,9,11 的中值为−2。如果为偶数，则中值等于中间两项的平均值。

在 MATLAB 中，提供了 median 函数求数据序列的中值。函数的调用格式为：

M=median(A)：将返回的矩阵 A 各列元素的中值赋予行向量 M。如果 A 为向量，则 M 为单变量。

M=median(A,dim)：按数组 A 的第 dim 维方向的元素求其中值并赋予向量 M。如果 dim=1，按列操作；如果 dim=2，按行操作。如果 A 为二维数组，则 M 为一个向量；如果 A 为一维数组，则 M 为单变量。

【例 8-24】 对于给定的二维数组，试从不同维方向求其中值。

```
>> A = [0 1 1; 2 3 2; 1 3 2; 4 2 2];
>> M = median(A)
```

```
M =
    1.5000    2.5000    2.0000
>> M = median(A,2)
M =
     1
     2
     2
     2
```

5. 截尾均值

对于样本数据进行排序后，去掉两端的部分极值，然后对剩下的数据求算术平均值，得到截尾均值。在 MATLAB 中，提供了 trimmean 函数计算截尾均值。函数的调用格式为：

m=trimmean(X,percent)：剔除测量中最大和最小的数据后，计算样本 X 的均值。如果 X 为向量，则 m 为 X 中元素的截尾均值；如果 X 为多维数组，则 m 沿 X 中的第 1 个成对维进行计算。percent 为 0～100 之间的数。

trimmean(X,percent,dim)：沿 X 的第 dim 维计算截尾均值。

截尾均值为样本位置参数的稳健性估计。如果数据中有异常值，截尾均值为数据中心的一个更有代表性的估计。如果所有数据取自服从同一分布的总体，则使用样本均值比使用截尾均值更有效。

【例 8-25】 利用蒙特卡罗法模拟正态数据的 10%截尾均值相对于样本均值的有效性，值小于 1，说明正态条件下截尾均值不如算术平均值有效。

```
>> clear all;
rng default;  % 设置代码的重现性
x = normrnd(0,1,100,100);
% 计算正态数据每列 10 % 截尾均值
m = mean(x);
trim = trimmean(x,10);
% 计算相对于数据的样本平均值的 10 % 截尾均值的效率
sm = std(m);
strim = std(trim);
efficiency = (sm/strim).^2
```

运行程序，输出如下：

```
efficiency =
    0.9663
```

8.4.2 离中趋势的统计量

描述离中趋势的统计量包括内四分极值、均值绝对差、极差、方差和标准差等。

1. 内四分极值

在 MATLAB 中，提供了 iqr 函数计算样本的内四分极值(IQR)。函数的调用格式为：

r=iqr(x)：计算 x 的内四分极值。IQR 是数据极差的稳健性估计，因为上下 25%的数据变化对其没有影响。对于多维数组，iqr 函数沿 x 的第一个成对维进行计算。

r=iqr(x,dim)：计算 x 的第 dim 维元素的内四分极值。如果数据中没有异常值，则 IQR 用于衡量数的极差比标准差更具代表性。当数据取自正态分布总体时，标准差比 IQR 有效。常用 IQR * 0.7413 来代替标准差。

【例 8-26】 对给定的数组，试从不同维方向求内四分极值。

```
>> clear all;
>> rng default
x = normrnd(10,1,4)
x =
   10.5377   10.3188   13.5784   10.7254
   11.8339    8.6923   12.7694    9.9369
    7.7412    9.5664    8.6501   10.7147
   10.8622   10.3426   13.0349    9.7950
>> r = iqr(x)
r =
    2.2086    1.2013    2.5969    0.8541
>> r2 = iqr(x,2)
r2 =
    1.7237
    2.9870
    1.9449
    1.8797
```

2. 均值绝对差

在 MATLAB 中，提供了 mad 函数计算数据样本的均值或中值绝对差(MAD)。函数的调用格式为：

Y=mad(X)：计算 X 中数据的均值绝对差。如果 X 为向量，则 Y 用 mean(abs(x-mean(x)))计算；如果 X 为矩阵，则 Y 为包含 X 中每列数据均值绝对差的行向量；如果 X 为多维数组，则 mad 函数计算第一个成对维元素的均值绝对差。

Y=mad(X,1)：基于中值计算 Y，即 median(abs(x-median(x)))。

Y=mad(X,0)：与 mad(X)相同，使用均值。

【例 8-27】 比较存在异常值时正态分布数据的不同尺度估计的鲁棒性。

```
>> clear all;
>> x = normrnd(0,1,1,50);
xo = [x 10];
r1 = std(xo)/std(x)
r1 =
    1.6883
```

```
>> r2 = mad(xo,0)/mad(x,0)
r2 =
    1.2137
>> r3 = mad(xo,1)/mad(x,1)
r3 =
    0.8894
```

3. 极差

极差指的是样本中最小值与最大值之间的差值。在 MATLAB 中,提供了 range 函数计算样本的极差。函数的调用格式为:

y=range(X):返回极差。对向量而言,range(X)为 X 中元素的极差。对矩阵而言,range(X)为包含 X 列中元素极差的行向量。对于多维数组,range 函数沿 X 的第一个成对维进行计算。

y=range(X,dim):计算 X 的第 dim 维元素的极差。

用极差估计样本数据的范围具有计算简便的优点,缺点是异常值对极差的影响较大,因此它是一个不可靠的估计值。

【例 8-28】 大样本标准正态分布随机数的极差近似为 6。

```
%首先生成5个包含1000个服从标准正态分布的随机数样本
>> rv = normrnd(0,1,1000,5);
near6 = range(rv)
near6 =
    6.7587    6.6420    6.9578    6.0860    6.8165
```

4. 方差

方差的计算是概率统计中的一项重要内容,可以表征随机变量与其他均值的偏离程度,其定义为 $D(x)=\frac{1}{n-1}\sum_{i=1}^{n}(x_i-\bar{x})^2$。

在 MATLAB 中,提供了 var 函数计算样本的方差。函数的调用格式为:

V=var(X):返回样本数据的方差,当 X 为向量时,该命令返回 X 向量的样本方差;当 X 为矩阵时,返回由 X 矩阵的列向量的样本方差构成的行向量。

V=var(X,1):返回向量(矩阵)X 的简单方阵(即置前因子为 1/n 的方差)。

V=var(X,w):返回以 w 为权重的向量(矩阵)X 的方差。

V=var(X,w,dim):返回 X 的 dim 维数内的方差。

【例 8-29】 创建一个三维矩阵,利用 var 函数求其方差。

```
>> A(:,:,1) = [1 3; 8 4];
A(:,:,2) = [3 -4; 1 2];
>> var(A)
ans(:,:,1) =
   24.5000    0.5000
ans(:,:,2) =
     2    18
```

5. 标准差

样本的标准差即为 $\sigma(x)=\sqrt{\frac{1}{n-1}\sum_{i=1}^{n}(x_i-\bar{x})^2}$，在 MATLAB 中，提供了 std 函数用来求解样本数据的标准差。函数的调用格式为：

s=std(X)：返回向量(矩阵)X 的样本标准差(置前因子为 1/(n－1))，即

$$\text{std}=\sqrt{\frac{1}{n-1}\sum_{i=1}^{n}(x_i-\bar{x})^2}$$

s=std(X,flag)：返回向量(矩阵)X 的标准差(置前因子为 1/n)。

s=std(X,flag,dim)：返回向量(矩阵)中维数为 dim 的标准差值，其中 flag=0 时，置前因子为 1/(n－1)；否则置前因子为 1/n。

【例 8-30】 求一个三维数组的标准差。

```
>> A(:,:,1) = [2 4; -2 1];
A(:,:,2) = [9 13; -5 7];
A(:,:,3) = [4 4; 8 -3];
S = std(A)
S(:,:,1) =
    2.8284    2.1213
S(:,:,2) =
    9.8995    4.2426
S(:,:,3) =
    2.8284    4.9497
```

8.4.3 自助统计量

在 MATLAB 中，提供了 bootstrp 函数计算数据重复采样的自助统计量。函数的调用格式为：

bootstat=bootstrp(nboot,bootfun,d1,…)：从输入数据集 d1,d2,…中提取 nboot 个自助数据样本并传给 bootfun 函数进行分析。bootfun 为一个函数句柄。nboot 必须为正整数，并且每个输入数据集必须包含相同的行数 n，每个自助样本包含 n 行，它们随机取自对应的输入数据集 d1,d2,…。输出 bootstat 的每一行包括将 bootfun 函数应用于一个自助样本时生成的结果。如果 bootfun 函数返回多个输出参数，只在 bootstat 中保存第一个。如果 bootfun 函数的第一个输出为矩阵，则该矩阵重塑为行向量，以便保存到 bootstat 中。

[bootstat,bootsam]=bootstrp(…)：返回一个 n×n 的自助编号导入矩阵 bootstat。bootsam 中的每一列包含从原始数据集中提取出来组成对应自助样本的值的编号。例如，如果 d1,d2,…每个都包含了 16 个值，nboot=4，则 bootsam 为一个 16×4 的矩阵。第一列包含从 d1,d2,…数据集中提取出来形成前 4 个自助样本的 16 个值的编号，第二列包含随后 4 个自助样本的 16 个值的编号，以此类推。

bootstat=bootstrp(…,'Name',Value)：设置样本数据自助统计量的属性名 Name

及对应的属性值 Value。

【例 8-31】 计算 15 个学生的 LSAT 分数和法学院 GPA 之间的关系。通过对这 15 个数据点进行重复采样，创建 1000 个不同的数据集，然后计算每个数据集中这两个变量之间的相关关系。

```
>> clear all;
>> load lawdata
rng default                   %设置为可重复
[bootstat,bootsam] = bootstrp(1000,@corr,lsat,gpa);
bootstat(1:5,:)               %显示前5个自助样本的相关系数情况
ans =
    0.9874
    0.4918
    0.5459
    0.8458
    0.8959
%显示前5个引导样本的数据索引
>> bootsam(:,1:5)
figure
histogram(bootstat)           %绘制对应的直方图
ans =
    13     3    11     8    12
    14     7     1     7     4
     2    14     5    10     8
    14    12     1    11    11
    10    15     2    12    14
     2    10    13     5    15
     5     1    11    11     9
     9    13     5    10     3
    15    15    15     3     3
    15    11     1     2     4
     3    12     7     8    13
    15    12     6    15     4
    15     6    12     6    13
     8    10    12     9     4
    13     3     3     4    14
```

运行程序，得到效果如图 8-13 所示。

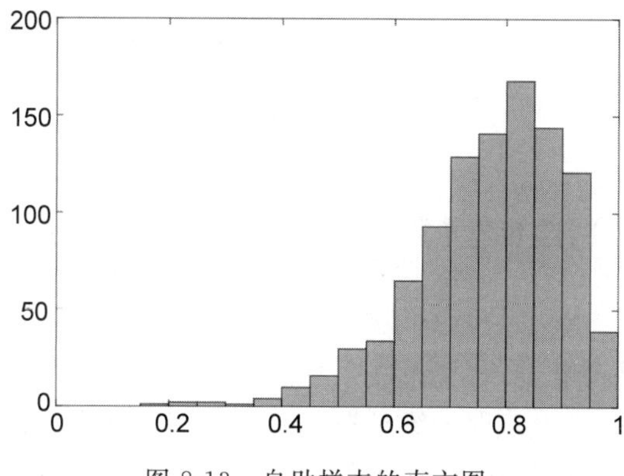

图 8-13　自助样本的直方图

图 8-13 显示了整个自助样本的相关系数的变化。样本最小值为正，表示 LSAT 和 GPA 之间是相关的。

8.4.4 中心矩

k 阶中心矩定义为：

$$E\{[X-E(X)]\}<\infty$$

式中，$E(X)$为 X 的期望。

在 MATLAB 中，提供了 moment 函数计算所有阶次的中心矩。函数的调用格式为：

m=moment(X,order)：返回由正整数 order 指定阶次的 X 的中心矩。对于向量，moment(X,order)函数返回 X 元素的指定阶次的中心矩；对于矩阵，moment(X,order)返回每一列的指定阶次的中心矩；对于多维数组，moment 函数沿 X 的第一个成对维进行计算。

m=moment(X,order,dim)：沿 X 的 dim 维进行计算。一阶中心矩为 0，二阶中心矩为用除数 n 代替 n−1 的方差，其中 n 为向量 X 的长度或是矩阵 X 的行数。

【例 8-32】 利用 moment 函数求解矩阵的中心矩。

```
>> X = randn([6 5])
X =
   -0.9628   -2.4673    2.0440   -0.1809    0.6702
    2.7150   -0.3196    0.0800   -1.0206    0.8992
    0.9785   -2.0291   -0.5277    0.0457    0.5291
   -0.7994    1.1620    0.2960   -1.3503    0.8805
    0.4840    0.9491    0.2200    0.2641   -0.0129
    0.4652    1.4857   -0.1664    0.6187   -0.3833
>> m = moment(X,2)
m =
    1.4938    2.4196    0.6659    0.4855    0.2247
>> m = moment(X,3)
m =
    1.0315   -1.4673    0.7222   -0.1321   -0.0695
```

8.4.5 相关系数

设二维随机向量为(X,Y)，如果

$$\frac{\sigma_{XY}}{\sqrt{\sigma_{XX}}\ \sqrt{\sigma_{YY}}}$$

存在，则称此数值为(X,Y)的相关系数。记为 σ_{XY}，或简记为 ρ，即：

$$\rho=\rho_{XY}=\frac{\sigma_{XY}}{\sqrt{\sigma_{XX}}\ \sqrt{\sigma_{YY}}}$$

从相关系数的定义可看到，相关系数 ρ 与协方差 σ_{XY} 只相差一个常数倍数。另外，对于二维正态分布正好有 $\rho=\rho_{XY}$，即二维正态分布的第五个参数 ρ 就是其相关系数。

在 MATLAB 中，提供了 corrcoef 函数计算样本数据的相关系数矩阵。函数的调用格式为：

R=corrcoef(X)：返回从矩阵 X 形成的一个相关系数矩阵，此相关系数矩阵的大小与矩阵 X 一样。它把矩阵 X 的每列作为一个变量，然后求它们的相关系数。

R=corrcoef(x,y)：X，Y 为向量，它们的作用与 corrcoef([X,Y])的作用一致。

[R,P]=corrcoef(…)：返回一个矩阵 P，用于测试矩阵的 p 值。

[R,P,RLO,RUP]=corrcoef(…)：返回矩阵 RLO 与 RUP，其大小与 R 相同，分别为置信区间在 95%相关系数的上限与下限。

[…]=corrcoef(…,'param1',val1,'param2',val2,…)：param1,param2,…与 val1,var2,…为指定的额外参数名与参数值。

【例 8-33】 利用 corrcoef 函数求一个随机组合矩阵的相关系数。

```
>> x = randn(6,1);
y = randn(6,1);
A = [x y 2 * y + 3];
R = corrcoef(A)
R =
    1.0000   - 0.3469   - 0.3469
  - 0.3469     1.0000     1.0000
  - 0.3469     1.0000     1.0000
```

8.4.6 协方差矩阵

在 MATLAB 中，提供了 cov 函数计算协方差矩阵。函数的调用格式为：

C=cov(A)：对于单一向量而言，cov(A)返回一个包含方差的标量。对于行为观测量，列为变量的矩阵而言，cov(A)为协方差矩阵。计算方差的函数 var(A)等价于 diag(cov(X))。计算标准差的函数 std(A)等价于 sqrt(diag(cov(X)))。

C=cov(A,B)：等价于 cov([A,B])，其中 A、B 为长度相等的列向量。

【例 8-34】 计算两矩阵的协方差矩阵。

```
>> A = [3 6 4];
B = [7 12 -9];
cov(A,B)
ans =
    2.3333     6.8333
    6.8333   120.3333
```

8.4.7 偏斜度

为了描述随机变量分布的形状与对称形式或正态分布的偏离程度，引入了特征量的偏斜度和峰值。

1. 偏斜度

偏斜度的定义为：

$$v_1 = E\left[\left(\frac{x - E(x)}{\sqrt{D(x)}}\right)^3\right]$$

此函数表征分布形状偏斜对称的程度，如果 $v_1=0$，则可以认为分布是对称的；如果 $v_1>0$，则称为右偏态，此时位于均值右边的值比位于左边的值多一些；如果 $v_1<0$，则称为左偏态，即位于均值左边的值比位于右边的值多一些。

在 MATLAB 中，提供了 skewness 函数实现偏斜度的计算。函数的调用格式为：

y=skewness(X)：如果 X 为向量，则函数返回此向量的偏斜度；如果 X 为矩阵，则返回矩阵列向量的偏斜度行向量。

y=skewness(X,flag)：指定是否纠正偏离(flag=0 时，即纠正偏离；flag=1 时，即不纠正偏离)后，再返回偏斜度。

y=skewness(X,flag,dim)：返回给出 X 的维数 dim 的偏斜度。

2. 峰值

峰值的定义为：

$$v_2 = E\left[\left(\frac{x - E(x)}{\sqrt{D(x)}}\right)^4\right]$$

如果 $v_2>0$，表示分布有沉重的“尾巴”，即数据中含有较多偏离均值的数据，对于正态分布，$v_2=0$，故 v_2 的值也可看成是数据偏离正态分布的尺度。

在 MATLAB 中，提供了 kurtosis 函数实现峰值的计算。函数的调用格式为：

k=kurtosis(X)：如果 X 为向量，则函数返回此向量的峰值；如果 X 为矩阵，则返回矩阵列向量的峰值行向量。

k=kurtosis(X,flag)：指定是否纠正偏离(flag=0 时，即纠正偏离；flag=1 时，即不纠正偏离)后，再返回峰值。

k=kurtosis(X,flag,dim)：返回给出 X 的维数 dim 的峰值。

【例 8-35】 有 15 名学生的体重(单位：kg)为 74.0，65.2，48.3，66.8，62.2，58.7，61.7，65.9，70.1，58.2，60.9，59.2，50.2，55.3，70.1。计算此 15 名学生体重的均值、标准差、偏斜度和峰值。

```
>> clear all;
>> w = [74.0, 65.2, 48.3, 66.8, 62.2, 58.7, 61.7, 65.9, 70.1, 58.2, 60.9, 59.2, 50.2, 55.3,
70.1];
>> m = mean(w)          % 均值
m =
    61.7867
>> s = std(w)           % 标准差
s =
     7.2178
>> S = skewness(w)      % 偏斜度
S =
   - 0.2298
>> k = kurtosis(w)      % 峰值
k =
     2.4260
```

8.5 统计图

统计工具箱提供了具体函数用于绘制不同用途的统计图，下面给予介绍。

8.5.1 频数表

在观察值个数较多时，为了解一组同质观察值的分布规律，且便于指标的计算，可编制频数分布表，简称频数表。频数表是统计描述中经常使用的基本工具之一。

1. 频数分布的特征

由频数表可看出频数分布的两个重要特征：集中趋势和离散程度。身高有高有矮，但多数人身高集中在中间部分组段，以中等身高居多，此为集中趋势；由中等身高到较矮或较高的频数分布逐渐减少，反映了离散程度。对于数值变量资料，可从集中趋势和离散程度两个侧面去分析其规律性。

2. 频数分布的类型

频数分布有对称分布和偏态分布之分。对称分布是指多数频数集中在中央位置，两端的频数分布大致对称。偏态分布是指频数分布不对称，集中位置偏向一侧，若集中位置偏向数值小的一侧，称为正偏态分布；集中位置偏向数值大的一侧，称为负偏态分布，如冠心病、大多数恶性肿瘤等慢性病患者的年龄分布为负偏态分布。临床上正偏态分布资料较多见。不同的分布类型应选用不同的统计分析方法。

3. 频数表的用途

频数表可以揭示资料分布类型和分布特征，以便选取适当的统计方法；便于进一步计算指标和统计处理；便于发现某些特大或特小的可疑值。

4. MATLAB 实现

在 MATLAB 中，提供了 tabulate 函数用于绘制频数表。函数的调用格式为：

tbl=tabulate(x)：表示对向量 x 中的数据绘制频数表，返回值 tbl 的第一列是向量 x 中的唯一值，第二列是每一个值出现的次数，第三列是每一个值出现的百分比例。如果 x 是一个数值型数组，则 tbl 是一个数值型矩阵；如果 x 的每一个元素都是非负整数，则 tbl 包含 0 到不包含在 x 中的从 1 到 max(x)的整数；如果 x 是一个分类变量、字符数组或字符串单元数组，则 tbl 是一个单元数组。

tabulate(x)：表示不返回频数表。

【例 8-36】 向量的正整数统计频率实例。

```
>> clear all;
>> T = ceil(6 * rand(1,8))
```

```
T =
    2     3     1     1     4     3     5     2
>> table = tabulate(T)
table =
    1.0000    2.0000   25.0000
    2.0000    2.0000   25.0000
    3.0000    2.0000   25.0000
    4.0000    1.0000   12.5000
    5.0000    1.0000   12.5000
```

提示：输出结果中，左列为数据，中列为出现次数，右列为百分比。

8.5.2 累积分布图

在 MATLAB 中，提供了 cdfplot 函数用于绘制累积分布函数的图形。函数的调用格式为：

cdfplot(X)：表示绘制由向量 X 指定的数据的经验累加分布函数图，经验累加函数的定义是在 x 点处的值定义为 X 中小于或等于 x 的数的比例。

h=cdfplot(X)：表示绘制统计图的同时返回一个指向该曲线的一个句柄 h。

[h,stats]=cdfplot(X)：除了返回句柄外，还返回一个结构体 stats，该结构体包含 min 最小值、max 最大值、mean 样本平均值、median 样本中值(50%的位置)以及 std 样本标准差。

【例 8-37】 在同一图中绘制经验分布函数及理论正态分布函数图。

```
>> clear all;
rng default;   %设置重复性
y = evrnd(0,3,100,1);
[h,stats] = cdfplot(y);
hold on
x = -20:0.1:10;
f = evcdf(x,0,3);
plot(x,f,'m');
legend('经验分布曲线','理论上分布曲线','Location','NW')
```

运行程序，效果如图 8-14 所示。

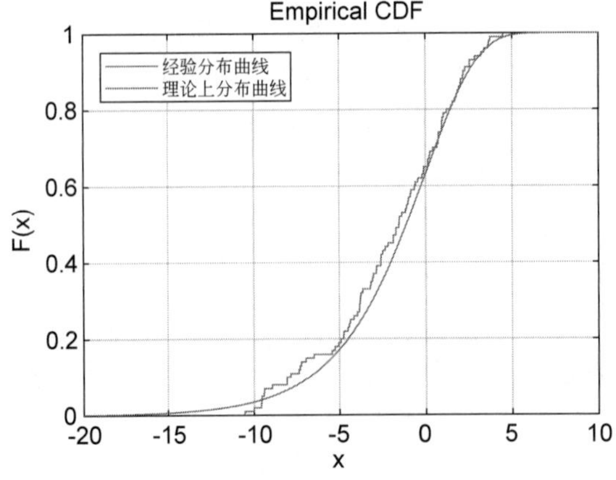

图 8-14 累积分布函数图形

8.5.3 盒状图

箱形图可以比较清晰地表示数据的分布特征，在 MATLAB 中提供了 boxplot 函数来绘制盒状图。函数的调用格式为：

boxplot(X)：对 X 中的每列数据绘制一个盒状图。

boxplot(X,notch)：当 notch=1 时，得到一个有凹口的盒子图；当 notch=0 时，得到一个矩形盒状图。

boxplot(X,notch,'sym')：'sym'为标记符号，默认符号为"+"。

boxplot(X,nocth,'sym',vert,whis)：参数 vert 控制盒状图水平放置还是垂直放置。当 vert=0 时，盒状图水平放置；当 vert=1 时(默认)，盒状图垂直放置；whis 定义虚线的长度，为内四分位间距(IQR)的函数(默认情况为 15 * IQR)。如果 whis=0，则 box 图用'sym'规定的标记显示"盒子"外所有的数据。

【例 8-38】 绘制样本数据的盒状图。

```
>> clear all;
rng default   % 设置为可重复性
x1 = normrnd(5,1,100,1);
x2 = normrnd(6,1,100,1);
boxplot([x1,x2],'Notch','on','Labels',{'mu = 5','mu = 6'})
title('比较不同分布的随机数据')
```

运行程序，效果如图 8-15 所示。

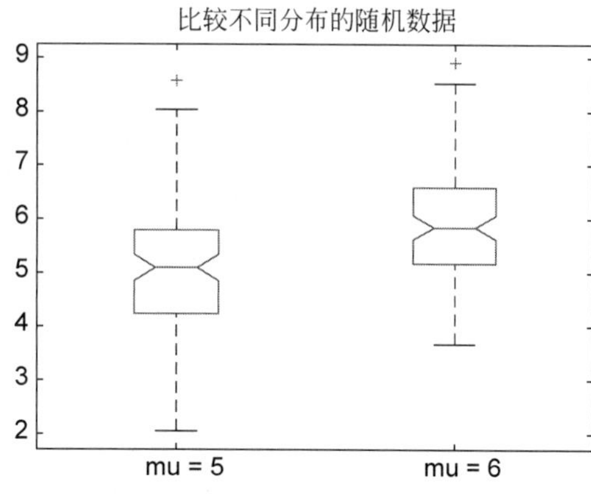

图 8-15 盒状图

8.5.4 QQ 图

由两个样本的分位数绘制成的效果图称为 QQ 图，QQ 图也称为"分位数图"。在 MATLAB 中，提供了 qqplot 函数用于绘制 QQ 图。函数的调用格式为：

qqplot(X)：显示一个样本的分位数——分位数图。如果绘制分位数图的样本 X 源于正态分布，则绘制的 QQ 图近似于直线。

qqplot(X,Y)：显示两个样本的分位数——分位数图。如果两个样本来源于同一分布，那么，图中的曲线为直线。如果 X 与 Y 为矩阵，则为它们的每列数据绘制单独的曲线。图中样本数据以"+"符号表示，并将位于第一分位数和第三分位数间的数据拟合绘制成一条线(这是两个样本顺序统计量的鲁棒性拟合)。此线外推到样本数据的两端，以帮助用户评估数据的线性程度。

qqplot(X,Y,pvec)：函数可在 pvec 向量中规定分位数。

h=qqplot(X,Y,pvec)：返回线段的句柄值 h。

【例 8-39】 绘制样本数据的 QQ 图。

```
>> clear all;
a = [0.1 0.3 0.4 0.55 0.7 0.8  0.95];
b = [15 18 19 21 22.7 23.9 28];
plot(a,b,'ro');
hold on;
qqplot(a,b)
```

运行程序，效果如图 8-16 所示。

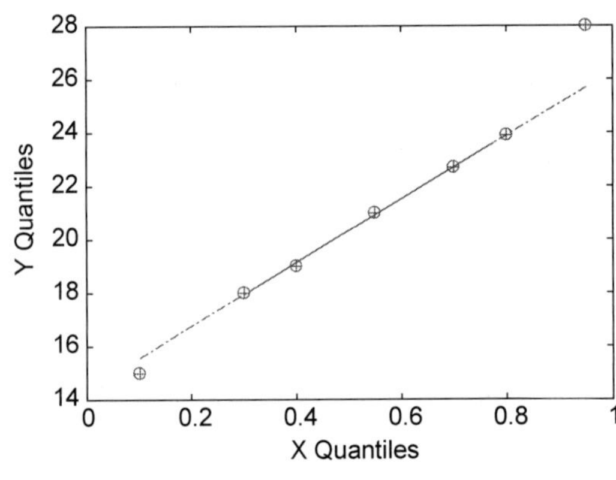

图 8-16 样本数据的 QQ 图

8.5.5 正态概率分布图

正态概率分布图用于检查一组数据是否服从正态分布，是实数与正态分布数据之间函数关系的散点图。如果这组实数服从正态分布，正态概率图将是一条直线。通常，正态概率图也可以用于确定一组数据是否服从任一已知分布，如二项分布或泊松分布等。

在 MATLAB 中，提供了 normplot 函数用于绘制图形化正态性检验的正态概率分布图。函数的调用格式为：

h=normplot(X)：显示数据 X 的正态概率分布图。如果 X 为矩阵，则为 X 的每一列生成一条直线，该图中的样本数据用图形标记"+"显示，并在图中添加 X 中每一列数据四分之一和四分之三处的连线。该线可以看作样本次序统计量的稳健性直线拟合，它可帮助评价数据的线性特征。如果数据源于正态分布，图形呈现直线形，否则为曲线。

【例 8-40】 绘制随机样本数据的正态分布概率图。

```
>> clear all;
rng default   % 可重复性
x = [normrnd(0,1,[50,1]) pearsrnd(0,1,0.5,3,[50,1])];
% 为同一图上的两个样本创建一个正态概率图
figure
h = normplot(x)
legend({'Normal','Right - Skewed'},'Location','southeast')
```

运行程序,输出如下,效果如图 8-17 所示。

```
h =
  6 × 1 Line array:
  Line
  Line
  Line
  Line
  Line
  Line
```

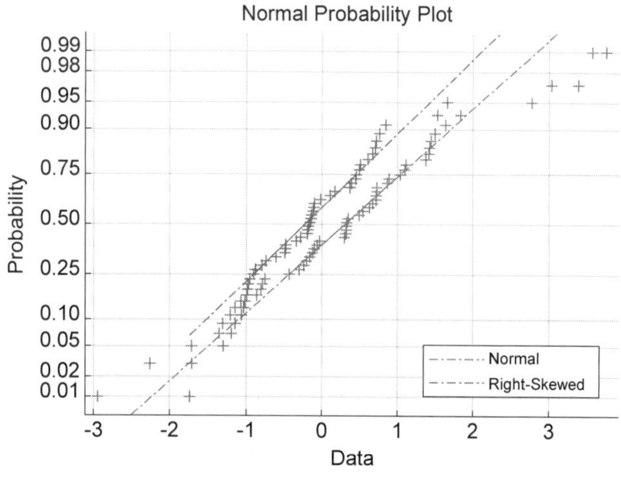

图 8-17 正态分布概率图

8.5.6 样本概率图

在 MATLAB 中,提供了 capaplot 函数用于绘制样本的概率图形。函数的调用格式为:

p=capaplot(data,specs):该函数返回来自于估计分布的随机变量落在指定范围内的概率。参数 data 为所给样本数据,specs 用于指定范围,参数 p 表示在指定范围内的概率。

[p,h]=capaplot(data,specs):参数 h 为返回绘图元素中的句柄。

【例 8-41】 计算随机样本数据的概率图形。

```
>> clear all;
rng default                                      %可重复性
data = normrnd(3,0.005,100,1);
S = capability(data,[2.99 3.01])                 %给定区间范围,显示能力指数
capaplot(data,[2.99 3.01]);                      %样本概率图形
grid on
```

运行程序,输出如下,效果如图 8-18 所示。

```
S =
  struct with fields:
        mu: 3.0006
     sigma: 0.0058
         P: 0.9129
        Pl: 0.0339
        Pu: 0.0532
        Cp: 0.5735
       Cpl: 0.6088
       Cpu: 0.5382
       Cpk: 0.5382
```

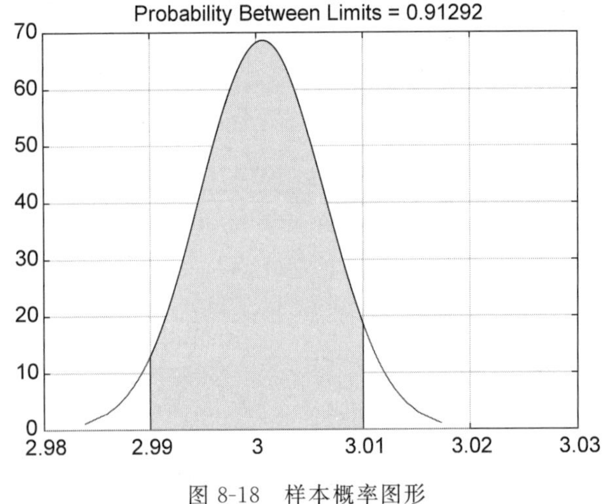

图 8-18　样本概率图形

8.5.7　正态拟合直方图

直方图又称质量分布图,它是表示资料变化情况的一种主要工具。用直方图可以解析出资料的规则性,比较直观地看出产品质量特性的分布状态,对于资料分布状况一目了然,便于判断其总体质量分布情况。在制作直方图时,涉及统计学的概念,首先要对资料进行分组,因此如何合理分组是其中的关键问题。按组距相等的原则进行的两个关键数位是分组数和组距,是一种几何形图表,它根据生产过程中收集来的质量数据分布情况,绘成以组距为底边、以频数为高度的一系列连接起来的直方型矩形图。

在 MATLAB 中，提供了 histfit 函数用于绘制含有正态拟合曲线的直方图。函数的调用格式为：

histfit(data)：绘制正态样本数据 data 的直方图。

histfit(data,nbins)：参数 nbins 为指定的 bar 的个数。

histfit(data,nbins,dist)：参数 dist 为指定的分布类型。

h=histfit(…)：返回正态样本数据直方图的函数句柄值。

【例 8-42】 绘制含有正态拟合曲线的直方图。

```
>> clear all;
r = normrnd(10,1,200,1);
subplot(1,2,1);histfit(r);
axis('square');
title('柱条数由程序设置');
h = get(gca,'Children');
set(h(2),'FaceColor',[0.7 0.7 1]);
subplot(1,2,2);histfit(r,20);
axis('square');
h = get(gca,'Children');
set(h(2),'FaceColor',[0.7 0.7 1]);
title('柱条数为 20');
```

运行程序，效果如图 8-19 所示。

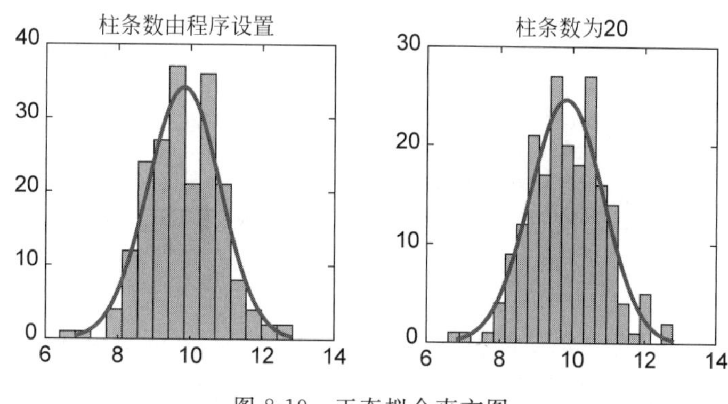

图 8-19 正态拟合直方图

8.5.8 最小二乘拟合直线

最小二乘法(又称最小平方法)是一种数学优化技术，它通过最小化误差的平方和寻找数据的最佳函数匹配。利用最小二乘法可以简便地求得未知的数据，并使得这些求得的数据与实际数据之间误差的平方和为最小。最小二乘法还可用于曲线拟合，其他一些优化问题也可通过最小化能量或最大化熵用最小二乘法来表达。

在 MATLAB 中，提供了 lsline 函数用于添加最小二乘拟合线。函数的调用格式为：

lsline：表示在当前轴中每一直线对象上添加最小二乘直线。

lsline(ax)：在指定的坐标轴 ax 中添加最小二乘拟合线。

h=lsline(…)：返回直线对象的句柄 h。

【例 8-43】 使用 lsline 函数实现离散数据的最小二乘拟合。

```
>> clear all;
x = 1:10;
rng default;                          %可重复性
figure;
y1 = x + randn(1,10);
scatter(x,y1,25,'b','*')
hold on                               %图形叠加
y2 = 2*x + randn(1,10);
plot(x,y2,'mo')
y3 = 3*x + randn(1,10);
plot(x,y3,'rx:')
legend('y1 拟合直线','y2 拟合直线','y3 拟合直线')
```

运行程序，效果如图 8-20 所示。

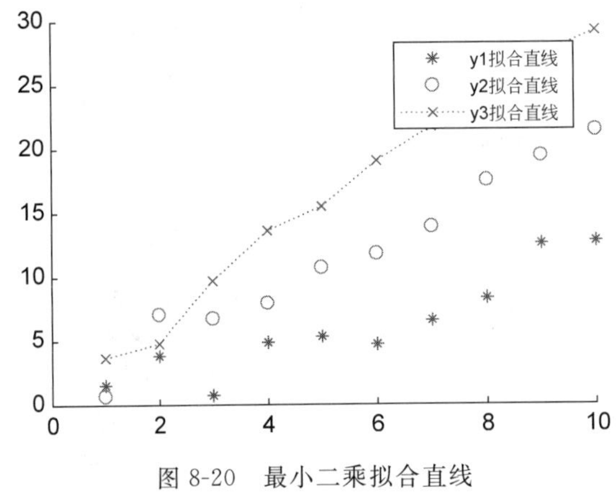

图 8-20　最小二乘拟合直线

由图 8-20 可看出，对添加了随机数据的曲线数据，lsline 函数很好地实现了拟合。

8.5.9　参考线

在 MATLAB 中，可以使用 refline 和 refcurve 函数分别绘制一条参考直线和一条参考曲线。

1. refline 函数

函数 refline 用于绘制当前图形中的参考线。函数的调用格式为：

refline(m,b)：在图中给出斜率为 m、截距为 b 的直线。

refline(coeffs)：coeffs 为一个二元向量，所给出的直线为 y=coeffs(1)*x+coeffs(2)。

refline：给出图中各线性对象的最小二乘拟合线（“-”“.-”“--”线型除外）。

hline=refline(…)：返回当前图形参考线的句柄值。

【例 8-44】 绘制当前图形的参考线。

```
>> clear all;
x = 1:10;
y = x + randn(1,10);
scatter(x,y,25,'b','*')
lsline
mu = mean(y);
hline = refline([0 mu]);
set(hline,'Color','r')
```

运行程序,效果如图 8-21 所示。

2. refcurve 函数

函数 refcurve 用于绘制一条参考曲线,函数的调用格式为:

refcurve(p):绘制多项式 p 的参考曲线。

refcurve:直接在 x 轴上添加一条参考曲线。

h=refcurve(…):返回当前图形参考曲线的句柄值 h。

【例 8-45】 为给定的多项式图形绘制一条参考曲线。

```
>> clear all;
p = [1 -2 -1 0];
t = 0:0.1:3;
rng default
y = polyval(p,t) + 0.5*randn(size(t));
plot(t,y,'ro')
h = refcurve(p);
h.Color = 'r';
```

运行程序,效果如图 8-22 所示。

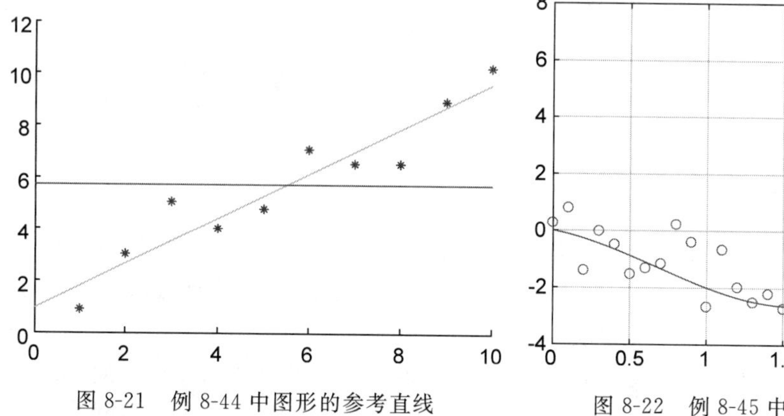

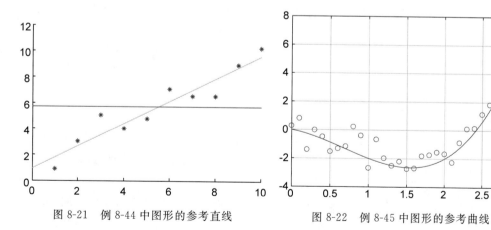

图 8-21 例 8-44 中图形的参考直线

图 8-22 例 8-45 中图形的参考曲线

第9章 MATLAB数字图像处理工具箱

数字图像处理(Digital Image Processing)是通过计算机对图像进行去除噪声、增强、复原、分割、提取特征等处理的方法和技术。数字图像处理的产生和迅速发展主要受三个因素的影响：一是计算机的发展；二是数学的发展(特别是离散数学理论的创立和完善)；三是广泛的农牧业、林业、环境、军事、工业和医学等方面的应用需求的增长。

9.1 图像处理的基础

在MATLAB中，基本数据结构为数列，大部分图像也是以数列的方式存储的。例如，包含1024列768行的彩色图像，在MATLAB中被存储为1024×768的矩阵；其中，矩阵的值为色彩值。这是以二维数列存储的图像，还有些图像以三维数列的方式进行存储。这样，通过将图形存储为数列，MATLAB就可以使用数学函数对图像进行处理了。

9.1.1 图像的表达方式

在MATLAB中，图像可以两种方式表达，分别为像素索引和空间位置。

1. 像素索引

像素索引是表达图像最方便的方法。在使用像素索引时，图像被视为离散单元，按照空间顺序从上往下、从左往右排列，如图9-1所示，像素索引值为正整数。

在使用像素索引时，像素值与索引有一一对应的关系。例如，位于第3行第3列的像素值存储在矩阵元素(3,3)中，可以使用MATLAB提供的函数进行访问，也可以使用命令“I(3,3)”获取第3行第3列的像素值，还可以使用命令“RGB(3,3,:)”获取RGB图像中第3行第3列的R、G、B值。

2. 空间位置

空间位置图像表达方式是将图像与空间位置联系起来的一种表达方式，这种表达方式与像素索引表达方式没有实质区别，但使用空间位置连续值取代像素索引离散值进行表示，如图 9-2 所示。

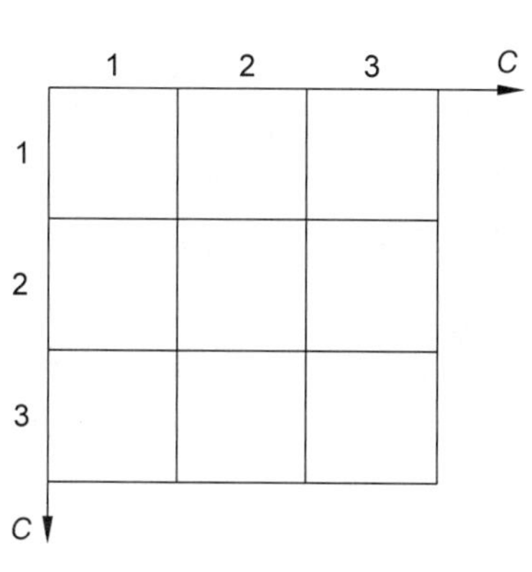

图 9-1　像素索引

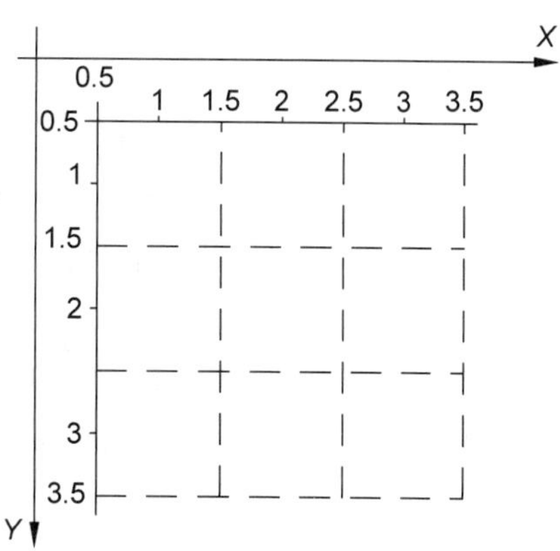

图 9-2　空间位置

例如，包含 1024 列 768 行的图像，使用默认的空间位置表示为：X 向数据存储位置为[1,1024]，Y 向数据存储位置为[1,768]。并且，由于数据存储位置为坐标范围的中点位置，故所使用的位置范围分别为[0.5 1024.5]和[0.5 768.5]。

与像素索引不同，空间位置的存储方式还可以将空间方位逆转，如将 X 向数据存储位置定义为[1024,1]。另外，还可以使用非默认空间位置表示。

【例 9-1】 绘制一个使用非默认空间位置存储的 MAGIC 图像。

```
>> clear all;
A = magic(5);
x = [19.5 24.5];
y = [8.5 13.0];
image(A,'XData',x,'YData',y);
axis image;
colormap(jet(25));
```

运行程序，得到空间位置表达的图像，如图 9-3 所示。

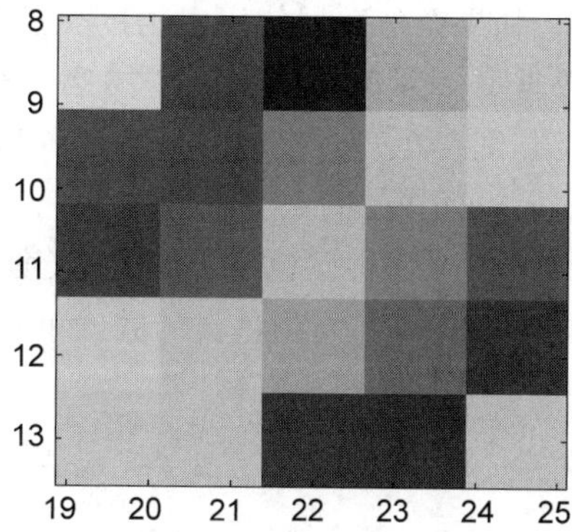

图 9-3　使用非默认空间位置存储图像

9.1.2 图像类型及存储方式

在 MATLAB 中主要存在哪些图像类型，它们又是如何存储和表示的呢？下面给予介绍。

1. 亮度图像

亮度图像(Intensity Image)即灰度图像。MATLAB 使用二维矩阵存储亮度图像，矩阵中的每个元素直接表示一个像素的亮度(灰度)信息。例如，一个 300×400 像素的图像被存储为一个 300 行 400 列的矩阵，可以使用选取矩阵元素(或子块)的方式来选择图像中的一个像素或一个区域。

如果矩阵元素的类型是双精度的，则元素的取值范围是 0～1；如果是 8 位无符号整数，则取值范围是 0～255，其中数据 0 表示黑色，而 1(或 255)表示最大亮度(通常为白色)。

2. RGB 图像

RGB 图像(RGB Image)使用 3 个一组的数据表达每个像素的颜色，即其中的红色、绿色和蓝色分量。在 MATLAB 中，RGB 图像被存储在一个 $m\times n\times 3$ 的三维数组中。对于图像中的每个像素，存储的 3 个颜色分量合成像素的最终颜色。例如，RGB 图像 I 中位置在 11 行 40 列的像素的 RGB 值为 I(11,40,1:3)，而 I(:,:,1)则表示整个红色分量图像。RGB 图像同样可以由双精度数组或 8 位无符号整数数组存储。

3. 索引图像

索引图像(Indexed Image)往往包含两个数组：一个图像数据矩阵(Image Matrix)和一个颜色索引表(Colormap)。对应于图像中的每一个像素，图像数据数组都包含一个指向颜色索引表的索引值。

颜色索引表是一个 $m\times 3$ 的双精度型矩阵，每一行指定一种颜色的 3 个 RGB 分量，即 color=[R G B]，其中 R、G、B 为实数类型的双精度数，取值为 0～1，0 表示全黑，1 表示最大亮度。

图像数据矩阵和颜色索引表的关系取决于图像数据矩阵中存储的数据类型是双精度类型还是 8 位无符号整数。如果图像数据使用双精度类型存储，则像素数据 1 表示颜色索引表中的第一行，像素数据 2 表示颜色索引表中的第二行，以此类推。而如果图像数据使用 8 位无符号整数存储，则存在一个额外的偏移量－1，像素数据 0 表示颜色索引表中的第一行，而 1 表示索引表中的第二行，以此类推。

8 位方式存储的图像可以支持 256 种颜色(或 256 级灰度)。

【例 9-2】 使用下面语句可以获得不同调色板的数据单独作用时的颜色变化情况。

```
>> clear all;
RGB = reshape(ones(64,1) * reshape(jet(64),1,192),[64,64,3]);
```

```
R = RGB(:,:,1);
G = RGB(:,:,2);
B = RGB(:,:,3);
figure;
subplot(1,4,1);imshow(R)          %显示图像
subplot(1,4,2);imshow(G);
subplot(1,4,3);imshow(B);
subplot(1,4,4);imshow(RGB);
```

运行程序，得到的图像如图 9-4 所示，从左到右的 4 个图依次为红色调色板、绿色调色板、蓝色调色板和合成调色板。

图 9-4　RGB 图像的分离颜色调色板(见彩插)

4. 二值图像

在二值图像中，像素的颜色只有两种可能取值：黑或白。MATLAB 将二值图像存储为一个二维矩阵，每个元素的取值只有 0 和 1 两种情况，0 表示黑色，而 1 表示白色。

二值图像可以被看作一种特殊的只存在黑和白两种颜色的亮度图像，当然，也可以将二值图像看作颜色索引表中只存在两种颜色(黑和白)的索引图像。

MATLAB 中使用 uint8 型的逻辑数组存储二值图像，通过一个逻辑标志表示数据有效范围是 0～1，而如果逻辑标记未被置位，则有效范围为 0～255。

9.1.3　图像类型的转换

在一些图像操作中，需要对图像的类型进行转换。例如，对一幅索引彩色图像进行滤波，首先应该将其转换成 RGB 图像。此时，对图像使用滤波器时，MATLAB 将对图像中的颜色进行过滤。如果不将索引图像进行转换，MATLAB 则对图像调色板的序号进行滤波，这样得到的结果将没有任何意义。

1. 图像存储格式的转换

有时必须将图像存储格式加以转换才能使用某些图像处理函数。例如，当使用某些 MATLAB 内置的滤镜时，需要将索引图像转换为 RGB 图像或者灰度图像，MATLAB 才会将图像滤镜应用于图像数据本身，而不是索引图像中的颜色索引值表。

MATLAB 提供了一系列图像存储格式转换函数，如表 9-1 所示。

表 9-1　图像存储格式转换函数

函数	描　述
dither	使用抖动的方式创建较小颜色信息量的图像。多数时返回 uint8 类型的图像，如果输出图像是包含大于 256 色颜色表的索引图，则使用 uint16 类型
gray2ind	从灰度图像转换成索引图像。多数时返回 uint8 类型的图像，如果输出图像是包含大于 256 色颜色表的索引图，则使用 uint16 类型。 [M,MAP]=gray2ind(I,N)：输出 M 为图像数据，MAP 为颜色表；输入 I 为原始图像，N 为索引颜色数目
grayslice	使用阈值法从灰度图像创建索引图。多数时返回 uint8 类型的图像，如果输出图像是包含大于 256 色颜色表的索引图，则使用 uint16 类型。 X=grayslice(I,N)，X=grayslice(I,V)：X 为输出的索引图像，N 为需要均匀划分的阈值个数，V 为给定的阈值向量
im2bw	使用阈值法从灰度、索引图像或 RGB 图像创建二值图，返回逻辑型矩阵存储的图像。 BW=im2bw(I,LEVEL)，BW=im2bw(X,MAP,LEVEL)：LEVEL 为指定的阈值
ind2gray	从索引图创建灰度图，返回图像与原图像存储类型相同。 I=ind2gray(X,MAP)
ind2rgb	从索引图创建 RGB 图，返回 double 类型存储图像。 RGB=ind2rgb(X,MAP)
mat2gray	使用归一化方法将一个矩阵中的数据扩展成对应的灰度图，返回图像使用 double 类型存储。 I=mat
rgb2gray	从 RGB 图创建灰度图，返回图像与原图像存储类型相同。 I=rgb2gray(RGB)，NEWMAP=rgb2gray(MAP)
rgb2ind	从 RGB 图像创建索引图。多数时返回 uint8 类型的图像，如果输出图像是包含大于 256 色颜色表的索引图，则使用 uint16 类型。 [X,MAP]=rgb2ind(RGB,N)，X=rgb2ind(RGB,MAP)

在 MATLAB 中，也可以使用一些矩阵操作函数实现某些格式转换。

【例 9-3】 将真彩色图像转换为其他类型图像。

```
>> clear all;                              % 清除 MATLAB 工作空间中的变量
% 真彩图像转换为索引图像
RGB = imread('ngc6543a.jpg');              % ngc6543a.jpg 为 MATLAB 内置的图像
map = jet(256);
X = dither(RGB,map);
subplot(2,2,1);subimage(RGB);
title('真彩图');
subplot(2,2,2);subimage(X,map);
title('索引图')
% 真彩图像转换为灰度图像
I = rgb2gray(RGB);
subplot(2,2,3);subimage(I);
title('灰度图')
% 真彩色转换为二值图像
BW = im2bw(RGB,0.5);
subplot(2,2,4);subimage(BW);
title('二值图')
```

运行程序，效果如图 9-5 所示。

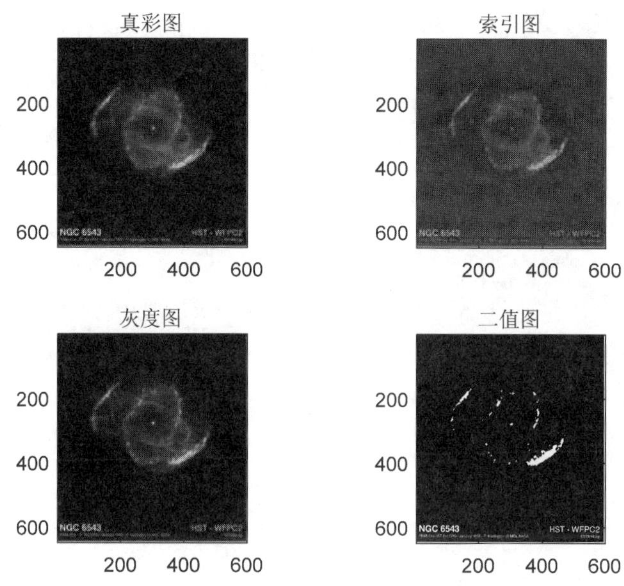

图 9-5　图像类型的转换(见彩插)

2. 图像数据类型转换

MATLAB 处理工具箱中支持的默认图像数据类型是 uint8，使用 imread 函数读图像文件一般都为 uint8 类型。然而，很多数学函数(如 sin 等)并不支持 double 以外的类型。例如，当试图对 uint8 类型直接使用 sin 函数进行操作时，MATLAB 会提示如下错误信息。

```
>> I = imread('coins.png');   % 读入一幅 uint8 图像
>> sin(I)
Undefined function 'sin' for input arguments of type 'uint8'.
```

针对这种情况，在 MATLAB 中可以利用图像处理工具箱中的内置图像数据类型转换函数。内置转换函数的优势在于它们可以帮助处理数据偏移量和归一化变换，从而简化了编程工作。

一些常用的图像数据类型转换函数如表 9-2 所示。

表 9-2　图像数据类型转换函数

函　　数	说　　明
im2uint8	将图像转换为 uint8 类型
im2uint16	将图像转换为 uint16 类型
im2double	将图像转换为 double 类型

9.1.4 图像的显示

图像的显示过程是将数字图像从一组离散数据还原为一幅可见图像的过程。通过图像显示,可以直观地查看和验证图像数据及操作。

在 MATLAB 中,调用 image 函数可以创建一个句柄图形图像对象,并且包含设置该对象的各种属性的调用语法。此外,调用与 image 函数类似的 imagesc 函数,可以实现对输入图像数据的自动缩放。

MATLAB 还提供了 imshow 函数,与 image 和 imagesc 函数类似,imshow 函数可用于创建句柄图形图像对象。此外,该函数也可以自动设置各种句柄属性和图像特征,优化绘图效果。

1. imshow 函数

函数 imshow 用于显示工作区或图像文件中的图像,在显示的同时可控制部分效果。函数的调用格式为:

imshow(I):显示数据矩阵 I 的灰度图像。

imshow(X,map):显示索引图像,X 为索引图像的数据矩阵,map 为索引图像对应的颜色映射矩阵。

imshow(filename):直接显示文件名为 filename 的图像文件。

imshow(…,Name,Value…):显示图像并设置相关显示参数,可以设置的图像显示参数包括 DisplayRange(显示图像的范围设置)、InitialMagnification(显示图像的窗口范围设置)、XData(显示图像的 X 轴设置)、YData(显示图像的 Y 轴设置)。

imshow(I,[low high]):显示值域范围为[low high]的灰度图像。

【例 9-4】 设置灰度级或设置灰度值上下限显示图像。

```
>> clear all;
I = imread('lena.bmp');
figure;
subplot(1,2,1);imshow(I);                %采用默认的灰度级显示灰度图像
subplot(1,2,2);imshow(I,[60,120]);       %设置灰度上下区间为[60,120],显示灰度图像
```

运行程序,效果如图 9-6 所示。右图中设置的灰度值范围为[60,120],灰度值较大的部分比较亮(白色),灰度值较小的地方比较暗(黑色)。

图 9-6 不同方式显示灰度图像

2. image 与 imagesc 函数

在 MATLAB 中，常用的显示图像函数除了 imshow 外，还有函数 image 和 imagesc。这两个函数的功能基本与前者相近，可以显示一幅图像，自动设置图像的一些属性。这些自动设置的属性包括图像对象的 CData 属性、CDataMapping 属性和坐标轴对象的属性等。函数的调用格式为：

image(C)：显示数据矩阵 C 代表的图像。

image(x,y,C)：显示图像，参数 x 和 y 分别设置坐标轴 X 轴和 Y 轴。

image(x, y, C, 'PropertyName', PropertyValue, …)：设置图像的属性名 PropertyName 及对应的属性值 PropertyValue。

imagesc(C)：显示数据矩阵 C 的图像，显示时，数据矩阵 C 中的最小值对应于颜色映射表中的初始颜色值，数据矩阵 C 中的最大值对应于颜色映射表中的终值。

imagesc(x,y,C)：显示数据矩阵 C 的图像，并设置显示的坐标轴的范围。

imagesc(…,clims)：参数 clims 用于设置映射到颜色矩阵全范围的初值和终值，例如，当前的颜色映射矩阵为 0～1 的灰度范围，则参数 clims 的第一个值对应灰度范围的起始值 0，clims 的第二个值对应灰度范围的终值 1。

imagesc('PropertyName',PropertyValue,…)：设置数据矩阵的图像属性名及其对应的属性值。

【例 9-5】 利用 imshow、image 和 imagesc 函数显示图像进行比较。

```
>> clear all;
I = imread('lena.bmp');
figure;
subplot(221);imshow(I);                        % imshow 函数显示
xlabel('(a)imshow 显示图像');
subplot(222);image(I);                         % image 函数显示
xlabel('(b)image 显示图像');
subplot(223);image([50,200],[50,300],I);       % image 函数绘制调整坐标后的图像
xlabel('(c)image 调整坐标后图像');
subplot(224);imagesc(I,[60,150]);              % 利用 imagesc 函数显示经过灰度拉伸后的图像
```

运行程序，效果如图 9-7 所示。

3. montage 函数

在 MATLAB 的图像显示中，可以利用函数 montage 实现多帧图像的显示。函数的调用格式为：

montage(filenames)：显示多帧指定 MATLAB 格式的图像。

montage(I)：显示多帧灰度图像。

montage(X,map)：显示索引图像 X 共 k 帧，色图由 map 指定为所有的帧图像。

montage(…,param1,value1,param2,value2,…)：根据指定的参数名及参数值显示多帧图像。

h=montage(…)：返回多帧图像的句柄值。

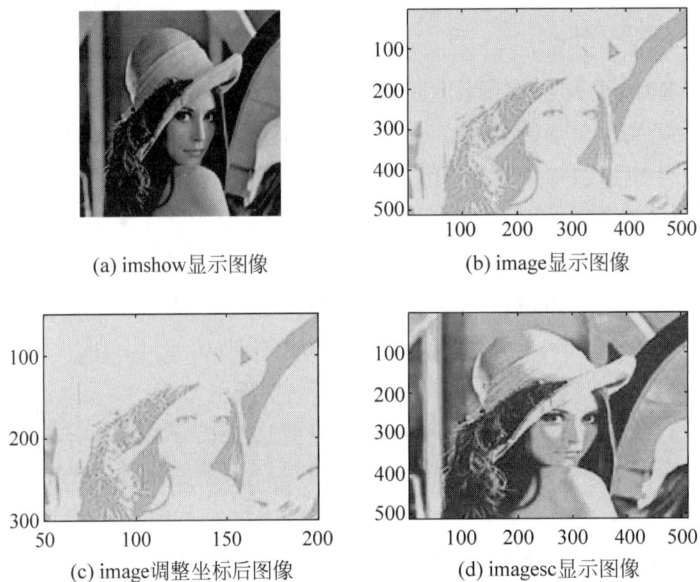

(a) imshow显示图像 (b) image显示图像

(c) image调整坐标后图像 (d) imagesc显示图像

图 9-7 不同形式图像显示效果

【例 9-6】 利用 montage 函数显示多帧图像。

```
> fileFolder = fullfile(MATLAB Root,'toolbox','images','imdata');
dirOutput = dir(fullfile(fileFolder,'AT3_1m4_ * .tif'));
fileNames = {dirOutput.name}'
fileNames =
  10 × 1 cell array
    'AT3_1m4_01.tif'
    'AT3_1m4_02.tif'
    'AT3_1m4_03.tif'
    'AT3_1m4_04.tif'
    'AT3_1m4_05.tif'
    'AT3_1m4_06.tif'
    'AT3_1m4_07.tif'
    'AT3_1m4_08.tif'
    'AT3_1m4_09.tif'
    'AT3_1m4_10.tif'
>> montage(fileNames, 'Size', [2 5]);
```

运行程序,效果如图 9-8 所示。

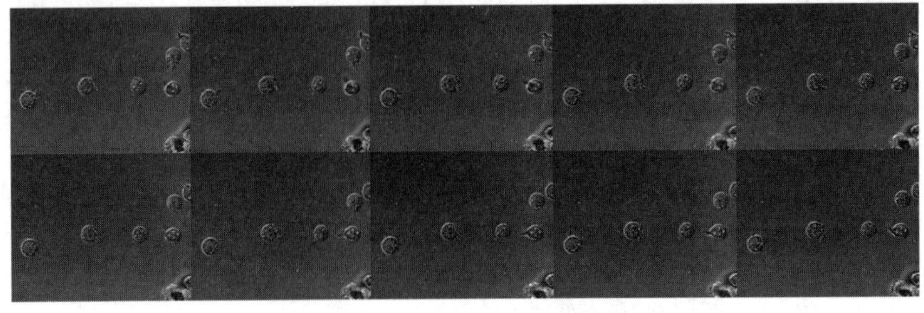

图 9-8 多帧同时显示效果图

4. colorbar 函数

在 MATLAB 的图像显示中，可以利用 colorbar 函数添加一个彩色条，该彩色条用来指示图像中不同颜色所对应的具体数值。函数的调用格式为：

colorbar：在图像上形成一个彩色条，默认位置是在图像的右侧。

colorbar(target)：在 target 处形成一个彩色条。

colorbar('peer',target)：在图像的坐标轴上形成一个彩色条，并代替 AX 指定的坐标轴。

colorbar('off'),colorbar(target,'off'),colorbar(c,'off')：删除所有当前轴相关的彩色条。

colorbar(…,lcn)：指定彩色条的位置，其中 lcn 字段及说明如表 9-3 所示。

colorbar(…,Name,Value)：设置彩色条的属性名 Name 及对应的属性值 Value。

c=colorbar(…)：返回彩色条句柄 c。

表 9-3　lcn 字段及说明

字　段　名	含　　义	字　段　名	含　　义
North	在图像内顶部	NorthOutside	在图像外顶部
South	在图像内底部	SouthOutside	在图像外底部
East	在图像内右侧	EastOutside	在图像外右侧
West	在图像内左侧	WestOutside	在图像外左侧

【例 9-7】 显示图像并为图像添加彩色条。

```
>> clear all;
I = imread('tire.tif');                     % 读取图像信息
H = [1 2 1;0 0 0; - 1  - 2  - 1];           % 设置 Sobel 算子
X = filter2(H,I);                           % 对灰度图像 I 进行二次滤波,实现边缘检测
subplot(1,3,1);imshow(I);                   % 原始图像
xlabel('(a)原始图像');
subplot(1,3,2);imshow(X,[]);
colorbar;                                   % 默认位置
xlabel('(b)在图像外右侧添加彩色条');
subplot(1,3,3);imshow(X,[]);
colorbar('east');                           % 在图像内右侧添加彩色条
xlabel('(c)在图像内右侧添加彩色条');
```

运行程序，效果如图 9-9 所示。

(a) 原始图像

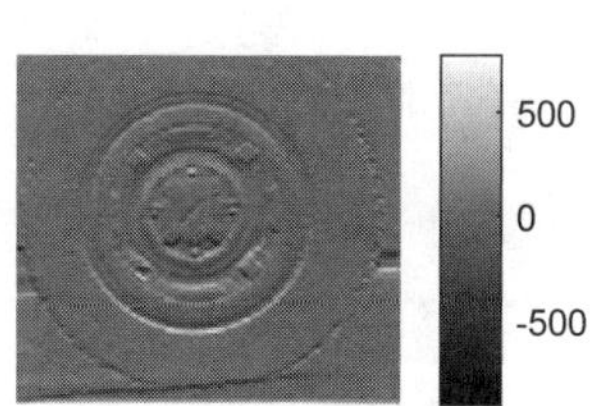

(b) 在图像外右侧添加彩色条

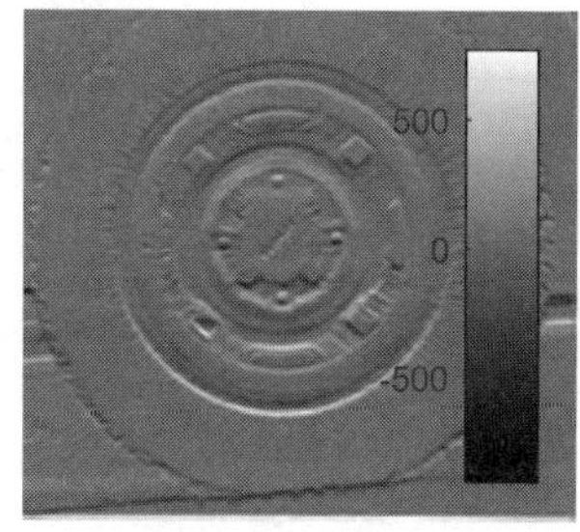

(c) 在图像内右侧添加彩色条

图 9-9　为图像添加对应彩色图

注意：当通过调用函数 imshow 在通用图形图像视窗显示图像时，也可以利用视窗上的工具按钮▯直接添加彩色条，只是这种方式添加的彩色条是默认设置。

5. warp 函数

在使用 imshow 函数时，MATLAB 在二维空间中显示图像。除此之外，MATLAB 专门提供了一个对图像进行纹理映射处理的函数 warp，使之显示在三维空间中，可以是柱面、球面或自定义的三维曲面。函数的调用格式为：

warp(X,map)：将索引图像映射到矩形平面上显示，其中[X,map]代表索引图像。

warp(I,n)：将灰度图像映射到矩形平面上显示，其中 I 代表灰度图像，n 为指定灰度级。

warp(BW)：将二值图像映射到矩形平面区域上显示，其中 BW 代表二值图像。

warp(RGB)：将真彩色图像映射到矩形平面区域上显示，其中 RGB 为真彩色图像。

注意：由于矩形平面区域本身就是一个二维图形区域，所以调用这 4 种格式来显示图像与直接调用函数 imshow 的显示结果是一致的，唯一差别就是图像上是否有坐标轴。

warp(Z,…)：将图像映射到 Z 图形表面上。

warp(X,Y,Z,…)：将图像映射到由(X,Y,Z)确定的图形表面上。

h=warp(…)：返回纹理映射的图像句柄 h。

【例 9-8】 利用 warp 函数实现纹理映射。

```
>> clear all;
I = imread('football.jpg');
figure
warp(I,I,128);
```

运行程序，效果如图 9-10 所示。

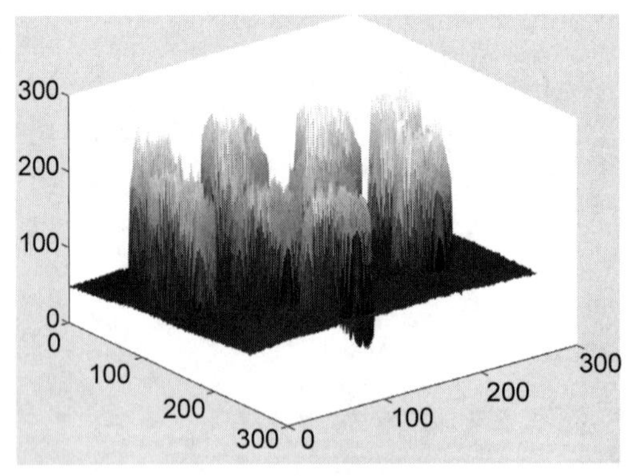

图 9-10　纹理映射效果

6. subimage 函数

为了便于在多幅图像之间进行比较，需要将这些经过比较的图像显示在一个图形窗口中。MATLAB 的图像处理工具箱提供了 subimage 函数来实现此功能。函数的调用格式为：

subimage(X,map)，subimage(I)，subimage(BW)，subimage(RGB)：4 种调用格式分别是将索引图像、灰度图像、二值图像和真彩色图像进行显示。

subimage(x,y,…)：将图像按指定的坐标系(x,y)显示。在具体应用时，主要是设置横轴和纵轴的坐标值范围。

h=subimage(…)：显示图像并返回图像对象的句柄 h。

【例 9-9】 利用 subimage 函数在一个图像窗口同时显示两幅图像。

```
>> load trees
[X2,map2] = imread('forest.tif');
subplot(1,2,1), subimage(X,map)
xlabel('(a) 左边子区域显示 trees .tif');
subplot(1,2,2), subimage(X2,map2);
xlabel('(b) 右边子区域显示 forest.tif ');
```

运行程序，效果如图 9-11 所示。

图 9-11 子图像显示(见彩插)

9.2 图像的运算

图像的运算是图像处理中最简单的操作。图像的运算是指多幅图像的数学运算，主要包括图像的代数运算、图像的逻辑运算、图像的几何运算、图像的邻域和块操作等。

9.2.1 图像的代数运算

图像的代数运算是指多幅图像的加、减、乘、除运算和一般的线性运算。图像的代数运算不但可以作为复杂图像处理的预处理步骤，其本身也有很多用途，如在运动物体检测中，相邻两帧的相减可以用来检测有没有运动物体再现。

实现这些功能的函数相对简单，在此不展开介绍，在 MATLAB 中，提供了相关函数用于实现对应的代数运算，相关函数名及说明如表 9-4 所示。

表 9-4 图像的代数运算函数及说明

函数调用格式	说 明
加运算 Z=imadd(X,Y)	将矩阵 X 中每一个元素与矩阵 Y 中对应的元素相加,返回值为 Z。X 和 Y 的维数和数据类型相同,或者 Y 为一个数值型常量。除了 X 为二进制数时,Z 返回双精度型外,Z 的维数和数据类型与 Y 相同
减运算 Z=imsubtract(X,Y)	将矩阵 X 中每一个元素减去矩阵 Y 中对应元素,返回值为 Z。X、Y 的维数与数据类型相同,或者 Y 为一个整型变量。除了 X 为二进制数时,Z 返回双精度外,Z 的维数与数据类型与 X 相同
乘运算 Z=immultiply(X,Y)	将矩阵 X 中每一个元素乘以矩阵 Y 中对应元素,返回值为 Z。如果 X 和 Y 的维数或数据类型相同,则 Z 与 X、Y 也具有相同的维数或数据类型;如果 X(Y)为一个数值型矩阵而 Y(X)为一个整型变量,则 Z 的维数或数据类型与 X(Y)相同
除运算 Z=imdivide(X,Y)	将矩阵 X 中每一个元素除以矩阵 Y 中对应元素,返回值为 Z。如果 X 和 Y 的维数或数据类型相同,或者 Y 为一个数值型常量,则 Z 的维数与数据类型与 X 相同
绝对值差函数 Z=imabsdiff(X,Y)	执行图像矩阵 X 和图像矩阵 Y 中对应位置的元素相减,并取绝对值,结果返回给 Z。X 和 Y 是具有相同大小和数据类型的实数或非稀疏矩阵
求补运算 IM2=imcomplement(IM)	对图像矩阵 IM 的所有元素求补,结果返回给 IM2。图像矩阵 IM 可以是二值图像、灰度图像或 RGB 图像。如果 IM 是二值图像矩阵,求补后相应元素由 0 变 1,由 1 变 0;如果 IM 为灰度图像或 RGB 图像,则求补结果为 IM 矩阵数据类型的最大值与对应像素相减的差值
线性组合运算 Z=imlincomb(K1,A1,K2,A2,…,Kn,An)	计算图像矩阵 A1,A2,…,An 按照系数 K1,K2,…,Kn 的加权和,计算结果 K1 * A1+K2 * A2+…+Kn * An 返回给 Z。其中,图像矩阵 A1,A2,…,An 是实数、非稀疏矩阵,系数 K1,K2,…,Kn 是实数或双精度标量

【例 9-10】 图像的相加运算。

```
>> clear all;
I = imread('rice.png');
J = imread('cameraman.tif');
subplot(131);imshow(I);
xlabel('(a) rice.png 图像');
subplot(1,3,2);imshow(J);
xlabel('(b) cameraman.tif 图像');
K = imadd(I,J,'uint16');
subplot(1,3,3);imshow(K,[]);
xlabel('(c) 图像的相加效果')
```

运行程序,效果如图 9-12 所示。

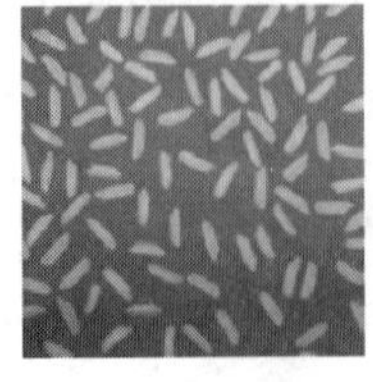
(a) rice.png图像

(b) cameraman.tif 图像

(c) 图像的相加效果

图 9-12 两幅图像相加

【例 9-11】 图像的除运算。

```
>> clear all;
I = imread('rice.png');
J = imread('cameraman.tif');
subplot(221);imshow(I);
subplot(222);imshow(J);
Ip = imdivide(I,J);        % 两幅图像相除
subplot(223);imshow(Ip,[]);
K = imdivide(I,2);          % 图像跟一个常数相除
subplot(224);imshow(K);
```

运行程序,效果如图 9-13 所示。

图 9-13 图像的相除运算

【例 9-12】 利用 imlincomb 函数实现图像的线性组合。

```
>> clear all;
I = imread('rice.png');
J = imread('cameraman.tif');
K1 = imlincomb(1.0,I,1.0,J);
subplot(2,2,1);imshow(K1);
xlabel('(a) 两个图像相叠加');
K2 = imlincomb(1.0,I,-1.0,J,'double');         % 两个图像相减
subplot(2,2,2);imshow(K2);
xlabel('(b) 两个图像相减');
K3 = imlincomb(2,I);                            % 图像的乘法
subplot(2,2,3);imshow(K3);
xlabel('(c) 图像乘常数');
K4 = imlincomb(0.5,I);                          % 图像的除法
subplot(2,2,4);imshow(K4);
xlabel('(d) 图像除常数');
```

运行程序,效果如图 9-14 所示。

(a) 两个图像相叠加

(b) 两个图像相减

(c) 图像乘常数

(d) 图像除常数

图 9-14　图像的线性组合效果

9.2.2　图像的逻辑运算

图像的逻辑运算主要是针对二值图像，以像素对象为基础进行的两幅或多幅图像间的操作。常用的逻辑运算有与、或、非、或非、与非、异或等。在 MATLAB 中，提供了逻辑操作符与(&)、或(|)、非(～)、异或(or)等进行逻辑运算，复杂的逻辑运算可通过基本运算推导得到。

【例 9-13】 实现图像的与、或、非、异或运算。

```
>> clear all;            %清除空间变量
I = imread('rice.png');
J = imread('cameraman.tif');
I1 = im2bw(I);           %转化为二值图像
J1 = im2bw(J);
K1 = I1&J1;              %实现图像的逻辑"与"运算
K2 = I1|J1;              %实现图像的逻辑"或"运算
K3 = ～I1;               %实现图像的"非"运算
K4 = xor(I1,J1);         %实现图像的"异或"运算
subplot(231);imshow(I1);xlabel('(a) 二值图像 1');
subplot(232);imshow(J1);xlabel('(b) 二值图像 2');
subplot(233);imshow(K1);xlabel('(c)逻辑"与"运算');
subplot(234);imshow(K1);xlabel('(d)逻辑"或"运算');
subplot(235);imshow(K1);xlabel('(f)逻辑"非"运算');
subplot(236);imshow(K1);xlabel('(e)逻辑"异或"运算');
```

运行程序，效果如图 9-15 所示。

9.2.3　图像的几何运算

图像的几何运算是指引起图像几何形状发生变化的变换，包括图像的插值、缩放、旋转和剪切等。

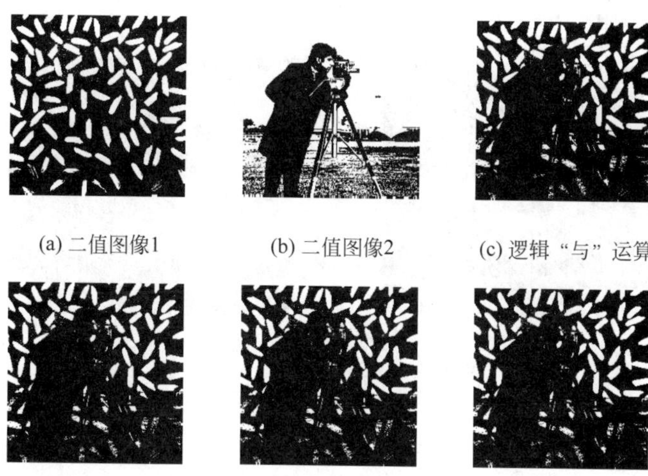

(a) 二值图像1　(b) 二值图像2　(c) 逻辑“与”运算

(d) 逻辑“或”运算　(f) 逻辑“非”运算　(e) 逻辑“异或”运算

图 9-15　图像的逻辑运算

1. 图像的插值

插值是常用的数学运算，通常是利用曲线拟合的方法，通过离散的采样点建立一个连续函数来逼近真实的曲线，用这个重建的函数便可以求出任意位置的函数值。在 MATLAB 中通过插值，可以实现图像的缩放和旋转。

线性最近邻插值是最简便的插值，每一个插值输出像素的值就是在输入图像中与其最临近的采样点的值。最近邻插值是默认使用的插值方法，运算量非常小。当图像中包含像素之间灰度级变化的细微结构时，该方法会在图像中产生人工的痕迹。双线性插值法的输出像素值是它在输入图像中 2×2 邻域采样点的平均值，根据某像素周围 4 个像素的灰度值在水平和垂直两个方向上对其插值。双三次插值的插值核为三次函数，其插值邻域的大小为 4×4，插值效果比较好，但相应的计算量也比较大。

在 MATLAB 中，二维图像插值的函数是 interp2。函数的调用格式为：

ZI＝interp2(X，Y，Z，XI，YI，method)：X、Y 是图像 Z 的横坐标和纵坐标的向量，XI、YI 是插值后的横坐标和纵坐标向量，method 是插值方法，可以为 nearest(线性最近邻插值)、linear(线性插值)、spline(三次样条插值)等。

【例 9-14】 图像的插值。

```
>> clear all;
I = imread('tire.tif');                          % 读入图像
[m,n] = size(I);
x = 1:n; y = 1:m;
[x,y] = meshgrid(x,y);                           % 生成网格矩阵
x1 = 1:4:n;   y1 = 1:4:m;
[x1,y1] = meshgrid(x1,y1);                       % 生成网格矩阵
I1 = interp2(x,y,I,x1,y1,'nearest');             % 对图像进行最近邻插值
subplot(121);imshow(I);xlabel('(a) 原始图像');
subplot(122);imshow(I1);xlabel('(b) 图像的最近邻插值');
```

运行程序，效果如图 9-16 所示。

(a) 原始图像

(b) 图像的最近邻插值

图 9-16　图像的插值效果

2. 图像的缩放

图像缩放是指将给定的图像在 x 轴方向按比例缩放 f_x 倍，在 y 轴方向按比例缩放 f_y 倍，从而获得一幅新的图像。如果 $f_x=f_y$，即在 x 轴方向和 y 轴方向缩放的比例相同，则称这样的比例缩放为图像的全比例缩放。如果 $f_x \neq f_y$，图像比例缩放会改变原始图像像素间的相对位置，产生几何畸变。

在 MATLAB 中，提供 imresize 函数用于实现图像的缩放。函数的调用格式为：

B=imresize(A,scale)：返回图像 B，图像 B 的大小为 A 的 scale 倍。A 可以是灰度图像、真彩色图像、二值图像。参数 scale 的范围为[0,1]，即 B 比 A 小，如果 scale 比 1.0 大，则 B 比 A 大。

B=imresize(A,[numrows numcols])：对原始图像 A 进行比例缩放，返回图像 B 的行数 mrows 和列数 rncols。如果 mrows 或 ncols 为 NaN，则表明 MATLAB 自动调整了图像的缩放比例。

[Y newmap]=imresize(X,map,scale)：对索引图像 X 进行比例放大或缩小。参量 map 为列数为 3 的矩阵，表示矩阵表。scale 可以为比例因子(标量)或是指定输出图像大小([numrows numcols])的向量。

[…]=imresize(…,method)：字符串参量 method 指定图像缩放插值法，可以为 nearest、bilinear、bicubic，默认为 nearest。

[…]=imresize(…,parameter,value,…)：参数对(parameter,value)可以配置为抗锯齿(antialiasing)、色图优化(colormap)、颜色抖动(dither)、缩放比例(scale)、输出大小控制(outputSize)和插值运算方法(method)等。

【例 9-15】 图像的缩放实例。

```
>> clear all;
I = imread('rice.png');
subplot(221);imshow(I);xlabel('(a)原始图像');
J = imresize(I, 0.15);
subplot(222); imshow(J);xlabel('(b)图像线性插值');
J2 = imresize(I, 0.15, 'bicubic');
subplot(223);imshow(J2);xlabel('(c)图像双立方插值');
J3 = imresize(I,6);
subplot(224);imshow(J3);xlabel('(d)图像扩大 6 倍');
```

运行程序，效果如图 9-17 所示。

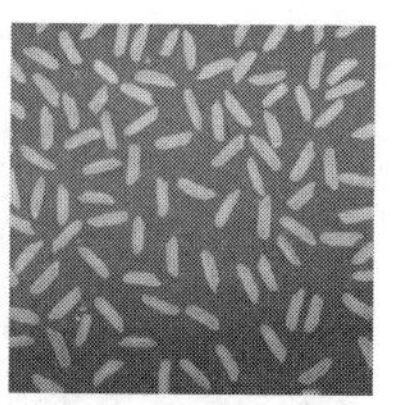

(a) 原始图像

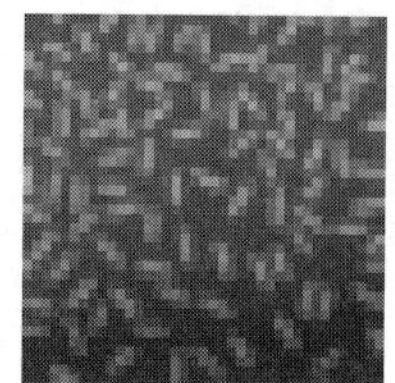

(b) 图像线性插值

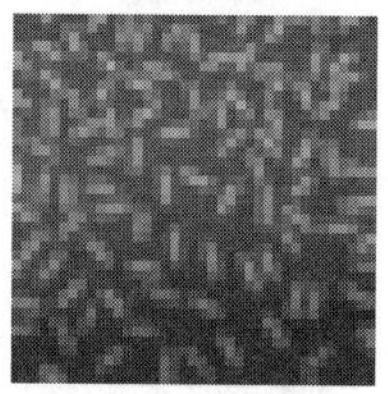

(c) 图像双立方插值

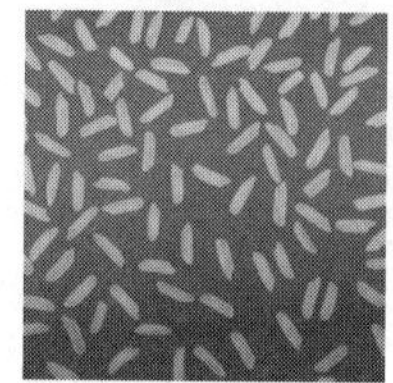

(d) 图像扩大6倍

图 9-17　图像的缩放效果

3. 图像的旋转

图像的旋转变换属于图像的位置变换，通常是以图像的中心为原点，将图像上的所有像素都旋转一个相同的角度。旋转后，图像的大小一般会改变。

在 MATLAB 中，提供了 imrotate 函数用于实现图像的旋转。函数的调用格式为：

B=imrotate(A,angle)：将图像 A 旋转角度 angle，单位为(°)，逆时针为正，顺时针为负。

B=imrotate(A,angle,method)：字符串参数 method 指定图像旋转插值方法，可以为 nearest、bilinear、bicubic，默认为 nearest。

B=imrotate(A,angle,method,bbox)：字符串参量 bbox 指定返回图像的大小，当 bbox=crop 时，即输出图像 B 与输出图像 A 具有相同的大小，对旋转图像进行剪切以满足要求；当 bbox=loose 时，即默认值，输出图像 B 包含整个旋转后的图像，通常 B 比输入图像 A 要大。

【例 9-16】 利用 imrotate 函数对图像进行旋转处理。

```
>> clear all;
A = imread('office_2.jpg');                  %读入图像
J1 = imrotate(A, 60);                        %设置旋转角度,实现旋转图像并显示
J2 = imrotate(A, - 30);
J3 = imrotate(A,60,'bicubic','crop');        %设置输出图像大小,实现旋转图像并显示
J4 = imrotate(A,30, 'bicubic','loose');
subplot(221),imshow(J1);
xlabel('(a)逆时针旋转 60 度')
subplot(222),imshow(J2);
xlabel('(b)顺时针旋转 30 度')
subplot(223),imshow(J3);
xlabel('(c)裁剪的旋转');
subplot(224),imshow(J4);
xlabel('(d)不裁剪的旋转')
```

运行程序,效果如图 9-18 所示。

(a) 逆时针旋转60度

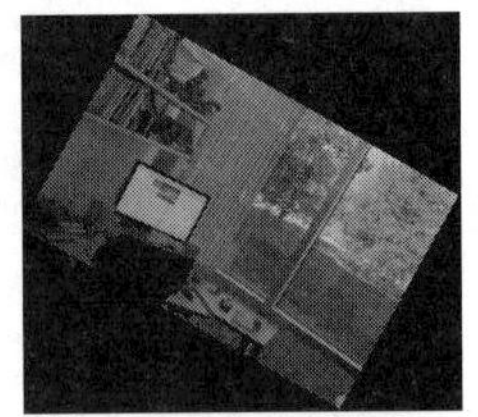

(b) 顺时针旋转60度

(c) 裁剪的旋转

(d) 不裁剪的旋转

图 9-18　图像的旋转效果

4. 图像的剪切

在进行图像处理的过程中,有时用户只对采集的图像部分区域感兴趣,这时就需要对原始图像进行剪切。在 MATLAB 中,提供 imcrop 函数实现图像的剪切操作。函数的调用格式为:

I2=imcrop:程序运行时,通过鼠标选定矩形区域进行剪切。

I2=imcrop(I)或 X2=imcrop(X,map):分别对灰度图像、索引图像进行剪切操作。

I2=imcrop(I,rect)或 X2=imcrop(X,map,rect):非交互地指定裁剪矩阵,按指定的矩阵框 rect 剪切图像。rect 为四元素向量[xmin,ymin,width,height],分别表示矩形的左下角和长度及宽度,这些值在空间坐标中指定。

[…]=imcrop(x,y,…):在指定坐标系(x,y)中剪切图像。

[I2 rect]=imcrop(…)或[X,Y,I2,rect]=imcrop(…):在用户交互剪切图像的同时返回剪切框的参数 rect。

【例 9-17】 利用 imcrop 函数,通过指令方式实现图像的剪切操作。

```
>> clear all;
load trees
X2 = imcrop(X,map,[30 30 50 75]);    %定义剪切区域
subplot(1,2,1);imshow(X,map)
xlabel('(a)原始图像')
subplot(1,2,2);imshow(X2,map)
xlabel('(b)剪切得到图像')
```

运行程序,效果如图 9-19 所示。

(a) 原始图像

(b) 剪切得到图像

图 9-19　指令方式实现图像的剪切

【例 9-18】 利用 imcrop 函数,通过鼠标操作实现图像的剪切操作。

```
>> clear all;
[A,map] = imread('peppers.png');
[I2,rect] = imcrop(A);                                    % 进行图像剪切
subplot(121);imshow(A);
rectangle('Position',rect,'LineWidth',2,'EdgeColor','r')  % 显示剪切区域
subplot(122);imshow(I2);
```

实现手动剪切图像有两种方法:

(1) 运行程序,首先显示原始图像,当鼠标移到图像区域后变成"+",用户按住鼠标左键选择剪切区域,如图 9-20(a)所示,再在选择的剪切区域内右击,弹出剪切菜单,选择 Crop Image 选项,即可得到剪切后的图像,如图 9-20(b)所示。

(2) 运行程序,首先显示原始图像,当鼠标移到图像区域后变成"+",用户按住鼠标左键选择剪切区域并双击,即可完成剪切。

(a) 选择剪切图像

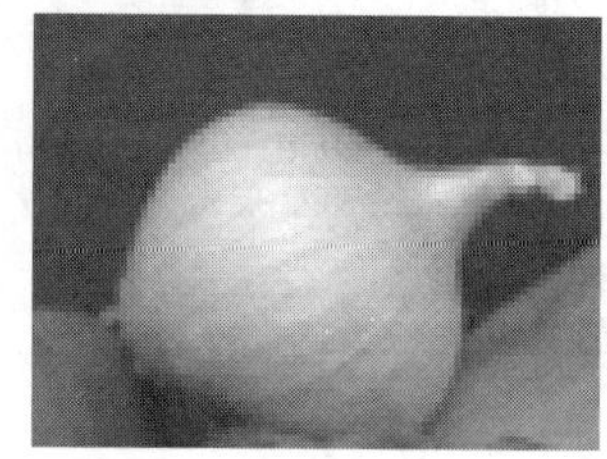

(b) 剪切后得到的图像

图 9-20　图像的剪切效果

5. 图像的空间变换

前面介绍的图像变换都可归结为图像的空间变换，在 MATLAB 的图像处理工具箱中有一个专门的函数 imtransform，用户可以定义参数实现多种类型的空间变换，包括放射变换(如平移、缩放、旋转、剪切)、投影变换等。函数的调用格式为：

B=imtransform(A,tform)：按照指定的二维空间变换结构 tform 对图像 A 进行空间变换处理。tform 由 maketform 函数或 cp2tform 函数获取。如果 ndims(A)>2，如真彩色图像，变换结构自动从高维的所有二维面进行变换计算。

B=imtransform(A,tform,interp)：指定插值的形式，其值可取 nearest、bilinear 和 bicubic 或是 makeresampler 函数的返回值。

[B,xdata,ydata]=imtransform(…)：返回输出 X-Y 空间上的输出图像 B 的位置。xdata 和 ydata 是二元向量。xdata 元素指定了 X 轴上图像 B 的第一列和最后一列；ydata 元素指定了 Y 轴上图像 B 的第一列和最后一列。通常，函数会自动计算出 xdata 和 ydata，也就是图像的坐标轴显示的范围，以便让图像 B 包含完整的图像 A 变换后的信息。然而，也可以改变自动计算的形式。

[B,xdata,ydata]=imtransform(…,Name,Value)：指定影响空间变换的参数。

【例 9-19】 利用 imtransform 函数实现图像的平移、缩放、剪切和旋转。

```
>> clear all;
[I,map] = imread('peppers.png');
Ta = maketform('affine',[cosd(30) - sind(30) 0;sind(30) cosd(30) 0;0 0 1]');   %创建旋转参
                                                                                  %数结构体
Ia = imtransform(I,Ta);                                 %实现图像的旋转
Tb = maketform('affine',[5 0 0;0 10.5 0;0 0 1]');       %创建缩放参数结构体
Ib = imtransform(I,Tb);                                 %实现图像的缩放
xform = [1 0 55;0 1 115;0 0 1]';                        %创建图像平移参数结构体
Tc = maketform('affine',xform);
Ic = imtransform(I,Tc,'XData',[1 (size(I,2) + xform(3,1))],'YData', ...
    [1 (size(I,1) + xform(3,2))],'FillValues',255);
Td = maketform('affine',[1 4 0;2 1 0;0 0 1]');          %创建图像整体剪切的参数结构体
Id = imtransform(I,Td,'FillValues',255);                %实现图像整体剪切
subplot(221);imshow(Ia);axis on;
xlabel('(a)图像的旋转');
subplot(222);imshow(Ib);axis on;
xlabel('(b)图像的缩放');
subplot(223);imshow(Ic);axis on;
xlabel('(c)图像的平移');
subplot(224);imshow(Id);axis on;
xlabel('(d)图像的剪切');
```

运行程序，效果如图 9-21 所示。

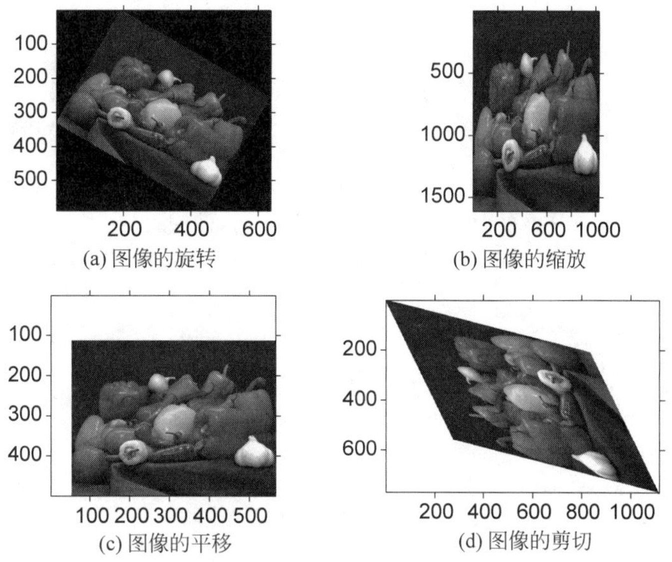

(a) 图像的旋转 (b) 图像的缩放

(c) 图像的平移 (d) 图像的剪切

图 9-21 图像的空间变换效果

9.3 图像的邻域操作和选取

图像的邻域操作和选取是 MATLAB 图像处理中常用的技术之一。本节主要介绍邻域操作和区域选取的相关函数及 MATLAB 实现方法。

9.3.1 邻域操作

图像邻域操作是指输出图像的像素点取值决定于输入图像的某个像素点及其邻域内的像素，通常像素点的邻域是一个远小于图像自身尺寸、形状规则的像素块，如 2×2 正方形、2×3 矩形，或近似圆形的多边形。邻域操作根据邻域的类型又可分为滑动邻域操作和分离邻域操作。

在 MATLAB 中，提供了几个实现邻域操作的函数，下面给予介绍。

1. nlfilter 函数

在 MATLAB 中，通过 nlfilter 函数可实现滑动邻域的操作。函数的调用格式为：

B=nlfilter(A,[m n],fun)：表示对图像 A 进行操作得到图像 B，其中，[m,n]表示滑动邻域的大小为 m×n，参数 fun 为作用于图像邻域上的处理函数。函数 fun 的输入大小为 m×n 矩阵，返回值为一个标量。假定 x 表示某一个图像邻域矩阵，c 表示函数 fun 的返回值，则有表达式 c=fun(x)，c 表示对应图像邻域 x 的中心像素的输出值。

B=nlfilter(A,'indexed',…)：把图像 A 作为索引色图像处理，如果图像数据是 double 类型，则对其图像邻域进行填补时，对图像以外的区域补 1；而当图像数据为 uint8 类型时，用 0 填补空白区域。

2. colfilt 函数

在 MATLAB 中，通过 colfilt 函数可实现列方向邻域操作。函数的调用格式为：

B=colfilt(A,[m n],block_type,fun)：实现快速邻域操作，图像块的尺寸为 m×n，block_type 为指定块的移动方式，即当为 distinct 时，图像不重叠；当为 sliding 时，图像块滑动。fun 参数为运算函数，其形式为 y=fun(x)。

B=colfilt(A,[m n],[mblock nblock],block_type,fun)：为节省内存，按 mblock×nblock 的图像块对图像 A 进行块操作。

B=colfilt(A,'indexed',…)：将 A 作为索引色图像处理，如果 A 的数据类型为 uint8 或 uint16 时就用 0 填充；如果 A 的数据类型为 double 或 single 时就用 1 填充。

3. blockproc 函数

在 MATLAB 中，通过 blockproc 函数可实现分离邻域操作。函数的调用格式为：

B=blockproc(A,[M N],fun)：A 是要处理的图像矩阵，[M,N]是每次分块处理的矩阵大小，fun 是函数句柄，即对每块矩阵的处理函数。

B=blockproc(src_filename,[M N],fun)：如果图像太大不能完全导入内存，也可以用图像文件名 src_filename 来表示。

B= blockproc(adapter,[M N],fun)：构造任意图像格式的 adapter 类来实现 blockproc 函数对任意图像文件的支持。

blockproc(…,Name,Value,…)：设定块的参数 NameN 的值 ValueN。

【例 9-20】 利用 nlfitler、colfilt 函数分别实现图像的滑动邻域操作及列方向邻域操作。

```
>> clear all;
A = imread('cameraman.tif');
A = im2double(A);                     %数值类型的转换
A1 = nlfilter(A,[4,4],'std2');        %对图像 A 利用滑动邻域操作函数进行处理
f = @(x) max(x(:));
A2 = nlfilter(A1,[3 3],f);
A3 = nlfilter(A1,[6 6],f);
subplot(2,3,1);imshow(A1);
xlabel('(a)方差运算');
subplot(2,3,2);imshow(A2);
xlabel('(b)尺寸 3×3 的最大值');
subplot(2,3,3);imshow(A3);
xlabel('(c)尺寸 6×6 的最大值');
B = imread('tire.tif');
B1 = im2double(B);                    %数值类型的转换
f = @(x) min(x);
B2 = colfilt(B1,[4 4],'sliding',f);   %按照滑动邻域方式对图像进行最小值邻域列处理
m = 2;n = 2;
f = @(x) ones(m * n,1) * min(x);
B3 = colfilt(B1,[2 2],'distinct',f);
m = 4;n = 4;
```

```
f = @(x) ones(m * n,1) * min(x);
B4 = colfilt(B1,[4 4],'distinct',f);
subplot(2,3,4);imshow(B1);
xlabel('(d)最小值的邻域列处理');
subplot(2,3,5);imshow(B2);
xlabel('(e)尺寸 2×2 的最小值');
subplot(2,3,6);imshow(B3);
xlabel('(f)尺寸 4×4 的最小值');
```

运行程序，效果如图 9-22 所示。

(a) 方差运算

(b) 尺寸3×3的最大值

(c) 尺寸6×6的最大值

(d) 最小值的邻域列处理

(e) 尺寸2×2的最小值

(f) 尺寸4×4的最小值

图 9-22 图像邻域处理效果

9.3.2 区域选取

很多时候不需要对整个图像进行处理，而只要对部分图像进行处理就能满足图像处理需求，这时就要专门对区域图像进行处理。

在 MATLAB 中也提供了一些图像区域选择和操作的函数，下面给予介绍。

1. roipoly 函数

在 MATLAB 中，通过 roipoly 函数实现多边形区域选择操作。函数的调用格式为：

BW=roipoly 或 BW=roipoly(I)：让用户交互选择多边形区域，通过单击设定多边形区域的角度，用空格键、Esc 键和 Del 键撤销选择，按 Enter 键确认选择，确认后该函数返回与输入图像大小一致的二值图像 BW，在多边形区域内像素为 1，其余区域内像素为 0。

BW=roipoly(I,c,r)：用向量 c、r 指定多边形各角点的 X、Y 轴的坐标。

BW=roipoly(x,y,I,xi,yi)：用向量 x、y 建立非默认的坐标系，然后在指定的坐标系下选择向量 xi、yi 指定的多边形区域。

[BW,xi,yi]=roipoly(…)：交互选择多边形区域，并返回多边形角点的坐标。

[x,y,BW,xi,yi]=roipoly(…)：交互选择多边形区域，返回多边形顶点在指定的坐标系 X-Y 下的坐标。

2. roicolor 函数

在 MATLAB 中，通过 roicolor 函数实现灰度 ROL 区域选择操作。函数的调用格式为：

BW＝roicolor(A,low,high)：按指定的灰度范围分割图像，返回代表掩膜图像的数据矩阵 BW，[low,high]为所要选择区域的灰度范围。

BW＝roicolor(A,v)：按指定向量 v 中指定的灰度值来选择区域。

3. roifill 函数

在 MATLAB 中，通过 roifill 函数实现区域的填充操作。函数的调用格式为：

J＝roifill(I)：由用户交互选取填充的区域。旋转多边形的角点后，按 Enter 键确认选择，用空格键和 Del 键取消选择。

J＝roifill(I,c,r)：填充由向量 c、r 指定的多边形，c 和 r 分别为多边形各顶点的 X、Y 坐标。函数通过解边界拉普拉斯方程，利用多边形的点和灰度平滑的插值得到多边形内部的点。通常可以利用对指定区域的填充来“擦”掉图像中的小块区域。

J＝roifill(I,BW)：用掩模图像 BW 旋转区域。

[J,BW]＝roifill(…)：在填充区域的同时返回掩模图像 BW。

J＝roifill(x,y,I,xi,yi)：在指定的坐标系 X-Y 下填充由向量 xi、yi 指定的多边形区域。

4. roifilt2 函数

在 MATLAB 中，通过 roifilt2 函数实现区域的滤波操作。函数的调用格式为：

J＝roifilt2(h,I,BW)：使用滤波器 h 对图像 I 中用二值掩模 BW 选中的区域进行滤波。

J＝roifilt2(I,BW,fun)：对图像 I 中用二值图像掩模 BW 选中的区域作函数运算 fun，其中，fun 为描述函数运算的字符串。

【例 9-21】 实现图像的区域选取和操作。

```
>> clear all;
I = imread('pout.tif');
BW =  roicolor(I,55,100);              % 基于灰度图像 ROI 区域选取
subplot(221);imshow(BW);
xlabel('(a) ROI 处理效果');
c = [81 167 202 160 80 32 87];
r = [132 132 204 160 160 108 132];   % 定义 ROI 顶点位置
BW1 = roipoly(I,c,r);                  % 根据 c 和 r 选择 ROI 区域
I1 = roifill(I,BW1);                   % 根据生成 BW1 掩膜图像进行区域填充
h = fspecial('motion',22,45);          % 创建 motion 滤波器并说明参数
I2 = roifilt2(h,I,BW);                 % 进行区域滤波
subplot(222);imshow(BW1);
xlabel('(b) ROI 位置');
subplot(223);imshow(I1);
xlabel('(c) 基于 ROI 的填充效果')
subplot(224);imshow(I2);
xlabel('(d) 基于 ROI 的滤波效果')
```

运行程序，效果如图 9-23 所示。

(a) ROI处理效果

(b) ROI位置

(c) 基于ROI的填充效果

(d) 基于ROI的滤波效果

图 9-23　图像的区域选取效果

9.4　图像的变换

图像变换是指把图像从空间域转换到变换域，一般是指图像的正交变换。图像的变换在图像处理中占有重要的地位，在图像去噪、图像压缩、特征提取和图像识别方面发挥着重要的作用。

9.4.1　傅里叶变换

傅里叶变换是线性系统分析的一个有力工具，它将图像从空域变换到频域，很容易地了解到图像的各空间频域成分，从而进行相应的处理。傅里叶变换应用十分广泛，如图像特征提取、空间频域滤波、图像恢复和纹理分析等。

1. 傅里叶变换的定义

在数字图像处理中，主要使用二维傅里叶变换。$f(x,y)$二维傅里叶变换的定义为：

$$F(u,v)=\int_{-\infty}^{+\infty}\int_{-\infty}^{+\infty}f(x,y)\mathrm{e}^{-\mathrm{j}2\pi(ux+vy)}\mathrm{d}x\mathrm{d}y$$

其逆变换为：

$$f(x,y)=\int_{-\infty}^{+\infty}\int_{-\infty}^{+\infty}F(u,v)\mathrm{e}^{\mathrm{j}2\pi(ux+vy)}\mathrm{d}u\mathrm{d}v$$

由于数字图像的存储矩阵是离散的，因此经常进行的是离散傅里叶变换。设二维空间函数为 $f(m,n)$，二维离散傅里叶变换的定义为：

$$F[f(x,y)]=F(u,v)=\frac{1}{MN}\sum_{x=0}^{M-1}\sum_{y=0}^{N-1}f(x,y)\mathrm{e}^{-\mathrm{j}2\pi\left(\frac{ux}{M}+\frac{vy}{N}\right)}$$

$$F^{-1}[F(u,v)] = f(x,y) = \sum_{x=0}^{M-1}\sum_{y=0}^{N-1}F(u,v)\mathrm{e}^{\mathrm{j}2\pi\left(\frac{ux}{M}+\frac{vy}{N}\right)}$$

其中，$u,x=0,1,2,\cdots,M-1$；$v,y=0,1,2,\cdots,N-1$；x,y 为时域变量；u,v 为频域变量。

下面通过一个矩形函数来帮助读者加深对二维傅里叶变换的理解。函数 $f(m,n)$ 只在矩形中心区域有值，取值为 1，其他区域取值为 0，为了简单起见，将 $f(m,n)$ 显示为连续形式，如图 9-24 所示。

图 9-25 显示了其二维离散傅里叶变换后的振幅谱图，其中的最大值是 $F(0,0)$，是 $f(m,n)$ 所有元素的和。从图 9-25 中可以看出，高频部分水平方向的能量比垂直方向的能量更高，这是因为水平方向为窄脉冲，垂直方向为宽脉冲，窄脉冲比宽脉冲含有更多的高频成分。

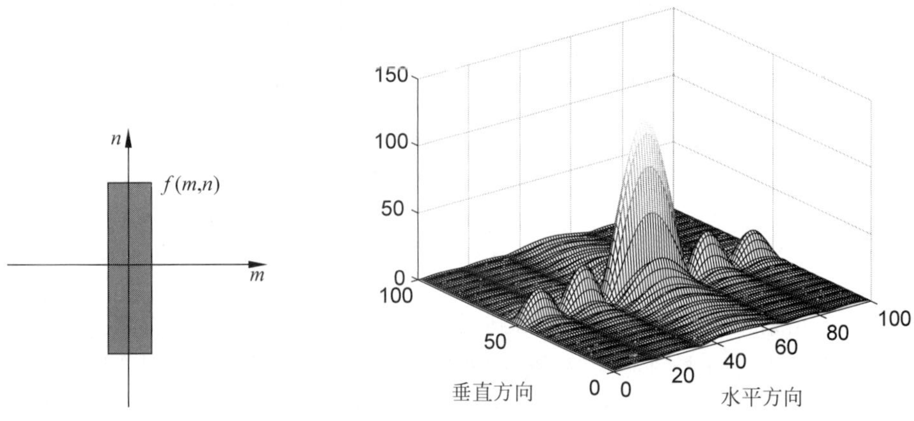

图 9-24　矩形函数图　　图 9-25　矩形函数的二维傅里叶变换振幅谱图

另外，显示二维傅里叶变换的方法是将 $\log_2|F(u,v)|$ 作为像素值，使用不同颜色表示像素值的大小，如图 9-26 所示。

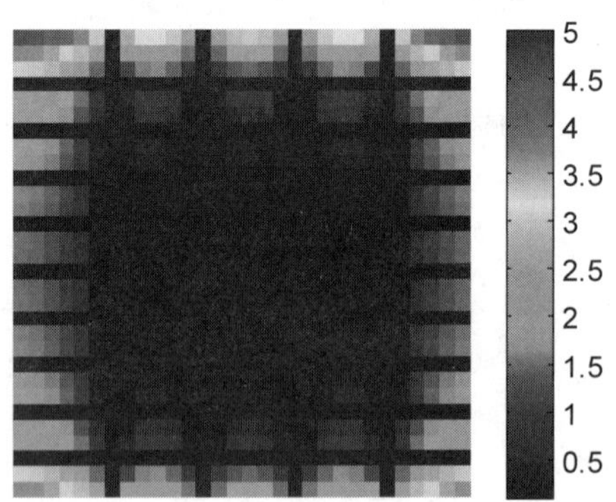

图 9-26　傅里叶变换幅度的对数显示(见彩插)

2. 傅里叶变换的快速实现

傅里叶变换有快速算法 FFT，使用 FFT 可以快速提高傅里叶变换的速度。

MATLAB中常见的傅里叶变换函数和逆变换函数如表9-5所示。

表9-5 傅里叶变换的快速实现函数及说明

名称	调用格式	说　明
二维离散傅里叶快速变换函数	Y=fft2(X) Y=fft2(X,m,n)	X是要进行二维傅里叶变换的矩阵,m,n为返回的变换矩阵Y的行数和列数,如果m,n大于X的维数,则在Y相应的位置补0
二维离散傅里叶快速逆变换函数	Y=ifft2(X) Y=ifft2(X,m,n)	X为变换域的矩阵,返回的是空间域的矩阵Y,m,n规定了返回矩阵的行数和列数,如果m和n大于X的维数,则补0
n维离散傅里叶变换函数	Y=fftn(X) Y=fftn(X,siz)	通过把X用0补齐或者截断多余的办法创建一个大小为siz的多维数组,然后计算其傅里叶变换。结果Y的大小为siz
把傅里叶变换操作得到的结果中零频率成分移到矩阵的中心	Y=fftshift(X) Y=fftshift(X,dim)	将fft2函数和fftn函数输出的结果的零频率部分移到数组的中间。对于观察傅里叶变换频谱中间零频率部分十分有效。对于向量,fftshift(X)把X左右部分交换一下;对于矩阵,fftshift(X)把X的一、三象限和二、四象限交换;对于高维数组,fftshift(X)在每维交换X的半空间。dim指维数

【例9-22】 实现离散傅里叶变换。

```
>> clear all;
P = peaks(20);
X = repmat(P,[5 10]);
subplot(131);imagesc(X);axis square;
xlabel('(a)原始图');
Y = fft2(X);                                    %傅里叶变换频率平移后得到的结果
subplot(132);imagesc(abs(fftshift(Y)));axis square;
xlabel('(b) 100×200 变换矩阵');
Y = fft2(X,2^nextpow2(100),2^nextpow2(200));   %傅里叶变换频率平移后得到的结果
subplot(133);imagesc(abs(fftshift(Y)));axis square;
xlabel('(c)128×256 变换矩阵');
```

运行程序,效果如图9-27所示。

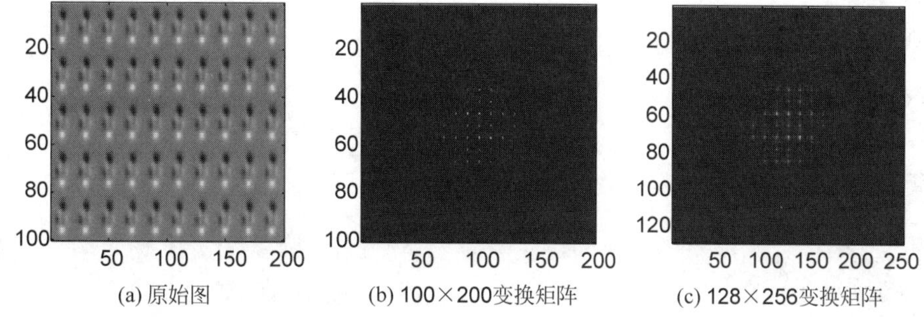

图9-27 离散傅里叶变换

3. 傅里叶变换的应用

傅里叶变换的用途很多,其中常见的几种有线性滤波器的频率响应、快速卷积、特征识别。

1）线性滤波器的频率响应

线性滤波器冲激响应的傅里叶变换就是滤波器的频率响应。在 MATLAB 中,函数 freqz2 计算滤波器的频率响应。例如,高斯卷积核的频率响应显示了该滤波器是一个低通滤波器,即低频信号可以通过,高频信号得到衰减。

【例 9-23】 高斯低通滤波器的频率响应。

```
>> clear all;
h = fspecial('gaussian');                %冲激响应
freqz2(h);                               %计算频率响应
```

运行程序,效果如图 9-28 所示。

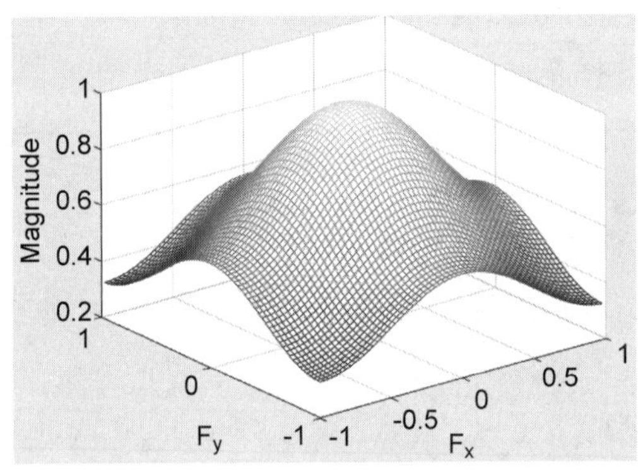

图 9-28 高斯低通滤波器的频率响应

2）快速卷积

傅里叶变换的一个重要性质就是频率域的相乘对应于空间域中相应函数的卷积,这个性质和快速傅里叶变换成了卷积快速算法的基础。

为了便于说明,下面的例子计算矩阵 A 和 B 的卷积,其中 A 是 $M\times N$ 的矩阵,B 是 $P\times Q$ 的矩阵。

【例 9-24】 傅里叶变换应用于快速卷积。

```
>> clear all;
A = magic(3);B = ones(3);
A(8,8) = 0;B(8,8) = 0;
A1 = fft2(A);B1 = fft2(B);
C = ifft2(A1. * B1);
C = C(1:5,1:5);
C = real(C)
```

运行程序,输出如下:

```
C =
     8.0000     9.0000    15.0000     7.0000     6.0000
    11.0000    17.0000    30.0000    19.0000    13.0000
    15.0000    30.0000    45.0000    30.0000    15.0000
     7.0000    21.0000    30.0000    23.0000     9.0000
     4.0000    13.0000    15.0000    11.0000     2.0000
```

3）特征识别

使用傅里叶变换可以计算相关系数，并使用相关系数对图像中的特征进行识别。例如，假如在图像 text. tif 中定位字符“a”，如图 9-29(a)所示，则可以采用下面的方法定位：

(1) 将包含字母“a”的图像与 text. tif 图像进行相关运算，计算相关系数。也就是首先将字母“a”和图像 text. tif 进行傅里叶变换，然后利用快速卷积的方法，计算字母“a”和图像 text. tif 的卷积，其结果如图 9-29(c)所示。

(2) 提取卷积运算的峰值，如图 9-29(d)所示的白色亮点，即得到在图像 text. tif 中对字母“a”定位的结果。

【例 9-25】 对 text. tif 图像中字母“a”进行特征识别。

```
>> clear all;
bw = imread('text.png');             % 读取图像
a = bw(32:45,88:98);
subplot(2,2,1);imshow(bw);
xlabel('(a)原始图像');
subplot(2,2,2);imshow(a);
xlabel('(b)字母"a"');
C = real(ifft2(fft2(bw). * fft2(rot90(a,2),256,256)));
subplot(2,2,3);imshow(C,[]);
xlabel('(c)字母"a"与图像的卷积');
M = max(C(:))
thresh = 60;                         % 设置过滤阈值
subplot(2,2,4);imshow(C > thresh);
xlabel('(d)提取卷积的峰值');
```

运行程序，输出如下，效果如图 9-29 所示。

```
M =
   68.0000
```

9.4.2 离散余弦变换

离散余弦变换(DCT)是图像压缩的一种常见变换，它将图像表示成具有不同振幅和频率的正弦曲线的和。离散余弦变换类似于离散傅里叶变换，它利用傅里叶变换的对称性将图像变为偶函数形式，然后进行二维傅里叶变换，变换的结果仅包含余弦项，因此称为离散余弦变换。

DCT 的特点是，对于一幅指定的图像，图像的大部分信息可以由离散余弦变换的几个系数来表示，因此 DCT 可用于图像的压缩。

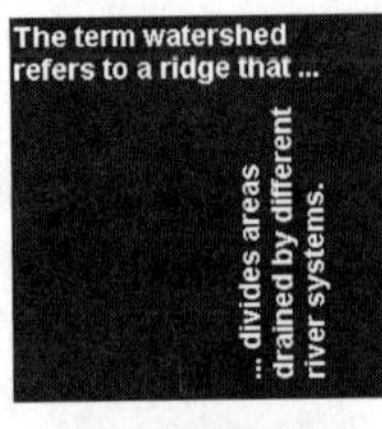

(a) 原始图像

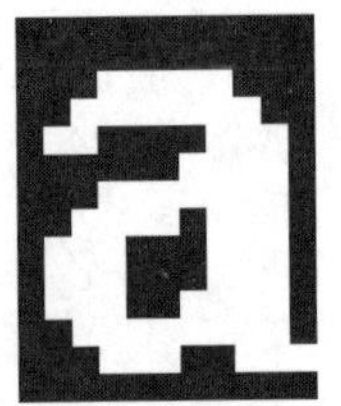

(b) 字母“a”

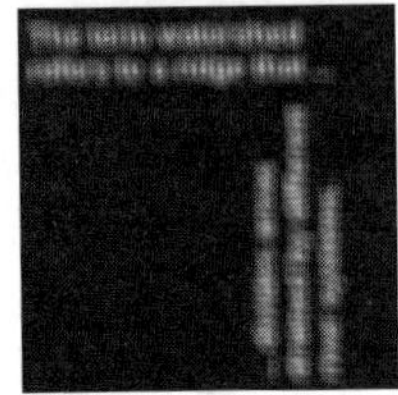

(c) 字母“a”与图像的卷积

(d) 提取卷积的峰值

图 9-29 特征提取

1. 二维 DCT 的定义

设 $f(x,y)$为 $N\times N$ 的数字图像矩阵，则二维 DCT 定义如下：

$$C(u,v)=a(u)a(u)\sum_{x=0}^{N-1}\sum_{y=0}^{N-1}f(x,y)\cos\frac{(2x+1)u\pi}{2N}\cos\frac{(2y+1)v\pi}{2N}$$

其中，$u,v=0,1,2,\cdots,N-1$。

$$f(x,y)=\sum_{u=0}^{N-1}\sum_{v=0}^{N-1}a(u)a(u)C(u,v)\cos\frac{(2x+1)u\pi}{2N}\cos\frac{(2y+1)v\pi}{2N}$$

其中，$x,y=0,1,2,\cdots,N-1$。

由二维 DCT 的定义可以看出，其正、逆变换核为：

$$g(x,y,u,v)=h(x,y,u,v)=a(u)a(v)\frac{(2x+1)u\pi}{2N}\cos\frac{(2x+1)v\pi}{2N}$$

DCT 的变换核具有可分离性，而且二维 DCT 的正、逆变换核是相同的。

与变换核为复指数的 DFT 相比，由于 DCT 的变换核是实数的余弦函数，因此 DCT 的计算速度更快，已广泛应用于数字信号处理，如图像压缩编码、语音信号处理等方面。

2. DCT 的 MATLAB 实现

在 MATLAB 中，也提供相关函数用于实现 DCT，下面给予介绍。

1) dct2 函数

在 MATLAB 中，dct2 函数用于计算二维 DCT。函数的调用格式为：

B=dct2(A)：返回图像 A 的二维 DCT 值，它的大小与 A 相同，且各元素为 DCT 的系数 B(k1,k2)。

B=dct2(A,m,n)或 B=dct2(A,[m n])：在对图像 A 进行二维 DCT 前，先将图像 A 补 0 到 m×n。如果 m 和 n 比图像 A 的尺寸小，则在进行变换前，将图像 A 进行剪切。

此外，在 MATLAB 中，提供实现 DCT 逆变换的函数为 idct2，该函数的调用格式与 dct2 函数相同。

2) dctmtx 函数

在 MATLAB 中，dctmtx 函数用于返回 DCT 矩阵。函数的调用格式为：

D=dctmtx(n)：返回 n×n 的 DCT 矩阵，如果矩阵 A 的大小为 n×n，则 D * A 为 A 矩阵每一列的 DCT 值，A * D'为 A 每一列的 DCT 值的转置(当 A 为 n×n 的方阵)。

注意：如果 A 为 n×n 的方阵，则 A 的 DCT 变换可以用 D * A * D'计算。这样有时候比 dct2 计算二维离散 DCT 要快，特别是对于 A 很大的情况，因为 D 只需要计算一次即可。例如，在 JPEG 压缩时，计算了 8×8 图像块的 DCT。为了实现这种计算，使用函数 dctmtx 来确定 D，然后使用 D * A * D'(此外 A 为 8×8 图像块)。这样将比使用 dct2 对每个单独图像块处理要快些。

【例 9-26】 利用 dct2 和 idct2 函数实现对"辣椒图"的数据压缩和解压缩。

```
>> clear all;
RGB = imread('peppers.png');
I = rgb2gray(RGB);
J = dct2(I);
subplot(2,2,1);imshow(RGB);
xlabel('(a)原始图像');
subplot(2,2,2);imshow(I);
xlabel('(b)灰度图像');
subplot(2,2,3);imshow(log(abs(J)),[]);   % DCT 后得到的变换系数的对数显示
xlabel('(c)变换系数的对数');
colormap(jet(64));colorbar;
J(abs(J)< 10) = 0;
% 对变换系数的对数进行阈值截断处理后的压缩数据经过 IDCT 处理
K = idct2(J);
subplot(2,2,4);imshow(K,[0,255]);
xlabel('(d)解压图');
```

运行程序，效果如图 9-30 所示。

(a) 原始图像　(b) 灰度图像　(c) 变换系数的对数　(d) 解压图

图 9-30　DCT 实现数据的压缩与解压

【例 9-27】 利用JPEG的压缩原理,输入一幅图像,将其分成 8×8 的图像块,计算每个图像块的DCT系数。

```
>> clear all;
I = imread('cameraman.tif');
I = im2double(I);
T = dctmtx(8);
dct = @(block_struct) T * block_struct.data * T';
B = blockproc(I,[8 8],dct);
mask = [1   1   1   1   0   0   0   0; 1   1   1   0   0   0   0   0;...
        1   1   0   0   0   0   0   0; 1   0   0   0   0   0   0   0;...
        0   0   0   0   0   0   0   0; 0   0   0   0   0   0   0   0;...
        0   0   0   0   0   0   0   0; 0   0   0   0   0   0   0   0];
B2 = blockproc(B,[8 8],@(block_struct) mask .* block_struct.data);
invdct = @(block_struct) T' * block_struct.data * T;
I2 = blockproc(B2,[8 8],invdct);
subplot(121);imshow(I);xlabel('(a)原始图像');
subplot(122), imshow(I2);xlabel('(b)压缩重构图像')
```

运行程序,效果如图 9-31 所示。

(a) 原始图像

(b) 压缩重构图像

图 9-31 图像压缩

9.4.3 Radon 变换

在X-CT成像系统中,需要对人体器官或组织的体层平面进行数据采集,X线束围绕着体层平面的中心点进行平移和旋转,体测器可获得不同方向下的X线束穿过体层平面后的衰减数据,此数据即为X线束经过人体断层的投影,根据这些投影数据,利用图像重建算法可重建人体断层图像,实现人体断层信息的无损检测。这个从检测器获取投影数据的过程,就是图像的Radon变换。例如,对于人体器官或组织的断层平面 $f(x,y)$,在给定坐标系 XOY 中,沿着某一个投影方向,对每一条投影线计算断层平面 $f(x,y)$ 的线积分,就得到该射线上的投影值 $g(R,\theta)$,其数学表达式为:

$$g(R,\theta) = \int_{-\infty}^{+\infty}\int_{-\infty}^{+\infty} f(x,y)\delta(x\cos\theta + y\sin\theta - R)\mathrm{d}x\mathrm{d}y$$

在MATLAB中,提供radon函数实现Radon正变换,采用iradon函数实现Radon逆变换,下面给予介绍。

1）radon 函数

在 MATLAB 中，radon 函数用于对图像进行 Radon 变换。函数的调用格式为：

R=radon(I,theta)：计算图像 I 在 theta 向量指定的方向上的 Radon 变换。

[R,xp]=radon(…)：R 的各行返回 theta 中各方向上 randon 变换值，xp 向量表示沿 x 轴相应的坐标值。图像 I 的中心在 floor((size(I)+1)/2)，在 x 轴上对应 x'=0。

2）iradon 函数

在 MATLAB 中，iradon 函数用于对图像进行 Radon 逆变换。函数的调用格式为：

I=iradon(R,theta)：进行 Radon 逆变换，R 为 Radon 变换矩阵，theta 为角度，返回参数 I 为逆变换后得到的图像。

I=iradon(P,theta,interp,filter,frequency_scaling,output_size)：根据指定的参数实现 Radon 逆变换。

[I,H]=iradon(…)：除了返回 Radon 变换后的重建图像 I 外，还返回其变换矩阵 H。

【例 9-28】 利用 radon 函数和 iradon 函数构造一个简单图像的投影并重建图像。

```
>> clear all;
P = phantom(256);   % 生成 Shepp - Logan 的大脑图
subplot(221);imshow(P)
xlabel('(a) Shepp - Logan 的大脑图');
% 计算 3 个不同部分的大脑图 Radon 变换,R1 有 18 个角度,R2 有 36 个角度,R3 有 90 个角度
theta1 = 0:10:170; [R1,xp] = radon(P,theta1);
theta2 = 0:5:175;  [R2,xp] = radon(P,theta2);
theta3 = 0:2:178;  [R3,xp] = radon(P,theta3);
% 用不同部分的 Radon 逆变换来重构图像
I1 = iradon(R1,10);
I2 = iradon(R2,5);
I3 = iradon(R3,2);
subplot(222);imshow(I1);xlabel('(b) R1 重构图像')
subplot(223), imshow(I2);xlabel('(c) R2 重构图像')
subplot(224), imshow(I3);xlabel('(d) R3 重构图像')
```

运行程序，效果如图 9-32 所示。

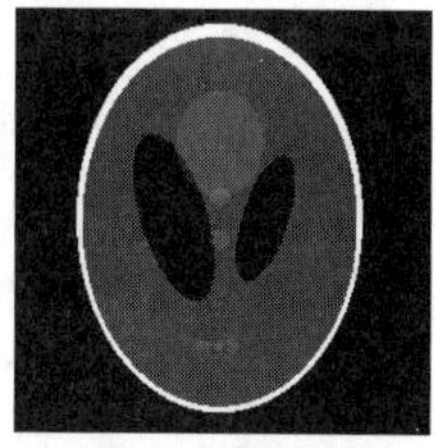

(a) Shepp-Logan的大脑图

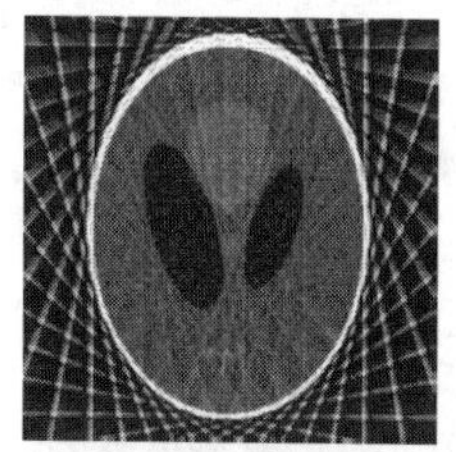

(b) R1重构图像

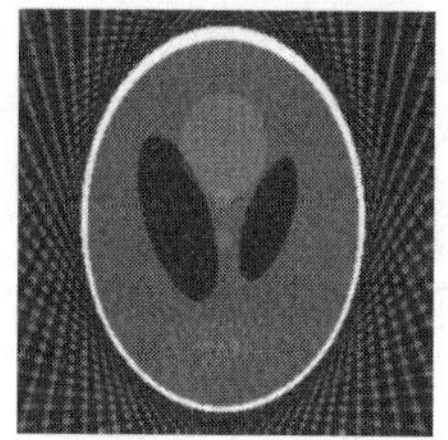

(c) R2重构图像

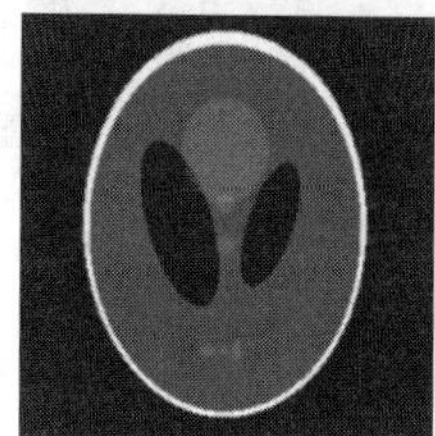

(d) R3重构图像

图 9-32 Radon 的逆变换重构图像

9.5 图像的增强

图像增强是图像处理中的基本技术之一，它是指把原来不清晰的图像变得清晰，或者抑制图像的某些特征而使另外一些特征得到增强。其主要目的是使处理后的图像质量得到改善，增加图像的信噪比，或者增强图像的视觉效果。

9.5.1 灰度变换增强

灰度变换增强是根据某种目标条件，按一定变换关系逐点改变原图像中每一个像素点的灰度值的方法，即设原图像像素的灰度值为 D=f(x,y)，处理后图像像素的灰度值为 D'=g(x,y)，则灰度增强可表示为：

```
f(x,y) = T[g(x,y)]
D' = T(D)
```

通过变换，达到对比度增强的效果。当灰度变换关系 D'=T(D)确定后，则确定一个具体的灰度增强法。D'=T(D)通常是一个单值函数。

在 MATLAB 中，提供了相关函数用于实现灰度变换增强，在此不展开介绍，直接通过实例来演示相关函数的用法。

【例 9-29】 利用 improfile 函数对灰度图像显示其线段灰度值的分布情况。

```
>> clear all;
I = fitsread('solarspectra.fts');
subplot(121);imshow(I,[]);
improfile;
```

运行程序，得到 solarspectra.fts 图像，鼠标变换“十”字型，用鼠标来定义线段的端点，效果如图 9-33(a)所示，双击，得到图 9-33(b)所示的像素灰度分布曲线图。

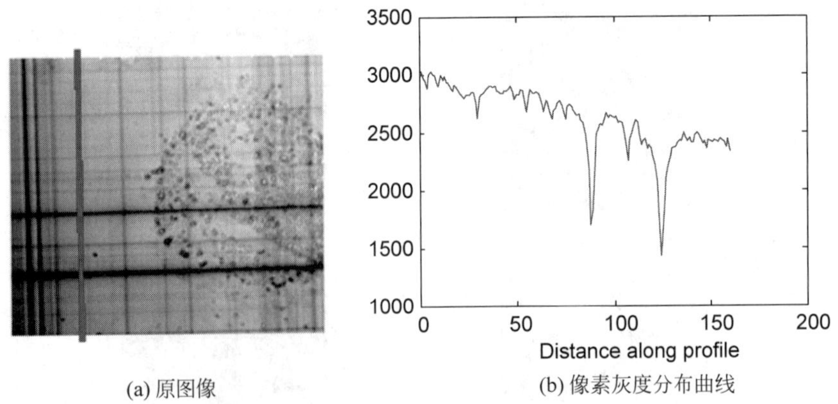

(a) 原图像　　(b) 像素灰度分布曲线

图 9-33　线段上的像素灰度分布图

【例 9-30】 绘制图像的直方图。

```
>> clear all;
I = imread('pout.tif');
subplot(121);imshow(I);
title('原始图像');
subplot(122);imhist(I)
title('直方图');
```

运行程序,效果如图 9-34 所示。

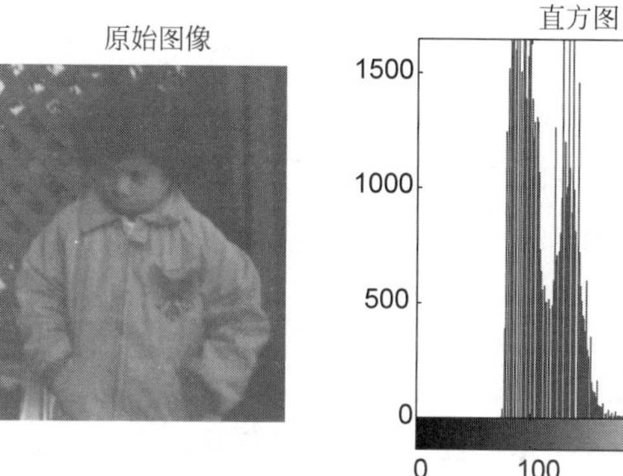

图 9-34 图像的直方图

【例 9-31】 对灰度图像进行灰度值调整。

```
>> clear all;
pout = imread('pout.tif');
pout_imadjust = imadjust(pout);
pout_histeq = histeq(pout);
pout_adapthisteq = adapthisteq(pout);
subplot(121);imshow(pout);
xlabel('(a)原始图像');
subplot(122), imshow(pout_imadjust);
xlabel('(b)调整值');
```

运行程序,效果如图 9-35 所示。

(a) 原始图像

(b) 调整值

图 9-35 图像的灰度调整

9.5.2 线性滤波增强

滤波是一种图像增强的技术。对一幅图像进行滤波可以强调一些特征而去除另外一些特征,通过图像滤波可以实现图像的光滑、锐化和边缘检测。

图像滤波是一种邻域操作,输出图像的像素值是对输入图像相应像素的邻域值进行一定的处理而得到的。线性滤波是指对输入图像的邻域进行线性算法操作得到输出图像。

1. 卷积

图像的线性滤波是通过卷积来实现的。卷积是一种线性的邻域操作,其输出像素值为输入像素值的加权和。权重矩阵称为卷积核,也称为滤波器,卷积核是相关核旋转180°得到的。

2. 相关

相关操作与卷积操作有密切的关系,在相关操作中,输出图像的像素值是输入像素邻域值的加权和。不同的是,在相关操作中,加权矩阵不需要旋转180°。图像处理工具箱中的函数返回的是相关核。

3. 线性滤波的实现

线性滤波器可以去除一定的噪声。除了线性滤波外,也可以选择均值滤波器或者高斯滤波器进行滤波。例如,对于粒状的噪声,均值滤波器可以很好地滤除,因为均值滤波器得到的像素值是邻近区域的均值,因此粒状噪声能够被去除。

在MATLAB中,通过imfilter函数可实现线性滤波。函数的调用格式为:

B=imfilter(A,H):使用多维滤波器H对图像A进行滤波。参量A可以是任意维的二值或非奇异数值型矩阵。参量H为矩阵,表示滤波器,常由函数fspecial输出得到。返回值B与A的维数相同。

B=imfilter(…,options,…):根据指定的属性对图像A进行滤波。

【例9-32】 使用相同权重的5×5滤波器进行滤波(均值滤波)。

```
>> clear all;
I = imread('coins.png');
subplot(121);imshow(I);
xlabel('(a)原始图像');
h = ones(5,5)/25;                  %5维滤波器
I2 = imfilter(I,h);                %滤波后的图像
subplot(122);imshow(I2);
xlabel ('(b)均值滤波');
```

运行程序,效果如图9-36所示。

(a) 原始图像

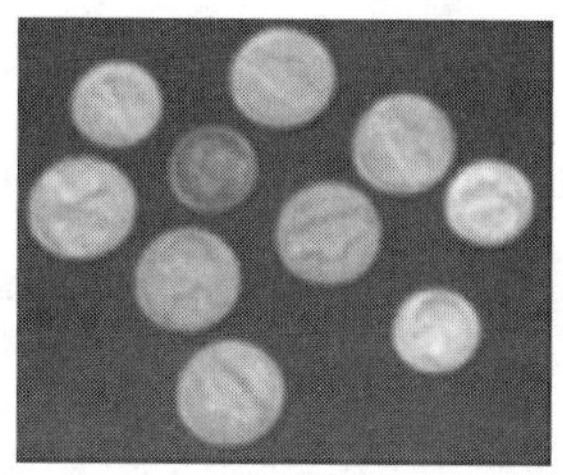

(b) 均值滤波

图 9-36　均值滤波

4. 预定义滤波器

MATLAB 中的 fspecial 函数用相关核的方式可以产生多种预定义形式的滤波器。在用 fspecial 函数创建相关核后，可以直接使用 imfilter 函数对图像进行滤波。函数的调用格式为：

h＝fspecial(type)：参数 type 为设置滤波算子参数，包括 average(均值滤波)、gaussian(高斯滤波)、laplacian(拉普拉斯滤波)、log(拉普拉斯高斯滤波)等 7 种常用滤波算子的构建。

h＝fspecial(type,parameters)：指定构建的滤波算子，并设置相应的滤波算子的参数，如表 9-6 所示。

表 9-6　fspecial 函数中各参数取值及说明

参数 type	参数 parameters	说　明
average	hsize	均值滤波，如果邻域为方阵，则 hsize 为标量，否则由两元素向量 hsize 指定邻域的行数与列数
disk	radius	有(radius×2＋1)个边的圆形均值滤波器
gaussian	hsize,sigma	标准偏差为 sigma，大小为 hsize 的高斯低通滤波器
laplacian	alpha	系数由 alpha(0.0～1.0)决定的二维拉普拉斯操作
log	hsize,sigma	标准偏差为 sigma，大小 hsize 的高斯滤波器旋转对称拉普拉斯算子
motion	len,theta	按角度 theta 移动 len 个像素的运动滤波器
prewitt	无	近似计算垂直梯度的水平边缘强调算子
sobel	无	近似计算垂直梯度光滑效应的水平边缘强调算子
unsharp	alpha	根据 alpha 决定的拉普拉斯算子创建的掩模滤波器

对于每种滤波器类型会有不同含义的参数值，如对于均值滤波，其参数为返回的相关核的大小，默认值为 3×3 的矩阵，而对于圆周均值滤波，其参数为圆周的半径，默认值为 5，其他滤波器也都有对应的参数和默认值。

【例 9-33】 对图像添加不同滤波器进行邻域平均法处理。

```
>> clear all;
I = imread('cameraman.tif');
subplot(2,2,1); imshow(I);
xlabel('(a)原始图像');
```

```
H = fspecial('motion',20,45);
MotionBlur = imfilter(I,H,'replicate');
subplot(2,2,2);imshow(MotionBlur);
xlabel('(b)运动滤波器');
H = fspecial('disk',10);
blurred = imfilter(I,H,'replicate');
subplot(2,2,3); imshow(blurred);
xlabel('(c)圆形均值滤波器');
H = fspecial('unsharp');
sharpened = imfilter(I,H,'replicate');
subplot(2,2,4); imshow(sharpened);
xlabel('(d)掩模滤波器');
```

运行程序,效果如图 9-37 所示。

(a) 原始图像

(b) 运动滤波器

(c) 圆形均值滤波器

(d) 掩模滤波器

图 9-37 图像的滤波效果

9.5.3 空间域滤波

数字图像往往存在各种各样的噪声,噪声是获得的图像像素值,不能反映真实场景亮度的误差,根据图像获取方法不同,有很多引入图像噪声的方法。

(1) 如果图像是通过扫描照片得到的,则照片上的灰尘是噪声源。另外,照片损坏和扫描的过程本身都会引入噪声。

(2) 如果图像直接由数字设备得到,则获取图像数据的设备会引入噪声。

(3) 图像数据的传输会引入噪声。

图像处理工具箱提供了线性滤波、中值滤波、自适应滤波等方法来去除噪声。不同的滤波方法对不同类型的噪声具有不同的效果,对于某一特定的噪声,应该选择合适的滤波方法来去除。

1. 加入噪声

为了模拟不同方法的去噪效果，MATLAB 中提供了 imnoise 函数对一幅图像加入不同类型的噪声。函数的调用格式为：

J=imnoise(I,type)：按照指定类型在图像 I 上添加噪声。字符串参量 type 表示噪声类型，当 type='gaussian'时，即为高斯白噪声，参数 m、v 分别表示均值和方差；当 type='localvar'时，即为 0 均值高斯白噪声，参数 v 表示局部方差；当 type='poisson'时，即为泊松噪声；当 type='salt & pepper'时，即为椒盐噪声，参数 d 表示噪声密度；当 type='speckle'时，即为乘法噪声。

J=imnoise(I,type,parameters)：根据不同的噪声类型，添加不同的噪声参数。所有噪声参数都被规格化，与图像灰度均值在 0～1 内的图像相匹配。

J=imnoise(I,'gaussian',m,v)：在图像 I 上添加高斯白噪声，均值为 m，方差为 v。默认均值为 0，方差为 0.01。

J=imnoise(I,'localvar',V)：在图像 I 上添加均值为 0 的高斯白噪声。参量 V 与 I 维数相同，表示局部方差。

J=imnoise(I,'localvar',image_intensity,var)：在图像矩阵 I 上添加高斯白噪声。参量 image_intensity 为规格化的灰度值矩阵，数值范围为 0～1。image_intensity 和 var 为同维向量，函数 plot(image_intensity,var)可用于绘制噪声变量和图像灰度间的关系。

J=imnoise(I,'poisson')：在图像 I 上添加泊松噪声。

J=imnoise(I,'salt & pepper',d)：在图像 I 上添加椒盐噪声。d 为噪声密度，其默认值为 0.05。

J=imnoise(I,'speckle',v)：在图像 I 上添加乘法噪声，即 J=I+n×1，其中，n 表示均值为 0、方差为 v 的均匀分布随机噪声，v 的默认值为 0.04.

【例 9-34】 为同一幅图像添加不同类型的噪声。

```
>> clear all;
I = imread('eight.tif');
subplot(231);imshow(I);
xlabel('(a)原始图像');
J1 = imnoise(I,'gaussian',0.15);                %添加高斯噪声
subplot(232);imshow(J1);
xlabel('(b)添加 Gaussian 噪声');
J2 = imnoise(I,'salt & pepper',0.15);           %添加椒盐噪声
subplot(233);imshow(J2);
xlabel('(c)添加 salt & pepper 噪声');
J3 = imnoise(I,'poisson');                      %添加泊松噪声
subplot(235);imshow(J3);
xlabel('(e)添加 poission 噪声');
J4 = imnoise(I,'speckle',0.15);                 %加入乘法噪声
subplot(236);imshow(J4);
xlabel('(f)添加 speckle 噪声');
```

运行程序，效果如图 9-38 所示。

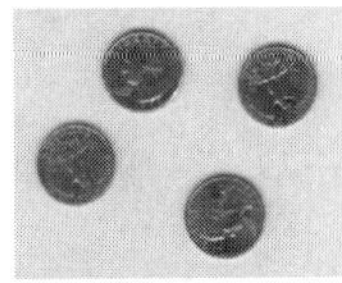
(a) 原始图像

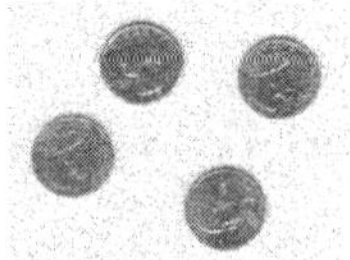
(b) 添加Gaussian噪声

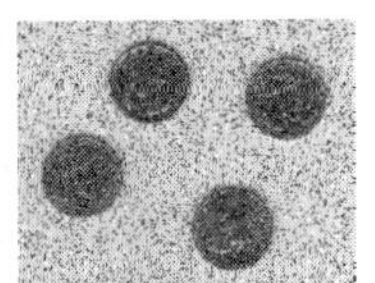
(c) 添加salt & pepper噪声

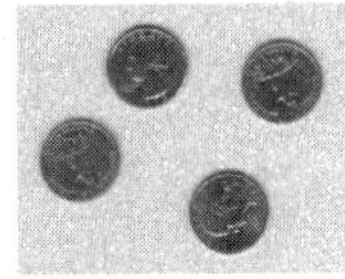
(d) 添加poission噪声

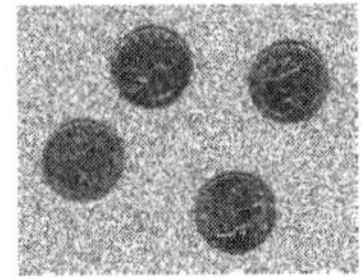
(e) 添加speckle噪声

图 9-38 添加不同噪声效果

2. 中值滤波器

中值滤波器的原理类似于均值滤波器，均值滤波器输出的像素值为相应像素邻域内的平均值，而中值滤波器输出的像素值为相应像素邻域内的中值。

与均值滤波器相比，中值滤波器对异常值不敏感，因此中值滤波器可以在不减小图像对比度的情况下减小异常值的影响。在 MATLAB 中，提供了 medfilt2 函数用于实现中值滤波器。函数的调用格式为：

B=medfilt2(A)：A 为输入的原始图像，B 为中值滤波后输出的图像。

B=medfilt2(A,[m n])：[m,n]为指定滤波模板的大小，如果不设置，则默认为 3×3。

【例 9-35】 对添加椒盐的噪声图像进行中值滤波。

```
>> clear all;
I = imread('eight.tif');
subplot(211), imshow(I);
xlabel('(a)原始图像');
J = imnoise(I,'salt & pepper',0.02);        %添加椒盐噪声
K = medfilt2(J);                            %使得中值滤波器
subplot(212);imshowpair(J,K,'montage');
xlabel('(b)椒盐噪声及中值滤波效果');
```

运行程序，效果如图 9-39 所示。

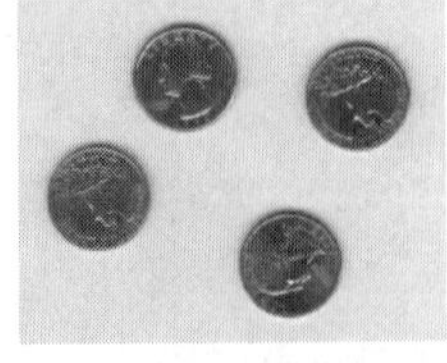
(a) 原始图像

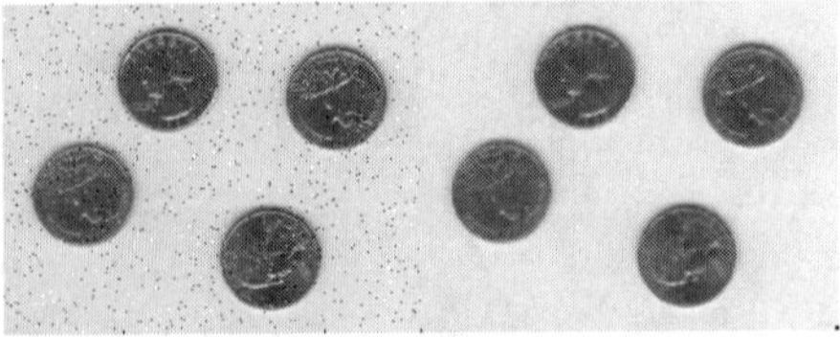
(b) 椒盐噪声及中值滤波效果

图 9-39 中值滤波

3. 自适应滤波

在 MATLAB 中，使用 wiener2 函数根据图像的局部变化对图像进行自适应维纳滤波。当图像局部变化大的时候，wiener2 函数进行比较小的平滑；当图像局部变化小的时候，wiener2 函数进行比较大的平滑。

使用 wiener2 函数进行滤波会产生比线性滤波更好的效果，因为自适应滤波器保留了图像的边界和图像的高频成分，但它比线性滤波器花费更多的时间。当噪声是加性噪声，如高斯白噪声的时候，wiener2 函数效果最好。函数的调用格式为：

J=wiener2(I,[m n],noise)：使用自适应滤波对图像 I 进行降噪处理。参数 m 与 n 为标量，指定 m×n 邻域来估计图像均值与方差，默认区域大小为 3×3。参数 noise 为矩阵，表示指定噪声。

[J,noise]=wiener2(I,[m n])：使用自适应滤波对图像 I 进行降噪处理，并返回函数的估计噪声 noise。

【例 9-36】 利用 wiener2 函数对图像进行自适应滤波处理。

```
>> clear all;
RGB = imread('saturn.png');
subplot(131);imshow(RGB);
xlabel('(a)原始图像');
I = rgb2gray(RGB);                          %将彩色图像转换为灰度图像
J = imnoise(I,'gaussian',0,0.025);          %添加高斯噪声
subplot(132);imshow(J);
xlabel('(b)带高斯噪声的图像');
K = wiener2(J,[5 5]);
subplot(133), imshow(K);
xlabel('(c)自适应滤波');
```

运行程序，效果如图 9-40 所示。

(a) 原始图像

(b) 带高斯噪声的图像

(c) 自适应滤波

图 9-40 自适应滤波处理

9.6 图像的边界

图像的边界分析包括图像的边缘检测、边界跟踪、使用 Hough 变换检测图像中的直线、四叉树分解等内容。

9.6.1 边缘检测

图像的边缘是图像的最基本特征。边缘点是指图像中周围像素灰度有阶跃变化或屋顶变化的那些像素点,即灰度值导数较大或极大的地方。图像属性中的显著变化通常反映了属性的重要意义和特征。

边缘检测是图像处理和计算机视觉中的基本问题,边缘检测的目的是标识数字图像中亮度变化明显的点。

1. 边缘检测的基本步骤

边缘检测的基本步骤如下。

(1) 平滑滤波:由于梯度计算易受噪声影响,因此第一步是用滤波去除噪声。但是,降低噪声的平滑能力越强,边界强度的损失越大。

(2) 锐化滤波:为了检测边界,必须确定某点邻域中灰度的变化。锐化操作是为了加强了有意义的灰度局部变化位置的像素点。

(3) 边缘判定:在图像中存在许多梯度不为0的点,但是对于特定应用,不是所有点都有意义。这就要求我们根据具体情况选择和去除处理点,具体的方法包括二值化处理和过零点检测等。

(4) 边缘连接:将间断的边缘连接成有意义的完整边缘,同时去除假边缘,主要方法是Hough变换。

2. 边缘检测的分类

通常可将边缘检测的算法分为两类:基于查找的算法和基于零穿越的算法。除此之外,还有Canny边缘检测算法、统计判别方法等。

(1) 基于查找的方法。通过寻找图像一阶导数中最大和最小值来检测边界,通常是边界定位在梯度最大的方向,是基于一阶导数的边缘检测算法。

(2) 基于零穿越的方法。通过寻找图像二阶导数零穿越来寻找边界,通常是拉普拉斯过零点或者非线性差分表示的过零点,是基于二阶导数的边缘检测算法。

基于一阶导数的边缘检测算子包括Roberts算子、Sobel算子、Prewitt算子,它们都是梯度算子;基于二阶导数的边缘检测算子主要是高斯-拉普拉斯边缘检测算子。

3. 边缘检测的实现

在MATLAB中,edge函数用于对图像进行边缘检测,函数的调用格式为:

BW=edge(I,'roberts'):采用Roberts算子进行边检检测。

BW=edge(I,'roberts',thresh):指定阈值thresh,默认时函数会利用RMS算法自动选取。

[BW,thresh]=edge(I,'roberts',…):根据默认的阈值进行边缘检测,并由thresh返回函数自动选取阈值。用户可以在观察边缘检测效果的同时,根据返回的阈值进行调整,直到满意为止。

BW=edge(I,'sobel')：默认采用 Sobel 算子进行边缘检测。

BW=edge(I,'sobel',thresh)：指定阈值 thresh，采用 Soble 算子进行边缘检测。

BW=edge(I,'sobel',thresh,direction)：可以指定算子的方向，即：

- 当 direction='horizontal'时，即为水平方向；
- 当 direction='verical'时，即为垂直方向；
- 当 direction='both'时，即为水平和垂直两个方向(默认)。

[BW,thresh]=edge(I,'sobel',…)：根据默认的阈值进行边缘检测，并由 thresh 返回函数自动选取的阈值。用户可以在观察边缘检测效果的同时，根据返回的阈值进行调整，直到满意为止。

BW=edge(I,'prewitt')：用 Prewitt 算子进行边缘检测。

BW=edge(I,'prewitt',thresh)：指定阈值 thresh，采用 Prewitt 算子进行边缘检测。

BW=edge(I,'prewitt',thresh,direction)：与 BW=edge(I,'sobel',thresh,direction)说明一致。

[BW,thresh]=edge(I,'prewitt',…)：与[BW,thresh]=edge(I,'sobel',…)说明一致。

BW=edge(I,'log')：用 LOG 算子自动选择阈值进行边缘检测。

BW=edge(I,'log',thresh)：根据指定的敏感阈值 thresh 用 LOG 算子进行边缘检测，edge 函数忽略了所有小于阈值的边缘。如果没有指定阈值 thresh 或为空[]，函数自动选择参量值。

BW=edge(I,'log',thresh,sigma)：用参量 sigma 指定 LOG 滤波器标准偏差，sigma 的默认值为 2，滤波器的大小为 n×n，这里 n=ceil(sigma * 3) * 2+1。

[BW,threshold]=edge(I,'log',…)：返回阈值 thresh 和边缘检测图像 BW。

BW=edge(I,'zerocross',thresh,h)：用滤波器 h 指定零交叉检测法。参量 thresh 为敏感阈值。如果没有指定阈值 thresh 或为空[]，函数自动选择参量值。

[BW,thresh]=edge(I,'zerocross',…)：返回阈值 thresh 和边缘检测图像 BW。

BW=edge(I,'canny')：用 Canny 算子自动选择阈值进行边缘检测。

BW=edge(I,'canny',thresh)：根据给定的敏感阈值 thresh 对图像进行 Canny 算子边缘检测。参量 thresh 为一个二元向量，第一个元素为低阈值，第二个元素为高阈值。如果 thresh 为一元参量，则此值作为高阈值，0.4 * thresh 被用作低阈值。如果没有指定阈值 thresh 或为空[]，函数自动选择参量值。

BW=edge(I,'canny',thresh,sigma)：用指定的阈值和高斯滤波器的标准偏差 sigma。sigma 默认值为 1。滤波器的尺寸基于 sigma 自动选择。

[BW,threshold]=edge(I,'canny',…)：返回二元阈值和图像 BW。

【例 9-37】 用 Sobel 算子、Prewitt 算子、LOG 算子对图像滤波。

```
>> clear all;
I = imread('eight.tif');
subplot(221);imshow(I);
xlabel('(a)原始图像');
```

```
h1 = fspecial('sobel');
I1 = filter2(h1,I);
subplot(222);imshow(I1);
xlabel('(b)Soble 算子滤波');
h2 = fspecial('prewitt');
I2 = filter2(h2,I);
subplot(223);imshow(I2);
xlabel('(c)Prewitt 算子滤波');
h3 = fspecial('log');
I3 = filter2(h3,I);
subplot(224);imshow(I3);
xlabel('(d)LOG 算子滤波');
```

运行程序,效果如图 9-41 所示。

(a) 原始图像

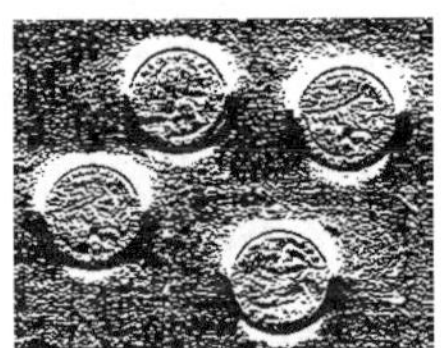

(b) Soble算子滤波

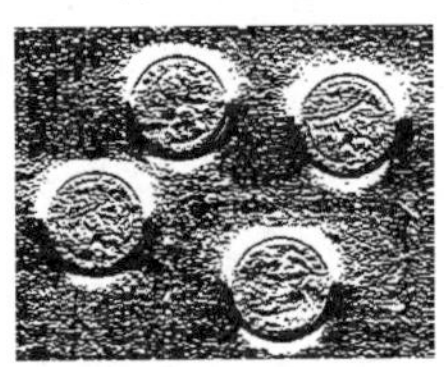

(c) Prewitt算子滤波

(d) LOG算子滤波

图 9-41　各算子的滤波效果

9.6.2　边界跟踪

边界跟踪是从图像中一个边缘点出发,然后根据某种判别准则搜索下一个边缘点,以此跟踪出目标边界。边界跟踪包括 3 个步骤:

(1) 确定边界的起始搜索点。起始点的选择很关键,对某些图像,选择不同的起始点会导致不同的结果。

(2) 确定合适的边界判别准则和搜索准则。判别准则用于判断一个点是不是边缘点,搜索准则指导如何搜索下一个边缘点。

(3) 确定搜索的终止条件。假定图像为二值图像,其中只有一个具有闭合边界的目标。

在 MATLAB 图像处理工具箱中,有两个函数可以用来进行边界跟踪,即 bwtraceboundary 和 bwboundaries。

1) bwtraceboundary 函数

bwtraceboundary 函数在二值图像中采用基于曲线跟踪的策略,需要给定搜索起始点和搜索方向,返回该起始点的一条边界。函数的调用格式为:

B=bwtraceboundary(BW,P,fstep)：其中 BW 为图像矩阵，值为 0 的元素视为背景像素点，非 0 元素视为待提取边界的物体；P 为 2×1 维向量，两个元素分别对应起始点的行和列坐标；参数 fstep 为字符串，指定起始搜索方向，其取值有 8 种，当 fstep='N'时，表示从图像上方开始搜索；当 fstep='S'时，表示从图像下方开始搜索；当 fstep='E'时，表示从图像右方开始搜索；当 fstep='W'时，表示从图像左方开始搜索；当 fstep='NE'时，表示从图像右上方开始搜索；当 fstep='SE'时，表示从图像右下方开始搜索；当 fstep='NW'时，表示从图像左上方开始搜索；当 fstep='SW'时，表示从图像左下方开始搜索。

B=bwtraceboundary(BW,P,fstep,conn)：参数 conn 表示指定搜索算法所使用的连通方式，其取值有 2 种，当 conn=4 时表示 4 连通(上、下、左、右)；当 conn=8 时表示 8 连通(上、下、左、右、右上、右下、左上、左下)。

B=bwtraceboundary(…,N,dir)：参数 N 表示指定提取的最大长度，即这段边界所含的像素点的最大数目。dir 字符串指定搜索边界方向，其取值有 2 种，当 dir='clockwise'时，表示在 clockwise 方向搜索(默认项)；当 dir='counterclockwise'时，表示在 counterclockwise 方向上搜索。

【例 9-38】 利用 bwtraceboundary 函数跟踪边界。

```
>> clear all;
BW = imread('blobs.png');   % 读入二值图像
imshow(BW,[]);
r = 163;                    % 起点行坐标
c = 37;                     % 起点列坐标
contour = bwtraceboundary(BW,[r c],'W',8,Inf,'counterclockwise');
hold on;
plot(contour(:,2),contour(:,1),'g','LineWidth',2);
```

运行程序，效果如图 9-42 所示。

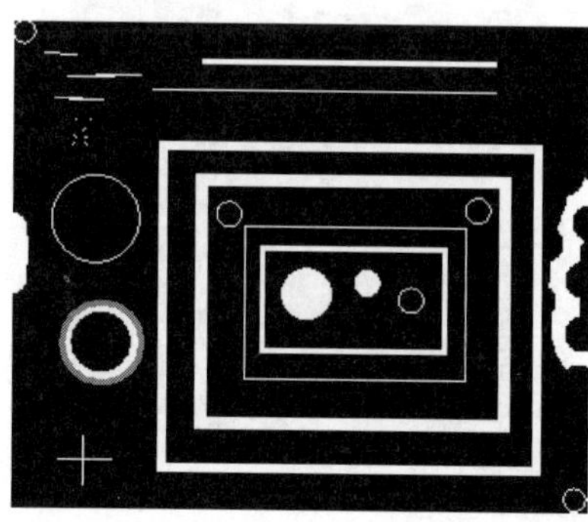

图 9-42 bwtraceboundary 函数实现边界跟踪

2) bwboundaries 函数

bwboundaries 函数用于在二值图像中进行区域边界跟踪。采用区域跟踪算法，给出二值图像中所有目标的外边界和内边界(洞的边界)，函数的调用格式为：

B=bwboundaries(BW)：搜索二值图像 BW 的外边界和内边界。参数 BW 为矩阵，其元素为 0 或 1。bwboundaries 将 BW 中值为 0 的元素视为背景像素点，值为 1 的元素视为待提取边界的目标。输出参数 B 为 P×1 元胞矩阵，其中，P 为目标和洞的个数。B 中的每个元胞元素均为 Q×2 矩阵，矩阵中每一行包含边界像素点的行坐标和列坐标，其中，Q 为边界所含像素点的个数。

B=bwboundaries(BW,conn)：搜索二值图像 BW 的外边界和内边界。conn 为指定搜索算法中所使用的连通方法。

B=bwboundaries(BW,conn,options)：搜索二值图像 BW 的外边界和内边界。字符串参数 options 为指定的算法搜索方式。

[B,L]=bwboundaries(…)：返回标识矩阵 L，用于标识二值图像中被边界所划分的区域，包括目标和洞。

[B,L,N,A]=bwboundaries(…)：返回二值图像被边界所划分成的区域的数目 N 及被划分的区域的邻接关系 A。

【例 9-39】 利用 bwboundaries 函数跟踪二值图像。

```
>> clear all;
I = imread('rice.png');
BW = imbinarize(I);                          %使用局部自适应阈值将灰度图像转换为二进制图像
%计算图像中的区域的边界并覆盖图像上的边界
[B,L] = bwboundaries(BW,'noholes');     %返回边界和标签矩阵
imshow(label2rgb(L, @jet, [.5 .5 .5])) %显示彩色图像
hold on
for k = 1:length(B)
   boundary = B{k};
   plot(boundary(:,2), boundary(:,1), 'w', 'LineWidth', 2)  %白色边界
end
```

运行程序，效果如图 9-43 所示。

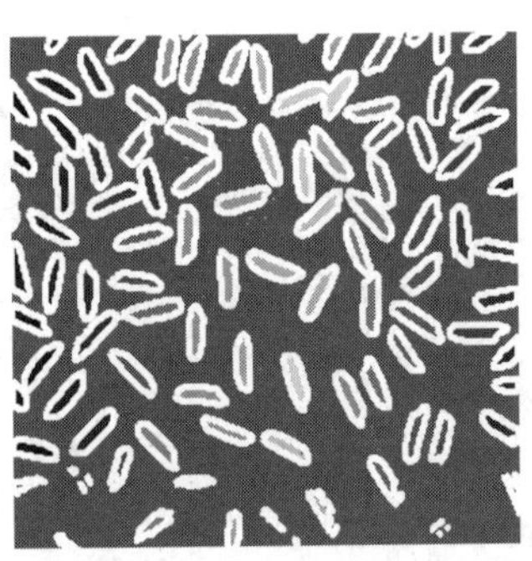

图 9-43　bwboundaries 实现边界跟踪(见彩插)

9.6.3　Hough 变换检测直线

Hough 变换是最常用的直线提取方法，它的基本思想是：将直线上每一个数据点变换为参数平面中的一条直线或曲线，利用共线的数据点对应的参数曲线相交于参数空间中一点的关系，使直线的提取问题转化为计数问题。Hough 变换提取直线的主要优点

是：受直线中的间隙和噪声影响较小。

在算法实现中，考虑到噪声的影响和参数空间离散化的需要，求交点的问题成为一个累加器问题。算法步骤如下：

(1) 适当地量化参数空间；

(2) 假定参数空间的每一个单元都是一个累加器；

(3) 累加器初始化为0；

(4) 对图像空间的每一点，在其所满足参数方程对应的累加器上加1；

(5) 累加器阵列的最大值对应模型的参数。

在MATLAB中，使用Hough变换函数来检测图像中的直线，它们是hough、houghpeaks和houghlines函数。

Hough变换的数学表达式为：

$$\text{rho}=x\cos(\text{theta})+y\sin(\text{theta})$$

其中，rho为原点到直线的距离；theta为直线和x轴之间的夹角；x和y分别是直角坐标系的坐标。

1) hough函数

hough函数用于实现Hough变换，从而应用于检测直线。函数的调用格式为：

[H,theta,rho]=hough(BW)：对输入图像BW进行Hough变换。输出参数H表示图像Hough变换后的矩阵。theta表示Hough变换生成θ值(单位为(度))。rho为Hough变换生成ρ轴的各个单元对应的ρ值。

[H,theta,rho]=hough(BW,ParameterName,ParameterValue)：对输入图像BW进行Hough变换。参数ParameterName用于指定属性名称，参数ParameterValue用于指定属性名称的属性值。

2) houghpeaks函数

houghpeaks函数用于计算Hough变换的峰值。函数的调用格式为：

peaks=houghpeaks(H,numpeaks)：提取Hough变换后参数平面的峰值点。参数H为Hough变换矩阵，由hough函数生成。numpeaks指定要提取的峰值数目，默认值为1。返回参数peaks为一个Q×2矩阵，包含峰值的行坐标和列坐标，Q为提取的峰值数目。

peaks=houghpeaks(…,param1,val1,param2,val2)：提取Hough变换后参数平面的峰值点。参数param1、param2为指定对应的属性名称，val1、val2为属性名称对应的属性值。

3) houghlines函数

houghlines函数用于根据Hough变换提取线段。函数的调用格式为：

lines=houghlines(BW,theta,rho,peaks)：根据Hough变换的结果提取图像BW中的线段。参数theta和rho由函数hough的输出得到，peaks表示Hough变换峰值，由函数houghpeaks的输出得到。输出参数lines为结构矩阵，矩阵长度为提取出的线段的数目，矩阵中的每个元素表示一条线段的相关信息。

lines=houghlines(…,param1,val1,param2,val2)：根据Hough变换结构提取图像BW中的线段。参数param1、param2为指定对应的属性名称，val1、val2为属性名称对应

的属性值。

【例 9-40】 在图像中寻找直线线段，并标出最长的直线段。

```
>> clear all;
I = imread('circuit.tif');
rotI = imrotate(I,45,'crop');              % 图像逆时针旋转 45°
BW = edge(rotI,'canny');                   % 用 Canny 算子提取图像中的边缘
[H,T,R] = hough(BW);                       % 对图像进行 Hough 变换
subplot(121); imshow(H,[],'XData',T,'YData',R,...
            'InitialMagnification','fit');
xlabel('\theta 轴'), ylabel('\rho 轴');
axis ('square');hold on;
% 寻找参数平面上的极值点
P  = houghpeaks(H,5,'threshold',ceil(0.3 * max(H(:))));
x = T(P(:,2)); y = R(P(:,1));
plot(x,y,'s','color','white');
% 找出对应的直线边缘
lines = houghlines(BW,T,R,P,'FillGap',5,'MinLength',7);
subplot(122);imshow(rotI);
axis ('square');hold on
max_len = 0;
for k = 1:length(lines)
    xy = [lines(k).point1; lines(k).point2];
    plot(xy(:,1),xy(:,2),'LineWidth',2,'Color','green');
    % 标记直线边缘对应的起点
    plot(xy(1,1),xy(1,2),'x','LineWidth',2,'Color','blue');
    plot(xy(2,1),xy(2,2),'x','LineWidth',2,'Color','red');
    % 计算直线边缘长度
    len = norm(lines(k).point1 - lines(k).point2);
    if (len > max_len)
        max_len = len;
        xy_long = xy;
    end
end
% 以红色线重画最长的直边缘
plot(xy_long(:,1),xy_long(:,2),'LineWidth',2,'Color','r');
```

运行程序，效果如图 9-44 所示。

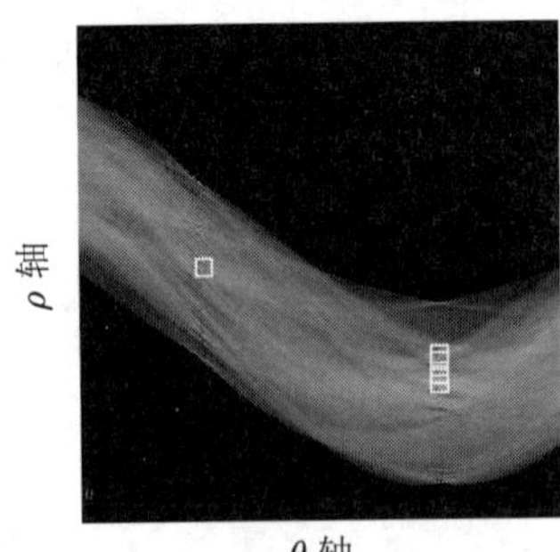

(a) Hough变换矩阵图像

(b) 检测的直线段

图 9-44 直线的提取

9.7 形态学

形态学是一种应用于图像处理和模式识别领域的新的方法，是一门建立在严格的数学理论基础上而又密切联系实际的科学。

数学形态学可以看作一种特殊的数字图像处理方法和理论，主要以图像的形态特征为研究对象。它通过设计一整套运算、概念和算法，用以描述图像的基本特征。这些数学工具不同于常用的频域或空域算法，而是建立在微分几何及随机集论的基础之上的。数学形态学作为一种用于数字图像处理和识别的新理论和新方法，它的理论虽然很复杂，但它的基本思想却是简单而完美的。

数学形态方法比其他空域或频域图像处理和分析方法具有一些明显的优势。例如，基于数学形态学的边缘信息提取处理优于基于微分运算的边缘提取算法，它不像微分算法对噪声那样敏感，提取的边缘比较光滑；利用数学形态学方法提取的图像骨架也比较连续，断点少等；数学形态学易于用并行处理方法有效地实现，而且硬件实现更容易。

膨胀与腐蚀是数学形态学的基本操作。数学形态学的很多操作都是以膨胀与腐蚀为基础推导的算法。

9.7.1 膨胀

膨胀一般是给图像中的对象边界添加像素，而腐蚀则是删除对象边界某些像素。在操作中，输出图像中所有给定像素的状态都是通过对输入图像的相应像素及其邻域使用一定的规则进行确定。在膨胀操作时，输出像素值是输入图像相应像素邻域内所有像素的最大值。在二进制图像中，如果任何像素值为1，那么对应的输出像素值为1。而在腐蚀操作中，输出像素值是输入图像相应像素邻域内所有像素的最小值。在二进制图像中，如果任何一个像素值为0，那么对应的输出像素值为0。

在MATLAB中，使用imdilate函数来实现图像的膨胀。函数的调用格式为：

IM2=imdilate(IM,SE)：使用结构元素矩阵SE对图像数据矩阵IM执行膨胀操作，得到图像IM2。IM可以是灰度图像或二值图像，即分别为灰度膨胀或二值膨胀。如果SE为多重元素对象序列，则imdilate执行多重膨胀。

IM2=imdilate(IM,NHOOD)：膨胀图像IM，这里NHOOD为定义结构元素邻域0和1的矩阵，等价于imdilate(IM,strel(NHOOD))。imdilate函数由指令floor((size(NHOOD)+1)/2)决定邻域的中心元素。

IM2=imdilate(IM,SE,PACKOPT)：用来识别IM是否为packed二值图像。PACKOPT取值为ispacked或notpacked。

IM2=imdilate(…,SHAPE)：用来决定输出图像的大小。SHAPE可以取值为same或full。当SHAPE值为same时，可以使得输出图像与输入图像大小相同。如果PACKOPT取值为ispacked，则SHAPE只能取值为same。当SHAPE取值为full时，将对原图像进行全面的膨胀运算。

【例 9-41】 对灰度图像实现膨胀操作。

```
>> clear all;
originalI = imread('cameraman.tif');
se = offsetstrel('ball',5,5);          %创建一个非平坦的球形结构元件
dilatedI = imdilate(originalI,se);     %图像实现膨胀
subplot(121);imshow(originalI);axis('square');
xlabel('(a) 原始图像');
subplot(122);imshow(dilatedI);axis('square');
xlabel('(b) 膨胀图像');
```

运行程序,效果如图 9-45 所示。

(a) 原始图像

(b) 膨胀图像

图 9-45　图像的膨胀处理

9.7.2 腐蚀

腐蚀是一种消除边界点,使边界向内部收缩的过程,像素的值将被设置为邻近区域的最小值。利用该操作,可以消除小且无意义的物体。

在 MATLAB 中,使用 imerode 函数实现图像腐蚀。函数的调用格式为:

IM2=imerode(IM,SE):对灰度图像或二值图像 IM 进行腐蚀操作,返回结果图像 IM2。SE 为由 strel 函数生成的结构元素对象。

IM2=imerode(IM,NHOOD):对灰度图像或二值图像 IM 进行腐蚀操作,返回结果图像 IM2。NHOOD 是一个由 0 和 1 组成的矩阵,指定邻域。

IM2=imerode(…,PACKOPT,M):指定用来识别 IM 是否为 packed 二值图像。PACKOPT 取值为 ispacked 或 notpacked。

IM2=imerode(…,SHAPE):指定输出图像的大小。字符串参量 SHAPE 指定输出图像的大小,取值为 same(输出图像与输入图像大小相同)或 full(imdilate 对输入图像进行全腐蚀,输出图像比输入图像大)。

【例 9-42】 对灰度图像实现腐蚀操作。

```
>> clear all;
originalI = imread('cameraman.tif');
se = offsetstrel('ball',5,5);          %创建一个非平面偏移对象
erodedI = imerode(originalI,se);       %图像实现腐蚀
```

```
subplot(121);imshow(originalI);axis('square');
xlabel('(a) 原始图像');
subplot(122);imshow(erodedI);axis('square');
xlabel('(b) 腐蚀图像');
```

运行程序,效果如图 9-46 所示。

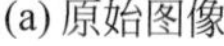
(a) 原始图像

(b) 腐蚀图像

图 9-46　图像的腐蚀处理

第10章 MATLAB信号处理工具箱

数字信号处理(Digital Signal Processing,DSP)是一门交叉性的学科。它的基本概念、基本分析方法已经渗透到了通信与信息工程,电路与系统,集成电路工程,生物医学工程,物理电子学,导航、制导与控制,电磁场与微波技术,水声工程,电气工程,动力工程,航空工程,环境工程等领域。

10.1 信号、系统和信号处理的基本概念

本节介绍信号、系统、信号处理及 MATLAB 中信号表示等几个基本概念。

1. 信号

信号是信息的物理表示形式,或者说是传递信息的函数,而信息则是信号的具体内容。信号可以从是否连续的角度分为连续时间信号、离散时间信号和数字信号。变量的取值方式有连续与离散两种。如果变量(一般都看成时间)是连续的,则称为连续时间信号;如果变量是离散数值,则称为离散时间信号。信号幅值的取值方式又分为连续与离散两种(幅值的离散称为量化),因此组合起来应该有以下几种情况。

- 连续时间信号:时间是连续的,幅值可以是连续的也可以是离散的。
- 模拟信号:时间是连续的,幅值是连续的。
- 离散时间信号:时间是离散的,幅值是连续的。
- 数字信号:时间是离散的,幅值是量化的。由于幅值是量化的,故数字信号可用一系列的数字来表示,而每个数又可以表示为二进制码的形式。

2. 系统

系统定义为处理信号的物理设备。或者进一步说,凡是能将信号加以变换以达到人们要求的各种设备都称为系统。当然,系统有大小之分,一个大系统中又可细分为若干个小系统。实际上,因为系统是

完成某种运算的，因而还可以把软件编程也看成一种系统的实现方法。

按所处理的信号的不同将系统分为 4 类。

- 模拟系统：处理模拟信号，系统输入、输出均为连续时间连续幅值的模拟信号。
- 连续时间系统：处理连续时间信号，系统输入、输出均为连续时间信号。
- 离散时间系统：处理离散时间信号，系统输入、输出均为离散时间信号。
- 数字系统：处理数字信号，系统输入、输出均为数字信号。

系统可以是线性或非线性的、时不变或时变的。

3. 信号处理

信号处理是研究用系统对含有信息的信号进行处理，以获得人们所希望的信号，从而达到提取信息、便于利用的一门学科。信息处理的内容包括滤波、变换、检测、谱分析、估计、压缩、识别等一系列的加工处理。

4. MATLAB 中信号的表示

模拟信号在数学上表示为一个时间连续函数 $f(t)$。数字信号是指时间离散而且幅度也离散的信号，在数学上可以表示为有限精度的一个离散时间序列 $\{x_1, x_2, \cdots, x_n, \cdots\}$。

对模拟信号进行时间域采样，就获得了时间域离散的采样信号。如果采样频率满足奈奎斯特采样定理，即采样频率大于或等于模拟信号最高频率的 2 倍，那么模拟信号可以由其采样值序列构成的时间离散信号无失真地表达。

对时间离散信号再进行量化，就获得了幅度离散的样值序列，也就是数字信号。量化将引入量化误差，形成量化噪声成分。当量化足够精细时，量化噪声可以忽略。这时就认为，所获得的数字信号就无失真地代表了原来的模拟信号。

在数字信息机中所能够存储的是数字序列，也即模拟信号必须通过采样和量化后，变成相应的数字信号，才能被计算机存储和处理。最后，可以将处理结果序列以采样频率送入理想低通滤波器，恢复为所需的模拟信号。

对于音频来说，实现模拟音频信号与数字音频信号之间的转化模块就是声卡，MATLAB 可以方便地对声卡进行诸如采样率等输入/输出参数的配置，从而实现录音和播放，而且其声卡操作函数是跨操作平台的，也是与硬件无关的。

10.2 信号的产生

在众多的信号中有一些典型的基本信号，由它们可以组成各种复杂的信号。

10.2.1 正余弦波的产生

确定周期信号的产生一般需要考虑以下问题：首先，要设置采样频率，将模拟信号离散化，采样频率的设置要满足采样定理，为了信号波形显示光滑、好看，一般采样频率设置为信号最高频率的 5～20 倍；然后，确定所要产生的信号的持续时间长度，再确定信号的其他参数，如幅度、相位等；最后绘制信号波形图，验证正确性。如果信号频率为音频

(20Hz～20kHz),则可以利用 sound 函数从声卡输出信号波形。

利用函数 sin 和 cos 可以产生所需要的正弦波或余弦波。

【例 10-1】 要产生一个频率为 150Hz,幅度为 0.45,初始相位为 35°的正弦波,信号持续时间为 5s。绘制波形图并从声卡输出。

解析:根据采样定理,采样率至少为信号最高频率的两倍,因此,实例中采样率必须大于 300 次/s。为使得产生波形光滑,此处取采样率为 2000 次/s。信号持续时间为 5s,则总的采样点数为 5×2000=10 000 点。

```
>> clear all;
Fs = 2000;                              %采样率
t = 1/Fs:1/Fs:5;                        %信号持续时间范围
f = 150;                                %正弦波频率
A = 0.45;                               %幅度
Fi = 35/180 * pi;                       %相位
X = A * sin(2 * pi * f. * t + Fi);      %正弦波计算
plot(t(1:100),X(1:100));                %绘制波形图前 100 样点
xlabel('时间/s');ylabel('sin2\pi ft');
title('150Hz 正弦波');
disp('按任意键开始播出 5 秒的 150Hz 的正弦波');
pause;
sound(X',Fs);                           %从声卡播放 150Hz 的正弦波
disp('播放结束');
```

运行程序,输出如下,效果如图 10-1 所示。

```
按任意键开始播出 5 秒的 150Hz 的正弦波播放结束
```

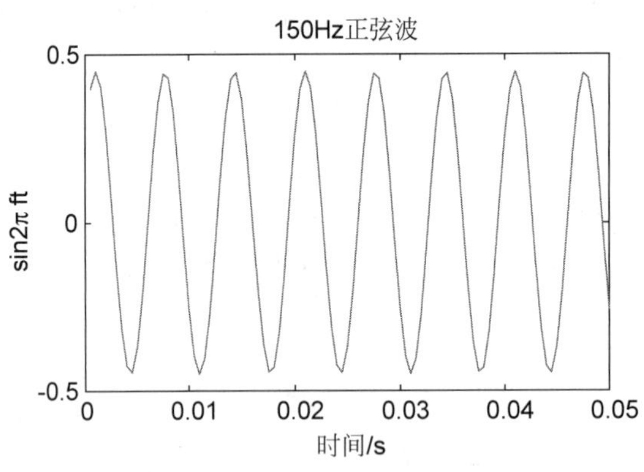

图 10-1 输出的波形图

10.2.2 周期方波和周期三角波的产生

利用 MATLAB 信号工具箱中的 square 函数可以产生方波,而函数 sawtooth 可以产生三角波(锯齿波)。

square 函数的调用格式为：

x=square(t)：返回周期为 2π 的方波，采样时刻由向量 t 指定。square(t)与 sin(t)差不多，只不过其产生的是峰值为 $-1\sim1$ 的方波而非正弦波。

x=square(t,duty)：产生给定占空比的方波。占空比 duty 是信号为正值的比例。

sawtooth 函数的调用格式为：

sawtooth(t)：产生周期为 2π 的锯齿波，采样时刻由向量 t 指定。sawtooth(t)与 sin(t)相似，只不过其产生的是峰值为 $-1\sim1$ 的锯齿波而非正弦波。

sawtooth(t,width)：产生三角波，width 指定最大值出现的位置，其取值为 $0\sim1$，1 对应于 2π。当 t 由 0 增大到 width * 2π 时，函数值由 -1 增大到 1；当 t 由 width * 2π 增大到 2π 时，函数值由 1 减小到 -1。因此当 width=0.5 时，产生的是关于时刻 π 对称的、峰值为 1 的三角波。

【例 10-2】 产生方波与三角波。

```
>> clear all;
t = linspace( - pi,2 * pi,121);                    % 序列
x = 1.15 * square(2 * t);                          % 方波
subplot(211);plot(t/pi,x,'. - ',t/pi,1.15 * sin(2 * t));
xlabel('t / \pi');title('方波');
grid on;
x2 = sawtooth(2 * pi * 50 * t);
subplot(212);plot(t,x2)
xlabel('t / \pi');grid on
title('三角波');
```

运行程序，效果如图 10-2 所示。

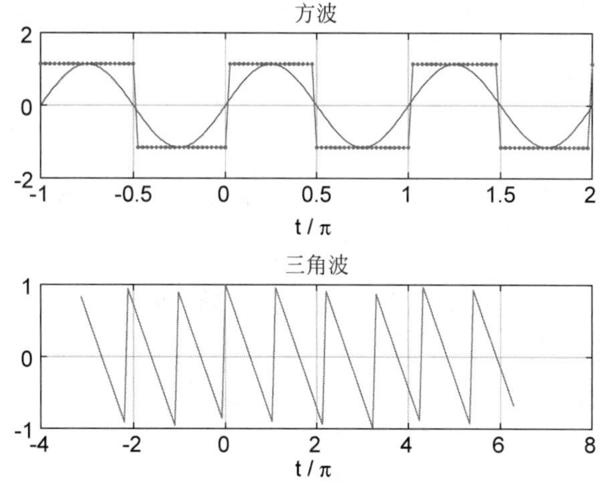

图 10-2 方波与三角波

10.2.3 任意确定周期信号的产生

给定周期信号在一个周期内的波形样点值，就可以通过样值的周期重复来获得任意

确定的周期信号。设在一个周期内,信号波形的样值点序列(列向量)为:

$$X=\begin{bmatrix}x_1\\x_2\\\vdots\\x_n\end{bmatrix}$$

如果想将其扩展为 3 个周期,可首先进行矩阵乘法运算:

$$\begin{bmatrix}x_1\\x_2\\\vdots\\x_n\end{bmatrix}\begin{bmatrix}1 & 1 & 1\end{bmatrix}\begin{bmatrix}x_1 & x_1 & x_1\\x_2 & x_2 & x_2\\\vdots & \vdots & \vdots\\x_n & x_n & x_n\end{bmatrix}$$

然后利用 MATLAB 中的 reshape 函数将结果矩阵按照列顺序变形为 $3n$ 行 1 列的向量,即:

$$\begin{bmatrix}x_1 & x_1 & x_1\\x_2 & x_2 & x_2\\\vdots & \vdots & \vdots\\x_n & x_n & x_n\end{bmatrix}\rightarrow[x_1x_2,\cdots x_nx_1x_2\cdots x_nx_1x_2\cdots x_n]$$

【例 10-3】 给定的某心电波一个周期的波形数据为 n(共 37 点采样点,采样间隔为 0.02s)。请绘出采样率为 200 次/s 和 8000 次/s 时的心电波形图。

```
>> clear all;
n = [78.0 - 39.5 - 70.7 - 17.0 - 17.0 - 16.5 - 16.5 - 15.0 - 15.0 - 14.5 - 10.0 - 3.5 1.0
   - 3.5... - 12.0 - 16.0 - 17.0 - 18.0 - 18.0 - 18.0 - 18.0 19.0 6.5 - 11.0 - 17.0 - 17.0
   - 18.0... - 23.0 - 18.3 49.0];
%一个心跳周期的数据
Ts = 0.02;                          %采样时间间隔
Fs = 1/Ts;                          %采样率
m = 10;                             %现在将信号扩展为 m 个周期
nm = reshape(n' * ones(1,m),1,m * length(n));
nm = nm/max(nm);                    %归一化
t = Ts:Ts:length(nm) * Ts;          %采样时间刻度
subplot(2,1,1);plot(t,nm,'r.');
axis([0 2 - 2 2]);
%下面为"听"心跳,需要采用插值方法将波形采样率提高到声卡所能允许的值,如 8000 次/s
tt = [Ts:1/8000:t(length(t))];      %新的采样时间刻度
nn = interp1(t,nm,tt,'spline');
subplot(2,1,2);plot(tt,nn,'k.');
axis([0 2 - 2 2]);                  %波形图
sound(nn,8000);                     %听一听心跳,注意,由于心跳频率很低,需将声音放大仔细听
```

运行程序,效果如图 10-3 所示。

10.2.4 脉冲信号的产生

MATLAB 的信号处理工具箱还提供了各种脉冲信号的发生函数。当然,不利用这

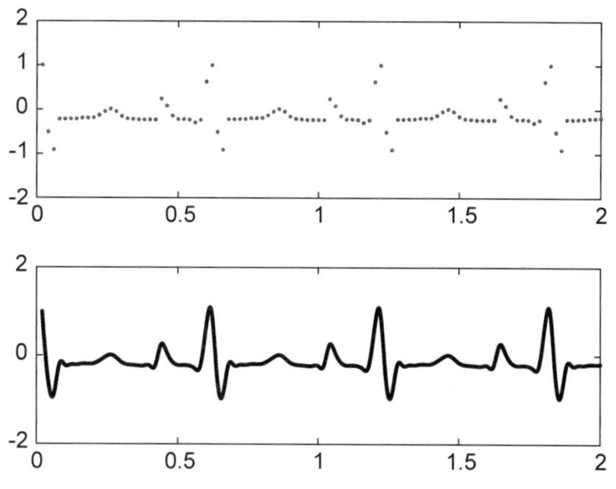

图 10-3　心电图插值前后的采样点比较效果

些函数，根据各种脉冲的数学表达式也能够很方便地计算出它们的波形，这些脉冲函数主要有：

y=rectpuls(t,w)：产生矩形脉冲。

y=tripuls(T,w,s)：产生三角脉冲。

y=diric(x,n)：产生狄拉克函数脉冲(冲激脉冲)。

y=gauspuls(t,fc,bw,bwr)：产生高斯调制的正弦脉冲。

y=pulstran(t,d,'func')：产生脉冲串。

y=sinc(x)：产生采样函数 sinc 脉冲。

【例 10-4】 实现矩形脉冲与三角脉冲。

```
>> clear all;
fs = 10e3;
t = -0.1:1/fs:0.1;
w = 20e-3;
x1 = rectpuls(t,w);
tpast = -45e-3;
xpast = rectpuls(t-tpast,w);
tfutr = 60e-3;
xfutr = rectpuls(t-tfutr,w/2);
subplot(211);plot(t,x1,t,xpast,t,xfutr)
ylim([-0.2 1.2]);
xlabel('(a)矩形脉冲');
x2 = tripuls(t,w);
tpast = -45e-3;
spast = -0.45;
xpast = tripuls(t-tpast,w,spast);
tfutr = 60e-3;
sfutr = 1;
xfutr = tripuls(t-tfutr,w/2,sfutr);
subplot(212);plot(t,x2,t,xpast,t,xfutr)
ylim([-0.2 1.2]);
xlabel('(b)三角形脉冲');
```

运行程序，效果如图 10-4 所示。

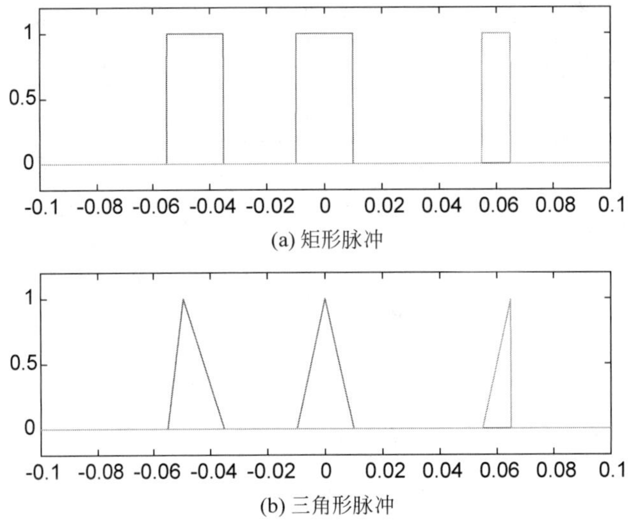

图 10-4　矩形脉冲与三角脉冲

10.2.5　扫频信号的产生

在 MATLAB 中，提供了 chirp 函数用于获得在设定频率范围内按照设定方式进行的扫频信号。函数的调用格式为：

y＝chirp(t,f0,t1,f1)：产生一个线性扫频(频率随时间线性变化)采样信号，其时间轴的设置由数组 t 定义。时刻 0 的瞬时频率为 f0；时刻 t1 的瞬时频率为 f1。默认情况下，f0＝0Hz，t1＝1，f1＝100Hz。

y＝chirp(t,f0,t1,f1,'method')：指定改变扫频的方法。可用的方法有 linear(线性调频)，quadratic(二次调频)和 logarithmic(对数调频)；默认为 linear。

注意：对于对数扫频，必须有 f1＞f0。

y＝chirp(t,f0,t1,f1,'method',phi)：指定信号的初始相位为 phi(单位为度)，默认 phi＝0。

y＝chirp(t,f0,t1,f1,'quadratic',phi,'shape')：指定形状的二次扫频信号的频谱图。形状或凸或凹，如果为 downsweep(f0＞f1)即为凸形，如果为 upsweep(f0＜F1)即为凹形。

【例 10-5】 以 1000Hz 的采样频率，在 3s 采样时间内，生成一个起始时刻瞬时频率为 10Hz，3s 时瞬时频率为 100Hz 的线性调频信号，并绘制其曲线图及光谱图。

```
>> clear all;
fs = 1000;
t = 0:1/fs:3;
y = chirp(t,0,1,100);
subplot(211);plot(t(1:500),y(1:500));       %绘制线性调频信号的前六分之一段
xlabel('(a)线性调频信号')
t1 = 0:1/fs:3;                               %信号光谱图的实现
```

```
subplot(212);y1 = chirp(t1,100,1,200,'quadratic');
spectrogram(y1,128,120,128,1E3,'yaxis')        % 线性调频信号的光谱图
xlabel('(b)相频图');
set(gcf,'Color','W');                          % 设背景颜色为白色
```

运行程序,效果如图 10-5 所示。

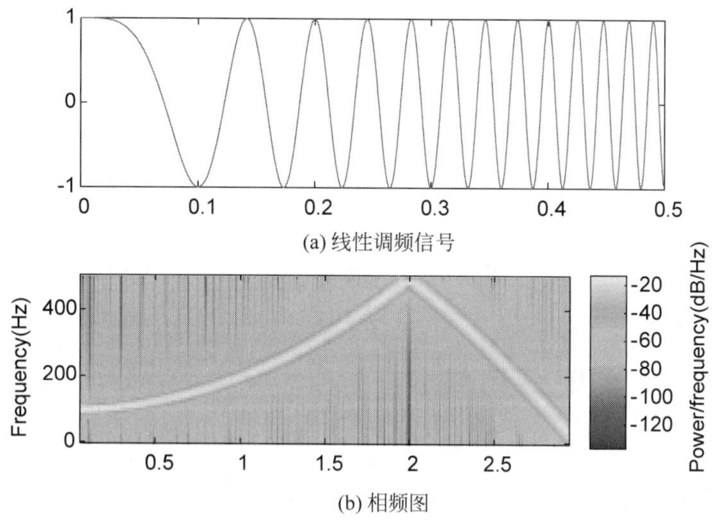

(a) 线性调频信号

(b) 相频图

图 10-5　扫频信号(见彩插)

10.2.6　随机信号的产生

在 MATLAB 中,可以利用 rand 和 randn 函数产生两种随机信号。它们的调用格式为:

rand(1,N):在区间上产生 N 点均匀分布的随机序列。

randn(1,N):产生均值为 0、方差为 1 的高斯随机序列,即白噪声序列。

【例 10-6】 用 MATLAB 产生点数为 32 的均匀分布的随机序列与高斯随机序列。

```
>> clear all;
N = 32;
x_rand = rand(1,N);
x_randn = randn(1,N);
xn = 0:N - 1;
subplot(2,1,1);stem(xn,x_rand);
xlabel('(a)均匀分布随机序列');
subplot(2,1,2);stem(xn,x_randn);
xlabel('(b)高斯随机序列');
```

运行程序,效果如图 10-6 所示。

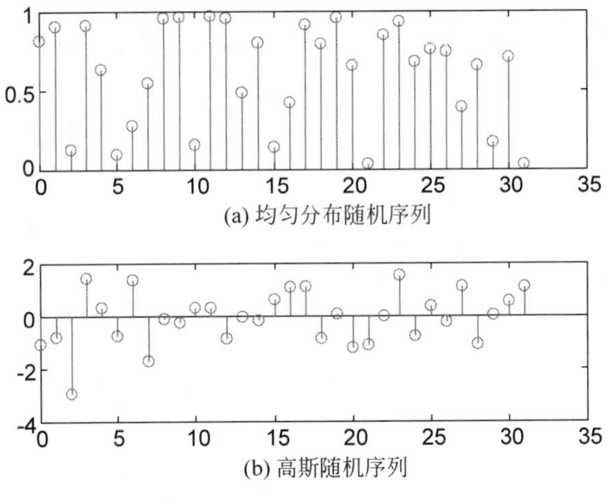

(a) 均匀分布随机序列

(b) 高斯随机序列

图 10-6　两种随机信号

10.3　连续信号的时域运算

在信号的传输、加工、处理过程中，常常需要对信号进行运算，信号的基本运算主要包括加(减)、相乘、反褶、移位、尺度变换和线性卷积等。

10.3.1　信号的加(减)、乘运算

两个信号相加，其和信号在任意时刻的值等于两信号在该时刻的值之和。例如：

$$x_1(t)=\begin{cases}1, & -3<t<1\\ 0, & 其他\end{cases},\quad x_2(t)=\begin{cases}2, & -1<t<2\\ 0, & 其他\end{cases}$$

则：

$$x(t)=x_1(t)+x_2(t)=\begin{cases}1, & -3<t<1\\ 3, & -1<t<1\\ 2, & -1<t<2\\ 0, & 其他\end{cases}$$

两个信号相乘，其积信号在任意时刻的值等于两信号在该时刻的值之积。例如上述两个信号的积为：

$$x(t)=x_1(t)\times x_2(t)=\begin{cases}2, & -1<t<1\\ 0, & 其他\end{cases}$$

在 MATLAB 中，实现两个信号的相加与相乘只需用运算符"+"与"*"来实现。

【例 10-7】 已知 $f_1(t)=\sin\Omega t$，$f_2(t)=\sin 8\Omega t$，试用 MATLAB 命令绘出 $f_1(t)+f_2(t)$和 $f_1(t)f_2(t)$的波形图，其中，$f=\dfrac{\Omega}{2\pi}=1\text{Hz}$。

```
>> clear all;
f = 1;
t = 0:0.01:3/f;
f1 = sin(2 * pi * f * t);
f2 = sin(2 * pi * 8 * f * t);
subplot(2,1,1);plot(t,f1 + 1,':',t,f1 - 1,':',t,f1 + f2);
grid on;
xlabel('(a)信号相加');
subplot(2,1,2);plot(t,f1,':',t, - f1,':',t,f1. * f2);
grid on;
xlabel('(b)信号相乘');
```

运行程序,效果如图 10-7 所示。

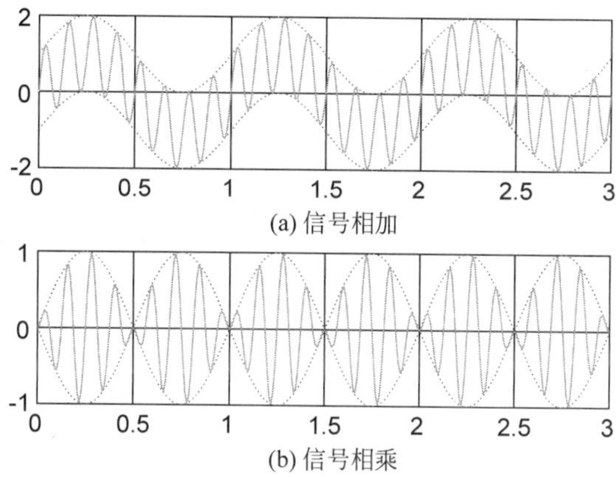

图 10-7　两信号的加与乘运算

10.3.2　信号的反褶、移位、尺度变换

1. 反褶

反褶是将信号 $x(t)$的自变量 t 变成$-t$ 后得到一个新的信号 $x(-t)$。反褶是信号波形以 $t=0$ 轴为中心的 180°翻转。同样,信号 $x(t)$反褶后非零值区间的分布也可能发生变化。

2. 移位

移位是将信号 $x(t)$的自变量 t 变成 $t\pm t_0$ 后得到一个新的信号 $x(t\pm t_0)$,其中 $x(t+t_0)$为 $x(t)$的左移信号,又称超前信号; $x(t-t_0)$为 $x(t)$的右移信号,又称延时信号。移位是信号波形沿着时间轴 t 的整体平移,信号 $x(t)$移位后信号非零区可能会发生变化。

3. 尺度变换

尺度变换是将信号 $x(t)$的自变量 t 换成at 得到一个新的信号$x(at)$。尺度变换是信号波形沿时间轴 t 压缩($a>1$)或者扩展($a<1$)为原来的 $1/a$ 倍。

反褶、移位、尺度变换使信号 $x(t)$ 的自变量 t 发生变化，但波形的整体形状保持不变。而相加(减)、相乘运算使信号 $x(t)$ 的幅值发生变化。

MATLAB 实现信号的移位与尺度变换只需将自变量做相应的变换即可，实现信号的反褶需要调用 fliplr(x)函数实现。

【例 10-8】 实现一个矩形脉冲的移位、反褶、尺度变换。

```
>> clear all;
t = -6:0.01:6;
x1 = rectpuls(t+1,4);
t1 = t+1;
t2 = -fliplr(t);
t3 = t/2;
y2 = fliplr(x1);
subplot(4,1,1);plot(t,x1);grid on;
xlabel('x1(t)');title('原矩形信号');
subplot(4,1,2);plot(t1,x1);grid on;
xlabel('x1(t)+1');title('信号左移');
subplot(4,1,3);plot(t2,y2);grid on;
xlabel('x1(-t)');title('信号反褶');
subplot(4,1,4);plot(t3,x1);grid on;
xlabel('x1(t/2)');title('信号尺度变换');
```

运行程序，效果如图 10-8 所示。

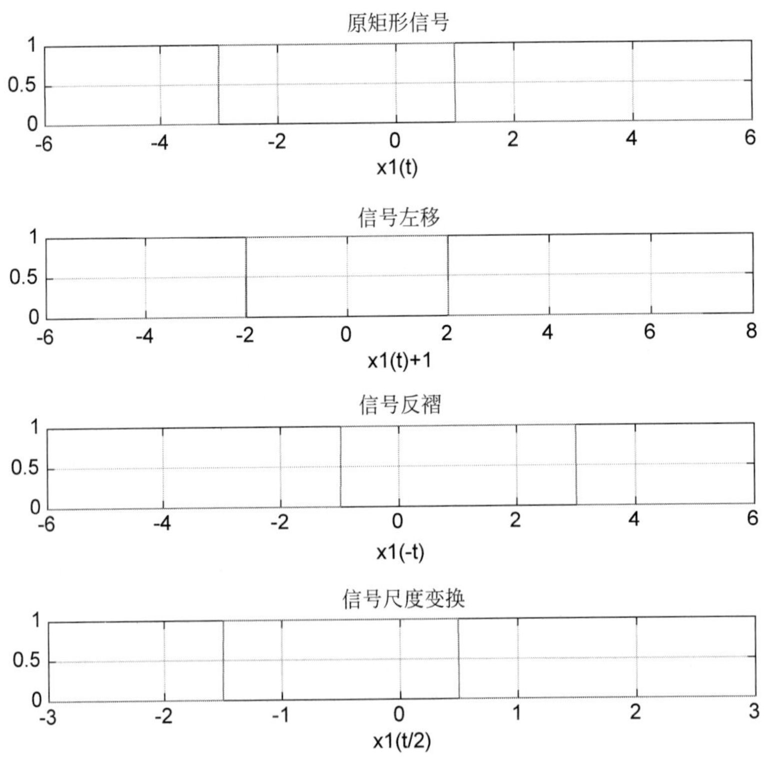

图 10-8　信号变换

10.3.3 信号卷积

对于任意的两个信号 $x_1(t)$和 $x_2(t)$，其线性卷积运算(简称卷积)定义为：

$$x(t)=x_1(t)*x_2(t)=\int_{-\infty}^{+\infty}x_1(\tau)\times x_2(t-\tau)\mathrm{d}\tau$$

卷积运算用“*”号表示。卷积运算可以通过以下几个步骤来完成。

(1) 变量代换。将自变量 t 变成 τ，得到 $x_1(\tau)$和 $x_2(\tau)$。

(2) 反褶。将 $x_2(\tau)$反褶变成 $x_2(-\tau)$。

(3) 移位。给定一个 t 值，将 $x_2(-\tau)$移位到 $x_2(t-\tau)$，$t>0$ 为右移，$t<0$ 为左移。

(4) 相乘。将 $x_1(\tau)$和 $x_2(t-\tau)$相乘。

(5) 积分。计算乘积 $x_1(\tau)x_2(t-\tau)$与 τ 轴包围的净面积，即得 t 时刻的卷积值。

(6) 将 t 在$(-\infty,+\infty)$内取值，重复步骤(3)～(5)的操作，进而得到卷积 $x(t)=x_1(t)*x_2(t)$的表达式或波形。

卷积运算可用于计算线性系统的时间相位，因此卷积运算在信号处理中非常重要。MATLAB 中，提供 conv、conv2 和 convn 实现卷积运算。

【例 10-9】 已知某系统的输入和冲激响应为$\begin{cases}x(n)=n(u(n)-u(n-15))\\h(n)=(0.4)^n(u(n)-u(n-10))\end{cases}$，求系统的卷积。

```
>> clear all;
x = [2 4 8 9 10];
h = [1 4 7 3 5];
N = 5;M = 5;
L = M + N - 1;
nx = 0:N - 1;
nh = 0:M - 1;
ny = 0:L - 1;
y = conv(x,h);
subplot(3,1,1);stem(nx,x);
title('x(n)曲线');grid on;
subplot(3,1,2);stem(nh,h);
title('h(n)曲线');grid on;
subplot(3,1,3);stem(ny,y);
title('y(n)曲线');grid on;
```

运行程序，效果如图 10-9 所示。

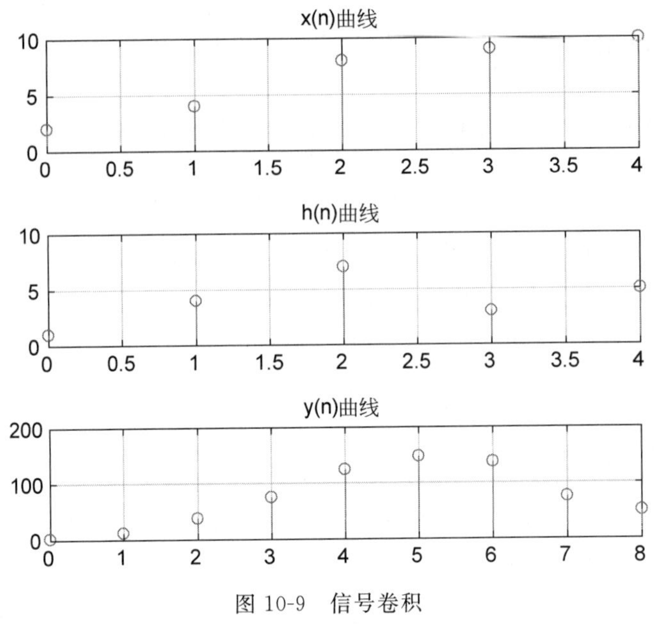

图 10-9　信号卷积

10.4　时域分析

时域分析法是以拉普拉斯变换为工具，从传递函数出发，直接在时间域上研究系统的一种方法。

一个动态系统的性能常用典型输入作用下的响应来描述。响应是指零初始值条件下，某种典型的输入函数作用下对象的响应，控制系统常用的输入函数为单位阶跃函数和脉冲激励函数。

10.4.1　脉冲响应

函数 impulse 将绘制出连续时间系统在指定时间范围内的脉冲响应 $h(t)$的时域波形图，并求出指定时间范围内脉冲响应的数值解。函数的调用格式为：

impulse(sys)：计算并在当前窗口绘制线性对象 sys 的脉冲响应，可用于单输入单输出或多输入多输出的连续时间系统或离散时间系统。

impulse(sys，Tfinal)或 impulse(sys，t)：定义计算时的时间向量。用户可以指定仿真终止时间，这时 t 为标量；也可以通过 t=0:dt:Tfinal 命令设置一个时间向量。对于离散系统，时间间隔 dt 必须与采样周期匹配。

impulse(sys1，sys2，…，sysN)、impulse(sys1，sys2，…，sysN，Tfinal)、impulse(sys1，sys2，…，sysN，t)：定义仿真绘制属性。

[y，t]=impulse(sys)、[y，t]=impulse(sys，Tfinal)、y=impulse(sys，t)、[y，t，x]=impulse(sys)、[y，t，x，ysd]=impulse(sys)：计算仿真数据并且不在窗口显示，其中 y 为输出响应向量；t 为时间向量；x 为状态系统轨迹数据；ysd 为返回的标准偏差。

如果对具体的响应值不感兴趣，只是想绘制系统的阶跃响应曲线，则可采用以下形式：

```
impulse(num,den)
impulse(num,den,t)
impulse(A,B,C,D,iu,t)
impulse(A,B,C,D,iu)
```

【例 10-10】 已知空间状态系统：

$$\begin{cases}\begin{bmatrix}\dot{x}_1\\\dot{x}_2\end{bmatrix}=\begin{bmatrix}-0.5572 & -0.7814\\0.7814 & 0\end{bmatrix}\begin{bmatrix}x_1\\x_2\end{bmatrix}+\begin{bmatrix}1 & -1\\0 & 2\end{bmatrix}\begin{bmatrix}u_1\\u_2\end{bmatrix}\\ y=\begin{bmatrix}1.9691 & 6.4493\end{bmatrix}\begin{bmatrix}x_1\\x_2\end{bmatrix}\end{cases}$$

求该系统的单位脉冲响应。

```
>> clear all;
a = [ - 0.5572  - 0.7814;0.7814 0];
b = [1  - 1;0 2];
c = [1.9691 6.4493];
sys = ss(a,b,c,0);
impulse(sys)
```

运行程序，效果如图 10-10 所示。

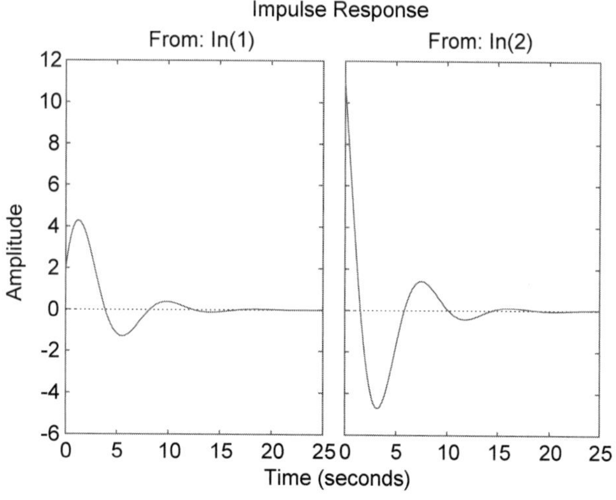

图 10-10　系统的单位脉冲响应

10.4.2　单位阶跃响应

函数 step 将绘制出由向量 num 和 den 表示的连续时间系统的阶跃响应 $h(t)$ 在指定时间范围内的波形图，并求其数值解。函数的调用格式为：

step(sys)：计算并在当前窗口绘制线性对象 sys 的阶跃响应，可用于单输入单输出或多输入多输出的连续时间系统或离散时间系统。

step(sys,Tfinal)或 step(sys,t)：定义计算时的时间向量。用户可以指定仿真终止时间，这时 t 为标量；也可以通过 t=0:dt:Tfinal 命令设置一个时间向量。对于离散系统，时间间隔 dt 必须与采样周期匹配。

step(sys1,sys2,…,sysN)或 step(sys1,sys2,…,sysN,Tfinal)或 step(sys1,sys2,…,sysN,t)：可同时仿真多个线性对象。

y=step(sys,t)或[y,t]=step(sys)或[y,t]=step(sys,Tfinal)或[y,t,x]=step(sys)或[y,t,x,ysd]= step(sys)或[y,…]=step(sys,…,options)：计算仿真数据并且不在窗口显示，其中 y 为输出响应向量；t 为时间向量；x 为状态迹数据。

与单位脉冲响应函数类似，如果只需了解响应曲线，则采用以下形式：

```
step(num,den)
step(num,den,t)
step(A,B,C,D,iu,t)
step(A,B,C,D,iu)
```

【例 10-11】 已知系统的传递函数为 $H(s)=\frac{1}{s^2+0.8s+2}$，求其单位阶跃响应曲线。

```
>> clear all;
num = [1];
den = [1 0.8 2];
sys = tf(num,den);            % 传递函数
t = 0:0.1:20;
step(num,den,t);
title('单位阶跃响应');
grid on;
```

运行程序，效果如图 10-11 所示。

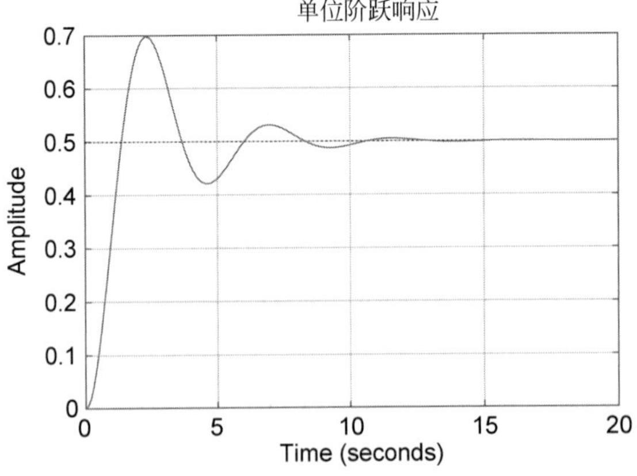

图 10-11　单位阶跃响应曲线

10.4.3 任意输入的响应

在MATLAB中,提供了求取任意输入响应的函数lsim。函数的调用格式为:

lsim(sys,u,t):其中,sys为系统模型,u和t将用于描述输入信号,u中的点对应各个时间点处的输入信号值,如果想研究多变量系统,则u应该是矩阵,其各行对应t向量各个时刻的各输入值。

lsim(sys,u,t,x0):x0为给定的初值。

lsim(sys,u,t,x0,method):method为指定应用何种方法实现绘制时域响应,有zoh和foh两种方法。

【例10-12】 将以下系统的响应模型绘制为4s的方波。

$$H(s)=\begin{bmatrix}\dfrac{2s^2+5s+1}{s^2+2s+3}\\[2ex]\dfrac{s-1}{s^2+s+5}\end{bmatrix}$$

其实现的MATLAB代码为:

```
>> clear all;
H = [tf([2 5 1],[1 2 3]);tf([1 -1],[1 1 5])];    %创建传递函数
[u,t] = gensig('square',4,10,0.1);
lsim(H,u,t)
grid on;
xlabel('时间');ylabel('振幅');title('线性模拟');
```

运行程序,效果如图10-12所示。

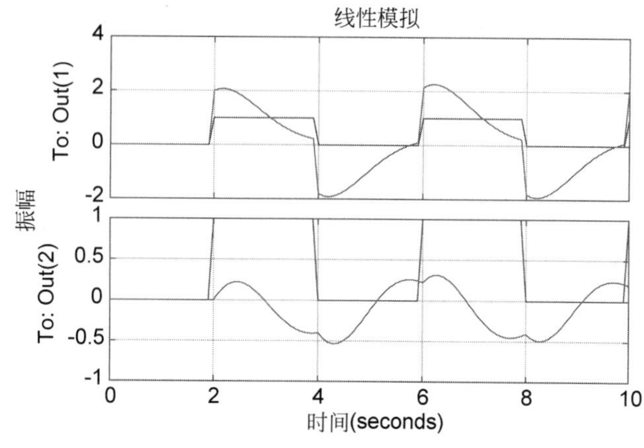

图10-12 系统的方波

10.5 频域分析

对信号进行分析,通常可以在时域中进行,也可以在频域中进行,时域分析方法和频域分析方法各有其优缺点。傅里叶变换是把信号从时域变换到频域,因此它在信号分析

中占有极其重要的地位,如滤波器设计、频谱分析等。

10.5.1 傅里叶变换的定义

如果 $x(n)$是绝对可加的,即 $\sum_{-\infty}^{+\infty} |x(n)| < \infty$,则其离散傅里叶变换定义为:

$$X(e^{j\omega}) = F[x(n)] = \sum_{-\infty}^{+\infty} x(n)e^{-j\omega n}$$

$X(e^{j\omega})$的离散时间傅里叶逆变换(IDTFT)可表示为:

$$x(n) = F^{-1}[X(e^{j\omega})] = \frac{1}{2}\int_{-\pi}^{\pi} X(e^{j\omega})e^{j\omega n}\,d\omega$$

离散时间傅里叶变换有两个重要的特性:

(1) 周期性:离散时间傅里叶变换 $X(e^{j\omega})$是 ω 的周期函数,其周期为 2π。

(2) 对称性:对于实值的 $x(n)$,$X(e^{j\omega})$是共轭对称的。

【例 10-13】 已知序列 $x(n)=\{1,2,\bar{3},4,5,6\}$,求 $x(n)$的离散时间傅里叶变换,在$[0, \pi]$中取 501 个等间隔频点上进行数值计算。

```
>> clear all;
%输入序列 x(n)
n = -2:3;
x = 1:6;
%把[0,pi]分为 501 个点
k = 0:500;
w = (pi/500) * k;
R = k/500;
%进行 DTFT
X = x * (exp( - j * pi/500)).^(n' * k);
magX = abs(X);
angX = angle(X);
realX = real(X);
imagX = imag(X);
subplot(2,2,1);plot(R,magX);
grid on;xlabel('(a)幅度部分');
subplot(2,2,2);plot(R,angX);
grid on;xlabel('(b)相位部分');
subplot(2,2,3);plot(R,realX);
grid on;xlabel('(c)实部');
subplot(2,2,4);plot(R,imagX);
grid on;xlabel('(d)虚部');
```

运行程序,效果如图 10-13 所示。

10.5.2 系统的复频域分析

在进行连续时间系统的复频域分析时,往往利用拉普拉斯变换将时间函数 $f(t)$转换为复变函数 $F(s)$,把时域问题通过数学变换转化为复频域问题,将时域的高阶微分方程

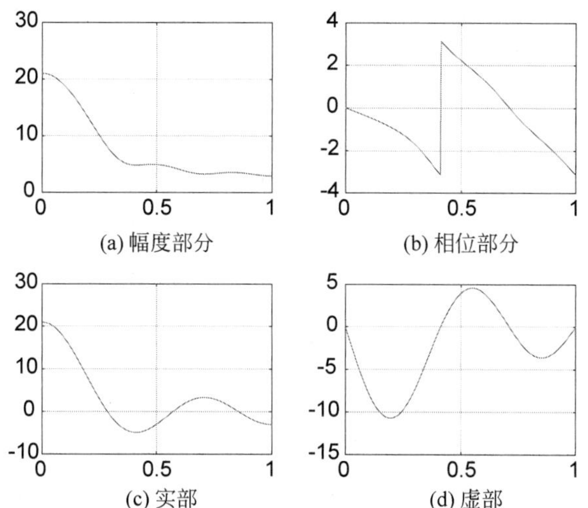

(a) 幅度部分　(b) 相位部分

(c) 实部　(d) 虚部

图 10-13　离散傅里叶变换

转化为复频域的代数方程。

1. 系统函数的定义

连续时间系统的传递函数 $H(s)$的定义为：在零初始条件下，输出量(响应函数)的拉普拉斯变换与输入量(驱动函数)的拉普拉斯变换之比。

连续时间系统可由以下微分方程描述：

$$a_1\frac{\mathrm{d}^n y(t)}{\mathrm{d}t^n}+a_2\frac{\mathrm{d}^{n-1}y(t)}{\mathrm{d}t^{n-1}}+\cdots+a_n\frac{\mathrm{d}y(t)}{\mathrm{d}t}+a_{n+1}y(t)$$

$$=b_1\frac{\mathrm{d}^m u(t)}{\mathrm{d}t^m}+b_2\frac{\mathrm{d}^{m-1}u(t)}{\mathrm{d}t^{m-1}}+\cdots+b_m\frac{\mathrm{d}u(t)}{\mathrm{d}t}+b_{m+1}u(t)$$

在零初始条件下，输入量与输出量的拉普拉斯变换之比，就是这个系统的传递函数：

$$H(s)=\frac{b_1s^m+b_2s^{m-1}+\cdots+b_ms+b_{m+1}}{a_1s^n+a_2s^{n-1}+\cdots+a_ns+a_{n+1}}$$

系统的传递函数与微分方程相比有以下特点。

- 传递函数比微分方程简单，通过拉普拉斯变换，将实数域内复杂的微分运算转化为代数运算。当系统输入典型信号时，其输出与传递函数有一定对应关系，当输入是单位脉冲函数时，输出的象函数与传递函数相同。
- 令传递函数中的 $s=\mathrm{j}\omega$，则系统可在频域内分析。
- 传递函数的零极点分布决定系统的动态性能和稳定性。

为了便于分析传递函数的零极点对系统的影响，传递函数也经常写为零极点的形式：

$$H(s)=K\frac{(s-z_1)(s-z_2)\cdots(s-z_m)}{(s-p_1)(s-p_2)\cdots(s-p_n)}=\frac{K\prod_{i=1}^{m}(s+z_i)}{K\prod_{j=1}^{n}(s+p_j)}$$

式中，K 为系统增益，$-z_i$ 为系统零点，$-p_j$ 为系统极点。

在 MATLAB 中，提供了建立传递函数模型的函数 tf。函数的调用格式为：

sys＝tf(num,den)：生成传递函数模型 sys。

sys＝tf(num,den,'Property1',Value1,…,'PropertyN',ValueN)：生成传递函数模型 sys。模型 sys 的属性和属性值用'Property'和 Value 指定。

sys＝tf('s')：指定传递函数模型以拉普拉斯变换算子 s 为自变量。

tfsys＝tf(sys)：将任意线性定常系统 sys 转换为传递函数模型 tfsys。

建立零极点形式的数学模型的函数为 zpk。函数的调用格式为：

sys＝zpk(z,p,k)：建立连续时间系统的零极点增益模型 sys。z、p、k 分别对应零极点系统中的零点向量、极点向量和增益。

sys＝zpk(z,p,k,'Property1',Value1,…,'PropertyN',ValueN)：建立连续时间系统的零极点增益模型 sys。模型 sys 的属性和属性值用'Property'和 Value 指定。

sys＝zpk('s')：指定零极点增益模型以拉普拉斯变换算子 s 为自变量。

sys＝zpk('z')：指定零极点增益模型以 Z 变换算子为自变量。

zsys＝zpk(sys)：将任意线性定常系统模型 sys 转换为零极点增益模型。

【例 10-14】 用 MATLAB 写出 $H(s)=\dfrac{s+2}{s^2+2s+1}$。

```
>> clear all;
num = [1,2];den = [1,2,1];
sys = tf(num,den)
```

运行程序，输出如下：

```
sys =
          s + 2
   -------------
   s^2 + 2 s + 1
   Continuous - time transfer function.
```

【例 10-15】 有零极点模型 $G(s)=\dfrac{5(s+4)(s+2+2j)(s+2-2j)}{(s+4)(s+2)(s+3)(s+4)}$，利用 MATLAB 输入这个系统模型到工作空间。

```
>> clear all;
P = [ - 1; - 2; - 3; - 4];                 % 应使用列向量，另外注意符号
Z = [ - 4; - 2 + 2i; - 2 - 2i];
G = zpk(Z,P,5)
```

运行程序，输出如下：

```
G =
   5 (s + 4) (s^2 + 4s + 8)
   -----------------------
   (s + 1) (s + 2) (s + 3) (s + 4)
Continuous - time zero/pole/gain model.
```

2. 系统的稳定性

一个连续时间系统正常工作的首要条件,就是它必须是稳定的。所谓稳定,是指如果系统受到瞬时扰动的作用,而使原有输出信号偏离了平衡状态,当瞬间扰动消失后,偏差逐渐衰减,经过足够长的时间,偏差趋近于零,系统恢复到原来的平衡状态,则系统是稳定的。反之,如果偏差随着时间的推移发散,则系统是不稳定的。

连续时间系统的稳定性取决于系统本身固有的特性而与扰动信号无关。系统稳定的充分必要条件是:系统特征方程的根(即系统闭环传递函数的极点)全部为负实数或具有负实数的共轭复数,也就是所有的闭环特征根分布在 S 复平面虚轴的左侧。

在 MATLAB 中,提供了 roots 函数用于求多项式的根。函数的调用格式为:

r=roots(p):其中 p 为多项式,r 为所求的根。

【例 10-16】 用 MATLAB 求取 $H(s)=\frac{s+2}{s^2+2s+1}$ 的特征根,分析系统稳定性。

```
>> clear all;
num = [1,2];den = [1,2,1];
sys = tf(num,den);
r = roots(den)
```

运行程序,输出如下:

```
r =
    -1
    -1
```

由运行结果可见特征根为−1,所以系统是稳定的。

10.6 频谱分析

对于连续非周期信号频谱的数值计算必须首先对信号进行时域采样,得到时间离散化的信号,时域采样必须满足或近似满足采样定理,根据时域频域的对应关系,时域采样将导致得到的采样信号频谱周期化。为了使得周期化后的采样信号频谱便于计算机处理,还必须将这个频谱进行离散化,方法是对该频谱进行采样。根据时域频域的对应关系,频域离散化将对应于时域信号的周期化。因此,对连续非周期信号的频谱数值计算时,要确定怎样截取信号的时间段,怎样选择时域采样率,以及怎样在某时间段上对信号进行截取。截取信号的时间段的长度决定了时域周期化的周期,相应地对应于频域采样的间隔,即频率分辨率。时域采样率决定了频域周期化的周期,即频谱数值计算的范围。而在某时间段上对信号进行截取方法,也即不同窗函数的应用,决定了信号频谱估计的精确度和实用范围。

设连续非周期信号为 $f(t)$,要分析该信号在频率范围$[0,f_m]$的频谱,而要求分析的频率分辨率为 ΔfHz,则依照以下 3 个步骤计算。

1）根据该信号的频率范围确定采样率

要分析该信号在频率范围$[0,f_m]$的频谱，采样率f_s必须满足采样定理：$f_s \geqslant 2f_m$。相应地，采样时间间隔T（也称为时间分辨率）满足$T \leqslant \frac{1}{2f_m}$。

2）根据频率分辨率要求确定分析信号$f(t)$的截取时间段长度

要使得分析的频率分辨率达到Δf，即每隔频率Δf计算一个频率点，那么对信号的截取时间长度L必须满足$L \geqslant \frac{1}{\Delta f}$。

根据截取时间长度L和采样时间间隔T，可以计算出截取时间信号离散化后的点数N，即：

$$N = \left\lfloor \frac{L}{T} \right\rfloor + 1$$

相应地，在频域上，由采样率f_s和频率分辨率Δf也可以计算出截取时间信号离散化后的点数N，即：

$$N = \left\lfloor \frac{L}{T} \right\rfloor + 1 = \left\lfloor \frac{f_s}{\Delta f} \right\rfloor + 1$$

3）根据信号时域波形特征应用不同的窗函数

可以使用不同的窗函数对时间无限长的连续时间信号$f(t)$进行时间段截取。MATLAB信号处理工具箱中，计算窗函数的指令为window。函数的调用格式为：

window：打开一个窗函数的设计图形化界面。

w=window(fhandle,n)：返回由fhandle指定的n点窗的数值。

w=window(fhandle,n,winopt)：参数winopt为相应窗函数的参数选项。

常用窗函数的fhandle参数如表10-1所示。fhandle参数均以@符号开头。另外，MATLAB也提供了以fhandle参数名（去掉@符号）为指令的窗函数，如矩形窗函数可通过命令w=window(@rectwin,n)得到，也可以通过命令w=rectwin(n)得到。

表10-1　常用窗函数的fhandle参数

窗函数名称	fhandle参数	窗函数名称	fhandle参数
修正巴特利特-汉宁窗	@barthannwin	海明窗	@hamming
巴特利特窗	@bartlett	汉宁窗	@hann
布莱克曼窗	@blackman	凯瑟窗	@kaiser
最小4项布莱克曼哈里斯窗	@blackmanharris	Nuttal窗	@nuttallwin
Bohman窗	@bohmanwin	Parzen(de la Valle-Poussin)窗	@parzenwin
切比雪夫窗	@chebwin	矩形窗	@rectwin
平顶加权窗	@flattopwin	三角窗	@triang
高斯窗	@gausswin	图基窗	@tukeywin

各种窗函数的数学定义以及参数选项情况可参见window函数的在线帮助文档。使用函数window打开的窗函数设计图形界面如图10-14所示。

另外，设计完成的窗函数数据可以采用wvtool函数来显示时域波形和频域特性。例

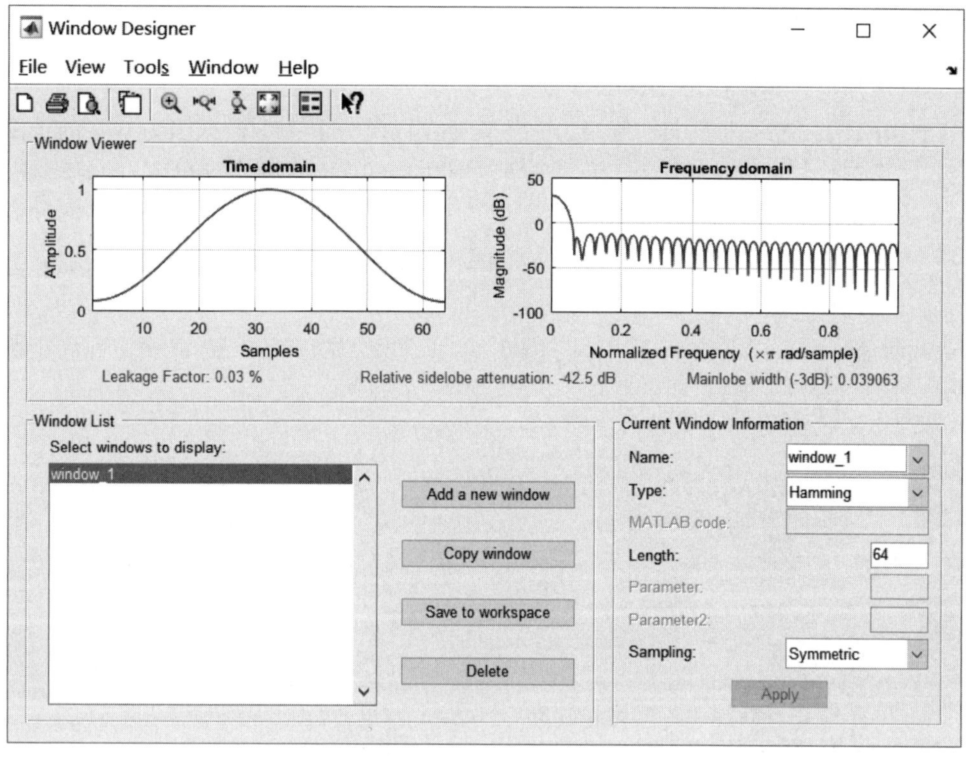

图 10-14　窗函数设计图形界面

如，使用以下代码可以得到 64 点的海明窗、汉宁窗和高斯窗的时域频域特性对比，如图 10-15所示。

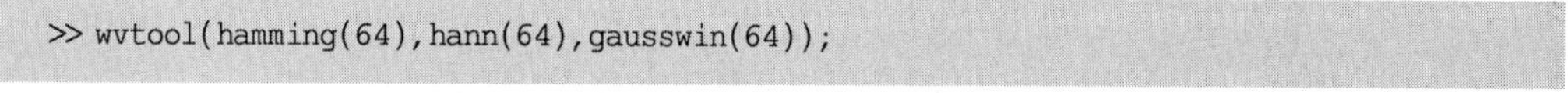

```
>> wvtool(hamming(64),hann(64),gausswin(64));
```

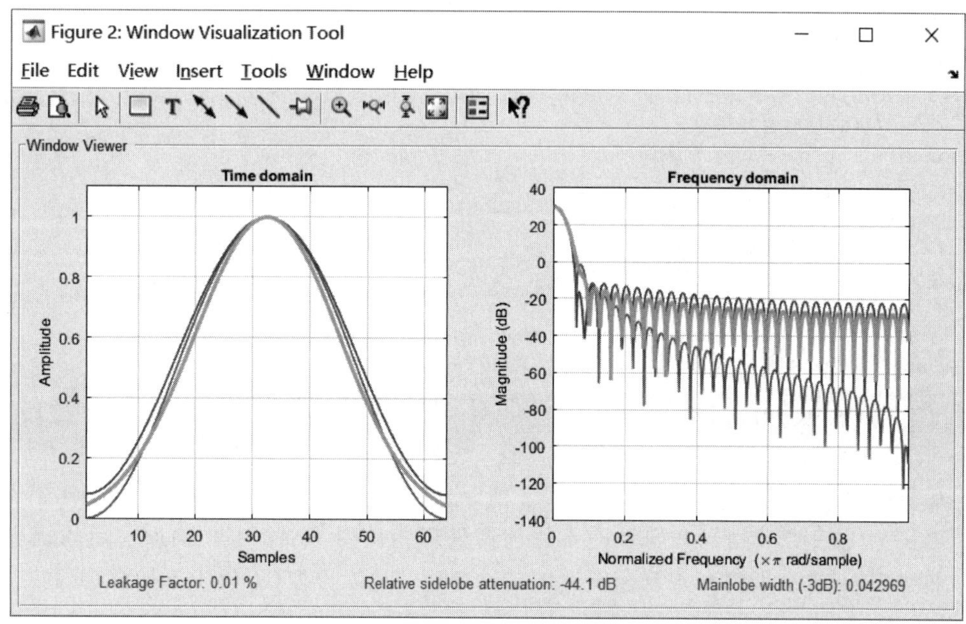

图 10-15　3 种窗函数曲线对比

使用窗函数可以控制频谱主瓣宽度、旁瓣抑制度等参数，更好地进行波形频谱分析和滤波器参数的设计。将窗函数与信号的时域波形或频谱进行相乘的过程，就称为对信号进行时域加窗和频域加窗。

【例 10-17】 对一个 50Hz、振幅为 1 的正弦波以及一个 75Hz、振幅为 0.7 的正弦波的合成波形进行频谱分析，要求分析的频率范围为 0～100Hz，频率分辨率为 1Hz。

解析： 根据分析的频率范围可以确定信号的时域采样率为 $f_s=200\text{Hz}$，时间分辨率为 $T=\frac{1}{f_s}=5\text{ms}$。而根据频率分辨率可以得到信号的时域截断长度为 $L=\frac{1}{\Delta f}=1\text{s}$。因此，对截断信号的采样点数为 $N=\left\lfloor\frac{f_s}{\Delta f}\right\rfloor+1=201$。现分别用矩形窗、海明窗和汉宁窗进行时域加窗，然后观察幅度谱曲线。

```
>> clear all;
fs = 200;                                        %采样率
Delta_f = 1;                                     %频率分辨率
T = 1/fs;                                        %时间分辨率
L = 1/Delta_f;                                   %时域截取长度
N = floor(fs/Delta_f) + 1;                       %计算截断信号的采样点数
t = 0:T:L;                                       %截取时间段和采样时间点
freq = 0:Delta_f:fs;                             %分析的频率范围和频率分辨率
f1 = (sin(2 * pi * 50 * t) + 0.7 * sin(2 * pi * 75 * t))'; %在截取范围内分析信号时域波形
f1_rectwin = rectwin(N). * f1;                   %时域加窗:矩形窗
f1_hamming = hamming(N). * f1;                   %时域加窗:海明窗
f1_hann = hann(N). * f1;                         %时域加窗:汉宁窗
Fw_rectwin = T. * fft(f1_rectwin,N) + eps;       %作N点DFT,乘以采样时间间隔T得到频谱
Fw_hamming = T. * fft(f1_hamming,N) + eps;       %加海明窗的频谱
Fw_hann = T. * fft(f1_hann,N) + eps;             %加汉宁窗的频谱
figure;
subplot(2,2,1);plot(t,f1);xlabel('(a)原始信号');
subplot(2,2,2);plot(t,f1_rectwin);xlabel('(b)矩形窗');
subplot(2,2,3);plot(t,f1_hamming);xlabel('(c)海明窗');
subplot(2,2,4);plot(t,f1_hann);xlabel('(d)汉宁窗');
figure;
subplot(3,1,1);semilogy(freq,abs(Fw_rectwin));
xlabel('(a)矩形窗频谱');
axis([0 200 1e-4 1]);
grid on;
subplot(3,1,2);semilogy(freq,abs(Fw_hamming));
xlabel('(b)海明窗频谱');
axis([0 200 1e-4 1]);
grid on;
subplot(3,1,3);semilogy(freq,abs(Fw_hann));
xlabel('(c)汉宁窗频谱');
axis([0 200 1e-4 1]);
grid on;
```

运行程序，效果如图 10-16 和图 10-17 所示。

事实上，加矩形窗等价于截取时不作加窗处理。从图 10-16 中 3 种加窗后的幅度谱估计曲线来看，加海明窗和加汉宁窗后的估计精度都比矩形窗（等价于不加窗）要高。

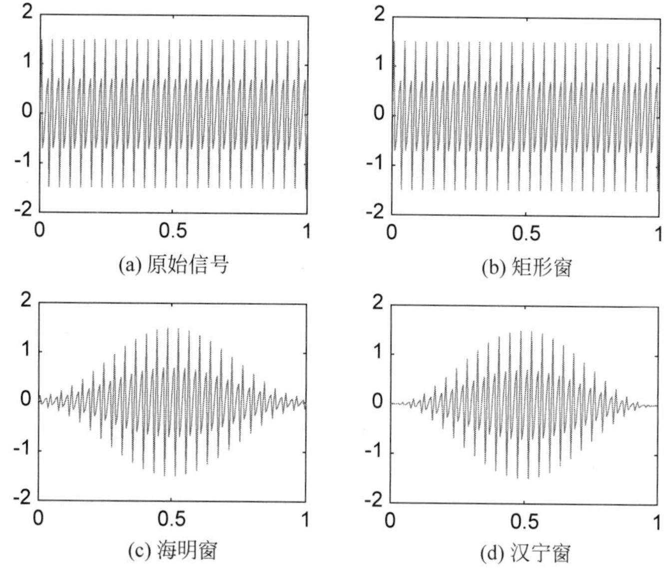

(a) 原始信号　(b) 矩形窗　(c) 海明窗　(d) 汉宁窗

图 10-16　原始信号及加窗后的时域波形图

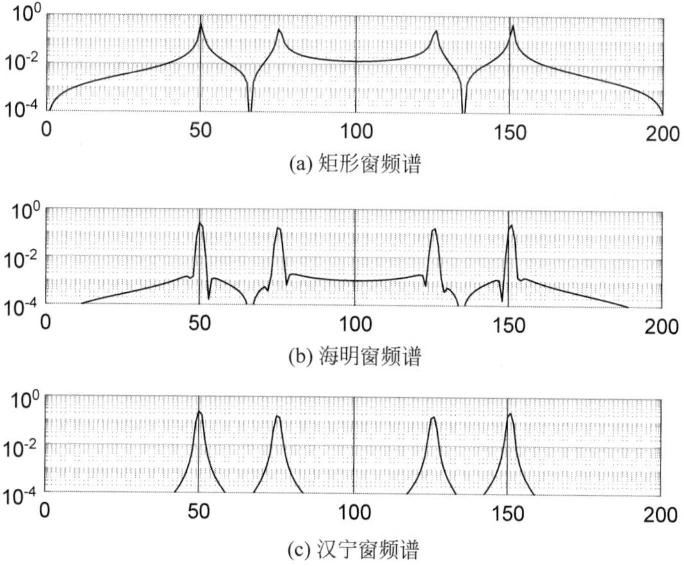

(a) 矩形窗频谱

(b) 海明窗频谱

(c) 汉宁窗频谱

图 10-17　加窗后的信号频域幅度谱图

10.7　谱估计

由于随机信号是一类持续时间无限长、能量无限长的功率信号，不满足傅里叶变换条件，随机信号也不存在解析表达式，因此对于随机信号来说，就不能像确定信号那样进行频谱分析。然而，虽然随机信号的频谱不存在，但其相关函数却是确定的，如果随机信号是平稳的，那么对相关函数的傅里叶变换就是它的功率谱密度函数，简称功率谱。功率谱反映了单位频带内随机信号功率的大小，它是频率的函数，其物理单位是 W/Hz。

10.7.1 直接法

直接法即周期图法，1989 年由舒斯特提出，直接由傅里叶变换得到。将随机信号 $x(n)$的 N 点样本值 $x_N(n)$看作能量有限信号，取其傅里叶变换，得到 $x_N(\mathrm{e}^{\mathrm{j}\omega})$；再取其幅值的平方，并除以 N 作为 $x(n)$的真实功率谱 $P(\mathrm{e}^{\mathrm{j}\omega})$的估计，即：

$$\hat{P}(\mathrm{e}^{\mathrm{j}\omega}) = \frac{1}{N} \mid X_N(\omega) \mid^2$$

在 MATLAB 统计工具箱中，提供了 periodogram 函数用于周期图功率谱估计。函数的调用格式为：

pxx=periodogram(x)：参数 x 为有限长信号，pxx 为返回的周期图功率谱估计。

pxx=periodogram(x,window)：参数 window 为所选择的窗函数，默认为矩形窗。

pxx=periodogram(x,window,nfft)：参数 nfft 为 FFT 点数，默认值为 256。

[pxx,w]=periodogram(…)：返回参数 w 为归一化频率向量。

[pxx,f]=periodogram(…,fs)：参数 fs 为采样率。

[…]=periodogram(x,window,…,freqrange)：参数 freqrange 可以为 twosided 或 onesided。当数据样本为实数时，默认为 onesided；为复数时，默认为 twosided。

[…] = periodogram (x, window, …, spectrumtype)：参数 spectrumtype 为 PSD 估计。

[pxx,f,pxxc]=periodogram(…,'ConfidenceLevel',probability)：返回在 100%置信区间 probability 内的 PSD 估计 pxxc。

【例 10-18】 采用 periodogram 函数计算功率谱。

```
>> clear all;
n = 0:319;
x = cos(pi/4 * n) + randn(size(n));
[pxx,w] = periodogram(x);
plot(w,10 * log10(pxx))
```

运行程序，效果如图 10-18 所示。

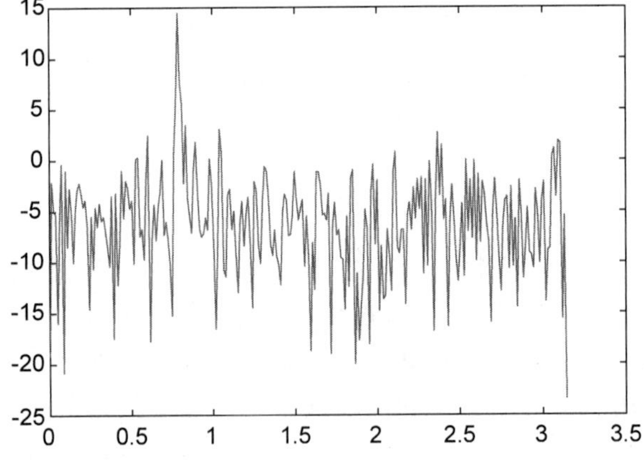

图 10-18 采用 periodogram 函数计算功率谱

10.7.2 间接法

间接法，又称自相关法或 BT 法，1958 年由布莱拉克曼与图基首先提出。间接法的理论基础是维纳-辛钦定理。它是由随机信号的 N 个观察值 $x(0),x(1),\cdots,x(N-1)$，估计出自相关函数 $R_N(m)$，然后再求 $R_N(m)$ 的傅里叶变换作为功率谱的估计，即：

$$\hat{S}(e^{j\omega})=\sum_{m=-M}^{M}R_N(m)e^{-j\omega m},\quad |M|\leqslant N-1$$

【例 10-19】 利用间接法计算带噪声信号的功率谱。

```
>> clear all;
Fs = 2000;
nfft = 1024;
n = 0:1/Fs:1;
x = sin(2 * pi * 100 * n) + 4 * sin(2 * pi * 500 * n) + randn(size(n));  % 噪声序列
Cx = xcorr(x,'unbiased');                                                % 计算序列的自相关函数
Cxk = fft(Cx,nfft);                                                      % 计算 FFT
pxx = abs(Cxk);                                                          % 求解 PSD
t = 0:round(nfft/2 - 1);
k = t * Fs/nfft;                                                         % 横坐标为频率,单位为 Hz
P = 10 * log(pxx(t + 1));                                                % 纵坐标为相对功率谱密
                                                                         % 度,单位为 dB/Hz
plot(k,P);
xlabel('频率(Hz)');ylabel('相对功率谱密度(dB/Hz)')
```

运行程序，效果如图 10-19 所示。

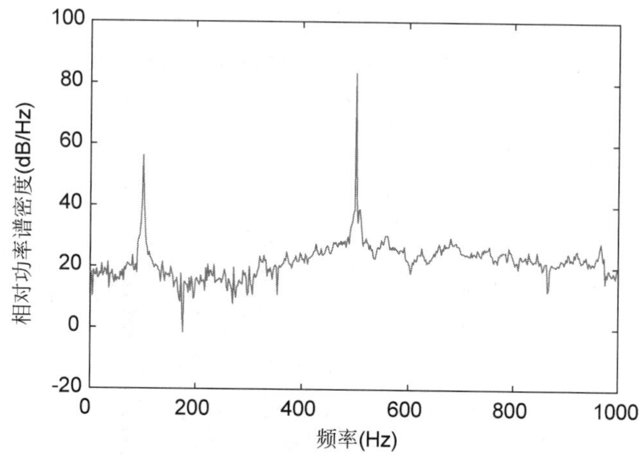

图 10-19　间接法计算带噪声信号的功率谱

10.7.3 周期图法功率谱估计

改进周期图法功率谱估计的另一条思路是对分段的数据使用非矩形窗，在窗的两边渐变为 0，这种方法降低了由于重叠导致的段间统计相关性。另外，非矩形窗也有助于克

服矩形窗的旁瓣效应。这种在分段平均的基础上使用非矩形窗的方法称为 Welch 方法。

由于非矩形窗在边沿趋近于 0,从而减小了分段对重叠的信赖。选择合适的窗函数,采用每段一半的重叠率能大大降低谱估计的方差。在这种方法中,记录数据仍分成 $K=\frac{N}{M}$段,即:

$$x^i(n)=x(n+iM-N),\quad 0\leqslant n\leqslant M-1,\quad 1\leqslant i\leqslant K$$

每段 M 个采样,数据窗 $w(n)$在计算周期图之前就与数据段相乘,于是可定义 K 个修正周期图,即:

$$J_M^i(\omega)=\frac{1}{MU}\left|\sum_{n=0}^{M-1}x^i(n)w(n)\mathrm{e}^{-\mathrm{j}\omega n}\right|^2,\quad i=1,2,\cdots,K$$

U 为窗口序列函数的平均能量,即:

$$U=\frac{1}{M}\sum_{n=0}^{M-1}w^2(n)$$

则定义谱估计为:

$$B_\omega^x(\omega)=\frac{1}{K}\sum_{i=1}^{K}J_M^i(\omega)$$

在 MATLAB 中,提供了 pwelch 函数用于实现 Welch 方法的功率谱估计。其调用格式为:

[Pxx,w]=pwelch(x):该函数用 Welch 方法估计输入信号向量 x 的功率谱密度 Pxx。其向量 x 被分割 8 段,每一段有 50%的重叠,函数将忽略没有包含在 8 段中的剩余的 x 中的数据,并且分割后的每一段都用汉明窗进行加窗,窗函数的长度和每一段的长度一样。当 x 为实数时,产生单边的 PSD;当 x 为复数时,产生双边的 PSD。一般来说,FFT 的长度和输入 x 的值决定了 Pxx 的长度和归一化频率 w 的范围。系统默认 FFT 的长度 N 为 256 和 2 的整数次幂中大于分段长度的最近的数。具体规定为:当输入 x 为实数时,Pxx 的长度为(N/2)+1,对应的归一化频率为[0, π];当输入 x 为复数时,Pxx 的长度为 N,对应的归一化频率为[0,π)。

[Pxx,w]=pwelch(x,window):如果设定 window 为一个正整数,那么这个数代表汉明窗的长度;如果设定 window 为一个向量,那么这个向量代表窗函数的权系数。在这种调用格式中,输入向量 x 被分割成每段重叠 50%的整数段,每段的长度和窗函数的长度相同,没有包含在任何一段中剩余的 x 中的数据将被忽略。如果指定 window 为一个空向量,则信号数据被分割成 8 段,并在每一段上加汉明窗。

[Pxx,w]=pwelch(x,window,noverlap):指定 x 分割后每一段的长度为 window,noverlap 指定每段重叠的信号点数,noverlap 必须小于被确定的窗口长度,在默认情况下,x 被分割后的每段有 50%重叠。

[Pxx,w]=pwelch(x,window,noverlap,nfft,w):整数 nfft 指定 FFT 的长度,如果 nfft 指定为一个空向量,则 nfft 取前面调用格式中的 N。nfft 和 x 决定了 Pxx 的长度和 w 的频率范围,具体规定为:当输入 x 为实数、nfft 为偶数时,Pxx 的长度为(nfft/2+1),w 的范围为[0, π];当输入 x 为实数、nfft 为奇数时,Pxx 的长度为(nfft+1)/2,w 的范围为[0,π);当输入 x 为复数时、nfft 为偶数或奇数时,Pxx 的长度为 nfft,w 的范围为[0, 2π]。

[Pxx,f]=pwelch(x,window,noverlap,nfft,fs)：整数 fs 为采样频率，如果定义 fs 为空向量，则采样频率默认为 1Hz。x 决定 Pxx 的长度和 nfft 的频率范围，具体规定为：当输入 x 为实数、nfft 为偶数时，Pxx 的长度为(nfft/2+1)，nfft 的范围为[0,fs/2]；当输入 x 为实数、nfft 为奇数时，Pxx 的长度为(nfft+1)/2，nfft 的范围为[0,fs/2)；当输入 x 为复数、nfft 为偶数或奇数时，Pxx 的长度为 nfft，nfft 的范围为[0,fs)。

[…]=pwelch(x,window,noverlap,…,'range')：当 x 为实数时，这种调用格式非常有用，它确定 f 或 w 的频率取值范围。字符串 range 取 twosided 时，即用于计算双边 PSD；当 range 取 onesided 时，即用于计算单边 PSD。

pwelch(x,…)：在当前 Figure 窗口中绘制出功率谱密度曲线，单位为 dB/Hz。

【例 10-20】 利用 pwelch 函数进行 Welch 法功率谱估计。

```
>> clear all;
t = 0:0.001:1 - 0.001;
fs = 1000;
x = cos(2 * pi * 100 * t) + sin(2 * pi * 150 * t) + randn(size(t));    % 原始信号
L = 200;
noverlap = 100;
[pxx,f,pxxc] = pwelch(x,hamming(L),noverlap,200,fs,...              % Welch 法功率谱估计
    'ConfidenceLevel',0.95);
plot(f,10 * log10(pxx));
hold on;
plot(f,10 * log10(pxxc),'r-- ','linewidth',2);
axis([25 250 min(min(10 * log10(pxxc))) max(max(10 * log10(pxxc)))]);
xlabel('Hz'); ylabel('dB');
title('在置信区间 95 % 的 Welch 法功率谱估计');
```

运行程序，效果如图 10-20 所示。

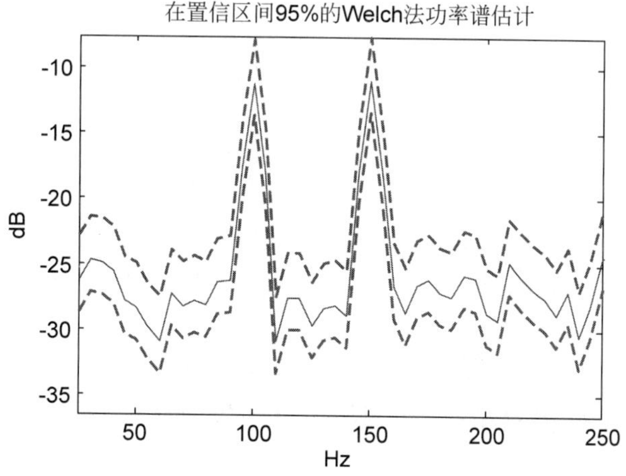

图 10-20 Welch 法功率谱估计

10.7.4 AR模型功率谱估计

传统的功率谱估计方法是利用加窗的数据或加窗的相关函数估计值的傅里叶变换来计算的，具有一定的优势，如计算效率高、估计值正比于正弦信号的功率等。但是同时也存在许多缺点，主要缺点就是方差性能较差、谱分辨率低。而参数模型法可以大大提高功率谱估计的分辨率，在语音分析、数据压缩、通信等领域有着广泛的应用。

按照模型化进行功率谱估计，其主要思路如下：

(1) 选择模型。

(2) 从给出的数据样本估计假设模型的参数。

(3) 将估计出的模型参数代入模型的理论功率谱密度公式，得出一个较好的谱估计值。

下面就对AR模型进行说明。

假设产生随机序列 $x(n)$ 的系统模型为一个线性差分方程，即：

$$x(n)=\sum_{i=0}^{q}b_i w(n-i)-\sum_{j=0}^{q}a_j x(n-j) \tag{10-1}$$

式中，$w(n)$ 表示白噪声序列，对式(10-1)进行Z变换，可得：

$$\sum_{j=0}^{q}a_j X(z)z^{-j}=\sum_{i=0}^{q}b_i W(z)z^{-i}$$

所以，系统的传递函数为：

$$H(z)=\frac{X(z)}{W(z)}=\frac{B(z)}{A(z)}$$

式中：

$$A(z)=\sum_{j=0}^{q}a_j z^{-j},\quad B(z)=\sum_{i=0}^{q}b_i z^{-i}$$

假定输入白噪声功率谱密度为 $P_w(z)=\sigma_w^2$，那么输出功率谱密度为：

$$P_x(z)=\sigma_w^2\frac{B(z)B(z^{-1})}{A(z)A(z^{-1})}$$

又根据 $z=\mathrm{e}^{\mathrm{j}\omega}$，所以得：

$$P_w(z)=\sigma_w^2\left|\frac{B(\mathrm{e}^{\mathrm{j}\omega})}{A(\mathrm{e}^{\mathrm{j}\omega})}\right|^2$$

这样，当确定了系数 a_j、b_i 和 σ_w^2 后，就可以求解得到随机信号的功率谱密度 $P_x(\omega)$，通过式(10-1)可知，当 $i>0$、$b_i=0$ 时，系统的差分方程可变为：

$$x(n)=-\sum_{j=1}^{q}a_j x(n-j)+w(n) \tag{10-2}$$

式(10-2)即为自回归模型，简称AR(Auto-Regressive)模型，再对该式进行Z变换，得：

$$H(z)=\frac{X(z)}{W(z)}=\frac{1}{A(z)}=\frac{1}{1+\sum_{j=1}^{q}a_j z^{-j}}$$

所以，AR 模型又称全极点模型。AR 模型的输出功率谱为：

$$P_x(\omega)=\frac{\sigma_w^2}{|A(\mathrm{e}^{\mathrm{j}\omega})|^2}=\frac{\sigma_w^2}{1+\left|\sum_{k=1}^{q}a_k\mathrm{e}^{-\mathrm{j}\omega k}\right|^2}$$

显然，计算 σ_w^2 和 a_k 后，就可以求解得到随机信号的功率谱密度 $P_x(\omega)$。同样，根据系数实际情况的不同，还可以得到 MA(Moving Average)模型和 ARMA 模型。

下面介绍 AR 模型的几种谱估计方法。

1. Yule-Walker AR 法估计

通过模型分析法来进行功率谱估计，关键是要解决模型的参数估计问题。Yule-Walker 法，又称自相关法，其核心是从随机信号序列的自相关序列中计算出指定阶数的 AR 模型的参数，以得到该随机信号序列的功率谱估计。Yule-Walker AR 法估计通过如下的方程求解获得。Yule-Walker AR 方程求解可以用递推算法 Levinson-Durbin 实现。

$$\begin{bmatrix} r(1) & r^*(2) & \cdots & r^*(n) \\ r(2) & r(1) & \cdots & r^*(n-1) \\ \vdots & \vdots & \ddots & \vdots \\ r(n) & r(n-1) & \cdots & r(1) \end{bmatrix}\begin{bmatrix} a(2) \\ a(3) \\ \vdots \\ a(n+1) \end{bmatrix}=\begin{bmatrix} -r(2) \\ -r(3) \\ \vdots \\ -r(n+1) \end{bmatrix}$$

式中，$a(2),a(3),\cdots,a(n+1)$是自回归系数，$r(1),r(2),\cdots,r(n+1)$为相关系数。

Yule-Walker AR 法 PSD 估计的公式为：

$$\hat{P}_{\text{Yulear}}=\frac{1}{|a^{\mathrm{H}}e(f)|^2}$$

式中，$e(f)$为复数正弦曲线。

在 MATLAB 中，提供了 pyulear 函数用来实现 Yule-Walker AR 法的功率谱估计。函数的调用格式为：

Pxx=pyulear(x,order)：用 Yule-Walker AR 法对离散时间信号 x 进行功率谱估计。输入参数 order 为 AR 模型的阶数。如果 x 为实信号，则返回结果为单边功率谱；如果 x 为复信号，则返回结果为双边功率谱。

Pxx=pyulear(x,order,nfft)：参数 nfft 用来指定 FFT 运算所采用的点数，默认值为 256。如果 x 为实信号，nfft 为偶数，则 pxx 的长度为(nfft/2+1)；如果 x 为实信号，nfft 为奇数，则 pxx 的长度为(nfft+1)/2；如果 x 为复信号，则 pxx 的长度为 nfft。

[Pxx,w]=pyulear(…)：同时返回和估计 PSD 的位置一一对应的归一化角频率，单位为 rad/sample。如果 x 为实信号，则 w 的范围为[0,pi]；如果 x 为复信号，则 w 的范围为[0,2 * pi]。

[Pxx,f]=pyulear(x,order,f,fs)：同时返回和估计 PSD 的位置一一对应的线性频率 f，单位为 Hz。参数 fs 为采样频率，单位为 Hz。当 fs 为空矩阵[]，则使用默认值 1Hz。如果 x 为实信号，则 f 的范围为[0,fs/2]；如果 x 为复信号，则 f 的范围为[0,fs]。

[Pxx,f]=pyulear(x,order,nfft,fs,freqrange)：字符串 freqrange 可取 twosided 或 onesided。twosided 计算双边 PSD；onesided 计算单边 PSD。

pyulear(…)：在当前图形窗口中绘制出 PSD 估计结果图，坐标分别为相对功率谱密度(dB/Hz)和归一化频率。

【例 10-21】 利用 Yule-Walker AR 法进行 PSD 估计。

```
>> clear all;
A = [1 -2.7607 3.8106 -2.6535 0.9238];
[H,F] = freqz(1,A,[],1);
plot(F,20*log10(abs(H)))
xlabel('频率 (Hz)')
ylabel('功率谱 (dB/Hz)')
rng default
x = randn(1000,1);
y = filter(1,A,x);
[Pxx,F] = pyulear(y,4,1024,1);        % Yule-Walker 功率谱估计
hold on
plot(F,10*log10(Pxx))
legend('真功率谱密度','Yule-Walker AR 功率谱密度')
grid on;
```

运行程序,效果如图 10-21 所示。

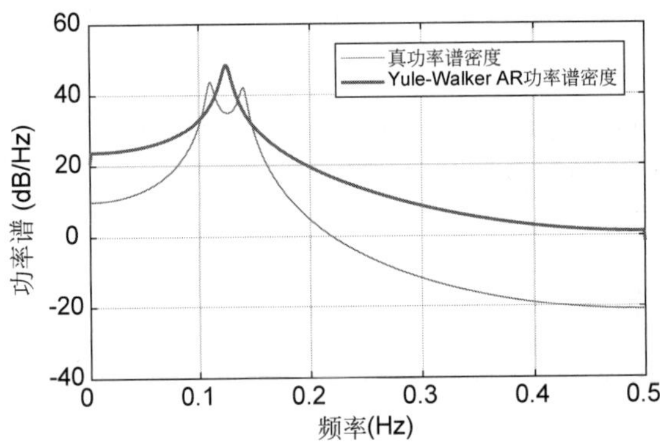

图 10-21　Yule-Walker AR 法 PSD 估计

2. Burg 法估计

Burg 法是一种在 Levison-Durbin 递归约束的前提下,使前向和后向预测误差能量之和为最小的自回归功率谱估计的方法。Burg 方法避开了自相关函数的计算,它能够在低噪声的信号中分辨出非常接近的正弦信号,并且可以用较少的数据记录来进行估计,估计的结果非常接近真实值。而且,用 Burg 法得到的预测误差滤波器是最小相位的。但是,当用 Burg 法处理高阶模型、长数据记录时,结果的精度不是很高,并且有可能会出现谱线偏移和谱线分裂现象。

假定线性预测 AR 模型的前向预测误差和后向预测误差为 $f_p(n)$和 $b_p(n)$:

$$\begin{cases} f_p(n) = x(n) + a_{p1}x(n-1) + \cdots + a_{pp}(n-p) \\ b_p(n) = x(n-p) + a_{p1}x(n-p+1) + \cdots + a_{pp}x(n) \end{cases}$$

前后预测误差的功率之和为:

$$P_{fb}=\frac{1}{2}[P_f+P_b]=\frac{1}{N-p}\sum_{n=p}^{N-1}|f_p(n)|^2+\frac{1}{N-p}\sum_{n=p}^{N-1}|b_p(n)|^2$$

$f_p(n)$和$b_p(n)$存在下面的递推关系，即：

$$\begin{cases}f_s(n)=f_{s-1}(n)+h_s b_{s-1}(n-1)\\ b_s(n)=b_{s-1}(n)+h_s f_{s-1}(n-1)\end{cases}$$

式中，s为阶次，$s=1,2,\cdots,p$；h_s为反射系数，且有$h_s=a_{ss}$。而且：

$$f_0(n)=b_0(n)=x(n)$$

根据Burg法，使得前向和后向预测误差能量之和相对于反射系数为最小，可求得h_s的估计公式：

$$\hat{h}_s=\frac{-2\sum_{n=s}^{N-1}f_{s-1}(n)b_{s-1}(n-1)}{\sum_{n=s}^{N-1}|f_s(n)|^2+\sum_{n=s}^{N-1}|b_{s-1}(n-1)|^2}$$

然后，便可以由Levinson-Durbin递推算法求出s阶次的AR模型的参数：

$$\begin{cases}a_{s,i}=a_{s-1,i}+\hat{h}_s a_{s-1,s-i}\\ a_{ss}=\hat{h}_s\\ \sigma_s^2=(1-|h_s|^2)\sigma_{s-1}^2,\quad \sigma_0^2=\hat{R}_x(0)=\frac{1}{N}\sum_{n=0}^{N-1}|x(n)|^2\end{cases}$$

在MATLAB信号处理工具箱中，函数arburg用上述的Burg算法计算AR模型的参数，而函数pburg用来实现Burg AR法的功率谱估计。

1）arburg函数

ar_coeffs=arburg(data,order)：返回利用Burg算法计算得到AR模型的参数；输入参数order为AR模型的阶数。

[ar_coeffs,NoiseVariance]=arburg(data,order)：当输入信号为白噪声时，同时返回最后的预测误差NoiseVariance。

[ar_coeffs,NoiseVariance,reflect_coeffs]= arburg(data,order)：同时返回反射系数reflect_coeffs。

【例10-22】 利用arburg函数估计AR模型系数。

```
>> clear all;
A = [1 -2.7607 3.8106 -2.6535 0.9238];
rng default;
noise_stdz = rand(50,1) + 0.5;                    %含有噪声的信号
for j = 1:50
y = filter(1,A,noise_stdz(j) * randn(1024,1));
[ar_coeffs,NoiseVariance(j)] = arburg(y,4);       %估计AR模型的参数
end
%比较实际与预计的差异
plot(noise_stdz.^2,NoiseVariance,'m*');
xlabel('输入噪声方差');
ylabel('估计噪声方差');
grid on;
```

运行程序,效果如图 10-22 所示。

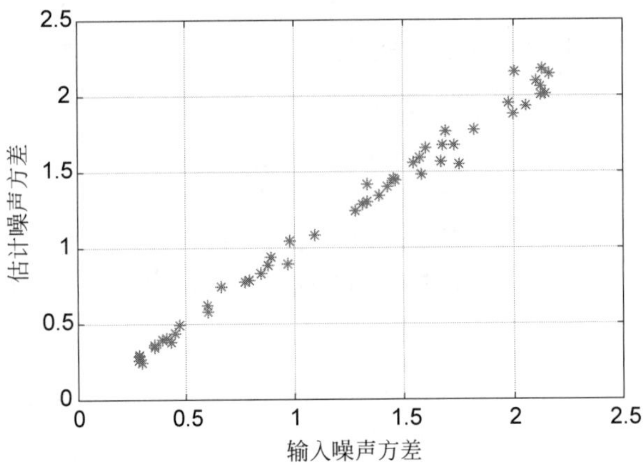

图 10-22　AR 模型系数图

2）pburg 函数

Burg 法估计功率谱又称为最大熵谱估计。函数 pburg 采用 Burg 法估计 AR 模型的功率谱。函数的调用格式为：

[Pxx,f]=pburg(x,order,nfft,fs,freqrange)：x 为输入数据；order 为 AR 模型的阶数；nfft 为 FFT 点数；freqrange 为 onesided 或 twosided；返回参数 f 为单位频率。

[Pxx,w]=pburg(x,order,nfft,freqrange)：返回参数 w 为单位弧度。

【例 10-23】 用 Burg 法对带噪的信号进行功率谱估计。

```
>> clear all;
A = [1 -2.7607 3.8106 -2.6535 0.9238];
[H,F] = freqz(1,A,[],1);
plot(F,20 * log10(abs(H)));
xlabel('频率(Hz)');
ylabel('功率谱(dB/Hz)');
rng default
x = randn(1000,1);
y = filter(1,A,x);
[Pxx,F] = pburg(y,4,1024,1);
hold on; grid on;
plot(F,10 * log10(Pxx));
legend('真功率谱密度','pburg 功率谱');
```

运行程序,效果如图 10-23 所示。

10.7.5　现代谱估计的非参数法

在功率谱的现代谱估计法中,除了前面所讲的参数模型功率谱估计外,还有一类方法,这就是现代谱估计法中的非参数法。非参数功率谱估计法主要有 3 种类型：Multitaper 法、Multiple Signal Classification 法和特征向量法。

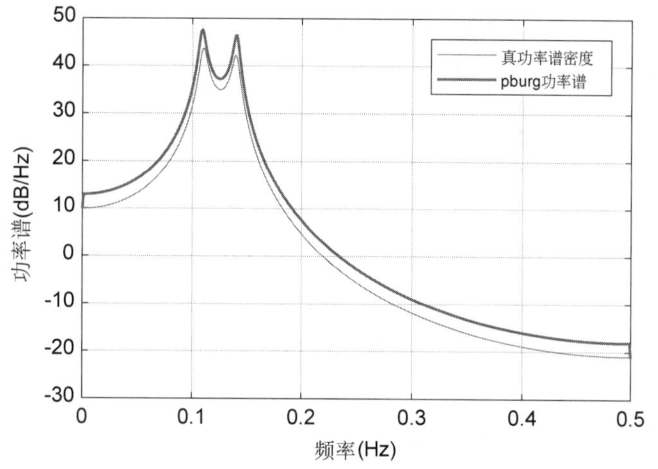

图 10-23　Burg 法 PSD 估计

1. Multitaper 法

Multitaper(MTM)法使用正交的窗口来截取获得相互独立的功率谱估计，然后再把这些估计结果结合得到最终的估计。MTM 法最重要的参数是时间与带宽的乘积——NW。此参数直接影响到谱估计的窗的个数，其中窗的个数为 2＊NWP－1 个。因此，随着 NW 的增大，窗的个数增多，会有更多的谱估计，从而谱估计的方差得到减小。但是，同时会带来谱泄漏的增大，而且正的谱估计的结果将会有更大的偏差。因此，在使用本方法估计功率谱的时候，就存在一个 NW 的选择问题，应尽量保证在偏差和方差之间取得最大的平衡。

MTM 估计法显示了更多的自由度，并且比较容易给出估计期望值偏差与方差间权衡的定量算法。而且在 MTM 法中，增加的窗可用于复原一些丢失的信息。

在 MATLAB 信号处理工具箱中，提供了 pmtm 函数实现 Multitaper 法的功率谱估计。函数的调用格式为：

pxx＝pmtm(x)：用 Multitaper 法对离散时间信号 x 进行功率谱估计。如果 x 为实信号，则返回结果为单边功率谱；如果 x 为复信号，则返回结果为双边功率谱。

pxx＝pmtm(x,nw)：参数 nw 为时间与带宽的乘积，用来指定进行谱估计使用的窗的个数——2＊nw－1 个。nw 的取值为{2,5/2,3,7/2,4}，默认值为 4。

pxx＝pmtm(x,nw,nfft)：参数 nfft 用来指定 FFT 运算所采用的点数，默认值为 256。如果 x 为实信号，nfft 为偶数，则 pxx 的长度为(nfft/2＋1)；如果 x 为实信号，nfft 为奇数，则 pxx 的长度为(nfft＋1)/2；如果 x 为复信号，则 pxx 的长度为 nfft。

[pxx,w]＝pmtm(…)：输出参数 w 为与估计 PSD 的位置一一对应的归一化角频率，单位为 rad/sample。如果 x 为实信号，则 w 的范围为[0,pi]；如果 x 为复信号，则 w 的范围为[0,2＊pi]。

[pxx,f]＝pmtm(…,fs)：同时返回与估计 PSD 的位置一一对应的线性频率 f，单位为 Hz。参数 fs 为采样频率，单位为 Hz。当 fs 为空矩阵[]，则使用默认值 1Hz。如果 x 为实信号，则 f 的范围为[0,fs/2]；如果 x 为复信号，则 f 的范围为[0,fs]。

[…]=pmtm(…,method)：参数 method 用于指定把单独的谱估计值结合起来的算法，其取值有：

- adapt：Thomson 自适应非线性组合算法，为默认值。
- unity：相同加权的线性组合。
- eigen：特征值加权的线性组合。

[…]=pmtm(x,dpss_params)：使用单元矩阵参数 dpss_params 来计算数据，其中单元矩阵中的变量是按一定顺序排列的。

[…] = pmtm（…，freqrange）：字符串 freqrange 可取 twosided 或 onesided。twosided 计算双边 PSD；onesided 计算单边 PSD。

[pxx,f,pxxc]=pmtm(…,'ConfidenceLevel',probability)：返回的 probability×100%置信区间功率谱估计 pxxc。

pmtm(…)：在当前图形窗口中绘制出 PSD 估计结果图，坐标分别为相对功率谱密度(dB/Hz)和归一化频率。

【例 10-24】 用 Multitaper 法进行 PSD 估计，并比较 NW 取不同数值时的估计结果。

```
>> clear all;
nfft = 1024;
fs = 1000;
t = 0:1/fs:1;
x = sin(2 * pi * 200 * t) + randn(size(t));
[p1,f] = pmtm(x,2,nfft,fs);
[p2,f] = pmtm(x,4,nfft,fs);
[p3,f] = pmtm(x,10,nfft,fs);
pxx1 = 10 * log10(p1);
pxx2 = 10 * log10(p2);
pxx3 = 10 * log10(p3);
subplot(3,1,1);plot(f,pxx1);
xlabel('NW = 2');
subplot(3,1,2);plot(f,pxx2);
xlabel('NW = 4');
subplot(3,1,3);plot(f,pxx3);
xlabel('NW = 10');
```

运行程序，效果如图 10-24 所示。

2. MUSIC 法

由 $P(\omega)=\dfrac{1}{a^{\mathrm{T}}(\omega)GG^{\mathrm{T}}\alpha(\omega)}$定义的函数 $P(\omega)$描述了空间参数(即波达方向)的分布，故称为空间谱。由于它能对多个空间信号进行识别，所以此方法也称为多信号分类法(Multiple Signal Classfication，MUSIC 法)。MATLAB 信号处理工具箱提供函数 pmusic 来实现 MUSIC 法。将数据自相关矩阵看成由信号自相关矩阵和噪声自相关矩阵两部分组成，即数据自相关矩阵 R 包含有两个子空间信息：信号子空间和噪声子空间。这样，矩阵特征值向量也可分为两个子空间：信号子空间和噪声子空间。为了求得

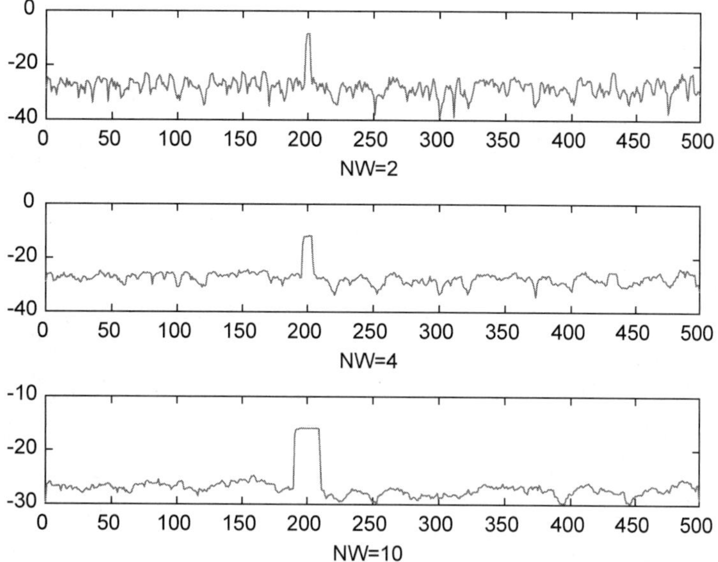

图 10-24 Multitaper 法实现不同 NW 取值的 PSD 估计

功率谱估计，函数 pmusic 计算信号子空间和噪声子空间的特征值向量函数，使得在周期信号频率处函数值最大，功率谱估计出现峰值，而在其他频率处函数最小。函数的调用格式为：

[S,w]=pmusic(x,p)：用 MUSIC 法对离散时间信号 x 进行功率谱估计。参数 p 为信号 x 中包含的复数正弦信号的个数。如果 x 为一个数据矩阵，则对矩阵的每一列都进行功率谱估计。输出参数 w 为和估计 PSD 的位置一一对应的归一化角频率，单位为 rad/sample。如果 x 为实信号，则 w 的范围为[0,pi]；如果 x 为复信号，则 w 的范围为[0,2*pi]。[S,w]=pmusic(…,nfft)：参数 nfft 用来指定 FFT 运算所采用的点数，默认值为 256。如果 x 为实信号，nfft 为偶数，则 S 的长度为(nfft/2+1)；如果 x 为实信号，nfft 为奇数，则 S 的长度为(nfft+1)/2；如果 x 为复信号，则 S 的长度为 nfft。

[S,f]=pmusic(x,p,nfft,fs)：同时返回和估计 PSD 的位置一一对应的线性频率 f，单位为 Hz。参数 fs 为采样频率，单位为 Hz。当 fs 为空矩阵[]，则使用默认值 1Hz。如果 x 为实信号，则 f 的范围为[0,fs/2]；如果 x 为复信号，则 f 的范围为[0,fs]。

[S,f]=pmusic(x,p,nfft,fs,'corr')：同时用输入参数指定自相关矩阵。如果输入参数 p 为一个二维向量，那么 p(2)为噪声的子空间。对于实信号而言，默认情况下，pmusic 返回功率谱估计的一半的值；而对于复信号，返回全部的功率谱估计值。

[S,f]=pmusic(x,p,nfft,fs,nwin,noverlap)：将向量 x 分成长度为 nwin 的各段，每段之间有 noverlap 个部分样本重叠，然后以各段为列组成矩阵，最后进行功率谱估计。参数 nwin 的默认值为 2*p，参数 noverlap 的默认值为 nwin-1。

[…] = pmusic(…, freqrange)：字符串 freqrange 可取 twosided 或 onesided。twosided 计算双边 PSD；onesided 计算单边 PSD。

[…,v,e]=pmusic(…)：输出参数 v 为矩阵，是与噪声子空间一一对应的特征值所组成的向量；而输出参数 e 是相关矩阵的特征值向量。

pmusic(…)：在当前图形窗口中绘制出 PSD 估计结果图，坐标分别为相对功率谱密度(dB/Hz)和归一化频率。

【例 10-25】 构造包含周期信号的随机序列，选取特征向量个数，使用 MUSIC 法估计功率谱，并比较不同参数对估计结果的影响。

```
>> clear all;
% 构造随机序列
fs = 1000;
t = 0:1/fs:1;
xn = cos(2 * pi * 75 * t) + 2 * sin(2 * pi * 150 * t) + randn(size(t));
p1 = 3;                         % 选取 p = 3
[S1,f1] = pmusic(xn,p1,[],fs);
p2 = 6;                         % 选取 p2 = 6
[S2,f2] = pmusic(xn,p2,[],fs);
p3 = 12;                        % 选取 p3 = 12
[S3,f3] = pmusic(xn,p3,[],fs);
% 比较不同参数的影响
subplot(311);plot(f1,20 * log10(S1));
ylabel('功率/dB,p = 3');
subplot(312);plot(f1,20 * log10(S2));
ylabel('功率/dB,p = 6');
subplot(313);plot(f1,20 * log10(S3));
ylabel('功率/dB,p = 12');
xlabel('随机序列')
```

运行程序，效果如图 10-25 所示。

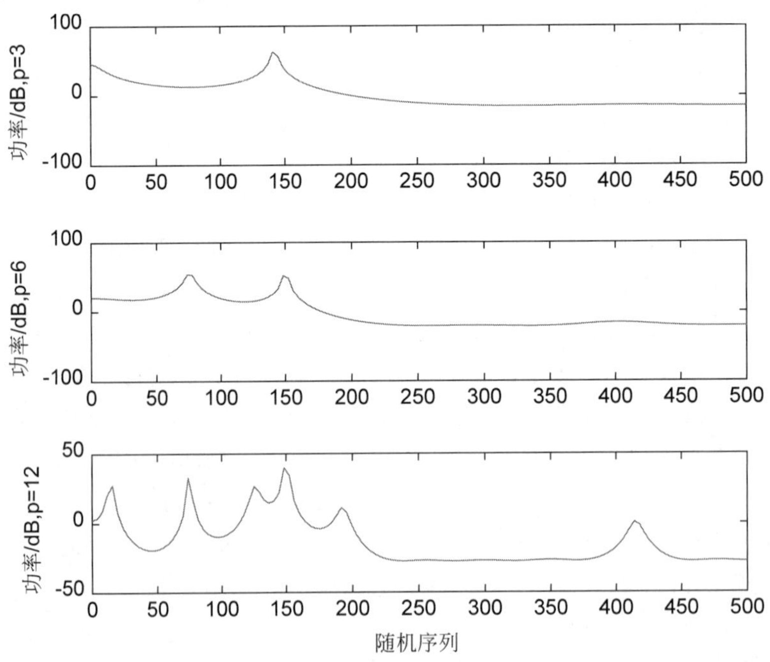

图 10-25　不同参数的 MUSIC 法谱估计

3. 特征向量(AV)法

定义信号向量 $e_i=[1,\exp(j\omega_i),\cdots,\exp(j\omega_i p)]^T, i=1,2,\cdots,M$,则:

$$R_{p+1}=\sum_{i=1}^{M}A_i e_i e_i^T+\sigma^2 I_{p+1}$$

令 $S_{p+1}=\sum_{i=1}^{M}A_i e_i e_i^T$,将 S_{p+1} 作特征分解,得:

$$S_{p+1}=\sum_{i=1}^{p+1}\lambda_i V_i V_i^T$$

V_i 是对应于特征值 λ_i 的特征向量,且它们之间是相互正交的,即:

$$V_i V_i^T=\begin{cases}1, & i=j\\ 0, & i\neq j\end{cases}\quad i,j=1,2,\cdots,M$$

单位矩阵 I_{p+1} 也可用特征向量 V_i 表示为:

$$I_{p+1}=\sum_{i=1}^{p+1}V_i V_i^T$$

S_{p+1} 的特征分解可写为:

$$S_{p+1}=\sum_{i=1}^{M}\lambda_i V_i V_i^T$$

其中,$V_1,V_2,\cdots,V_M$ 称为主特征向量。

由上面的分析,得到:

$$R_{p+1}=\sum_{i=1}^{M}(\lambda_i+\sigma^2)V_i V_i^T+\sum_{i=M+1}^{p+1}\sigma^2 V_i V_i^T$$

此式即为相关矩阵的特征分解。显然,R_{p+1} 和信号矩阵 S_{p+1} 有着相同的特征向量。它们的所有特征向量 $V_1,V_2,\cdots,V_{p+1}$ 形成了一个 $(p+1)$ 维的向量空间,且它们是相互正交的。进一步,该向量空间又可分成两个子空间,一个是由特征向量 $V_{M+1},V_{M+2},\cdots,V_{p+1}$ 形成的噪声空间,每个向量的特征值都是 σ^2;另一个是由主特征向量 $V_1,V_2,\cdots,V_M$ 形成的信号空间,其特征值分别是 $(\lambda_1+\sigma^2),(\lambda_2+\sigma^2),\cdots,(\lambda_M+\sigma^2)$,$\sigma^2$ 在此反映了噪声对信号空间的影响。

当 $\omega=\omega_i$ 时,有:

$$\hat{P}_x(\omega)=\frac{1}{\sum_{i=M+1}^{p+1}a_k\left|e^T(\omega)V_k\right|^2}$$

在 $\omega=\omega_i$ 处,应是无穷大,但由于 V_k 是由相关矩阵分解而得,而相关矩阵是估计出的,因此必有误差,所以 $\hat{P}_x(\omega_i)$ 为有限值,但其出现峰值,其峰值对应的频率即是正弦信号的频率,由此也可得到序列的功率谱估计。

在 MATLAB 中,提供了 peig 函数用于实现特征向量法求功率谱估计。函数的调用格式为:

[S,w]=peig(x,p):返回值 S 为伪功率谱估计值,w 为单位弧度,输入参数 x 为输入信号,p 为信号子空间中特征向量的个数。

[S,w]=peig(x,p,w):输入参数 w 为归一化频率。

[S,w]=peig(…,nfft):参数 nfft 为 FFT 点数,默认值为 256。

[S,f]=peig(x,p,nfft,fs)：fs 为提供的采样频率。

[S,f]=peig(x,p,f,fs)：返回参数为单位频率。

[S,f]=peig(x,p,nfft,fs,nwin,noverlap)：参数 nwin 用于指定矩形窗的宽度，noverlap 为重叠部分。

[…]=peig(…,freqrange)：参数 freqrange 为 onesided 或 twosided。

[…,v,e]=peig(…)：同时返回噪声特征向量 v 以及与本特征相关的向量 e。

【例 10-26】 设序列 x 由两个正弦信号组成，其频率分别为 f1=200Hz，f2=202Hz，采样频率为 Fs=1000Hz，并含有一定的白噪声。通过 peig 函数和 pmusic 函数进行谱估计。

```
>> clear all;
Fs = 1000;                          % 频率
t = 0:1/Fs:1 - 1/Fs;                % 时间序列
x = 5 * cos(2 * pi * 200 * t) + 5 * cos(2 * pi * 202 * t) + randn(1,length(t));
NFFT = 1024;
p = 40;
pxx = pmusic(x,p,NFFT,Fs);     % MUSIC 法估计
k = 0:floor(NFFT/2 - 1);
figure;
subplot(2,1,1);plot(k * Fs/NFFT,10 * log10(pxx(k + 1)));
xlabel('频率/(Hz)');ylabel('相对功率谱密度(dB/Hz)');
title('MUSIC 法谱估计');
pxx1 = peig(x,p,NFFT,Fs);      % 特征向量法估计
k = 0:floor(NFFT/2 - 1);
subplot(2,1,2);plot(k * Fs/NFFT,10 * log10(pxx1(k + 1)));
xlabel('频率/(Hz)');ylabel('相对功率谱密度(dB/Hz)');
title('特征向量法谱估计');
```

运行程序，效果如图 10-26 所示。

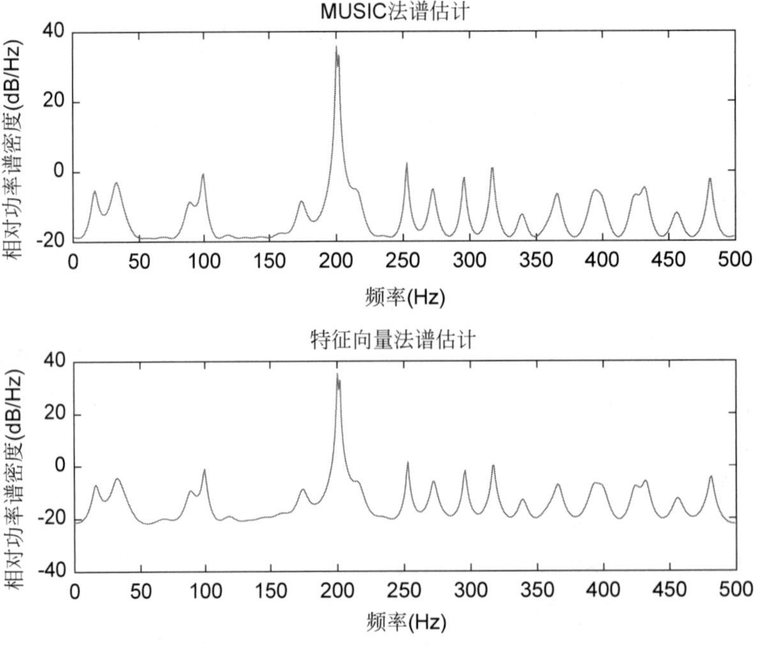

图 10-26　MUSIC 法与特征向量法实现的谱估计

10.8 IIR 滤波器

在信号处理过程中，常常需要将信号中不需要的成分或干扰成分去除，滤波器的作用就是滤除信号中某一部分的频率分量。信号经过滤波处理，在频域上是信号的频谱与滤波器频率响应进行相乘的结果，在时域上是信号与滤波器的冲激响应的卷积积分的结果。

10.8.1 IIR 滤波器的优势

（1）从性能上进行比较。从性能上来说，IIR 滤波器传输函数的极点可位于单位圆内的任何地方，因此可用较低的阶数获得高的选择性，所用的存储单元少，所以经济而效率高。但是这个高效率是以相位的非线性为代价的。选择性越好，则相位非线性越严重。相反，FIR 滤波器却可以得到严格的线性相位，然而由于 FIR 滤波器传输函数的极点固定在原点，所以只能用较高的阶数达到高的选择性；对于同样的滤波器设计指标，FIR 滤波器所要求的阶数可以比 IIR 滤波器高 5～10 倍，结果，成本较高，信号延时也较大；如果按相同的选择性和相同的线性要求来说，则 IIR 滤波器就必须加权进行相位较正，同样要增加滤波器的节数和复杂性。

（2）从结构上看。IIR 滤波器必须采用递归结构，极点位置必须在单位圆内，否则系统将不稳定。另外，在这种结构中，由于运算过程中对序列的舍入处理，这种有限字长效应有时会引入寄生振荡。相反，FIR 滤波器主要采用非递归结构，不论在理论上还是在实际的有限精度运算中都不存在稳定性问题，运算误差也较小。此外，FIR 滤波器可以采用快速傅里叶变换算法，在相同阶数的条件下，运算速度可以快得多。

10.8.2 经典滤波器的设计过程

IIR 滤波器的设计方法一般有以下 3 种：

（1）简单滤波器的零极点位置累试法。

（2）利用模拟滤波器的设计理论设计 IIR 数字滤波器。

（3）使用最优化技术方法来设计滤波器参数。

其中，利用模拟滤波器的设计理论设计 IIR 数字滤波器的方法是目前应用最普遍的设计方法。其设计过程为：先设计合适的模拟滤波器，再变换为满足预定指标的数字滤波器。

10.8.3 经典 IIR 滤波器

常用的经典 IIR 滤波器主要包括以下 4 种：巴特沃斯滤波器、切比雪夫Ⅰ型滤波器、切比雪夫Ⅱ型滤波器、椭圆滤波器。

1. 巴特沃斯滤波器

巴特沃斯滤波器可用于设计低通、高通、带通、带阻滤波器和模拟滤波器。其MATLAB实现过程如下。

(1) 首先根据滤波器设计要求用 buttord 函数求出最小滤波器阶数和截止频率，函数的调用格式为：

[n,Wn]=buttord(Wp,Ws,Rp,Rs)：返回符合要求的数字滤波器的最小阶次 n 和滤波器的固有频率 Wn(3dB 频率)。参数 Wp 为通带截止频率；Ws 为阻带截止频率；Rp 为通带允许的最大衰减；Rs 为阻带应达到的最小衰减。Wp 和 Ws 归一化频率，其值为 0～1，1 对应采样频率的一半。Rp 和 Rs 的单位为 dB。对于低通和高通滤波器，Wp 和 Ws 都是标量；对于带通和带阻滤波器，Wp 和 Ws 为 1×2 的向量。

[n,Wn]=buttord(Wp,Ws,Rp,Rs,'s')：返回符合要求的模拟滤波器的最小阶次 n 和滤波器的固有频率 Wn(3dB 频率)。参数的含义与前面相同，只是 Wp 与 Wn 的单位为 rad/s。

(2) 求出滤波器系数。

butter 函数可以设计低通、高通、带通、带阻的数字和模拟 IIR 滤波器，其特性为使通带内的幅度响应最大限度的平坦，但同时损失截止频率处的下降斜度。在期望通带平滑的情况下，可使用 butter 函数。函数的调用格式为：

[z,p,k]=butter(n,Wn)：返回值为零点、极点和增益。参数 n 为滤波器的阶数，Wn 为归一化的截止频率。

[z,p,k]=butter(n,Wn,'ftype')：返回值为零点、极点和增益，其中参数 ftype 为滤波器的类型，可以取值为 high(高通)、low(低通)、stop(带阻)。系统默认为带通滤波器。

[b,a]=butter(n,Wn)：返回值为系统函数的分子和分母多项式的系数。

[A,B,C,D]=butter(n,Wn)：返回值为状态空间表达式的系数。

[z,p,k]=butter(n,Wn,'s')：用来设计模拟巴特沃斯滤波器。

【例 10-27】 分别实现对频率为 25Hz 和 250Hz 单频叠加谐波信号的低通滤波，使输出仅含有 25Hz 分量。

```
>> clear all;
fs = 1200;                                    %采样频率
N = 300;                                      %N/fs 数据
n = 0:N - 1;
t = n/fs;                                     %时间
fL = 25;
fH = 250;
s = cos(2 * pi * fL * t) + cos(2 * pi * fH * t);
subplot(1,2,1);plot(t,s);axis square;
title('输入信号');xlabel('t/s');ylabel('幅度');
sfft = fft(s);
subplot(1,2,2);plot((1:length(sfft)/2) * fs/length(sfft),2 * abs(sfft(1:length(sfft)/
2))…/length(sfft));
title('信号频谱');xlabel('频率/Hz');ylabel('幅度');
```

```
axis square;
%设计低通滤波器
Wp = 50/fs; Ws = 100/fs;                    %截止频率 50Hz,阻带截止频率 100Hz,采样频率
                                            %200Hz
[n,Wn] = buttord(Wp,Ws,1,50);               %阻带衰减大于 50dB,带通纹波小于 1dB
%估算得到巴特沃斯低通滤波器的最小阶数 n 和 3dB 截止频率 Wn
[a,b] = butter(n,Wn);                       %设计巴特沃斯低通滤波器
[h,f] = freqz(a,b,'whole',fs);              %求数字低通滤波器的频率响应
f = (0:length(f) - 1)' * fs/length(f);      %进行对应的频率转换
figure;
plot(f(1:length(f)/2),abs(h(1:length(f)/2))); %绘制巴特沃斯低通滤波器的幅频响应图
title('巴特沃斯低通滤波器');xlabel('频率/Hz');ylabel('幅度');
grid on;
sF = filter(a,b,s);                         %叠加函数 s 经过低通滤波器后的新函数
figure;
subplot(1,2,1);plot(t,sF);                  %绘制叠加函数 s 经过低通滤波器后的时域
                                            %图形
axis square;
title('输出信号');xlabel('频率/Hz');ylabel('幅度');
sF = fft(sF);
subplot(1,2,2);plot((1:length(sF)/2) * fs/length(sF),2 * abs(sF(1:length(sF)/2))/length
(sF));
title('低通滤波后的频谱图');xlabel('频率/Hz');ylabel('幅度');
axis square;
```

运行程序,效果如图 10-27～图 10-29 所示。

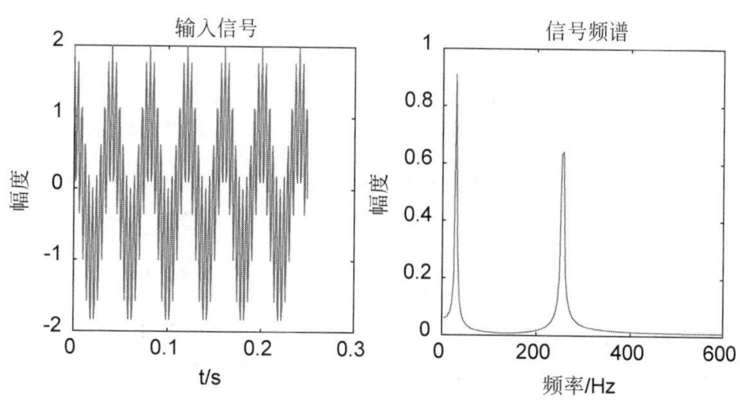

图 10-27 原始信号时域与频域图

在例 10-27 中给出了巴特沃斯低通滤波器的设计方法。对于其他经典的低通滤波器,其设计方法和滤波的方法与该实例的操作方法一致。

2. 切比雪夫Ⅰ型滤波器

切比雪夫Ⅰ型滤波器的 MATLAB 设计实现过程与巴特沃斯滤波器的设计实现过程一致,实现函数为 cheb1ord 和 cheby1。

1) cheb1ord 函数

cheb1ord 函数用于确定切比雪夫Ⅰ型数字或模拟滤波器的阶次。函数的调用格

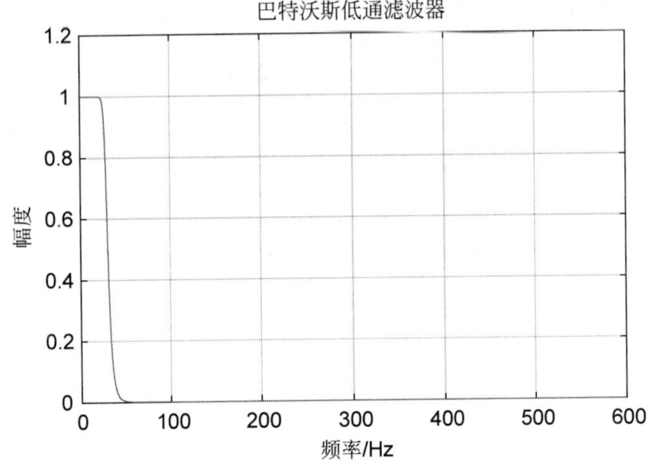

图 10-28　滤波器频率响应效果

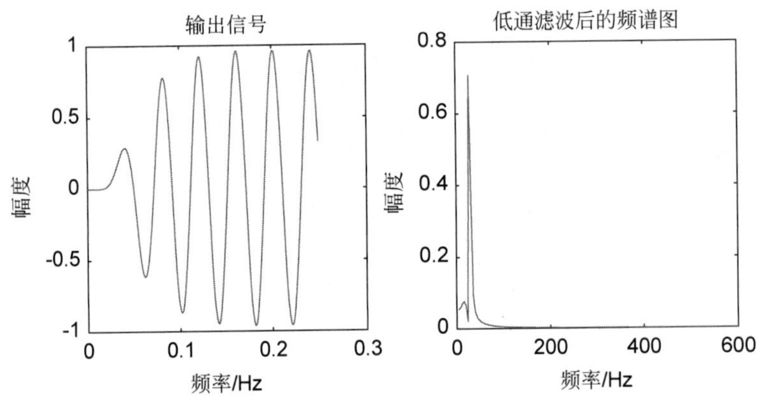

图 10-29　输出信号时域与频域图

式为：

[n,Wp]=cheb1ord(Wp,Ws,Rp,Rs)：返回符合要求的数字滤波器的最小阶次 n 和滤波器的固有频率 Wp(3dB 频率)。输入参数 Wp 为通带截止频率；Ws 为阻带截止频率；Rp 为通带允许的最大衰减；Rs 为阻带应达到的最小衰减。Wp 和 Ws 为归一化频率，其值为 0～1，1 对应采样频率的一半。Rp 和 Rs 的单位为 dB。对于低通和高通滤波器，Wp 和 Ws 都是标量；对于带通和带阻滤波器，Wp 和 Ws 为 1×2 的向量。

[n,Wp]=cheb1ord(Wp,Ws,Rp,Rs,'s')：返回符合要求的模拟滤波器的最小阶次 n 和滤波器的固有频率 Wp(3dB 频率)。参数的含义与前面相同，只是 Wp 与 Ws 的单位为 rad/s。

2) cheby1 函数

cheby1 函数用于设计切比雪夫 Ⅰ 型 IIR 数字滤波器。函数的调用格式为：

[z,p,k]=cheby1(n,R,Wp)：返回值为零点、极点和增益，其中参数 n 为滤波器的阶数，R 为通带的纹波，单位为 dB，Wp 为归一化的截止频率。

[z,p,k]=cheby1(n,R,Wp,'ftype')：参数 ftype 用来设置滤波器的类型，可取值为

high(高通)、low(低通)、stop(带阻)。系统默认为带通滤波器。

[b,a]=cheby1(n,R,Wp)：返回分子和分母多项式的系数。

[A,B,C,D]=cheby1(n,R,Wp)：返回值为状态空间表达式系数。

[z,p,k]=cheby1(n,R,Wp,'s')：用来设计模拟切比雪夫Ⅰ型滤波器。

【例 10-28】 设计一个带通切比雪夫Ⅰ型 IIR 数字滤波器，通带为 100～200Hz。过渡带宽均为 45Hz，通带波纹小于 1dB，阻带衰减大于 30dB，采样频率 fs=1000Hz。

```
>> clear all;
fs = 1000;                                      %采样频率
wp = [100 200] * 2/fs;                          %通带边界频率(归一化频率)
ws = [50 250] * 2/fs;                           %阻带边界频率(归一化频率)
Rp = 1;                                         %通带波纹
Rs = 30;                                        %阻带衰减
Nn = 128;                                       %频率特性的数据点
[n,wn] = cheb1ord(wp,ws,Rp,Rs);
%求 IIR 数字滤波器的最小阶数和归一化截止频率
[b,a] = cheby1(n,Rp,wn);
f1 = 30; f2 = 100; f3 = 250;                    %输入信号的3种频率成分
N = 100;                                        %输入信号的数据点数
dt = 1/fs;n = 0:N-1;
t = n * dt;                                     %时间序列
x = sin(2 * pi * f1 * t) + 0.5 * cos(2 * pi * f2 * t);  %滤波器输入信号
subplot(211);plot(t,x);                         %输入信号
title('输入信号');
y = filtfilt(b,a,x);                            %对输入信号进行滤波
subplot(212);plot(t,y);                         %输出信号
title('输出信号');
ylim([-0.2 0.3]);
```

运行程序，效果如图 10-30 所示。

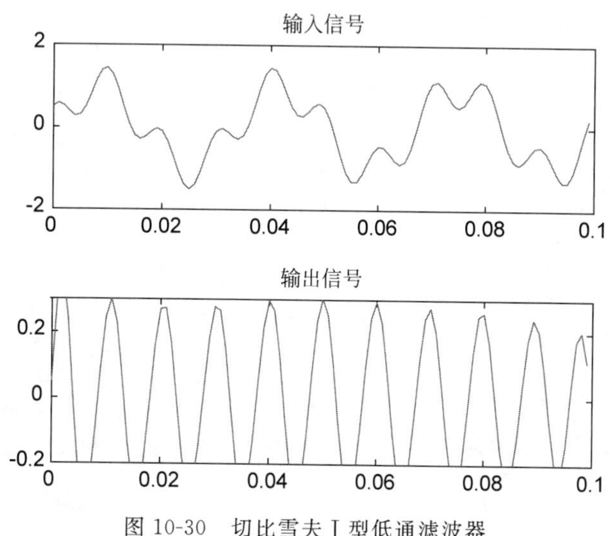

图 10-30 切比雪夫Ⅰ型低通滤波器

3. 切比雪夫Ⅱ型滤波器

切比雪夫Ⅱ型滤波器的 MATLAB 设计实现过程与巴特沃斯滤波器的设计实现过程一致，实现函数为 cheb2ord 和 cheby2。

1）cheb2ord 函数

cheb2ord 函数用于确定切比雪夫Ⅱ型数字或模拟滤波器的阶次。函数的调用格式为：

[n,Ws]=cheb2ord(Wp,Ws,Rp,Rs)：返回符合要求的数字滤波器的最小阶次 n 和滤波器的固有频率 Wn(3dB 频率)。参数 Wp 为通带截止频率，Ws 为阻带截止频率，Rp 为通带允许的最大衰减，Rs 为阻带应达到的最小衰减。Wp 和 Ws 为归一化频率，其值为 0～1，1 对应采样频率的一半。Rp 和 Rs 的单位为 dB。对于低通和高通滤波器，Wp 和 Ws 都是标量；对于带通和带阻滤波器，Wp 和 Ws 为 1×2 的向量。

[n,Ws]=cheb2ord(Wp,Ws,Rp,Rs,'s')：返回符合要求的模拟滤波器的最小阶次 n 和滤波器的固有频率 Wp(3dB 频率)，其中 Wp 和 Wn 的单位为 rad/s。

2）cheby2 函数

cheby2 函数用于设计切比雪夫Ⅱ型滤波器。函数的调用格式为：

[z,p,k]=cheby2(n,R,Wst)：返回值为零点、极点和增益，其中参数 n 为滤波器的阶数，R 为阻带衰减，单位为 dB，Wst 为归一化的截止频率。

[z,p,k]=cheby2(n,R,Wst,'ftype')：参数 ftype 设置滤波器的类型，可取值为 high(高通)、low(低通)、stop(带阻)。系统默认为带通滤波器。

[b,a]=cheby2(n,R,Wst)：返回分子和分母多项式的系数。

[A,B,C,D]=cheby2(n,R,Wst)：返回值为状态空间表达式系数。

[z,p,k]=cheby2(n,R,Wst,'s')：用来设计模拟切比雪夫Ⅱ型滤波器。

【例 10-29】 设计一个带通切比雪夫Ⅰ型 IIR 数字滤波器，通带为 100～200Hz。过渡带宽均为 45Hz，通带波纹小于 1dB，阻带衰减大于 30dB，采样频率 fs=1000Hz。

```
>> clear all;
fs = 1000;                                        % 采样频率
wp = [100 200] * 2/fs;                            % 通带边界频率(归一化频率)
ws = [50 250] * 2/fs;                             % 阻带边界频率(归一化频率)
Rp = 1;                                           % 通带波纹
Rs = 30;                                          % 阻带衰减
Nn = 128;                                         % 频率特性的数据点
[n,wn] = cheb2ord(wp,ws,Rp,Rs);
 % 求 IIR 数字滤波器的最小阶数和归一化截止频率
[b,a] = cheby2(n,Rp,wn);
f1 = 30; f2 = 100; f3 = 250;                      % 输入信号的 3 种频率成分
N = 100;                                          % 输入信号的数据点数
dt = 1/fs;n = 0:N - 1;
t = n * dt;                                       % 时间序列
x = sin(2 * pi * f1 * t) + 0.5 * cos(2 * pi * f2 * t); % 滤波器输入信号
subplot(211);plot(t,x);                           % 输入信号
title('输入信号');
y = filtfilt(b,a,x);                              % 对输入信号进行滤波
```

```
subplot(212);plot(t,y);                              %输出信号
title('输出信号');
ylim([-0.2 0.3]);
```

运行程序，效果如图 10-31 所示。

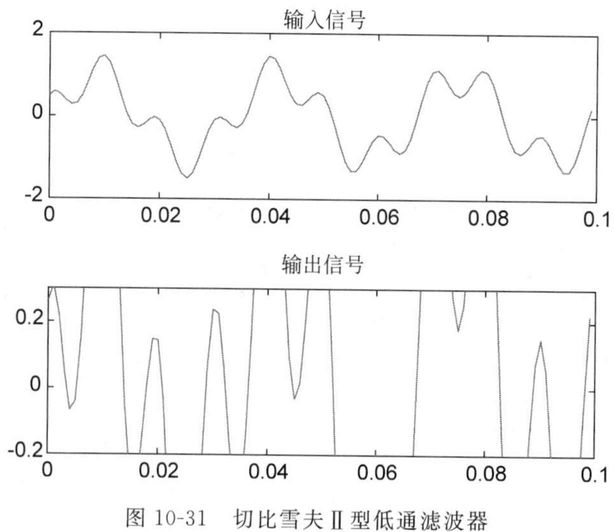

图 10-31 切比雪夫Ⅱ型低通滤波器

4. 椭圆滤波器

椭圆滤波器的设计过程同前 3 种滤波器的设计过程一致，它的 MATLAB 实现函数为 ellipord 和 ellip。

1) ellipord 函数

ellipord 函数用于确定椭圆数字或模拟滤波器的阶次。函数的调用格式为：

[n,Wp]=ellipord(Wp,Ws,Rp,Rs)：返回符合要求的数字滤波器的最小阶次 n 和滤波器的固有频率 Wp(3dB 频率)。输入参数 Wp 为通带截止频率；Ws 为阻带截止频率；Rp 为通带允许的最大衰减；Rs 为阻带应达到的最小衰减。Wp 和 Ws 为归一化频率，其值为 0～1，1 对应采样频率的一半。Rp 和 Rs 的单位为 dB。对于低通和高通滤波器，Wp 和 Ws 都是标量；对于带通和带阻滤波器，Wp 和 Ws 为 1×2 的向量。

[n,Wp]=ellipord(Wp,Ws,Rp,Rs,'s')：返回符合要求的模拟滤波器的最小阶次 n 和滤波器的固有频率 Wp(3dB 频率)。参数的含义与前面相同，只是 Wp 与 Ws 的单位为 rad/s。

2) ellip 函数

ellip 函数既可以用来设计数字滤波器，也可以用来设计模拟滤波器。函数的调用格式为：

[z,p,k]=ellip(n,Rp,Rs,Wp)：返回值为零点、极点和增益，其中参数 n 为滤波器的阶数，Rp 为通带纹波，Rs 为阻带衰减，单位都为 dB，Wp 为归一化的截止频率。

[z,p,k]=ellip(n,Rp,Rs,Wp,'ftype')：参数 ftype 设置滤波器的类型，可取值为 high(高通)、low(低通)、stop(带阻)。系统默认为带通滤波器。

[b,a]=ellip(n,Rp,Rs,Wp)：返回分子和分母多项式的系数。

[A,B,C,D]=ellip(n,Rp,Rs,Wp)：返回值为状态空间表达式系数。

[z,p,k]=ellip(n,Rp,Rs,Wp,'s')：参数's'用于设计模拟的椭圆滤波器。

【例 10-30】 用双线性变换法设计一个椭圆低通滤波器，其性能指标为：通带截止频率 $0\leqslant\omega\leqslant0.2\pi$，通带波纹小于 1dB，阻带边界频率为 $0.3\pi\leqslant\omega\leqslant\pi$，幅度衰减大于 15dB，采样时间 Ts=0.01s。

```
>> clear all;
wp = 0.2 * pi; ws = 0.3 * pi;                    % 数字滤波器截止频率通带波纹
Rp = 1; Rs = 15;                                 % 阻带衰减
Fs = 100; Ts = 1/Fs;                             % 采样频率
Nn = 128;                                        % 调用 freqz 所用的频率点数
wp = 2/Ts * tan(wp/2); ws = 2/Ts * tan(ws/2);    % 按频率公式进行转换
[n,wn] = ellipord(wp,ws,Rp,Rs,'s');              % 计算模拟滤波器的最小阶数
[z,p,k] = ellipap(n,Rp,Rs);                      % 设计模拟原型滤波器
[Bap,Aap] = zp2tf(z,p,k);                        % 零点极点增益形式转换为传递函数形式
[b,a] = lp2lp(Bap,Aap,wn);                       % 低通转换为低通滤波器的频率转换
[bz,az] = bilinear(b,a,Fs);                      % 运用双线性变换法得到数字滤波器传递函数
[h,f] = freqz(bz,az,Nn,Fs);                      % 绘出频率特性
subplot(2,1,1);plot(f,20 * log10(abs(h)));
xlabel('频率(Hz)');ylabel('振幅(dB)');
grid on;
subplot(2,1,2);plot(f,180/pi * unwrap(angle(h)));
xlabel('频率(Hz)');ylabel('相位(^o)');
grid on;
```

运行程序，效果如图 10-32 所示。

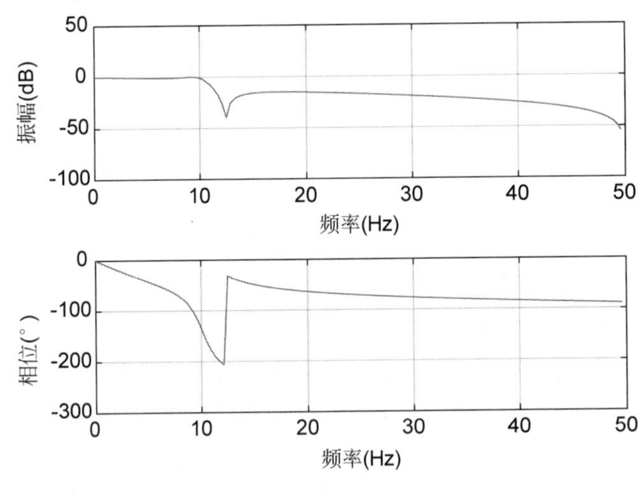

图 10-32　椭圆滤波器

10.8.4　直接法 IIR 滤波器设计

IIR 数字滤波器的经典设计法只限于几种标准的低通、高通、带通、带阻滤波器，而对于任意形状或多频带的滤波器的设计是无能为力的。

如果所设计的IIR滤波器幅频特性比较复杂，可采用最小二乘法拟合给定幅频响应，使设计的滤波器幅频特性逼近期望的频率特性，这种方法称为IIR滤波器的直接设计法。

MATLAB信号处理工具箱中提供yulewalk函数实现直接法设计IIR数字滤波器。函数的调用格式为：

[b,a]=yulewalk(n,f,m)：其中，n为滤波器的阶数；f为给定的频率点向量，为归一化频率，取值为0～1，f的第一个频率点必须是0，最后一个频率点必须为1，其中1对应于采样频率的一半。在使用滤波器时，根据采样频率确定数字滤波器的通带和阻带在此信号滤波的频率范围。f向量的频率点必须是递增的；m为与频率向量f对应的理想幅值响应向量，m和f必须是相同维数向量。b、a分别是所设计滤波器的分子和分母多项式系数向量。

IIR滤波器的传递函数为：

$$H(z)=\frac{B(z)}{A(z)}=\frac{b(1)+b(2)z^{-1}+\cdots+b(n+1)z^{-n}}{a(1)+a(2)z^{-1}+\cdots+a(m+1)z^{-m}}$$

在定义频率响应时，应避免通带至阻带的过渡段形状过分尖锐，通常需要调整过渡带的斜率来做到这点。

【例10-31】 设计一个8阶低通滤波器，并将其频率响应与设计目标响应的情况进行对比。

```
>> clear all;
f = [0 0.6 0.6 1];
m = [1 1 0 0];
[b,a] = yulewalk(8,f,m);
[h,w] = freqz(b,a,128);
plot(w/pi,abs(h),f,m,'--')
xlabel '弧度频率 (\omega/\pi)', ylabel('振幅');
legend('直接法设计滤波器','理想滤波器')
```

运行程序，效果如图10-33所示。

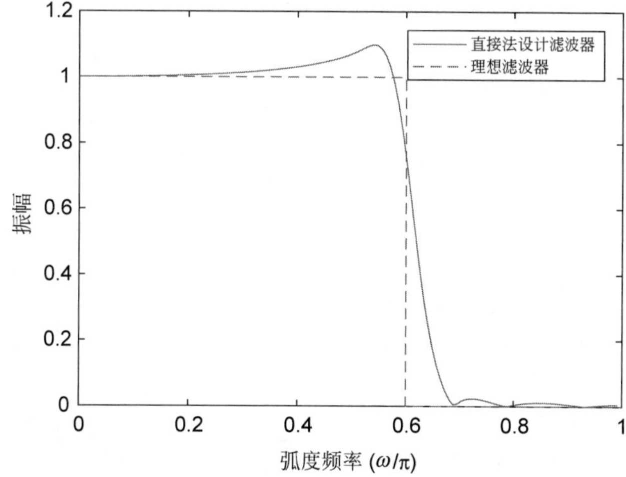

图10-33 直接法设计IIR滤波器

10.9 FIR 滤波器

IIR 滤波器一般是利用模拟滤波器已经发展成熟的理论进行设计的，但其在设计中基本不考虑相位频率特性。相比之下，FIR 滤波器具有以下优势：

- 线性相位特性。
- 稳定性好。
- 设计方法一般是线性的。
- 可以在硬件上高效实现。
- 启动时瞬态效应持续时间有限。

这些特性使得 FIR 滤波器的阶次一般要比 IIR 滤波器的阶次高出很多。FIR 滤波器的设计方法很多，下面主要介绍窗函数法和约束最小二乘法这两种设计方法。

10.9.1 窗函数法设计 FIR 滤波器

具有理想频域特性的滤波器由于有阶跃，因此冲激响应是无限的且不稳定。为了产生有限冲激响应的滤波器，可以加窗将理想滤波器的无限的冲激响应截断，并保留零点附近对称的部分，然后由加窗后的冲激响应时间序列逆求 FIR 滤波器。

在 MATLAB 中，提供了 fir1 实现加窗 FIR 滤波器的设计。函数的调用格式为：

b=fir1(n,Wn)：返回所设计的 n 阶低通 FIR 数字滤波器的系数向量 b(单位采样响应序列)，b 的长度为 n+1。Wn 为固有频率，它对应频率处的滤波器的幅度为−6dB。它是归一化频率，范围为 0～1，1 对应采样频率的一半。如果 Wn 为一个 1×2 的向量 Wn=[w1,w2]，则返回的是一个 n 阶带通滤波器的设计结果。滤波器的通带为 w1≤Wn≤w2。

b=fir1(n,Wn,'ftype')：通过参数'ftype'来指定滤波器类型，包括：

- ftype= low 时，设计一个低通 FIR 数字滤波器。
- ftype=high 时，设计一个高通 FIR 数字滤波器。
- ftype=bandpass 时，设计一个带通 FIR 数字滤波器。
- ftype=bandstop 时，设计一个带阻 FIR 数字滤波器。

b=fir1(n,Wn,window)：参数 window 用来指定所使用的窗函数的类型，其长度为 n+1。函数自动默认为汉宁窗。

b=fir1(n,Wn,'ftype',window)：ftype 为滤波器类型；window 为窗函数类型。

b=fir1(…,'normalization')：默认情况下，滤波器被归一化，以保证加窗后第一个通带的中心幅度为 1。使用这种调用方式可以避免滤波器被归一化。

【例 10-32】 设计一个 48 阶带通滤波器，其固有频率范围为[0.35,0.65]。

```
>> clear all;
b = fir1(48,[0.35 0.65]);
freqz(b,1,512)
```

运行程序，效果如图 10-34 所示。

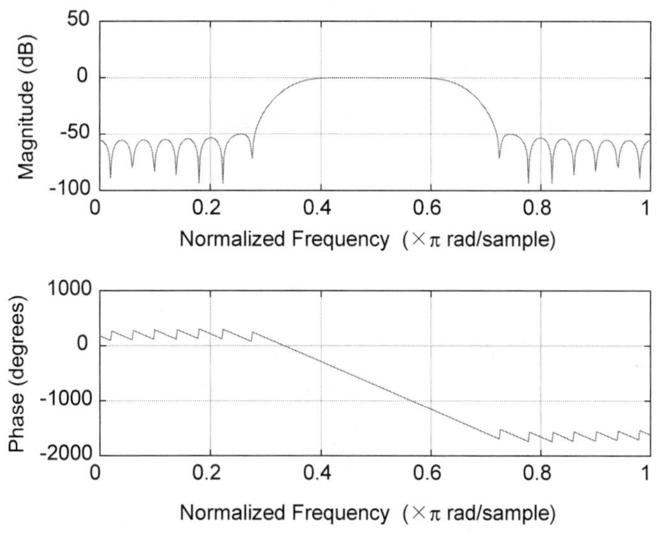

图 10-34 窗函数法设计带通滤波器

10.9.2 约束最小二乘法设计 FIR 滤波器

在 MATLAB 中，提供了两个函数 fircls 和 fircls1 来进行约束最小二乘法 FIR 滤波器设计。

1) fircls 函数

fircls 函数用于实现 FIR 滤波器的最小二乘法设计。函数的调用格式为：

b=fircls(n,f,amp,up,lo)：返回长度为 n+1 的线性相位滤波器，期望逼近的频率分段恒定，由向量 f 和 amp 确定，频率的上下限由参数 up 及 lo 确定，长度与 amp 相同；f 中元素为临界频率，取值为[0,1]，且按递增顺序排列。

fircls(n,f,amp,up,lo,'design_flag')：design_flag 可取为 trace、plot 或 both。

2) fircls1 函数

fircls1 函数采用约束最小二乘法设计基本的线性相位高通和低通滤波器。函数的调用格式为：

b=fircls1(n,wo,dp,ds)：返回长度为 n+1 的线性相位低通 FIR 滤波器，截止频率为 wo，取值为[0,1]。通带幅度偏离 1 的最大值为 dp，阻带偏离 0 的最大值为 ds。

b=fircls1(n,wo,dp,ds,'high')：返回高通滤波器，n 必须为偶数。

b=fircls1(n,wo,dp,ds,wp,ws,k)：采用平方误差加权，通带的权值比阻带的权值大 k 倍；wp 为通带边缘频率；ws 为阻带边缘频率，其中 wp<wo<ws。如果要设计高通滤波器，则必须使 ws<wo<wp。

【例 10-33】 设计一个 55 阶低通阻带滤波器，其归一化截止频率为 0.3，通带纹波为 0.02，阻带纹波为 0.008。

```
>> clear all;
n = 55;
wo = 0.3;
dp = 0.02;
ds = 0.008;
b = fircls1(n,wo,dp,ds,'both');
```

运行程序,输出如下,效果如图 10-35 所示。

```
Bound Violation = 0.0870385343920
Bound Violation = 0.0149343456540
Bound Violation = 0.0056513587932
Bound Violation = 0.0001056264205
Bound Violation = 0.0000967624352
Bound Violation = 0.0000000226538
Bound Violation = 0.0000000000038
```

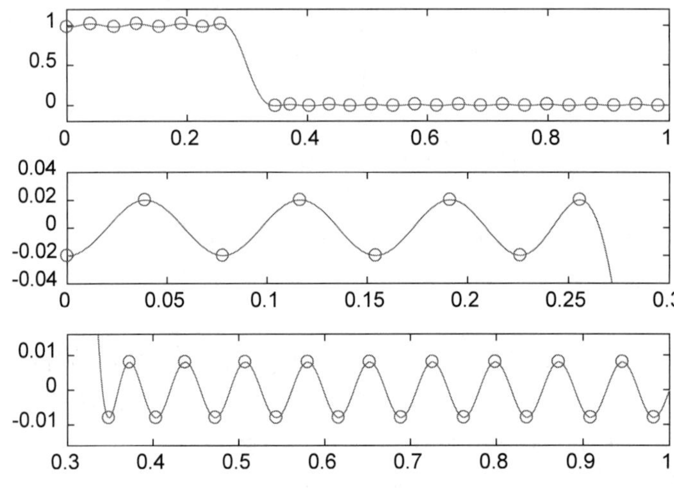

图 10-35 约束最小二乘法设计 FIR 滤波器

第11章 MATLAB小波分析工具箱

小波变换的概念是由法国从事石油信号处理的工程师J. Morlet在1974年首先提出的，他还通过物理的直观观察和信号处理的实际需要建立了反演公式，但当时并未得到数学家的认可。1986年著名数学家Y. Meyer偶然构造出一个真正的小波基，并与S. Mallat合作建立了构造小波基的同样方法及其多尺度分析后，小波分析才开始蓬勃发展起来。

现在，小波分析已经在科技信息产业领域取得了令人瞩目的成熟。小波分析的应用领域十分广泛，包括数学领域的许多学科；信号分析、图像处理、量子力学、理论物理；军事电子对抗与武器的智能化；计算机分类与识别；音乐与语言的人工合成医学成像；地震勘探数据处理；大型机械的故障诊断等。

11.1 小波分析概述

小波分析是一种新的数据信号分析方法，它继承了傅里叶变换的思想，同时又克服了傅里叶变换的窗口大小不随频率变化、无法获取信号的时间信息等缺点，可以通过时频分析的方法对信号进行分析处理，是进行信号分析和处理的理想工具。

小波分析是在母小波函数的基础上，通过对小波函数的平移、伸缩实现对信号的时频分析。小波基函数的基本形式为：

$$\psi_{a,b}(t)=\frac{1}{\sqrt{|a|}}\psi\left(\frac{t-b}{a}\right)$$

其中，a为尺度参数，用于控制伸缩；b为平移参数，用于控制位置。

11.1.1 小波分析的由来

在传统傅里叶变换中，信号完全是在频域展开的，不包含任何时域的信息，这对于某些应用来说是很恰当的，因为信号频率的信息对其是非常重要的。但其丢弃的时域信息可能对某些应用同样非常重要，所以人们对傅里叶分析进行了推广，提出了很多能表征时域和频域信息的信号分析方法，如短时傅里叶变换、Gabor 变换、时频分析、小波分析等。

短时傅里叶变换是在傅里叶分析基础上引入时域信息的最初尝试，其基本假定为在一定的时间窗内信号是平稳的，那么通过分割时间窗，在每个时间窗内把信号展开到频域就可以获得局部的频域信息，但是它的时域区分度只能依赖于不变的时间窗，对某些瞬态信号来说还是粒度太大。换言之，短时域傅里叶分析只能在一个分辨率上进行，所以对很多应用来说不够精确，存在很大的缺陷。

而小波分析则克服了短时傅里叶变换在单分辨率上的缺陷，具有多分辨率分析的特点，在时域和频域都有表征信号局部信息的能力，时间窗和频率窗都可以根据信号的具体形态动态调整。一般情况下，在低频部分（信号较平稳）可以采用较低的时间分辨率提高频率的分辨率，在高频部分（频率变化不大）可以用较低的频率分辨率来换取精确的时间单位。因为这些特征，小波分析可以探测正常信号中的瞬态，并展示其频率成分，被称为数学显微镜，广泛应用于各个时频分析领域。

由此可见，小波分析具有以下特点和作用。

(1) 具有多分辨率（也叫多尺度（multi-scale））的特点，可以由粗到细地逐步观察信号。

(2) 可以把小波变换看成用基本频率特性为 $\psi(\omega)$ 的带通滤波器在不同尺度 a 下对信号做滤波。由于傅里叶变换的尺度特性，如果 $\psi(t)$ 的傅里叶变换是 $\psi(\omega)$，则 $\psi\left(\frac{t}{a}\right)$ 的傅里叶变换为 $|a|\psi(a\omega)$，因此这组滤波器具有品质因数恒定，即相对带宽（带宽与中心频率之比）恒定的特点。

(3) 适当地选择基本小波，使 $\psi(t)$ 在时域上为有限支撑，$\psi(\omega)$ 在频域上也比较集中，便可以使小波变换在时域、频域都具有表征信号局部特征的能力，这样就有利于检测信号的瞬态或奇异点。

将小波分析方法和傅里叶变换进行比较，可以显示出小波变换的特长所在。

(1) 傅里叶变换的实质是把能量有限的信号 $f(t)$ 分解到以 $\{e^{i\omega t}\}$ 为正交基的空间上去；小波变换的实质是把能量有限的信号 $f(t)$ 分解到由波函数所构成的空间上去。

(2) 傅里叶变换用到的基本函数只有 $\sin(\omega t)$、$\cos(\omega t)$ 或 $\exp(i\omega t)$，具有唯一性；小波分析所用到的小波函数则是不同的，同一个工程问题用不同的小波函数进行分析研究的一个热点问题，目前往往是通过经验或不断地试验，将不同的分析结果进行对照、分析来选择小波函数。一个重要的经验是根据待分析信号和小波函数的相似性来选取。

(3) 在频域中，傅里叶变换具有较好的局部化能力，特别是对于那些频率成分比较简单的确定性信号，傅里叶变换很容易把信号表示成各频率成分的叠加和的形式，但在时域中，傅里叶变换没有局部化能力，无法从信号 $f(t)$ 的傅里叶变换 $F(\omega)$ 中看出 $f(t)$ 在任一时间点附近的形态。

(4) 在小波分析中，尺度 a 越大相当于傅里叶变换中 ω 的值越小。

(5) 在短时傅里叶变换中，变换系数 $G_f(\omega,\tau)$ 主要依赖于信号在时间窗内的情况，一旦时间窗函数确定，则分辨率也就固定了。而在小波变换中，变换系数 $T_x(a,\tau)$ 虽然也是依赖于信号在时间窗内的情况，但时间宽度随尺度 a 的变化而变化，所以小波变换具有时间局部分析能力。

(6) 如果用信号通过滤波器来解释，小波变换与短时傅里叶变换不同之处在于：对短时傅里叶变换来说，带通滤波器的带宽 $\Delta\omega$ 与中心频率 ω 无关；相反，小波变换带通滤波器的带宽 $\Delta\omega$ 则正比于中心频率 ω，即：

$$Q = \frac{\Delta\omega}{\omega} = C(C\text{ 为常数})$$

即滤波器有一个恒定的相对带宽，称为等 Q 结构。

11.1.2 傅里叶变换概述

在信号处理中的重要方法之一是傅里叶变换，它架起了时域和频域之间的桥梁。

对很多信号来说，傅里叶分析非常有用，因为它能给出信号中所包含的各种频率成分。但是，傅里叶变换有着严重的缺点：变换之后使信号失去了时间信息，它不能告诉人们在某段时间里发生了什么变化。而很多信号都包含人们感兴趣的非稳态(或瞬变)特性，如漂移、趋势项、突然变化及信号的开始或结束，这些特性是信号的最重要部分。因此傅里叶变换不适于分析处理这类信号。

虽然傅里叶变换能够将信号的时域特征和频域特征联系起来，能分别从信号的时域和频域观察，但却不能把二者有机地结合起来。这是因为信号的时域波形中不包含任何频域信息。而傅里叶谱是信号的统计特性，从其表达式中也可以看出，它是整个时间域内的积分，没有局部化分析信号的功能，完全不具备时域信息。也就是说，对于傅里叶谱中的某一频率，不知道这个频率是在什么时候产生的。这样在信号分析中就面临一对最基本的矛盾：时域和频域的局部化矛盾。

在实际的信号处理过程中，尤其是对非平稳信号的处理中，信号在任一时刻附近的频域特征都很重要。如柴油机缸盖表面的振动信号就是由撞击或冲击产生的，是一个瞬变信号，仅从时域或频域上来分析是不够的。这就促使人们去寻找一种新方法，能够将时域和频域结合起来描述观察信号的时频联合特征，构成信号的时频谱。这就是所谓的时频分析法，也称为时频局部化方法。

11.1.3 小波变换概述

小波变换在许多领域都得到了成功应用，特别是小波变换的离散数字算法已被广泛用于许多问题的变换研究中。

1. 连续小波变换

在小波分析中，主要讨论的函数空间为 $L^2(R)$。$L^2(R)$指 R 上平方可积函数构成的函数空间，即：

$$f(t) \in L^2(R) \Leftrightarrow \int_R |f(t)|^2 \mathrm{d}t < +\infty$$

如果 $f(t) \in L^2(R)$，则称 $f(t)$为能量有限的信号。$L^2(R)$也常称为能量有限的信号空间。

如果 $\psi(t)\in L^2(R)$，其傅里叶变换为 $\hat{\psi}(\omega)$，满足容许性条件(Admissible Condition)：

$$C_\psi = \int_{-\infty}^{+\infty} |\omega|^{-1} |\hat{\psi}(\omega)|^2 d\omega < \infty$$

即 C_ψ 有界，则称 ψ 为一个基小波或母小波(Mother Wavelet)。将母小波经过伸缩和平移后，就可以得到一个小波序列：

$$\psi_{a,b}(t) = |a|^{-1/2}\psi\left(\frac{t-b}{a}\right) \tag{11-1}$$

其中，$a,b\in R$，且 $a\neq 0$。称 a 为伸缩因子，b 为平移因子。定义下式：

$$(W_\psi f)(a,b) = \langle f,\psi_{a,b}\rangle = |a|^{-1/2}\int_{-\infty}^{+\infty} f(t)\,\overline{\psi\left(\frac{t-b}{a}\right)}dt$$

为关于基小波 ψ 的连续小波变换(或积分小波变换，CWT)，其中，$\overline{X}$ 表示对 X 的共扼运算。显然，变换后的函数是二维的，即小波变换把原来的一维信号变换为二维信号，以便分析信号(或函数)的时-频特性。

2. 离散小波变换

连续小波变换中的尺度因子和平移因子都是连续变化的实数，在应用中需要计算连续积分，在处理数字信号时很不方便，主要用于理论分析与论证。在实际问题的数值计算中常采用离散形式，即离散小波变换(DWT)。DWT 可以通过离散化 CWT 中的尺度因子 a 和平移因子 b 得到。通常取：

$$a = a_0^m,\quad b = nb_0a_0^m,\quad m,n\in Z$$

把其代入式(11-1)可以得到：

$$\psi_{m,n}(t) = |a_0|^{-m/2}\psi(a_0^{-m}t - nb_0),\quad m,n\in Z$$

这时的小波函数就是离散小波。相应的离散小波变换为：

$$(W_\psi f)(a,b) = \langle f,\psi_{a,b}\rangle = |a_0|^{-m/2}\int_{-\infty}^{+\infty} f(t)\,\overline{\psi(a_0^{-m}t - nb_0)}dt$$

特殊情况，取 $a_0=2, b_0=1$，可以得到二进小波(Dyadic Wavelet)：

$$\psi_{m,n}(t) = 2^{-m/2}\psi(2^{-m}t - n),\quad m,n\in Z$$

在实际应用中，为了使小波变换的计算更加有效，通常构造的小波函数都具有正交性，即：

$$\langle \psi_{m,n},\psi_{j,k}\rangle = \int_{-\infty}^{+\infty}\psi_{m,n}(t)\,\overline{\psi_{j,k}(t)}dt = \delta_{m,j}\delta_{n,k}$$

从理论上可以证明，将连续小波变换离散成离散小波变换，信号的基本信息并不会丢失，相反，由于小波基函数的正交性，使得小波空间中两点之间因冗余度造成的关联得以消除；同时，因为正交性，使得计算的误差更小，使得变换结果时-频函数更能反映信号本身的性质。

11.1.4 多分辨分析

小波理论包括连续小波和二进小波变换，在映射到计算域的时候存在很多问题，因为两者存在信息冗余，在对信号采样以后，需要计算的信息量还是相当大的，尤其是连续小波变换，因为要对精度内所有的尺度和位移都进行计算，所以计算量相当大。

而二进小波变换虽然在离散的尺度上进行伸缩和平移，但是小波之间没有正交性，各个分量的信息掺杂在一起，为分析带来了不便。

真正使小波在应用领域得到较大发展的是 Meyer 在 1986 年提出的一组小波，其二进制伸缩和平移构成 $L^2(R)$的标准化正交基。

在此结果基础上，1988 年 S. Mallat 在构造正交小波时提出了多分辨分析的概念，从函数分析的角度给出了正交小波的数学解释，在空间概念上形象地说明了小波的多分辨率特性，给出了通用的构造正交小波的方法，并将之前所有的正交小波构造方法统一起来，在快速傅里叶算法基础上，给出了小波变换的快速算法——Mallat 算法。这样，在计算上变得可行后，小波变换在各个领域才发挥它独特的优势，解决了各类问题，为人们提供了更多的关于时域分析的信息。

形象地说，多分辨分析就是要构造一组函数空间，每组空间的构成都有一个统一的形式，而所有空间的闭包则逼近 $L^2(R)$。在每个空间中，所有函数都构成该空间的标准化正交基，而所有函数空间的闭包中的函数则构成 $L^2(R)$的标准化正交基，那么，如果对信号在这类空间上进行分解，就可以得到相互正交的时频特性。而且由于空间数目是无限可数的，可以很方便地分析所关心的信号的某些特性。

下面简要介绍一下多分辨分析的数学理论。

空间 $L^2(R)$中的多分辨分析是指 $L^2(R)$满足如下性质的一个空间序列$\{V_j\}_{j\in Z}$：

(1) 单调一致性：$V_j\subset V_{j+1}$，对任意 $j\in Z$；

(2) 渐进完全性：$\bigcap\limits_{j\in Z} V_j=\Phi,\text{close}\left\{\bigcap\limits_{j\in Z} V_j\right\}=L^2(R)$；

(3) 伸缩完全性：$f(t)\in V_j\Leftrightarrow f(2t)\in V_{j+1}$；

(4) 平移不变性：$\forall k\in Z,\phi(2^{-\frac{j}{2}}t)\in V_j\Rightarrow\phi_j(2^{-\frac{j}{2}}t-k)\in V_j$；

(5) Riesz 基存在性：存在 $\phi(t)\in V_0$，使得$\{\phi_j(2^{-\frac{j}{2}}t-k)\mid k\in Z\}$构成 V_j 的 Riesz 基。关于 Riesz 的具体说明为：如果 $\phi(t)$是 V_0 的 Riesz 基，则存在常数 A、B，且使得

$$A\ \|\{c_k\}\|_2^2\leqslant\left\|\sum_{k\in Z}c_k\phi(t-k)\right\|_2^2\leqslant B\ \|\{c_k\}\|_2^2$$

对所有双无限可平方和序列$\{c_k\}$，即：

$$\|\{c_k\}\|_2^2=\sum_{k\in Z}|c_k|^2<\infty$$

成立。

满足以上几个条件的函数空间集合成为一个多分辨分析，如果 $\phi(t)$生成一个多分辨率分析，那么称 $\phi(t)$为一个尺度函数。

可以用数学方法证明，如果 $\phi(t)$是 V_0 的 Riesz 基，那么存在一种方法可以把 $\phi(t)$转化为 V_0 的标准化正交基。这样，只要能找到构成多分辨分析的尺度函数，就可以构造出一组正交小波。

多分辨分析构造了一组函数空间，这组空间是相互嵌套的，即：

$$\cdots\subset V_{-2}\subset V_{-1}\subset V_0\subset V_1\subset V_2\cdots$$

那么，相邻的两个函数的空间差就定义了一个由小波函数构成的空间，即：

$$V_j \oplus W_j = V_{j+1}$$

在数学上可以证明 $V_j \oplus W_j$ 且 $V_i \oplus W_j, i \neq j$。为了说明这些性质，首先来介绍一下双尺度差分方程，由于对 $\forall_j$，有 $V_j \subset V_{j+1}$，所以对 $\forall_g(x) \in V_j$，都有 $g(x) \in V_{j+1}$。也就是说可以展开成 V_{j+1} 上的标准化正交基，那么特别地，由于 $\phi(t) \in V_0$，那么 $\phi(t)$ 就可以展开为：

$$\phi(t) = \sum_{n \in Z} h_n \phi_{1,n}(t)$$

这就是著名的双尺度差分方程。从数学上可以证明，对于任何尺度的 $\phi_{j,0}(t)$，它在 $j+1$ 尺度正交基 $\phi_{j+1,n}(t)$ 上的展开系数 h_n 是一定的，这就为我们提供了一个很好的构造多分辨分析方法。

在频域中，双尺度差分方程的表现形式为：

$$\hat{\phi}(2\omega) = H(\omega)\hat{\phi}(\omega)$$

如果 $\hat{\phi}(\omega)$ 在 $\omega=0$ 连续的话，则有：

$$\hat{\phi}(\omega) = \sum_{j=1}^{\infty} H\left(\frac{\omega}{2^j}\right)\hat{\phi}(0)$$

说明 $\hat{\phi}(\omega)$ 的性质完全由 $\hat{\phi}(0)$ 决定。

11.1.5 小波包

所谓小波包，简单地说就是一个函数族，由它们构造出 $L^2(R)$ 的规范正交基库。从此库中可以选出 $L^2(R)$ 的许多组规范正交基，前面所说的小波正交基只是其中一组，所以小波包是小波概念的推广。

1. 小波包的定义

在多分辨分析中，$L^2(R) = \bigoplus_{j \in z} W_j$，表明多分辨分析是按照不同的尺度因子 j 把 Hilbert 空间 $L^2(R)$ 分解为所有子空间 $W_j(j \in Z)$ 的正交和，其中，W_j 为小波函数 $\psi(t)$ 的闭包(小波子空间)。现在，对小波子空间 W_j 按照二进制分式进行频率的细分，以达到提高频率分辨率的目的。

一种自然的做法是将尺度空间 V_j 和小波子空间 W_j 用一个新的子空间 U_j^n 统一起来表征，如果令：

$$\begin{cases} U_j^0 = V_j \\ U_j^1 = W_j \end{cases}, \quad j \in Z$$

则 Hilbert 空间的正交分解 $V_{j+1} = V_j \oplus W_j$，即可用 U_j^n 的分解统一为：

$$U_{j+1}^0 = U_j^0 \oplus U_j^1, \quad j \in Z \tag{11-2}$$

定义子空间 U_j^n 是函数 $U_n(t)$ 的闭包空间，而 $U_n(t)$ 是函数 $U_{2n}(t)$ 的闭包空间，并令 $U_n(t)$ 满足下面的双尺度方程：

$$\begin{cases} u_{2n}(t) = \sqrt{2}\sum_{k \in Z} h(k) u_n(2t-k) \\ u_{2n+1}(t) = \sqrt{2}\sum_{k \in Z} g(k) u_n(2t-k) \end{cases} \tag{11-3}$$

式中，$g(k)=(-1)^k h(1-k)$，即两系数也具有正交关系。当 $n=0$ 时，由式(11-3)得：

$$\begin{cases} u_0(t) = \sum_{k\in Z} h_k u_0(2t-k) \\ u_1(t) = \sum_{k\in Z} g_k u_0(2t-k) \end{cases} \tag{11-4}$$

与在多分辨分析中，$\phi(t)$和 $\psi(t)$满足双尺度方程：

$$\begin{cases} \phi(t) = \sum_{k\in Z} h_k \phi(2t-k) \\ \psi(t) = \sum_{k\in Z} g_k \phi(2t-k) \end{cases}, \quad \begin{matrix} \{h_k\}_{k\in Z} \in l^2 \\ \{g_k\}_{k\in Z} \in l^2 \end{matrix}$$

相比较，$u_0(t)$和 $u_1(t)$分别退化为尺度函数 $\phi(t)$和小波基函数 $\psi(t)$。式(11-4)是式(11-2)的等价表示。把这种等价表示推广到 $n\in Z_+$(非负整数)的情况，即得到式(11-2)的等价表示为：

$$U_{j+1}^n = U_j^n \oplus U_j^{2n+1}, \quad j\in Z;\ n\in Z_+$$

由式(11-3)构造的序列$\{u_n(t)\}$(其中 $n\in Z_+$)称为由基函数 $u_0(t)=\phi(t)$确定的正交小波包。当 $n=0$ 时，即为式(11-4)的情况。

由于 $\phi(t)$由 h_k 唯一确定，所以又称$\{u_n(t)\}_{n\in Z}$为关于序列$\{h_k\}$的正交小波包。

2. 小波包的性质

设非负整数 n 的二进制表示为 $n=\sum_{i=1}^{\infty}\varepsilon_i 2^{i-1}$，$\varepsilon_i=0$ 或 1，则小波包$\hat{u}_n(w)$的傅里叶变换为：

$$\hat{u}_n(\bar{w}) = \prod_{i=1}^{\infty} m_{\varepsilon_i}(w/2^j)$$

式中，

$$\begin{cases} m_0(\bar{w}) = H(w) = \dfrac{1}{\sqrt{2}}\sum_{k=-\infty}^{+\infty} h(k)\mathrm{e}^{-\mathrm{j}kw} \\ m_1(\bar{w}) = G(w) = \dfrac{1}{\sqrt{2}}\sum_{k=-\infty}^{\infty} g(k)\mathrm{e}^{-\mathrm{j}kw} \end{cases}$$

设$\{u_n(t)\}_{n\in Z}$是正交尺度函数 $\phi(t)$的正交小波包，则$<u_n(t-k), u_n(t-l)>=\delta_{kl}$，即$\{u_n(t)\}_{n\in Z}$构成 $L^2(R)$的规范正交基。

3. 小波包的空间分解

令$\{u_n(t)\}_{n\in Z}$是关于 h_k 的小波包族，考虑用下列方式生成子空间族。现在令 $n=1$，2，…；$j=1,2,\cdots$，并对式(11-2)作迭代分解，则有：

$$W_j = U_j^1 = U_{j-1}^2 \oplus U_{j-1}^3$$

$$U_{j-1}^2 = U_{j-2}^4 \oplus U_{j-2}^5, \quad U_{j-2}^5 = U_{j-2}^6 \oplus U_{j-2}^7$$

因此，很容易得到小波子空间 W_j 的各种分解如下：

$$W_j = U_{j-1}^2 \oplus U_{j-1}^3$$

$$W_j = U_{j-2}^4 \oplus U_{j-2}^5 \oplus U_{j-2}^6 \oplus U_{j-2}^7$$

$$\cdots$$

$$W_j = U_{j-k}^{2^k} \oplus U_{j-k}^{2^k+1} \oplus \cdots \oplus U_{j-k}^{2^{k+1}} \oplus U_{j-k}^{2^{k-1}}$$

$$\cdots$$

$$W_j = U_0^{2^j} \oplus U_0^{2^j+1} \oplus \cdots \oplus U_0^{2^{j+1}-1}$$

W_j 空间分解的子空间序列可写为 $U_{j-1}^{2^l+m}$，$m=0,1,\cdots,2^l-1$；$l=1,2,\cdots$。子空间序列 $U_{j-1}^{2^l+m}$ 的标准正交基为 $\{2^{-(j-1)/2}u_{2^l+m}(2^{j-l}t-k), k\in Z\}$。容易看出，当 $l=0$ 和 $m=0$ 时，子空间序列 $U_{j-1}^{2^l+m}$ 简化为 $U_j^1=W_j$，相应的正交基简化为 $2^{-j/2}u_1(2^{-j}t-k)=2^{-j/2}\psi(2^{-j}t-k)$，它恰好是标准正交小波族 $\{\psi_{j,k}(t)\}$。

如果 n 是一个倍频程细划的参数，即令 $n=2^l+m$，则小波包的简略记号为 $\psi_{j,k,n}(t)=2^{-j/2}\psi_n(2^{-j}t-k)$，其中，$\psi_n(t)=2^{l/2}u_{2^l+m}(2^l t)$。我们把 $\psi_{j,k,n}(t)$ 称为有尺度指标 j、位置指标 k 和频率指标 n 的小波包。将它与前面的小波 $\psi_{j,k,}(t)$ 作比较可知，小波只有离散尺度 j 和离散平移 k 两个参数，而小波包除了这两个离散参数外，还增加了一个频率参数 $n=2^l+m$。正是这个频率新参数的作用，使得小波包克服了小波时间分辨率高、时频率分辨率低的缺陷，于是，参数 n 表示 $\psi_n(t)=2^{l/2}u_{2^l+m}(2^l t)$ 函数的零交叉数目，也就是其波形的振荡次数。

由 $\psi_n(t)$ 生成的函数族 $\psi_{j,k,n}(t)$（其中 $n\in Z_+$；$j,k\in Z$）称为由尺度函数 $\psi(t)$ 构造的小波库。

对于每个 $j=0,1,2,\cdots$，有：

$$L^2(R) = \bigoplus_{j\in Z} W_j = \cdots \oplus W_{-1} \oplus W_0 \oplus U_0^2 \oplus U_0^3 \oplus \cdots$$

这时，即有：

$$u_{j,k}, u_n(t-k) \mid j = \cdots 0, -1, 0; \quad n = 2,3,\cdots \text{且}\ k \in Z$$

称为 $L^2(R)$ 的一个正交基。

随着尺度 j 的增大，相应正交小波基函数的空间分辨率越高，而其频率分辨率越低，这正是正交小波基的一大缺陷。而小波包却具有将随 j 增大而变宽的频谱窗口进一步分割变细的优良性质，从而克服了正交小波变换的不足。

小波包可以对 W_j 进一步分解，从而提高频率分辨率，是一种比多分辨分析更加精细的分解方法，具有更好的时频特性。

4. 小波包的算法

下面给出小波包的分解算法和重构算法。设 $g_j^n(t)\in U_j^n$，则 g_j^n 可表示为：

$$g_j^n(t) = \sum_l d_l^{j,n} u_n(2^j t - l)$$

小波包分解算法：由 $\{d_l^{j+1,n}\}$，求 $\{d_l^{j,2n}\}$ 与 $\{d_l^{j,2n+1}\}$。

$$\begin{cases} d_l^{j,2n} = \sum_k a_{k-2l} d_k^{j+1,n} \\ d_l^{j,2n+1} = \sum_k b_{k-2l} d_k^{j+1,n} \end{cases}$$

小波包重构算法：由 $\{d_l^{j,2n}\}$ 与 $\{d_l^{j,2n+1}\}$，求 $\{d_l^{j+1,n}\}$。

$$d_l^{j+1,n} = \sum_k (h_{l-2k} d_k^{j,2n} + g_{l-2k} d_k^{j,2n+2})$$

11.1.6 几种常用的小波

小波分析在工程应用中一个十分重要的问题是最优小波基的选择问题，这是因为用不同的小波基分析同一个问题会产生不同的结果。目前主要通过用小波分析方法处理信号的结果与理论结果的误差来判定小波基的好坏，并由此选定小波基。下面介绍几种常用的小波。

1. Harr 小波系

A. Haar 于 1990 年提出的一种正交函数系，定义如下：

$$\psi_H = \begin{cases} 1, & 0 \leqslant x \leqslant \dfrac{1}{2} \\ -1, & \dfrac{1}{2} \leqslant x < 1 \\ 0, & \text{其他} \end{cases}$$

其尺度函数为：

$$\phi = \begin{cases} 1, & 0 \leqslant x \leqslant 1 \\ 0, & \text{其他} \end{cases}$$

2. Daubechies(db$N$)小波系

Daubechies 小波是 Daubechies 从两尺度方程系数$\{h_k\}$出发设计出来的离散正交小波，一般简写为 db$N$，N 是小波的阶数。小波 ψ 和尺度函数中的支撑区为 $2N-1$，ψ 的消失矩为 N。除 $N=1$ 外(Haar 小波)，db$N$ 不具对称性；db$N$ 没有显式表达式(除 $N=1$)外。但$\{h_k\}$的传递函数的模的平方有显式表达式。假设 $P(y)=\sum_{k=0}^{N-1} C_k^{N-1+k} y^k$，其中，$C_k^{N-1+k}$ 为二项式的系数，则有：

$$|m_0(\omega)|^2 = \left(\cos^2\frac{\omega}{2}\right)^N P\left(\sin^2\frac{\omega}{2}\right)$$

其中，$m_0(\omega)=\dfrac{1}{\sqrt{2}}\sum_{k=0}^{2N-1} h_k e^{-\mathrm{i}k\omega}$。

3. Biorthogonal(biorNr. Nd)小波系

Biorthogonal 函数系的主要特征体现在具有线性相位，它主要应用在信号与图像的重构中。通常的用法是采用一个函数进行分解，用另一个小波函数进行重构。Biorthogonal 函数系通常表示为 biorNr. Nd 的形式：

Nr=1　　Nd=1,3,5

Nr=2　　Nd=2,4,6,8

Nr=3　　Nd=1,3,5,7,9

Nr=4　　Nd=4

Nr=5　　　Nd=5

Nr=6　　　Nd=6

其中,r 表示重构(Reconstruction),d 表示分解(Decomposition)。

4. Coiflet(coif$N$)小波系

Coiflet 函数也是由 Daubechies 构造的一个小波函数,通常表示为 coif$N$(N=1,2,3,4,5)的形式。Coiflet 具有比 db$N$ 更好的对称性。从支撑长度的角度看,coif$N$ 具有和 db3N、sym3N 相同的支撑长度;从消失矩的数目来看,coif$N$ 具有和 db2N、sym2N 相同的消失矩数目。

5. SymletsA(sym$N$)小波系

SymletsA 函数系是由 Daubechies 提出的近似对称的小波函数,是对 db 函数的一种改进。SymletsA 函数系通常表示为 sym$N$(N=2,3,…,8)的形式。

6. Morlet(morl)小波

常用的复值 Morlet 小波:

$$\psi(t) = \pi^{\frac{1}{4}}(\mathrm{e}^{-\omega_0 x} - \mathrm{e}^{-\frac{\omega_0^2}{2}})\mathrm{e}^{-\frac{x^2}{2}}$$

其傅里叶变换为:

$$\psi(\omega) = \sqrt{2}\pi^{\frac{1}{4}}(\mathrm{e}^{-\frac{(\omega-\omega_0)^2}{2}} - \mathrm{e}^{-\frac{\omega_0^2}{2}}\mathrm{e}^{-\frac{\omega^2}{2}})$$

Morlet 函数定义为 $\psi(x)=C\mathrm{e}^{-\frac{x^2}{2}}\cos 5x$,它的尺度函数不存在,且不具有正交性。

7. Mexican Hat(mexh)小波

Mexican Hat 函数为:

$$\psi(x) = \frac{2}{\sqrt{3}}\pi^{-\frac{1}{4}}(1-x^2)\mathrm{e}^{-\frac{x^2}{2}}$$

其是 Gauss 函数的二阶导数,因为像墨西哥帽的截面,所以有时也称这个函数为墨西哥帽函数。墨西哥帽函数在时域与频域有很好的局部化,并且满足:

$$\int_{-\infty}^{+\infty}\psi(x)\mathrm{d}x = 0$$

由于它的尺度函数不存在,所以不具有正交性。

8. Meyer 函数

Meyer 小波的小波函数 ψ 和尺度函数 ϕ 都是在频域中进行定义的,是具有紧支撑的正交小波。

$$\hat{\psi} = \begin{cases} (2\pi)^{-\frac{1}{2}}\mathrm{e}^{\frac{\mathrm{j}w}{2}}\sin\left(\frac{\pi}{2}v\left(\frac{3}{2\pi}\mid w\mid-1\right)\right), & \frac{2\pi}{3}\leqslant\mid w\mid\leqslant\frac{4\pi}{3} \\ (2\pi)^{-\frac{1}{2}}\mathrm{e}^{\frac{\mathrm{j}w}{2}}\cos\left(\frac{\pi}{2}v\left(\frac{3}{2\pi}\mid w\mid-1\right)\right), & \frac{4\pi}{3}\leqslant\mid w\mid\leqslant\frac{8\pi}{3} \\ 0, & \mid w\mid\notin\left[\frac{2\pi}{3},\frac{8\pi}{3}\right] \end{cases}$$

其中，$v(a)$为构造 Meyer 小波的辅助函数，并有：

$$v(a)=a^4(35-84a+70a^2-20a^3),\quad a\in[0,1]$$

$$\hat{\phi}(w)=\begin{cases}(2\pi)^{-\frac{1}{2}}, & |w|\leqslant\frac{2\pi}{3}\\ (2\pi)^{-\frac{1}{2}}e^{\frac{jw}{2}}\cos\left(\frac{\pi}{2}v\left(\frac{3}{2\pi}|w|-1\right)\right), & \frac{2\pi}{3}\leqslant|w|\leqslant\frac{4\pi}{3}\\ 0, & |w|>\frac{4\pi}{3}\end{cases}$$

11.2 小波变换在信号中的应用

小波变换作为信号处理的一种手段，逐渐被越来越多领域的理论工作者和工作技术人员所重视和应用，并在许多应用中取得了显著的效果。同传统的处理方法相比，小波变换产生了质的飞跃，在信号处理方面具有更大的优势。

11.2.1 小波分解在信号中的应用

下面通过一个实例来演示怎样利用小波分解来分析信号。

【例 11-1】 利用 db5 小波对下面信号进行 7 层分解。

$$s(t)=\begin{cases}\frac{t-1}{500}+\sin(0.3t)+b(t), & 1\leqslant t\leqslant t500\\ \frac{1000-t}{500}+\sin(0.3t)+b(t), & 501\leqslant t\leqslant 1000\end{cases}$$

其实现的 MATLAB 代码为：

```
>> clear all;
%生成正弦信号
N = 1000;
t = 1:N;
sig1 = sin(0.3 * t);
%生成三角波信号
sig2(1:500) = ((1:500) - 1)/500;
sig2(501:N) = (1000 - (501:1000))/500;
%叠加信号
x = sig1 + sig2 + randn(1,N);
figure(1);plot(t,x);
xlabel('样本序号 n');
ylabel('幅值 A');
%一维小波分解
[c,l] = wavedec(x,7,'db5');
%重构第1~7层逼近系数
a7 = wrcoef('a',c,l,'db5',7);
a6 = wrcoef('a',c,l,'db5',6);
a5 = wrcoef('a',c,l,'db5',5);
a4 = wrcoef('a',c,l,'db5',4);
a3 = wrcoef('a',c,l,'db5',3);
```

```
a2 = wrcoef('a',c,l,'db5',2);
a1 = wrcoef('a',c,l,'db5',1);
%显示逼近系数
figure(2)
subplot(7,1,1);plot(a7);
ylabel('a7');
subplot(7,1,2);plot(a6);
ylabel('a6');
subplot(7,1,3);plot(a5);
ylabel('a5');
subplot(7,1,4);plot(a4);
ylabel('a4');
subplot(7,1,5);plot(a3);
ylabel('a3');
subplot(7,1,6);plot(a2);
ylabel('a2');
subplot(7,1,7);plot(a1);
ylabel('a1');xlabel('样本序号 n');
%重构第 1～7 层细节系数
d7 = wrcoef('d',c,l,'db5',7);
d6 = wrcoef('d',c,l,'db5',6);
d5 = wrcoef('d',c,l,'db5',5);
d4 = wrcoef('d',c,l,'db5',4);
d3 = wrcoef('d',c,l,'db5',3);
d2 = wrcoef('d',c,l,'db5',2);
d1 = wrcoef('d',c,l,'db5',1);
%显示细节系数
figure(3)
subplot(7,1,1);plot(d7);
ylabel('d7');
subplot(7,1,2);plot(d6);
ylabel('d6');
subplot(7,1,3);plot(d5);
ylabel('d5');
subplot(7,1,4);plot(d4);
ylabel('d4');
subplot(7,1,5);plot(d3);
ylabel('d3');
subplot(7,1,6);plot(d2);
ylabel('d2');
subplot(7,1,7);plot(d1);
ylabel('d1');xlabel('样本序号 n');
```

运行程序，效果如图 11-1～图 11-3 所示。

11.2.2 小波变换在信号降噪中的应用

小波分析的重要应用之一就是用于信号降噪，首先简要阐述一下小波变换实现信号降噪的基本原理。

含噪的一维信号模型可以表示为：

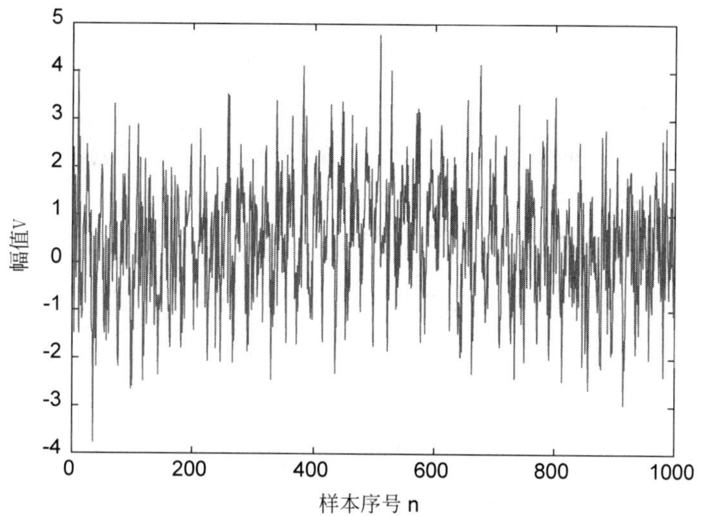

图 11-1 含噪的三角波与正弦波混合信号波形图

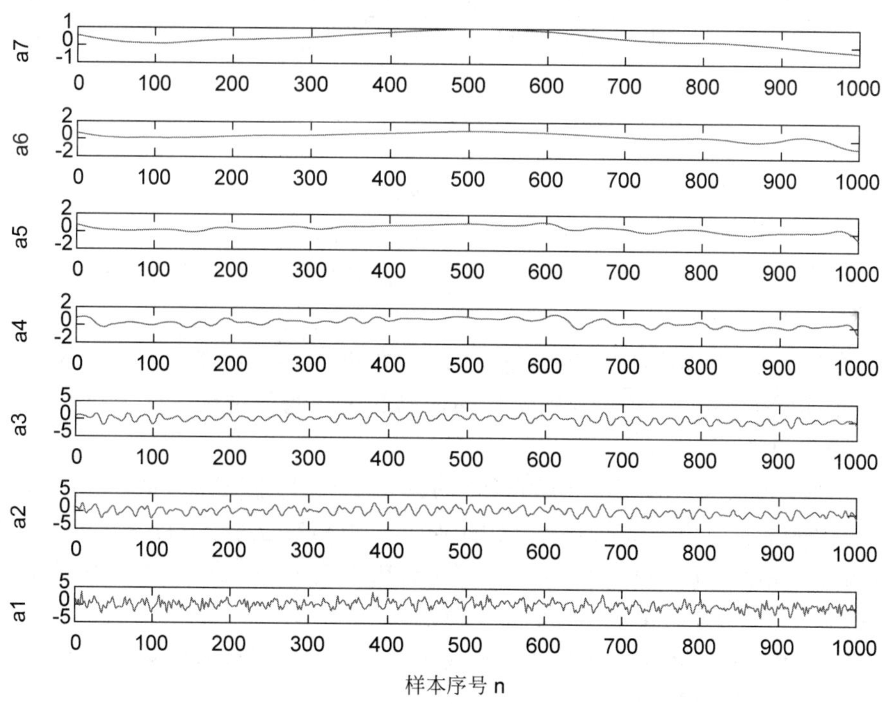

图 11-2 小波分解后各层逼近信号图

$$s(k)=f(k)+\varepsilon\cdot e(k),k=0,1,\cdots,n-1$$

式中，$s(k)$为含噪信号，$f(k)$为有用信号，$e(k)$为噪声信号。在此假设$e(k)$是一个高斯白噪声，通常表现为高频信号，而工程实际中$f(k)$通常为低频信号或者是一些比较平稳的信号。因此可以按如下方法进行降噪处理：首先对信号进行小波分解，由于噪声信号多包含在具有较高频率的细节中，从而可以利用门限、阈值等形式对分解所得的小波系数进行处理，然后对信号进行小波重构即可达到对信号降噪的目的。

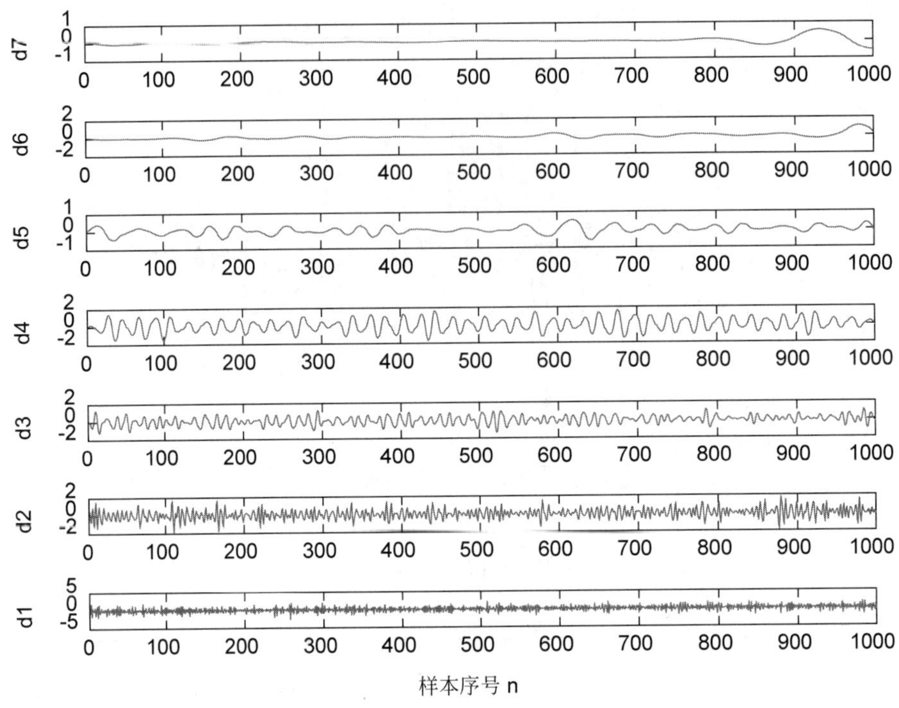

图 11-3　小波分解后各层细节信号图

一般地，信号降噪的过程可分为如下 3 个步骤。

(1) 信号的小波分解。选择一个小波并确定分解的层次，然后进行分解计算。

(2) 小波分解高频系数的阈值量化。对各个分解尺度下的高频系数选择一个阈值进行软阈值量化处理。

(3) 小波重构。根据小波分解的最底层低频系数和各层高频系数进行一维小波重构。

这 3 个步骤中，最关键的是如何选择阈值以及进行阈值量化。在某种程度上，它关系到信号降噪的质量。

对于一维离散信号来说，其高频部分影响的是小波分解的第一层，其低频部分影响的是小波分解的最深层和低频层。如果对一个仅由白噪声组成的信号进行分析，则可得出这样的结论：高频系数的幅值随着分解层次的增加而迅速衰减，且其方差也有同样的变化趋势。

小波分析进行降噪处理一般有下述 3 种方法。

(1) 默认阈值降噪处理。该方法利用函数 ddencmp 生成信号的默认阈值，然后利用函数 wdencmp 进行降噪处理。

(2) 给定阈值降噪处理。在实际的降噪处过程中，阈值往往可通过经验公式获得，且这种阈值比默认阈值的可信度高。在进行阈值量化处理时可利用函数 wthresh。

(3) 强制降噪处理。该方法是将小波分解结构中的高频系数全部置为 0，即滤掉所有高频部分，然后对信号进行小波重构。这种方法比较简单，且降噪后的信号比较平滑，但是容易丢失信号中的有用成分。

小波在信号降噪领域已得到越来越广泛的应用。阈值降噪方法是一种实现简单、效果较好的小波降噪方法。在小波变换工具箱中，用于信号降噪的一维小波函数是 wden

和 wdencmp。

【例 11-2】 在电网电压值监测过程中,由于监测设备出现了一些故障,致使所采集到的信号受到噪声的污染。现用小波分析对污染信号进行降噪处理以恢复原始信号。

```
>> load leleccum;                                    % 载入 leleccum 信号
indx = 2000:3450;                                    % 信号中第 2000～3450 个采样点赋给 s
s = leleccum(indx);
subplot(2,2,1);plot(s);
title('原始信号');ylabel('幅值 A');
% 用 db1 小波对原始信号进行 3 层分解并提取系数
[c,l] = wavedec(s,3,'db1');
a3 = appcoef(c,l,'db1',3);
d3 = detcoef(c,l,3);
d2 = detcoef(c,l,2);
d1 = detcoef(c,l,1);
% 对信号进行强制性降噪处理并绘制结果
dd3 = zeros(1,length(d3));
dd2 = zeros(1,length(d2));
dd1 = zeros(1,length(d1));
c1 = [a3,dd3,dd2,dd1];
s1 = waverec(c1,l,'db1');
subplot(2,2,2);plot(s1);
title('强制降噪后的信号');
xlabel('样本序号 n');ylabel('幅值 A');
% 用默认阈值对信号进行降噪处理
[thr,sorh,keepapp] = ddencmp('den','wv',s);   % 用 ddencmp 函数获得信号的默认阈值
s2 = wdencmp('gbl',c,l,'db1',3,thr,sorh,keepapp);
subplot(2,2,3);plot(s2);
title('默认阈值降噪后的信号');
xlabel('样本序号 n');ylabel('幅值 A');
% 用给定的软件阈值进行降噪处理
sd1 = wthresh(d1,'s',1.465);
sd2 = wthresh(d2,'s',1.823);
sd3 = wthresh(d3,'s',2.767);
c2 = [a3,sd3,sd2,sd1];
s3 = waverec(c1,l,'db1');
subplot(2,2,4);plot(s3);
title('给定软阈值降噪后的信号');
xlabel('样本序号 n');ylabel('幅值 A');
```

运行程序,效果如图 11-4 所示。

在实例中,分别利用前面所提到的 3 种降噪方法进行处理。从图 11-4 可看出:应用强制降噪处理后的信号较为光滑,但是它很有可能丢失了信号中的一些有用成分;默认阈值降噪和给定软阈值降噪这两种处理方法在实际应用中用得更为广泛一些。

11.2.3 小波变换在信号压缩中的应用

随着数据压缩理论的不断发展和日益成熟,一些研究人员逐渐开始对声音、文字和信号等的压缩技术进行研究,先后经历了经典压缩方法和现代压缩方法两个阶段。

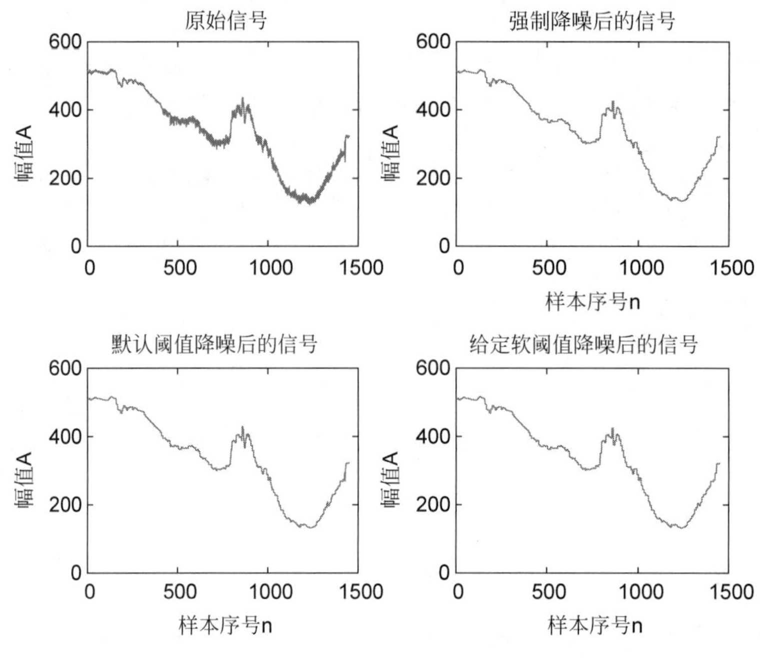

图 11-4　3 种不同降噪方法的效果图

经典压缩方法遵循香农信息论的基本理论，可分为无损压缩和有损压缩两类压缩方法。

(1) 无损压缩方法(如 Huffman 编码、算术编码、游程编码等)设法改变信源的概率分布，使信号的概率分布尽可能地非均匀，再用最佳编码方法重新对每个信号分配码字，使平均码长逼近信源熵。该类方法的压缩效率都以其信息熵为上限。

(2) 有损压缩方法(如预测编码、变换编码、混合编码、向量化等)设法去除信源之间的相关性，使之成为或差不多成为不相关的信源，该类压缩方法也受信息熵的约束。

随着小波变换、分开几何理论、数学形态学等数学理论和相关学科(如模式识别、人工智能、神经网络、感知生理心理学等)的深入发展，相继出现了新颖、高效的现代压缩方法，该方法包括子带编码、小波变换编码、神经网络编码、分形编码、模型基编码等。随着信号压缩技术在相关领域中的广泛应用，信号压缩的国际标准相继被制定，如在静止信号压缩方面已经制定了 CCIT T.81、SIO 10918(JPEG)、JPEG2000 等标准。

【例 11-3】 利用小波分析对给定信号进行压缩处理。

```
>> clear all;
load leleccum;                        % 载入信号 leleccum
indx = 2600:3100;                     % 截取信号中的一段[2600,3100]
x = leleccum(indx);
% 用 db3 小波对信号进行 5 层分解
wname = 'db3'; lev = 5;
[c,l] = wavedec(x,lev,wname);
% 用所给参数选择独立的阈值并进行信号压缩
alpha = 1.5; m = l(1);
[thr,nkeep] = wdcbm(c,l,alpha,m);8
% 用硬阈值对信号进行压缩
[xd,cxd,lxd,perf0,perfl2] = wdencmp('lvd',c,l,wname,lev,thr,'h');
```

```
%绘制原始信号及压缩信号
subplot(211), plot(indx,x),
title('原始信号');
subplot(212), plot(indx,xd),
title('压缩信号');
xlab1 = ['恢复百分比: ',num2str(perfl2)];
xlab2 = ['% -- 压缩百分比: ',num2str(perf0), ' %'];
xlabel([xlab1 xlab2]);
```

运行程序,效果如图 11-5 所示。

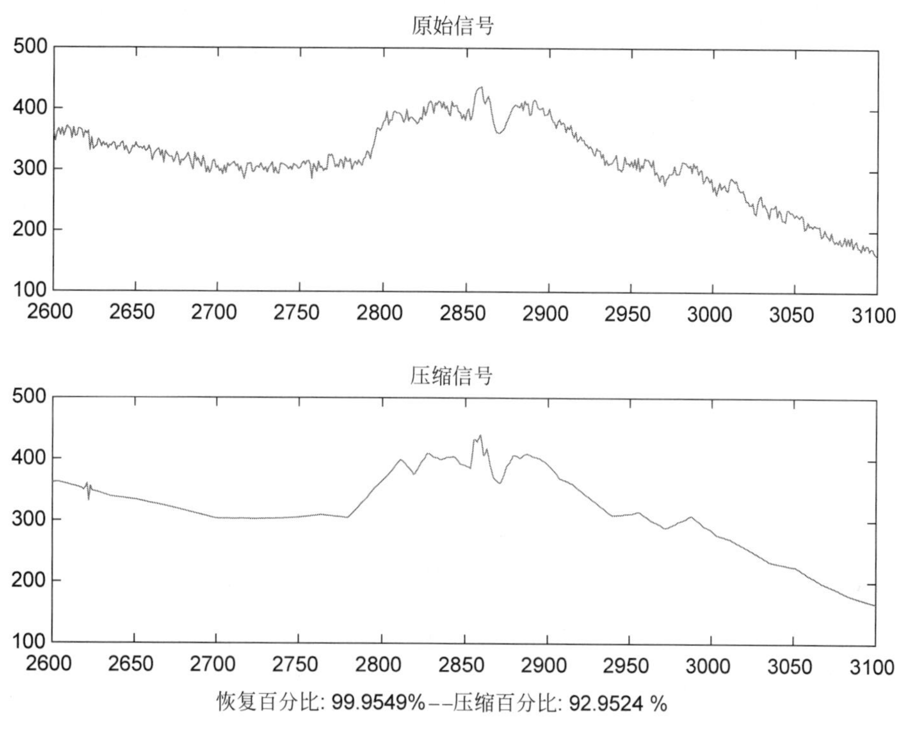

图 11-5　信号压缩效果图

11.3　小波变换在图像处理中的应用

近年来小波分析理论受到众多学科的共同关注,小波变换是传统傅里叶变换的继承和发展。由于小波的多分辨率分析具有良好的空间域和频域局部化特性,对高频采用逐渐精细的时域或空域步长,可以聚焦到分析对象的任意细节,因此特别适合于图像信号这一类非平稳信源的处理。小波变换已成为一种信号/图像处理的新手段。

11.3.1　基本原理

利用小波变换的多分辨率特性,可以对图像进行分解和重构。Mallat 基于多分辨率理论,提出了有名的小波变换快速算法(Mallat 算法)。基于小波变换的图像 3 层分解如

图 11-6 所示。

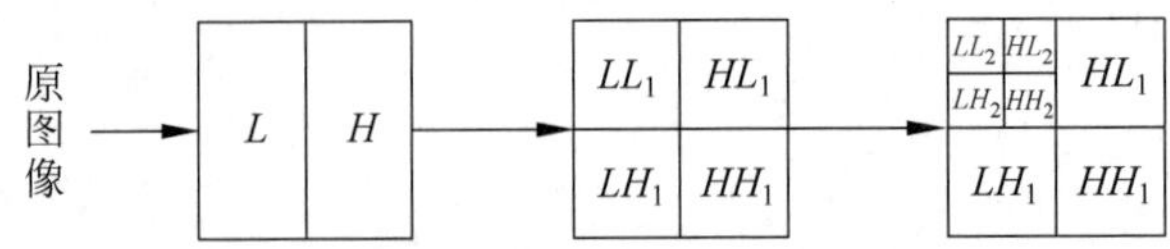

图 11-6　基于小波变换的图像 3 层分解

在图 11-6 中,原图像首先分解为低频信息 L 和高频信息 H,然后分解低频信息 L 为低频部分 LL_1 和其高频部分 LH_1;对于高频信息 H,重复同样的手段得到 HL_1 和 HH_1。如果需要这个过程,可以反复依次类推。多分辨率分析的一个最大特点是只对低频空间进一步分解,从而使频率的分辨率变得越来越高。二维离散小波分解与重构的示意图分别如图 11-7 和图 11-8 所示,其中上箭头表示上采样,下箭头表示下采样。

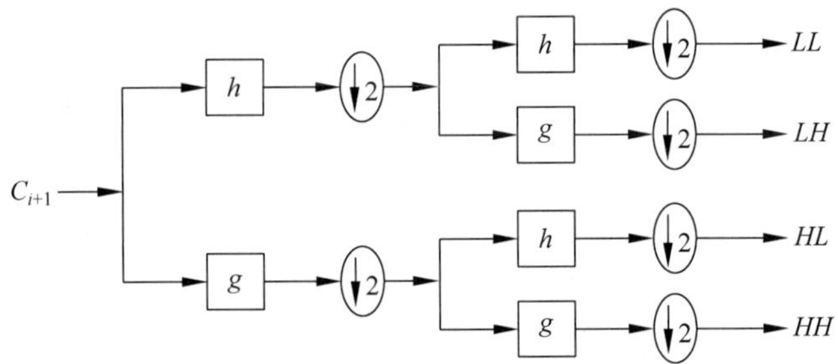

图 11-7　二维离散小波分解示意图

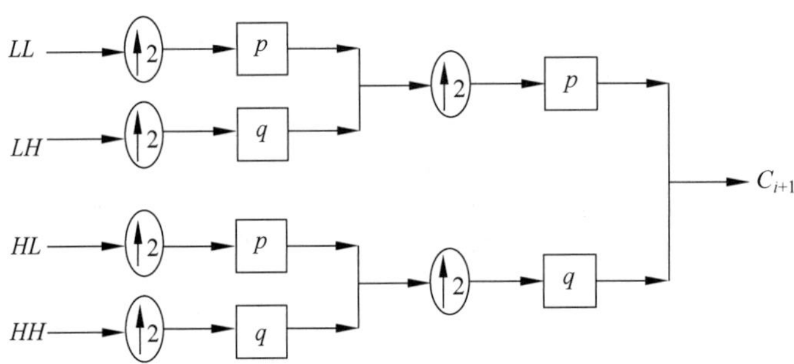

图 11-8　二维离散小波重构示意图

简单地对上采样的概念进行说明,它是指通过在样本之间插入零值来增加信号分量的过程,如图 11-9 所示。

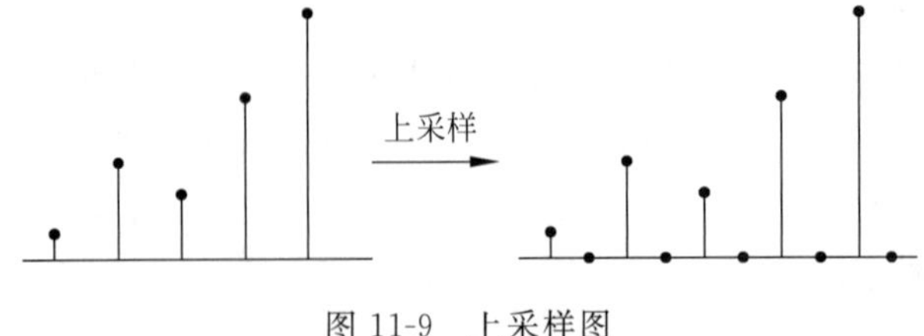

图 11-9　上采样图

11.3.2 小波变换在图像压缩中的应用

图像压缩是将原来较大的图像用尽量少的字节表示和传输，并要求图像有较好的质量。通过图像压缩，可以减轻图像存储和传输的负担，提高信息的传输和处理速度。

1. 小波图像压缩原理

小波变换用于图像压缩的基本思想，是用二维小波变换算法对图像进行多分辨率分解，每次小波分解将当前图像分解成4块子图，其中1块对应平滑板块，另外3块对应细节板块。由于小波变换的减采样性质，经若干次小分解后，平滑板块系数和所有的细节板块系数生成的小波图像具有与原图像不同的特性，能量主要集中在其中低频部分的平滑板块，而细节所对应的水平、垂直和对角线的能量较少，它们表征了一些原图像的水平、垂直和对角线的边缘信息，具有的是方向特性。对于所得图像，根据人眼的敏感度不同，进行不同的量化和编码处理以达到对原图像的高压缩比，对于平滑板块大部分或者完全保留，对于高频信息根据压缩的倍数和效果要求来保留。系数偏码是小波变换用于图像压缩的核心，压缩的实质是对系数的量化压缩。

图像经过小波变换后生成的子图像数据总量与原图像的数据总量相等，即小波变换本身并不具有压缩功能，必须结合其他编码技术对小波系数编码才能实现压缩目的。所以，基于小波变换的图像压缩方法通常分为3个步骤：

(1) 利用二维离散小波变换将图像分解为低频近似分量和高频水平、高频垂直、高频对角细节分量。

(2) 根据人的视觉特性对低频及高频分量分别做不同的量化(即压缩)。

(3) 利用逆小波变换重构图像。

2. 小波图像压缩实现

在MATLAB中，提供了相关函数用于实现小波图像的压缩，下面给予介绍。

1) wcodemat 函数

在MATLAB中，wcodemat 函数对数据矩阵进行伪彩色编码。函数的调用格式为：

Y=wcodemat(X,NBCODES,OPT,ABSOL)：如果ABSOL=0，则返回输入矩阵X的编码；如果ABSOL≠0，则返回ABS(X)。参量NBCODES为最大编码值。如果OPT='row'或'r'，以行形式编码；如果OPT='col'或'c'，则以列方式编码；如果OPT='mat'或'm'，以矩阵方式编码。

Y=wcodemat(X,NBCODES,OPT)：等价于Y=wcodemat(X,NBCODES,OPT,1)。

Y=wcodemat(X,NBCODES)：等价于Y=wcodemat(X,NBCODES,'mat',1)。

Y=wcodemat(X)：等价于Y=wcodemat(X,16,'mat',1)。

2) wdcbm2 函数

在MATLAB中，wdcbm2 函数用于设定图像压缩的阈值。函数的调用格式为：

[THR,NKEEP] = wdcbm2(C,S,ALPHA,M)：返回的是在Birge-Massart策略下的函数wavedec2，返回小波分解系数矩阵C和系数矩阵相应的长度矩阵S进行压缩的阈

值 THR 和保留系数数量 NKEEP，ALPHA 和 M 是 Birge-Massart 策略下所需要的参数，取值大于 1。ALPHA 作为压缩时，典型值为 1.5，降噪时典型值为 3。THR 是一个典型 3 * j 的矩阵，对于 THR(:,i)来说，包含的是小波第 i 次分解的细节参数 3 个分量的阈值，即水平、对角和垂直。

【例 11-4】 通过 wdcbm2 函数设置图像分层阈值压缩参数，实现图像压缩。

```
>> load detfingr;
nbc = size(map,1);                  % 获取颜色映射阶数
wname = 'sym4'; lev = 3;
[c,s] = wavedec2(X,lev,wname);  % 对图像数据 X 进行 3 层小波分解,采用小波函数 sym4
                                    % 设置参数 alpha 和 m,利用 wdcbm2 设置图像压缩的分层阈值
alpha = 1.5; m = 2.7 * prod(s(1,:));
[thr,nkeep] = wdcbm2(c,s,alpha,m)
[xd,cxd,sxd,perf0,perfl2] = wdencmp('lvd',c,s,wname,lev,thr,'h');
colormap(pink(nbc));
subplot(121), image(wcodemat(X,nbc)),
title('原始图像');axis('square');
subplot(122), image(wcodemat(xd,nbc)),
title('压缩图像');axis('square');
xlab1 = ['2 - norm rec.: ',num2str(perfl2)];
xlab2 = [' % -- zero cfs: ',num2str(perf0), ' %'];
xlabel([xlab1 xlab2]);
```

运行程序，输出如下，效果如图 11-10 所示。

```
thr =
     21.4814    46.8354    40.7907
     21.4814    46.8354    40.7907
     21.4814    46.8354    40.7907
nkeep =
            624        961         1765
```

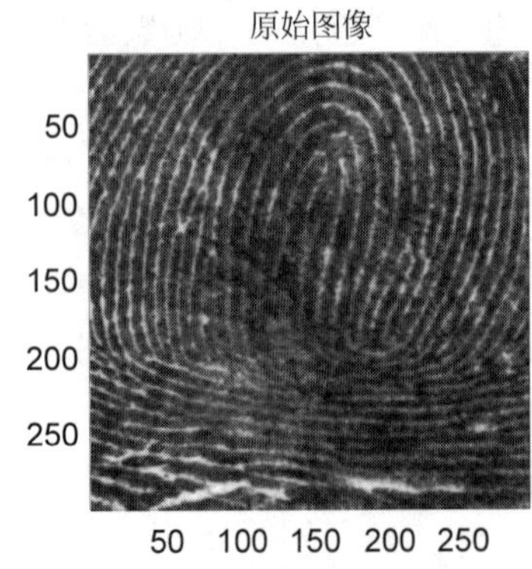

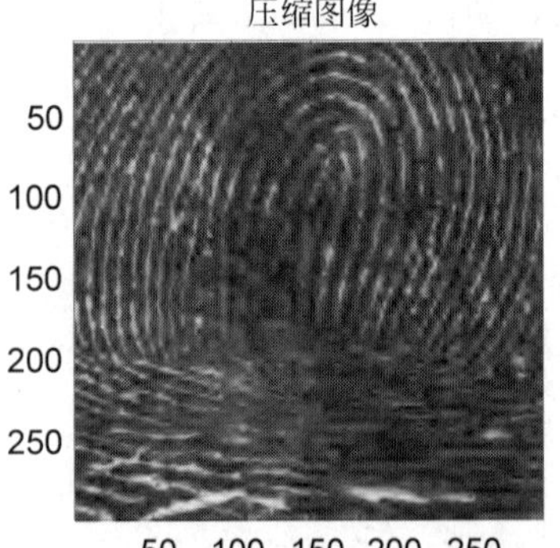

图 11-10　阈值实现图像压缩

【例 11-5】 利用二维小波分析来进行图像压缩处理。

```
>> clear all;                        %装载并显示原始图像
load wbarb;
subplot(2,2,1);image(X);
colormap(map);
xlabel('(a)原始图像 ');
axis square;
%对图像进行 7 层小波分解
[c,l] = wavedec2(X,2,'bior3.7');
%提取小波分解结构中第一层的低频系数和高频系数
cA1 = appcoef2(c,l,'bior3.7',1);
%水平方向
cH1 = detcoef2('h',c,l,1);
%斜线方向
cD1 = detcoef2('d',c,l,1);
%垂直方向
cV1 = detcoef2('v',c,l,1);
%重构第一层系数
A1 = wrcoef2('a',c,l,'bior3.7',1);
H1 = wrcoef2('h',c,l,'bior3.7',1);
D1 = wrcoef2('d',c,l,'bior3.7',1);
V1 = wrcoef2('v',c,l,'bior3.7',1);
c1 = [A1 H1;V1 D1];
%显示第一层频率信息
subplot(2,2,2);image(c1);
xlabel('(b)分解后的低频和高频信息');
%对图像进行压缩:保留第一层低频信息并对其进行量化编码
ca1 = wcodemat(cA1,440,'mat',0);
%改变图像高度并显示
ca1 = 0.1 * ca1;
subplot(2,2,3);
image(ca1);
colormap(map);
xlabel('(c)第一次压缩后图像');
axis square;
%压缩图像:保留第二层低频信息并对其进行量化编码
cA2 = appcoef2(c,l,'bior3.7',2);
ca2 = wcodemat(cA2,440,'mat',0);
ca2 = 0.1 * ca2;
subplot(2,2,4);image(ca2);
colormap(map);
xlabel('(d)第二次压缩后图像');
```

运行程序,效果如图 11-11 所示。

11.3.3 小波变换在图像降噪中的应用

图像降噪在信号处理中是一个经典的问题,传统的降噪方法多采用平均或线性方法进行,常用的是维纳滤波,但是降噪效果不够好。随着小波理论的日益完善,它自身良好的时频特性在图像降噪领域受到越来越多的关注,开辟了用非线性方法降噪的先河。具

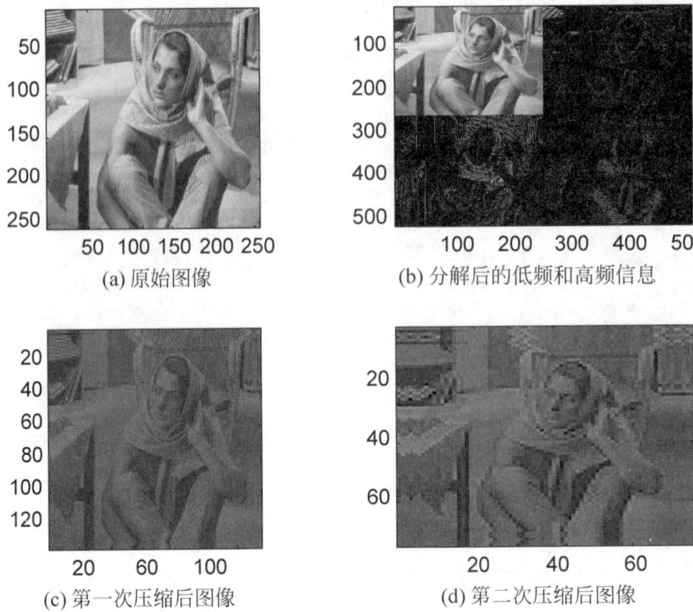

(a) 原始图像　(b) 分解后的低频和高频信息

(c) 第一次压缩后图像　(d) 第二次压缩后图像

图 11-11　图像的压缩效果

体来说，小波能够降噪主要得益于小波变换具有如下特点：

- 低熵性。小波系数的稀疏分布，使图像变换后的熵降低。
- 多分辨率特性。由于采用了多分辨率的方法，所以可以非常好地刻画信号的非平稳性，如突变和断点等，可以在不同分辨率下根据信号和噪声的分布来去除噪声。
- 去相关性。小波变换可以对信号去相关，且噪声在变换后有白化趋势，所以小波阈比时域更利于降噪。
- 基函数选择灵活。小波变换可以灵活选择基函数，也可以根据信号特点和降噪要求选择多带小波、小波包等，对不同的场合，可以选择不同的小波母函数。

1. 降噪基本原理

目前，小波图像降噪的方法大概可以分为以下 3 大类。

(1) 基于小波变换模极大值原理。根据图像和噪声在小波变换各尺度上的不同传播特性，剔除由噪声产生的模极大值点，保留图像所对应的模极大值点，然后利用所余模极大值点重构小波系数，进而恢复图像。

(2) 基于小波变换系数的相关性。根据图像和噪声小波变换后的系数相关性进行取舍，然后直接重构图像。

(3) 基于小波阈值的降噪方法。根据图像与噪声在各尺度上的小波系数具有不同特性的特点，按照一定的预定阈值处理小波系数，小于预定阈值的小波系数认为是由噪声引起的，直接置为 0；大于预定阈值的小波系数，认为主要是由图像引起的，直接保留下来(硬阈值法)或将其进行收缩(软阈值法)。对得到的估计小波系数进行小波重构就重建原始图像。

通常来说，基于小波阈值的图像降噪方法可通过以下 3 个步骤实现。

(1) 计算含噪图像的正交波变换。选择合适的小波基和小波分解层数 J,运用 MATLAB 分解算法将含噪图像进行 J 层小波分解,得到相应的小波分解系数。

(2) 对分解后的高频系数进行阈值量化。对于从 $1\sim J$ 的每一层,选择一个恰当的阈值和合适的阈值函数将分解得到的高频系数进行阈值量化,得到估计小波系数。

(3) 进行小波逆变换。根据图像小波分解后的第 J 层低频系数(尺度系数)和经过阈值量化处理的各层高频系数(小波系数),运用 MATLAB 重构算法进行小波重构,得到降噪后的图像。

在 MATLAB 小波处理工具箱中提供了两种阈值函数。

(1) 硬阈值函数。

当小波系数的绝对值不小于给定的阈值时,令其保持不变,否则的话,令其为 0,则施加阈值后的估计小波系数 $\tilde{\omega}_{j,k}$ 为:

$$\tilde{\omega}_{j,k}=\begin{cases}\omega_{j,k}, & |\omega_{j,k}|>\lambda\\ 0 & |\omega_{j,k}|\leqslant\lambda\end{cases}$$

其中,阈值函数的 $\tilde{\omega}_{j,k}$ 为第 j 尺度下的第 k 个小波系数,$\tilde{\omega}_{j,k}$ 为阈值函数处理后的小波系数,λ 为阈值。

(2) 软阈值函数。

当小波系数的绝对值不小于给定的阈值时,令其减去阈值,否则,令其为 0,则施加阈值后的估计小波系数 $\tilde{\omega}_{j,k}$ 为:

$$\tilde{\omega}_{j,k}=\begin{cases}\operatorname{sgn}(\omega_{j,k})\cdot(|\omega_{j,k}|-\lambda), & |\omega_{j,k}|>\lambda\\ 0, & |\omega_{j,k}|\leqslant\lambda\end{cases}$$

2. 小波图像降噪实现

在 MATLAB 中,提供了 3 个和图像降噪相关的函数,下面予以介绍。

1) wdencmp 函数

在 MATLAB 中,提供了 wdencmp 函数用于对图像降噪或压缩处理。函数的调用格式为:

[XC,CXC,LXC,PERF0,PERFL2] = wdencmp('gbl',X,'wname',N,THR,SORH,KEEPAPP):输入参数 X 为一维或二维信号;参数'gbl'表示每层都使用相同的阈值进行处理;N 为小波压缩的尺度;'wname'为小波函数名称;THR 为阈值向量;SORH 为软、硬阈值;KEEPAPP 为 1,细节系数不能阈值化。返回的参数包括降噪或压缩后的信号 XC、CXC 和 LXC 小波分解的结构,PERF0 和 PERFL2 为恢复和压缩的范数百分比。

[XC,CXC,LXC,PERF0,PERFL2]= wdencmp('lvd',X,'wname',N,THR,SORH):参数'lvd'表示每层使用不同的阈值进行分解结构。

[XC,CXC,LXC,PERF0,PERFL2]= wdencmp('lvd',C,L,'wname',N,THR,SORH):参数 C 和 L 为降噪信号的小波分解结构。

2) ddencmp 函数

在 MATLAB 中,提供了 ddencmp 函数获取图像降噪或压缩阈值选取。函数的调用格式为:

[THR,SORH,KEEPAPP,CRIT]=ddencmp(IN1,IN2,X)：返回小波或小波包对输入向量或矩阵X进行压缩或降噪的默认值。参数THR表示阈值；参数SORH表示软、硬阈值；参数KEEPAPP允许保留近似系数；参数CRIT表示熵名(只用于小波包)。输入参数IN1为'den'时表示降噪，为'cmp'表示压缩；当IN2为'wv'时表示小波，为'wp'时表示小波包。

[THR,SORH,KEEPAPP]=ddencmp(IN1,'wv',X)：如果IN1='den'，返回X降噪的默认值；如果IN1='cmp'，返回X压缩的默认值。这些值可应用于wdencmp函数。

[THR,SORH,KEEPAPP,CRIT]=ddencmp(IN1,'wp',X)：如果IN1='den'，返回X降噪的默认值；如果IN1='cmp'，返回X压缩的默认值。这些值可应用于wpdencmp函数。

3) wthcoef2函数

在MATLAB中，提供了wthcoef2函数用于对图像进行二维小波系数阈值降噪处理。函数的调用格式为：

NC= wthcoef2('type',C,S,N,T,SORH)：通过对小波分解结构[C,S]进行阈值处理后，返回'type'(水平、对角线或垂直)方向上的小波分解向量NC。

NC= wthcoef2('type',C,S,N)：'type'='h'(或'v'或'd')时，函数将返回在N中定义的尺度的高频系数全部置0后的'type'方向系数。

NC=wthcoef2('a',C,S)：返回将低频系数全部置0后的系数。

NC=wthcoef2('t',C,S,N,T,SORH)：返回对小波分解结构[C,S]过阈值处理后的小波分解向量NC。N为一个包含高频尺度向量；T为与尺度向量N相对应的阈值向量，它定义每个尺度相应的阈值，N和T长度相等。参数SORH用来对阈值方式进行选择，当SORH='h'时，为硬阈值；当SOHR='s'时，为软阈值。

【例11-6】 利用小波分析对给定的一个二维含噪图像进行降噪处理。

```
>> clear all;
load wbarb;
subplot(2,2,1);image(X);
colormap(map);
xlabel('(a)原始图像');
axis square;
init = 2055615866;                          %初始值
randn('seed',init);                         %随机值
x = X + 28 * randn(size(X));                %添加随机噪声
subplot(2,2,2);image(x);
colormap(map);
xlabel('(b)含噪图像');
axis square;
%对图像进行降噪处理,利用 sym4 函数对图像进行二层分解
[C,S] = wavedec2(x,2,'sym4');
a1 = wrcoef2('a',C,S,'sym4',1);             %图像第一层降噪处理
subplot(2,2,3);image(a1);
colormap(map);
xlabel('(c)第一次降噪处理');
axis square;
a2 = wrcoef2('a',C,S,'sym4',2);             %图像第二层降噪处理
```

```
subplot(2,2,4);image(a2);
colormap(map);
xlabel('(d)第二次降噪处理');
axis square;
```

运行程序，效果如图 11-12 所示。

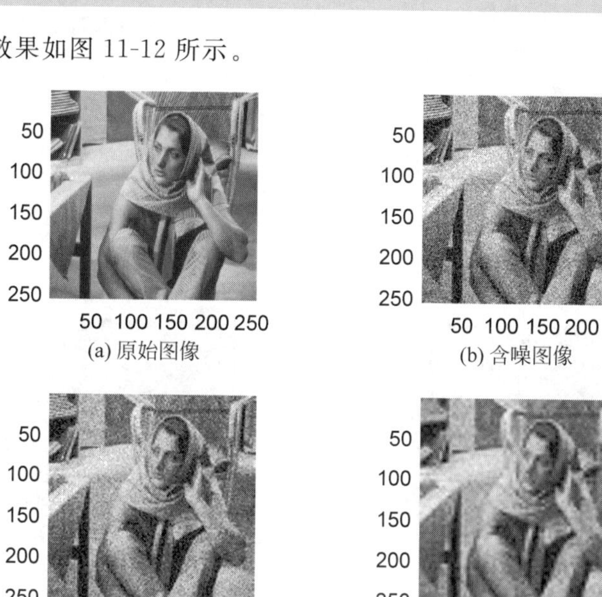

(a) 原始图像　(b) 含噪图像　(c) 第一次降噪处理　(d) 第二次降噪处理

图 11-12　图像降噪处理

【例 11-7】 利用不同母小波函数实现图像的小波阈值降噪。

```
>> clear all;
load flujet;                                    % 载入图像
init = 2055615866;                              % 生成含噪声图像
X1 = X + 10 * randn(size(X));
n = [1 2];                                      % 设置尺度向量
p = [10.28 24.08];                              % 设置阈值向量
[c,l] = wavedec2(X1,2,'db2');                   % 用小波函数 db2 对图像 X1 进行二层分解
nc = wthcoef2('t',c,l,n,p,'s');                 % 对高频小波系数进行阈值处理
mc = wthcoef2('t',nc,l,n,p,'s');                % 再次对高频小波系数进行阈值处理
X2 = waverec2(mc,l,'db2');                      % 图像的二维波重构
[c1,l1] = wavedec2(X1,2,'sym4');                % 用小波函数 sym4 对图像 X1 进行二层分解
nc1 = wthcoef2('t',c1,l1,n,p,'s');              % 对高频小波系数进行阈值处理
mc1 = wthcoef2('t',nc1,l1,n,p,'s');             % 再次对高频小波系数进行阈值处理
X3 = waverec2(mc1,l1,'sym4');                   % 图像的二维小波重构
figure;
colormap(map);
subplot(2,2,1);image(X);axis square;
xlabel('(a)原始图像');
subplot(2,2,2);image(X1);axis square;
xlabel('(b)加入噪声的图像');
subplot(2,2,3);image(X2);axis square;
xlabel('(c)利用 db2 进行小波阈值降噪的图像');
```

```
subplot(2,2,4);image(X3);axis square;
xlabel('(d)利用 sym4 进行小波阈值降噪的图像');
Ps = sum(sum((X - mean(mean(X))).^2));              %计算信噪比
Pn = sum(sum((X1 - X).^2));
Pn1 = sum(sum((X2 - X).^2));
Pn2 = sum(sum((X3 - X).^2));
disp('未处理的含噪声图像信噪比:');
snr = 10 * log10(Ps/Pn)
disp('采用 db2 进行小波降噪的图像信噪比为:')
snr1 = 10 * log10(Ps/Pn1)
disp('采用 sym4 进行小波降噪的图像信噪比为:')
snr2 = 10 * log10(Ps/Pn1)
```

运行程序,输出如下,效果如图 11-13 所示。

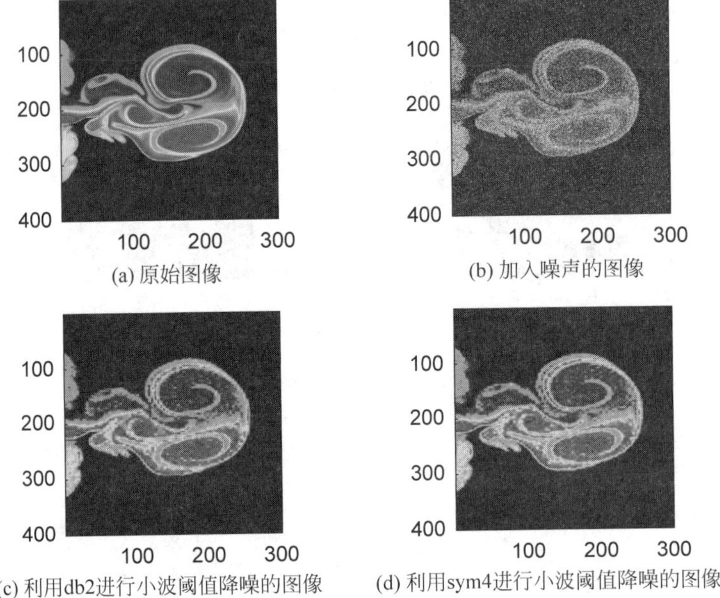

图 11-13　不同母小波函数实现降噪效果

未处理的含噪声图像信噪比:

```
snr =
    4.7615
```

采用 db2 进行小波降噪的图像信噪比为:

```
snr1 =
    14.8191
```

采用 sym4 进行小波降噪的图像信噪比为:

```
snr2 =
    14.8191
```

由结果可以看出，母小波的选择影响图像降噪效果，用户应从实际需求出发，选择合适的母小波。

11.3.4 小波变换在图像平滑中的应用

图像平滑的主要目的是为了降低噪声。一般情况下，在空间域内可以用平均来降低噪声。而在频域，由于噪声多在高频段，因此可以使用各种形式的低通滤波办法来降低噪声。

【例 11-8】 利用小波分析和图像的中值滤波对给定的含噪图像进行平滑处理。

```
>> clear all;
load gatlin;
init = 2788605800;
randn('seed',init);                        % 对图像添加噪声
X = X + 8 * randn(size(X));
subplot(1,2,1);image(X);axis('square');
colormap(map);
xlabel('(a)含噪图像');
% 应用中值滤波进行图像平滑处理
[p,q] = size(X);
for i = 2:p - 1
    for j = 2:q - 1
        Xt = 0;
        for m = 1:3
            for n = 1:3
                Xt = Xt + X(i + m - 2,j + n - 2);
            end
        end
        Xt = Xt/9;
        X1(i,j) = Xt;
    end
end
subplot(1,2,2);image(X1);axis('square');
colormap(map);
xlabel('(b) 中值滤波平滑图像');
```

运行程序，效果如图 11-14 所示。

图 11-14 基于小波的图像平滑处理效果

由图 11-14 可以看出，含噪图像经过基于小波的中值滤波处理后具有较好的平滑效果。

11.3.5 小波变换在图像增强中的应用

图像增强的基本目标是对图像进行一定的处理，使其结果比原图像更适用于特定的应用领域。这里"特定"这个词非常重要，因为几乎所有的图像增强问题都是与问题背景密切相关的，脱离了问题本身，图像的处理结果可能并不一定适用，比如某种方法可能非常适用于处理X射线图像，但同样的方法可能不一定也适用于火星探测图像。

按照处理空间的不同，常用的增强技术可以分为基于图像域和基于变换域两种。前一种方法直接对像素点进行运算；而后一种方法相对比较复杂，它首先将图像从空间域变换到另一个域内表示（最常用的是时域到频域的变换），通过修正相应域内系数达到提高输出图像对比度的目的。

增强是图像处理中最基本的技术之一，小波变换将一幅图像分解为大小、位置和方向均不相同的分量，在作逆变换之前，可根据需要对不同位置、不同方向上的某些分量改变其系数的大小，从而使得某些感兴趣的分量放大而使某些不需要的分量减小。

【例 11-9】 用小波分析对给定的图像进行增强。

```
>> clear all;
load facets
subplot(121);image(X);colormap(map);
xlabel('(a)原始图像');
axis square;
%下面进行图像的增强处理
[c,s] = wavedec2(X,2,'sym4');                    %用小波函数 sym4 对 X 进行二层小波分解
sizec = size(c);
%对分解系数进行处理以突出轮廓部分,弱化细节部分
for i = 1:size(2)
    if(c(i)> 350)
        c(i) = 2 * c(i);
    else
        c(i) = 0.5 * c(i);
    end
end
%下面对处理后的系数进行重构
X1 = waverec2(c,s,'sym4');
%绘制重构后的图像
subplot(1,2,2);image(X1);colormap(map);
xlabel('(b)增强图像');
axis square;
```

运行程序，效果如图 11-15 所示。

11.3.6 小波变换在图像融合中的应用

图像融合是将同一对象的两个或更多的图像合成在一幅图像中，以便它比原来的任何一幅更能容易地为人们所理解。这一技术可应用于多频谱图像理解、医学图像处理等

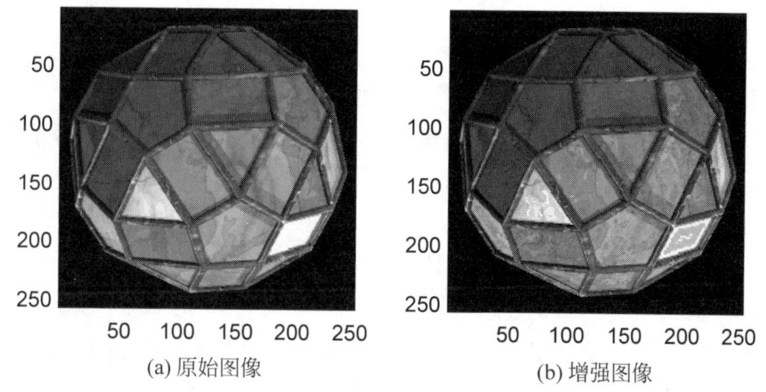

图 11-15　小波分析用于图像增强

领域，在这些领域，同一物体部件的图像往往是采用不同的成像机理得到的。

1. 小波图像融合的原理

对一幅灰度图像进行 N 层的小波分解，形成 $3N+1$ 个不同频带的数据，其中有 $3N$ 个包含细节信息的高频带和 1 个包含近似分量的低频带。分解层数越多，越高层的数据尺寸越小，形成塔状结构，用小波对图像进行多尺度分解的过程，可以看作对图像的多尺度边缘提取过程。小波变换具有空间和频域局部性，它可将图像分解到一系列频率通道中，这与人眼视网膜对图像理解的过程相当，因此基于小波分解的图像融合可能取得良好的视觉效果；图像的小波分解又具有方向性和塔状结构，那么在融合处理时，需要针对不同频率分量、不同方向、不同分解层，或针对同一分解层的不同频率分量采用不同的融合规则进行融合处理，这样就可以充分利用图像的互补和冗余信息来达到良好的融合效果。

对二维图像进行 N 层的小波分解，图像融合的基本步骤为：

(1) 对原始图像分别进行低、高通滤波，使原始图像分解为含有不同频率成分的 4 个子图像，再根据需要对低频子图像重复上面的过程，即建立各图像的小波塔形分解。对每一个原图像分别进行小波分解，建立图像的小波金字塔分解。

(2) 对各个分解层进行融合处理，不同频率的各层根据不同的要求采用不同的融合算子进行融合处理，最终得到融合小波金字塔。

(3) 对融合后的小波金字塔进行小波逆变换(图像重构)，所得的重构图像即为融合图像。小波融合过程如图 11-16 所示，这样可有效地将来自不同图像的细节融合在一起，以满足实际要求，同时有利于人的视觉效果。

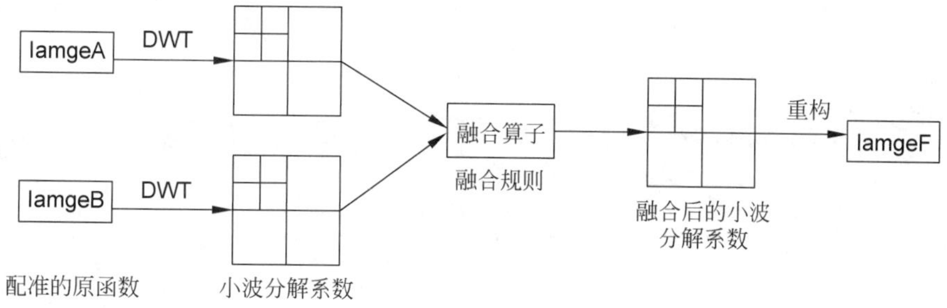

图 11-16　小波融合过程图

2．小波图像融合实现

在MATLAB中，提供了相关的函数用于实现图像的融合，此外，还可以利用基于小波分解和重构的函数及其他函数实现图像的融合。下面对两个函数作简单介绍。

1）wfusimg函数

在MATLAB中，wfusimg函数用于实现图像的简单融合。函数的调用格式为：

XFUS=wfusimg(X1,X2,WNAME,LEVEL,AFUSMETH,DFUSMETH)：返回两个源图像X1和X2融合后的图像XFUS，其中X1和X2的大小相等，参数WNAME表示分解的小波函数，LEVEL表示对源函数X1和X2进行小波分解的层数，AFUSMETH和DFUSMETH表示对源图像低频分量和高频分量进行融合的方法。融合规则可以是max、min、mean、img1、img2和rand，对应的低频或高频融合规则为取最大值、最小值、均值、第一幅图像像素、第二幅图像像素、随机选择。

[XFUS,TXFUS,TX1,TX2]=wfusimg(X1,X2,WNAME,LEVEL,AFUSMETH,DFUSMETH)：该函数中参数含义与上面调用格式相同，只是返回更多的参数，除了返回矩阵XFUS外，还对应于XFUS、X1、X2的WDECTREE小波分解树的3个对象XFUS、TX1、TX2。

wfusimg(X1,X2,WNAME,LEVEL,AFUSMETH,DFUSMETH,FLAGPLOT)：该函数直接画出TXFUS、TX1和TX2这3个对象。

2）wfusmat函数

在MATLAB中，利用wfusmat函数调用设置的图像融合方法，实现图像融合。函数的调用格式为：

C=wfusmat(A,B,METHOD)：函数返回图像矩阵A和B按照METHOD的方法进行图像融合的结果C，其中，A、B和C的大小相等。

【例11-10】 利用wavedec2函数对两幅灰度图像进行变换分解，然后进行图像融合。

```
>> clear all;
load woman;
X1 = X;                                        %复制
map1 = map;                                    %复制
subplot(1,3,1);imshow(X1,map1);
xlabel('(a)原始 woman 图像');
axis square;
load laure;
X2 = X;
map2 = map;
for i = 1:256;
      for j = 1:256;
            if(X2(i,j)> 100)
                X(i,j) = 1.3 * X2(i,j);
            else
                X2(i,j) = 0.6 * X2(i,j);
            end
      end
```

```
end
subplot(1,3,2);imshow(X2,map2);
xlabel ('(b)原始 laure 图像');
[C1,S1] = wavedec2(X1,2,'sym5');                    %进行二层小波分解
sizec1 = size(C1);                                  %处理分解系数,突出轮廓,弱化细节
for i = 1:sizec1(2)                                 %小波系数处理
    C1(i) = 1.3 * C1(i);
end
[C2,S2] = wavedec2(X2,2,'sym5');                    %进行二层小波分解
C = C1 + C2;
C = 0.6 * C;
x = waverec2(C,S1,'sym5');                          %小波变换进行重构
subplot(1,3,3);imshow(x,map);
xlabel('(c)图像融合');
axis square;
```

运行程序,效果如图 11-17 所示。

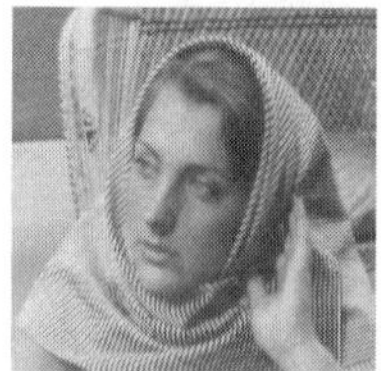
(a) 原始woman图像

(b) 原始laure图像

(c) 图像融合

图 11-17　实现图像融合

【例 11-11】　利用 wfusimg 函数对两个不同的图像进行融合。

```
>> clear all;                               %清除空间变量
load mask;
X1 = X;
load bust;
X2 = X;
%通过 wfusimg 函数实现两种图像的平均融合
XFUSmean = wfusimg(X1,X2,'db2',5,'mean','mean');
%通过 wfusimg 函数实现两种图像的最大值、最小值融合
XFUSmaxmin = wfusimg(X1,X2,'db2',5,'max','min');
colormap(map);
subplot(221), image(X1), axis square,
xlabel('(a)原始 Mask 图像')
subplot(222), image(X2), axis square,
xlabel ('(b)原始 Bust 图像')
subplot(223), image(XFUSmean), axis square,
xlabel ('(c)图像的平均融合');
subplot(224), image(XFUSmaxmin), axis square,
xlabel ('(d)图像的最大最小值融合');
```

运行程序,效果如图 11-18 所示。

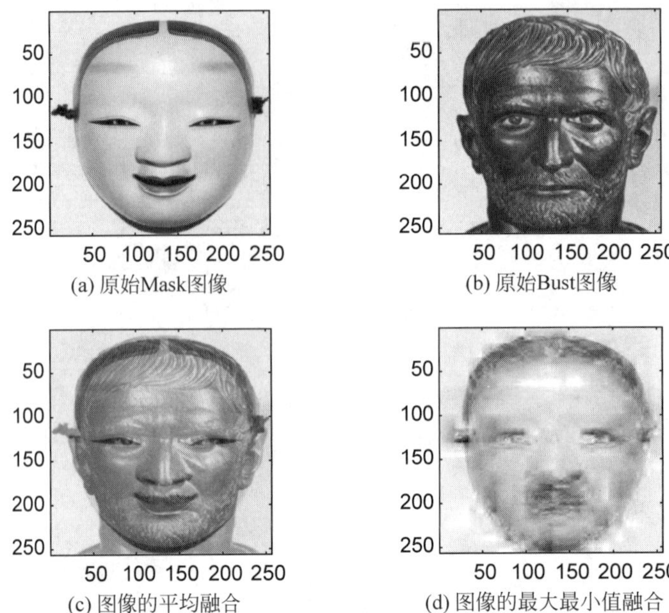

图 11-18　两个不同图像实现融合效果

【例 11-12】 利用 wfusimg 函数对两幅模糊图像进行融合。

```
>> clear all;
load cathe_1;                                    %载入第一幅模糊图像
X1 = X;
subplot(1,3,1);imshow(X1,map);
xlabel('(a)原始 cathe1 图像');
axis square;
load cathe_2;                                    %载入第二幅模糊图像
X2 = X;
subplot(1,3,2);imshow(X2,map);
xlabel('(b)原始 cathe2 图像');
axis square;
xx = wfusimg(X1,X2,'sym5',5,'max','max');       %基于小波分解的图像融合
subplot(1,3,3);imshow(xx,map);
xlabel('(c)恢复图像');
axis square;
```

运行程序,效果如图 11-19 所示。

(a) 原始cathe1图像

(b) 原始cathe2图像

(c) 恢复图像

图 11-19　利用 wfusimg 函数实现图像融合

11.4 小波包在信号处理中的应用

小波包分析属于线性时频分析法,具有良好的时频定位特性以及对信号的自适应能力,因而能够对各种时变信号进行有效的分解。

实际上,在许多问题中我们只是对某些特定时间段或频率段的信号感兴趣,只要提取这些特定的时间或频率点上的信息即可。因此我们自然希望在感兴趣的频率点上最大可能地提高频率分辨率,在感兴趣的时间点上最大程度地提高时间分辨率,而正交小波变换所提供的按固定律变化的时频相平面将不再满足这种要求,其主要原因在于正交小波变换的多分辨率分解只将尺度空间进行了分解,而没有对小波空间进一步分割变细,这就是小波包变换的基本思想。

小波包方法是对信号进行时频分解的一种方法,具有对信号的特征的自适应性,因而能够有效地显示信号的时频特征,小波包分解是通过正交镜像滤波器进行的。假设信号为 $y(t)$,则有递推公式:

$$\begin{cases} y_{2n}(t) = \sqrt{2}\sum_{k} h(k) y_n(2t-k) \\ y_{2n+1}(t) = \sqrt{2}\sum_{k} g(k) y_n(2t-k) \end{cases}$$

函数系$\{y_n(k)\}$称为正交小波包,它是原信号在各种尺度上所有频段的全部分解结果。令 $k=n-2^j$,则 $y_n(k)=y^j_{2+k}(t)$为信号对于尺度 j 在频段 k 上的分解结果。

小波包可以组成许多不同正交基的分解结果,其中比较典型的有小波基和子波基,对于所有的组合选取熵最小者,即得到最佳基。最佳基的分解结果最能表征信号的时频特性,因而体现了该方法对于信号的自适应性。

信号经过小波包分解并选出最佳基后,需要将最佳基上的分解结果在时频面上表示出来。如果原离散信号的样本数为 N,则分解结果可以表示为时频面上 N 个面积为 $\Delta t\times\Delta f$ 的相邻小矩形(Δt 和 Δf 分别为时间和频率分辨率)。

11.4.1 小波包在信号降噪中的应用

小波包的信号降噪思想与小波的信号降噪思想基本相同。不同之处在于:小波包提供了一种更为复杂、更为灵活的分析手段,因为小波包分析对上一层的低频部分和高频部分同时实行分解,具有更加精确的局部分析能力。

对信号进行小波包分解时,可以采用多种小波包基,通常根据分析信号要求,从中选择最好的一种小波包基,即最优基。最优基的选择标准是熵标准。在 MATLAB 的小波工具箱中可通过 besttree 函数进行最优基的选择。

应用小波包分析对信号进行降噪处理是一个最基本的功能。小波包阈值降噪过程主要分为 4 个步骤:

(1) 信号的小波包分解。选择一种小波包基并确定所需分解的层次,然后对信号进行小波包分解。

(2) 最优小波包基的选择。

(3) 小波包分解系数的阈值化。对于每一个小波包分解系数,选择一个恰当的阈值,对小波包分解后的系数进行阈值量化处理。

(4) 信号的小波包重构。对低频系数和经过处理后的高频系数进行小波包重构。

利用小波包进行降噪,首先要选取小波包基和分解的层数。对称性好的小波不产生相位畸变,正则性好的小波易于获得光滑的重构信号。

在 MATLAB 中,提供了 wpdencmp 函数用于使用小波包变换进行信号的压缩或降噪。函数的调用格式为:

[XD, TREED, PERF0, PERFL2] = wpdencmp(X, SORH, N, 'wname', CRIT, PAR, KEEPAPP):对输入信号 X(一维或二维)进行降噪或压缩后的 XD。输出参数 TREED 是 XD 的最佳小波包分解树;PERF0 和 PERFL2 为恢复和压缩 L2 的能量百分比。PERFL2=100*(XD 的小波包系数范数/X 的小波包系数)^2。如果 X 是一维信号,'wname'为正交小波,则 PERFL2= $\frac{\|XD\|^2}{\|X\|^2}$。SORH 的取值为's'或'h',表示是软阈值或硬阈值。输入参数 N 是小波包分解的层数。wname 为包含小波名的字符串。函数使用由字符串 CRIT 定义的熵标准和阈值参数 PAR 实现最佳分解。如果 KEEPAPP=1,则近似信号的小波系数不进行阈值量化;否则,进行量化。

[XD, TREED, PERF0, PERFL2] = wpdencmp(TREE, SORH, CRIT, PAR, KEEPAPP):从信号的小波包分解树 TREE 直接进行降噪或压缩。

【例 11-13】 用小波包及小波方法对产生的含噪信号进行消噪处理。

```
>> clear all;
%产生一个正弦信号(heavy sine),以及它的含噪信号
init = 2055615866;
[xref,x] = wnoise(5,11,7,init);
subplot(2,2,1);plot(xref);
xlabel('(a)原始信号');
subplot(2,2,2);plot(x);
xlabel('(b)含噪声信号');
%给出含噪信号的长度
n = length(x);
thr = sqrt(2*log(n*log(n)/log(2)));
%用 wpdencmp 函数对信号进行降噪
xwpd = wpdencmp(x,'s',4,'sym4','sure',thr,1);
subplot(2,2,3);plot(xwpd);
xlabel('(c)小波包降噪信号')
%用小波方法对信号进行消噪
xwd = wden(x,'rigrsure','s','one',4,'sym4');
subplot(2,2,4);plot(xwd);
xlabel('(d)小波降噪信号')
```

运行程序,效果如图 11-20 所示。

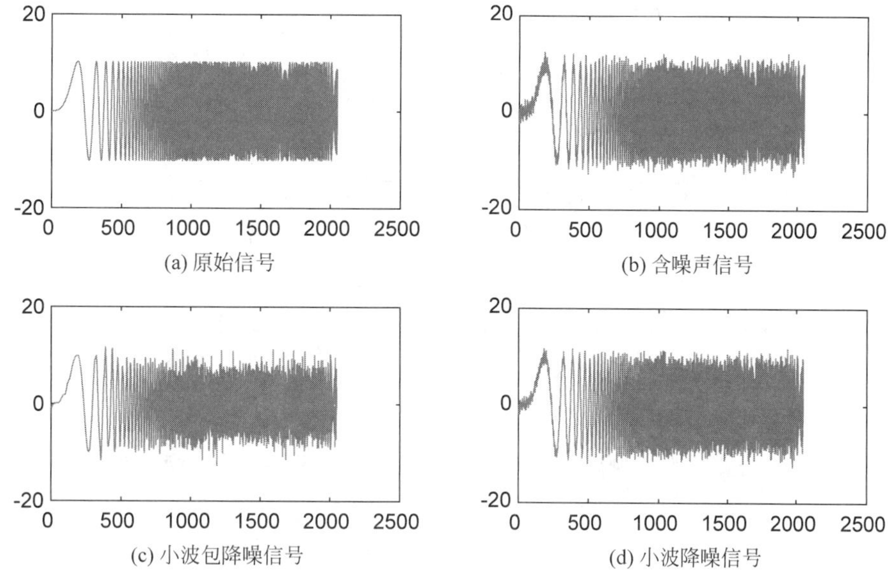

图 11-20　利用小波包对信号进行降噪处理

11.4.2　小波包在信号压缩中的应用

应用小波包分析对信号进行压缩处理是一个最基本的功能。小波包阈值压缩过程与小波包的信号降噪过程一致。

利用小波包进行压缩，首先要选取小波包基和分解的层数。对称性好的小波不产生相位畸变，正则性好的小波易于获得光滑的重构信号。

【例 11-14】　利用小波包分析对一个给定的信号进行压缩处理。

```
>> clear all;
load noisbump;                      %载入原信号
s = noisbump(1:1000);
subplot(2,1,1);plot(s);
xlabel('样本序号 n'); ylabel('幅值 A');
title('原始信号');
%采用默认阈值,以小波包函数 wpdencmp 对 s 进行压缩处理
[thr,sorh,keepapp,crit] = ddencmp('cmp','wp',s);
[s0,treed,perf0,perf12] = wpdencmp(s,sorh,3,'db2',crit,thr,keepapp);
subplot(212);plot(s0);
xlabel('样本序号 n'); ylabel('幅值 A');
title('压缩后的图像');
```

运行程序，效果如图 11-21 所示。

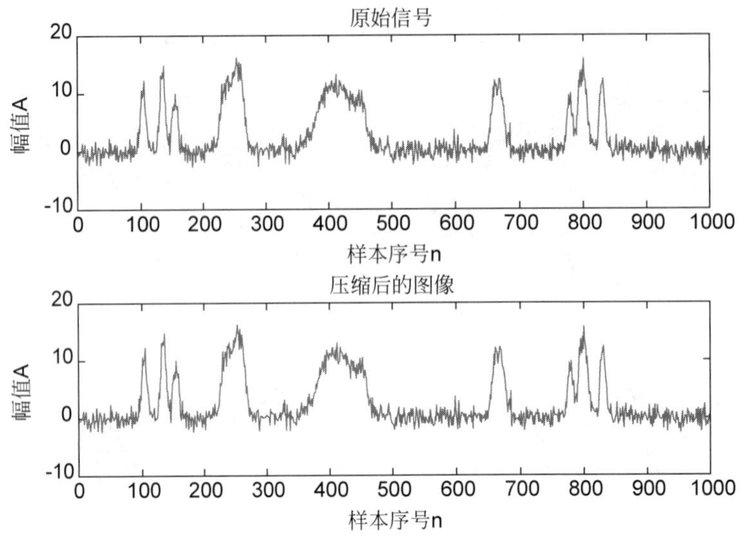

图 11-21 小波包用于信号压缩处理

11.5 小波包在图像处理中的应用

相对于小波变换,小波包变换能够对图像中的高频部分进行分解,具有更强的适应性,因此更加适合于图像的各种处理。

图像的多分辨率分析是一种在不同的分辨率下处理图像中不同信息的方法,它将图像在各种分辨率下的细节提取出来,得到一个拥有不同分辨率的图像细节序列后再进行图像的各种处理。

小波包分析与小波分解相比,是一种更精细的分解方法,它不仅对图像的低频部分进行分解,也要对图像的高频部分进行分解。小波包对图像分解作多分辨率分解是在小波函数对图像的分解基础上发展起来的,通过水平和垂直滤波,小波包变换将原始图像分为 4 个子带:水平和垂直方向上的低频子带,水平和垂直方向上的高频子带。继续对图像的低频和高频子带进行分解就可以得到图像的小波包分解树结构。

11.5.1 小波包在图像降噪中的应用

小波包进行图像降噪处理的基本原理和方法与对信号降噪处理相同,下面直接通过实例来演示小波包在图像降噪中的应用。

【例 11-15】 利用小波包变换对一个带噪的图像进行降噪处理。

```
>> clear all;
load gatlin2;                               %载入原始图像
subplot(2,2,1);image(X);
colormap(map);axis square;
xlabel('(a)原始图像');
%为图像添加噪声
init = 2055615866;
randn('seed',init);
```

```
X1 = X + 8 * randn(size(X));
subplot(2,2,2);image(X1);
colormap(map); axis square;
xlabel('(b)含噪图像');
%基于小波包的降噪处理
thr = 10; sorh = 's';
crit = 'shannon';
keepapp = 0;
X2 = wpdencmp(X1,sorh,3,'sym4',crit,thr,keepapp);
subplot(2,2,3);image(X2);
colormap(map); axis square;
xlabel('(c)全局阈值降噪图像');
%对图像进行平滑处理以增强降噪处理(中值滤波)
for i = 2:175
      for j = 2:259
            Xt = 0;
            for m = 1:3
                for n = 1:3
                     Xt = Xt + X2(i + m - 2,j + n - 2);
                end
            end
            Xt = Xt/9;
            X3(i,j) = Xt;
      end
end
subplot(2,2,4);image(X3);
colormap(map); axis square;
xlabel('(d)平滑后的图像');
```

运行程序,效果如图 11-22 所示。

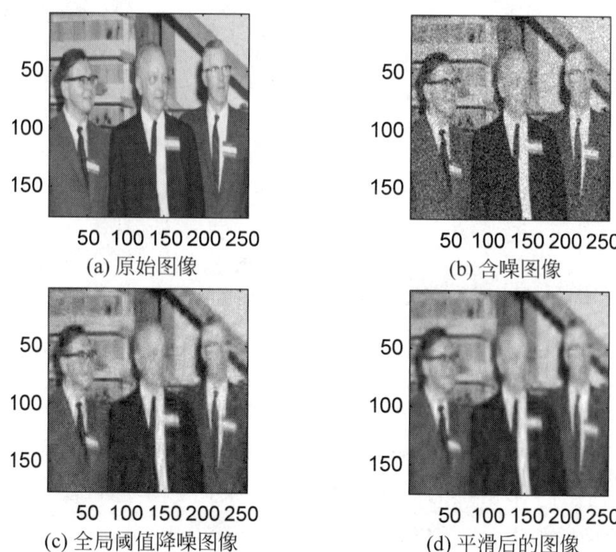

图 11-22 利用小波包变换实现图像降噪处理

除了利用函数 wpdencmp 对图像进行降噪外,还可以利用二维小波包分解函数 wpdec2 来实现图像降噪。

【例 11-16】 利用二维小波包分解对一个含噪的图像进行降噪处理。

```
>> clear all;
load flujet;                                    % 载入原始图像
subplot(131);image(X);
colormap(map);axis square;
xlabel('(a)原始图像');
% 为图像添加噪声
init = 2055615866;
randn('seed',init);
X1 = X + 18 * randn(size(X));
subplot(132);image(X1);
colormap(map); axis square;
xlabel('(b)含噪图像');
% 用小波 sym2 对图像 X1 进行一层小波包分解
T = wpdec2(X1,1,'sym2');
thr = 8.342;                                    % 设置阈值
% 对图像进行小波包分解系数进行软阈值量化
NT = wpthcoef(T,0,'s',thr);
X2 = wprcoef(NT,1);                             % 仅对低频系数进行重构
subplot(133);image(X2);
colormap(map); axis square;
xlabel('(c)降噪后的图像');
```

运行程序,效果如图 11-23 所示。

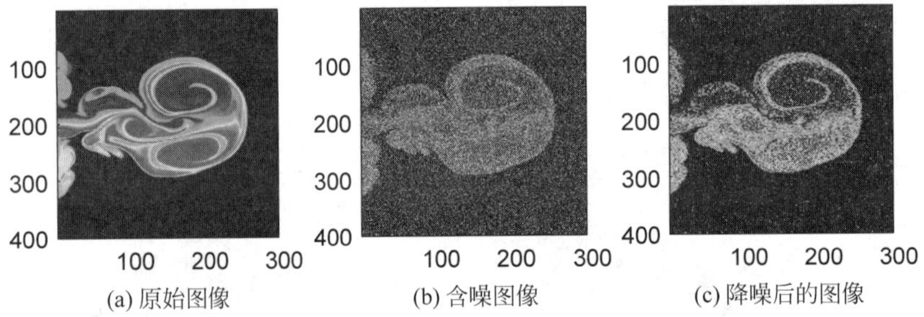

图 11-23 利用小波包分解实现图像降噪处理

11.5.2 小波包在图像压缩中的应用

由 Kunt 等人提出的第二代图像数据压缩算法,充分考虑了人类视觉生理心理特征,侧重于将原始图像在频率内作多层分解,然后对这些信息表示灵活地有选择地编码,可得到高的压缩比和很小的失真度,比第一代图像数据压缩算法仅考虑图像本身的效果好。小波包具有能将空间作精细分解的性质,所以很适合于进行图像数据的压缩。

下面直接通过实例来演示小波包在图像压缩中的应用。

【例 11-17】 利用小波包对图像进行压缩处理。

```
>> clear all;
load detfingr;                                  % 载入原始图像
```

```
subplot(121);image(X);
colormap(map);axis square;
xlabel('(a)原始图像');
%采用默认的全局阈值
[thr,sorh,keepapp,crit] = ddencmp('cmp','wp',X);
[Xc,treed,perf0,perf12] = wpdencmp(X,sorh,3,'bior3.1',crit,thr,keepapp);   %图像压缩
subplot(122);image(Xc);
colormap(map); axis square;
xlabel('(b)压缩后的图像');
%给出压缩效率
disp('小波分解系数中置0的系数个数百分比:')
perf0
disp('压缩后图像剩余能量百分比:')
perf12
```

运行程序,输出如下,效果如图 11-24 所示。

```
小波分解系数中置0的系数个数百分比:
perf0 =
    57.9948
压缩后图像剩余能量百分比:
perf12 =
    99.9778
```

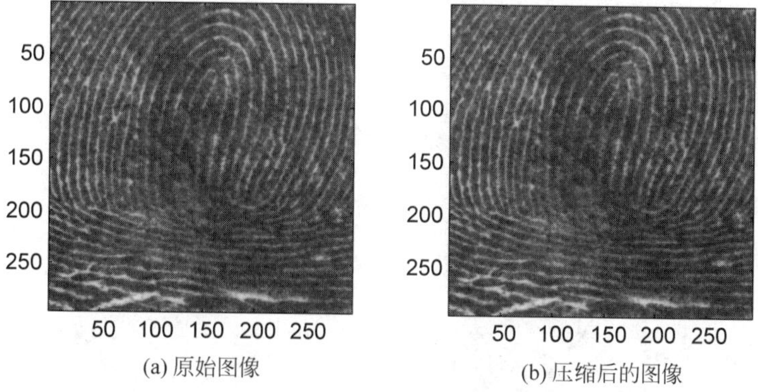

(a) 原始图像　　(b) 压缩后的图像

图 11-24　小波包对图像的压缩处理

11.5.3　小波包在图像边缘检测中的应用

图像的边缘检测是对图像进行进一步处理和识别的基础,虽然图像边缘产生的原因不同,但反映在图像的组成基元上,它们都是图像上灰度的不连续点或灰度剧烈变化的地方,这就意味着图像的边缘就是信号的高频部分。因此所有的边缘检测方法都是检测信号的高频分量,但是在实际图像中,由于噪声的存在,边缘检测成为一个难题。

小波包分解后得到的图像序列由近似部分和细节部分组成,近似部分是原图像对高频部分进行滤波所得的近似表示。经滤波后,近似部分去除了高频分量,因此能够检测到原图像中所检测不到的边缘。

下面直接通过实例来演示小波包在图像边缘检测中的应用。

【例 11-18】 利用小波包分解法实现二维图像的边缘检测。

```
>> clear all;
load mask;                              %装载并显示原始图像
%加入含噪
init = 2055615866;
randn('seed',init);
X1 = X + 20 * randn(size(X));
subplot(2,2,1);image(X1);
colormap(map);
xlabel('(a)原始图像');
axis square;
%用小波 db4 对图像 X 进行一层小波包分解
T = wpdec2(X1,1,'db4');
%重构图像近似部分
A = wprcoef(T,[1 0]);
subplot(2,2,2);image(A);
xlabel('(b)图像的近似部分');
axis square;
%%原图像的边缘检测
BW1 = edge(X1,'prewitt');
subplot(2,2,3);imshow(BW1);
xlabel('(c)原图像的边缘');
axis square;
%%图像近似部分的边缘检测
BW2 = edge(A,'prewitt');
subplot(2,2,4);imshow(BW2);
xlabel('(d)图像近似部分的边缘');
axis square;
```

运行程序,效果如图 11-25 所示。

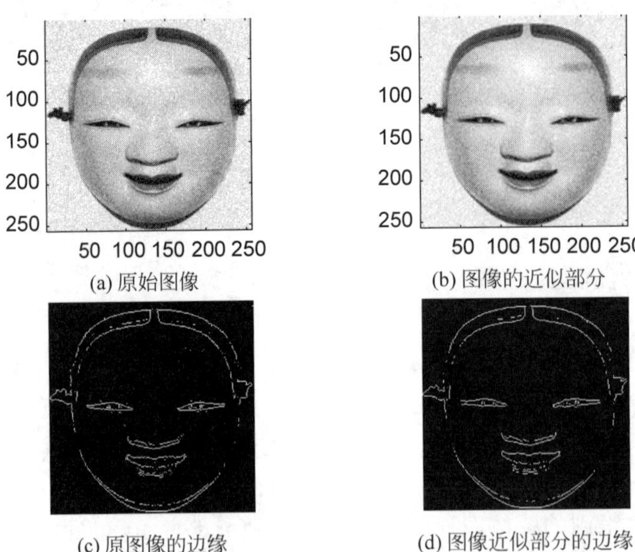

图 11-25　小波包实现图像的边缘检测

第12章 MATLAB偏微分方程工具箱

解偏微分方程在数学和物理学中的应用广泛,理论丰富。但是,很多理工科的学生,特别是工程人员往往为偏微分方程的复杂求解而烦恼。

本章主要介绍利用MATLAB自带的PDE工具箱求解微分方程。众所周知,解偏微分方程不是一件轻松的事情,但是,偏微分方程在自然科学和工程领域应用很广,因此,研究解偏微分方程的方法,以及开发解偏微分方程的工具,是数学和计算机领域中的一项重要工作。

MATLAB提供专门的用于解二维偏微分方程的工具箱,使用这个工具箱,一方面可以解偏微分方程,另一方面可以学习如何把求解数学问题的过程与方法工程化。

12.1 偏微分方程的定解问题

各种物理性质的定常(即不随时间变化)过程,都可用椭圆型方程来描述,其最典型、最简单的形式为泊松(Poisson)方程:

$$\Delta u = \frac{\partial^2 u}{\partial x^2} + \frac{\partial^2 u}{\partial y^2} = f(x,y)$$

特别地,当 $f(x,y)=0$ 时,即为拉普拉斯(Laplace)方程,又称为调和方程。

$$\Delta u = \frac{\partial^2 u}{\partial x^2} + \frac{\partial^2 u}{\partial y^2} = 0$$

带有稳定热源或内部无热源的稳定温度场的温度分布、不可压缩液体的稳定无旋流动及静电场的电势等均满足这类方程。

Poisson方程的第一边值问题为:

$$\begin{cases} \Delta u = \dfrac{\partial^2 u}{\partial x^2} + \dfrac{\partial^2 u}{\partial y^2} = f(x,y), & (x,y) \in \Omega \\ u(x,y)\mid_{(x,y)\in\Gamma} = \varphi(x,y), & \Gamma = \partial\Omega \end{cases}$$

其中,Ω 为以 Γ 为边界的有界区域,Γ 为分段光滑曲线,$\Gamma \cup \Gamma$ 为定解区域,$f(x,y)$、$\varphi(x,y)$ 分别为 Ω、Γ 上的已知连续函数。

第二类和第三类边界条件可统一表示为:

$$\left(\frac{\partial u}{\partial n}+\alpha u\right)\bigg|_{(x,y)\in\Gamma}=\varphi(x,y)$$

其中，n 为边界 Γ 的外法线方向。当 $\alpha=0$ 时为第二类边界条件，$\alpha\neq 0$ 时为第三类边界条件。

在研究热传导过程、气体扩散现象及电磁场的传播等随时间变化的问题时，常常会遇到抛物线型方程。其最简单的形式为一维热传导方程：

$$\frac{\partial u}{\partial t}-a\frac{\partial^2 u}{\partial x^2}=0,\quad a>0$$

上述方程可以有两种不同类型的定解问题。

一种是初始问题(也称为 Cauchy 问题)：

$$\begin{cases}\dfrac{\partial u}{\partial t}-a\dfrac{\partial^2 u}{\partial x^2}=0, & t>0,-\infty<x<+\infty\\ u(x,0)=\varphi(x), & -\infty<x<+\infty\end{cases}$$

另一种是初始边值问题：

$$\begin{cases}\dfrac{\partial u}{\partial t}-a\dfrac{\partial^2 u}{\partial x^2}=0, & 0<t<T,0<x<l\\ u(x,0)=\varphi(x) & \\ u(0,t)=g_1(t),u(l,t)=g_2(t), & 0\leqslant t\leqslant T\end{cases}$$

简记为：

$$\frac{1}{h^2}\Delta u_{k,j}=f_{k,j}$$

其中，$\Delta u_{k,j}=u_{k+1,j}+u_{k-1,j}+u_{k,j+1}+u_{k,j-1}-4u_{k,j}$。

求解差分方程组最常用的方法是同步迭代法，同步迭代法是最简单的迭代方程。除边界节点外，区域内节点的初始值是任意取定的。

例如，用五点菱形格式求解 Laplace 方程第一边值问题：

$$\begin{cases}\dfrac{\partial^2 u}{\partial x^2}+\dfrac{\partial^2 u}{\partial y^2}=0, & (x,y)\in\Omega\\ u(x,y)\,|_{(x,y)\in\Gamma}=\lg[(1+x)^2+y^2], & \Gamma=\partial\Omega\end{cases}$$

其中，$\Omega=\{(x,y)\,|\,0\leqslant x,y\leqslant 1\}$，取 $h=\tau=1/3$。

当 $h=\tau$ 时，利用点 (k,j)，$(k\pm 1,j-1)(k\pm 1,j+1)$ 构造的差分格式为：

$$\frac{1}{2h^2}(u_{k+1,j+1}+u_{k+1,j-1}+u_{k-1,j+1}+u_{k-1,j-1}-4u_{k,j})=f_{k,j}$$

称为五点矩形格式，简记为：

$$\frac{1}{2h^2}\Delta u_{k,j}=f_{k,j}$$

其中，$\Delta u_{k,j}=u_{k+1,j+1}+u_{k+1,j-1}+u_{k-1,j+1}+u_{k-1,j-1}-4u_{k,j}$。

12.2 偏微分方程的数值解

MATLAB 中的偏微分方程(PDE)工具箱是用有限元法寻求典型偏微分方程的数值近似解，采用工具箱求解偏微分方程的具体步骤为：几何描述、边界条件描述、偏微分方程类型选择、有限元划分计算网络、初始化条件输入，最后给出偏微分方程的数值解(包括画图)。

下面讨论的方程是定义在平面上的有界区域 Ω 上，区域的边界记作∂Ω。

MATLAB 工具箱可以解决下列类型的偏微分方程。

1. 椭圆型偏微分方程

椭圆型微分方程的描述形式为：

$$-\nabla\cdot(c\,\nabla u)+au=f$$

其中 $u=u(x,y)$，$(x,y)\in\Omega$，Ω 为平面上的有界区域，c、a、f 为标量复函数形式的系数。

2. 抛物线型偏微分方程

抛物线型偏微分方程的一般形式描述为：

$$d\frac{\partial u}{\partial t}-\nabla\cdot(c\,\nabla u)+au=f$$

其中，$u=u(x,y)$，$(x,y)\in\Omega$，Ω 为平面上的有界区域，c、a、f、d 为标量复函数形式的系数。

3. 双曲型偏微分方程

双曲型偏微分方程的一般形式描述为：

$$d\frac{\partial^2 u}{\partial t^2}-\nabla\cdot(c\,\nabla u)+au=f$$

其中，$u=u(x,y)$，$(x,y)\in\Omega$，Ω 为平面上的有界区域，c、a、f、d 为标量复函数形式的系数。

4. 特征值偏微分方程

特征值偏微分方程的一般形式描述为：

$$-\nabla\cdot(c\,\nabla u)+au=\lambda du$$

其中，$u=u(x,y)$，$(x,y)\in\Omega$，Ω 为平面上的有界区域，λ 为待求特征值，c、a、f、d 为标量复函数形式的系数。

5. 非线性椭圆型偏微分方程

非线性椭圆型偏微分方程的一般形式描述为：

$$-\nabla\cdot(c\,\nabla u\,\nabla u)+a(u)u=f(u)$$

其中，$u=u(x,y)$，$(x,y)\in\Omega$，Ω 为平面上的有界区域，c、a、f 为关于 u 的函数。

6. 解边界条件方程组

边界条件方程组主要表现为：

$$\begin{cases}-\nabla\cdot(c_{11}\,\nabla u_1)-\nabla\cdot(c_{12}\,\nabla u_2)+a_{11}u_1+a_{12}u_2=f_1\\ -\nabla\cdot(c_{21}\,\nabla u_1)-\nabla\cdot(c_{22}\,\nabla u_2)+a_{21}u_1+a_{22}u_2=f_2\end{cases}$$

有关 MATLAB 工具箱中的边界条件主要有以下 3 种。

第一类边界条件(Dirichlet 条件)：

$$hu = r$$

第二类边界条件(Neumann 条件)：

$$n(c\nabla u) + qu = g$$

在两个偏微分方程构成方程组的情况下，边界条件可写成如下形式。

Dirichlet 条件：

$$\begin{cases} h_{11}u_1 + h_{12}u_2 = r_1 \\ h_{21}u_1 + h_{22}u_2 = r_2 \end{cases}$$

Neumann 条件：

$$\begin{cases} n(c_{11}\nabla u_1) + n(c_{12}\nabla u_2) + q_{11}u_1 + q_{12}u_2 = g_1 \\ n(c_{21}\nabla u_1) + n(c_{22}\nabla u_2) + q_{21}u_1 + q_{22}u_2 = g_2 \end{cases}$$

混合条件：

$$\begin{cases} n(c_{11}\nabla u_1) + n(c_{12}\nabla u_2) + q_{11}u_1 + q_{12}u_2 = g_1 + h_{11}u \\ n(c_{21}\nabla u_1) + n(c_{22}\nabla u_2) + q_{21}u_1 + q_{22}u_2 = g_2 + h_{12}u \end{cases}$$

其中，g、h、q、r 是边界$\partial\Omega$上的复值函数，n 为边界$\partial\Omega$上向外的单位法向量。

在 MATLAB 中，提供了相关函数用于实现对应的特殊偏微分方程，下面通过实例给予介绍。

【例 12-1】 已知泊松方程：

$$-\nabla^2 u = 1$$

求解区域为单位圆盘，边界条件为在圆盘边界上 $u=0$。

它的精确解为：

$$u(x,y) = \frac{1-x^2-y^2}{4}$$

下面求它的数值解。

(1) 定义问题。

```
>> clear all;
g = 'circleg';                  %单位圆
b = 'circleb1';                 %边界上为零条件
c = 1;a = 0;f = 1;              %即为标准
```

(2) 产生初始的三角形网格。

```
[p,e,t] = initmesh(g);              %初始网格化
```

(3) 迭代直到得到误差允许范围内的合格解。

```
error = [];err = 1;
while err > 0.01;
```

```
        [p,e,t] = refinemesh(g,p,e,t);               %二次网格化
        u = assempde(b,p,e,t,c,a,f);                  %椭圆型偏微分方程
        exact = (1 - p(1,:).^2 - p(2,:).^2)/4;
        err = norm(u - exact',inf);
        error = [error err];
end
```

(4) 绘制图形,显示结果。

```
subplot(2,2,1);pdemesh(p,e,t);
subplot(2,2,2);pdesurf(p,t,u);
subplot(2,2,3);pdesurf(p,t,u - exact');
```

运行程序,效果如图 12-1 所示。

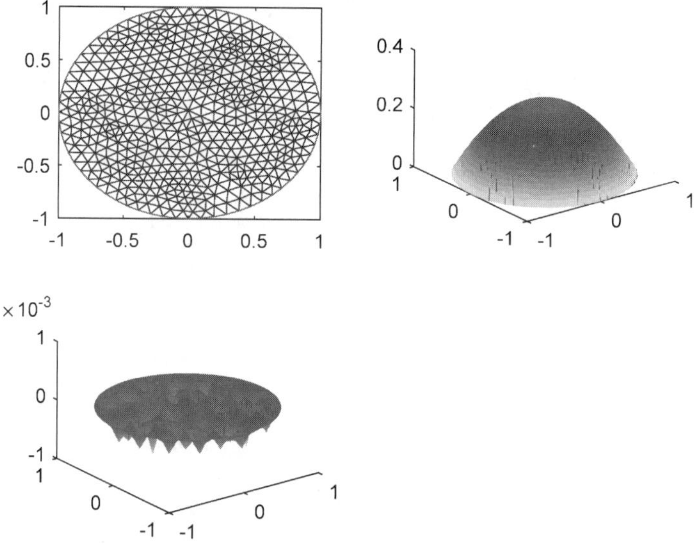

图 12-1　泊松方程数值解

【例 12-2】 在几何区域 $-1\leqslant x,y\leqslant 1$,当 $x^2+y^2<0.4^2$ 时,$u(0)=1$,其他区域上 $u(0)=0$,且满足 Dirichlet 边界条件 $u=0$,求在时刻 0,0.005,0.01,…,0.1 处热传导方程 $\frac{\partial u}{\partial t}=\Delta u$ 的解。

```
>> clear all;
[p,e,t] = initmesh('squareg');
[p,e,t] = refinemesh('squareg',p,e,t);
u0 = zeros(size(p,2),1);
ix = find(sqrt(p(1,:).^2 + p(2,:).^2)< 0.4);
u0(ix) = ones(size(ix));
tlist = linspace(0,0.1,20);
uu = parabolic(u0,tlist,'squareb1',p,e,t,1,0,0,1); %抛物线型方程
pdesurf(p,t,uu);
```

运行程序，输出如下，效果如图 12-2 所示。

```
107 successful steps
0 failed attempts
216 function evaluations
1 partial derivatives
21 LU decompositions
215 solutions of linear systems
```

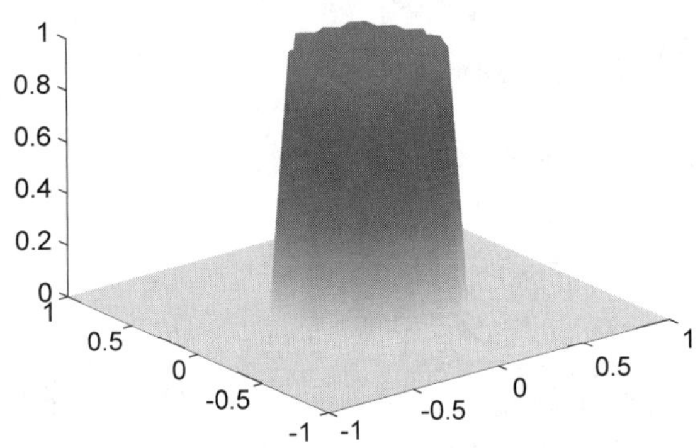

图 12-2　抛物线型偏微分方程曲面图

【例 12-3】 已知在正方形区域 $-1\leqslant x, y\leqslant 1$ 上的波动方程：

$$\frac{\partial^2 u}{\partial t^2} = \Delta u$$

边界条件：当 $x=\pm 1$ 时，$u=0, \frac{\partial u}{\partial n}=0$。

初始条件：$y=\pm 1$ 时，$u(0)=a\tan(\cos(\pi x)), \frac{du(0)}{dt}=3\sin(\pi x)e^{(\cos\pi y)}$。

求该双曲偏微分方程在时间 0～0.1 的 20 个点上的解，并绘制表面图。

（1）定义问题。

```
>> clear all;
g = 'squareg';                %单位圆
b = 'squareb1';               %边界上为零条件
c = 1;a = 0;f = 0;d = 1;      %即为标准
```

（2）产生初始的三角形网格。

```
[p,e,t] = initmesh(g);        %初始网格化
```

（3）定义初始条件。

```
u0 = zeros(size(p,2),1);
ix = find(sqrt(p(1,:).^2 + p(2,:).^2)< 0.4);
u0(ix) = 1;
```

(4) 在时间段为 0～0.1 的 20 个点上求解。

```
nframe = 20;
tlist = linspace(0,0.1,nframe);
u1 = parabolic(u0,tlist,b,p,e,t,c,a,f,d);                    %双曲线偏微分方程
```

(5) 运动图示效果。

```
for j = 1:nframe
     pdesurf(p,t,u1(:,j));
     mv(j) = getframe;
end
movie(mv,10);
```

运行程序,输出如下,效果如图 12-3 所示。

```
84 successful steps
1 failed attempts
172 function evaluations
1 partial derivatives
18 LU decompositions
171 solutions of linear systems
```

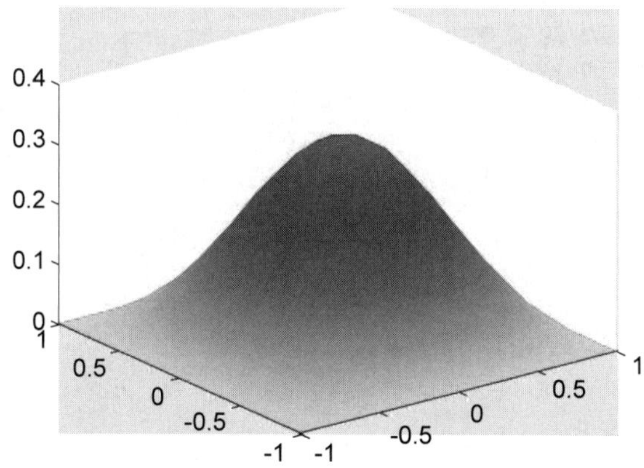

图 12-3 双曲线偏微分方程曲面图

【例 12-4】 求解方程 $-\nabla u=\lambda u$ 在 L 型区域上小于 100 的特征值及其相应的特征模态,并显示第 1 个特征、MATLAB 函数及第 18 个特征的表面图。

```
>> clear all;
[p,e,t] = initmesh('lshapeg');
[p,e,t] = refinemesh('lshapeg',p,e,t);
[p,e,t] = refinemesh('lshapeg',p,e,t);
```

```
[v,l] = pdeeig('lshapeb',p,e,t,1,0,1,[ - Inf 100]);          % 特征值偏微分方程
l(1)                                                         % 第 1 个特征值
pdesurf(p,t,v(:,1));set(gcf,'color','w');
figure
membrane(1,20,9,9);set(gcf,'color','w');                     % MATLAB 函数
figure
l(18)                                                        % 第 18 个特征值
pdesurf(p,t,v(:,16));set(gcf,'color','w');
```

运行程序,输出如下,效果如图 12-4～图 12-6 所示。

```
                   Basis =  10, Time =  0.13, New conv eig =  2
                   Basis =  13, Time =  0.13, New conv eig =  2
                   Basis =  16, Time =  0.13, New conv eig =  3
                   Basis =  19, Time =  0.13, New conv eig =  4
                   Basis =  22, Time =  0.17, New conv eig =  5
                   Basis =  25, Time =  0.17, New conv eig =  6
                   Basis =  28, Time =  0.17, New conv eig =  6
                   Basis =  31, Time =  0.17, New conv eig =  8
                   Basis =  34, Time =  0.22, New conv eig =  9
                   Basis =  37, Time =  0.22, New conv eig =  9
                   Basis =  40, Time =  0.22, New conv eig =  11
                   Basis =  43, Time =  0.22, New conv eig =  12
                   Basis =  46, Time =  0.22, New conv eig =  17
                   Basis =  49, Time =  0.22, New conv eig =  18
                   Basis =  52, Time =  0.27, New conv eig =  20
                   Basis =  55, Time =  0.27, New conv eig =  26
                   Basis =  58, Time =  0.27, New conv eig =  29
End of sweep: Basis =  58, Time =  0.27, New conv eig =  29
                   Basis =  39, Time =  0.31, New conv eig =  0
                   Basis =  42, Time =  0.31, New conv eig =  0
                   Basis =  45, Time =  0.31, New conv eig =  0
End of sweep: Basis =  45, Time =  0.31, New conv eig =  0
ans =
     9.6703
ans =
     99.8510
```

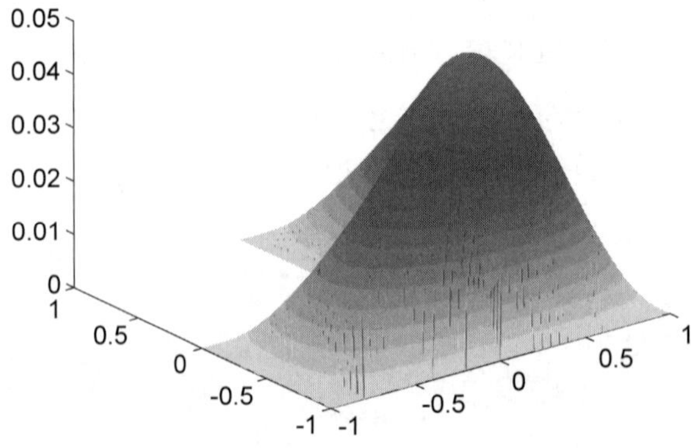

图 12-4　第 1 个特征值曲面图

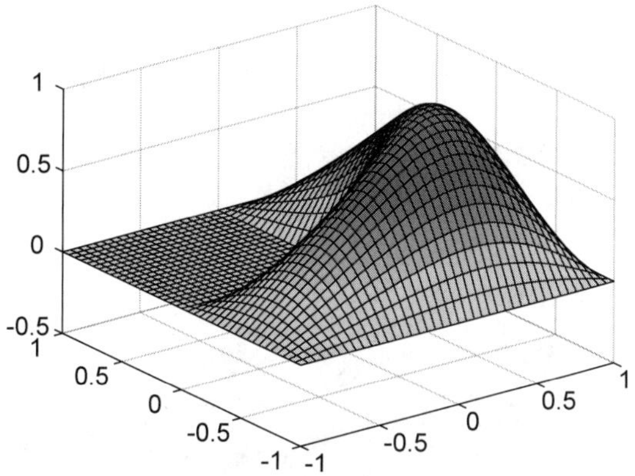

图 12-5 MATLAB 函数曲面图

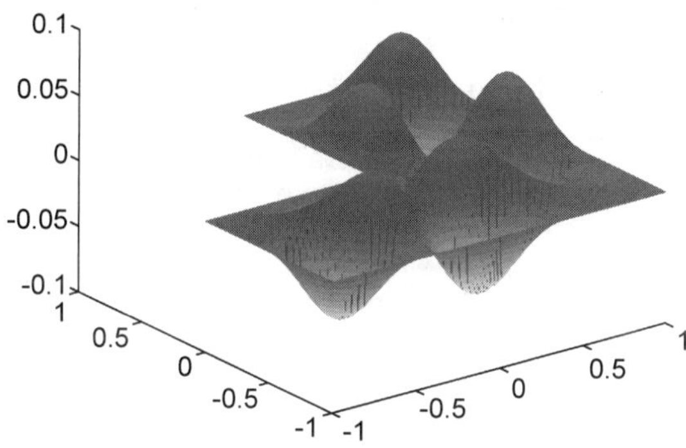

图 12-6 第 18 个特征值曲面图

【例 12-5】 利用差分法求解椭圆方程 $u_{xx}+u_{yy}=0$。

利用二阶导数的中心差分公式可以得到二维 Laplace 方程 $u_{xx}+u_{yy}=0$ 的差分公式，即：

$$\frac{u(x+\Delta x,y)-2u(x,y)+u(x-\Delta x,y)}{(\Delta x)^2}+\frac{u(x,y+\Delta y)-2u(x,y)+u(x,y-\Delta y)}{(\Delta y)^2}=0$$

设正方形的一边温度为 10℃，其余各边的温度为 0℃，求稳定的温度场。

按照差分公式，任意设定内部各点的温度为 0℃，并假定当两次迭代计算的值误差小于 0.01 时，就停止计算。实现代码为：

```
>> clear all;
u = zeros(100,100);
u(100,:) = 10;
uold = u + 1;
unew = u;
for k = 1:500
   if max(max(abs(u - uold)))> = 0.01
        unew(2:99,2:99) = 0.25 * (u(3:100,2:99) + u(1:98,2:99) + u(2:99,3:100) + u(2:99,1:98));
        uold = u;
        u = unew;
   end
end
surf(u);set(gcf,'color','w');                    %设置图形背景为白色
```

运行程序,效果如图 12-7 所示。

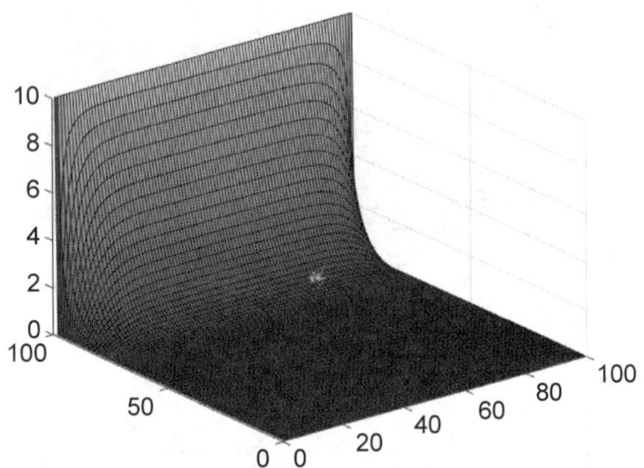

图 12-7　差分法计算平面温度场结果的图形效果

最后,给出求解 Laplace 方程的松弛法。如果在差分公式中,可将上一步得到的格点值替代旧值,并且每次算出的新值也替换成新值与旧值的"组合",则得到下列松弛法的计算公式,其中 $0<w<2$。这个公式可以用变分原理去证明。

$$u(i,j)=(1-w)u(i,j)+\frac{w}{4}[u(i+1,j)+u(i-1,j)+u(i,j+1)+u(i,j-1)]$$

下面利用松弛法计算平面温度场,已知定解问题如下:

$$\begin{cases} u_{xx}+u_{yy}=0 \\ u(0,y)=0,u(a,y)=\mu\sin\dfrac{3\pi y}{b} \\ u(x,0)=0,u(x,b)=\mu\sin\dfrac{3\pi y}{b}\cos\dfrac{\pi x}{a} \end{cases}$$

为了进行数值计算,则取 $\mu=1,a=3,b=2$。实现代码为:

```
>> omega = 1.5;
x = linspace(0,3,30);
y = linspace(0,2,20);
phi(:,30) = sin(3 * pi/2 * y)';
phi(20,:) = (sin(pi * x). * cos(pi/3 * x));
for N = 1:100
     for i = 2:19
         for j = 2:29
               ph = (phi(i + 1,j) + phi(i - 1,j) + phi(i,j + 1) + phi(i,j - 1));
               phi(i,j) = (1 - omega) * phi(i,j) + 0.25 * omega * (ph);
         end
     end
end
colormap([0.5,0.5,0.5]);
figure;surfc(phi);
set(gcf,'color','w');              %设置图形背景为白色
```

运行程序,效果如图 12-8 所示。

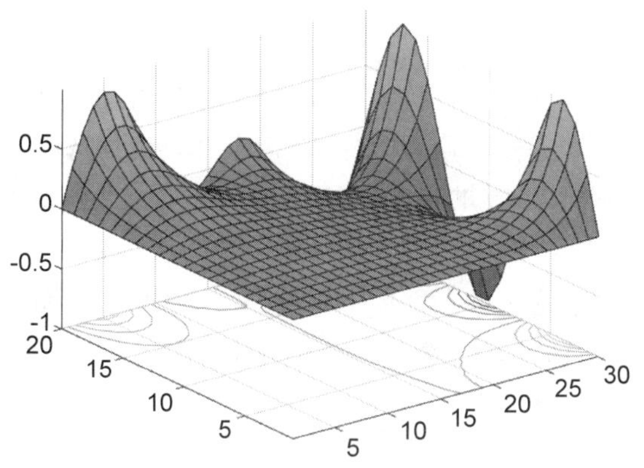

图 12-8　松弛法计算平面温度场的图形效果

12.3　偏微分方程工具箱简介

在命令行窗口中输入 pdetool,窗口打开进入工作状态。提供两种解方程的方法：一种是通过函数进行编程,或命令行的方式解方程,偏微分方程常用函数及说明如表 12-1 所示；另一种是对窗口进行交互操作。

表 12-1　偏微分方程常用函数及说明

函　数	说　明
adaptmesh	生成自适应网格及偏微分方程的解
assemb	生成边界质量和刚度矩阵
assema	生成积分区域上的质量和刚度矩阵
assempde	组成偏微分方程的刚度矩阵
hyperbolic	求解双曲线型偏微分方程
parabolic	求解抛物线型偏微分方程
pdeeig	求解特征值型偏微分方程
pdenonlin	求解非线性型微分方程
poisolv	利用矩阵格式快速求解泊松方程
pdeellip	绘制椭圆
pdecirc	绘制圆
pdepoly	绘制多边形
pderect	绘制矩形
csgchk	检查几何矩阵的有效性
initmesh	产生最初的三角形网格
pdemesh	绘制偏微分方程的三角形网格
pdesurf	绘制表面图命令

一般来说,用函数解方程比较烦琐,而通过窗口交互操作比较简单。解方程的全部过程及结果都可以输出保存为文本文件,限于篇幅,本章主要介绍窗口交互操作解偏微分方程的方法。

1. 确定待解的偏微分方程

使用函数 assempde 可以对待解的偏微分方程加以描述。在交互操作中,为了方便用户把常见问题归结为几个类型,可以在窗口工具栏上找到选择类型的弹出菜单,这些类型为通用问题、通用系统(二维的偏微分方程组)、平面能力、结构力学平面应变、静电学、静磁学、交流电电磁学、直流电导电介质、热传导、扩展。

确定问题类型后,可以在 PDE Specification 对话框窗口中输入 c、a、f、d 等系统(函数),这样就确定了待解的偏微分方程。

2. 确定边界条件

使用函数 assemb 可以描述边界条件。用 pdetool 提供的边界条件对话框,在对话框中输入 g、h、q、r 等边界条件。

3. 确定偏微分方程所在域的几何图形

可以用表 12-1 中的函数画出 Ω 域的几何图形,如 pdeellip: 绘制椭圆; pderect: 绘制矩形; pdepoly: 绘制多边形。也可以用鼠标在 pdetool 的绘图窗口中直接绘制 Ω 域的几何图形。pdetool 提供了类似于函数那样画圆、椭圆、矩形、多边形的工具。

无论哪种画法,图形一经画出,pdetool 就为这个图形自动取名,并把代表图形的名字放入 Set formula 窗口。在这个窗口中,可以实现对图形的拓扑运算,以便构造复杂的 Ω 域几何图形。

4. 划分有限元

对域进行有限元划分的函数有 initmesh(基本划分)和 refinemesh(精细划分)等。

在 pdetool 窗口中直接单击划分有限元的按钮来划分有限元,划分的方法与上面的函数相对应。

5. 解方程

经过前面 4 个步骤后就可以解方程了。解方程的函数有 adaptmesh: 解方程的通用函数; poisolv: 矩形有限元解椭圆型方程; parabolic: 解抛物线型方程; hyperbolic: 解双曲线型方程。

在 pdetool 窗口中直接单击解方程的按钮即可解方程,解方程所耗费的时间取决于有限元划分的多少。

12.4 用户界面求解偏微分方程

本节主要介绍利用 pdetool 工具箱求解偏微分方程的相关操作。

12.4.1 用户界面求解椭圆型偏微分方程

有关椭圆型偏微分方程的数值求解在 12.2 节已经介绍过,在此主要介绍利用

pdetool 求解椭圆型偏微分方程。

【例 12-6】 求解在域 Ω 上泊松方程 $-\Delta U=1$、边界条件 $\partial\Omega$ 上 $U=0$ 的数值解，其中 Ω 是一个单位圆。

其实现的步骤为：

(1) 启动 pdetool 界面。在 MATLAB 命令行窗口中输入 pdetool 后按 Enter 键，即弹出一个 PDE Toolbox 对话框，然后绘制一个单位圆，并单击 ∂Ω 图标，弹出如图 12-9 所示的界面。

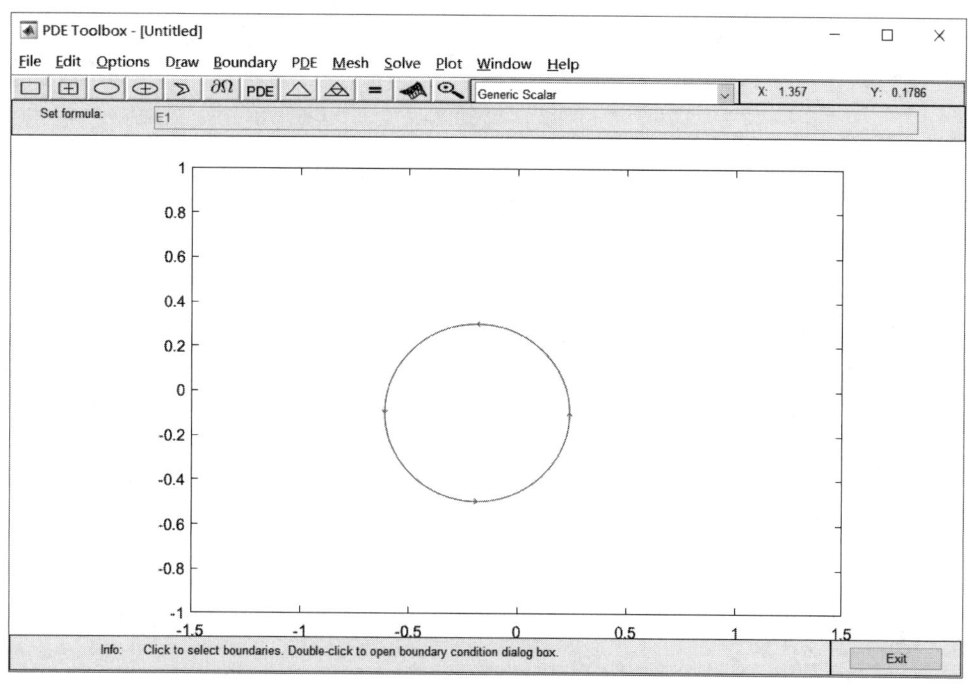

图 12-9 单位圆

(2) 在菜单中选择 Boundary | Specify Boundary Conditions，将边界条件选中为 Dirichlet 并设置 h=1，r=0，如图 12-10 所示。

Boundary Condition

Boundary condition equation:	h*u=r		
Condition type:	Coefficient	Value	Description
○ Neumann	g	0	
◉ Dirichlet	q	0	
	h	1	
	r	0	

OK Cancel

图 12-10 边界条件设置界面

(3) 单击 PDE 按钮，弹出如图 12-11 所示的对话框，选择 Type of PDF 为 Elliptic 并设置 c=1，a=0，f=10。

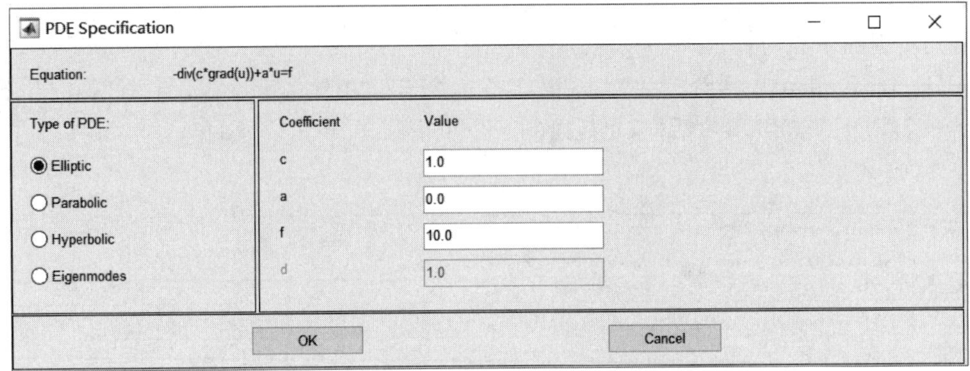

图 12-11　设置偏微分方程的类型

(4) 划分单元。单击三角按钮，弹出如图 12-12 所示的对话框。继续单击双三角按钮，弹出如图 12-13 所示的对话框。

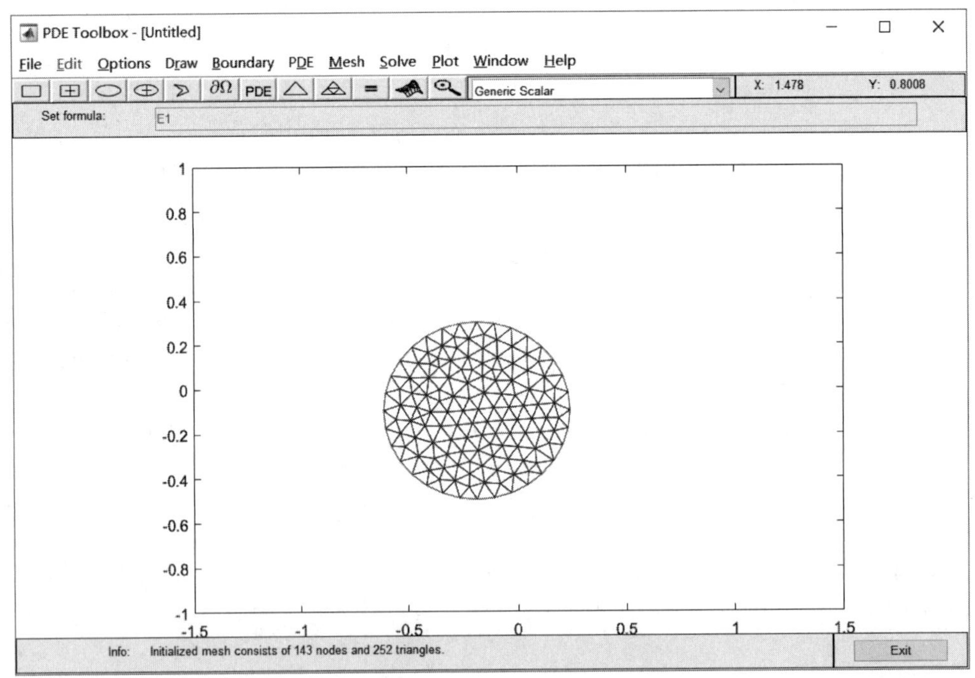

图 12-12　划分三角网格

(5) 求解方程。单击等号按钮，弹出如图 12-14 所示的对话框，显示求解方程值的分布。

(6) 对比精确解的绝对误差值。选择菜单 Plot|Parameters，弹出参数选择框，如图 12-15所示，在 Property 下选择 user entry 选项，并在其中输入方程的精确解 u－(1－x.^2－y.^2)/4，单击 Plot 按钮，弹出如图 12-16 所示的绝对误差图。

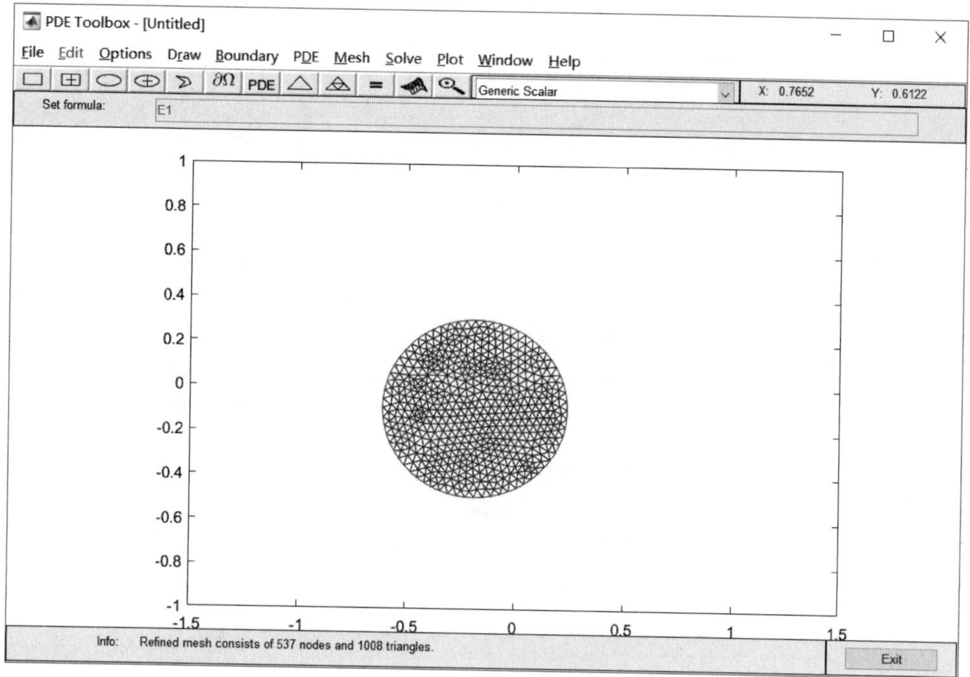

图 12-13 细分三角网格

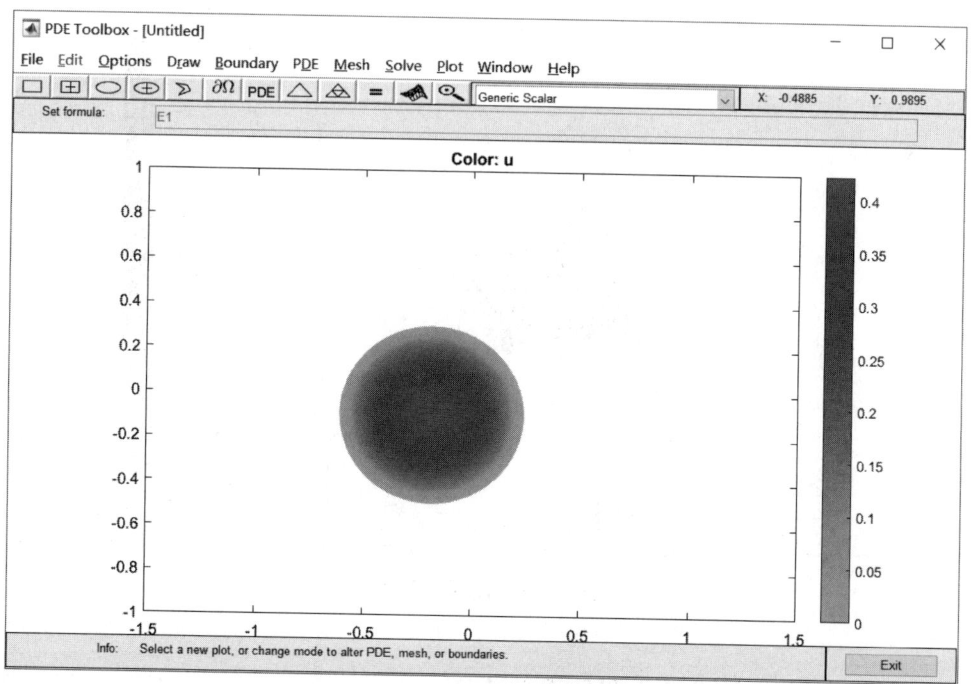

图 12-14 泊松方程的数值解

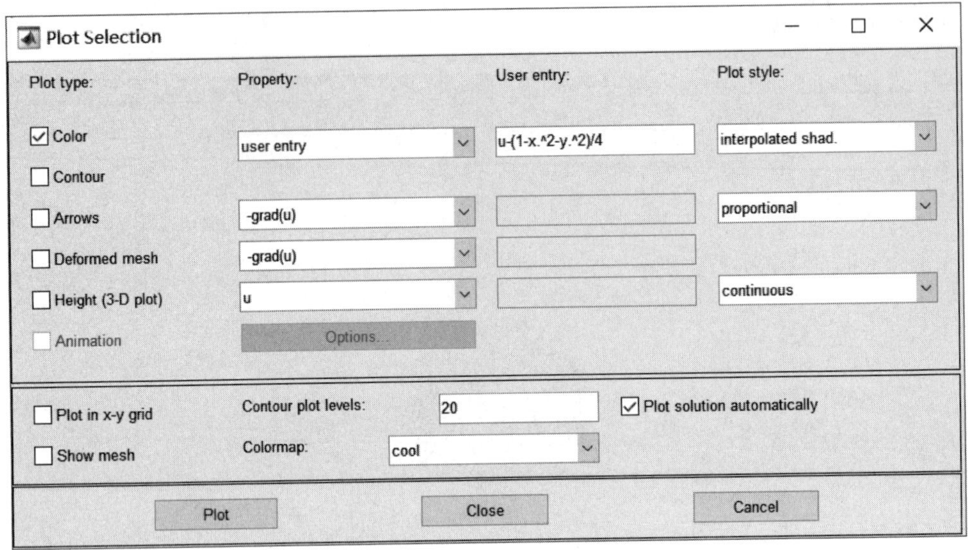

图 12-15　参数选择框

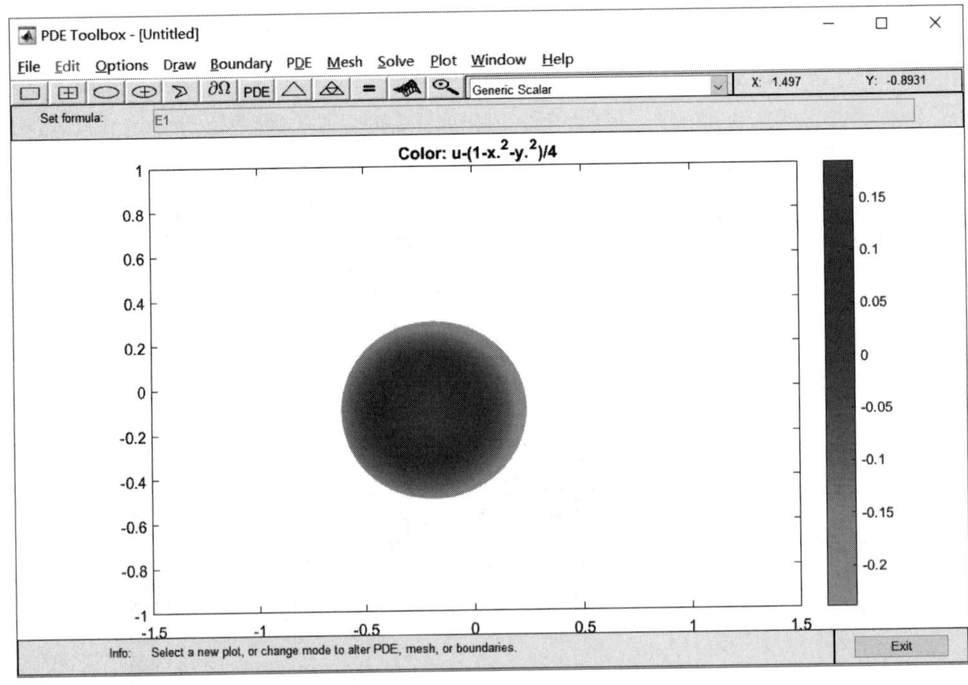

图 12-16　绝对误差图

12.4.2　用户界面求解双曲型偏微分方程

下面介绍一类特殊的双曲型偏微分方程，即波动方程。

【例 12-7】 求解在矩形域内的波动方程$\frac{\partial^2 u}{\partial t^2}-\Delta u=0$，左、右边界 $u=0$，上、下边界$\frac{\partial u}{\partial n}=0$，另外，要求有初值 $u(t_0)$ 与$\frac{\partial u(t_0)}{\partial t}$，从 $t=0$ 开始，$u(0)=a\tan\left(\cos\left(\frac{\pi}{2}x\right)\right)$，从而$\frac{\partial u(0)}{\partial t}=3\sin(\pi x)\mathrm{e}^{\sin\left(\frac{\pi}{2}y\right)}$。

其实现步骤为：

(1) 启动 pdetool 界面。在 MATLAB 命令行窗口中输入 pdetool 后按 Enter 键，弹出 PDE Toolbox 对话框，选择菜单 Options|Appaction|Generic Scalar。

(2) 画矩阵区域。选择菜单 Draw|Rectangular，画 R1：(−1,1)，(−1,1)，(1,−1)，(1,1)。

(3) 边界条件。分别选中上、下边界，选择菜单 Boundary | Specify Boundary Conditions，将边界条件设置为 Neumann 条件，按照要求设置边界条件，如图 12-17 所示；然后分别单击左、右边界，按照要求设置边界条件，如图 12-18 所示。

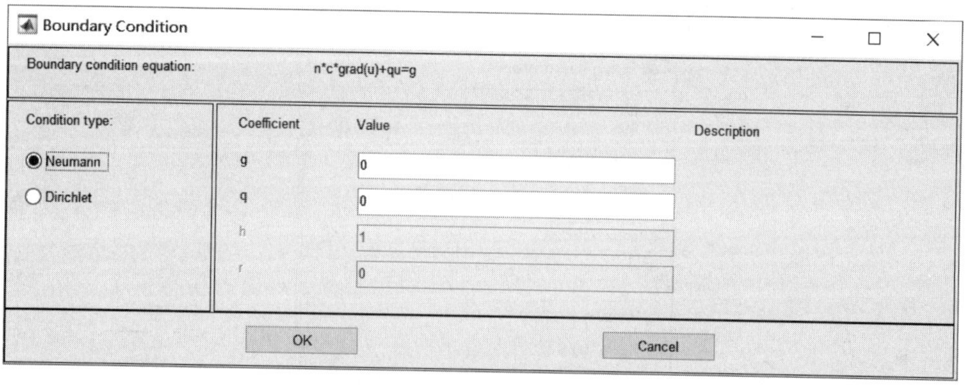

图 12-17 设置 Neumann 条件

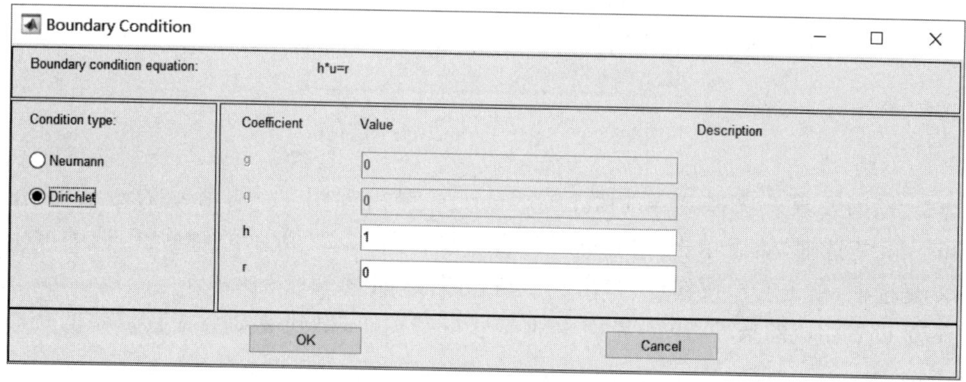

图 12-18 设置 Dirichlet 条件

(4) 设置方程类型。由于波动方程是特殊的双曲型偏微分方程，所以选择菜单 PDE|PDE Specification 并设置 c=1.0，a=0.0，f=0.0，d=1.0，如图 12-19 所示。

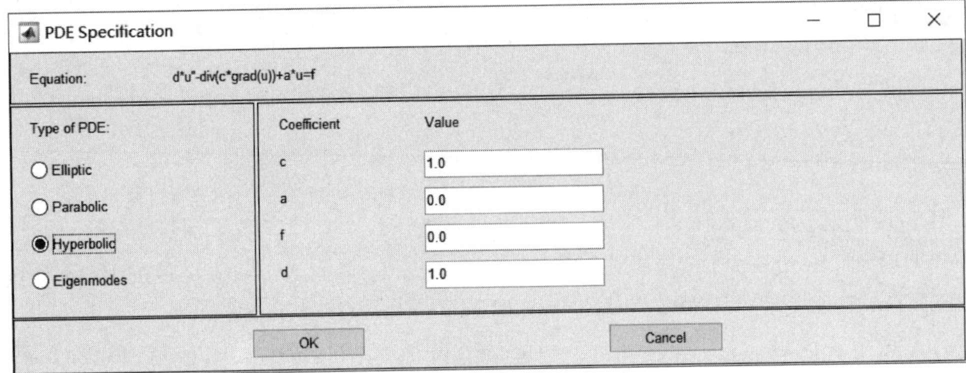

图 12-19　设置偏微分方程类型

(5) 设置时间参数。选择菜单 Solve| Parameters，然后在 Time 下输入 linspace(0，5，31)，在 u(t0)下输入 atan(cos(pi/2 * x))，在 u'(t0)下输入 3 * sin(pi * x). * exp(sin(pi/2 * y))，其他不变，如图 12-20 所示。

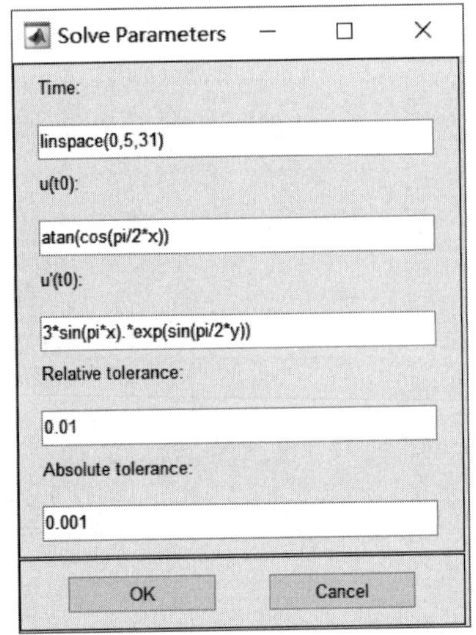

图 12-20　Solve Parameters 对话框

(6) 动画效果。选择菜单 Plot | Parameters，弹出如图 12-21 所示的对话框，选中 Animation 复选框，然后单击 Options 按钮，弹出如图 12-22 所示的对话框，选中 Replay movie 复选框，单击 OK 按钮后，弹出一个动态图像，如图 12-23 所示。

(7) 设置相应的条件，单击界面中的等号"＝"按钮，得到波动方程数值解的分布如图 12-24 所示。

12.4.3　用户界面求解抛物线型偏微分方程

下面介绍一类特殊的抛物线型偏微分方程，即热方程。

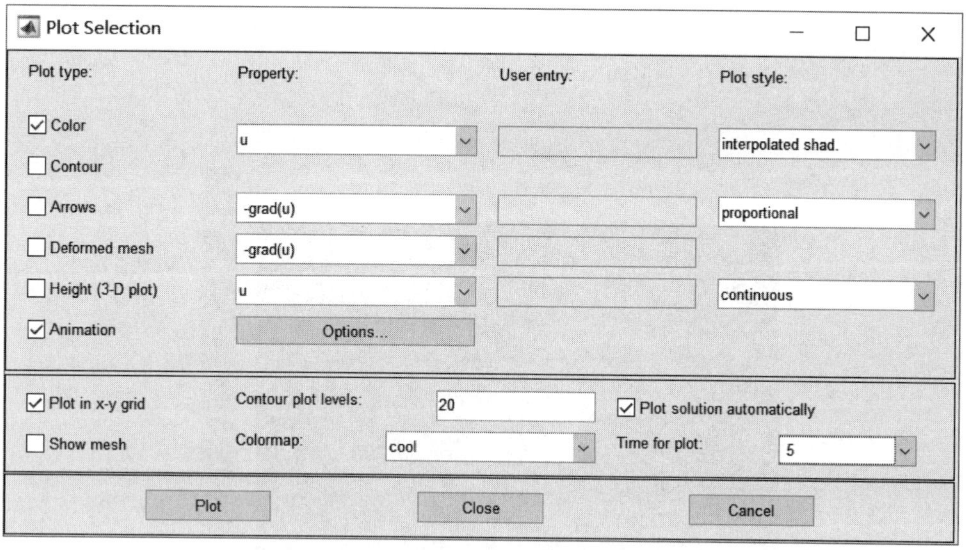

图 12-21 Plot Selection 对话框

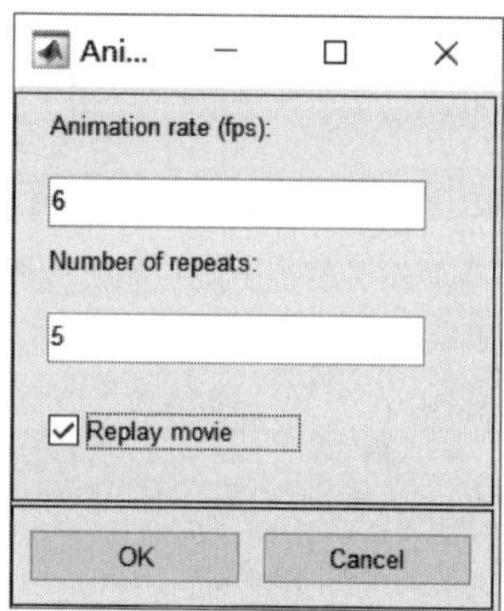

图 12-22 Animation Options 对话框

【例 12-8】 求在一个矩形域 Ω 上的热方程 $d\frac{\partial u}{\partial t}-\Delta u=0$，边界条件为：在左边界上 $u=100$，在右边界上 $\frac{\partial u}{\partial t}=-10$，在其他边界上 $\frac{\partial u}{\partial t}=0$，其中 Ω 是一个矩形 R1 与矩形 R2 的差，R1：[0.5,0.5]×[−0.8,0.8]，R2：[−0.05,0.05]×[−0.4,0.4]。

其实现步骤为：

(1) 启动 pdetool 界面。在 MATLAB 命令行窗口中输入 pdetool 后按 Enter 键，弹出 PDE Toolbox 对话框。选择菜单 Options|Application|Generic Scalar，选中 Grid 后再选中 Grid Spacing 修改网格尺度，如图 12-25 所示。

(2) 画矩形区域。选择菜单 Draw|Rectangular/square，画 R1 和 R2，并且分别单击坐标系中的 R1 和 R2 图标设置其大小，具体内容如图 12-26 和图 12-27 所示。最后在 Set Formula 文本框中输入 R1-R2。

(3) 边界条件。选择菜单 Edit|Select All，并选择 Boundary|Boundary Mode|

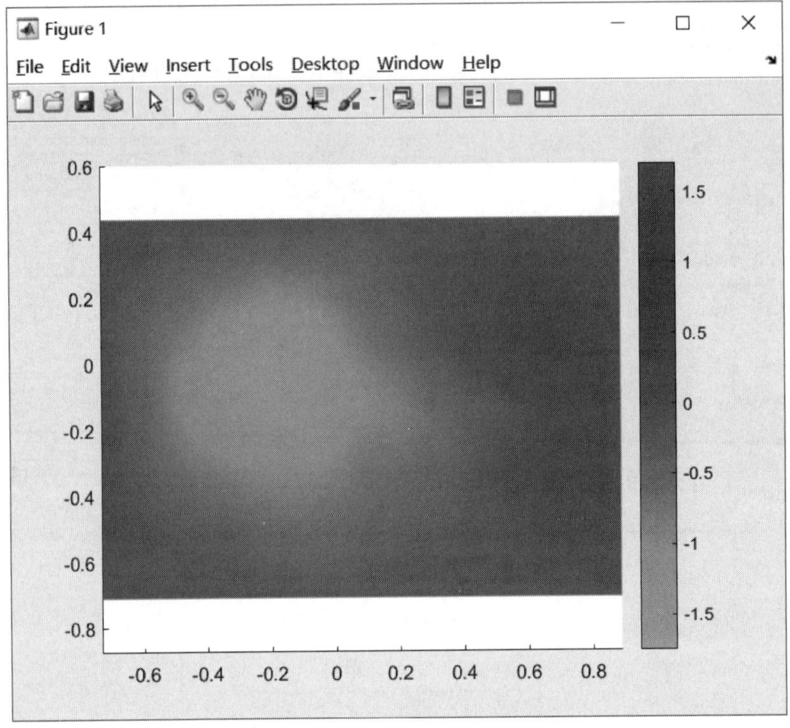

图 12-23　动态图像(见彩插)

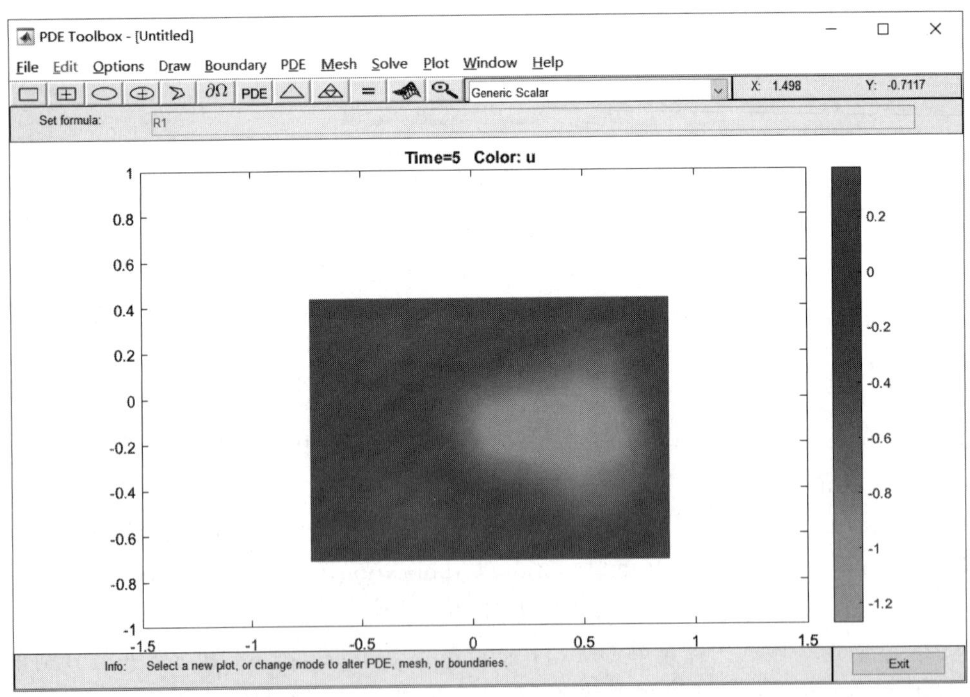

图 12-24　波动方程数值解的分布(见彩插)

Grid Spacing
X-axis linear spacing: Auto
-1.5:0.5:1.5
X-axis extra ticks:
-0.05 0.05
Y-axis linear spacing: Auto
-1:0.2:1
Y-axis extra ticks:
Apply Done

图 12-25　Grid Spacing 对话框

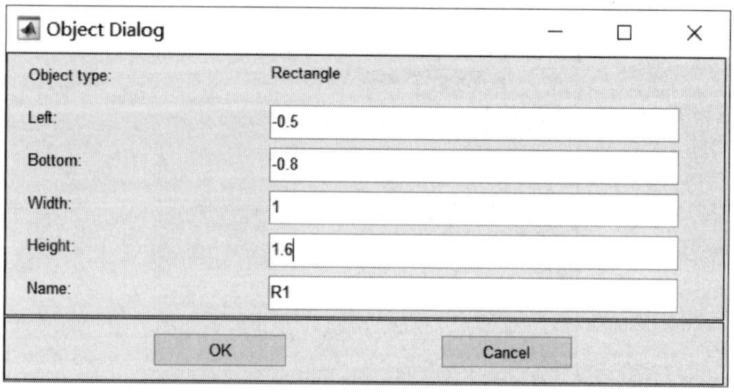

Object Dialog
Object type: Rectangle
Left: -0.5
Bottom: -0.8
Width: 1
Height: 1.6
Name: R1
OK Cancel

图 12-26　设置 R1 参数对话框

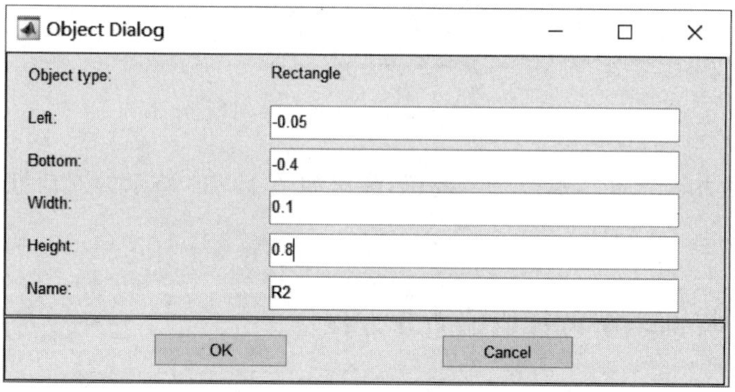

Object Dialog
Object type: Rectangle
Left: -0.05
Bottom: -0.4
Width: 0.1
Height: 0.8
Name: R2
OK Cancel

图 12-27　设置 R2 参数对话框

Specify Boundary Conditions，将边界条件选为 Neumann 条件，设置$\frac{\partial u}{\partial t}=0$。然后分别单击最左侧边界和最右侧边界，要求设置边界条件。

（4）设置方程类型。由于热方程是特殊的抛物线型偏微分方程，所以选中 Parabolic 单选按钮并设置 c=1.0，a=0.0，f=10.0，d=1.0，如图 12-28 所示。

(5) 设置时间。选择菜单 Solve|Parameters,然后设置时间,并将 u(t0)设置为 0.0,其他不变,如图 12-29 所示。

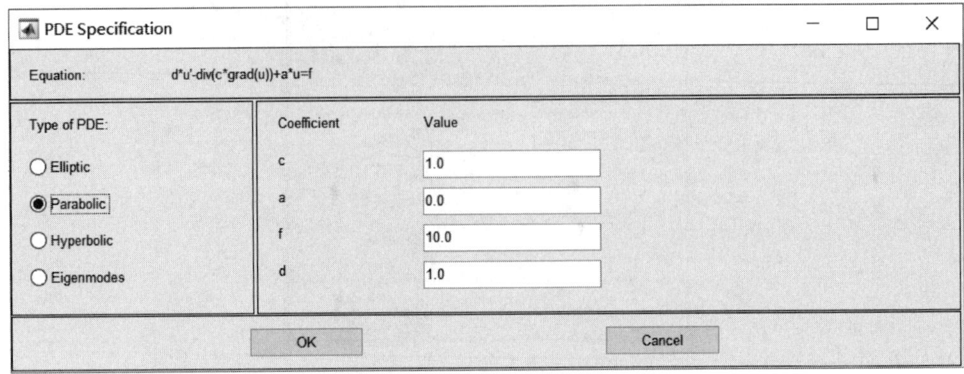

图 12-28 设置偏微分方程类型

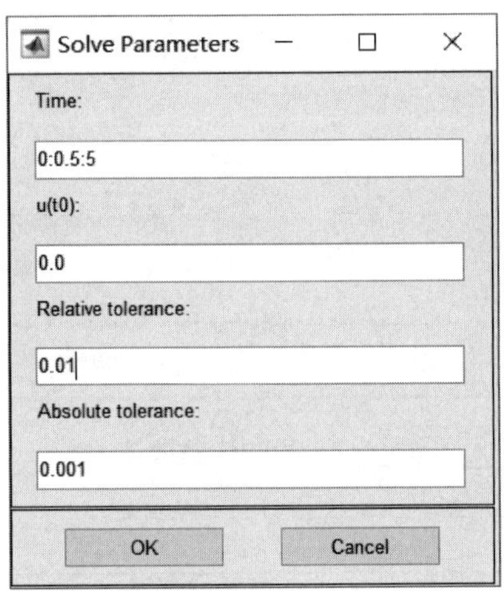

图 12-29 Solve Parameters 对话框

(6) 求解热方程。单击等号"="按钮,弹出如图 12-30 所示的对话框,显示求解方程值的分布。

12.4.4 用户界面求解特征值偏微分方程

下面介绍特征值偏微分方程的求解过程。

【例 12-9】 计算特征值小于 100 的特征值偏微分方程:

$$-\Delta u = \lambda u$$

其中,求解区域在 L 形上,拐角点分别是(0,0),(−1,0),(−1,1),(1,−1),(1,1)和(0,1),并且边界条件为 $u=0$。

其实现步骤为:

(1) 启动 pdetool 界面。在 MATLAB 命令行窗口中输入 pdetool 后按 Enter 键,弹

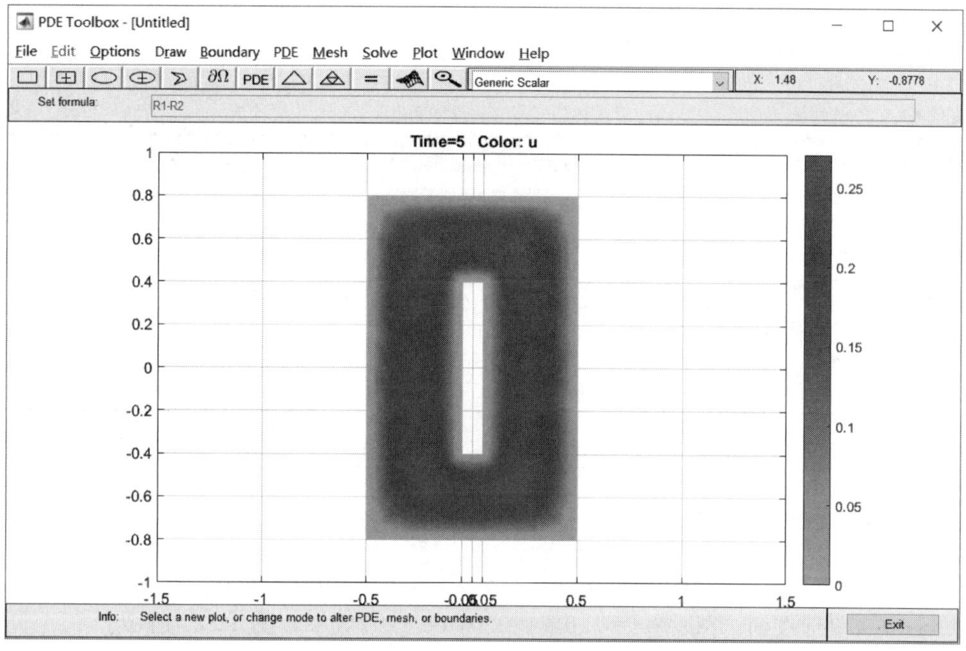

图 12-30 热方程数值解的分布

出 PDE Toolbox 对话框，选择菜单 Options|Application|Generic Scalar。

（2）画 L 多边形区域。选择菜单 Draw|Rectangular/Square，画 R1 与 R2：(0,0)，(−1,0)，(−1,−1)，(1,−1)，(1,1)和(0,1)，如图 12-31 所示。

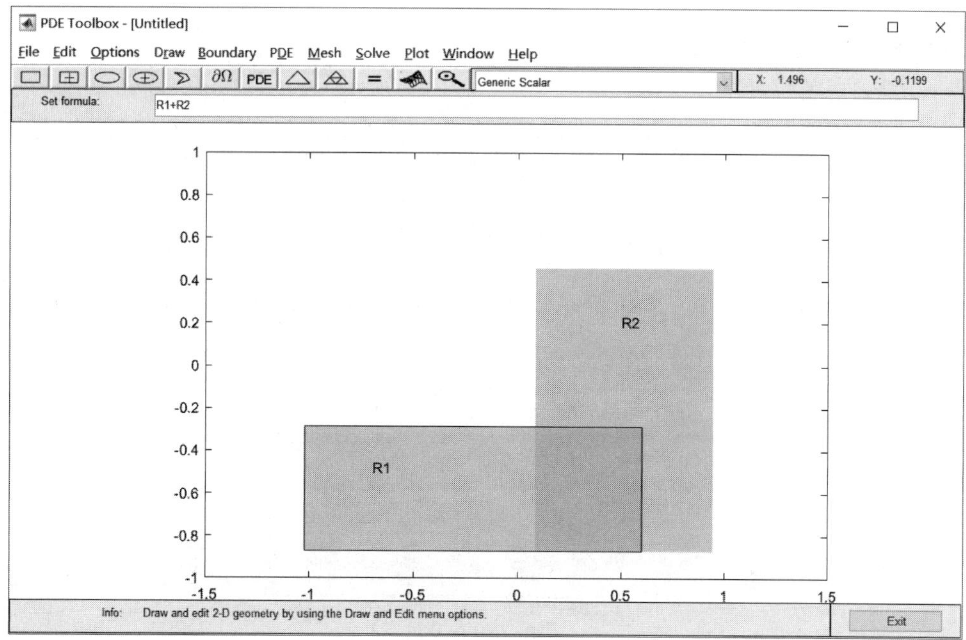

图 12-31 L 形区域

(3) 边界条件。选择菜单 Boundary|Boundary Condition，将边界条件选为 Dirichlet，按照要求设置边界条件，如图 12-32 所示。

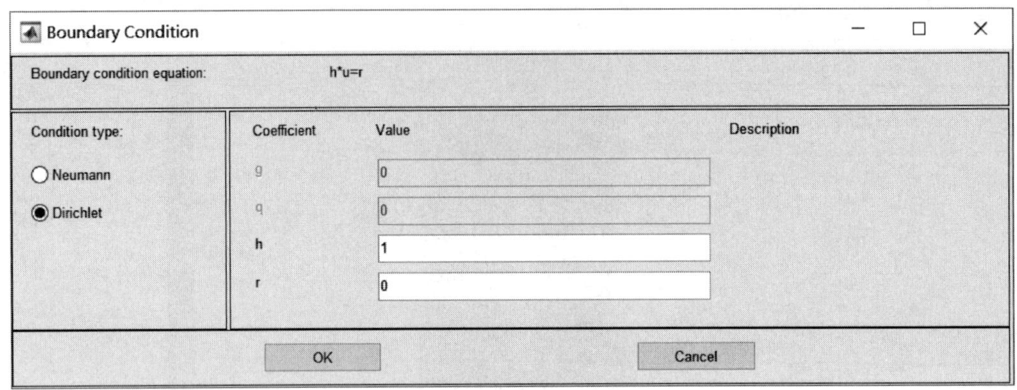

图 12-32　边界条件设置

(4) 设置方程类型。选择菜单 PDE|PDE Specification，在弹出的对话框中选择 Eigenmodes 单选按钮，并设置 c=1.0，a=0.0，d=1.0，效果如图 12-33 所示。

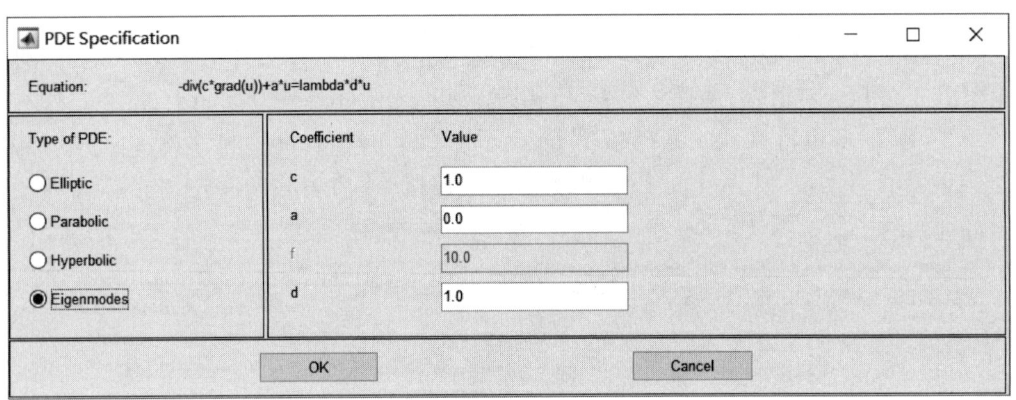

图 12-33　方程类型设置

(5) 设置特征值范围。选择菜单 Solve|Solve Parameters，然后输入[0，100]，如图 12-34所示。

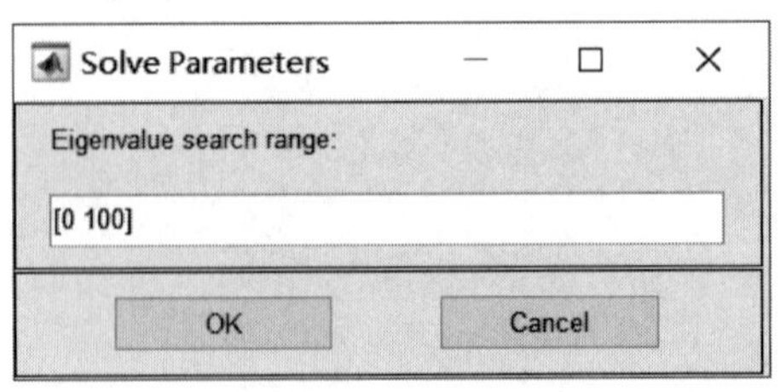

图 12-34　范围设置

（6）求解特征值偏微分方程。单击等号“＝”按钮，弹出如图 12-35 所示的对话框，显示求解方程值的分布。

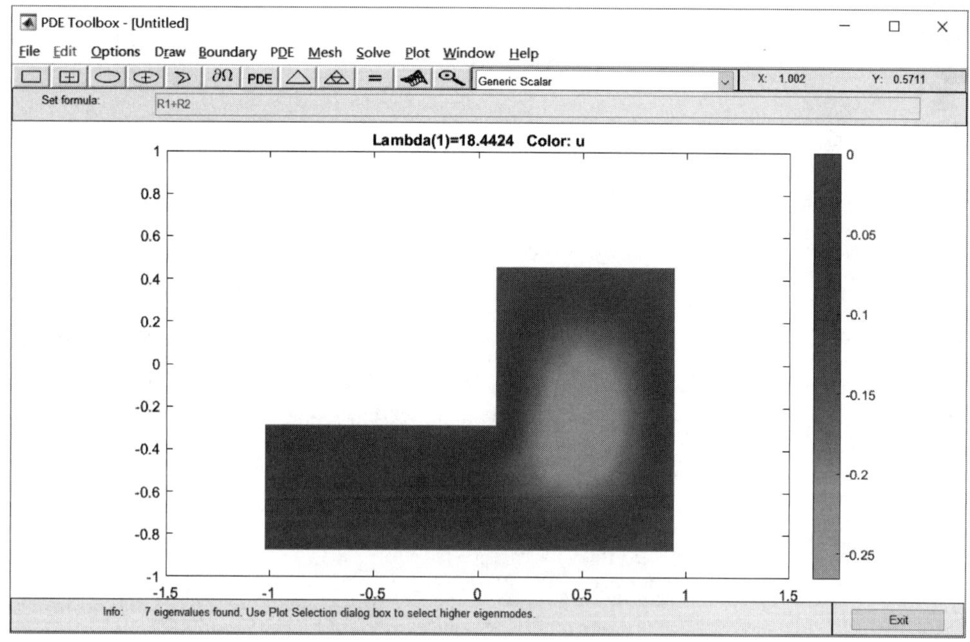

图 12-35　特征值偏微分方程的求解

第13章 MATLAB最优化工具箱

随着科学技术的日益发展，许多工程的核心问题最终都归结为优化问题。因此，最优化已经成为工程技术人员必不可少的计算工具。在计算机已经广为普及的今天，一些大规模的优化问题的求解可以在一台普通的计算机上实现，使最优化方法得到了比以往任何时候都更加广泛的应用。如今，最优化方法已成为工程技术人员所必备的研究工具。

13.1 最优化概述

最优化方法(也称运筹学方法)是近几十年形成的，它主要运用数学方法研究各种系统的优化途径及方案，为决策者提供科学决策的依据。最优化方法的主要研究对象是各种有组织系统的管理问题及其生产经营活动。最优化方法的目的在于针对所研究的系统，求得一个合理运用人力、物力和财力的最佳方案，发挥和提高系统的效能及效益，最终达到系统的最优目标。实践表明，随着科学技术的日益进步和生产经营的日益发展，最优化方法已成为现代管理科学的重要理论基础和不可缺少的方法，被人们广泛地应用到公共管理、经济管理、国防等各个领域，发挥着越来越重要的作用。

运筹学的思想在古代就已经产生了。敌我双方交战，要克敌制胜就要在了解双方情况的基础上，做出最优的对付敌人的方案，这就是"运筹帷幄之中，决胜千里之外"的说法。但是作为一门数学学科，用纯数学的方法来解决最优方法的选择安排，确实晚多了。也可以说，运筹学是在20世纪40年代才开始兴起的一门分支。

运筹学主要研究经济活动和军事活动中能用数量来表达的有关策划、管理方面的问题。当然，随着客观实际的发展，运筹学的许多内容不但研究经济和军事活动，有些已经深入到了日常生活中。运筹学可以根据问题的要求，通过数学上的分析、运算，得出各种各样的结果，最后提出综合性的合理安排，以达到最好的效果。

运筹学作为一门用来解决实际问题的学科，在处理千差万别的各种问题时，一般有以下几个步骤：确定目标、制订方案、建立模型、制定解法。

随着科学技术和生产的发展，运筹学已渗入到很多领域，发挥了越来越重要的作用。运筹学本身也在不断发展，现在已经是一个包括好几个分支的数学门类了，如数学规划（包含线性规划、非线性规划、整数规划、组合规划等）、图论、网络流、决策分析、排队论、可靠性数学理论、库存论、对策论、搜索论、模拟等。

运筹学有广阔的应用领域，已经渗透到诸如服务、库存、搜索、人口、对抗、控制、时间表、资源分配、厂址定位、能源、设计、生产、可靠性等各个方面。运筹学是软科学中"硬度"较大的一门学科，兼有逻辑的数学和数学的逻辑的性质，是系统工程学和现代管理科学中的一种基础理论和不可缺少的方法、手段和工具。运筹学已被应用到各种管理工程中，在现代化建设中发挥着重要作用。

13.1.1 最优化问题

在现代工程设计、经济管理与市场规划等领域，广泛地涉及工程优化问题。对于工厂企业，如何在消耗总工时最小的情况下获取最大的产品数量？如何安排物流秩序，在满足最大效率的前提下，达到成本最低、运费最小？工程优化问题几乎涉及社会生活的每一个领域。对于工程优化问题，利用最优理论与方法进行求解，帮助决策者作出最优的决策，以最小的成本获取最大的利润。

假设某种物资有 m 个产地，n 个销地。第 i 个产地的产量为 a_i，$i=1,2,\cdots,m$；第 j 个销地的需求量为 b_j，$j=1,2,\cdots,n$。考虑到实际情况，产量不小于销量，即满足 $\sum_{i=1}^{m} a_i \geqslant \sum_{j=1}^{n} b_j$，由产地 i 前往销地 j 的运输成本为 p_{ij}，那么，如何安排运输才能既满足各地的需求，同时使花费的运输成本最小？

对于这样一个工程优化问题，给出了实际问题的背景，利用最优化理论与方法来求解实际生产问题时，都需要将实际问题进行抽象化，并且加以简化，提取问题的核心，建立数学模型，此时需要决策者确定问题的决策变量、决策目标以及各个不同的约束条件，形成最优化数学模型；虽然实际问题进行了抽象简化，但有些时候建立的模型比较复杂，不利于数学手段的求解，还需要对数学模型进行变换，使之更加简洁且能够被求解；最后还要分析求解结果是否符合实际情况。下面将以这样的步骤分析运输问题。

（1）选取决策变量。

以产地 i 运往销地 j 的货物数量 x_{ij} 为决策变量。

（2）确定决策目标。

运输问题要求的运输成本最小，问题的决策目标为运输的总成本 $z=\sum_{i=1}^{m}\sum_{j=1}^{n} p_{ij}x_{ij}$。

（3）确定约束条件。

在约束条件中，首先必须保证运输货物能够满足各地的需求，即产地运往销地 j 的总量为 b_j，得到各销地需求量的等式约束：$\sum_{i=1}^{m} x_{ij} = b_j, j = 1,2,\cdots,n$。同时从第 i 个产地运出的货物总数不能超过其产量，得到产量不等式约束：$\sum_{j=1}^{n} x_{ij} \leqslant a_i, i = 1,2,\cdots,m$。另外，决策变量自身取值范围的约束，即 $x_{ij} \geqslant 0, i=1,2,\cdots,m;\ j=1,2,\cdots,n$。于是运输问题就可以转化为以下的数学模型的最优化问题：

$$\min z = \sum_{i=1}^{m}\sum_{j=1}^{n} p_{ij} x_{ij}$$

$$\text{s.t.}\begin{cases}\sum_{i=1}^{m} x_{ij} = b_j, j=1,2,\cdots,n \\ \sum_{j=1}^{n} x_{ij} \leqslant a_i, i=1,2,\cdots,m \\ x_{ij} \geqslant 0, i=1,2,\cdots,m;\ j=1,2,\cdots,n\end{cases}$$

对该数学模型进行求解，就可以得到决策变量：从产地 i 运往销地 j 的货物数量 x_{ij}。此时既能够满足各地的需求，同时使总的运输成本最小。

13.1.2 工具箱概述

MATLAB的优化工具箱提供了大量优化方面的函数，使用这些函数及最优化求解器，可以寻找连续与离散优化问题的解决方案、执行分析，以及将优化的方法结合到其算法和应用程序中。

1. 工具箱的功能

优化工具箱主要可以用于解决以下问题：

(1) 求解无约束条件非线性极小值。

(2) 求解约束条件下非线性极小值，包括目标逼近问题、极大/极小值问题以及半无限极小值问题。

(3) 求解二次规划、线性规划和混合整型线性规划问题。

(4) 非线性最小二乘逼近和曲线拟合。

(5) 非线性系统的方程求解。

(6) 约束条件下的线性最小二乘优化。

(7) 求解复杂结构的大规模优化问题。

2. 工具箱的特色

MATLAB每次进行产品升级，一般都对优化工具箱进行相应的升级，使得工具箱的功能越来越强大。工具箱的主要特色如下：

(1) 优化函数具有简洁的函数表达式，多种优化算法可供用户任意选择，算法参数可由用户自由设置，方便用户灵活地使用优化函数。

(2) 并行计算功能集成在优化工具箱的优化求解器中，以便用户在不会对现有程序有大的改变的情况下，就能够在多台计算机或集群计算机上进行密集型计算优化问题的求解。集成了并行计算的优化工具箱，可使用户充分利用可用的计算资源，与原来的单核计算机相比，能够解决更密集型计算的问题，原因是它减少了并行运算优化的时间。

(3) 提供了定义和求解优化问题并监视求解进度的 Optimization App，可使用户方便地打开优化工具，进行优化问题的求解。

13.1.3 优化工具箱常用函数

首先介绍优化工具箱中的几个常用函数。利用 optimset 函数，可以创建和编辑参数结构；利用 optimget 函数，可以获得 options 优化参数。

1. optimset 函数

optimset 函数用于获取 MATLAB 优化工具箱所有的属性设置选项。函数的调用格式为：

options=optimset('param1',value1,'param2',value2,…)：创建一个名为 options 的优化参数结构体，并设置其参数 param 的值 value，如果选择用系统的默认值，则只需将参数的值设为[]。

optimset：列出一个完整的优化参数列表及相应的可选值。

options=optimset：创建一个名为 options 的优化参数结构体，其成员参数的取值为系统的默认值。

options=optimset(optimfun)：创建一个名为 options 的优化参数结构体，其所有参数名及值为优化函数 optimfun 的默认值。

options=optimset(oldopts,'param1',value1,…)：将优化参数结构体 oldopts 中的参数'param1'改为 value1，并将更改后的优化参数结构体命名为 options。

options=optimset(oldopts,newopts)：将已有的优化参数结构体 oldopts 与新的优化参数结构体 newopts 合并，newopts 中的任意非空参数值将覆盖 oldopts 中的相应参数值。

2. optimget 函数

optimget 函数用于获取优化选项参数值。函数的调用格式为：

val=optimget(options,'param')：获取优化参数结构体 options 中参数'param'的值。

val=optimget(options,'param',default)：如果参数'param'在 options 中没有定义，则返回其默认值 default。

举例如下：

(1) 下面创建一个名为 options 的优化选项结构，其中显示参数设置为 iter，TolFun 参数设置为 1e−10。

```
>> options = optimset('Display','iter','TolFun',1e-10)
```

输出如下：

```
options =
  struct with fields:
                   Display: 'iter'
               MaxFunEvals: []
```

```
                   MaxIter: []
                    TolFun: 1.0000e-10
                      TolX: []
               FunValCheck: []
                 OutputFcn: []
                  PlotFcns: []
          ActiveConstrTol: []
                 Algorithm: []
   AlwaysHonorConstraints: []
          DerivativeCheck: []
              Diagnostics: []
            DiffMaxChange: []
            DiffMinChange: []
           FinDiffRelStep: []
              FinDiffType: []
        GoalsExactAchieve: []
               GradConstr: []
                  GradObj: []
                  HessFcn: []
                  Hessian: []
                 HessMult: []
              HessPattern: []
               HessUpdate: []
         InitBarrierParam: []
    InitTrustRegionRadius: []
                 Jacobian: []
                JacobMult: []
             JacobPattern: []
               LargeScale: []
                 MaxNodes: []
               MaxPCGIter: []
            MaxProjCGIter: []
               MaxSQPIter: []
                  MaxTime: []
            MeritFunction: []
                MinAbsMax: []
       NoStopIfFlatInfeas: []
           ObjectiveLimit: []
     PhaseOneTotalScaling: []
           Preconditioner: []
         PrecondBandWidth: []
           RelLineSrchBnd: []
   RelLineSrchBndDuration: []
             ScaleProblem: []
      SubproblemAlgorithm: []
                   TolCon: []
                TolConSQP: []
               TolGradCon: []
                   TolPCG: []
                TolProjCG: []
             TolProjCGAbs: []
                 TypicalX: []
              UseParallel: []
```

(2) 创建一个名为 options 的优化结构的备份，用于改变'TolX'参数的值，将新值保存到 optnew 参数中。

```
>> optnew = optimset(options,'TolX',1e-5)
```

(3) 返回 options 优化结构，其中包含所有的参数名和与 fminbnd 函数相关的默认值。

```
>> options = optimset('fminbnd');
```

(4) 如果只希望看到 fminbnd 函数的默认值，只需要简单地输入下面的语句即可。

```
>> optimset fminbnd 或 optionset('fminbnd')
```

(5) 使用以下命令获取 TolX 参数的值：

```
>> Tol = optimget(options,'TolX')
Tol =
   1.0000e-04
```

表 13-1 列出了有关最优化的 MATLAB 函数。

表 13-1 最优化函数

函　数	描　述	函　数	描　述
fgoalattain	多目标达到问题	fminsearch, fminunc	无约束非线性最小化
fminbnd	有边界的标量非线性最小化	fseminf	半无限问题
fmincon	有约束的非线性最小化	linprog	线性问题
fminimax	最大最小化	quadprog	二次规划问题

使用优化工具箱时，由于优化函数要求目标函数和约束条件满足一定的格式，所以需要用户在进行模型输入时注意以下几个问题。

(1) 目标函数最小化。优化函数 fminbnd、fminsearch、fminunc、fmincon、fgoalattain、fminmax 都要求目标函数最小化，如果优化问题要求目标函数最大化，可以通过使该目标函数的负值最小化，即－f(x)最小化来实现。类似的，对于 quadprog 函数提供－H 和－f，对于 linprog 函数提供－f。

(2) 约束非正。优化工具箱要求非线性不等式约束的形式为 Ci(x)≤0，通过对不等式取负，可以达到使大于零的约束形式变为小于零的不等式约束形式的目的。例如，Ci(x)≥0 形式的约束等价于－Ci(x)≤0；Ci(x)≥b 形式的约束等价于－ Ci(x)＋b≤0。

13.2 无约束最优化问题

对于无约束问题的研究，理论上是有一定意义的，因为它可以为研究约束优化设计问题提供基础，即，常常将有约束的问题转化为无约束的问题来求解，以便能使用一些比较有效的无约束极小化的算法和程序。

13.2.1 单变量最优化问题

单变量最优化讨论只有一个变量时的最优化问题，即一维搜索问题。该问题在某些情况下可以直接用于求解实际问题，但大多数情况下是作为多变量最优化方法的基础，因为进行多变量最优化要用到一维搜索算法。该问题的数学模型为：

$$\min f(x), \quad x_1 < x < x_2$$

其中，x、x_1、x_2 为标量，$f(x)$为函数，返回标量。

该问题的搜索过程可用下式表达：

$$x_{k+1} = x_k + a * d$$

其中，x_k 为本次的迭代值，d 为搜索方向，a 为搜索方向上的步长参数，所以一维搜索就是要利用本次迭代的信息构造下次迭代的条件。

求解单变量最优化问题的方法有很多种。根据目标函数是否需要求导，可以分为两类，即直接法和间接法。直接法不需要目标函数的导数，而间接法则需要用到目标函数的导数。

1. 直接法

常用的一维直接法主要有消去法和多项式近似法两种。

1）消去法

该法利用单峰函数具有的消去性质进行反复迭代，逐渐消去不包含极小点的区间，缩小搜索区间，直到搜索区间缩小到给定的允许精度为止。一种典型的消去法为黄金分割搜索法，其基本思想是在单峰区间内适当插入两点，将区间分为 3 段，然后通过比较这两点函数值的大小来确定是删去最左段还是删去最右段，或是同时删去左、右两段保留中间段。重复该过程使区间无限缩小。插入点的位置放在区间的黄金分割点及其对称点上，所以该法称为黄金分割搜索法。该法的优点是算法简单，效率较高，稳定性好。

2）多项式近似法

该法用于目标函数比较复杂的情况。此时寻找一个与目标函数近似的函数来代替，并用近似函数的极小点作为原函数极小点的近似。常用的近似函数为二次和三次多项式。

二次内插涉及形如下式的二次函数数据拟合问题：

$$m_q(\alpha) = a\alpha^2 + b\alpha + c$$

其中，步长极值为：

$$\alpha * = \frac{-b}{2a}$$

然后只要利用 3 个梯度或函数方程组就可以确定系数 a 和 b，从而可以确定 $\alpha *$ 。得到该值后，进行搜索区间的收敛。在缩短的新区间中，重新安排 3 点求出下一个的近似极小点 $\alpha *$，如此迭代下去，直到满足终止准则为止。其迭代公式为：

$$x_{k+1} = \frac{1\beta_{23} f(x_1) + \beta_{31} f(x_2) + \beta_{12} f(x_3)}{2\gamma_{23} f(x_1) + \gamma_{31} f(x_2) + \gamma_{12} f(x_3)}$$

其中：

$$\beta_{ij} = x_i^2 - x_j^2, \quad \gamma_{ij} = x_i - x_j$$

二次插值法的计算速度比黄金分割搜索法快，但是对于一些强烈扭曲或可能多峰的函数，该法的收敛速度会变得很慢，甚至失败。

2. 间接法

间接法需要计算目标函数导数，优点是计算速度很快。常见的间接法包括牛顿切线法、对分法、割线法和三次插值多项式近似法等。优化工具箱中用得较多的是三次插值法。

三次插值的基本思想与二次插值的一致，它是用 4 个已知点构造一个三次多项式 $P_3(x)$，用它逼近函数 $f(x)$，以 $P_3(x)$的极小点作为 $f(x)$的近似极小点。一般来讲，三次插值法比二次插值法的收敛速度要快些，但每次迭代需要计算两个导数值。

三次插值法的迭代公式为：

$$x_{k+1} = x_2 - (x_2 - x_1)\frac{\nabla f(x_2) + \beta_2 - \beta_1}{\nabla f(x_2) - \nabla f(x_1) + 2\beta_2}$$

其中：

$$\beta_1 = \nabla f(x_1) + \nabla f(x_2) - 3\frac{f(x_2) - f(x_1)}{x_1 - x_2}$$

$$\beta_2 = (\beta_1^2 - \nabla f(x_1)\nabla f(x_2))^{\frac{1}{2}}$$

如果函数的导数容易求得，一般来说，首先考虑使用三次插值法，因为它具有较高的效率。对于只需要计算函数值的方法中，二次插值法是一个很好的方法，它的收敛速度较快，在极小点所在区间较小时尤其如此。黄金分割法则是一种十分稳定的方法，并且计算简单。由于以上原因，优化工具箱中用得较多的方法是二次插值法、三次插值法以及二次、三次混合插值法和黄金分割法。

3. MATLAB 实现

在 MATLAB 中，提供 fminbnd 函数可以找到固定区间内单变量函数的最小值。函数的调用格式为：

x=fminbnd(fun,x1,x2)：fun 为目标函数的字符串或者内联函数 inline 的句柄，此外，对于非常复杂的目标函数表达式可以书写函数文件来定义，x1 和 x2 分别为变量的下界和上界，x 为最小解。

x=fminbnd(fun,x1,x2,options)：采用 options 参数指定的优化参数进行最小化，若没有设置 options 选项，可令 options=[]。

x=fminbnd(problem)：求在固定的自变量区间内 problem 的最小值。

[x,fval]=fminbnd(…)：同时返回最小解 x 及 x 处的目标函数值 fval。

[x,fval,exitflag]=fminbnd(…)：exitflag 是终止迭代条件，即 exitflag=1 表示函数收敛于 x，exitflag=0 表示超过函数估计值或迭代的最大数字，exitflag=−1 表示函数不收敛于 x。

[x,fval,exitflag,output]=fminbnd(…)：output 为优化输出信息，它包含 3 项信

息，即 iterations 为迭代次数，funccount 为函数赋值次数，algorithm 为使用的算法。

【例 13-1】 利用 fminbnd 函数求解非线性规划问题 $\min f(x)=(x-3)^2-1$ 的最小值。

```
>> clear all;
f1214 = @(x)(x-3)^2 - 1;          % 目标函数
[x,fval,exitflag,output] = fminbnd(f1214,0,5)
```

运行程序，输出如下：

```
x =
     3
fval =
    -1
exitflag =
     1
output =
     iterations: 5
       funcCount: 6
       algorithm: 'golden section search, parabolic interpolation'
         message: [1x111 char]
```

13.2.2 无约束非线性规划问题

无约束最优化问题在实际应用中也比较常见，如工程中常见的参数反演问题。另外，许多有约束最优化问题可以转化为无约束最优化问题进行求解。求解无约束最优化问题的方法主要有两类，即直接搜索法和梯度法。直接搜索法适用于目标函数高度非线性，没有导数或导数很难计算的情况。由于实际工作中很多问题都是非线性的，因此直接搜索法不失为一种有效的解决办法。常用的直接搜索法为单纯形法，此外还有 Hook-Jeeves 搜索法、Pavell 共轭方向法等。无约束非线性规划问题的缺点是收敛速度慢。在函数的导数可求的情况下，梯度法是一种更优的方法。该方法利用函数的梯度（一阶导数）和 Hess 矩阵（二阶导数）构造算法，可以获得更快的收敛速度。函数 $f(x)$ 的负梯度方向 $-\nabla f(x)$ 即反映了函数的最大下降方向。当搜索方向取为负梯度方向时称为最速下降法。当需要最小化的函数有一个狭长的谷形值域时，该法的效率很低，如 Rosenbrock 函数：

$$f(x)=100\,(x_1-x_2^2)^2+(1-x_1)^2$$

它的最小值解为 $x=[1,1]$，最小值为 $f(x)=0$。

常见的梯度法有最速下降法、Newton 法、Marquart 法、共轭梯度法和拟牛顿法（Quasi Newton method）等。在所有这些方法中，用得最多的是拟牛顿法，这些方法在每次迭代过程中建立曲率信息，构成下式的二次模型问题：

$$\max_x \frac{1}{2}X^{\mathrm{T}}HX+C^{\mathrm{T}}X+b$$

其中，Hess 矩阵 H 为正定对称矩阵，C 为常数向量，b 为常数。对 x 求偏导数可以获得问题的最优解：

$$\nabla f(x)^* = Hx^* + C = 0$$

解 x^* 可写成：

$$x^* = -H^{-1}C$$

拟牛顿法包括两个阶段，即确定搜索方向和一维搜索阶段。

1. Hess 矩阵的更新

牛顿法由于需要多次计算 Hess 矩阵，计算量很大；而拟牛顿法则通过构建一个 Hess 矩阵的近似矩阵来避开这个问题。在优化工具箱中，通过将 options 参数 HessUpdate 设置为 BFGS 或 DFP 来决定搜索方向。当 Hess 矩阵 H 始终保持正定时，搜索方向就总是保持为下降方向。构建 Hess 矩阵的方法很多，对于求解一般问题，Broyden、Fletcher、GoIdfarb 和 Shanno 方法（简称 BFGS 法）是最有效的。BFGS 法的计算公式为：

$$H_{k+1} = H_k + \frac{q_k q_k^{\mathrm{T}}}{q_k^{\mathrm{T}} S_k} - \frac{H_k^{\mathrm{T}} S_k^{\mathrm{T}} S_k H_k}{S_k^{\mathrm{T}} H_k S_k}$$

其中：

$$S_k = x_{k+1} - x_k, \quad q_k = \nabla f(x_{k+1}) - \nabla f(x_k)$$

作为初值，H_0 可以设为任意对称正定矩阵。

另一个有名的构造近似 Hess 矩阵的方法是 DFP(Daridon-Fletcher-Powell)法。该法的计算公式与 BFGS 法的形式一样，只是将 q_k 替换为 S_k。梯度信息可以用解析法得到，也可以用有限差分法通过求偏导数得到。在每一个主要的迭代过程中，在下式所示的方向上进行一维搜索。

$$d = -H_k^{-1} \nabla f(x_k)$$

2. 一维搜索

工具箱中有两套方案进行一维搜索。当梯度值可以直接得到时，用三次插值的方法进行一维搜索；当梯度值不能直接得到时，采用二次、三次混合插值法。

1) fminunc 函数

用 fminunc 函数求多变量无约束函数的最小值。多变量无约束函数的数学模型为：

$$\min_x f(x)$$

其中，x 为向量，$f(x)$ 为函数，返回标量。

fminunc 函数的调用格式为：

x=fminunc(fun,x0)：x0 为初始点，fun 为目标函数的表达式字符串或 MATLAB 自定义函数的函数柄，x 为返回目标函数的局部极小点。

x=fminunc(fun,x0,options)：options 为指定的优化参数。

x=fminunc(problem)：求解非线性规划 problem 问题。

[x,fval]=fminunc(…)：fval 为返回相应的最优值。

[x,fval,exitflag]=fminunc(…)：exitflag 为返回算法的终止标志。

[x,fval,exitflag,output]=fminunc(…)：output 为输出关于算法的信息变量。

[x,fval,exitflag,output,grad]=fminunc(…)：grad 为输出目标函数在解 x 处的梯度值。

[x,fval,exitflag,output,grad,hessian]=fminunc(…)：hessian 为输出目标函数在解 x 处的 Hessian 矩阵。

对规模不同的优化问题,fminunc 函数使用不同的优化算法。

(1) 大型优化算法。

如果用户在 fun 函数中提供梯度信息,则默认函数将选择大型优化算法。该算法是基于内部映射牛顿的子空间置信域法。计算中的每一次迭代都涉及用 PCG 法求解大型线性系统得到的近似解。

(2) 中型优化算法。

此时 fminunc 函数的参数 options. LargeScale 设置为 off。该算法采用的是基于二次和三次混合插值一维搜索法的 BFGS 拟牛顿法。该法通过 BFGS 公式来更新 Hessian 矩阵。将 HessUpdate 参数设置为 dfp,可以用 DFP 公式求得 Hessian 矩阵的逆矩阵。将 HessUpdate 参数设置为 steepdesc,可以用最速下降法来更新 Hessian 矩阵,但一般不建议使用最速下降法。

当 options. LineSearchType 设置为 quadcubic 时,默认一维搜索法为二次和三次混合插值法；当 options. LineSearchType 设置为 cubicpoly 时,将采用三次插值法。该方法需要的目标函数计算次数更少,但梯度的计算次数更多。如果提供了梯度信息,则三次插值法是更佳的选择。

注意：

- 对于求解平方和问题,fminunc 函数不是最好的选择,用 lsqnonlin 函数效果更佳。
- 使用大型方法时,必须通过将 options. GradObj 设置为 on 来提供梯度信息,否则将给警告消息。
- 目标函数必须是连续的。fminunc 函数有时会给出局部最优解。
- fminunc 函数只对实数进行优化,即 x 必须为实数,而且 f(x)必须返回实数。当 x 为复数时,必须将它分解为实部和虚部。
- 在使用大型算法时,用户必须在 fun 函数中提供梯度(options 参数中 GradObj 属性必须设置为 on)。
- 目前,如果在 fun 函数中提供了解析梯度,则 options 参数 DerviativeCheck 不能用于大型算法中的解析梯度和有限差分梯度。通过将 options 参数的 MaxIter 属性设置为 0,用中型方法核对导数,然后重新用大型方法求解问题。

【例 13-2】 求解下述无约束最优化问题：

$$\min f(x)=(a-bx_1^2+\sqrt[3]{x_1^4})x_1^2+x_1x_2+(-c+cx_2^2)x_2^2$$

其中,$a=3,b=2,c=5$。

首先,需要建立目标函数 parameterfun. m,源代码为：

```
function f = parameterfun(x,a,b,c)
f = ( - a - b * x(1)^2 + x(1)^4/3) * x(1)^2 + x(1) * x(2) + ( - c + c * x(2)^2) * x(2)^2;
```

接着,给参数赋值,定义一个匿名函数句柄,将参数的值传递给该句柄,并调用

fminuc 函数求最优值，代码为：

```
>> clear all;
% 给参数赋值
a = 3;b = 2;c = 5;
% 匿名函数句柄
f = @(x)parameterfun(x,a,b,c);
x0 = [0.5,0.5];                 % 定义初始点
[x,fval,exitflag,output] = fminunc(f,x0)
```

运行程序，输出如下：

```
x =
    2.1497    0.5528
fval =
   - 23.5512
exitflag =
       1
output =
       iterations: 12
         funcCount: 51
           stepsize: 5.8422e - 07
     lssteplength: 1
     firstorderopt: 3.3272e - 07
         algorithm: 'quasi - newton'
           message: 'Local minimum found. … '
```

2）fminsearch 函数

利用 fminsearch 函数求解多变量无约束函数的最小值。函数的调用格式为：

x=fminsearch(fun,x0)：fun 是调用目标函数的函数文件名，给定初始值 x0，返回目标函数的极小值 x。

x=fminsearch(fun,x0,options)：采用 options 参数指定的优化参数进行最小化，如果没有设置 options 选项，可令 options=[]。

[x,fval]=fminsearch(…)：同时返回目标函数的极小值 x 与目标函数值 fval。

[x,fval,exitflag]=fminsearch(…)：exitflag 是终止迭代条件，即 exitflag=1 表示函数收敛于 x，exitflag=0 表示超过函数估计值或迭代的最大数字，exitflag=－1 表示函数不收敛于 x。

[x,fval,exitflag,output]=fminsearch(…)：output 为优化输出信息，它包含 3 项信息，即 iterations 为迭代次数，funccount 为函数赋值次数，algorithm 为使用的算法。

【例 13-3】 求解最优化问题：

$$\min f(x) = x_1^2 + a x_2^2$$

在实例中，巩固一下用匿名函数传递函数参数的方法，定义参数的目标函数，源代码为：

```
function f = func3(x,a)
f = x(1)^2 + a * x(2)^2;
```

以匿名函数形式调用 fminsearch 函数进行求解，并指定参数 a 的值，代码为：

```
>> clear all;
a = 1.6;          % 给定参数值
[x,fval,exitflag,output] = fminsearch(@(x)func3(x,a),[0;1])
```

运行程序，输出如下：

```
x =
   1.0e-03 *
   0.9298
   0.0312
fval =
   8.6604e-07
exitflag =
       1
output =
     iterations: 28
     funcCount: 54
     algorithm: 'Nelder-Mead simplex direct search'
       message: '优化已终止：…'
```

13.3 有约束最优化问题

在有约束最优化问题中，通常要将该问题转化为更简单的子问题，这些子问题可以求解并作为迭代过程的基础。早期的方法通常是通过构造惩罚函数等来将有约束最优化问题转化为无约束最优化问题。

13.3.1 线性规划问题

线性规划(Linear Programming，LP)是运筹学中研究较早、发展较快、应用广泛、方法较成熟的一个重要分支。它是辅助人们进行科学管理的一种数学方法。研究线性约束条件下线性目标函数的极值问题的数学理论和方法，是运筹学的一个重要分支，广泛应用于军事作战、经济分析、经营管理和工程技术等方面，为合理地利用有限的人力、物力、财力等资源作出最优决策，提供科学的依据。

线性规划迭代过程的一般描述为：

(1) 将线性规划化为典型形式，从而可以得到一个初始基本可行解 $x^{(0)}$(初始顶点)，将它作为迭代过程的出发点，其目标值为 $z(x^{(0)})$。

(2) 寻找一个基本可行解 $x(1)$，使 $z(x^{(1)})\leqslant z(x^{(0)})$。方法是通过消去法将产生 $x^{(0)}$ 的典型形式化为产生 $x^{(1)}$ 的典型形式。

(3) 继续寻找较好的基本可行解，使目标函数不断改进，当某个基本可行解再也不能被其他基本可行解改进时，它就是所求的最优解。

线性规划问题的 MATLAB 标准型为：

$$\min f = c^{\mathrm{T}} x$$
$$\text{s.t.}\begin{cases}Ax \leqslant b \\ A_{\mathrm{eq}}x = b_{\mathrm{eq}} \\ lb \leqslant x \leqslant ub\end{cases}$$

在上述模型中，有一个需要极小化的目标函数 f，以及需要满足的约束条件。

假设 x 为 n 维设计变量，且线性规划问题具有不等式约束 m_1 个，等式约束 m_2 个，那么 c、x、lb 和 ub 均为 n 维列向量，b 为 m_1 维列向量，b_{eq} 为 m_2 维列向量，A 为 $m_1 \times n$ 维矩阵，A_{eq} 为 $m_2 \times n$ 维矩阵。

在 MATLAB 中，提供了 linprog 函数用于求解线性规划问题。函数的调用格式为：

x=linprog(f,A,b)：在 A * x≤b 的约束条件下求解线性问题。

x=linprog(f,A,b,Aeq,beq)：在 Aeq * x=beq 与 A * x≤b 的条件下求解线性问题，如果没有不等式存在，A、b 可以为空"[]"。

x=linprog(f,A,b,Aeq,beq,lb,ub)：定义了 x 的上界与下界 lb≤x≤ub。如果没有等式存在，Aeq、beq 为空"[]"。

x=linprog(f,A,b,Aeq,beq,lb,ub,x0)：设置起始点为 x0，其可以是标量、向量或是矩阵。

x=linprog(f,A,b,Aeq,beq,lb,ub,x0,options)：设置可选参数 options 的值，而不是采用默认值。

x=linprog(problem)：求解 problem 线性优化问题。

[x,fval]=linprog(…)：同时返回目标函数的最优值，即 fval=f * x。

[x,fval,exitflag]=linprog(…)：exitflag 为返回的终止迭代信息。

[x,fval,exitflag,output]=linprog(…)：output 为输出关于优化算法的信息。

[x,fval,exitflag,output,lambda]=linprog(…)：lambad 为输出各种约束对应的 Lagrange 乘子，其为一个结构体变量。

【例 13-4】 (生产问题)某工厂计划生产甲、乙两种产品，主要材料有钢材 3500kg，铁材 1800kg、专用设备能力 2800 台时，材料与设备能力的消耗定额及单位产品所获利润如表 13-2 所示，如何安排生产，才能使该厂所获利润最大？

表 13-2 材料与设备能力的消耗及单位产品所获利润

单位产品消耗定额 \ 产品 材料与设备	甲/件	乙/件	现在材料与设备能力
钢材/kg	8	5	3500
铁材/kg	6	4	1800
设备能力/台时	4	5	2800
单位产品的利润/元	80	125	—

解析：首先建立模型，设甲、乙两种产品计划生产量分别为 x_1、x_2，总的利润为 $f(x)$。求变量 x_1、x_2 的值为多少时，才能使总利润 $f(x)=80x_1+125x_2$ 最大？

依题意可建立数学模型为：

$$\max f(x) = 80x_1 + 125x_2$$

$$\text{s.t.}\begin{cases}8x_1 + 5x_2 \leqslant 3500 \\ 6x_1 + 4x_2 \leqslant 1800 \\ 4x_1 + 5x_2 \leqslant 2800 \\ x_1, x_2 \geqslant 0 \\ x_1 \geqslant 0, x_2 \geqslant 0, x_3 \geqslant 0\end{cases}$$

因为 linprog 是求极小值问题，所以以上模型可变为：

$$\min f(x) = -80x_1 - 125x_2$$

$$\text{s.t.}\begin{cases}8x_1 + 5x_2 \leqslant 3500 \\ 6x_1 + 4x_2 \leqslant 1800 \\ 4x_1 + 5x_2 \leqslant 2800 \\ x_1, x_2 \geqslant 0\end{cases}$$

根据上述模型，其实现的 MATLAB 代码如下：

```
>> clear all;
F = [ - 80, - 125];
A = [8 5;6 4;4 5];
b = [3500,1800,2800];
lb = [0;0];ub = [inf;inf];
[x,fval] = linprog(F,A,b,[],[],lb)          %线性规划问题求解
```

运行程序，输出如下：

```
Optimization terminated.
x =
     0.0000
   450.0000
fval =
  - 5.6250e + 004
```

当决策变量 $x=(x_1, x_2)=(0,450)$时，规划问题有最优解，此时目标函数的最小值是 fval=56 250，即当不生产甲产品、只生产乙产品 450 件时，该厂可获最大利润为 56 250 元。

【例 13-5】 （组合投资选择问题）某投资者有 50 万元资金可用于长期投资，可供选择的投资品种包括购买国债、公司债券、股票、银行储蓄与投资房地产。各种投资方式的投资期限、年收益率、风险系数、增长潜力的具体参数如表 13-3 所示。若投资者希望投资组合的平均年限不超过 5 年，平均的期望收益率不低于 12.5%，风险系数不超过 3.5，收益的增长潜力不低于 10%。问在满足上述要求的条件下，投资者该如何进行组合投资选择使平均年收益率达到最高？

表 13-3　各种投资方式的投资期限、年收益率、风险系数、增长潜力

序　　号	投资方式	投资年限/年	年收益率/%	风险系数	增长潜力/%
1	国债	3	11	1	0
2	公司债券	8	14	3	16
3	房地产	5	21	9	30
4	股票	3	24	8	24
5	短期储蓄	1	6	0.5	2
6	长期储蓄	4	15	1.5	4

解析：首先，建立目标函数。设决策变量为 x_1、x_2、x_3、x_4、x_5、x_6，其中 x_i 为第 i 种投资方式在总投资中占的比例，由于决策的目标是使投资组合的平均年收益率最高，因此目标函数为：

$$\max f(x)=11x_1+14x_2+21x_3+24x_4+6x_5+15x_6$$

再根据题意建立约束条件：

$$\text{s.t.}\begin{cases}3x_1+8x_2+5x_3+3x_4+x_5+4x_6\leqslant 5\\11x_1+14x_2+21x_3+24x_4+6x_5+15x_6\geqslant 12.5\\x_1+3x_2+9x_3+8x_4+0.5x_5+1.5x_6\leqslant 3.5\\16x_2+30x_3+24x_4+2x_5+4x_6\geqslant 10\\x_1+x_2+x_3+x_4+x_5+x_6=1\\x_1,x_2,x_3,x_4,x_5,x_6\geqslant 0\end{cases}$$

即其数学模型为：

$$\max f(x)=11x_1+14x_2+21x_3+24x_4+6x_5+15x_6$$

$$\text{s.t.}\begin{cases}3x_1+8x_2+5x_3+3x_4+x_5+4x_6\leqslant 5\\11x_1+14x_2+21x_3+24x_4+6x_5+15x_6\geqslant 12.5\\x_1+3x_2+9x_3+8x_4+0.5x_5+1.5x_6\leqslant 3.5\\16x_2+30x_3+24x_4+2x_5+4x_6\geqslant 10\\x_1+x_2+x_3+x_4+x_5+x_6=1\\x_1,x_2,x_3,x_4,x_5,x_6\geqslant 0\end{cases}$$

根据 linprog 函数要求，将数学模型改为：

$$\min f(x)=-11x_1-14x_2-21x_3-24x_4-6x_5-15x_6$$

$$\text{s.t.}\begin{cases}3x_1+8x_2+5x_3+3x_4+x_5+4x_6\leqslant 5\\-11x_1-14x_2-21x_3-24x_4-6x_5-15x_6\leqslant -12.5\\x_1+3x_2+9x_3+8x_4+0.5x_5+1.5x_6\leqslant 3.5\\-16x_2-30x_3-24x_4-2x_5-4x_6\leqslant -10\\x_1+x_2+x_3+x_4+x_5+x_6=1\\x_1,x_2,x_3,x_4,x_5,x_6\geqslant 0\end{cases}$$

其实现的 MATLAB 代码如下：

```
>> clear all;
c = [ - 11  - 14  - 21  - 24  - 6  - 15];
A = [3 8 5 3 1 4; - 11  - 14  - 21  - 24  - 6  - 15;1 3 9 8 0.5 1.5;0  - 16  - 30  - 24  - 2  - 4];
b = [5  - 12.5 3.5  - 10]';
lb = zeros(6,1);
Aeq = ones(1,6);
beq = 1;
[x,fval] = linprog(c,A,b,Aeq,beq,lb)
```

运行程序,输出如下:

```
Optimization terminated.
x =
     0.0000
     0.0000
     0.0000
     0.3077
     0.0000
     0.6923
fval =
  - 17.7692
```

运行结果表明,投资组合选择的决策是长期储蓄占投资总额的 69.23%,股票投资占总额的 30.77%,其年收益为 17.7692 万元。

13.3.2　有约束非线性最优化问题

约束条件下的优化问题比无约束条件下的优化问题要复杂得多,种类也比较多。对不同类型的优化问题,MATLAB 提供了不同的优化方法,在此对非线性条件下的优化方法 fmincon 内置函数进行介绍。fmincon 函数用于以下约束条件的优化:

$$\min_{x} f(x)$$

$$\text{s.t.}\begin{cases} c(x) \leqslant 0 \\ \text{ceq}(x) = 0 \\ A.\,x \leqslant b \\ \text{Aeq}.\,x = \text{beq} \\ lb \leqslant x \leqslant ub \end{cases}$$

fmincon 函数的调用格式为:

x=fmincon(fun,x0,A,b):fun 为目标函数,x0 为初始值,A、b 满足线性不等式约束 Ax≤b,如果没有不等式约束,则取 A=[]、b=[]。

x=fmincon(fun,x0,A,b,Aeq,beq):Aeq、beq 满足等式约束 Aeqx=beq,如果没有,则取 Aeq=[]、beq=[]。

x=fmincon(fun,x0,A,b,Aeq,beq,lb,ub):lb、ub 满足 lb≤x≤ub,如果没有界,可设 lb=[]、ub=[]。

x=fmincon(fun,x0,A,b,Aeq,beq,lb,ub,nonlcon):nonlcon 参数的作用是通过接

收向量 x 来计算非线性不等式约束 C(x) ≤0 和等式约束 Ceq(x)=0 分别在 x 处的 C 和 Ceq,通过指定函数句柄来使用,如:

```
x = fmincon(@fun,x0,A,b,Aeq,beq,lb,ub,@ mycon),
```

先建立非线性约束函数,并保存为 mycon.m,

```
function [C,Ceq] = mycon(x)
C = …                    %计算 x 处的非线性不等式约束 C(x) ≤0 的函数值
Ceq = …                  %计算 x 处的非线性不等式约束 Ceq(x) = 0 的函数值
```

x=fmincon(fun,x0,A,b,Aeq,beq,lb,ub,nonlcon,options):options 为指定优化参数选项。

[x,fval]=fmincon(…):fval 为返回相应目标函数最优值。

[x,fval,exitflag]=fmincon(…):exitflag 为输出终止迭代的条件信息。

[x,fval,exitflag,output]=fmincon(…):output 为输出关于算法的信息,其为一个结构体变量。

[x,fval,exitflag,output,lambda]=fmincon(…):lambda 为 Lagrange 乘子。

[x,fval,exitflag,output,lambda,grad]=fmincon(…):grad 表示目标函数在 x 处的梯度。

[x,fval,exitflag,output,lambda,grad,hessian]=fmincon(…):hessian 为输出目标函数在解 x 处的 Hessian 矩阵。

【例 13-6】 (资金调用问题)设有 500 万元资金,要求 4 年内使用完,如果在第一年内使用资金 x 万元,则可得到效益 $x^{\frac{1}{3}}$ 万元(效益不能再使用),当年不用的资金可存入银行,年利率为 10%,试制定出资金的使用规划,以使 4 年效益之和达到最大。

解析:根据题意建立的数学模型为:

$$\min f(x) = -\left(x_1^{\frac{1}{3}} + x_2^{\frac{1}{3}} + x_3^{\frac{1}{3}} + x_4^{\frac{1}{3}}\right)$$

$$\text{s.t.}\begin{cases} x_1 \leqslant 500 \\ 1.1x_1 + x_2 \leqslant 550 \\ 1.21x_1 + 1.1x_2 + x_3 \leqslant 605 \\ 1.331x_1 + 1.21x_2 + 1.1x_3 + x_4 \leqslant 665.5 \\ x_1, x_2, x_3, x_4 \geqslant 0 \end{cases}$$

其实现的 MATLAB 代码如下:

```
>> clear all;
A = [1.1 1 0 0;1.21 1.1 1 0;1.331 1.21 1.1 1];
b = [550;605;665.5];
lb = [0 0 0 0]';
ub = [550,1300,1300,1300]';
x0 = [1 1 1 1]';
[x,fval] = fmincon('- x(1)^(1/3) - x(2)^(1/3) - x(3)^(1/3) - x(4)^(1/3)',x0,A,b,[],[],lb,
ub)
```

运行程序,输出如下:

```
Active inequalities (to within options.TolCon = 1e-006):
 lower       upper       ineqlin       ineqnonlin
                            3

x =
   114.5455
   136.6929
   156.8273
   175.1314
fval =
  -20.9954
```

可见,当第一年使用资金 114.5455 万元、第二年使用资金 136.6929 万元、第三年使用资金 156.8273 万元、第四年使用资金 175.1314 万元时,四年的效益之和最大为20.9954万元。

【例 13-7】 (销量最佳安排问题)某厂生产一种产品,有 A、B 两个牌号,讨论在产销平衡的情况下怎样确定各自的产量,使总利润最大。所谓产销平衡即是指工厂的产量等于市场上的销量。其中,p_1、q_1、x_1 分别表示 A 的价格、成本、销量;q_2、p_2、x_2 表示 B 的价格、成本、销量;a_{ij}、b_i、λ_i、$c_i(i,j=1,2)$为待定系数;$f(x_1,x_2)$为总利润。

解析:在问题的求解过程中,先根据经济学知识作一些基本假设。

(1) 假设价格与销量成线性关系。

利润取决于销量和价格,也依赖于产量和成本。按照市场规律,A 的价格 p_1 会随其销量 x_1 的增长而降低,同时 B 的销量 x_2 的增长也会使 A 的价格稍微下降,可简单地假设价格与销量呈线性关系。

该假设有数学语言描述为:

$$p_1 = b_1 - a_{11}x_1 - a_{12}x_2$$

其中,$b_1,a_{11},a_{12}>0$。

由于 A 的销量对 A 的价格有直接影响,而 B 的销量对 A 的价格为间接影响,因此可合理地假设销量前的系数满足如下关系:

$$a_{11} > a_{12}$$

同理:

$$p_2 = b_2 - a_{21}x_1 - a_{22}x_2,b_2,a_{21},a_{22} > 0;\ a_{21} > a_{22}$$

(2) 假设成本与产量成负指数关系。

A 的成本随其产量的增长而降低,且有一个渐进值,可假设为负指数关系,用数学形式表达为:

$$q_1 = r_1e^{-\lambda_1x_1} + c_1,r_1,\quad \lambda_1,c_1 > 0$$

同理:

$$q_2 = r_2e^{-\lambda_2x_2} + c_2,r_2,\quad \lambda_2,c_2 > 0$$

如果根据大量的统计数据,求出系数:

$$b_1=120;\ a_{11}=1,a_{12}=0.15;\ b_2=300,a_{21}=0.25,a_{22}=2.5$$

$$r_1=40,\lambda_1=0.025,c_1=25;\ r_2=120,\lambda_2=0.025,c_2=40$$

则问题转化为无约束优化问题，求 A、B 两个牌号的产量 x_1、x_2，使总利润 f 最大。

首先确定该问题的一个初始解，并从该初始解处开始寻优。忽略成本，令 $a_{12}=0$，$a_{21}=0$，问题转化为求以下函数的极值：

$$f_1=(b_1-a_{11}x_1)x_1+(b_2-a_{22}x_2)x_2$$

显然，其解为 $x_1=\dfrac{b_1}{2a_{11}}=60$，$x_2=\dfrac{b_2}{2a_{22}}=60$，把它作为原问题的初始值。

用 MATLAB 求解该非线性最优化问题，根据需要，建立目标函数的 M 文件，代码为：

```
function f = func7(x)
f1 = ((120 - x(1) - 0.15 * x(2)) - (40 * exp( - 0.025 * x(1)) + 25)) * x(1);
f2 = ((300 - 0.25 * x(1) - 2 * x(2)) - (120 * exp( - 0.025 * x(2)) + 40)) * x(2);
f = - f1 - f2;
```

调用 fminunc 求解该最优化问题，设置初始值为[60,60]：

```
>> clear all;
x0 = [60 60];
[x,fval,exitflag,output] = fminunc(@func7,x0)
```

运行程序，输出如下：

```
x =
   32.8380    65.4317
fval =
   - 7.5240e + 03
exitflag =
       1
output =
         iterations: 6
           funcCount: 27
            stepsize: 1
      firstorderopt: 1.8656e - 06
           algorithm: 'medium - scale: Quasi - Newton line search'
             message: [1x436 char]
```

由运行结果可知，当 A 的产量为 32.8380 吨、B 的产量为 65.4317 时吨，最大利润为 7524 元。

13.4 二次规划问题

如果某非线性规划的目标函数为自变量的二次函数，约束条件全是线性函数，称这种规划为二次规划。

二次规划问题的数学模型为：

$$\min f(x) = C^{\mathrm{T}}x + \frac{1}{2}x^{\mathrm{T}}Hx$$

$$\text{s.t.}\begin{cases} Ax \leqslant b \\ \text{Aeq}x = \text{beq} \\ lb \leqslant x \leqslant ub \\ x \geqslant 0 \end{cases}$$

其中,H 为 $n\times n$ 的对称矩阵,Aeq 和 A 为矩阵,x、beq、b 为列向量。如果 H 为半正定矩阵,则称此规划为凸二次规划,否则为非凸规划。对于非凸规划,由于存在比较多的驻点,求解比较困难,在此只讨论凸二次规划的求解方法。

在 MATLAB 中,提供 quadprog 函数用于求解二次规划问题。函数的调用格式为:

x=quadprog(H,f):H 为二次规划目标函数中的 H 矩阵,f 为给定的目标函数。

x=quadprog(H,f,A,b):H、f、A、b 为标准形式中的参数,x 为目标函数的最小值。

x=quadprog(H,f,A,b,Aeq,beq):Aeq、beq 满足等式约束条件 Aeq. x=beq。

x=quadprog(H,f,A,b,Aeq,beq,lb,ub):lb、ub 分别为解 x 的下界与上界。

x=quadprog(H,f,A,b,Aeq,beq,lb,ub,x0):x0 为设置的初始。

x=quadprog(H,f,A,b,Aeq,beq,lb,ub,x0,options):options 为指定的优化参数。

x=quadprog(problem):求解二次线性规划问题 problem。

[x,fval]=quadprog(…):fval 为目标函数最优值。

[x,fval,exitflag]=quadprog(…):exitflag 为输出终止迭代的条件信息。

[x,fval,exitflag,output]=quadprog(…):output 为输出关于算法的信息,其为一个结构体变量。

[x,fval,exitflag,output,lambda]=quadprog(…):lambda 为 Lagrange 乘子。

【例 13-8】 求解如下二次规划问题。

$$f(x) = \frac{1}{2}x_1^2 + x_2^2 - x_1x_2 - 2x_1 - 6x_2$$

$$\text{s.t.}\begin{cases} x_1 + x_2 \leqslant 2 \\ -x_1 + 2x_2 \leqslant 2 \\ 2x_1 + x_2 \leqslant 3 \\ x_1, x_2 \geqslant 0 \end{cases}$$

将目标函数化为标准形式为:

$$f(x) = \frac{1}{2}(x_1, x_2)\begin{pmatrix} 1 & -1 \\ -1 & 2 \end{pmatrix}\begin{pmatrix} x_1 \\ x_2 \end{pmatrix} + (-2, 6)\begin{pmatrix} x_1 \\ x_2 \end{pmatrix}$$

其实现的 MATLAB 代码如下:

```
>> clear all;
H = [1 -1; -1 2];
f = [-2; -6];
A = [1 1; -1 2; 2 1];
b = [2; 2; 3];
lb = zeros(2,1);
[x,fval,exitflag,output,lambda] = quadprog(H,f,A,b,[],[],lb)
```

运行程序，输出如下：

```
Optimization terminated.
x =
    0.6667
    1.3333
fval = -8.2222
exitflag = 1
output =
         iterations: 3
    constrviolation: 1.1102e-016
          algorithm: 'medium-scale: active-set'
      firstorderopt: []
       cgiterations: []
            message: 'Optimization terminated.'
lambda =
      lower: [2x1 double]
      upper: [2x1 double]
      eqlin: [0x1 double]
    ineqlin: [3x1 double]
```

由以上结果可得，当 $x_1=0.6667$、$x_2=1.3333$ 时，目标函数的最小值为-8.2222。

13.5 多目标规划问题

多目标规划即为有多个目标函数的优化问题，这种问题在实际中非常多。例如，工厂的经营者往往希望所生产的产品能够获得高额利润，同时又希望生产的成本小、耗能少、对环境污染小等，这种问题的数学模型即为多目标规划问题。

多目标规划问题可描述为：

$$\min\{z_1=f_1(x), z_2=f_2(x), \cdots, z_n=f_n(x)\}$$

$$\text{s.t.}\begin{cases} g_i(x)\leqslant 0 \\ i=1,2,\cdots,q \end{cases}$$

定义决策空间：$S=\{x\in R^n \mid g_i(x)\leqslant 0, i=1,2,\cdots,q\}$，$Z=\{z\in R^n \mid z_1=f_1(x),\ z_2=f_2(x),\cdots,z_n=f_n(x)\}$为判据空间，那么 Pareto 最优解集 Ω(非支配解集)定义如下：

点 $x^0\in S$ 且 $x^0\in\Omega\Leftrightarrow$即不存在其他点 $x\in S$，使得 $f_k(x)<f_k(x^0), k=1,2,\cdots,m$；$f_l(x)\leqslant f_l(x^0), l=1,2,\cdots,m$。

而对于无约束的多目标优化问题，Pareto 最优解集 Ω 定义如下：

$z^0\in\Omega\Leftrightarrow$不存在 $z\in Z$，使得 $z_k<z_k^0, k=1,2,\cdots,m$；$z_l\leqslant z_l^0, l=1,2,\cdots,m$。

求解多目标问题，就是要尽可能全面地寻找 Pareto 最优解集。多目标优化问题的处理方法包括以下 4 种。

(1) 约束法：确定目标函数的取值范围后，将其转化成约束条件。

(2) 权重法：将每个目标函数分配一定的权重，进行加权，转化为单目标优化问题。权重法包括固定权重法、适当性权重法及随机权重法。

(3) 目标规划法：通过引入目标函数极值与目标的正偏差和负偏差，将求目标函数的极值问题转化为所有目标函数与对应的目标偏差的最小值问题，进行目标规划求解。

(4) 现代人工智能算法：包括遗传算法、粒子群算法等直接进行多目标优化。

在 MATLAB 中，提供 fgoalattain 函数用于求解多目标规划问题。函数的调用格式为：

x=fgoalattain(fun,x0,goal,weight)：以 x0 为初始点求解无约束的多目标规划问题，其中 fun 为目标函数向量，goal 为想要达到的目标函数值向量，weight 为权重向量，一般取 weight=abs(goal)。

x=fgoalattain(fun,x0,goal,weight,A,b)：以 x0 为初始点求解有线性不等式约束 Ax≤b 的多目标规划问题。

x=fgoalattain(fun,x0,goal,weight,A,b,Aeq,beq)：以 x0 为初始点求解有线性不等式约束 Ax≤b 和等式约束 Aeq. x=beq 的多目标规划问题。

x=fgoalattain(fun,x0,goal,weight,A,b,Aeq,beq,lb,ub)：以 x0 为初始点求解有线性不等式约束、线性等式约束以及界约束 lb≤x≤ub 的多目标规划问题。

x=fgoalattain(fun,x0,goal,weight,A,b,Aeq,beq,lb,ub,nonlcon)：nonlcon 为定义的非线性约束条件，定义如下：

```
function [c1,c2,gc1,gc2] = nonlcon(x)
c1 = …                          %x处的非线性不等式约束
c2 = …                          %x处的非线性等式约束
if nargout > 2                  %被调用的函数有4个输出变量
    gc1 = …                     %非线性不等式约束在x处的梯度
    gc2 = …                     %非线性等式约束在x处的梯度
end
```

x=fgoalattain(fun,x0,goal,weight,A,b,Aeq,beq,lb,ub,nonlcon,… options)：options 为指定的优化参数。

x=fgoalattain(problem)：求解二次规划问题 problem。

[x,fval]=fgoalattain(…)：fval 为返回多目标函数在 x 处的函数值。

[x,fval,attainfactor]=fgoalattain(…)：attainfactor 为目标达到因子，若其为负值，则说明目标已经溢出；若为正值，则说明还未达到目标个数。

[x,fval,attainfactor,exitflag]=fgoalattain(…)：exitflag 为输出终止迭代的条件信息。

[x,fval,attainfactor,exitflag,output]=fgoalattain(…)：output 为输出关于算法的信息变量。

[x,fval,attainfactor,exitflag,output,lambda]=fgoalattain(…)：lambda 为输出的 Lagrange 乘子。

【例 13-9】 (采购问题)某工厂需要采购某种生产原料，该原料市场有 A 和 B 两种，单位分别为 1.5 元/kg 和 2.5 元/kg。现要求所花的总费用不超过 400 元，购得原料总质量不少于 150kg，其中 A 原料不得少于 70kg。怎样确定最佳采购方案，花最少的钱采购最多数量的原料？

解析：设 A、B 分别采购 x_1、x_2，于是该次采购总的花费为 $f_1(x)=1.5x_1+2.5x_2$，所

得原料总量为 $f_2(x)=x_1+x_2$，则求解的目标是花最少的钱购买最多的原料，即最小化 $f_1(x)$的同时最大化 $f_2(x)$。

要满足所总花费不得超过 400 元，原料的总质量不得少于 150kg，A 原料不得少于 70kg，于得得到对应的约束条件为：

$$\begin{cases} x_1+x_2\geqslant 150 \\ 1.5x_1+2.5x_2\leqslant 400 \\ x_1\geqslant 70 \end{cases}$$

又考虑到购买的数量必须满足非负的条件，由于对 x_1 已有相应的约束条件，因此只需要添加对 x_2 的非负约束即可。

综上所述，得到的问题的数学模型为：

$$\min f_1(x)=1.5x_1+2.5x_2$$
$$\max f_2(x)=x_1+x_2$$
$$\text{s.t.}\begin{cases} x_1+x_2\geqslant 150 \\ 1.5x_1+2.5x_2\leqslant 400 \\ x_1\geqslant 70 \\ x_2\geqslant 0 \end{cases}$$

根据需要，建立目标函数的 M 文件 li10_6fun，代码为：

```
function f = func9(x)
f(1) = 1.5 * x(1) + 2.5 * x(2);
f(2) = - x(1) - x(2);
```

根据约束中的目标约束，可设置 goal 为[400，－150]，再加入对设计变量的边界约束，同时权重选择为 goal 的绝对值，调用 fgoalattain 函数求解，代码为：

```
>> clear all;
x0 = [0;0];
A = [ - 1  - 1; 1.5 2.5];
b = [ - 150; 400];
lb = [70;0];
goal = [400; - 150];
weight = abs(goal);
[x,fval,attainfactor,output,lambda] = fgoalattain(@lfunc9,x0,goal,weight,[],[],[],[],
lb,[])
```

运行程序，输出如下：

```
x =
   124.4650
    54.4638
fval =
   322.8569  - 178.9288
attainfactor =
   - 0.1929
output =
     5
```

```
lambda =
         iterations: 3
          funcCount: 14
      lssteplength: 1
          stepsize: 0.0010
         algorithm: 'goal attainment SQP, Quasi-Newton, line_search'
    firstorderopt: []
   constrviolation: 3.2097e-07
           message: [1x776 char]
```

在上述期望目标和权重选择下，问题的最优解为 $x^*=\begin{bmatrix}124.4650\\54.4638\end{bmatrix}$。参数 attainfactor 的值为负，说明已经溢出预期的目标函数值，满足原问题的要求。

【例 13-10】 (生产计划问题)某工厂生产 A、B 和 C 三种产品以满足市场的需要，该厂每周生产时间为 48h，且规定每周的能耗不得超过 25t 标准煤，其数据如表 13-4 所示。每周生产三种产品多少小时，才能使得该厂的利润最多而能耗最少？

表 13-4　产品生产销售数据表

产品	生产效率/(m/h)	利润/元	最大销量/(m/周)	能耗/(t/1000m)
A	22	550	750	25
B	25	400	800	26
C	18	700	600	30

解析：设该工厂每周生产三种产品的小时数分别为 x_1、x_2、x_3，则根据各种产品的单位利润得到其总利润 $f_1(x)=550x_1+400x_2+700x_3$。

根据各个产品的生产效率，可生产 A、B 和 C 的生产数量分别为：

$$q_A=22x_1,\quad q_B=25x_2,\quad q_C=18x_3$$

因此，生产过程中产生的能耗

$$f_2(x)=\frac{22}{55}x_1+\frac{26}{40}x_2+\frac{3}{7}x_3。$$

根据最优化问题的目标，需要使利润最多且能耗最少，即在极大化 $f_1(x)$的同时极小化 $f_2(x)$。

由约束条件，该厂每周的生产时间为 48h，因此 $x_1+x_2+x_3\leqslant 48$。

满足能耗不得超过 25t 标准煤，因此$\frac{22}{55}x_1+\frac{26}{40}x_2+\frac{3}{7}x_3\leqslant 25$。

三种产品每周的最大销量如表 13-4 所示，因此必须限制生产数量小于最大销量才能使成本最低，即满足约束条件：

$$q_A=22x_1\leqslant 750;\ q_B=25x_2\leqslant 800;\ q_C=18x_3\leqslant 600$$

考虑到生产时间的非负性，因此得到该问题的数学模型为：

$$\max f_1(x)=550x_1+400x_2+700x_3$$

$$\min f_2(x)=\frac{22}{55}x_1+\frac{26}{40}x_2+\frac{3}{7}x_3$$

$$
\text{s. t.}\begin{cases}x_1+x_2+x_3\leqslant 48\\ \dfrac{22}{55}x_1+\dfrac{26}{40}x_2+\dfrac{3}{7}x_3\leqslant 25\\ 22x_1\leqslant 750\\ 25x_2\leqslant 800\\ 18x_3\leqslant 600\\ x_1,x_2,x_3\geqslant 0\end{cases}
$$

将目标函数均转换为求极小化问题，建立 M 函数文件 func10.m，代码为：

```
function f = func10(x)
f(1) = - 550 * x(1) - 400 * x(2) - 700 * x(3);
f(2) = 22/55 * x(1) + 26/40 * x(2) + 3/7 * x(3);
```

设定求解的期望目标 goal，函数 $f_2(x)$为第二个目标约束，而对于函数 $f_1(x)$的目标约束，可作一个简单的估计，将 $f_2(x)$乘以 1500 以后的数值显然要大于 $f_1(x)$，而 $f_1(x)$的期望目标必须小于 25，因此 $f_2(x)$的值显然小于 32 000，乘数取 $f_1(x)$的期望目标为 32 000。这个值是不能达到的，希望在求解过程中可以尽量接近该数值，于是设置求解的初始点为 $x0=[0\ 0\ 0]'$；期望目标 goal=[−32 000;25]，权重为期望目标的绝对值，然后再根据相应的约束确定 A 和 b，调用函数 fgoalattain 求解该多目标规划问题，代码为：

```
>> clear all;
x0 = [0;0;0];
lb = [0;0;0];
goal = [ - 32000;25];                % 期望目标
weight = abs(goal);
A = [1 1 1;22 0 0;0 25 0;0 0 18];
b = [48;750;800;600];
[x,fval,attainfactor,output,lambda] = fgoalattain(@func10,x0,goal,weight,A,b,[],[],
lb,[])
```

运行程序，输出如下：

```
x =
   14.6667
    0.0000
   33.3333
fval =
   1.0e + 04 *
  - 3.1400    0.0020
attainfactor =
   0.0188
output =
   4
lambda =
   struct with fields:
            iterations: 8
            funcCount: 47
```

```
        lssteplength: 1
            stepsize: 8.8737e-10
           algorithm: 'active-set'
        firstorderopt: []
       constrviolation: 0
   message: [1x766 char]
```

由以上结果可知,问题的最优解为 $x^*=\begin{bmatrix}14.6667\\0\\33.3333\end{bmatrix}$,此时函数 $f_1(x)$的值为 31 400,函数 $f_2(x)$的值为 20。

13.6 最小化和最大化问题

通常我们遇到的都是目标函数的最小化和最大化问题,但是在某些情况下,则要求最大值的最小化才有意义。例如城市规划中需要确定急救中心、消防中心的位置,可取的目标函数应该是到所有地点最大距离的最小值,而不是到所有目的地的距离和为最小。这是两种完全不同的准则,在控制理论、逼近论、决策论中也使用最小最大化原则。

在 MATLAB 中,提供 fminimax 函数用于采用序列二次规划法求解最小最大化问题。函数的调用格式为:

x=fminimax(fun,x0):求解最小最大化问题。目标函数与约束条件定义在 M 文件中,文件名为 fun,初始解向量为 x0。

x=fminimax(fun,x0,A,b):在约束 A*x≤b 下求解最优化问题。

x=fminimax(fun,x,A,b,Aeq,beq):在约束条件 A*x≤b 及 Aeq*x=beq 下,求解最优化问题,如果没有不等式条件,可令 A=[]、b=[]。

x=fminimax(fun,x,A,b,Aeq,beq,lb,ub):给出 x 的上下界 lb≤x≤ub。

x=fminimax(fun,x0,A,b,Aeq,beq,lb,ub,nonlcon):nonlcon 为定义的非线性约束函数,其格式为:

```
function [c,ceq] = mycon(x)
c = ...             %x处的非线性不等式约束
ceq = ...           %x处的非线性等式约束
```

x=fminimax(fun,x0,A,b,Aeq,beq,lb,ub,nonlcon,options):options 为指定的优化参数选项。

x=fminimax(problem):求解最小最大值优化问题 problem。

[x,fval]=fminimax(…):x 为返回的最优解,fval 为返目标函数在 x 处的函数值。

[x,fval,maxfval]=fminimax(…):maxfval 为 fval 中的最大值。

[x,fval,maxfval,exitflag]=fminimax(…):exitflag 为输出终止迭代的条件信息。

[x,fval,maxfval,exitflag,output]=fminimax(…):output 为输出关于算法的信息变量。

[x,fval,maxfval,exitflag,output,lambda]=fminimax(…)：lambda 为输出各个约束所对应的 Lagrange 乘子。

【例 13-11】（选址问题）设某城市有某种物品的 10 个需求点，第 i 个需求点 P_i 的坐标为(a_i,b_i)，道路网与坐标轴平行，彼此正交。现打算建一个该物品的供应中心，且由于受到城市某些条件的限制，该供应中心坐标 x 和 y 只能位于[5,8]内。P 点的坐标如表 13-5所示。问该中心应建在何处为好？

表 13-5　P 点的坐标

a_i	1	4	3	5	9	12	6	20	17	8
b_i	2	10	8	18	1	4	5	10	5	9

解析：根据已知，可建立数学模型为：

$$\min_{x,y} \max_{1\leqslant i\leqslant m}\{|x-a_i|+|y-b_i|\}$$

$$\text{s. t.}\begin{cases} x\geqslant 5 \\ x\leqslant 8 \\ y\geqslant 5 \\ y\leqslant 8 \end{cases}$$

根据需要，编写非线性不等式约束 M 文件，代码为：

```
function f = func11(x)
a = [1 4 3 5 9 12 6 20 17 8];
b = [2 10 8 18 1 4 5 10 5 9];
f(1) = abs(x(1) - a(1)) + abs(x(2) - b(1));
f(2) = abs(x(1) - a(2)) + abs(x(2) - b(2));
f(3) = abs(x(1) - a(3)) + abs(x(2) - b(3));
f(4) = abs(x(1) - a(4)) + abs(x(2) - b(4));
f(5) = abs(x(1) - a(5)) + abs(x(2) - b(5));
f(6) = abs(x(1) - a(6)) + abs(x(2) - b(6));
f(7) = abs(x(1) - a(7)) + abs(x(2) - b(7));
f(8) = abs(x(1) - a(8)) + abs(x(2) - b(8));
f(9) = abs(x(1) - a(9)) + abs(x(2) - b(9));
f(10) = abs(x(1) - a(10)) + abs(x(2) - b(10));
```

调用 fminimax 函数求解最小化和最大化问题，代码为：

```
>> clear all;
x0 = [6;6];                    % 给定的初始值
AA = [ - 1 0;1 0;0 - 1;0 1];
bb = [ - 5 8 - 5 8]';
[x,fval,exitflag] = fminimax(@func11,x0,AA,bb)
```

运行程序，输出如下：

```
x =
     8
     8
```

```
fval =
    13     6     5    13     8     8     5    14    12     1
exitflag =
    14
```

由输出结果可知,中心应建在(8,8)处最好。

13.7 “半无限”多元问题

在 MATLAB 中,提供了 fseminf 函数用于求解“半无限”多元问题。问题形如:

$$\min_x f(x)$$

$$\text{s.t.}\begin{cases} A.x \leqslant b \\ \text{Aeq}.x = \text{beq} \\ lb \leqslant x \leqslant ub \\ c(x) \leqslant 0 \\ \text{ceq}(x) = 0 \\ K_i(x, w_i) \leqslant 0, 1 \leqslant i \leqslant n \end{cases}$$

fseminf 函数的调用格式为:

x=fseminf(fun,x0,ntheta,seminfcon):从 x0 开始,ntheta 为 $K_i(x_i, w_i)$约束条件的个数,seminfcon 函数用来定义 $K_i(x_i, w_i)$与非线性约束条件,返回非线性不等式与等式约束以及 K_i 的大小。

seminfcon 函数的定义形式如下:

```
function [c,ceq,K1,K2, … ,Kntheta,S] = myinfcon(x,S)
%初始化样本间距
if isnan(S(1,1)),
    S = ...                    %S 有 ntheta 行 2 列
end
w1 = ...                       %计算样本集
w2 = ...                       %计算样本集
...
wntheta = ...                  %计算样本集
K1 = ...                       %在 x 和 w 处的第一个半无限约束值
K2 = ...                       %在 x 和 w 处的第二个半无限约束值
...
Kntheta = ...                  %在 x 和 w 处的第 ntheta 个半无限约束值
c = ...                        %在 x 处计算非线性不等式约束值
ceq = ...                      %在 x 处计算非线性不等式约束值
```

x=fseminf(fun,x0,ntheta,seminfcon,A,b):在 A * x≤b 的约束条件下寻找函数的最小值,x0 可以是标量、向量或矩阵。

x=fseminf(fun,x0,ntheta,seminfcon,A,b,Aeq,beq):在 Aeq * x=beq 和 A * x≤b 的条件下,寻找函数的最小值,x0 可以是标量、向量或矩阵。如果没有不等式存在,A,b 可以为[]。

x=fseminf(fun,x0,ntheta,seminfcon,A,b,Aeq,beq,lb,ub)：定义了 x 的上下界 lb≤x≤ub。如果没有等式存在，Aeq、beq 可以为[]。

x=fseminf(fun,x0,ntheta,seminfcon,A,b,Aeq,beq,lb,ub,options)：设置可选参数 options 的值而不是采用默认值。

x=fseminf(problem)：求解半无限的约束非线性问题 problem。

[x,fval]=fseminf(…)：同时返回函数值 fval。

[x,fval,exitflag]=fseminf(…)：返回退出标志 exitflag。

[x,fval,exitflag,output]=fseminf(…)：返回 output 结构，其中包括最优化信息。

[x,fval,exitflag,output,lambda]=fseminf(…)：其字符中包含 x 的 Lagrange 算子。

【例 13-12】 求解如下"半无限"多元约束优化问题：

$$\max f(x) = 8x_1 + 4.5x_2^2 + 3x_3$$

$$\text{s.t.}\begin{cases}1.5x_3^2 - x_2^2 \geqslant 3 \\ x_1 + 4x_2 + 5x_3 \leqslant 32 \\ x_1 + 3x_2 + 2x_3 \leqslant 29 \\ x_1, x_2, x_3 \geqslant 0\end{cases}$$

其中，"半无限"约束 $K_i(w,x)$ 为：

$$K_1(x,w_1) = \sin(w_1x_1)\cos(w_1x_1) - \frac{1}{1000}(w_1 - 45)^2 - \sin(w_1x_3) - x_2 \leqslant 1, \quad 1 \leqslant w_1 \leqslant 100$$

$$K_1(x,w_2) = \sin(w_2x_2)\cos(w_2x_2) - \frac{1}{1000}(w_2 - 45)^2 - \sin(w_2x_3) - x_3 \leqslant 1, \quad 1 \leqslant w_2 \leqslant 100$$

对于"半无限"多元约束优化问题的求解，首先建立目标函数的 M 文件，代码如下：

```
function f = func12a(x)
f = 8 * x(1) + 4.5 * x(2)^2 + 3 * x(3);
f = -f;
```

建立"半无限"约束条件及非线性约束的 M 文件，代码如下：

```
function [c,ceq,K1,K2,s] = func12b (x,s)
if isnan(s(1,1)),
    s = [0.2 0;0.2 0];
end
%采样的数据点
w1 = 1:s(1,1):100;
w2 = 1:s(2,1):100;
%半无限约束
K1 = sin(w1 * x(1)). * cos(w1 * x(1)) - 1/1000 * (w1 - 45).^2 - sin(w1 * x(3)) - x(2) - 1;
K2 = sin(w2 * x(2)). * cos(w2 * x(2)) - 1/1000 * (w2 - 45).^2 - sin(w2 * x(3)) - x(3) - 1;
%非线性约束
c = 3 - 1.5 * x(3)^2 - x(2)^2;
ceq = [];
```

其实现的 MATLAB 代码如下：

```
>> clear all;
A = [1 4 5;1 3 2];
b = [32 29];
Aeq = [ ];beq = [];
lb = zeros(1,size(A,2));
x0 = ones(size(A,2),1);
[x,fval] = fseminf(@func12a,x0,2,@ func12b,A,b,Aeq,beq,lb)
```

运行程序，输出如下：

```
x =
    0.9666
    5.8239
    1.5476
fval =
 -165.0032
```

第三部分 MATLAB的技术扩展

第14章 Simulink仿真与应用

Simulink 是 MATLAB 最重要的组件之一，它提供一个动态系统建模、仿真和综合分析的集成环境。在该环境中，无须大量书写程序，而只需要通过简单、直观的鼠标操作，就可构造出复杂的系统。Simulink 具有适应面广、结构和流程清晰、仿真精细、贴近实际、效率高、灵活等优点，已被广泛应用于控制理论和数字信号处理的复杂仿真和设计。

14.1 Simulink 的基本介绍

Simulink 实际上是面向结构系统的仿真软件，利用 Simulink 进行系统仿真的步骤如下。

(1) 启动 Simulink，进入 Simulink 窗口。

(2) 在 Simulink 窗口中，借助 Simulink 模块库，创建系统框图模块并调整模块参数。

(3) 设置仿真参数后，启动仿真。

(4) 输出仿真结果。

14.1.1 Simulink 的功能

Simulink 是 MATLAB 的一种可视化仿真工具，是一种基于 MATLAB 的框图设计环境，是实现动态系统建模、仿真和分析的一个软件包，广泛应用于线性系统、非线性系统、数字控制及数字信号处理的建模和仿真中。

Simulink 可以用连续采样时间、离散采样时间或两种混合的采样时间进行建模，它也支持多速率系统，也就是系统中的不同部分可以具有不同的采样速率。

为了创建动态系统模型，Simulink 提供了一个建立模型方块图的图形用户界面(GUI)，这个创建过程只需单击和拖动鼠标操作就能完成，提供了一种更快捷、直接的方式，而且用户可以立即看到系统的仿真结果。

Simulink 是用于动态系统和嵌入式系统的多领域仿真以及基于模型的设计工具。对于各种时变系统,包括通信、控制、信号处理、视频处理和图像处理系统,Simulink 提供了交互式图形化环境和可定制模块库,来对其进行设计、仿真、执行和测试。

构架在 Simulink 基础之上的其他产品,扩展了 Simulink 多领域建模功能,也提供了用于设计、执行、验证和确认任务的相应工具。

Simulink 与 MATLAB 紧密集成,它可以直接访问 MATLAB 的大量工具,来进行算法研发、仿真的分析和可视化、批处理脚本的创建、建模环境的定制,以及信号参数和测试数据的定义。

14.1.2 Simulink 的特点

Simulink 拥有丰富的、可扩充的预定义模块库以及交互式的图形编辑器,来组合和管理直观的模块图,以设计功能的层次性来分割模型,实现对复杂设计的管理。通过 Model Explorer 导航、创建、配置、搜索模型中的任意信号、参数、属性生成模型代码,而且可以提供 API,用于与其他仿真程序的连接或手写代码集成。

Simulink 是一种强有力的仿真工具,它能让用户在图形方式下以最小的成本来模拟真实动态系统的运行。Simulink 配备了数百种自定义的系统环节模型、最先进的有效积分算法和直观的图示化工具。

依托 Simulink 强健的仿真能力,用户在制造原型机之前就可建立系统的模型,从而评估设计并修复瑕疵。Simulink 具有如下特点。

1) 建立动态的系统模型并进行仿真

Simulink 是一种图形化的仿真工具,用于对动态系统建模和控制规律的研究制定。由于支持线性、非线性、连续、离散、多变量和混合式系统结构,Simulink 几乎可分析任何一种类型的真实动态系统。

2) 以直观的方式建模

利用 Simulink 可视化的建模方式,可迅速建立动态系统的框图模型。只需在 Simulink 元件库中选出合适的模块,并拖放到 Simulink 建模窗口中即可。

Simulink 标准库拥有超过 150 种模块,可用于构成各种不同种类的动态模型系统。模块包括输入信号源、动力学元件、代数函数和非线性函数、数据显示模块等。

Simulink 模块可以设定为触发和使能的,用于模拟大模型系统中不同条件下子模型的行为。

3) 增添定制模块元件和用户代码

Simulink 模块库是可制定的,能够扩展以包容用户自定义的系统环节模块。用户也可以修改已有模块的图标,重新设定对话框,甚至换用其他形式的弹出菜单和复选框。

Simulink 允许用户把自己编写的 C、FORTRAN、Ada 代码直接植入 Simulink 模型中。

4) 快速、准确地进行设计模拟

Simulink 优秀的积分算法给非线性系统仿真带来了极高的精度。先进的常微分方程求解器可用于求解刚性和非刚性系统、不连续的系统和具有代数环的系统。Simulink

的求解器能确保连续时间系统或离散时间系统的仿真迅速、准确地进行。同时，Simulink还为用户准备了一个图形化的调试工具，以辅助用户进行系统开发。

5）分级表达复杂系统

Simulink的分级建模能力使得体积庞大、结构复杂的模型构建也简便、易行。根据需要，各种模块可以组织成若干子系统。在此基础上，整个系统可以按照自顶向下或自底向上的方式搭建。子模型的层级数量完全取决于所构建的系统，不受软件本身的限制。

为方便大型复杂结构系统的操作，Simulink还提供了模型结构浏览的功能。

6）交互式的仿真分析

Simulink的示波器能够以动画和图像显示数据，在运行中可调整模型参数进行What-if分析，能够在仿真运算进行时监视仿真结果。这种交互式的特征可以帮助用户快速评估不同的算法，进行参数优化。

14.1.3 Simulink的工作原理

为了能全面、正确地理解系统仿真，需要对系统仿真所研究的对象进行了解。在此对系统与系统模型进行简单介绍。

1. 系统

系统是指具有某些特定功能并且相互联系、相互作用的元素集合。此处的系统是指广义的系统，泛指自然界的一切现象与过程。它具有两个基本特征：整体性和相关性。整体性是指系统作为一个整体存在而表现出某项特定的功能，它是不可分割的。

对于任何系统的研究都必须从如下3个方面考虑。

- 实体：组成系统的元素、对象。
- 属性：实体的特征。
- 活动：系统由一个状态到另一个状态的变化过程。

组成系统的实体之间相互作用而引起的实体属性的变化，通常状态变量来描述。研究系统主要是研究系统的动态变化。除了研究系统的实体属性活动外，还需要研究影响系统活动的外部条件，这些外部条件称为环境。

2. 系统模型

系统模型是对实际系统的一种抽象，是对系统本质（或系统的某种特性）的一种描述。模型可视为对真实世界中物体或过程的信息进行形式化的结果。模型具有与系统相似的特性，可以各种形式给出用户所感兴趣的信息。

模型可以分为实体模型和数学模型。实体模型又称为物理效应模型，是根据系统之间的相似性而建立起来的物理模型。

实体模型最常见的是比例模型，如风筒吹风实验常用的翼型或建筑模型。数学模型包括原始系统数学模型和仿真系统数学模型。原始系统数学模型是对系统的原始数学描述。

仿真系统数学模型是一种适合在计算机上演算的模型，主要是指根据计算机的运算特点、仿真方式、计算方法、精度要求，将原始系统数学模型转换为计算机程序。

数学模型可以分为许多类型，按照状态变化可分为动态模型和静态模型。用以描述系统状态变化过程的数学模型称为动态模型；而静态模型仅仅反映系统在平衡状态下系统特征值间的关系，这种关系常用代数方程来描述。

按照输入和输出的关系可将模型分为确定模型和随机模型。如果一个系统的输出完全可以用它的输入来表示，则称为确定系统；如果系统的输出是随机的，即对于给定的输入存在多种可能的输出，则该系统是随机系统。

离散系统是指系统的操作和状态变化仅在离散时刻产生的系统，如交通系统、电话系统、通信网络系统等，常常用各种概率模型来描述。

连续系统模型还可分为集中参数和分布参数、线性和非线性、时变和时不变、时域和频域、连续时间和离散时间等。

14.1.4 Simulink 的启动

安装完成 Simulink 后，即可通过 3 种方法来启动 Simulink。

1）快捷按钮启动 Simulink

打开 MATLAB 的工作界面，在快捷菜单中单击 Simulink 按钮，即可弹出 Simulink Start Page 窗口，选择窗口中的 Blank Model 项，即可新建一个 Simulink 仿真环境，在仿真环境中的菜单项中选择 View | Library Browser，或单击快捷菜单 ，均可打开 Simulink Library Browser 窗口，效果如图 14-1 所示。

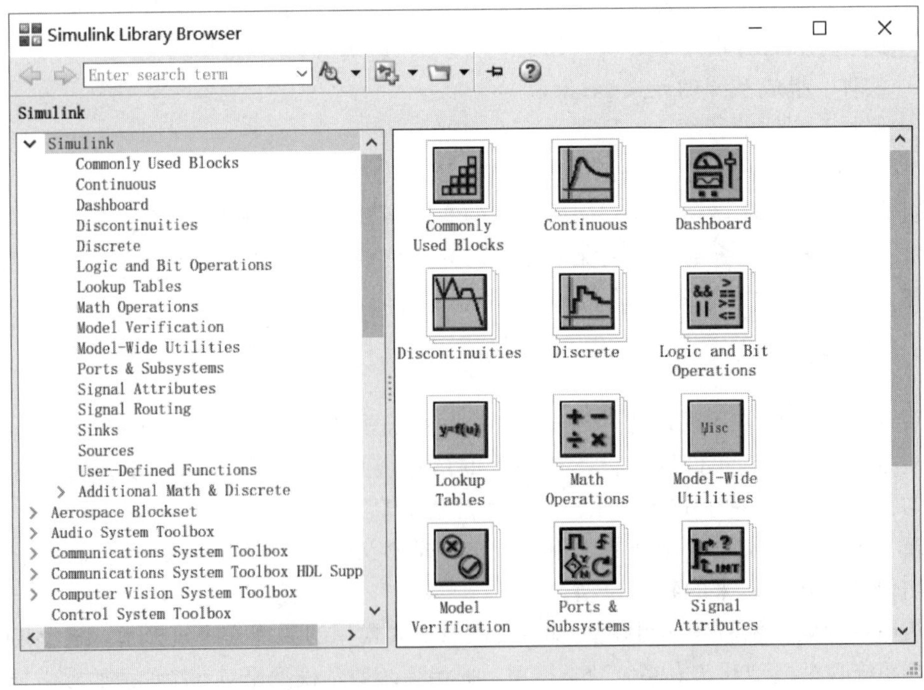

图 14-1 Simulink Library Browser 窗口

2）命令行启动 Simulink

在 MATLAB 命令行窗口中输入 simulink，结果是在桌面上出现一个称为 Simulink Library Browser 的窗口，在这个窗口中列出了按功能分类的各种模块的名称。

3）命令行输入 simulink3

在 MATLAB 命令行窗口中输入 simulink3，结果是在桌面上出现一个用图标形式显示的 Library :simulink3 的 Simulink 模块库窗口，效果如图 14-2 所示。

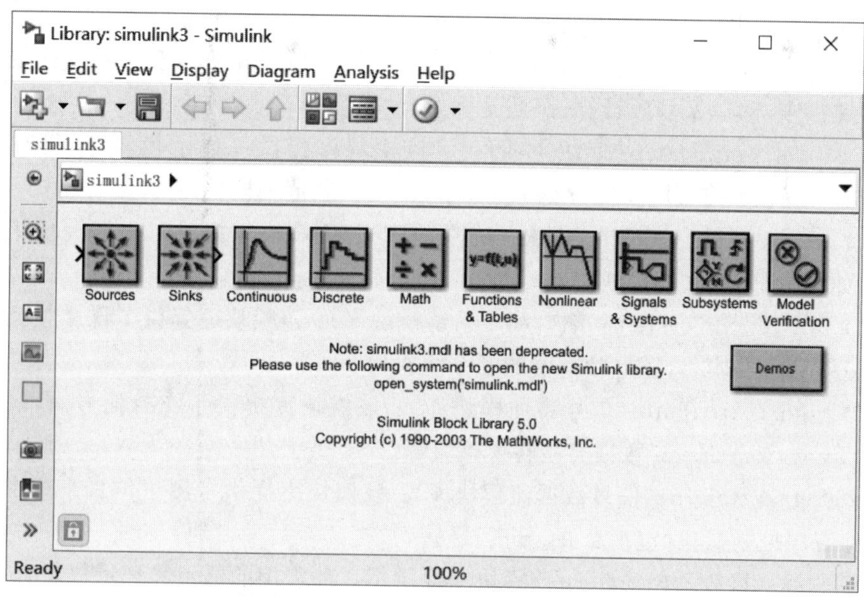

图 14-2　Library：simulink3-Simulink 窗口

两种模块库窗口界面只是不同的显示形式，用户可以根据个人喜好进行选择，一般来说，第二种窗口直观、形象，易于初学者，但使用时会打开太多的子窗口。

14.1.5　Simulink 的模块库

Simulink 的特点之一就是提供了很多基本模块，可以让用户把更多的精力投入到系统模型本身的结构和算法研究上。

Simulink 模块库包括标准模块库和专业模块库两大类。

1. Simulink 标准模块库

Simulink 标准模块库在 Libraries 窗口中名为 Simulink，单击该选项，在模块窗口中展开该模块库，如图 14-1 左侧所示。Simulink 标准模块库共包括 17 个子库。

（1）Commonly Used Blocks（常用模块库）：该模块库将各模块库中最经常使用的模块放在一起，目的是为了方便用户使用。

（2）Continuous（连续模块库）：该模块库提供了用于构建连续控制系统仿真模型的模块，目的是为了方便用户使用。

（3）Dashboard（仪表模块库）：该模块提供了一些常用的仪表模块。

(4) Discontinuities(非连续系统模块库)：该模块库用于模拟各种非线性环节。

(5) Discrete(离散系统模块库)：该模块库功能基本与连续系统模块库相对应，但它是对离散信号的处理，所包含的模块较丰富。

(6) Logic and Bit Operations(逻辑和位操作模块库)：该模块库提供了用于完成各种逻辑与位操作(包括逻辑比较、位设置等)的模块。

(7) Lookup Tables(查表模块库)：该模块库提供了一维查表模块、n维查表模块等模块，主要功能是利用查表法近似拟合函数值。

(8) Math Operations(数学运算模块库)：该模块库提供了用于完成各种数学运算(包括加、减、乘、除以及复数计算、函数计算等)的模块。

(9) Model Verification(模块声明库)：该模块库提供了显示模块声明的模块，如Assertion声明模块和Check Dynamic Range检查动态范围模块。

(10) Model-Wide Utilities(模块扩充功能库)：该模块库提供了支持模块扩充操作的模块，如DocBlock文档模块等。

(11) Port & Subsystems(端口和子系统模块库)：该模块库提供了许多按条件判断执行的使能和触发模块，还包括重要的子系统模块。

(12) Signal Attributes(信号属性模块库)：该模块库提供了支持信号属性的模块，如Data Type Conversion数据类型转换模块等。

(13) Signal Routing(信号数据流模块库)：该模块库提供了用于仿真系统中信号和数据各种流向控制操作(包括合并、分离、选择、数据读/写)的模块。

(14) Sinks(接收器模块库)：该模块库提供了9种常用的显示和记录仪表，用于观察信号的波形或记录信号数据。

(15) Sources(信号源模块库)：该模块库提供了20多种常用的信号发生器，用于产生系统的激励信号，并且可以从MATLAB工作空间及.mat文件中读入信号数据。

(16) User-Defined Functions(用户自定义函数库)：该模块库的模块可以在系统模型中插入M函数、S函数以及自定义函数等，使系统的仿真功能更强大。

(17) Additional Math&Discrete(附加的数学与离散函数库)：该模块库提供了附加的数学与离散函数模块，如Fixed-Point State Space修正点状态空间模块。

2. Simulink专业模块库

在图14-1所示的Libraries窗口中标准Simulink模块库下面还有许多其他的模块库，这些就是专业模块库。它们是各领域专家为满足特殊需要在Simulink模块库基础上开发出来的，如电力系统模块库、通信系统模块库等。

(1) Simpower Systems(电力系统模块库)：是专用于RLC电路、电力电子电路、电机传动控制系统和电力系统仿真的模块库。该模块库中包含了各种交、直流电源、大量电气元器件、电工测量仪表以及分析工具等，利用这些模块可以模拟电力系统运行和故障的各种状态，并进行仿真和分析。

(2) Communication Systems(通信系统模块库)：主要用于提供实现通信系统的模块。

14.1.6 Simulink 模块的基本操作

在前面已经对 Simulink 的模块库进行了相应介绍，下面就来介绍 Simulink 的一些基本操作。

1. 模块的基本操作

模块是系统模型中最基本的元素，不同模块代表不同的功能。各模块的大小、放置方向、标签、参数等都可以设置调整。Simulink 中模块基本操作方法如表 14-1 所示。

表 14-1 Simulink 中模块基本操作方法

操作内容	操 作 目 的	操 作 方 法
选取模块	从模块库浏览器中选取需要的模块放入 Simulink 仿真平台窗口中	方法 1：在目标模块上按下鼠标左键，拖动目标模块进入 Simulink 仿真平台中，松开左键； 方法 2：在目标模块上右击，弹出快捷菜单，选择 Add to untitled 选项
删除模块	删除窗口中不需要的模块	选中模块，按 Delete 键
调整模块大小	改善模型的外观，调整整个模型的布置	选中模块，模块四角将出现小方块。单击一个角上的小方块并按住鼠标左键，拖动模块到合适的大小
移动模块	将模块移动到合适位置，调整整个模型的布置	单击模块，拖动模块到合适的位置，松开鼠标按键
旋转模块	适应实际系统的方向，调整整个模型的布置	方法 1：选中模块，选择菜单 Diagram|Rotate & Flip|Clockwise，模块顺时针旋转 90°；选择菜单 Diagram|Rotate & Flip|Counterclockwise，模块逆时针旋转 180°；选择菜单 Diagram|Rotate & Flip|Flip Block，模块左右或上下翻转；选择菜单 Diagram|Rotate & Flip|Flip Block Name，模块左右或上下翻转模块名称； 方法 2：单击目标模块，在弹出的快捷菜单中进行与方法 1 同样的菜单项选择
复制内部模块	内部复制已经设置好的模块，而不用重新到模块库浏览器中选取	方法 1：先按住 Ctrl 键，再单击模块，拖动模块到合适的位置，松开鼠标按键； 方法 2：选中模块，选择 Edit|Copy 和 Edit|Paste
模块参数调整	按照用户自己意愿调整模块的参数，满足仿真需要	方法 1：双击模块，弹出 Block Parameter 对话框，修改参数； 方法 2：右击目标模块，在弹出的快捷菜单中选择 Parameter，弹出 Block Parameter 对话框
改变标签内容	按照用户自己意愿对模块进行命名、增强模型的可读性	在标签的任何位置上单击，进入模块标签的编辑状态，输入新的标签，在标签编辑框外的窗口中任何地方单击退出

2. 信号线的基本操作

信号线是系统模型中另一类最基本的元素，熟悉和正确使用信号线是创建模型的基础。Simulink 中的信号线并不是简单的连线，它具有一定流向属性且不可逆向，表示实际模型中信号的流向。Simulink 中信号线基本操作方法如表 14-2 所示。

表 14-2　Simulink 中信号线基本操作方法

操作内容	操 作 目 的	操 作 方 法
在模块间连线	在两个模块之间建立信号联系	在上级模块的输出端按住鼠标左键，拖动至下级模块的输入端，松开鼠标左键
移动线段	调整线段的位置，改善模型的外观	选中目标线段，按住鼠标左键，拖动到目标位置，松开鼠标左键
移动节点	可改变折线的走向，改善模型的外观	先选中信号引出点，按住鼠标左键，拖动到下级目标模块的信号输入端，松开鼠标左键
画分支信号线	从一个节点引出多条信号线，应用于不同目的	先选中信号引出线，然后在信号引出点按住鼠标右键，拖动到下级目标模块的信号输入端，松开鼠标右键
删除信号线	删除窗口中不需要的线段或断开模块间连线	选中目标信号线，然后按 Delete 键
信号线标签	设定信号线的标签，增强模型的可读性	双击要标注的信号线，进入标签的编辑区，输入信号线标签内容，在标签编辑框外的窗口中单击退出

3. 系统模型的基本操作

除了熟悉模块和信号线的基本操作方法外，用户还需要熟悉 Simulink 系统模型本身的基本操作，包括模型文件的创建、打开、保存以及模型的注释等。表 14-3 列出了 Simulink 中系统模型基本操作方法。

表 14-3　系统模型基本操作方法

操作内容	操 作 目 的	操 作 方 法
创建模型	创建一个新的模型	方法 1：选择 MATLAB 菜单“主页”|“新建”|Simulink Model； 方法 2：单击 Simulink 模块库浏览器工具栏 New Model（新模型）按键
打开模型	打开一个已有的模型	方法 1：选择 MATLAB 菜单“主页”|“打开”命令； 方法 2：单击 Simulink 模块库浏览器 Open Model（打开模型）按键
保存模型	保存仿真平台中模型	方法 1：选择 Simulink 仿真平台窗口菜单 File | Save 或 File | Save As； 方法 2：单击 Simulink 模块库浏览器 Save（保存）按键
注释模型	使模型更易读懂	在模型窗口中的任何想要加注释的位置上双击，进入注释文字编辑器，输入注释内容，在窗口中任何其他位置单击退出

如图 14-3 所示，在模型中加入注释文字，使模型更具可读性。

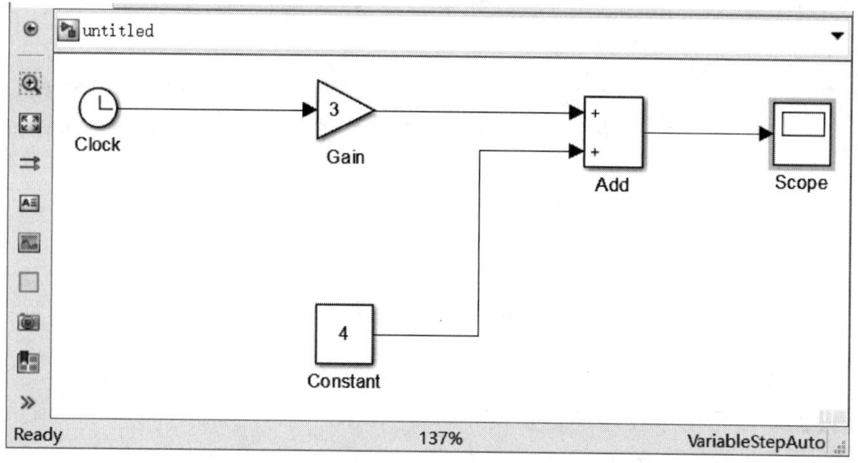

(a) 未添加注释

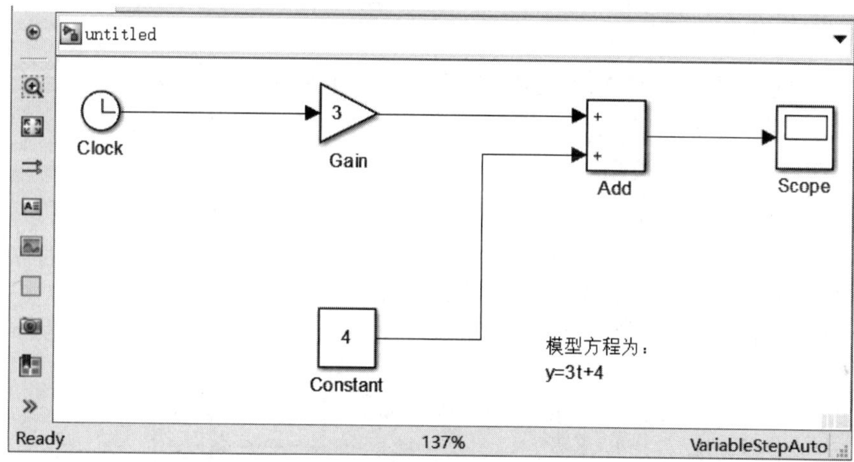

(b) 添加注释

图 14-3　为模型添加文字注释

14.1.7　子系统建立

Simulink 可实现把同一种功能或几种功能的多个模块组合在一起形成一个子系统，从而简化模型，其效果如同其他高级语言中子程序和子函数的功能。在 Simulink 中创建子系统一般有两种方法。

1. 子系统模块

模块库浏览器中有一个称为 Subsystem 的子系统模块，可以往该模块中添加组成子系统的各种模块，该方法适合于采用自上而下设计方式的用户，具体实现步骤为：

(1) 新建一个空白模型。

(2) 打开 Port & Subsystem(端口和子系统)模块库,选取其中的 Subsystem(子系统)模块,并把它复制到新建的仿真平台窗口中。

(3) 双击 Subsystem 模块,此时可以弹出子系统编辑窗口。系统自动在该窗口中添加一个输入和输出端子,名为 In1 和 Out1,这是子系统与外部联系的端口,如图 14-4 所示。

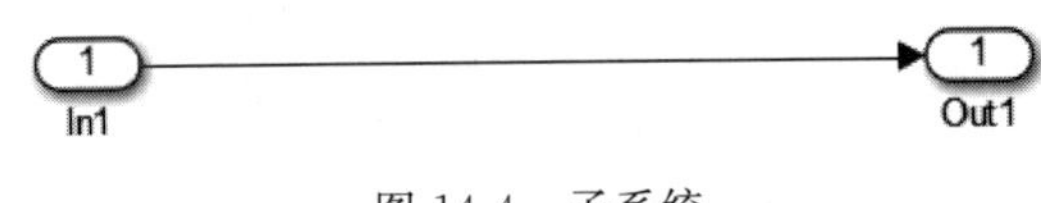

图 14-4　子系统

(4) 将组成子系统的所有模块都添加到子系统编辑窗口中,并合理排列。

(5) 根据要求用信号线连接各模块。

(6) 修改外接端子标签并重新定义子系统标签,使子系统更具可读性。

2. 组合已存在的模块

该方法要求在用户已存在的模型中选择组合子系统所需的所有模块,并且已做好正确的连接。这种方法适合于采用自下而上设计方式的用户,具体实现步骤为:

(1) 打开已经存在的模型。

(2) 选中要组合到子系统中的所有对象,包括各模块及其连线。

(3) 选择菜单 Edit|Create Subsystem From Selection,模型自动转换成子系统。

(4) 修改外接端子标签并重新定义子系统标签,使子系统更具可读性。

将图 14-3 所示的模型用第二种方法创建子系统,创建过程如图 14-5～图 14-8 所示。

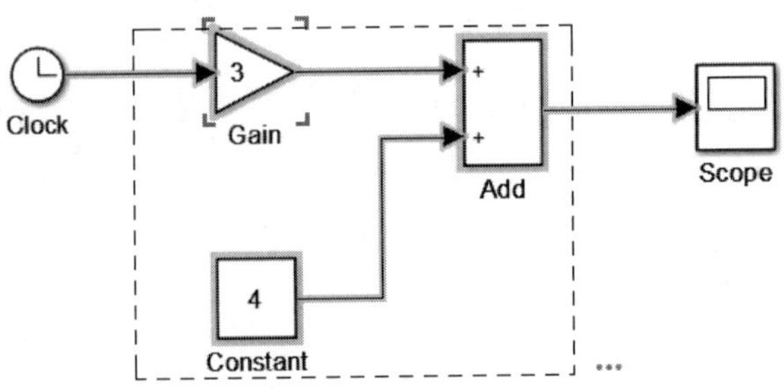

图 14-5　选中组合子系统的所有对象

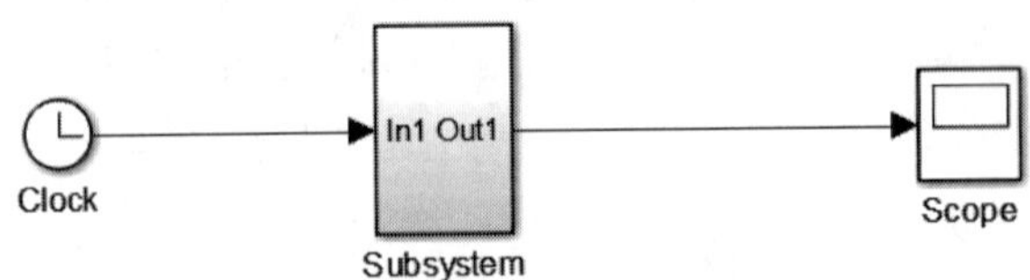

图 14-6　转换为子系统

图 14-5 中虚线方框选中的是要组合到子系统中的所有对象,转换成子系统后如图 14-6所示,图 14-7 表示子系统内部的结构,修改标签后的子系统模型如图 14-8 所示。

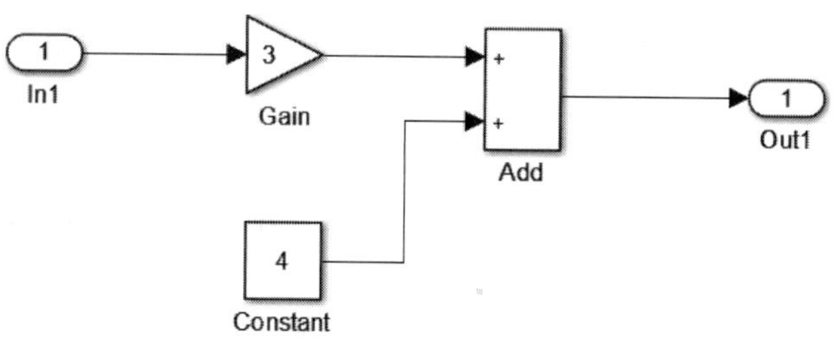

图 14-7　子系统内部结构

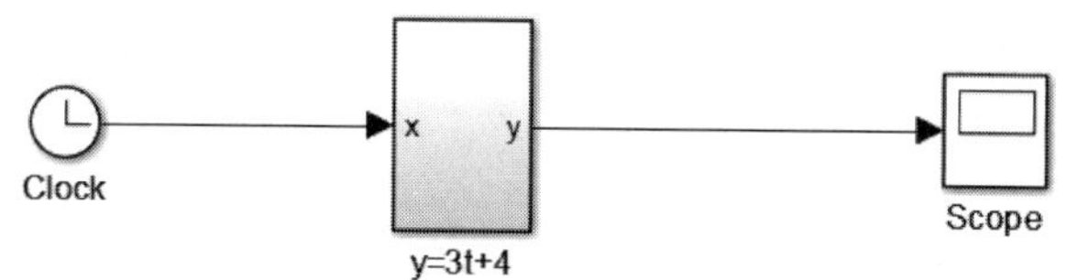

图 14-8　修改标签后的子系统模型

注意：子系统的创建过程比较简单，但是非常有用。仿真系统的信号源和输出显示模块一般不放进子系统内部。

14.1.8　仿真参数设置

仿真参数可通过模型窗口菜单 Simulation|Model Configuration Parameters，或单击工具栏上的快捷按钮，均可打开设置仿真参数的对话框，也可以通过右击显示出的上下文菜单的 Model Configuration Parameters 项打开，如图 14-9 所示。

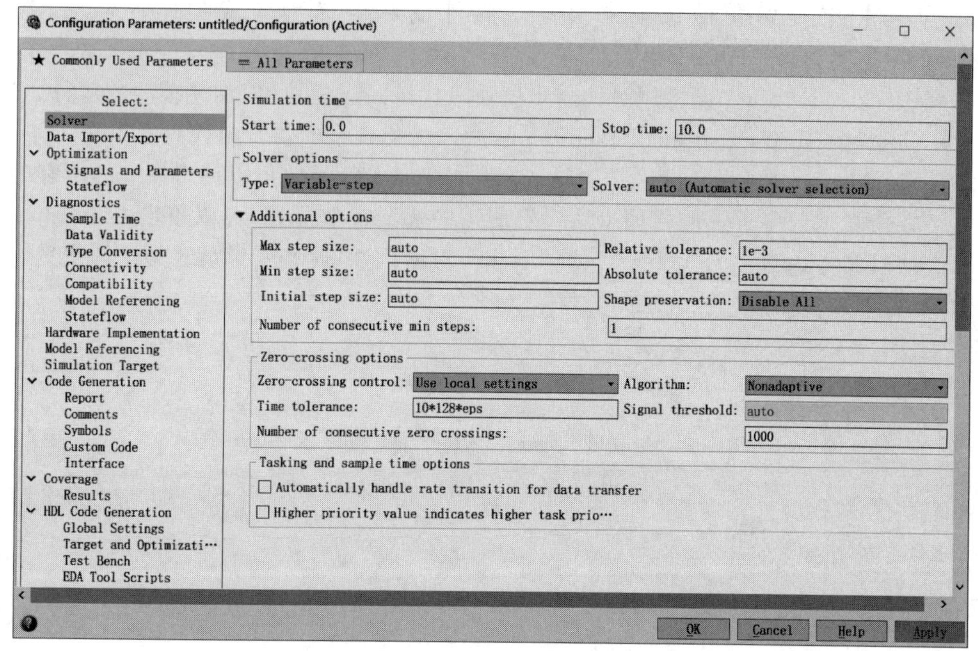

图 14-9　仿真参数对话框

对话框将参数分成6组不同的类型，下面将对每组中参数的作用和设置方法进行简单的介绍。

1. Solver 面板

该面板用于设置仿真开始和结束时间、选择解法器，并设置其他的相关参数，面板如图14-9所示。

Simulink支持两类解法器：固定步和可变步长解法器。两种解法器计算下一个仿真时间的方法都是在当前仿真时间上加一个时间步长。不同的是，固定步长解法器的时间步长是常数，而可变步长解法器的时间步长是根据模型动态特性可变的。当模型的状态变化特别快时，为了保证精度应适当降低时间步长。面板中Type用于设置解法器的类型，当选择不同的类型时，Solver中可选的解法器列表也不同。

2. Data Import/Export 面板

该面板主要用于向MATLAB工作空间输出模型仿真结果数据或者从MATLAB工作空间读入数据到模型。

- Load from workspace：从MATLAB工作空间向模型导入数据，作为输入与系统的初始状态。
- Save to workspace：向MATLAB工作空间输出仿真时间、系统状态、系统输出与系统最终状态。
- Save options：向MATLAB工作空间输出数据的输出格式、数据量、存储数据的变量名及生成附加输出信号数据等。

3. Optimization 面板

该面板用于设置各种选项来提高仿真性能和由模型生成代码的性能，其中Optimization项主要完成以下操作：

- Block reduction：设置用时钟同步模块来代替一组模块，以加速模型的运行。
- Conditional input branch execution：用来优化模型的仿真与代码的生成。
- Signals and Parameters：选中该选项，如图14-10所示，可以使得模型的所有参数在仿真过程中不可调。如果用户想使某些变量参数可调，可以单击Configure按钮打开Model Parameter Configuration对话框，将这些变量设置为全局变量。

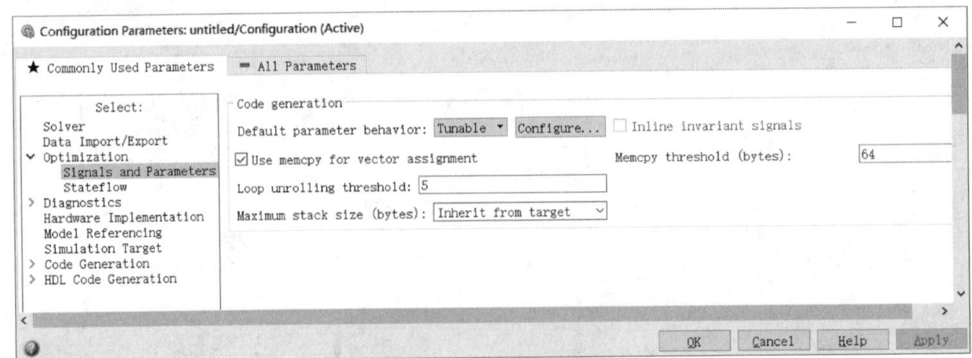

图14-10 信号及参数窗口

4. Diagnotics 面板

该面板主要用于设置当模块在编译与仿真遇到突发情况时，Simulink 采用哪种诊断动作。该面板还将各种突发情况的出现原因分类列出。

5. Hardware Implementation 面板

该面板主要用于定义硬件的特性，这里的硬件是指将来用来运行模型的物理硬件。这些设置可以帮助用户在模型实际运行目标系统（硬件）之前，通信仿真检测到以后目标系统上运行可能出现的问题。

6. Model Referencing 面板

该面板用于生成目标代码、建立仿真以及定义当此模型中包含其他模型或者其他模型引用该模型时的一些选项参数值。

14.2 封装子系统

一般子系统的操作过程很简单，并且在一定程度上提高了分析问题的抽象能力。然而，一般子系统仍然从 MATLAB 基本工作中获取变量，因此没有实现完全意义上的封装。

在一般子系统的基础上对子系统进行封装，则可以解决这个问题。封装子系统在外表上与普通模块完全一样，有自己的参数对话框和图标，并且其中的变量具有独立的工作区，即封装工作区。

封装子系统是在一般子系统的基础上进一步设置而成的，封装子系统还为用户提供了一种扩展 Simulink 模块库的方法。

1. 为什么要封装

为什么要封装子系统呢？因为封装子系统可以为用户带来如下好处：

(1) 在设置子系统中各个模块的参数时，只通过一个参数对话框就可以完成所需设置。

(2) 为子系统创建一个可以反映子系统功能的图标。

(3) 可以避免用户在无意中修改子系统中模块的参数。

2. 怎样封装

用户可以按如下步骤来封装一个子系统。

(1) 选择需要封装的子系统。

(2) 选择菜单 Diagram|Mask|Create Mask，这时会弹出如图 14-11 所示的封装编辑器，通过它进行各种设置。

(3) 单击 Apply 或 OK 按钮保存设置。

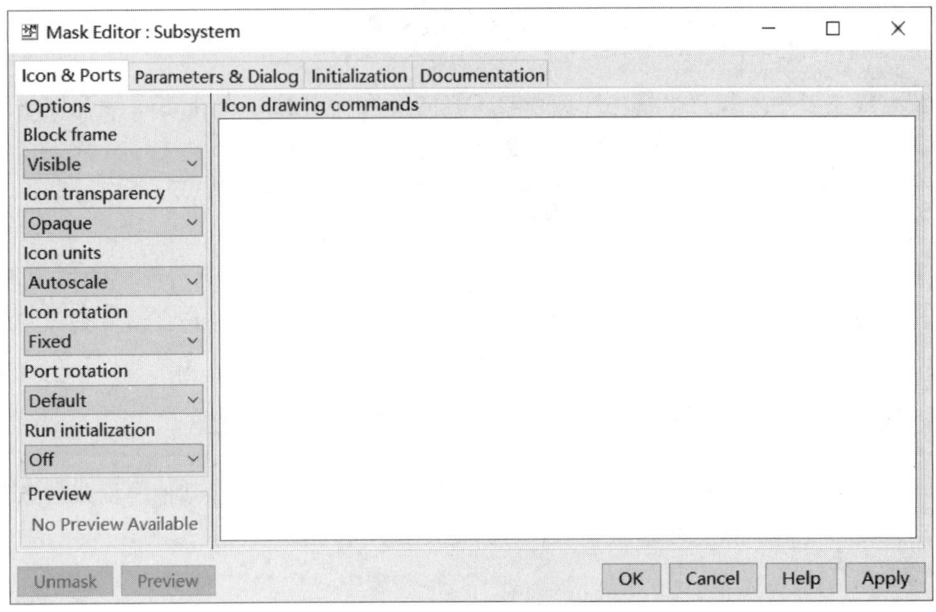

图 14-11 封装编辑器

3. 封装实例

封装的操作很简单,也比较容易理解,下面通过一个实例来简单演示怎样进行子系统封装。其实现步骤为:

(1) 建立如图 14-12 所示的含有一个子系统的模型,并设置子系统中 Gain 模块的 Gain 参数为一个变量 m。

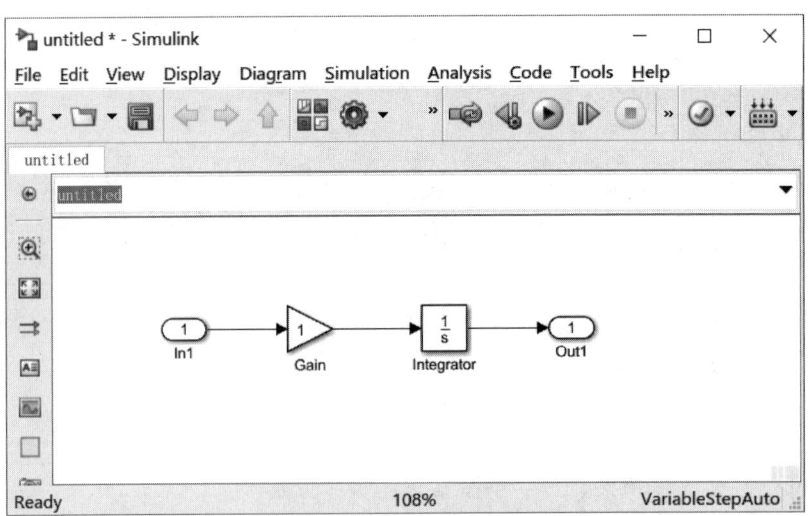

图 14-12 封装系统实例

(2) 选中模型中的 Subsystem 子系统,右击子系统,在弹出的快捷菜单中选择 Mask|Create Mask,打开封装编辑器。

(3) 进行封装设置。按照图 14-11 所示设置 Icon&Ports 选项卡。

Icon&Ports 选项卡允许用户定义封装子系统的图标，其中各项设置的含义如下。

- Options 选项组：定义图标的边框是否可见(Frame)、系统在图标中自动生成的端口标签是否可见(Transparency)等，用户只要试一试就会很快理解和掌握。
- Icon transparency 文本框：用 MATLAB 命令来定义怎样绘制模型的图标，此处的绘图命令可以调用 Initialization 选项卡中定义的变量。
- Icon units：用于指定图标的单位。
- Icon rotation：用于设置图标是否旋转。
- Port rotation：用于设置端口是否旋转。
- Run initialization：运行仿真所设置的初始值。

(4) 按照图 14-13 所示设置 Parameters & Dialog 选项卡。

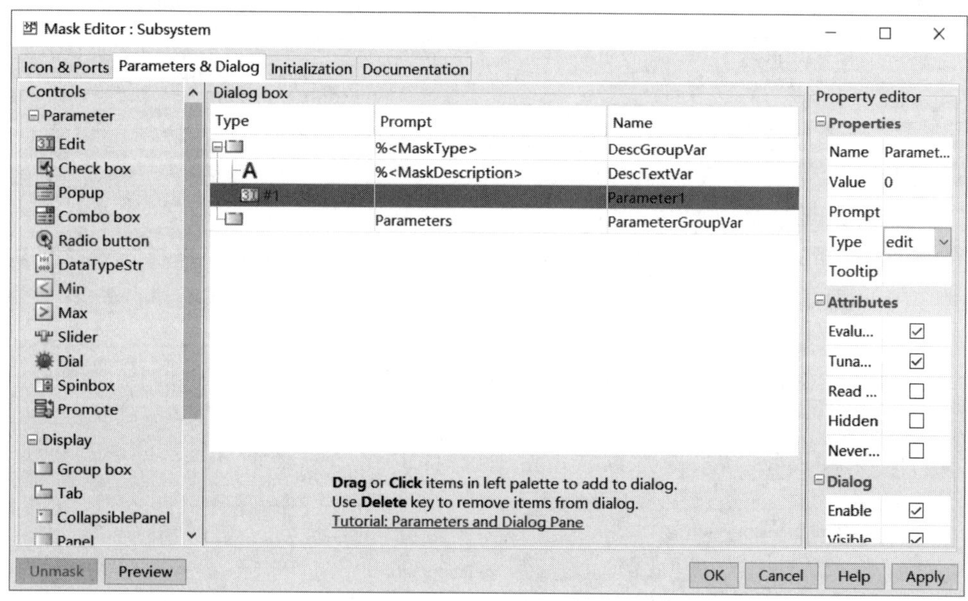

图 14-13　设置 Parameters & Dialog 选项卡参数

(5) 初始化设置。

在 Initialization 选项卡中右方的 Initialization commands 文本框中输入初始化命令，这些命令将在开始仿真、更新模块框图、载入模型与重新绘制封装子系统的图标时被调用。所以，适当的设置有十分重要的作用，设置界面如图 14-14 所示。

在 Initialization 选项卡中包括以下几个控制选项：

- Dialog variables 选项：此列表中显示了与封装子系统参数相关的变量名。用户可以从这个列表中复制参数名到 Initialization commands 框中，也可以使用这个列表来更改参数变量。双击相应的变量，更改完毕后按 Enter 键确定。
- Initialization commands 选项：在 Initialization commands 中输入初始化命令，也可以是任何的 MATLAB 表达式，如 MATLAB 函数、运算符及在封装模块空间中的变量等，但是初始化命令不能是基本工作空间的变量。初始化命令要用分号

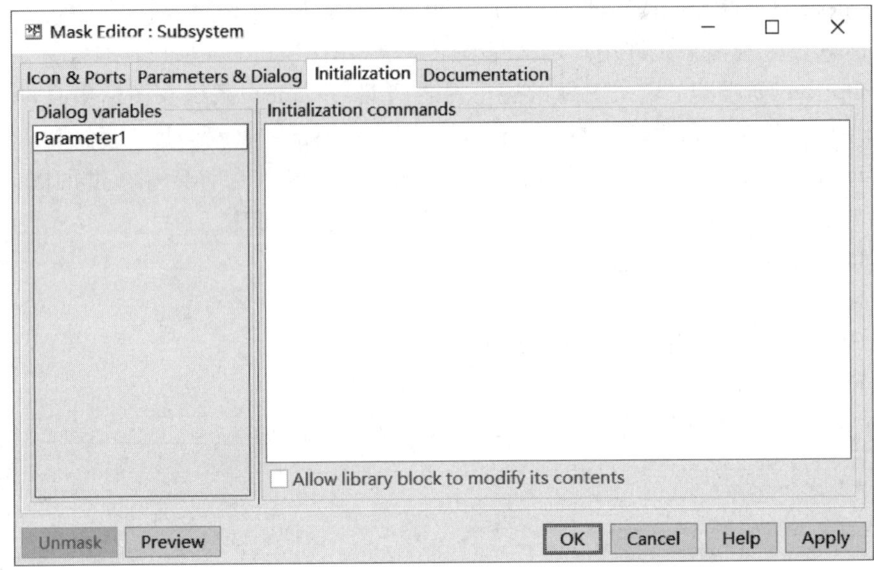

图 14-14　设置 Initialization 选项卡参数

来结尾，避免在 MATLAB 命令行窗口中出现回调结果。

- Allow library block to modify its contents 复选框：该复选框仅当封装子系统存在于模块库中才可用。选中该复选框，允许模块的初始化代码修改封装子系统的内容，如可以允许初始化代码增加与删除模块，还可以设置模块的参数。否则，当试图通过模块库中的模块修改模块中的内容时，Simulink 仿真就会出现错误。

(6) 按照图 14-15 所示设置 Documentation 选项卡，之后单击 Apply 或 OK 按钮。

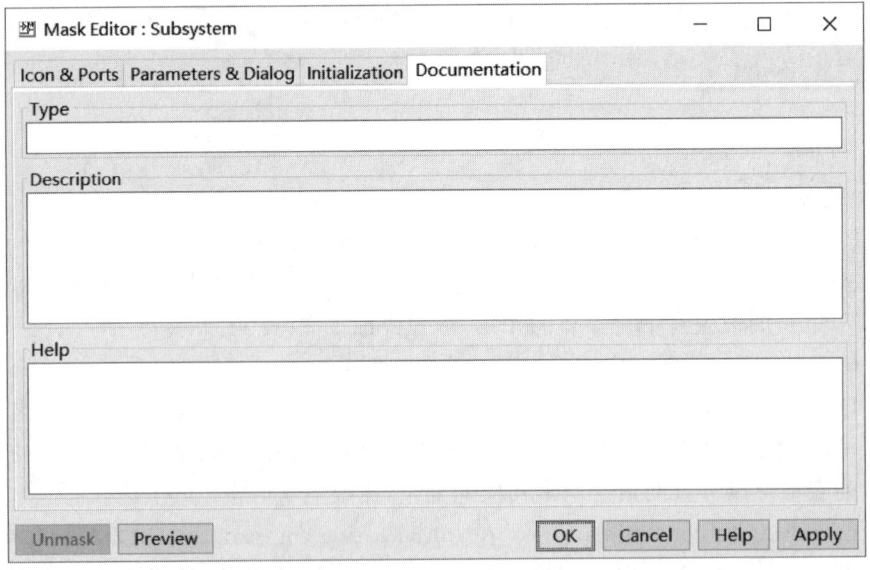

图 14-15　设置 Documentation 选项卡参数

14.3 动态系统的 Simulink 仿真

Simulink 作为一个具有友好用户界面的系统级仿真平台，通过它的图形仿真环境，可以对动态系统的仿真进行各种设置和控制，从而快速完成系统设计的任务。

14.3.1 简单系统仿真

不同系统具有不同数量的输入与输出。一般来说，输入/输出数目越多，系统越复杂。最简单的系统一般只有一个输入与一个输出(SISO)，而且任意时刻的输出只与当前时刻的输入有关。

对于满足下列条件的系统，称为简单系统。

(1) 系统某一时刻的输出直接且唯一依赖于该时刻的输入量。

(2) 系统对同样的输入，其输出响应不随时间变化而变化。

(3) 系统中不存在输入的状态量，所谓的状态量是指系统输入的微分。

设简单系统的输入为 x，系统输出为 y，x 可以具有不同的物理意义。对于任何系统都可以将它视为对输入变量 x 的某种变换，因此可以用 $T[\,]$表示任意一个系统，即：

$$y = T[x]$$

对于简单系统，x 一般为时间变量或其他的物理变量，并具有一定的输入范围。系统输出变量 y 仅与 x 的当前值相关，从数学的角度来看，y 是 x 的一个函数，给定一个输入值 x，便有一个输出值 y 与之对应。

【例 14-1】 对于下面的简单系统：

$$y = \begin{cases} 2u(t), & t > 10 \\ 6u(t), & t \leqslant 10 \end{cases}$$

其中，$u(t)$为系统输入，$y(t)$为系统输出。建立系统模型并进行仿真分析。

(1) 建立系统模型。根据系统的数学描述选择合适的 Simulink 系统模块，效果如图 14-16所示。

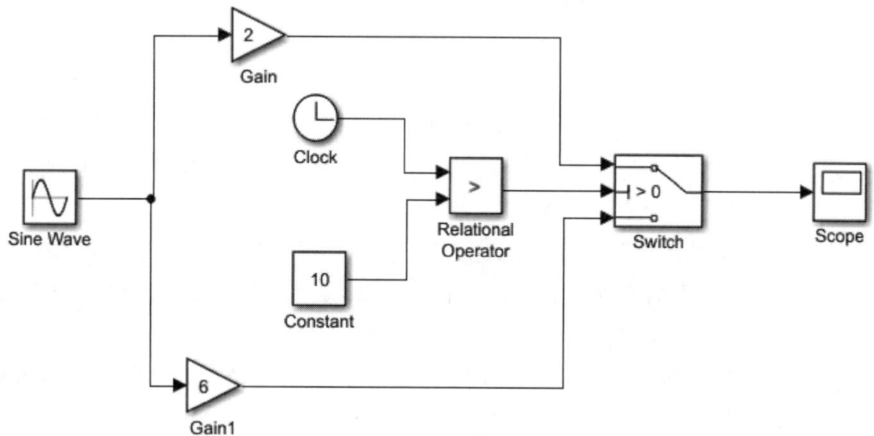

图 14-16 建立仿真系统模型

（2）模块来源及参数设置。

图 14-16 所示的模型中所有模块均来自标准模块库，有一些可以在常用模块库中找到。

- Sine Wave 模块：该模块来自 Sources 子库，作为系统的输入信号，采用默认的参数。
- Gain 和 Gain1 模块：这两个模块来自 Math Operations 子库，作为输入信号的增益，其中 Gain 增益设为 2，Gain1 增益设为 6。
- Constant 模块：该模块来自 Sources 子库，它是用来与 Clock 提供的时间信号作比较，常值设为 1。
- Relational Operator 模块：该模块来自 Logic and Bit Operations 子库，用于比较两个信号，关系操作符设置为">"。
- Switch 模块：该模块来自 Signal Routing 子库，用于实现系统的输出选择，其中，Threshold 值为 0.5，其余设置如图 14-17 所示，这样只要 Switch 模块输入端口 2 的输入大于或等于给定的阈值 Threshold 时，模块输出为第一端口输入，否则为第三端口的输入。
- Scope 模块：该模块来自 Sinks 子库，用于观察系统的输出。

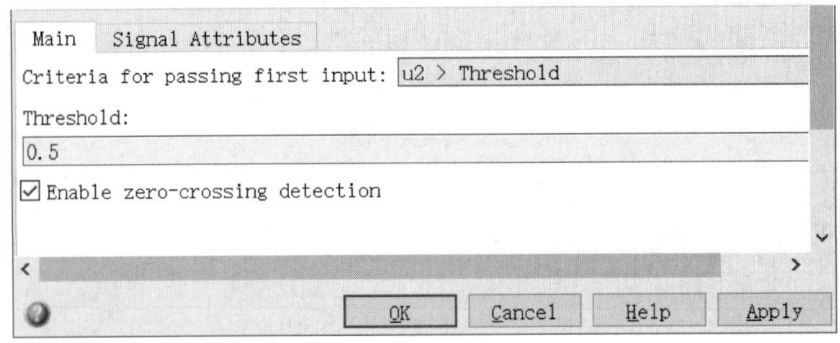

图 14-17　Switch 模块参数设置

（3）系统仿真时间设置。Simulink 默认的仿真起始时间为 0s，仿真结束时间为 10s。对于此简单系统，当时间大于 10s 时系统输出才开始转换，因此需要设置合适的仿真时间。在此将设置系统仿真起始时间为 0s，结束时间为 100s。

（4）仿真运行。当仿真结束后，双击系统模型中的 Scope 模块，显示的仿真效果如图 14-18所示。

从图 14-18 中可以看出，系统仿真输出曲线非常不光滑，而对此系统的数学描述进行分析可知，系统输出应该为光滑曲线。这是由于在仿真过程中没有设置合适的仿真步长，而使用 Simulink 的默认仿真步长设置所造成的。

（5）仿真步长设置。对于简单系统，由于系统中并不存在状态变量，因此每一次计算都应该是准确的(不考虑数据截断误差)。在使用 Simulink 对简单系统进行仿真时，不论采用何种求解器，Simulink 总是在仿真过程中选用最大的仿真步长。

如果仿真时间区间较长，而且最大步长设置采用默认取值 auto，则会导致系统在仿真时使用较大的步长，因为 Simulink 的仿真步长是通过下面的公式得到的：

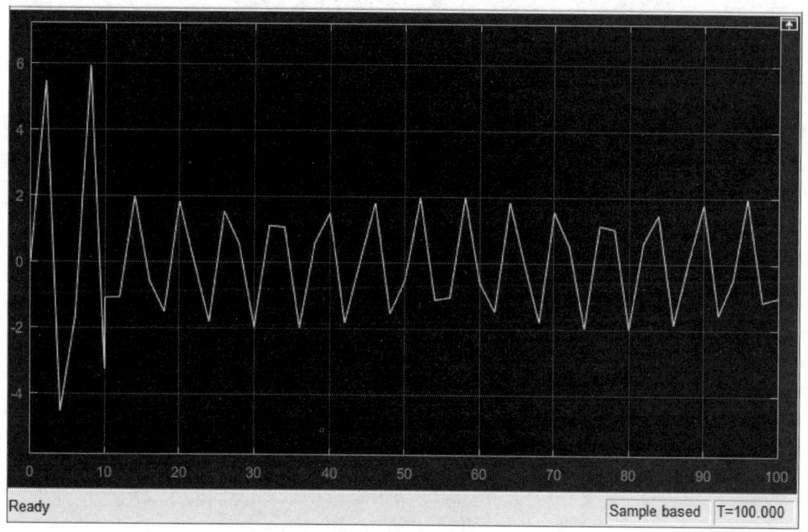

图 14-18 仿真效果

$$h = \frac{t_{\text{final}} - t_{\text{start}}}{50}$$

其中，t_{final}表示系统仿真的结束时间，而 t_{start}表示系统仿真的开始时间。在此简单系统中，系统仿真开始时刻为 0s，结束时刻为 100s，因此步长为 1，从而导致系统仿真输出曲线不光滑。

打开仿真参数设置对话框，在 Solver 选项中对 Max step size(最大步长)进行适当的设置，强制 Simulink 仿真步长不能超过 Max step size。如图 14-19 所示，设置此简单系统的最大仿真步长为 0.1，然后进行仿真。

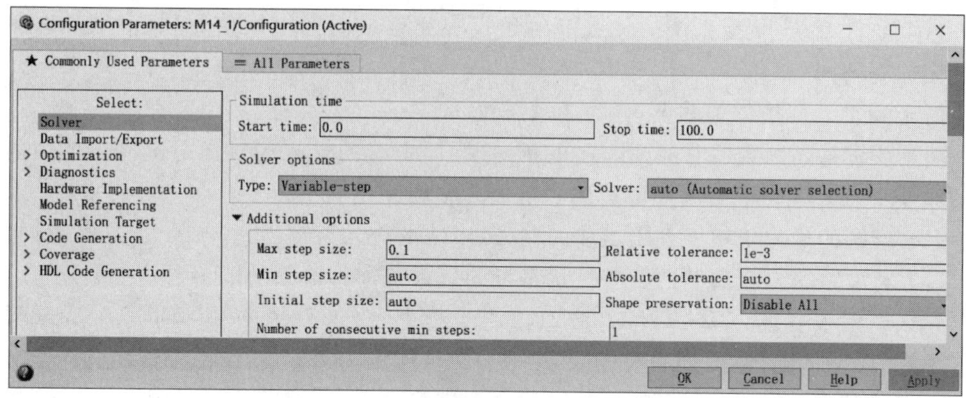

图 14-19 设置最大仿真步长

图 14-20 为在此仿真步长设置下的系统仿真输出结果，显然，曲线变光滑了。

注意：当某一个模块不知道来源于哪个模块库时，可把模块名称输入到 Simulink Library Browser 的搜索框进行搜索，如图 14-21 所示，即可搜索到相对应的模块。

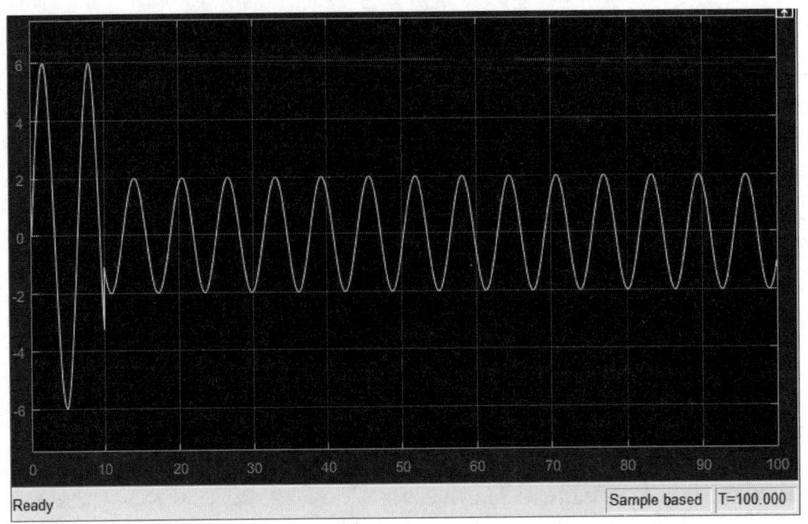

图 14-20　修改最大仿真步长后的仿真效果

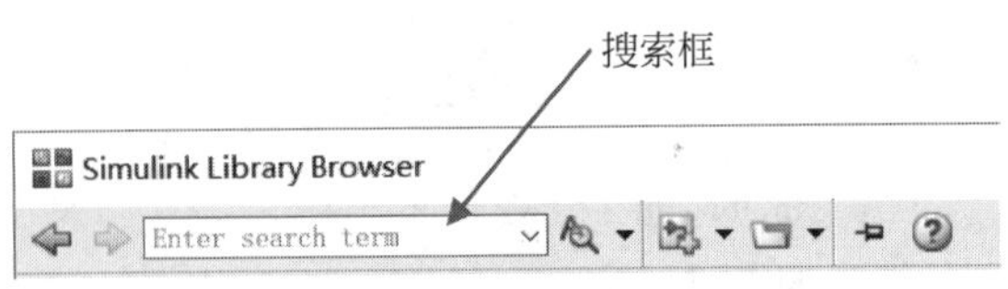

图 14-21　模块搜索框

14.3.2　离散系统仿真

所谓离散系统，是指系统的输入与输出仅在离散的时间上取值，而且离散的时间具有相同的时间间隔。

对于满足下列条件的系统，称为离散系统。

(1) 系统每隔固定的时间间隔才更新一次，即系统的输入与输出每隔固定的时间间隔便改变一次。固定的时间间隔称为系统的采样时间。

(2) 系统的输出依赖于系统当前的输入、以往的输入与输出。

(3) 离散系统具有离散的状态。状态指的是系统前一时刻的输出量。

设系统输入变量为 $u(nT_s)$，$n=0,1,2,\cdots$，其中 T_s 为系统的采样时间，n 为采样时刻。由于 T_s 为固定值，因而系统输入 $u(nT_s)$ 常被简记为 $u(n)$。设系统输出为 $y(nT_s)$，同样也可简记为 $y(n)$。于是，离散系统的数学描述为：

$$y(n) = f(u(n), u(n-1), \cdots; y(n-1), y(n-2), \cdots)$$

注意：

(1) 对于离散系统，系统的输出不仅和系统当前的输入有关，而且还和系统以往的输入与输出有关。

(2) 对于一般的系统而言，系统均是从某一时刻开始运行的。因此，在离散系统中，系统初始状态的确定是非常关键的。

【**例 14-2**】 构建一个低通滤波器的 Simulink 模型。输入信号是一个正态噪声干扰的采样信号 $x(kT_s)=2\sin(2\pi kT_s)+2.5\cos(2\pi 10kT_s)+n(kT_s)$，在此 $T_s=0.002$s，而 $n(kT)\sim N(0,1)$，$F(z)=\dfrac{B(z)}{A(z)}=\dfrac{1}{1+0.5z^{-1}}$。

(1) 建立理论数学模型：

$$F(z)=\frac{B(z)}{A(z)}=\frac{b(1)+b(2)z^{-1}+\cdots+b(n+1)z^{-n}}{1+a(2)z^{-1}+\cdots+a(n+1)z^{-n}}=\frac{1}{1+0.5z^{-1}}$$

(2) 根据需要，建立如图 14-22 所示的 Simulink 仿真模型图。

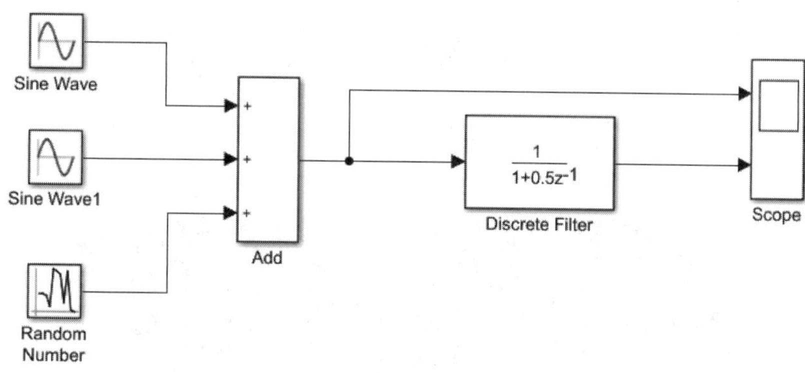

图 14-22 仿真模型图

(3) 参数设置。根据需要，分别设置各模块的参数。

- Sine Wave 模块参数：打开该模块参数设置对话框，将 Amplitude 设为 2.5，Frequency(rad/sec)设为 10，Phase(rad)设为 3.14/2，其他参数采用默认值。
- Sine Wave1 模块参数：打开该模块参数设置对话框，将 Amplitude 设为 2，Frequency(rad/sec)设为 1，其他参数采用默认值。
- Random Number 模块参数：打开该模块参数设置对话框，将 Sample time 设为 1/1000，其他参数采用默认值。
- Add 模块：打开该模块参数设置对话框，将 List of signs 设为＋＋＋，其他参数采用默认值。
- Discrete Filter 模块：打开该模块参数设置对话框，各参数的设置如图 14-23 所示。
- Scope 模块：打开该模块参数设置对话框，将 Number of input ports 设为 2，其他参数采用默认值。

(4) 运行仿真。仿真时间设为 0～10s，其他参数采用默认值，单击“运行”按钮，得到仿真结果如图 14-24 所示。

14.3.3 连续系统仿真

连续系统是指系统输出在时间上连续变化，连续系统的应用非常广泛，下面简单介绍连续系统的概念。

Block Parameters: Discrete Filter

Main | Data Types | State Attributes

Filter structure: Direct form II

Data

	Source	Value
Numerator:	Dialog	[1]
Denominator:	Dialog	[1 0.5]
Initial states:	Dialog	0

External reset: None

Input processing: Elements as channels (sample based)

☐ Optimize by skipping divide by leading denominator coefficient (a0)

Sample time (-1 for inherited):

1

OK　Cancel　Help　Apply

图 14-23　Discrete Filter 模块参数设置

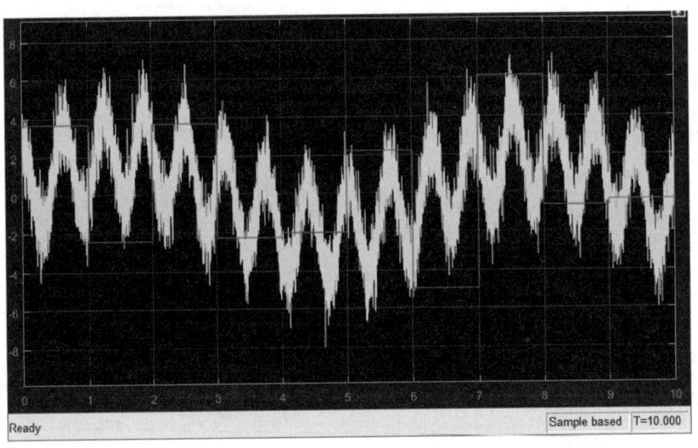

图 14-24　仿真结果

满足下面条件的系统为连续系统。

(1) 系统输出连续变化,变化的间隔为无穷小量。

(2) 对系统的数学描述来说,存在系统输入或输出的微分项。

(3) 系统具有连续的状态。

如果一个连续系统能够同时满足如下性质:

(1) 齐次性:对于任意的参数 α,系统满足:

$$T\{\alpha u(t)\} = \alpha T\{u(t)\}$$

(2) 叠加性:对于任意输入变量 $u_1(t)$与 $u_2(t)$,系统满足:

$$T\{u_1(t) + u_2(t)\} = Tu_1(t) + Tu_1(t)$$

则此连续系统为线性连续系统。

1. 由传递函数建立系统模型

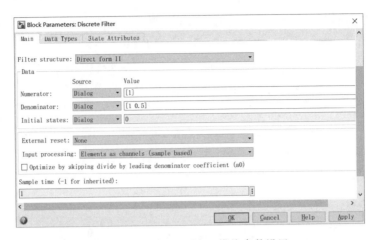

由系统传递函数的形式建立 Simulink 仿真模型可直接使用 Continue 模块库的 Transfer Fcn 模块。

【例 14-3】 已知某单位负反馈系统的开环传递函数为 $G(s)=\frac{2s+9}{s^2+4s+1}$，试建立Simulink 仿真模型并进行仿真。

(1) 根据需要，建立如图 14-25 所示的仿真模型。

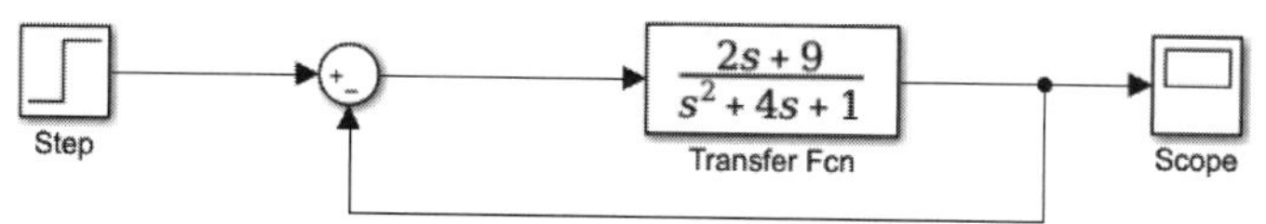

图 14-25 仿真模型框图

(2) 模块参数设置。

- Step 模块：该模块的参数采用默认值。
- Sum 模块：打开该模块的参数设置对话框，将 List of signs 设为＋－，其他参数采用默认。
- Transfer Fcn 模块：打开该模块的参数设置对话框，参数设置如图 14-26 所示。

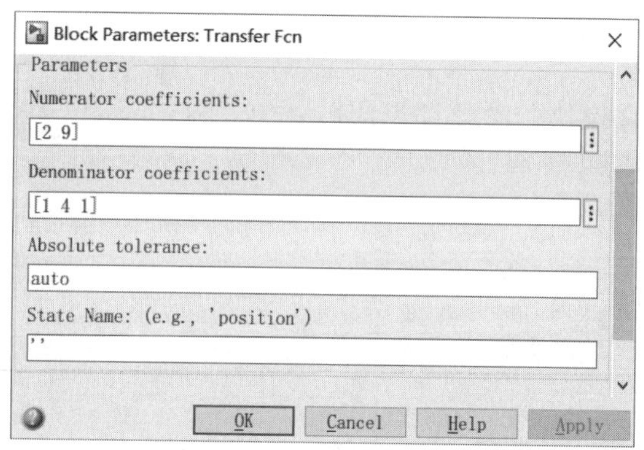

图 14-26 Transfer Fcn 模块参数设置

- Scope 模块：该模块参数设置采用默认值。

(3) 运行仿真。

打开仿真参数设置对话框，仿真时间为 0～10s，其他参数采用默认值，单击“运行”按钮，得到仿真结果如图 14-27 所示。

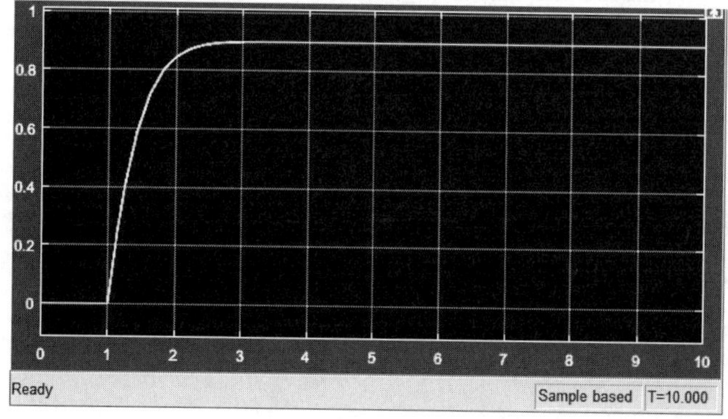

图 14-27 仿真结果

2. 由状态方程建立系统模型

由系统状态方程建立 Simulink 仿真模型，可直接使用 Continuous 模块库的 State-Space 模块。

【例 14-4】 已知某系统状态空间模型为：

$$\dot{X}\begin{bmatrix}-8 & -16 & -6\\ 1 & 0 & 0\\ 0 & 1 & 0\end{bmatrix}X+\begin{bmatrix}1\\ 0\\ 0\end{bmatrix}U$$

$$Y=\begin{bmatrix}2 & 8 & 6\end{bmatrix}X$$

(1) 根据需要，建立如图 14-28 所示的仿真模型。

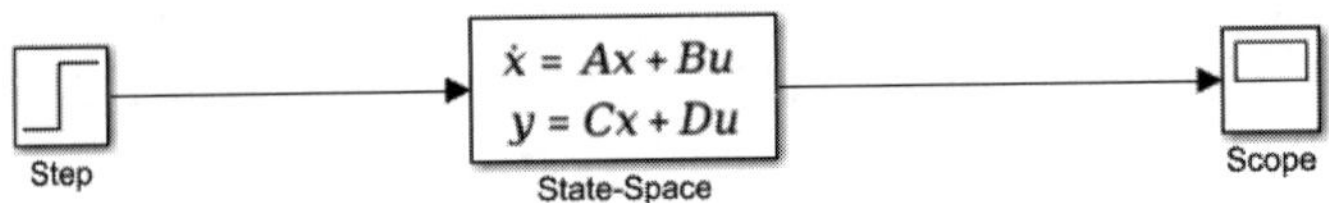

图 14-28　仿真模型框图

(2) 模块参数设置。

Step 模块及 Scope 模块的参数都采用默认值。双击 State-Space 模块，打开模块参数设置对话框，如图 14-29 所示。

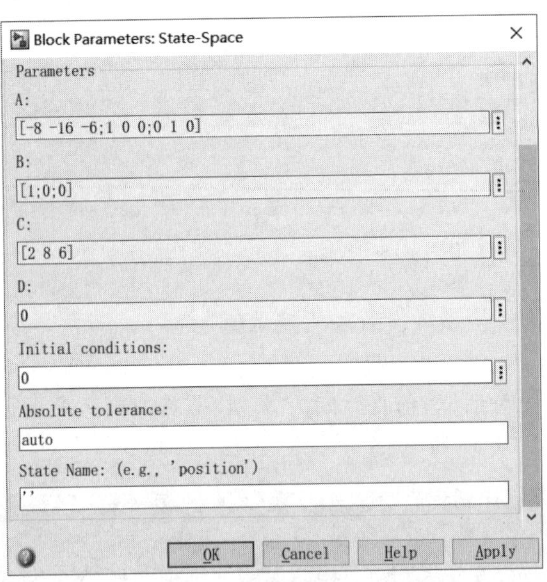

图 14-29　State-Space 模块参数设置

(3) 运行仿真。

仿真时间设置为 0～10s，其他参数采用默认值，单击“运行”按钮，得到仿真结果如图 14-30所示。

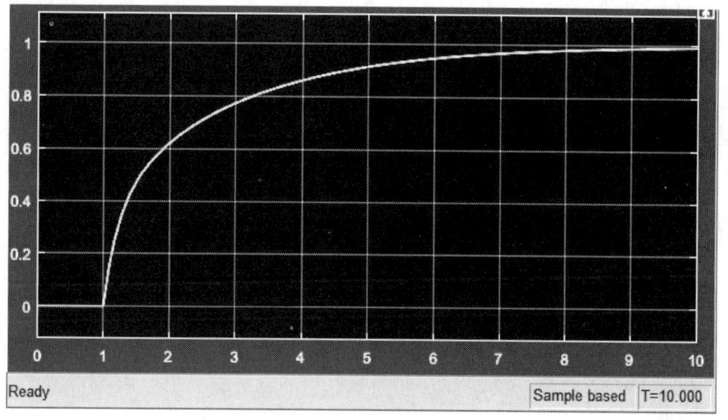

图 14-30 仿真结果

14.3.4 混合系统仿真

在对混合系统进行仿真分析时，必须考虑系统中连续信号与离散信号采样时间之间的匹配问题。Simulink 中的变步长连续求解器充分考虑到了连续信号与离散信号采样时间的匹配问题。因此在对混合系统进行仿真分析时，应该使用变步长连续求解器。

汽车行驶控制系统是应用非常广泛的控制系统之一，其主要目的是对汽车速度进行合理的控制。系统的工作原理为：

(1) 汽车速度操纵机构的位置发生改变以设置汽车的速度，这是因为操纵机构的位置对应着不同的速度。

(2) 测量汽车的当前速度，并求取它与指定速度的差值。

(3) 由速度差值信号驱动汽车产生相应的牵引力，并由此牵引力改变汽车的速度，直到其速度稳定在指定的速度为止。

由系统的工作原理来看，汽车行驶控制系统为典型的反馈控制系统。下面建立此系统的 Simulink 模型并进行仿真分析。

1. 挡车行驶控制系统的数学描述

1) 速度操纵机构的位置变换器

位置变换器是挡车行驶控制系统的输入部分，其目的是将速度操纵机构的位置转换为相应的速度，二者之间数学关系为：

$$v = 30x + 50, x \in [0,1]$$

其中，x 为速度操纵机构的位置，v 为与之对应的速度。

2) 离散行驶控制器

行驶控制器是整个汽车行驶控制系统的核心部分，其功能是根据汽车当前速度与指定速度的差值，产生相应的牵引力。行驶控制器是典型的 PID 控制器，其数学描述为：

积分环节：$x(n) = x(n-1) + u(n)$

微分环节：$d(n) = u(n) - u(n-1)$

系统输出：$y(n)=K_P u(n)+K_I x(n)+K_D d(n)$

其中，$u(n)$为系统输入、$y(n)$为系统输出，$x(n)$为系统中的状态。K_P、K_I、K_D 分别为 PID 控制器的比例、积分、微分控制参数。

3）汽车动力机构

汽车动力机构是行驶控制系统的执行机构，其功能是在牵引力的作用下改变汽车速度，使其达到指定的速度。牵引力与速度之间的关系为：

$$F = mv' + bv$$

其中，v 为汽车的速度；F 为汽车的牵引力；$m=1400\text{kg}$，为汽车的质量；$b=22$，为阻力因子。

2. 建立系统模型

根据系统的数学描述，建立汽车行驶控制系统的 Simulink 模型，如图 14-31 所示。

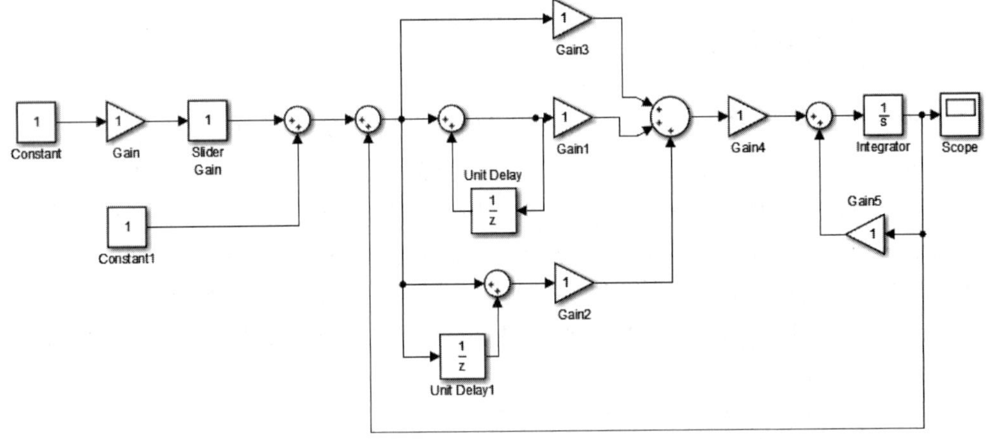

图 14-31　汽车行驶控制系统模型

各模块参数说明：

- Slider Gain 模块：用于对位置变换器的输入信号 x 的范围进行限制。
- Unit Delay 模块：为单位延时，其输入为 $x(n)$，输出为 $x(n-1)$。
- Unit Delay1 模块：输入为 $u(n)$，输出为 $u(n-1)$。
- Integrator 模块：用于对输入信号进行积分。

3. 封装子系统

修改各模块标签，并对系统不同功能的部分进行封装，封装效果如图 14-32 所示，其中每个子系统内部的结构如图 14-33 所示。

4. 模块参数设置

- Slider Gain 模块：Low 最小值为 0，High 最大值为 1，初始取值为 0.5，如图 14-34 所示。
- Gain 模块：增益取值为 30。

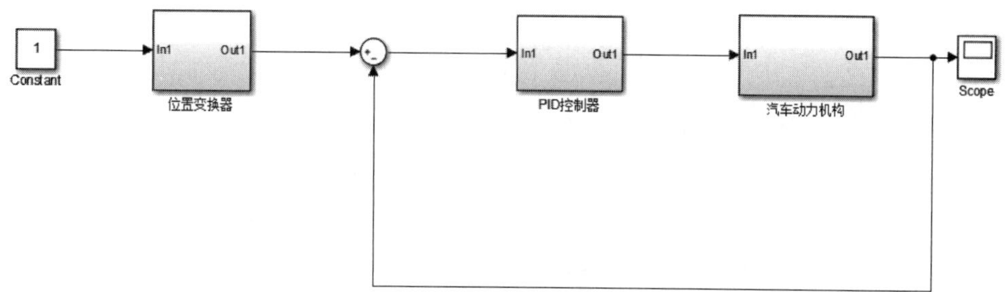

图 14-32　创建子系统并封装

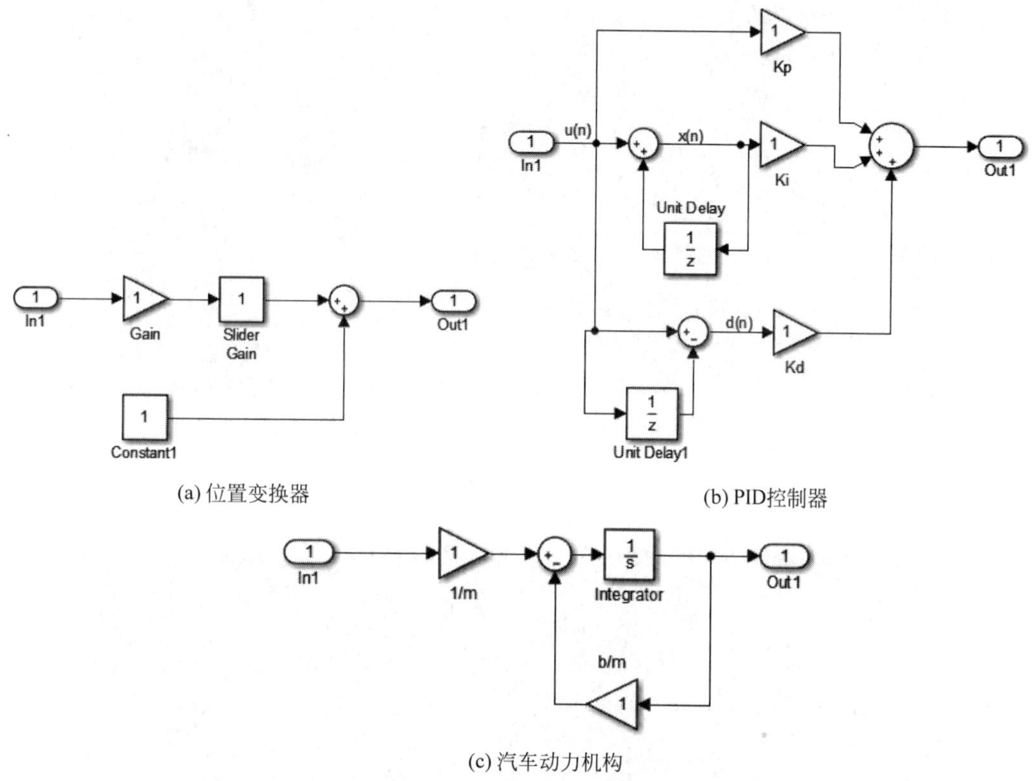

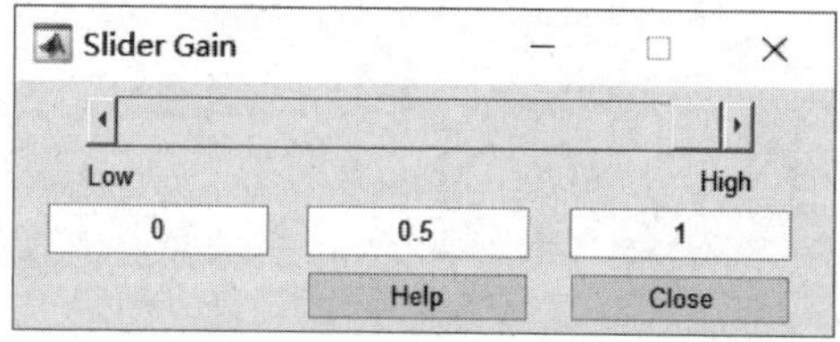

图 14-33　子系统内部结构

图 14-34　Slider Gain 模块参数设置

- Constant1 模块：常数取值为 50。
- 所有 Unit Delay 模块：初始状态为 0，采样时间为 0.02s。

- Kp、Ki、Kd 模块：增益分别为 1、0.01、0.01。
- 1/m 模块：取值为 1/1400。
- b/m 模块：取值为 22/1400。

5. 仿真参数

模块参数设置完成后，即模型的仿真参数设置完成后，将仿真时间设置为 0～1000s。单击“运行”按钮，得到如图 14-35 所示的仿真结果。

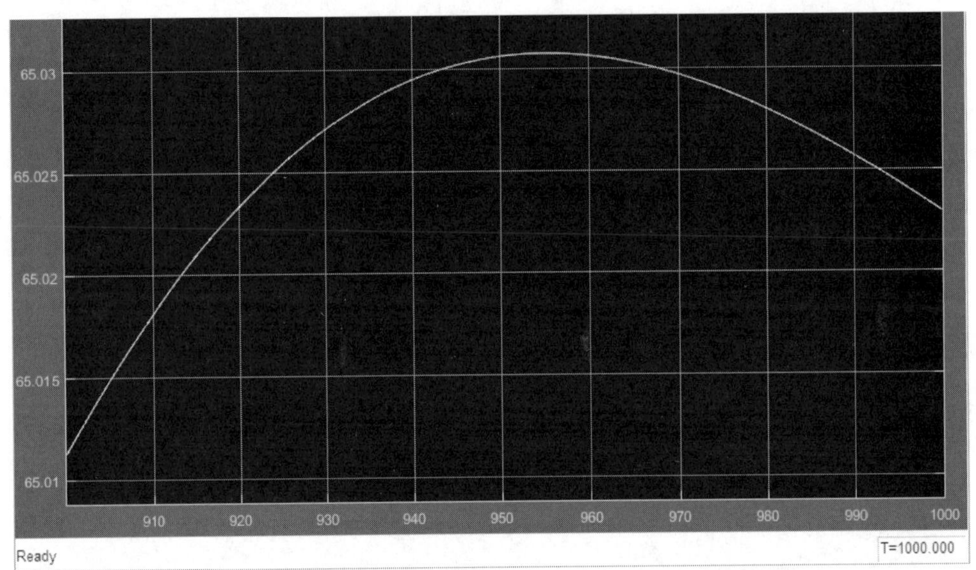

(a) Kp=1,Ki=0.01,Kd=0.01

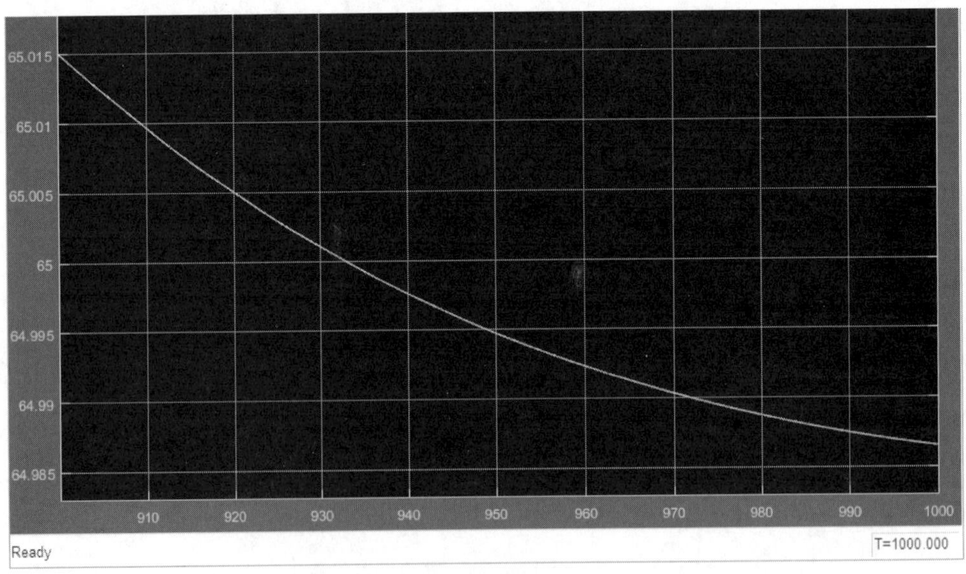

(b) Kp=1,Ki=0.003,Kd=0.01

图 14-35　不同 PID 控制参数的仿真结果

对于PID控制器而言，增加微分控制参数Kd可以减小系统超调量，缩短系统调节时间；增加积分控制参数Ki可以增加系统超调量，延长系统调节时间；而增加比例控制参数Kp可以缩短系统调节时间。

对于不同的系统，PID控制器的参数选取对控制结果有着很大的影响。

14.4 S-函数

S-函数即系统函数，在很多情况下都是非常有用的，它是扩展Simulink功能的强有力工具。它使用户可以利用MATLAB、C语言、C++语言以及FORTRAN语言等的程序创建自定义的Simulink模块。例如，对一个工程的几个不同的控制系统进行设计，而此时已经用M文件建立了一个动态模型，在这种情况下，可以将模型加入S-函数中，然后使用独立的Simulink模型来模拟这些控制系统。这样，先前的努力就不会白费，而且模型还可以方便地重复使用。S-函数还可以改善仿真的效率。

14.4.1 S-函数概述

S-函数使用一种特殊的调用规则来使得用户可以与Simulink的内部解法器进行交互，这种交互和Simulink内部解法器与内置的模块之间的交互非常相似，而且可以适用于不同性质的系统，如连续系统、离散系统以及混合系统。

1. S-函数的基本概念

S-函数是系统函数(System Function)的简称，是指采用非图形化的方式(即计算机语言，区别于Simulink的系统模块)描述的一个功能块。用户可以采用MATLAB代码、C、C++、FORTRAN或Ada等语言编写S-函数。S-函数由一种特定的语法构成，用来描述并实现连续系统、离散系统以及复合系统等动态系统。S-函数能够接收来自Simulink求解器的相关信息，并对求解器发出的命令做出适当的响应，这种交互作用非常类似于Simulink系统模块与求解器的交互作用。

S-函数作为与其他语言相结合的接口，可以使用这个语言所提供的强大能力。例如，MATLAB语言编写的S-函数可以充分利用MATLAB所提供的丰富资源，方便地调用各种工具箱函数和图形函数；使用C语言编写的S-函数则可以实现对操作系统的访问，如实现与其他进程的通信和同步等。

简单来说，用户可以从如下的几个角度来理解S-函数。

(1) S-函数为Simulink的系统函数。

(2) 能够响应Simulink求解器命令的函数。

(3) 采用非图形化的方法实现一个动态系统。

(4) 可以开发新的Simulink模块。

(5) 可以与已有的代码相结合进行仿真。

(6) 采用文本方式输入复杂的系统方程。

(7) 扩展Simulink功能。M文件的S-函数可以扩展图形能力，C MEX S-函数可以提供与操作系统的接口。

(8) S-函数的语法结构是为实现一个动态系统而设计的(默认用法),其他 S-函数的用法是默认用法的特例(如用于显示目的)。

2. S-函数的使用步骤

在动态系统设计、仿真与分析中,用户可以使用 Function & Tables 模块库中的 S-function 模块来使用 S-函数。S-function 模块是一个单输入单输出的系统模块,如果有多个输入与多个输出信号,可以使用 Mux 模块和 Demux 模块对信号进行组合和分离操作。

一般而言,S-函数的使用步骤为:

(1) 创建 S-函数源文件。创建 S-函数源文件有多种方法,当然用户可以按照 S-函数的语法格式自行书写每一行代码,但是这样做容易出错且麻烦。Simulink 提供了很多 S-函数模板和例子,用户可以根据自己的需要修改相应的模板或例子即可。

(2) 在动态系统的 Simulink 模型框图中添加 S-function 模块,并进行正确的设置,效果如图 14-36 所示。

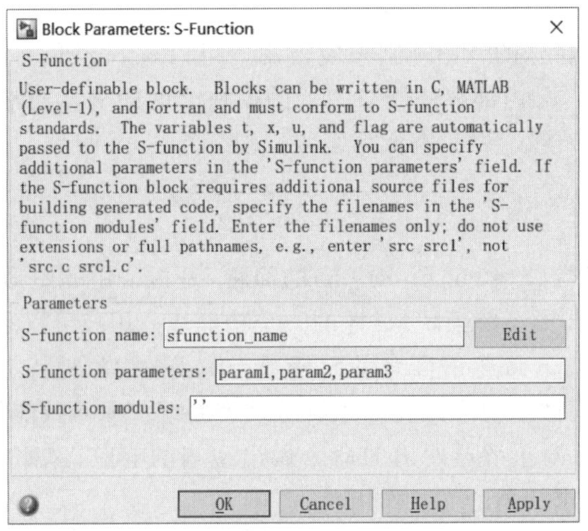

图 14-36 S-函数模块参数设置对话框

(3) 在 Simulink 模型框图中按照定义好的功能连接输入/输出端口。

3. S-函数相关术语

理解 S-函数的相关术语对于用户理解 S-函数的概念及编写都是非常有益的,而且这些相关术语在其他的仿真语言中也经常遇到。

1) 仿真例程

Simulink 在仿真的特定阶段调用对应的 S-函数功能模块(函数)来完成不同的任务,如初始化、计算输出、更新离散状态、计算导数、结束仿真等,这些功能模块(函数)称为仿真例程或回调函数(CallBack function)。表 14-4 列出了 S-函数仿真例程及其仿真阶段。

表 14-4　S-函数仿真例程及其仿真阶段

S-函数仿真例程	仿 真 阶 段
mdlInitialization	初始化
mdlGetTimeofNextVarHit	计算下一个采样点
mdlOutput	计算输出
mdlUpdate	更新离散状态
mdlDerivatives	计算导数
mdlTerminate	结束仿真

2）直接反馈

直接反馈就是输出(或可变采样时间模块的可变采样时间)受输入信号的直接控制，当存在如下的两种情况时，系统需要直接反馈。

- 某一时刻的系统输出中包含某一时刻的系统输入。
- 系统是一个变采样时间系统(Variable Sample System)，且采样时间计算与输入相关。

正确设置反馈标志是非常重要的，因为这不仅关系到系统模型中系统模块的执行顺序，还关系到对代数循环的检测与处理。

3）采样时间和偏移量

在离散时间系统内采样时间 time、采样时间间隔 sample_time_value 和偏移量 offset_time之间的关系如下：

$$\text{time} = (n \times \text{sample\_time\_value}) + \text{offset\_time}$$

其中，n 表示第 n 个采样点。

Simulink 在每一个采样点上调用 mdlOutput 和 mdlUpdate 例程。系统采样时间还可以继承自驱动模块、目标模块或系统最小采样时间，这种情况下采样时间值应该设置为−1 或 inherited_sampe_time。

4）动态可变维数信号输入

S-函数支持动态可变维数信号的输入。S-函数输入变量的维数决定于驱动 S-函数模块的输入信号的维数。所以当仿真开始时，需要先估计 S-函数输入信号的维数。在 M 文件的 S-函数中动态设置输入信号维数时，应该把 sizes 数据结构的对应成员设置为−1 或 dynamiclly_sized。在 C 文件 S-函数中需要调用函数 ssSetInputPortWidth 来动态设置输入信号维数，其他参数(如状态维数和输出维数)同样是动态可变的。

14.4.2　S-函数的控制流程

S-函数的调用顺序是通过 flag 标志来控制的。在仿真初始化阶段，通过设置 flag 标志为 0 来调用 S-函数，并请求提供数量(包括连续状态、离散状态和输入、输出的个数)、初始状态和采样时间等信息。

仿真开始，设置 flag 标志为 4，请求 S-函数计算下一个采样时间，并提供采样时间；接着设置 flag 标志为 3，请求 S-函数计算模块的输出；然后设置 flag 标志为 2，更新离散状态。

当用户还需要计算状态导数时，可设置 flag 标志为 1，由求解器使用积分算法计算状态的值。计算出状态导数和更新离散状态之后，通过设置 flag 标志为 3 来计算模块的输出，这样就结束了一个时间步的仿真。

当到达结束时间时，设置 flag 标志为 9，结束仿真。整个过程如图 14-37 所示。

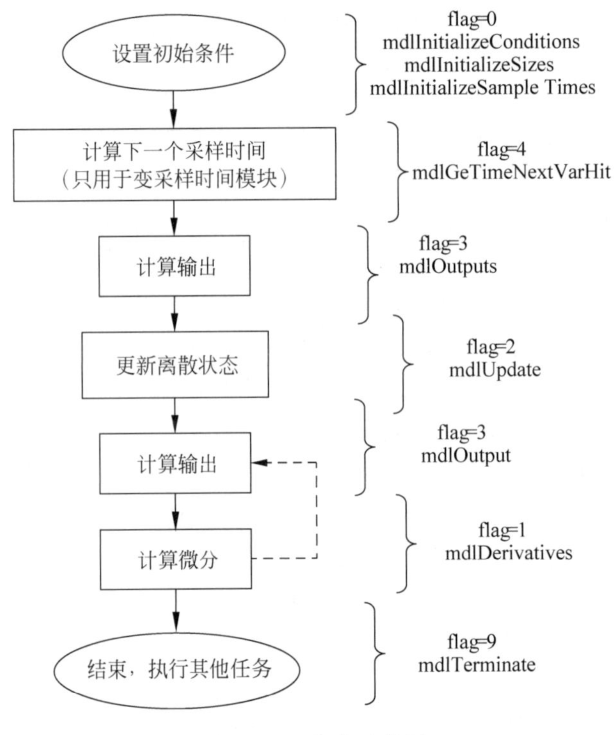

图 14-37　仿真过程图

14.4.3　S-函数的回调方法

Simulink 模型中反复调用 S-函数，以便执行每个阶段的任务。Simulink 会对模型中 S-函数采用适当的方法进行调用，在调用过程中，Simulink 将调用 S-函数来完成各项任务。这些任务包括：

（1）初始化，在仿真开始前，Simulink 在这个阶段初始化 S-函数，这些工作包括：

- 初始化结构体 SimStruct，它包含 S-函数的所有信息。
- 设置输入/输出端口的数目和大小。
- 设置采样时间。
- 分配存储空间并估计数组大小。

（2）计算下一个采样时间点，如果选择变步长解法器进行仿真时，需要计算下一个采样时间点，即计算下一步的仿真步长。

（3）计算主要时间步的输出，即计算所有端口的输出值。

（4）更新状态，此例程在每个步长处都要执行一次，可以在例程中添加每一个仿真步都需要更新的内容，如离散状态的更新。

(5) 数值积分,用于连续状态的求解和非采样过零点。如果S-函数存在连续状态,Simulink就在minor step time内调用mdlDdrivatives和mdlOutput两个S-函数。

14.4.4 编写M语言S-函数

M文件的S-函数结构明晰,易于理解,书写方便,且可以调用丰富的MATLAB函数。对于一般的应用,使用MATLAB语言编写S-函数就足够了。

M 文件 S-函数模板

Simulink为我们编写S-函数提供了各种模板文件,其中定义了S-函数完整的框架结构,用户可以根据自己的需要加以剪裁。编写M文件S-函数时,推荐使用S-函数模板文件sfuntmpl.m。这个文件包含了一个完整的M文件S-函数,它包含1个主函数和6个子函数。在主函数内,由一个开关结构(switch-case)根据标志变量flag将流程转移到对应的子函数,即例程函数。flag标志量作为主函数的参数,由系统(Simulink)调用时给出。了解这个模板文件的最好方式是直接打开其代码。直接在MATLAB命令行窗口中输入:

```
>> edit sfuntmpl
```

主函数包含4个输出:sys数组包含某个子函数返回的值,它的含义随着调用子函数的不同而不同;x0为所有状态的初始化向量;str为保留参数,总是一个空矩阵;ts返回系统采样时间。函数的4个输入分别为采样时间t、状态x、输出u和仿真流程控制标志变量flag,sfuntmpl是M文件S-函数的模板,编写自己的S-函数时,应把函数名sfuntmp改为S-function模块中对应的函数名。

S-function模板文件如下(原代码中的英文注释已删除,为方便,添加了一些中文注释):

```
function [sys,x0,str,ts,simStateCompliance] = sfuntmpl(t,x,u,flag)
%输入参数 t,x,u,flag
%t为采样时间
%x为状态变量
%u为输入变量
%flag为仿真过程中的状态标量,共有6个不同的取值,分别代表6个不同的子函数
%返回参数 sys,x0,str,ts,simStateCompliance
%x0为状态变量的初始值
%sys用以向Simulink返回直接结果的变量,随flag的不同而不同
%str为保留参数,一般在初始化中置空,即str = []
%ts为一个1×2的向量,ts(1)为采样周期,ts(2)为偏移量
switch flag,                               %判断flag,查看当前处于哪个状态
  case 0,                                  %处于初始化状态,调用函数mdlInitializeSizes
    [sys,x0,str,ts,simStateCompliance] = mdlInitializeSizes;
  case 1,                                  %调用计算连续状态的微分
    sys = mdlDerivatives(t,x,u);
  case 2,                                  %调用计算下一个离散状态
    sys = mdlUpdate(t,x,u);
  case 3,                                  %调用计算输出
```

```
      sys = mdlOutputs(t,x,u);
    case 4,                                  %调用计算下一个采样时间
      sys = mdlGetTimeOfNextVarHit(t,x,u);
    case 9,                                  %结束系统仿真任务
      sys = mdlTerminate(t,x,u);
    otherwise
      DAStudio.error('Simulink:blocks:unhandledFlag', num2str(flag));
end

function [sys,x0,str,ts,simStateCompliance] = mdlInitializeSizes
sizes = simsizes;                      %用于设置模块参数的结构体,调用 simsizes 函数生成
sizes.NumContStates = 0;               %模块连续状态变量的个数,0 为默认值
sizes.NumDiscStates = 0;               %模块离散状态变量的个数,0 为默认值
sizes.NumOutputs = 0;                  %模块输出变量的个数,0 为默认值
sizes.NumInputs = 0;                   %模块输入变量的个数
sizes.DirFeedthrough = 1;              %模块是否存在直接贯通
sizes.NumSampleTimes = 1;              %模块的采样时间个数,1 为默认值
sys = simsizes(sizes);                 %初始化后的构架 sizes 经过 simsizes 函数运算后向
                                       %sys 赋值
x0 = [];                               %向量模块的初始值赋值
str = [];
Sts = [0 0];
simStateCompliance = 'UnknownSimState';
%%计算连续状态变量的微分方程
function sys = mdlDerivatives(t,x,u)   %编写计算导数向量的命令
sys = [];
%%更新离散状态、采样时间和主时间步长的要求
function sys = mdlUpdate(t,x,u)        %编写计算更新模块离散状态的命令
sys = [];
%%计算 S-function 的输出.mdlGetTimeOfNextVarHit:计算下一个采样点的绝对时间,这个方法
%仅仅是用户在 mdlInitializeSizes 里说明了一个可变的离散采样时间
function sys = mdlOutputs(t,x,u)       %编写计算模块输出向量的命令
sys = [];
function sys = mdlGetTimeOfNextVarHit(t,x,u)     %以绝对时间计算下一个采样点的时间,该
                                                 %函数只在变采样时间条件下使用
sampleTime = 1;
sys = t + sampleTime;
%%结束仿真任务
function sys = mdlTerminate(t,x,u)
sys = [];
```

上述程序代码还多次引用系统函数 simsizes,该函数保存在 toolbox\simulink\simulink 路径下,函数的主要目的是设置 S-函数的大小,代码为:

```
function sys = simsizes(sizesStruct)
switch nargin,
  case 0,                                %返回结构大小
    sys.NumContStates = 0;               %连续状态的个数(状态向量连续部分的宽度)
    sys.NumDiscStates = 0;               %离散状态的个数(状态向量离散部分的宽度)
    sys.NumOutputs = 0;                  %输出变量的个数(输出向量的宽度)
    sys.NumInputs = 0;                   %输入变量的个数(输入向量的宽度)
    sys.DirFeedthrough = 0;              %有无直接输入
```

```
    sys.NumSampleTimes = 0;                          %采样时间的个数
  case 1,                                            %数组转换
    %假如输入为一个数组,即返回一个结构体大小
    if ~isstruct(sizesStruct),
      sys = sizesStruct;
      %数组的长度至少为6
      if length(sys) < 6,
        DAStudio.error('Simulink:util:SimsizesArrayMinSize');
      end
      clear sizesStruct;
      sizesStruct.NumContStates = sys(1);
      sizesStruct.NumDiscStates = sys(2);
      sizesStruct.NumOutputs = sys(3);
      sizesStruct.NumInputs = sys(4);
      sizesStruct.DirFeedthrough = sys(6);
      if length(sys) > 6,
        sizesStruct.NumSampleTimes = sys(7);
      else
        sizesStruct.NumSampleTimes = 0;
      end
    else
      %验证结构大小
      sizesFields = fieldnames(sizesStruct);
      for i = 1:length(sizesFields),
        switch (sizesFields{i})
          case { 'NumContStates', 'NumDiscStates', 'NumOutputs',...
                 'NumInputs', 'DirFeedthrough', 'NumSampleTimes' },
          otherwise,
            DAStudio.error('Simulink:util:InvalidFieldname', sizesFields{i});
          end
        end
        sys = [...]
          sizesStruct.NumContStates,...
          sizesStruct.NumDiscStates,...
          sizesStruct.NumOutputs,...
          sizesStruct.NumInputs,...
          0,...
          sizesStruct.DirFeedthrough,...
          sizesStruct.NumSampleTimes ...
        ];
    end
  end
```

14.4.5 M文件S-函数的实例

要了解S-函数是怎样工作的,最直接有效的方法就是学习S-函数范例。

1. 用S-函数实现连续系统

下面使用S-函数实现一个简单的连续系统模块——积分器。

【例 14-5】 用 M 文件 S-函数实现一个积分器。

其实现步骤为：

(1) 将 sfuntmpl. m 模板文件另存为 M14_5fun. m，并进行相应的修改。

① 修改 M14_5fun 函数的第一行：

```
function [sys,x0,str,ts,simStateCompliance] = M14_15fun(t,x,u,flag,initial_state)
```

② 初始状态应当传递给 mdlInitializeSizes，代码修改为：

```
case 0,
    [sys,x0,str,ts,simStateCompliance] = mdlInitializeSizes(initial_state);
```

③ 设置初始化参数：

```
function [sys,x0,str,ts,simStateCompliance] = mdlInitializeSizes(initial_state)
sizes = simsizes;
sizes.NumContStates  = 1;
sizes.NumDiscStates  = 0;
sizes.NumOutputs     = 1;
sizes.NumInputs      = 1;
sizes.DirFeedthrough = 0;
sizes.NumSampleTimes = 1;                   %采样时间个数,至少是一个
sys = simsizes(sizes);
x0 = initial_state;                         %初始化状态变量
```

④ 书写状态方程：

```
function sys = mdlDerivatives(t,x,u)
sys = u;
```

⑤ 添加输出方程：

```
function sys = mdlOutputs(t,x,u)
sys = x;
```

(2) 建立模型。

根据需要，建立连续系统 Simulink 模型框图，如图 14-38 所示，保存为 M14_5. mdl (M14_5. mdl 模型与 M14_5fun 函数保存在同一目录下)。

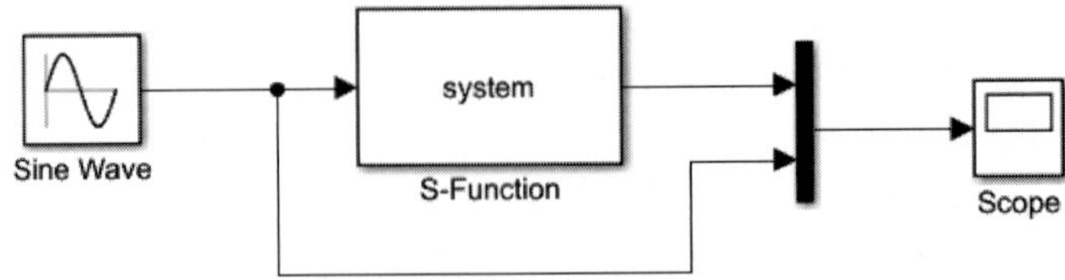

图 14-38　连续系统框图

(3) 模块参数设置。

模型中的 Mux 模块、Sine Wave 模块及 Scope 模块的参数采用默认设置，双击 S-Function 模块，其参数设置如图 14-39 所示。

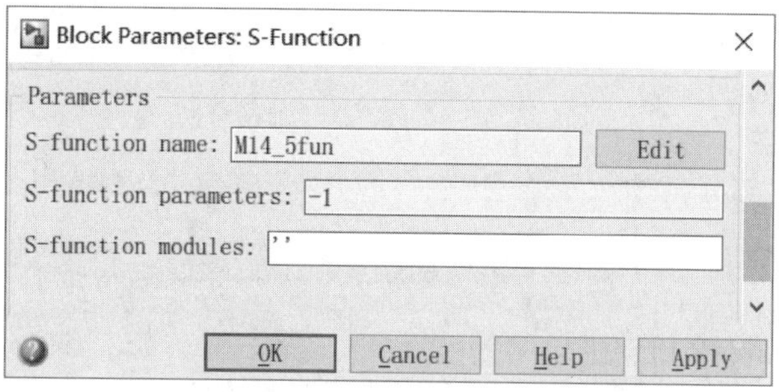

Block Parameters: S-Function
Parameters
S-function name: M14_5fun   Edit
S-function parameters: -1
S-function modules: ''
OK   Cancel   Help   Apply

图 14-39　S-Function 模块参数设置

(4) 运行仿真。

仿真时间设置为 0～10s，单击“运行”按钮，得到仿真结果如图 14-40 所示。

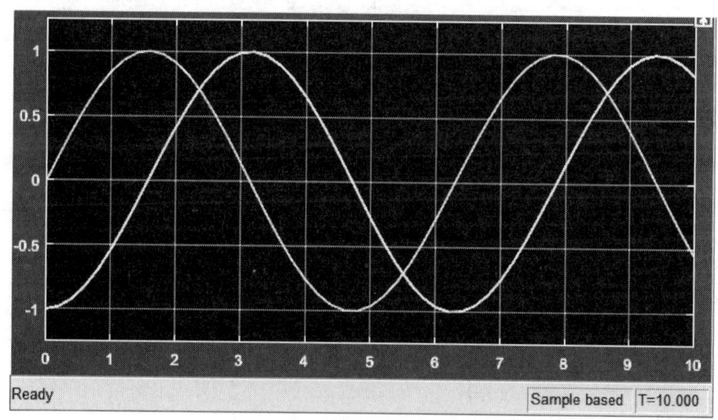

图 14-40　积分器仿真结果

2. 用 S-函数实现离散系统

用 S-函数实现一个离散系统时，首先对 mdlInitializeSizes 子函数进行修改，声明离散状态的个数，对状态进行初始化，确定采样时间等；然后再对 mdlUpdate 和 mdlOutputs 子函数做适当修改，分别输入要表示的系统的离散状态方程和输出方程即可。

【例 14-6】 编写一个 S-函数，说明人口的动态。设人口出生率为 r，资源为 K，初始人口数量为 init，则人口变化规律为：$p(n)=rp(n-1)[1-p(n-1)/K]$，$p(0)=\text{init}$。

其实现的步骤为：

(1) 将 sfuntmpl.m 模板文件另存为 M14_6fun.m，并进行相应的修改。

① 修改 M 文件 S-函数主函数：

```
function [sys,x0,str,ts,simStateCompliance] = M14_6fun(t,x,u,flag,r,K,init)
switch flag,
```

```
case 0,
   [sys,x0,str,ts,simStateCompliance] = mdlInitializeSizes(init);
case 1,
   sys = mdlDerivatives(t,x,u);
case 2,
   sys = mdlUpdate(t,x,u,r,K);
...
```

② 修改初始化部分：

```
function [sys,x0,str,ts,simStateCompliance] = mdlInitializeSizes(init)
sizes = simsizes;
sizes.NumContStates = 0;
sizes.NumDiscStates = 1;             %一个离散状态,人口数量
sizes.NumOutputs = 1;                %一个输出
sizes.NumInputs = 0;
sizes.DirFeedthrough = 0;            %不存在直接贯通
sizes.NumSampleTimes = 1;
sys = simsizes(sizes);
x0 = init;                           %初始状态:人口基数
...
```

③ 在实例中,p为状态,输出等于状态,于是：

```
function sys = mdlDerivatives(t,x,u) %编写计算导数向量的命令
sys = [];
function sys = mdlUpdate(t,x,u,r,K)
sys = [r*x*(1-x/K)];
function sys = mdlOutputs(t,x,u)
sys = [x];
```

(2) 建立模型。

设置初始人口基数 init=1e5,资源 K=1e6,人口出生率 r=1.05。建立离散系统模型框图,如图14-41所示。

图14-41　离散系统框图

(3) 模块参数设置。

模型中的Scope模块的参数采用默认值,双击S-Function模块,其参数设置如图14-42所示。

(4) 运行仿真。

仿真时间设置为0～10s,单击"运行"按钮,得到仿真结果如图14-43所示。

由仿真结果可以看到,在以上条件下人口数量随时间缓慢减少,直到稳定到一个值。

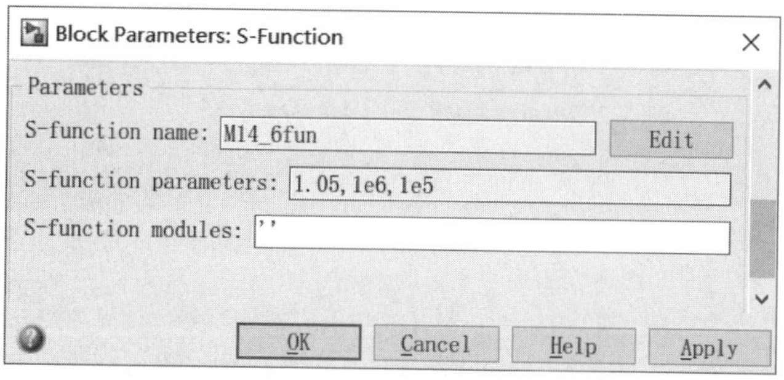

Block Parameters: S-Function

Parameters

S-function name: M14_6fun Edit

S-function parameters: 1.05,1e6,1e5

S-function modules: ''

OK Cancel Help Apply

图 14-42 S-Function 模块参数设置

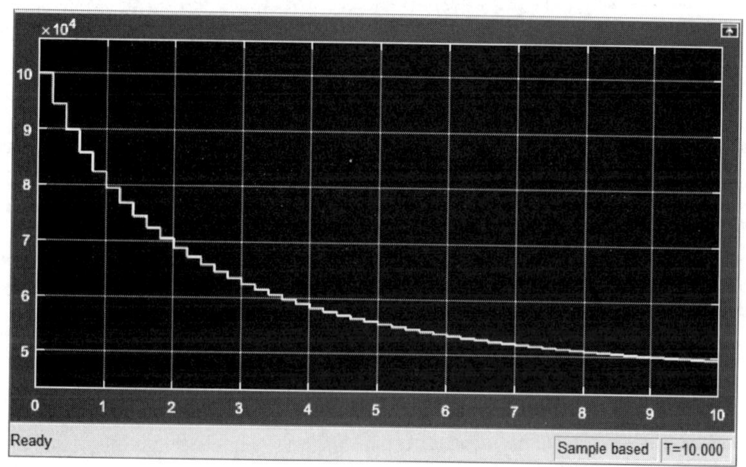

图 14-43 人口系数仿真结果

当增加资源的量时，如令 $K=3e6$，会看到人口数量随时间的增加而增加，直到稳定到一个值，说明在此资源数下已经不能够再承载更多的人口。

3. 用 S-函数实现混合系统

所谓混合系统，就是既包括离散状态又包含连续状态的系统。处理混合系统十分直接，通过参数 flag 来控制，对于系统中的连续和离散部分调用正确的 S-函数子函数。

混合系统 S-函数的一个特点就是在所有的采样时间上，Simulink 都会调用 mdlUpdate、mdlOutputs 以及 mdlGeTimeOfNextVarHit 子函数(固定步长不需要这个)。这意味着在这些子函数中，必须进行测试以确定正在处理哪个采样点以及哪些采样点只执行相应的更新。

【例 14-7】 利用 Simulink 自带的一个例子 mixedm.m 来说明怎样实现，其作用相当于一个连续积分系统与一个离散单位延时串联的系统，如图 14-44 所示。

其实现步骤为：

(1) 打开 mixedm.m 文件，对打开的代码进行分析。

```
>> edit mixedm.m                % 打开 mixedm.m 文件
```

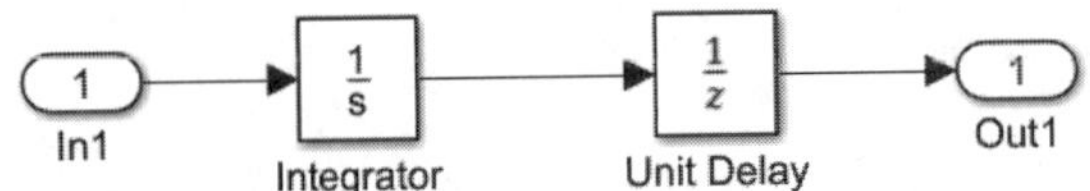

图 14-44　mixedm 混合系统

① 主函数部分：

```
dperiod = 1;
doffset = 0;                    % 设置离散采样周期和偏移量
switch flag
 case 0                         % 向初始化子函数传递离散采样周期和偏移量
   [sys,x0,str,ts] = mdlInitializeSizes(dperiod,doffset);
 case 1
   sys = mdlDerivatives(t,x,u);
 case 2,                        % 向 mdlUpdate 状态更新子函数传递离散采样周期和偏移量
   sys = mdlUpdate(t,x,u,dperiod,doffset);
 case 3                         % 向 mdlOutputs 输出子函数传递离散采样周期和偏移量
   sys = mdlOutputs(t,x,u,doffset,dperiod);
 case 9                         % 即 simulink 终止时,此处无特殊任务,所以也不需要
   sys = [];
 otherwise
   DAStudio.error('Simulink:blocks:unhandledFlag', num2str(flag));
end
```

② mdlInitializeSize 初始化子函数：

```
sizes = simsizes;
sizes.NumContStates = 1;             % 连续状态个数为 1
sizes.NumDiscStates = 1;             % 离散状态个数为 1
sizes.NumOutputs = 1;                % 输出个数为 1
sizes.NumInputs = 1;                 % 输入个数为 1
sizes.DirFeedthrough = 0;            % 没有前馈
sizes.NumSampleTimes = 2;            % 两个采样时间
sys = simsizes(sizes);
x0 = ones(2,1);
str = [];
ts = [0 0;                           % 一个采样时间是[0,0],表示连续系统
        dperiod doffset];            % 离散系统的采样时间
```

③ mdlDerivatives、mdlUpdate、mdlOutputs 子函数：

```
function sys = mdlDerivatives(t,x,u)
sys = u;                                % 连续系统是一个积分环节
function sys = mdlUpdate(t,x,u,dperiod,doffset)
% 如果仿真时间在采样点的正负 1e-8 范围内,更新状态,否则保持不变
if abs(round((t - doffset)/dperiod) - (t - doffset)/dperiod) < 1e-8
   sys = x(1);                          % 离散系统是一个延时环节
else
   sys = [];
end
```

```
function sys = mdlOutputs(t,x,u,doffset,dperiod)
% 如果仿真时间在采样点的正负 1e-8 范围内,则输出,否则保持不变
if abs(round((t - doffset)/dperiod) - (t - doffset)/dperiod) < 1e-8
   sys = x(2);                          % 输出采样时间
else
   sys = [];
end
```

(2) 根据需要,建立如图 14-45 所示的系统模型。

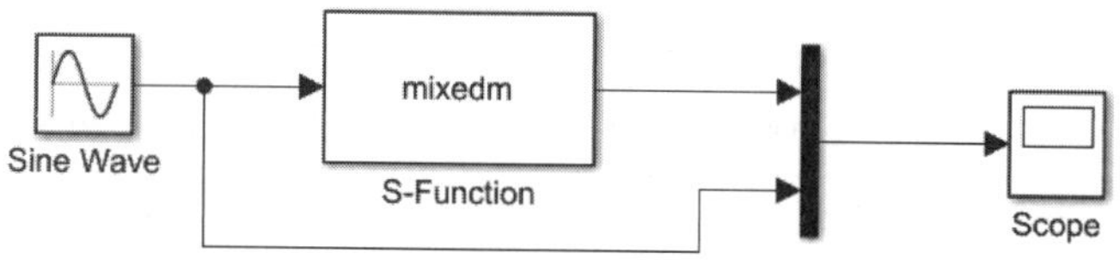

图 14-45 混合系统框图

(3) 模块参数设置。

双击 S-Function 模块,打开模块参数设置对话框,其参数设置如图 14-46 所示。其他模块的参数采用默认值。

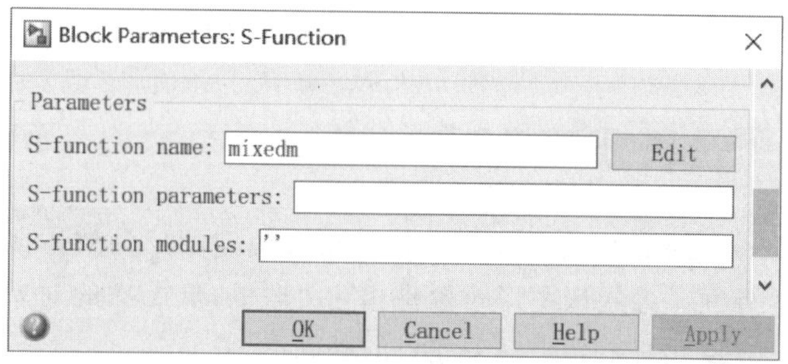

图 14-46 S-Function 模块参数设置

(4) 运行仿真。

仿真时间设置为 0～10s,单击"运行"按钮,得到仿真结果如图 14-47 所示。

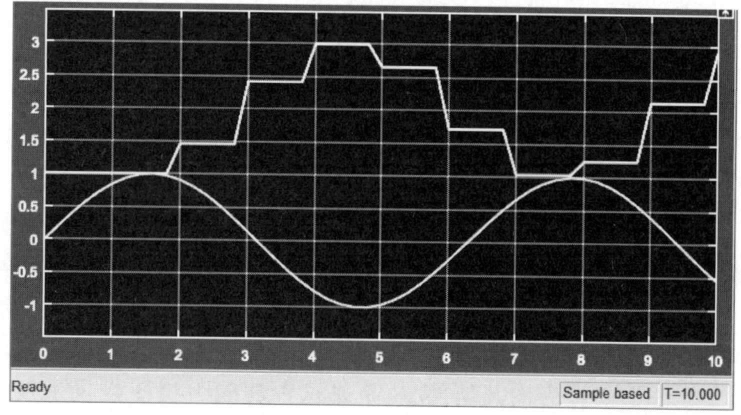

图 14-47 混合系统仿真结果

第15章 MATLAB图形用户界面

图形用户界面的设计是 MATLAB 的核心应用之一。当用户与计算机之间或用户与计算机程序之间进行交互操作时，舒服高效的用户接口则会对用户产生极大的吸引力。图形用户界面(GUI)则通过窗口、图标、按钮、菜单、文本等图形对象构成用户界面。

15.1 图形句柄

图形句柄涉及 MATLAB 图形系统中的底层(low-level)命令，可以完成许多命令无法实现的功能。

15.1.1 图形对象

图形对象(figure object)可以确定图形的整体或部分属性的各层界面。各层次图形对象是相互关联的，低层次的对象必须建立在它所在层次之上各层对象完备的基础上。

每一个图形都是由不同图形对象组成的。图形对象是 MATLAB 提供给用户的一种用于创建计算机图形的面向对象的图形系统，该系统提供给用户创建线、字、网格、面及图形用户界面的多种绘图指令。所说的"高级"指令都是以图形对象为基础生成的，所以图形对象也称为低层图形。低层指令的调用没有高级指令那样简明清晰、通俗易懂，但是低层指令可以直接对图形的基本要素进行操作的特点，决定了使用者可以让绘制的图形更加个性化、更加具有表现力。图形对象是图形系统中最基本、最底层的单元，每个图形对象都可以被独立地操作。

图形系统中最基本的单元包括根(计算机屏幕)、图形窗口、轴、线、块、面、像、文本、光线、用户界面控制框、用户界面菜单和用户界面隐含菜单 12 个对象。各图形对象之间的关系如图 15-1 所示。

底层命令使用户可以对图形的一个或几个对象进行独立操作，而不影响图形的其他部分，正是这种功能为绘图提供了极大的灵活性。图形对象如图 15-2 所示。

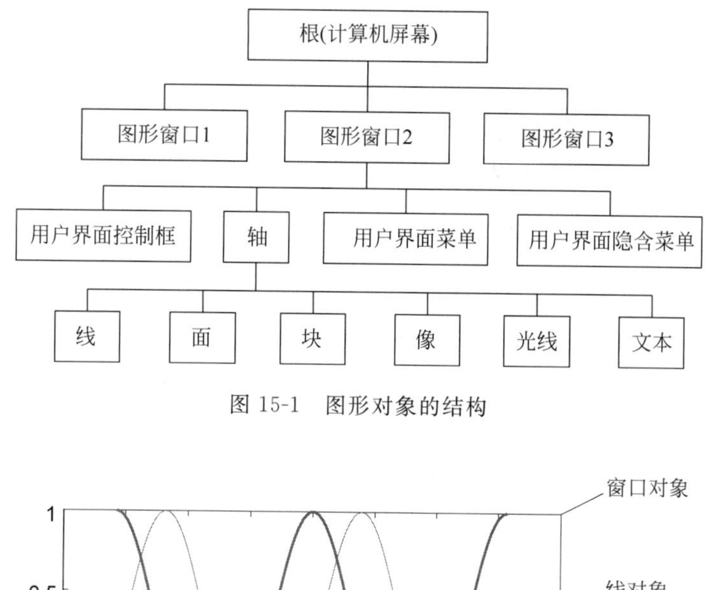

图 15-1 图形对象的结构

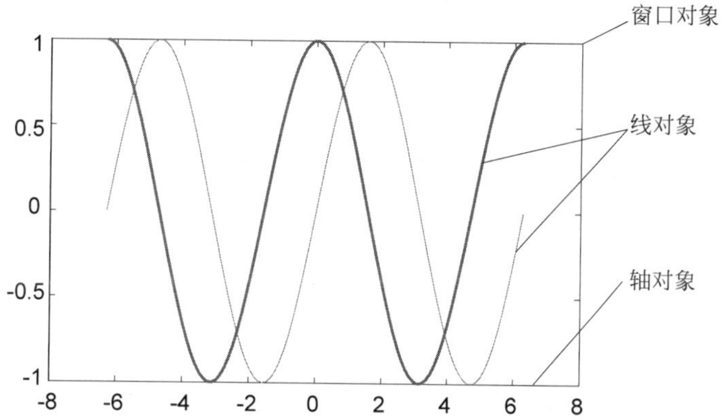

图 15-2 图形对象

15.1.2 图形对象的句柄

每个具体的图形对象从它被删除时起就获得一个唯一的标志,这个标志就是该对象的句柄(handle),对每个对象进行操作都可以用它的句柄来识别。例如,根屏幕的句柄总是 0,图形窗口的句柄为整数,其他对象的句柄为一些浮点数。但需要注意的是,这些浮点数可能很长,仅从屏幕上输出的数字来识别它们可能是不准确的,一定要把它们赋值于一个变量后引用,而不能根据屏幕显示的数据输入。

图形对象的控制指对已创建的对象进行如删除、保持、获取它们的句柄等操作。MATLAB 为此提供了一系列控制函数来实现图形窗口的控制、轴控制以及其他图形对象的控制。

- 根:图形对象的根,对应于计算机屏幕,根只有一个,其他所有的图形对象都是根的后代。
- 图形窗口:根的窗口的数目不限,所有图形窗口都是根屏幕的子代,除根之外,其他对象都是窗的后代。
- 用户界面控制框:图形窗口的子代,创建用户界面控制对象,使得用户可以用鼠标在图形上作功能选择，并返回句柄。

- 用户界面菜单：图形窗口的子代，创建用户界面菜单对象。
- 轴：图形窗口的子代，创建轴对象，并返回句柄，是点、面、文本、块、像的父辈。
- 线：轴的子代，创建线对象。
- 面：轴的子代，创建面对象。
- 文本：轴的子代，创建文本对象。
- 块：轴的子代，创建块对象。
- 像：轴的子代，创建图形对象。

所有图形对象都用属性来定义它们的特征，如 Root、Figure、Axes、Image 等，通过改变这些属性的取值可以修改图形对象的显示方式。每一种图形对象的属性包括属性名和它们相关联的属性值。属性名是一个字符串，不同的属性值可能是不同类型的数，如实量、标量、整数、浮点数、逻辑量、字符串等。在建立一个图形对象时，如不特别指定它的属性，就使用默认值。

15.1.3 图形对象的创建

下面详细介绍各种类型的图形对象。

1. 根对象

图形对象的基本要素以根屏幕为先导。图形对象的根(root)对应于计算机整个屏幕，根只有一个，其他所有图形对象都是根的后代。当 MATLAB 启动时，根对象便自动生成。根对象的属性便是其他所有 MATLAB 窗口的默认设置。

在 MATLAB 中最高层次的图形对象是根对象，可以通过它对整个计算机屏幕进行控制。当 MATLAB 启动时，根对象会被自动创建，一直存在到 MATLAB 关闭为止。与根对象相关的属性是应用于所有 MATLAB 窗口的默认属性。

2. 图形对象窗口(figure)

在根对象下，有多个图像窗口，或只有图像。每一个图像在用于显示图像数据的计算机屏幕上都有一个独立的窗口，每一个图像都有它独立的属性。与图像相关的属性有颜色、纸张大小、纸张排列方向和指针类项等。

3. 用户界面对象

用户界面对象是图形窗口对象的一个子对象，用来创建用户界面的若干相关图形。以子对象 Uicontrol 为例，如果用户激活该对象，则系统执行相关的回调函数，生成多种类型的实例，如按钮、列表框、滑块等 Windows 对话框的基本选项。用户界面对象的其余子对象，读者可参考 MATLAB 中相关的帮助文档。

4. 轴对象(axes)

轴对象和用户界面对象是平行的兄弟关系。轴对象在图形窗口中定义一个特定的区域，并将自身所有子对象都限制在该区域内，其包含4个子对象分别为核心对象(Core object)、图形对象(Plot object)、组对象(Group objects)、注释对象(Annotation object)。

(1) 核心对象：包含基本的核心对象，如line、text、axes、patch、rectangular等，用于一般图形的绘制；较为特殊的核心对象，如surface、images、light等。虽然这些函数不会显示，但是将影响一些对象的属性设置，各对象的功能如表15-1所示。

表15-1 各对象的功能

对　　象	功　　能	对　　象	功　　能
figure	创建图形窗口	line	创建线对象
uicontrol	图形界面控制	patch	创建块对象
uimenu	创建用户界面菜单	surface	创建面对象，是底层函数
axes	创建轴对象	light	创建灯光对象

(2) 图形对象：一些可以用高级绘图方式绘制图形的函数都可以返回对应的句柄值，从而创建图形对象。MATLAB中有些图形对象是由核心对象组成的，所以通过核心对象的属性可以控制这些图形对象的相关属性，其包含的绘制函数如表15-2所示。

表15-2 图形对象包含的绘制函数

函　　数	功　　能	函　　数	功　　能
areaseries	绘制 area 图	quivergroup	绘制 quiver 图
barseries	绘制 bar 图	scattergroup	绘制 scatter 图
contourgroup	绘制 contour 图	stairseries	绘制 stairs 图
errorbarseries	绘制 errorbar 图	stemseries	绘制 stem 图
lineseries	绘制曲线图	surfaceplot	绘制 surf 图

(3) 组对象：允许用户将轴对象的子对象设置为一个组，以便设置整个组内的对象属性。例如，设置整个组为可见的或不可见的。一旦选取了一个组对象，则其中的所有对象都将被选取。MATLAB中的组对象有两种：hggroup和hgtransform。当用户创建一个组对象并控制住对象的可见性或可选择性来作为一个独立对象时，使用前者；当组对象某些特性需要进行转换时，使用后者。

(4) 注释对象：在MATLAB注释对象中，line和rectangle与在核心对象中的不同，读者要注意区分。用户可以通过图形绘制窗口的Plot Edit工具栏或菜单栏中的Insert选项来创建注释对象；另一种方式是通过annotation函数来创建。注释对象创建在隐藏的坐标轴中，既可以延伸宽和高在整个窗口中的显示，用户还可以通过正规化坐标(以左下角为原点(0,0)，右上角为(1,1))的方式来定义注释对象在图形绘制窗口中的位置。

下面通过一个实例来演示控制对象。

【例15-1】 实现一个滑标，可以用于设置视点方位角。用三个文本框分别指示滑标的最大值、最小值和当前值。

```
>> fig = meshgrid(1:45);
mesh(fig)
vw = get(gca,'View');
```

```
Hc_az = uicontrol(gcf, 'Style', 'slider', 'Position', [10  5  140  20], 'Min', -90, 'Max',
90, 'Value', vw(1), 'CallBack', ['set(Hc_cur,"String",num2str(get(Hc_az,"Value")))', 'set
(gca, "View", [get(Hc_az,"Value") , vw(2)])']);
Hc_min = uicontrol(gcf,'Style','text','Position',[10  25  40  20],'String',[num2str(get
(Hc_az, 'Min' )),num2str(get(Hc_az, 'Min'))]);
Hc_max = uicontrol(gcf, 'Style', 'text', 'Position', [110  25  40  20], 'String', num2str
(get(Hc_az,'Max')));
Hc_cur = uicontrol(gcf, 'Style', 'text', 'Position', [60  25  40  20], 'String' , num2str
(get(Hc_az,'Value')));
axis off
```

运行程序,效果如图 15-3 所示。

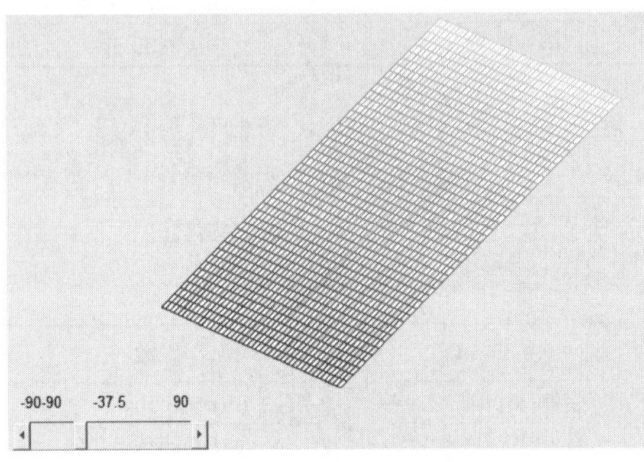

图 15-3　控制对象实例

15.1.4　图形对象的属性

图形对象是由属性来描述的,可以通过修改属性来控制对象外观、行为等诸多特征。

用户不但可以查询当前任意对象的任意属性值,而且可以指定大多数属性的取值。在高层绘图中对图形对象的描述一般是默认的或由高层绘图函数自动设置的,因此对用户来说几乎是不透明的。

但在句柄绘图中,上述图形对象都是用户经常使用的,所以要做到心中有数,用句柄设置图形对象的属性。

由于 MATLAB 对象的默认属性属于公共属性,因此这些属性的操作函数可使用所有 MATLAB 中的对象,表 15-3 归纳了 MATLAB 中对象的公共属性。

表 15-3　MATLAB 中对象的公共属性

属　性	说　明
BusyAction	控制 MATLAB 句柄回调函数的中断方式
ButtonDownFcn	单击按钮时执行回调函数
Children	该对象所有子对象的句柄
Parent	该对象的父对象
Clipping	能否为剪切模式(仅对轴对象的子对象)

续表

属　　性	说　　明
CreateFcn	同种类型的对象创建时执行回调函数
DeleteFcn	同种类型的对象被用户发出删除指令时执行回调函数
Handle Visibility	允许用户控制来自 MATLAB 命令和回调函数内部的对象句柄的可用性
HitTest	确定被单击选中的对象能否成为当前对象
interruptible	确定当前的回调函数是否可以被后续的回调函数中断
Selected	指出该对象是否被选中
SelectionHighlight	指定选中的对象是否可以可视化显示
Tag	用户指定的对象标签
Type	该对象的类型(Figure、Line、Text 等)
UserDate	用户希望与该对象关联的任意数据
Visible	指定该对象是否可见

句柄图形的功能有如下 3 点：

- 句柄图形可以随意改变 MATLAB 生成图形的方式。
- 句柄图形允许定制图形的许多特性，无论是对图形做一点小改动，还是影响所有图形输出的整体改动。
- 句柄图形可以直接创建线、文本、网格、面、图形用户界面。

在 MATLAB 中，可以直接调用 get 函数获取句柄图形对象的属性和返回某些对象的句柄值。set 函数设置图形句柄值，此外还有几个相关函数，它们分别为：

- h＝gcf：将当前窗口对象的句柄返回 h。
- get(h)或 get(gcf)：查阅当前窗口对象的属性。
- delete(gcf)：删除当前窗口的属性。

虽然 gcf 和 gca 提供了一个简单获取当前图形窗口对象和轴对象句柄的方法，但是却很少在 M 文件中使用，因为遵循一般设计的 M 文件不必根据用户行为来获取当前对象。

【例 15-2】 制作一个带 4 个子菜单项的顶层菜单项，该下拉菜单分为两个功能区，每个功能区的两个菜单项是相对立的，因此采用使能属性处理；当前图形窗坐标轴消隐时，整个坐标分隔控制功能区不可见。

```
>> h_menu = uimenu('label','Option');                          % 产生顶层菜单项 Option
h_sub1 = uimenu(h_menu,'label','axis on');                     % 产生 Axis on 菜单项,由默认设置而使能
h_sub2 = uimenu(h_menu,'label','axis off','enable','off');% 产生 Axis off 菜单项,但失效
h_sub3 = uimenu(h_menu,'label','grid on',...
'separator','on','visible','off');                            % 产生与上分隔的 Grid on 菜单项,但不
                                                               可见
h_sub4 = uimenu(h_menu,'label','grid off','visible','off'); % 产生 Grid off 菜单项,但不可见
set(h_sub1,'callback',[...                                     % 选中 Axis on 菜单项后,产生回调操作
    'axis on,',...                                             % 画坐标
    'set(h_sub1,''enable'',''off''),',...                      % Axis on 菜单项失效
    'set(h_sub2,''enable'',''on''),',...                       % Axis off 菜单项使能
    'set(h_sub3,''visible'',''on''),',...                      % Grid on 菜单项可见
    'set(h_sub4,''visible'',''on''),']);                       % Grid off 菜单项可见
```

```
set(h_sub2,'callback',[...                        % 选中 Axis off 菜单项后,产生回调操作
    'axis off,',...                               % 使坐标消失
    'set(h_sub1,''enable'',''on''),',...          % Axis on 菜单项使能
    'set(h_sub2,''enable'',''off''),',...         % Axis off 菜单项失效
    'set(h_sub3,''visible'',''off''),',...        % Grid on 菜单项不可见
    'set(h_sub4,''visible'',''off''),']);         % Grid off 菜单项不可见
set(h_sub3,'callback',[...                        % 选中 Grid on 菜单项后,产生回调
    'grid on,',...                                % 画坐标分格线
    'set(h_sub3,''enable'',''off''),',...         % Grid on 菜单项失效
    'set(h_sub4,''enable'',''on''),']);           % Grid off 菜单项使能
set(h_sub4,'callback',[...                        % 选中 Grid off 菜单项,产生回调
    'grid off,',...                               % 消除坐标分格线
    'set(h_sub3,''enable'',''on''),',...          % Grid on 菜单项使能
    'set(h_sub4,''enable'',''off''),']);          % Grid off 菜单项失效
```

运行程序,得到如图 15-4 所示的效果。

图 15-4　菜单对象实例图 1

在 Figure1 中,选择菜单 Option|axis on 后,界面如图 15-5 所示。

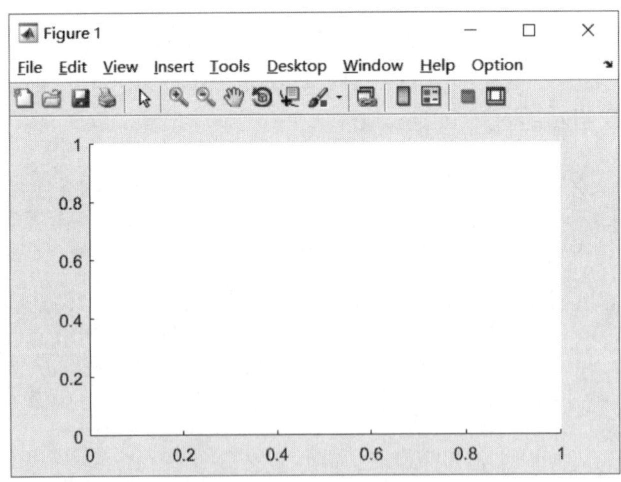

图 15-5　菜单对象实例图 2

在图 15-5 中，选择菜单 Option|grid on 后，界面如图 15-6 所示。

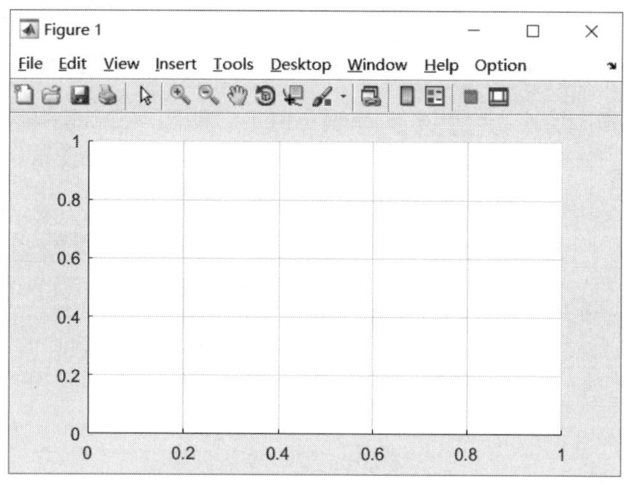

图 15-6　菜单对象实例图 3

15.2　用 GUIDE 创建 GUI

GUIDE(GUI Development Environment)是 MATLAB 提供用来开发 GUI 的专用环境，是一个界面设计工具集。GUIDE 将用户设计好的 GUI 界面保存在一个 FIG 文件中，同时还自动生成一个包含 GUI 初始化和组件界面布局控制代码的 M 文件。这个 M 文件为实现回调函数提供一个参考框架，这样既简化了 GUI 应用程序的创建工作，又可直接使用这个框架来编写自己的函数代码。

15.2.1　GUI 的启动

直接在命令行窗口中输入命令 guide 后按 Enter 键，即可打开图 15-7 所示的 GUIDE 启动窗口，在其中可以新建或打开一个 GUI 界面。

在创建新的 GUI 界面时，样板可以选择以下 4 种：

- Blank GUI(Default)：一个空的样板，打开后编辑区不会有任何 Figure 子对象存在，必须由用户加入对象。
- GUI with Uicontrols：打开包含一些 Uicontrol 对象的 GUI 编辑器，这些 GUI 对象具有单位换算功能。
- GUI with Axes and Menu：打开包含菜单栏和一些坐标轴图形对象的 GUI 编辑器，这些 GUI 对象具有数据描绘功能。
- Modal Question Dialog：打开一个模态对话框编辑器，默认为一个问题对话框。

选择新建一个空白的 GUI，单击 OK 按钮即可打开一个空白的 GUI 界面，其默认的文件名为 untitled.fig，如图 15-8 所示。该窗口是一个开发 GUI 应用程序的工作平台，也称 GUI 布局编辑器(Layout Editor)。

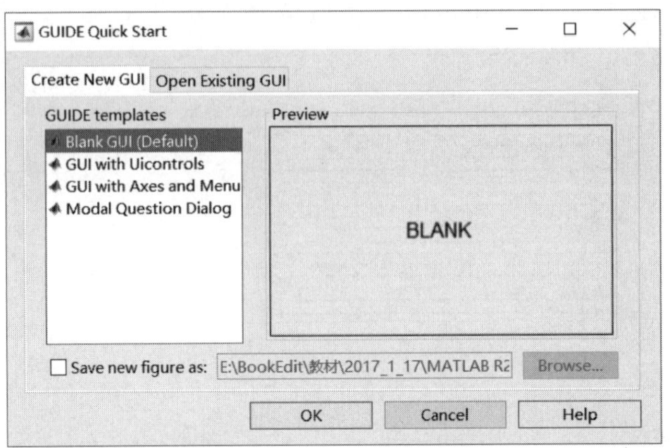

图 15-7　GUIDE 启动窗口

空白的 GUI 界面包括顶部的菜单栏和工具栏、左侧的交互组件面板和中心的 GUI 界面设计区域。菜单栏中提供了许多有关界面操作的菜单项；工具栏中除了一些常规的操作工具外，还有"对象分布和对齐"按钮、"菜单编辑器"按钮、"M 文件编辑器"按钮、"对象浏览"按钮和 GUI 运行按钮，这些都是 GUI 界面特有的，在 GUI 界面的设计中会经常使用。

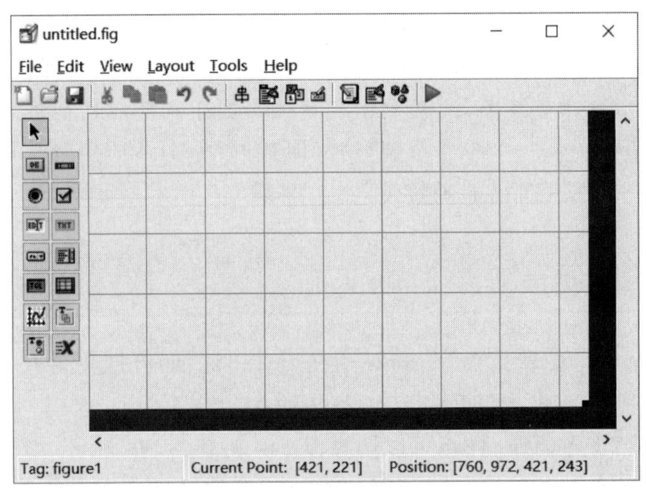

图 15-8　空白的 GUI 界面

GUI 界面左侧的交互组件面板中，包括了 MATLAB 图形用户界面程序支持的常用交互组件，在默认的情况下按照小图标方式显示。在实际的操作过程中，用户可以选择 File|Preferences，在弹出的参数设置对话框中选择 Show names in component palette 复选项，单击 OK 按钮即可显示对象名称，如图 15-9 所示。

MATLAB 中不同控件的属性大多是相同的，其常用的属性如表 15-4 所示。

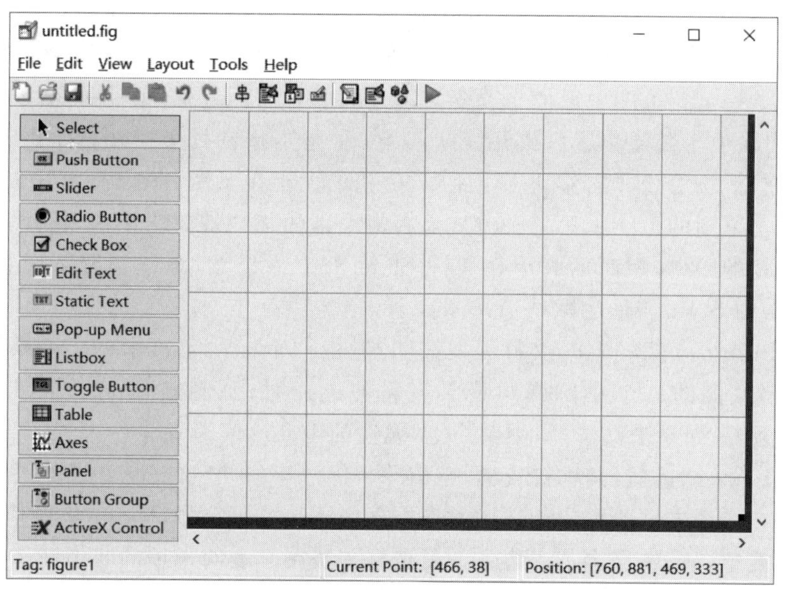

图 15-9 显示对象名称

表 15-4 控件的常用属性

属　　性	说　　明
BackgroundColor	背景色，即触控按钮的颜色
CData	图案，图像数据(可由 imread 函数读取图像获得)
Enbale	控件是否被激活，on 表示激活，off 表示没有被激活且显示为灰色；inactive 表示不激活但显示为激活状态
Handle Visibility	句柄可见性
Position 和 Units	位置与计量单位
Tag	控件标识符，用于区分不同控件，控件的 Tag 具有唯一性
TooltipString	提示语，当鼠标放到控件上时显示提示信息
Visible	可见性，如果值为 off，隐藏该按钮
String	标签，即控件上显示的文本
ForegroundColor	标签颜色
FontAngle、FontName、FontSize、FontUnits、FontWeight	标签字体设置
ButtonDownFcn	当 Enable 属性为 on 时，在控件上右击或在控件周围 5 像素范围内单击或右击，调用此函数；当 Enable 的属性为 off 或 inactive 时，在控件上或控件周围 5 像素范围内单击或右击，调用此函数
Callback	仅当 Enable 的属性为 on 时，在控件上单击调用此函数
KeyPressFcn	当选中该控制时，按下任意键调用此函数

下面对图 15-9 左侧的各控件的功能加以介绍。

Push Button：此按钮是最小的矩形面，在其上面标有说明该按钮功能的文本。将鼠标指针移动至按钮单击，按钮被按下随即自动弹起，并执行回调程序。按钮的 Style 属性的默认值是 pushbutton。

Slider：滑动条，又称滚动条，包括三个部分，分别是滑动槽，表示取值范围；滑动槽内的滑块，代表滑动条的当前值；以及在滑动条两端的箭头，用于改变滑动条的值。滑动条一般用于从一定的范围中取值。改变滑动条的值有三种方式，第一种是用鼠标指针拖动滑块，在滑块位于期望位置后放开鼠标；第二种是当指针处于滑块槽中但不在滑块上时，单击按钮，滑块沿该方向移动一定距离，距离的大小在属性 SliderStep 中设置，默认情况下等于整个范围的 10%；第三种方式是在滑块条的某一端单击箭头，滑块沿着箭头的方向移到一定的距离，距离的大小在属性 SliderStep 中设置，默认情况下为整个范围的 1%。滑动条的 Style 属性的默认值是 slider。

Radio Button：单选按钮，又称无线按钮，它由一个标注字符串(在 String 属性中设置)和字符串左侧的一个小圆圈组成。当它被选择时，圆圈被填充一个黑点，且属性 Value 的值为 1；如果未被选择，圆圈为空，属性的 Value 值为 0。

Check Box：复选框，又称检查框，它由一个标注字符串(在 String 属性中设置)和字符串左侧的一个小方框所组成。选中时在方框内添加"√"符号，Value 属性值设为 1；未选中时方框变空，Value 属性值设为 0。复选框一般用于表明选项的状态或属性。

Edit Text：编辑框，允许用户动态地编辑文本字符串或数字，就像使用文本编辑器或文字处理器一样。编辑框一般用于让用户输入或修改文本字符串和数字。编辑框的 Style 属性的默认值是 text。

Static Text：静态文本框，用来显示固定不变的标题或计算结果，是唯一的具有输出功能的控件。对于用户来说，不能用它向计算机输入数据，用户的单击对它也不会产生任何作用。

Pop-up Menu：弹出式菜单，向用户提出互斥的一系列选项清单，用户可以选择其中的某一项。弹出式菜单不受菜单条的限制，可以位于图形窗口内的任何位置。通常状态下，弹出式菜单以矩形的形式出现，矩形中含有当前选择的选项，在选项右侧有一个向下的箭头来表明该对象是弹出式菜单。当指针处在弹出式菜单的箭头之上并按下鼠标时，出现所有选项。移动指针到不同的选项，单击选中该选项，同时关闭弹出式菜单，显示新的选项。选择一个选项后，弹出式菜单的 Value 属性值为该选项的序号。弹出式菜单的 Style 属性的默认值是 popupmenu，在 string 属性中设置弹出式菜单的选项字符串，在不同的选项之间用"|"分隔，类似于换行。

Listbox：列表框，列出一些选项的清单，并允许用户选择其中的一个或多个选项，一个或多个的模式由 Min 和 Max 属性控制。Value 属性的值为被选中选项的序号，同时也指示了选中选项的个数。当单击按钮选中该项后，Value 属性的值被改变，释放鼠标按钮时，MATLAB 执行列表框的回调程序。列表框的 Style 属性的默认值是 listbox。

Panel：图文框是填充的矩形区域。一般用来把其他控件放入图文框中，组成一组。图文框本身没有回调程序，只有用户界面控件可以在图文框中显示。由于图文框是不透明的，因而定义图文框的顺序就很重要，必须先定义图文框，然后定义放到图文框中的控件。先定义的对象先画，后定义的对象后画，后画的对象覆盖到先画的对象上。

Button Group：按钮组，放到按钮组中的多个单选按钮具有排他性，但与按钮组外的单选按钮无关。制作界面时常常会遇到有几组参数具有排他性的情况，即每一组中只能选择一种情况。此时，可以用几组按钮表示这几组参数，每一组单选按钮放到一个按钮组控件中。

15.2.2 工具栏

GUI 界面设计窗口上方有工具栏，如图 15-10 所示，其中除了一些常用的工具外，还有一些 GUI 界面设计中所特有的。

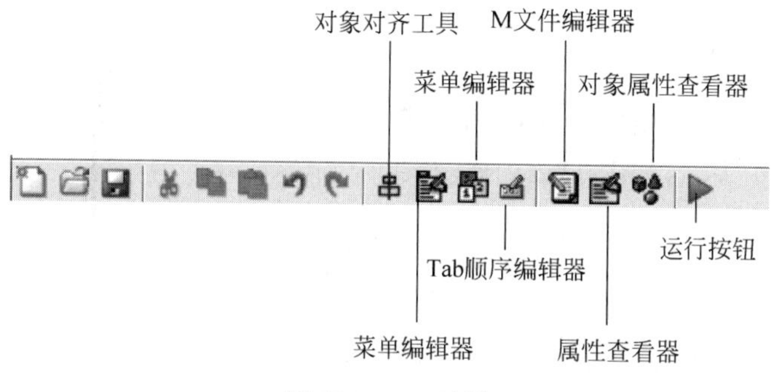

图 15-10 工具栏

Align Objects：对象对齐工具，用于将 GUI 界面设计区域的图形对象进行垂直和水平排列，如图 15-11 所示。

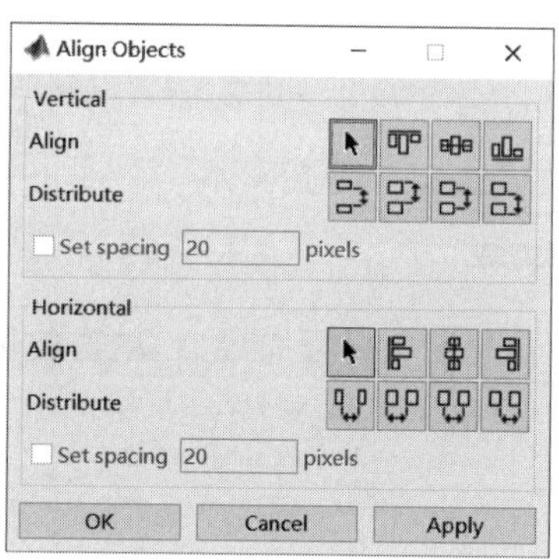

图 15-11 对象对齐工具

Menu Editor：菜单编辑器，用于建立菜单栏(Menu Bar)和右键菜单(Context Menus)，如图 15-12 所示。

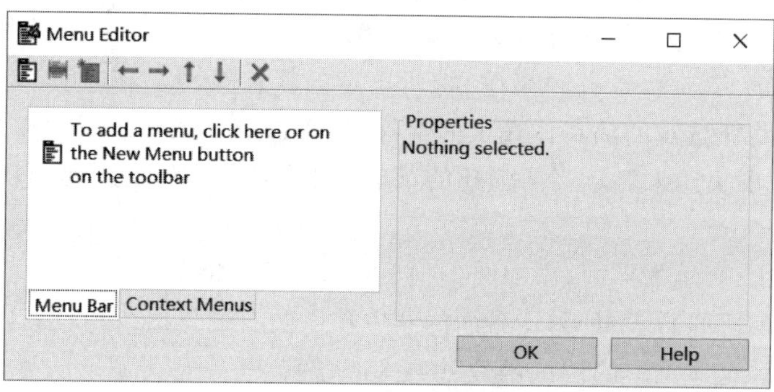

图 15-12 菜单编辑器

Tab Order Editor：Tab 顺序编辑器，用于通过按 Tab 键设置各控件的切换顺序。

Toolbar Editor：工具栏编辑器，用于建立自定义工具栏，提供了一种访问 uitoolbar、uipushtool 和 uitoogletool 对象的接口。它不能用来修改 MATLAB 内建的标准工具栏，但可以用来增加、修改和删除任何自定义的工具栏。

M-file Editor：M 文件编辑器，主要用于编辑 GUI 界面的回调函数。

Property Inspector：属性查看器，用来查看、设置或修改界面对象的属性，如图 15-13 所示。

Object Browser：对象浏览器，利用对象浏览器可以查看当前设计阶段所有的 GUI 界面对象及其组织关系，如图 15-14 所示。

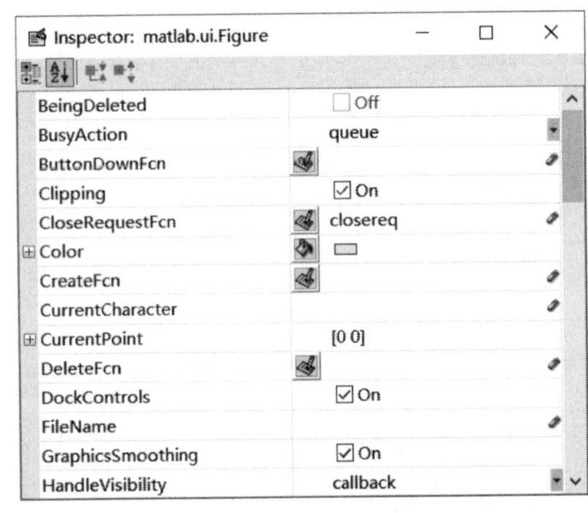

图 15-13　属性查看器

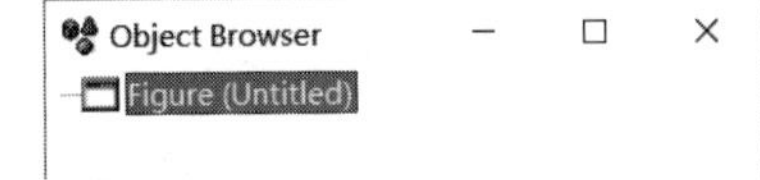

图 15-14　对象浏览器

Run：运行按钮，是 GUI 界面设计过程完成后，单击此按钮可运行 GUI。

15.2.3　设计菜单

一个标准的 GUI 界面，应该包括普通菜单和右键弹出菜单。

在 GUI 界面中单击“菜单编辑器”按钮，可以为 GUI 界面设计普通菜单和右键弹出菜单，菜单编辑器窗口如图 15-12 所示。

从图 15-12 中可以看出，菜单编辑器窗口底部有两个选项卡可以切换，分别用来设计 GUI 界面的普通菜单和右键弹出菜单；编辑器窗口顶部有一排按钮，从左向右依次是：新建菜单、新建菜单项、新建右键菜单、将所选定的项在级别上向左移、将所选定的项在级别上向右移、将所选定的项在位置上向上移、将所选定的项在位置上向下移、删除所选定的项；窗口正中央用来显示当前创建的菜单和菜单项；窗口右侧是当前选定项的属性设置区。

对于图 15-15 所示的界面，添加图 15-16 所示的普通菜单。

通过上述操作，可以设计 GUI 界面的菜单项以及右键弹出菜单，当这些都制作好后，通过 M 文件设计这些菜单的回调函数。

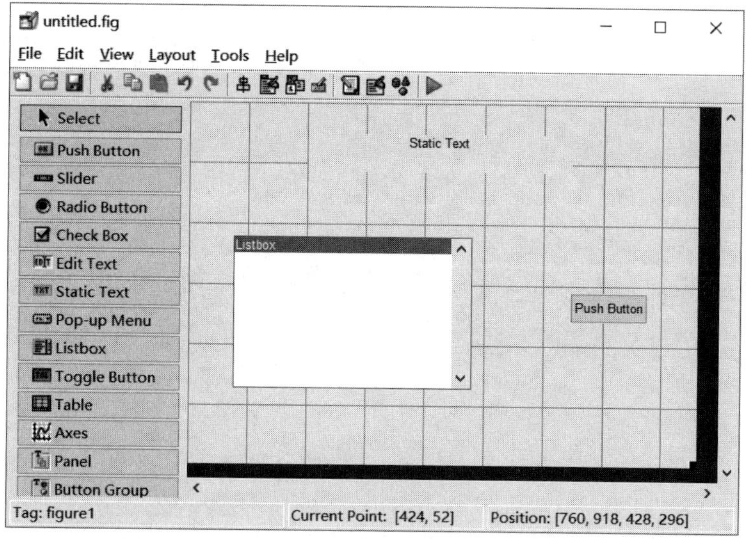

图 15-15　GUI 界面

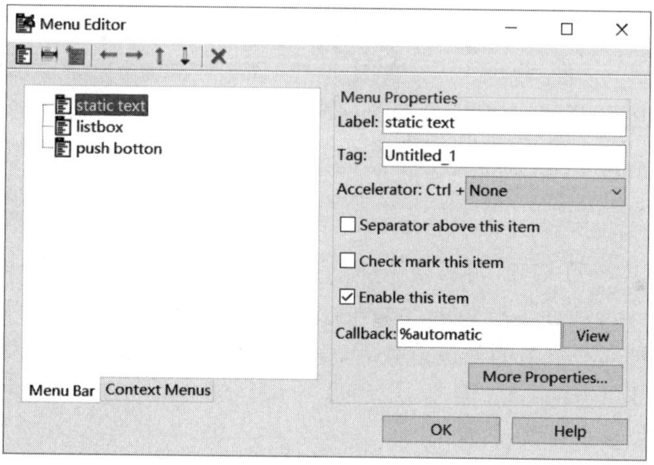

图 15-16　设计菜单

15.2.4　回调函数

当 GUI 界面建好并保存后，GUIDE 会自动生成 M 文件用来存储程序中的回调函数。但是，这时的 M 文件中只有各个控件和菜单回调函数的原型与注释，并没有那些实现功能操作的函数体。下面是 untitled 的 M 文件除去注释的内容部分，从中可以看到只有函数声明。

```
function varargout = untitled(varargin)
gui_Singleton = 1;
gui_State = struct('gui_Name', mfilename, ...
```

```
                'gui_Singleton', gui_Singleton, ...
                'gui_OpeningFcn', @untitled_OpeningFcn, ...
                'gui_OutputFcn', @untitled_OutputFcn, ...
                'gui_LayoutFcn', [] , ...
                'gui_Callback', []);
if nargin && ischar(varargin{1})
    gui_State.gui_Callback = str2func(varargin{1});
end
if nargout
    [varargout{1:nargout}] = gui_mainfcn(gui_State, varargin{:});
else
    gui_mainfcn(gui_State, varargin{:});
end
function untitled_OpeningFcn(hObject, eventdata, handles, varargin)
handles.output = hObject;
guidata(hObject, handles);
function varargout = untitled_OutputFcn(hObject, eventdata, handles)
varargout{1} = handles.output;
function listbox1_Callback(hObject, eventdata, handles)
function listbox1_CreateFcn(hObject, eventdata, handles)
if ispc && isequal(get(hObject,'BackgroundColor'), get(0,'defaultUicontrolBackgroundColor'))
    set(hObject,'BackgroundColor','white');
end
function pushbutton1_Callback(hObject, eventdata, handles)
function Untitled_1_Callback(hObject, eventdata, handles)
function Untitled_4_Callback(hObject, eventdata, handles)
function Untitled_5_Callback(hObject, eventdata, handles)
```

由此M文件内容可见，回调函数名都是Tag_Callback这种格式，其中Tag为各个控件和菜单对象的Tag属性。对其进行编程，可以得到完整的回调函数。

编写完所有控件和菜单的回调函数后，GUI界面的编码阶段就完成了。这时用户可以通过运行已经建立好的GUI程序来测试各个控件和菜单的预期功能是否实现，如果需要还可以进行代码的调试和优化。

15.2.5 GUI的应用实例

本节将通过一个具体的实例来使读者对GUI界面的设计有一个感性的认识。

【例15-3】 设计如图15-17所示的GUI界面，要求：

(1) 所需控件：两个按钮、两个静态文本(标题)、两个弹出式菜单(Pop_up Menu1：正弦、余弦、正切；Pop-up Menu2：Grid on、Grid off、Box on、Box off)、一个坐标轴。

(2) 实现的功能：在两个弹出式菜单中分别选择所画的图形和参数设置项，单击“绘图”按钮，所选择的图形将显示在坐标轴中；单击“退出”按钮，退出GUI界面。另外，在菜单栏中设置“绘图”和“退出”两个菜单，其所实现的功能与两个按钮相同。

其实现步骤为：

(1) 打开GUI设计界面，将上述控件进行设置，效果如图15-18所示。

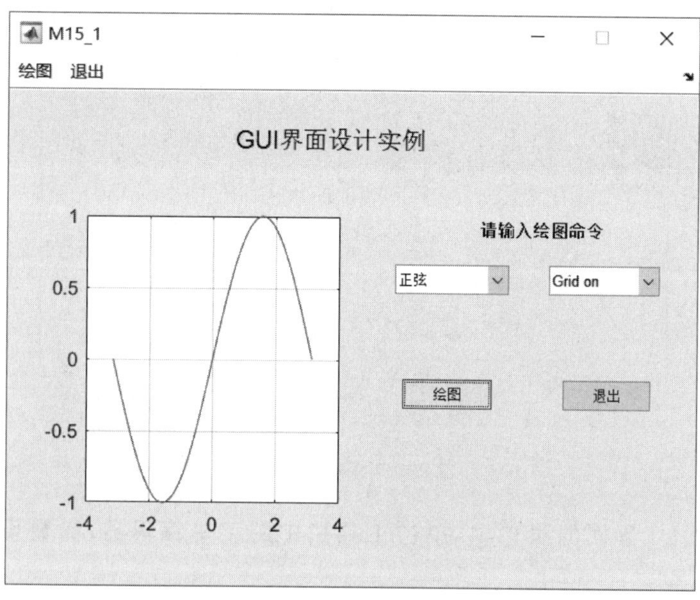

图 15-17 GUI 界面设计

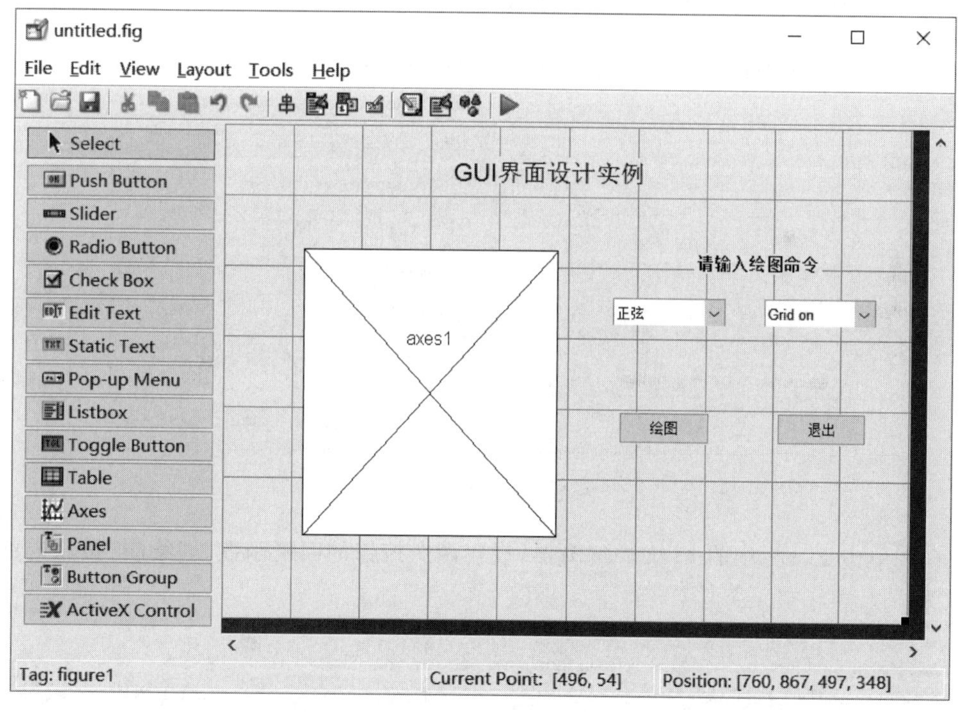

图 15-18 设置控件

有关控件的属性设置如下：

打开相关控件的属性查看器，在 String 属性中修改控件的名称，当修改 Pop-up Menu 菜单时，需要单击 String 属性前面的▤链接按钮，即可打开 String 属性的编辑框，如图 15-19 所示。当输入相关控件名称后，单击 OK 按钮即可完成设置。

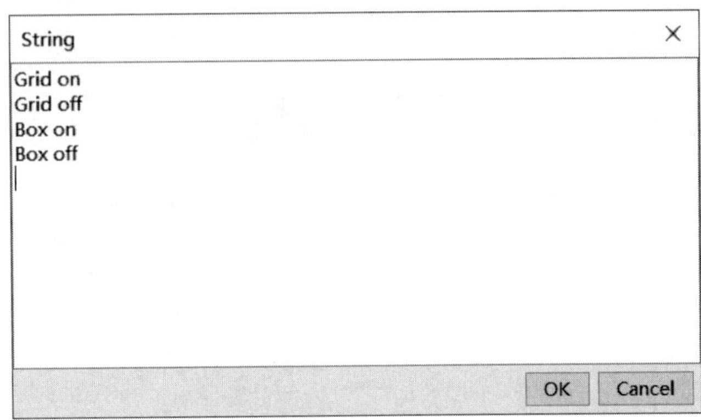

图 15-19　Pop-up Menu2 的 String 设置

(2) 设置 GUI 界面的菜单项，单击工具栏中的菜单编辑器，参数设置如图 15-20 所示。

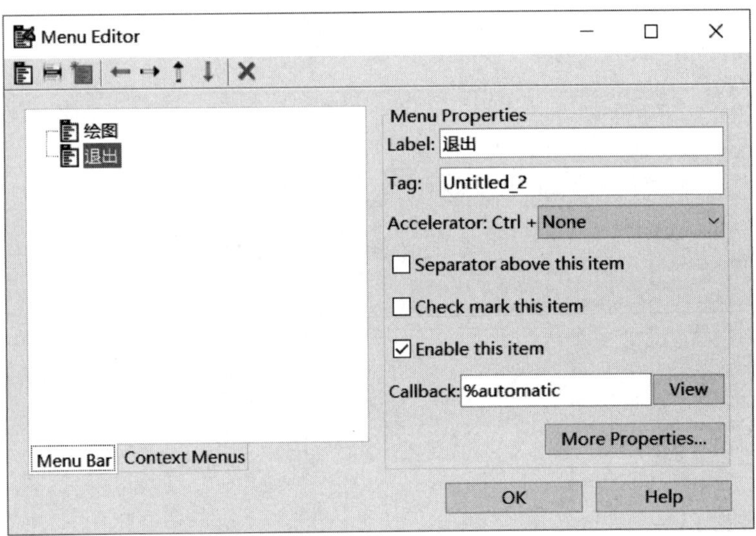

图 15-20　菜单编辑器

(3) 单击工具栏中的 M 文件编辑器，设置两个按钮的回调函数。“绘图”按钮的回调函数为：

```
function pushbutton1_Callback(hObject, eventdata, handles)
a = get(handles.popupmenu1,'value');
if a == 1
    x = - pi:0.01:pi;
    y = sin(x);
elseif a == 2
    x = - pi:0.01:pi;
    y = cos(x);
elseif a == 3
```

```
    x = - pi:0.01:pi;
    y = tan(x);
end
axes(handles.axes1)
plot(x,y);
b = get(handles.popupmenu2,'value');
if b == 1
    axes(handles.axes1);
    grid on;
elseif b == 2
    axes(handles.axes1)
    grid off;
elseif b == 3
    axes(handles.axes1)
    box on;
elseif b == 4
    axes(handles.axes1)
    box off;
end
```

“退出”按钮的回调函数为：

```
function pushbutton2_Callback(hObject, eventdata, handles)
close(M15_1);
```

同理，两个菜单的回调函数与上面两个按钮控件的回调函数一样。

这样，就完成了 GUI 界面的设计，保存文件后，单击“运行”按钮，得到如图 15-21 所示的结果。

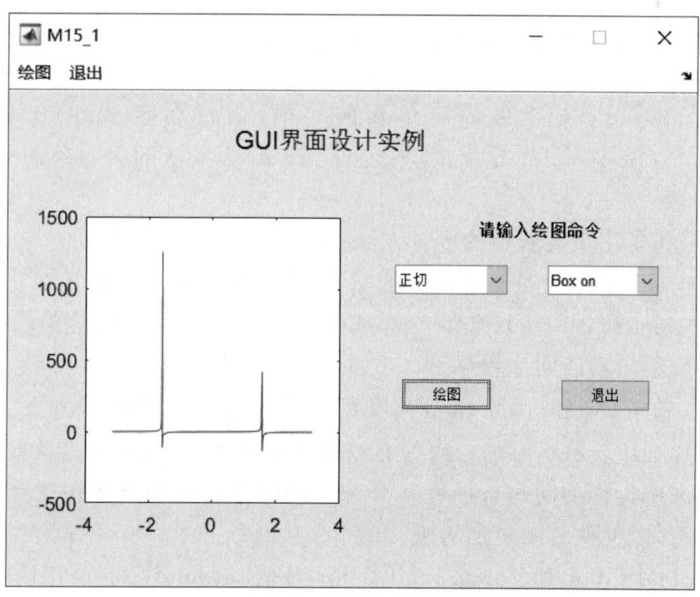

图 15-21 运行结果

15.3 M 文件创建 GUI

在 MATLAB 中，所有对象都可以使用 M 文件进行编写。GUI 也是一种 MATLAB 对象，因此，可以使用 M 文件来创建 GUI。了解创建 GUI 对象的 M 程序代码，可以帮助用户理解 GUI 的各种组件和图形对象控件的常用属性。

M 文件由一系列的子函数组成，包括主函数、Opening 函数、Output 函数和回调函数，其中，主函数不能修改，否则会导致 GUI 界面初始化失败。

(1) GUI 创建函数：即主函数，用于创建 GUI 界面、GUI 程序实例等，用户可以在该函数内完成一些必需的初始化工作，如设置程序运行相关的环境变量等。GUI 创建函数可以返回程序窗口的句柄。

(2) 初始化函数：完成程序的初始化工作，如 GUI 界面的初始化等。

(3) 输出函数：将程序执行后的状态输出到命令行。

(4) 回调函数：用于响应用户操作。

当用户通过 GUIDE 建立 GUI 后，在执行或存储该界面的同时，会产生一个 M 文件，这时可以单击 M-file Editor 按钮来编写该 GUI 下每个对象的 Callback 与一些初始设置。

下面将介绍用函数编写用户界面，主要涉及三个函数：uimenu(菜单)、uicontextmenu(上下文菜单)和 uicontrol(控件)。

1. 建立用户界面菜单对象

自定义用户菜单对象，通过函数 uimenu 创建，函数的调用格式为：

```
handle = uimenu(parent,'PropertyName',PropertyValue, … )
```

其中，handle 是由 uimenu 生成的菜单项的句柄，通过设定 uimenu 对象的属性值 PropertyName、PropertyValue 定义菜单特性；parent 为默认的父对象的句柄，必须是图形和 uimenu 对象。

下面介绍一些常用重要属性的设置方法。

- label 和 callback：这是菜单对象的基本属性，编写一个具有基本功能的菜单必须要设置 label 和 callback 属性。label 是在菜单项上显示的菜单内容，callback 是用来设置菜单项的回调程序。
- checked 和 separator：checked 属性用于设置是否在菜单项前添加选中标记，on 表示添加，off 表示不添加。因为有些菜单的选中标记相斥，这就要求给一个菜单项添加选中标记的同时去掉另一个选项的标记；separator 用于在菜单项之前添加分隔符，以便使菜单更加清晰。
- Background Color 和 Foreground Color：Background Color(背景色)是菜单本身的颜色；Foreground Color(前景色)是菜单内容的颜色。

2. 建立用户界面上下文菜单

用户界面上下文菜单对象与固定位置的菜单对象相比，上下文菜单对象的位置不固定，总是与某个(些)图形对象联系，并通过鼠标右键激活，制作上下文菜单步骤为：

(1) 利用函数 uicontextmenu 创建上下文菜单对象。

(2) 利用函数 uimenu 为该上下文菜单对象制作具体的菜单项。

(3) 利用函数 set 将该上下文菜单对象和某些图形对象联系在一起。

3. 创建控件

uicontrol 用于创建 Uicontrol 图形对象(用户界面控件)以实现图形用户界面。MATLAB 的 uicontrol 包括按钮、滑标、文本框及弹出式菜单。uicontrol 由函数 uicontrol 生成。函数的调用格式为：

handle＝uicontrol(parent,'PropertyName',PropertyValue,…)：创建用户界面控件对象，并设置其属性值。如果用户没有指定属性值，则 MATLAB 自动使用默认属性值。uicontrol 默认的 Style 属性值为 pushbutton，parent 属性为当前图形窗口(figure)。

用户可以在命令行窗口中输入 set(uicontrol)命令来查看 uicontrol 的属性。

下面通过一个实例来演示利用 M 文件创建 GUI。

【例 15-4】 创建面板和按钮组容器控件，把两个单选按钮放在一个按钮组中，两个按钮放在一个面板中。

```
>> clear all;
hf = figure('Position',[200 200 600 400],...
            'Name','Uicontrol1',...
            'NumberTitle','off');
hp = uipanel('units','             pixels',...                 % 面板
            'Position',[48 78 110 90],...
            'Title','panel','FontSize',10);
ha = axes('Position',[0.4 0.1 0.5 0.7],...
        'Box','on');
hg = uibuttongroup('units','pixels',...                        % 按钮组
                  'Position',[48 178 104 70],...
                  'Title','Button Group');
hbCos = uicontrol(hf,...                                       % Cos 按钮
   'Style','pushbutton',...
   'Position',[50,120,100,30],...
   'String','Plot cos(x)',...
   'CallBack',...
   ['subplot(ha);'...
   'x = 0:0.1:4 * pi;'...
   'plot(x,cos(x));'...
   'axis([0 4 * pi  -1 1]);'...
   'grid on;'...
   'ylabel(''y = cos(x)'');'...
   ]);
hbClose = uicontrol(hf,...                                     % 结束按钮
   'Style','pushbutton',...
```

```
    'Position',[50 80 100 30],...
    'String','Exit',...
    'Callback','close(hf)');
hrboxoff = uicontrol(gcf,'Style','radio',...                   %选中关闭密封坐标轴单选按钮
    'Position',[50 180 100 20],...
    'String','Set box off',...
    'Value',0,...
    'Callback',[...
    'set(hrboxon,''Value'',0);'...
    'set(hrboxoff,''Valu'',1);'...
    'set(gca,''Box'',''off'');']);
hrboxon = uicontrol(gcf,'Style','radio',...                    %选中打开密封坐标轴单选按钮
    'Position',[50 210 100 20],...
    'String','Set box on',...
    'Value',1,...
    'Callback',[...
    'set(hrboxon,''Value'',1);'...
    'set(hrboxoff,''Value'',0);'...
    'set(gca,''Box'',''on'');']);
```

运行程序,效果如图 15-22 所示。

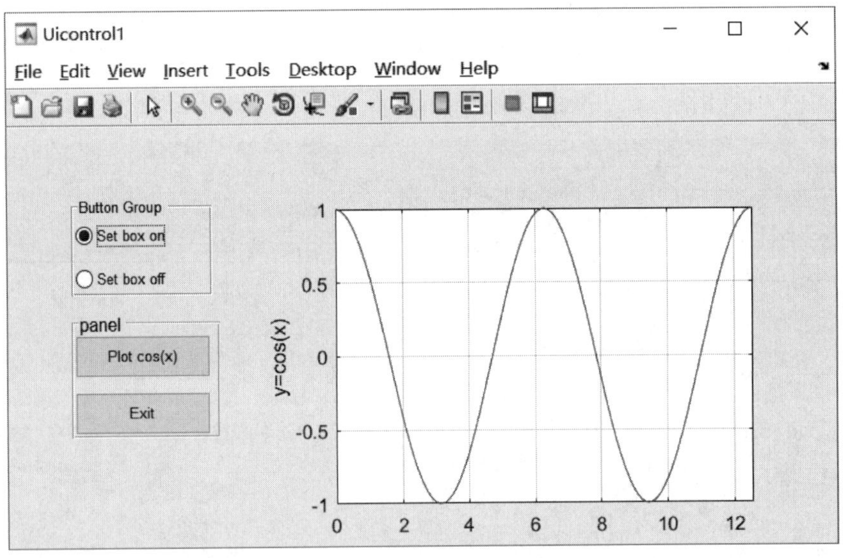

图 15-22 GUI 控件的综合实例

15.4 对话框

对话框是用来要求用户输入某些信息或给用户提供某些信息而出现的一类窗口,即对话框是用户和计算机之间进行交互操作的一种手段,它显示信息字符串,可含有一个或多个按钮键以供用户选择判断。对话框本身不是句柄图形对象,而是由一系列句柄图形对象构成的 M 文件。

对 MATLAB 来说,对话框分为两大类:公共对话框和一般对话框。下面对这两种

对话框进行介绍。

15.4.1 公共对话框

公共对话框是利用 Windows 资源的对话框，包括文件打开、文件保存、颜色设置、字体设置和打印设置等。

1. 文件打开对话框

文件打开对话框用于打开某个文件。在 Windows 系统中，几乎所有的应用软件都提供了文件打开对话框。在 MATLAB 中，调用文件打开对话框的函数为 uigetfile。函数的调用格式为：

filename=uigetfile：显示的文件打开对话框中，列出当前目录下 MATLAB 能识别的所有文件。

[FileName,PathName,FilterIndex]=uigetfile(FilterSpec)：显示的文件打开对话框中，列出当前目录下由参数 FilterSpec 指定的类型文件。参数 FilterSpec 是一个文件类型过滤字符串，用于指定要显示的文件类型。例如，“*.m”显示当前目录下 MATLAB 中的所有 M 文件，并返回文件的名称 FileName、路径名称 PathName 及索引值 FilterIndex。

[FileName,PathName,FilterIndex]=uigetfile(FilterSpec,DialogTitle)：在该格式中设定了文件打开对话框的标题名，默认标题为字符串 Select file to open。

[FileName, PathName, FilterIndex] = uigetfile (FilterSpec, DialogTitle, DefaultName)：将打开对话框的标题名 DefaultName 设为默认效果。

[FileName,PathName,FilterIndex]=uigetfile(…,'MultiSelect',selectmode)：设置打开对话框为多选框模式，通过自定义选择。

如在 MATLAB 命令行中输入：

```
>> [FileName,PathName] = uigetfile('*.m','Select the MATLAB code file');
```

即打开设置对话标题名为 Select the MATLAB code file 的.m 文件对话框，效果如图 15-23 所示。

2. 文件保存对话框

文件保存对话框用于保存某个文件。在 MATLAB 中，调用文件保存对话框的函数为 uiputfile 函数。函数的调用格式为：

FileName=uiputfile：显示用于保存文件的对话框，列出当前目录下 MATLAB 能识别的所有文件。

[FileName,PathName]=uiputfile：同时返回文件的路径名。

[FileName,PathName,FilterIndex]=uiputfile(FilterSpec)：设置过滤文件对话框的类型 FilterSpec。

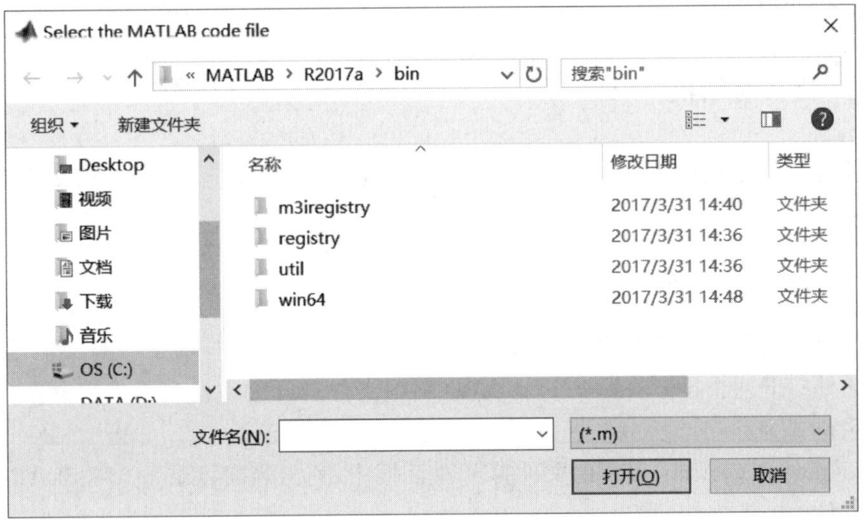

图 15-23 “打开”对话框

[FileName,PathName,FilterIndex]=uiputfile(FilterSpec,DialogTitle)：设置保存文件对话框的标题。

[FileName, PathName, FilterIndex] = uiputfile (FilterSpec, DialogTitle, DefaultName)：将文件对话框的标题设置为默认名称 DefaultName。

如在 MATLAB 命令行中输入：

```
[file,path] = uiputfile('animinit.m','Save file name');
```

即打开如图 15-24 所示的“保存”对话框。

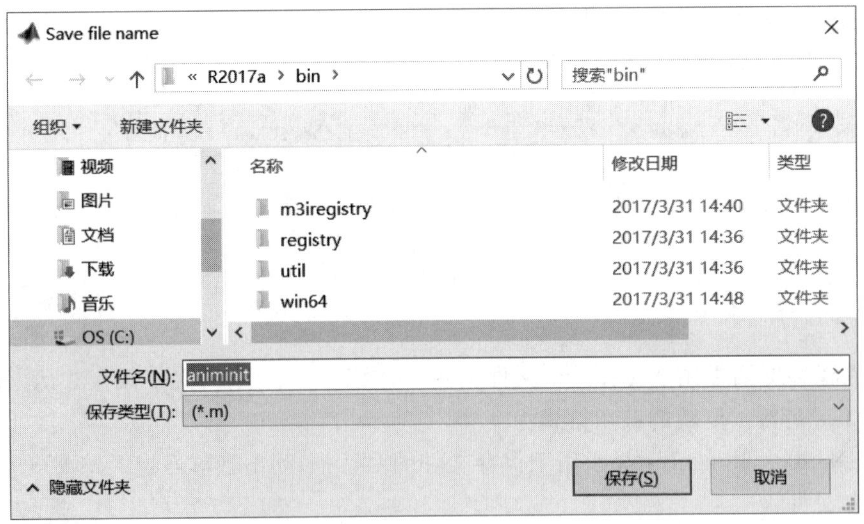

图 15-24 “保存”对话框

3. 颜色设置对话框

颜色设置对话框可用于交互式设置某个图形对象的前景色或背景色。在绝大部分的程序设计软件中,都提供了这个公共对话框。在 MATLAB 中,调用颜色设置对话框的函数为 uisetcolor。函数的调用格式为:

c=uisetcolor:显示用于保存文件的对话框,列出当前目录下 MATLAB 能识别的所有文件。

c=uisetcolor(RGB):RGB 为一个图形对象的句柄或 RGB 三元组。

c=uisetcolor(obj):如果使用句柄 obj,必须指定支持颜色的图形对象;如果使用 RGB,必须是有效的 RGB 三元组。

c=uisetcolor(…,title):参数 title 用于设置颜色对话框的标题。

在命令行窗口中输入:

```
>> c = uisetcolor([0.6 0.8 1])
```

运行程序,得到如图 15-25 所示的颜色设置对话框。

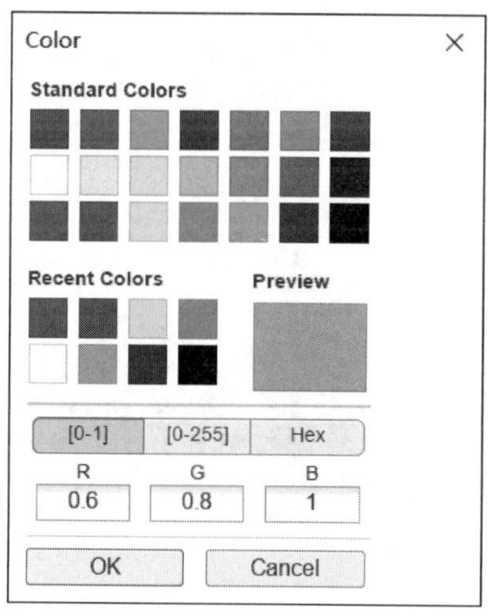

图 15-25　颜色设置对话框

4. 字体设置对话框

字体设置对话框可用于交互式修改文本字符串、坐标轴或控件对象的字体属性,可以修改的字体属性包括 FontName、FontUnits、FontSize、FontWeight、FontAngle 等。在 MATLAB 中,调用字体设置对话框的函数为 uisetfont。函数的调用格式为:

uisetfont:显示用于进行字体设置的对话框,对话框中列出了字体、字形、字体大小等字段。返回的是选择的字体的属性值。

uisetfont(h):输入参数 h 为一个对象句柄。该调用格式用对象句柄中的字体属性值初始化字体设置对话框中的属性值,用户可以利用字体设置对话框重新设置对象的字体属性值。返回重新设置后的字段属性值。

uisetfont(S)：输入参数 S 是一个字体属性结构，是一个或多个下列属性的合法值：FontName、FontUnits、FontSize、FontWeight、FontAngle，否则输入值会被忽略。该调用格式用字体属性结构 S 中的成员值来初始化字体设置对话框中的属性值。用户可以利用字体设置对话框重新设置对象的字体属性值，返回重新设置后的字体属性值。

uisetfont(…,'DialogTitle')：设定字体设置对话框的标题名，默认标题为字符串 Font。

S= uisetfont(…)：返回字体属性(FontName、FontUnits、FontSize、FontWeight、FontAngle)的属性值，被保存在结构 S 中。

在命令行窗口中输入：

```
>> f = figure('Position',[200 200 392 294]),;
x = 0:pi/20:2 * pi;
y = sin(x);
plot(x,y);
t = text(pi,0,'\leftarrow sin(\pi)');
```

运行程序，输出如下，得到如图 15-26 所示的结果。

```
f =
  Figure (1) with properties:
    Number: 1
      Name: ''
    Color: [0.9400 0.9400 0.9400]
   Position: [200 200 392 294]
     Units: 'pixels'
 Show all properties
```

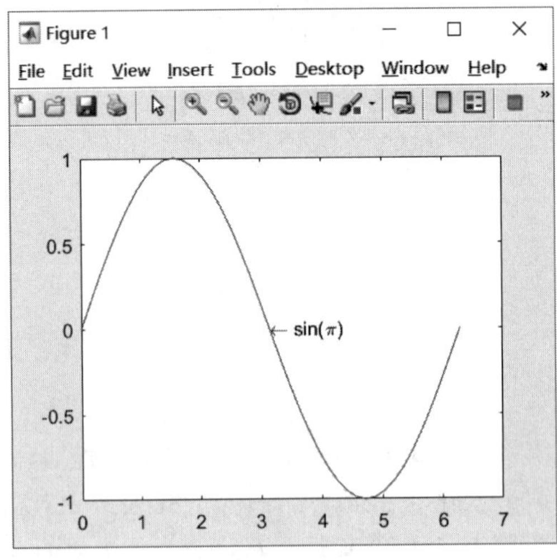

图 15-26　绘制带文本说明的图形

接着，在命令行窗口中输入：

```
>> S = uisetfont(t);
```

即可弹出如图 15-27 所示的字体设置对话框，在对话框中选择相应的字体、类型、大小，得到如图 15-28 所示的效果。

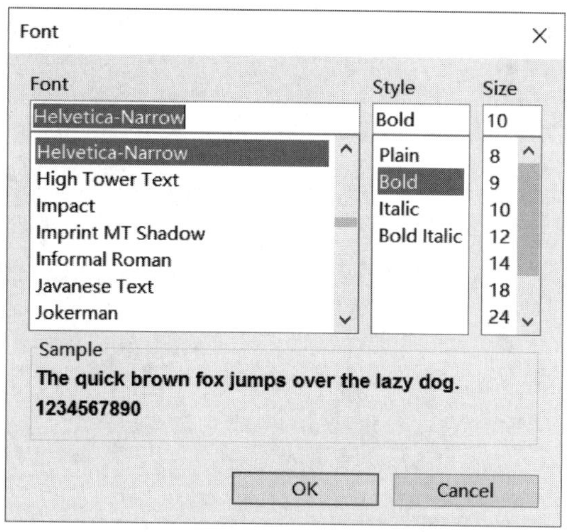

图 15-27　字体设置对话框

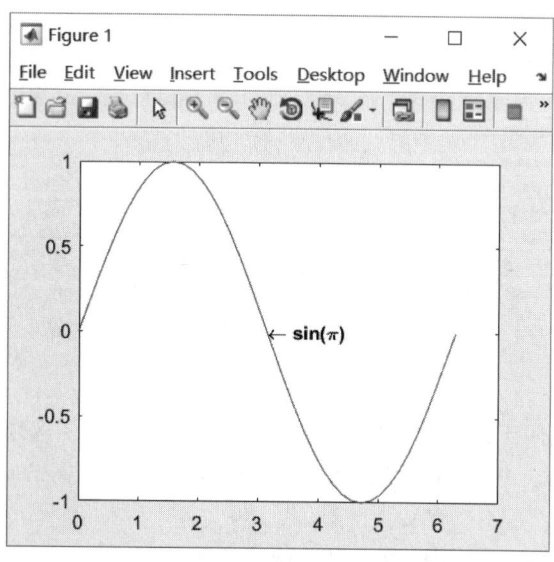

图 15-28　文本字体设置完成后的效果

5. 打印页面设置对话框

打印页面设置对话框可用于对打印输出时的页面进行设置。在许多应用软件中，都提供了进行打印页面设置的对话框。在 MATLAB 中，调用打印页面设置对话框的函数为 pagesetupdlg。函数的调用格式为：

dlg＝pagesetupdlg(fig)：用默认的页面设置属性为图形窗口创建一个打印页面设置对话框。输入参数 fig 必须是单个图形窗口的句柄，而不是一个图形窗口向量。如果省略参数 fig，那么默认的图形窗口对象是当前窗口对象。输出参数返回已设置了的打印页面属性值。

在命令行窗口中输入：

```
>> dlg = pagesetupdlg
```

得到的打印页面设置对话框如图 15-29 所示。

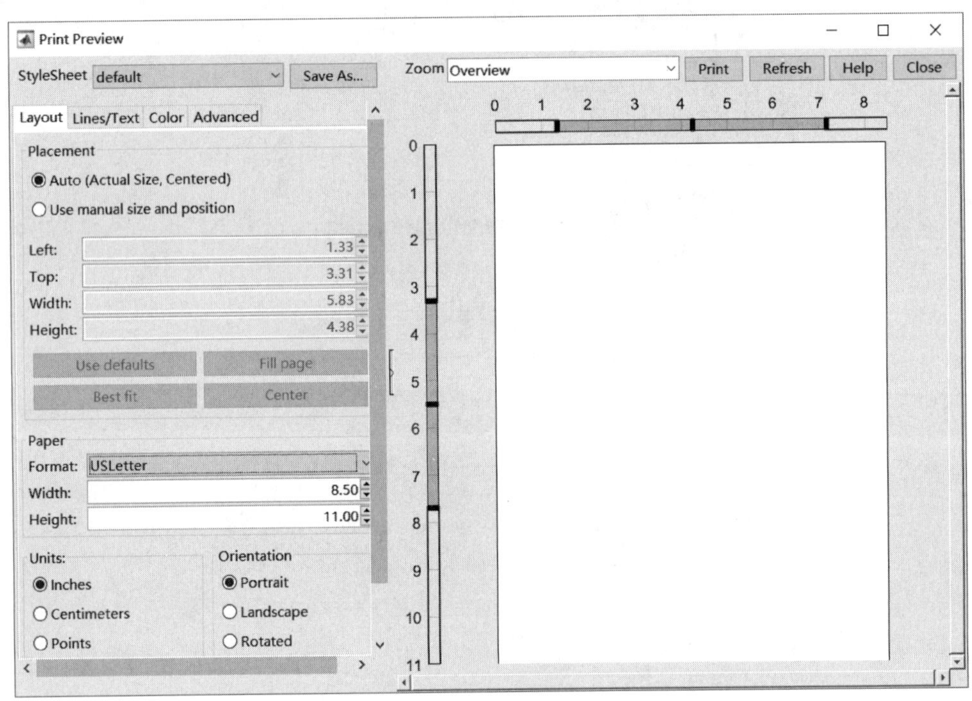

图 15-29　打印页面设置对话框

6. 打印预览对话框

打印预览对话框用于对打印输出的页面进行预览。在许多应用软件中，都提供了进行打印预览的对话框。在 MATLAB 中，调用打印预览对话框的函数为 printpreview。函数的调用格式为：

printpreview：显示当前图形窗口对象的打印预览对话框。

printpreview(fig)：显示指定的图形窗口对象 fig 的打印预览对话框。

7. 打印对话框

打印对象框是专门进行打印的对话框，这是任何图形用户界面的应用软件都会提供的对话框。在 MATLAB 中，调用打印对话框的函数为 printdlg。函数的调用格式为：

printdlg：显示出标准的 Windows 打印对话框(在 Windows 系统中)，它打印当前图形窗口内的图形对象。

printdlg(fig)：显示出标准的 Windows 打印对话框(在 Windows 系统中)，但它打印由输入参数 fig 指定的图形窗口内的对象。输入参数 fig 是将要打印的图形窗口的句柄。

15.4.2 一般对话框

除了提供大量的标准的公共对话框外，MATLAB还提供了大量的一般对话框与请求对话框，下面给予介绍。

1. 帮助对话框

在操作应用软件时，当用户不知道该怎样操作时，帮助信息将会帮助用户进行正确操作，显示帮助信息的对话框。MATLAB提供的创建帮助对话框的函数是helpdlg。函数的调用格式为：

helpdlg：创建一个默认的帮助对话框。默认的对话框的名字为Help Dialog，在对话框内包含一个名为This is the default help string的字符串。

helpdlg(helpstring)：创建一个帮助对话框。该对话框的名字为Help Dialog，但对话框内显示的帮助信息由输入参数helpstring决定。

helpdlg(helpstring,dlgname)：创建一个帮助对话框。该对话框的名字由输入参数dlgname决定，对话框内显示的帮助信息由输入参数helpstring决定。

h=helpdlg(…)：返回创建的帮助对话框的句柄，句柄存放在输入参数h中，输入参数与前面的调用格式的输入参数相同。

MATLAB会自动设置帮助对话框的宽度，使其能够显示出helpstring字符串的全部帮助信息。例如：

```
>> helpdlg('从当前图形中选取10个点','点的选取');
```

运行程序，得到的帮助对话框如图15-30所示。

2. 错误消息对话框

在开发的应用软件中，当用户进行了错误的操作后，应该显示错误消息对话框，使用户知道错误的原因，以便采取正确的操作。此时，就要用到错误消息对话框。MATLAB提供的创建错误消息对话框的函数是errordlg。函数的调用格式为：

h=errordlg：创建一个默认的错误信息提示框。

h=errordlg(errorstring)：创建一个错误信息提示框，提示信息由参数errorstring决定。

h=errordlg(errorstring,dlgname)：创建一个错误信息提示框，对话框的标题由参数dlgname决定，而提示信息由参数errorstring决定。

h=errordlg(errorstring,dlgname,createmode)：参数createmode决定对话框是模式的还是非模式的，它可以是字符串，也可以是结构体。若是字符串，则值为modal、non-modal(default)、replace之一。

在MATLAB命令行窗口中输入：

```
>> errordlg('未找到文件','文件错误');
```

运行程序，得到的错误消息对话框如图 15-31 所示。

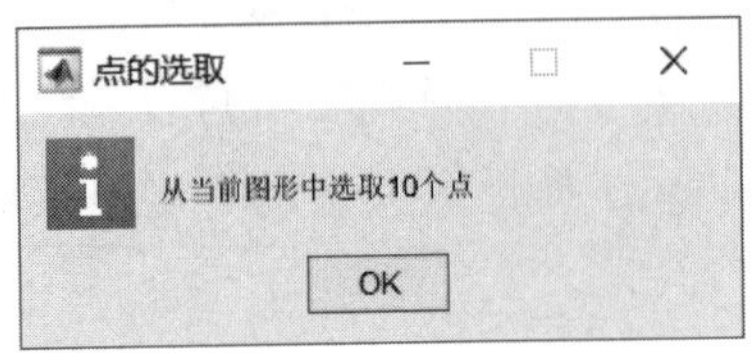

图 15-30　帮助对话框

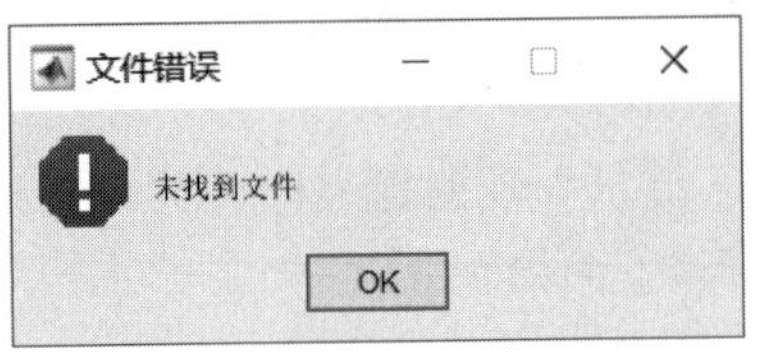

图 15-31　错误消息对话框

3. 信息提示对话框

在面临多种选择或应该显示某种提示情况时，一般就会显示信息提示，此时就要借助于信息提示对话框。MATLAB 提供的创建信息提示对话框的函数是 msgbox。函数的调用格式为：

h=msgbox(Message)：创建一个信息提示对话框。创建的对话框会自动设置对话框的宽度，使其能够显示出全部提示信息。输入参数 Message 存储的是要显示的提示信息，该参数取值可以是一个字符串向量或字符串矩阵。

h=msgbox(Message,Title)：该格式还设置一个标题名，标题名由输入参数 Title 决定，参数 Title 是一个字符串。

h=msgbox(Message,Title,Icon)：创建的信息提示对话框除了包含提示信息与标题名外，对话框上还有一些图标。图标由参数 Icon 决定，Icon 可选的值有 none、error、help、warn、custom，默认值为 none。

h=msgbox(Message,Title,'custom',IconData,IconCMap)：创建的信息提示对话框中的图标是用户自定义的图标。定义图标的图像数据存放在参数 IconData 中，定义图像的颜色数据存放在参数 IconCMap 中。

h=msgbox(…,CreateMode)：参数 CreateMode 用于决定创建的信息提示对话框是模式对话框还是无模式对话框。参数 CreateMode 的可选值有 modal、non-modal 和 replace，其中，replace 值用标题名相同的对话框代替另外一个已经打开的对话框。

在 MATLAB 命令行窗口中输入：

```
>> h = msgbox('操作完成');
```

运行程序，得到的信息提示对话框如图 15-32 所示。

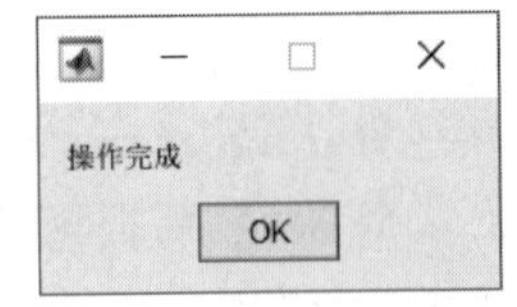

图 15-32　信息提示对话框

4. 询问对话框

当对问题的解决可能存在多种选择时，就会显示一个询问对话框，由用户决定应该采取的步骤。例如，保存文件的文件名与当前目录中存在的某个文件名相同时，就会显示询问对话框。MATLAB 提供的创建询问对话框的函数是 questdlg。函数的调用格式为：

button=questdlg('qstring')：创建一个问题显示的模式对话框。该对话框有 3 个命令按钮，分别为 Yes、No、Cancel。显示的问题由输入参数 qstring（字符串类型）决定。输出参数 button 返回的是用户按下的命令按钮名字。

button＝questdlg(qstring,title)：创建的询问对话框的标题由参数 title 决定，该标题显示在对话框的标题栏。

button＝questdlg(qstring,title,default)：创建的询问对话框，当用户按下 Enter 键时，返回参数 button 中的值是参数 default 设置的值。default 必须是 Yes、No、Cancel 中的一个。

button＝questdlg(qstring,title,str1,str2,default)：创建的询问对话框有两个命令按钮，按钮上显示的字符由参数 str1 与 str2 决定。default 设置当用户按下 Enter 键时返回的参数值，default 必须是 str1、str2 中的一个。

button＝questdlg(qstring,title,str1,str2,str3,default)：创建的询问对话框有 3 个命令按钮，按钮上显示的字符由参数 str1、str2 与 str3 决定。default 设置当用户按下 Enter 键时返回的参数值，default 必须是 str1、str2 或 str3 中的一个。

button＝questdlg(qstring,title,…, options)：设置询问对话框的属性选项。

MATLAB 会自动设置询问对话框的宽度，使其能够显示出 qstring 字符串的全部信息。

在 MATLAB 中输入如下代码：

```
>> choice = questdlg('你想要一个甜点吗?', ...
      '甜点菜单', ...
      '冰淇淋','蛋糕','不要,谢谢','不要,谢谢');
switch choice
      case '冰淇淋'
            disp([choice ' 马上就来!'])
            dessert = 1;
      case '蛋糕'
            disp([choice ' 马上就来!'])
            dessert = 2;
      case '不要,谢谢'
            disp('I''给你的支票')
            dessert = 0;
end
```

运行程序，得到的询问对话框效果如图 15-33 所示。

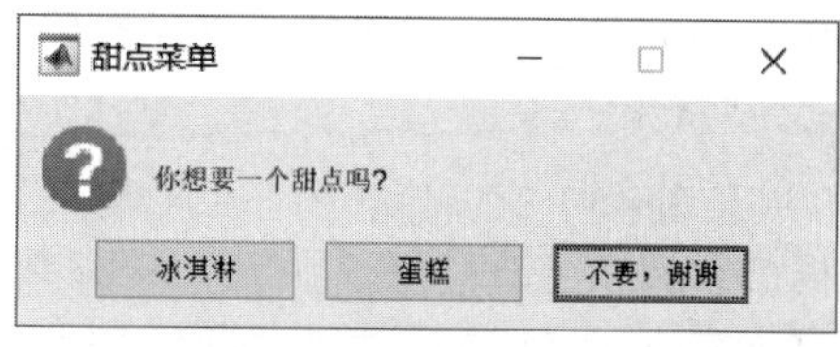

图 15-33　询问对话框

5. 警告消息显示对话框

在操作应用软件时，当用户进行了不恰当的操作后，应该显示警告消息显示对话框，使用户知道该操作可能导致错误，以便采取正确的操作。此时，就要用到警告消息显示对话框。MATLAB 提供的创建警告消息显示对话框的函数是 warndlg。函数的调用格式为：

h=warndlg：创建一个默认的警告消息显示对话框。默认的对话框的名称为 warning Dialog，在对话框内包含一个名为 This is the default warning string 的字符串。

h=warndlg(warningstring)：创建一个警告消息显示对话框。该对话框的名称仍为 warning Dialog，警告信息由输入参数 warningstring 决定。

h=warndlg(warningstring,dlgname)：创建一个警告消息对话框。该对话框的名称由输入参数 dlgname 决定，对话框内显示的警告信息由输入参数 warningstring 决定。

h=warndlg(warningstring,dlgname,createmode)：参数 createmode 用于决定创建的警告消息显示对话框是模式对话框还是无模式对话框。

MATLAB 会自动设置警告消息显示对话框的宽度，使其能够显示出 warning 字符串的全部警告信息。显示的警告消息对话框的外观依赖于不同的操作系统。

在命令行窗口中输入：

```
>> warndlg('请清理内存','!! 警告!!')
```

运行程序，得到的警告消息显示对话框如图 15-34 所示。

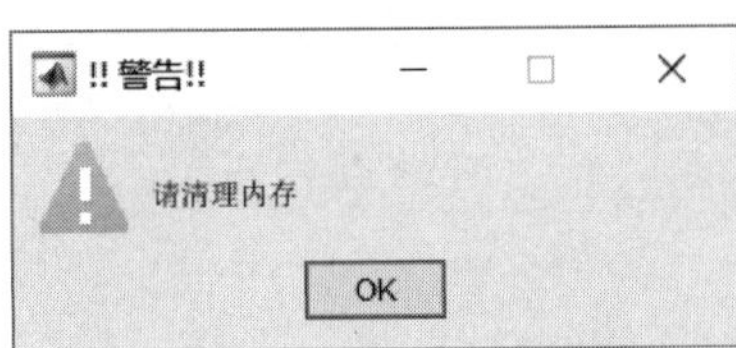

图 15-34　警告消息显示对话框

6. 变量输入对话框

在许多应用软件中，当需要用户输入变量时，就会显示一个输入对话框。MATLAB 提供的创建变量输入对话框的函数是 inputdlg。函数的调用格式为：

answer=inputdlg(prompt)：创建一个模式变量输入对话框。输入参数是提示输入信息的字符串，返回值 answer 存储用户输入的变量值。

answer=inputdlg(prompt,dlg_title)：创建的模式变量输入对话框的标题名由参数 dlg_title 决定，该参数是一个字符串。

answer=inputdlg(prompt,dlg_title,num_lines)：创建的模式变量输入对话框中用于输入变量的可编辑文本框的行数由 num_lines 决定。该参数可以是标量、列向量或矩阵。num_lines 默认值是 1。有多个可编辑文本框时，用户输入的值都存储在参数 answer 中，只是此时要求 answer 是一个向量值。

answer=inputdlg(prompt,dlg_title,num_lines,defAns)：创建的变量输入对话框的每个可编辑文本框中的默认值由参数 defAns 决定，defAns 的值就显示在每个可编辑文本中。参数 defAns 是一个字符向量，其元素的个数必须与参数 prompt 中元素的个数相等。

answer=inputdlg(prompt,dlg_title,num_lines,defAns,options)：输入参数用于决定创建的变量输入对话框的大小能否被调整。如果取值是字符串 on,那么创建的对话框的大小可以被调整；如果取值是字符串 off,那么创建的对话框的大小不能被调整。

例如,在命令行窗口中输入：

```
>> prompt = {'输入矩阵大小:','输入色彩模型名:'};
dlg_title = '峰函数输入';
num_lines = 1;
defaultans = {'20','hsv'};
answer = inputdlg(prompt,dlg_title,num_lines,defaultans);
```

运行程序,得到的变量输入对话框的效果如图 15-35 所示。

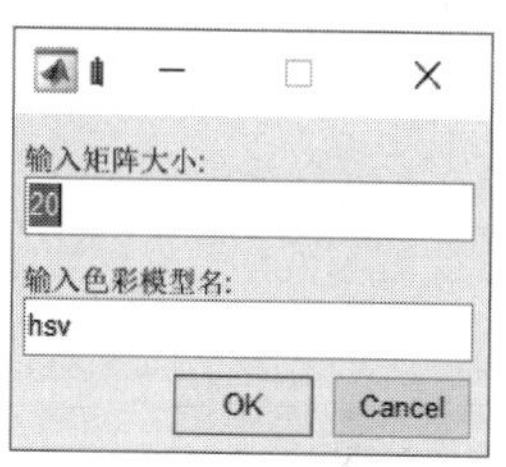

图 15-35　变量输入对话框

7. 列表选择对话框

当存在多个选项时,最好提供给用户一个列表框,把所有可能的选项都列出来,使用户从中选择一个需要的值,在这种情况下就要用到列表选择对话框。MATLAB 提供的创建列表选择对话框的函数是 listdlg。函数的调用格式为：

[Selection,ok]=listdlg('ListString',S)：创建一个选择列表模式对话框,用户可以在列表中选择一个或者多个选项。输入参数如表 15-5 所示。

表 15-5　listdlg 函数输入参数

参　数	说　明
'ListString'	指定列表框中的项目,其为元胞数组
'SelectionMode'	表示是否可以选择一个或多个项目,取值为'single'(单一)或'multiple'(多个,默认项)
'ListSize'	以像素为单位,指定列表框的大小[width,height],默认值为[160 300]
'InitialValue'	最初选择列表框中的项目,默认值为 1
'Name'	列表框标题,其为默认项
'PromptString'	列表框中默认显示的文本的字符串数组为{}
'OKString'	对话框中的 OK 按钮
'CancelString'	对话框中的 Cancel 按钮
'uh'	设置按钮的高度,单位为像素,默认值为 8
'fus'	控件间帧间距,单位为像素,默认值为 8
'fft'	图像间帧间距,单位为像素,默认值为 8

例如,在命令行窗口中输入：

```
>> d = dir;
str = {d.name};
[s,v] = listdlg('PromptString','Select a file:',...
                'SelectionMode','single',...
                'ListString',str)
```

运行程序,得到的列表选择对话框效果如图 15-36 所示。

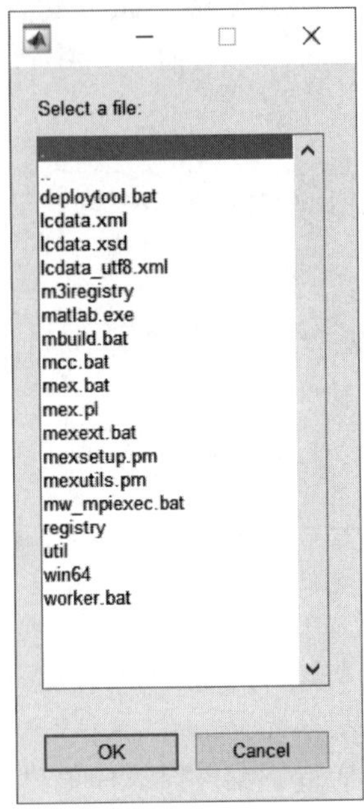

图 15-36 列表选择对话框

除了介绍这几种对话框外,MATLAB 还提供了一些其他的对话框函数。例如,用于创建对话框或图形用户对象类型的图形窗口的 dialog 函数、菜单类型的选择对话框 menu 函数及显示等待进度条的 waitbar 函数等。有关这些函数的创建方法可参考 MATLAB 帮助文档。

第16章 MATLAB文件I/O

文件是程序设计的一个重要概念。一般数据是以文件的形式存放在外部介质上，操作系统也以文件为单位对数据进行管理。和其他高级语言一样，MATLAB 把文件看成字符的序列，根据数据的组织形式，可将文件分为 ASCII 文件和二进制文件。ASCII 文件又称文本文件，二进制文件是把内存中的数据按其在内存中的存储形式原样输出到磁盘上存放。

MATLAB 的 I/O 操作在实际中经常被用到，如将 MATLAB 计算的结果保存到文件中，保存并输出到其他应用程序作进一步的处理。

16.1 文件夹管理

文件夹管理主要包括获取当前文件夹、目录的创建和删除等。MATLAB 提供了很多文件夹操作函数，可以非常方便地建立和删除文件夹、获取当前文件夹下的文件等。

16.1.1 当前文件夹管理

在 MATLAB，用户在编写脚本 M 文件或函数 M 文件时，需要将这些文件放到当前文件夹下，或放到特定的文件夹中。在 MATLAB 主界面的工具条中，就能显示和设置当前的文件夹，如图 16-1所示。

单击图 16-1 中右边的浏览图标，会弹出一个 Select a new folder 对话框，如图 16-2 所示，用户可以在计算机中随意地选择某个文件夹作为当前的文件夹。

在 MATLAB 中提供了很多文件夹操作命令，可以在 MATLAB 的命令行窗口列出当前的文件夹、显示文件和文件夹、新建文件夹、删除文件夹等。

常用的文件夹操作命令如表 16-1 所示。

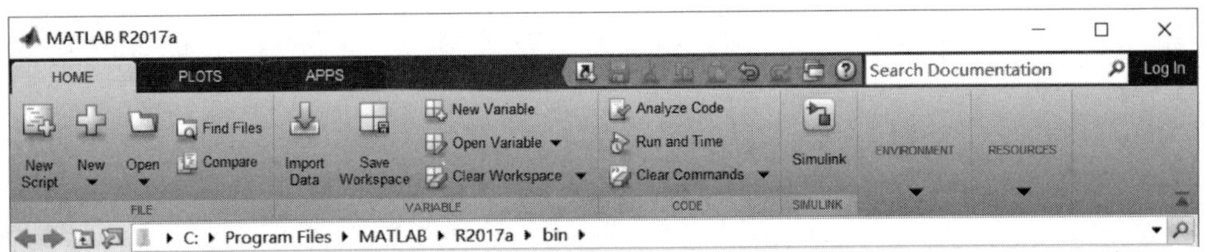

图 16-1　系统默认的当前文件夹

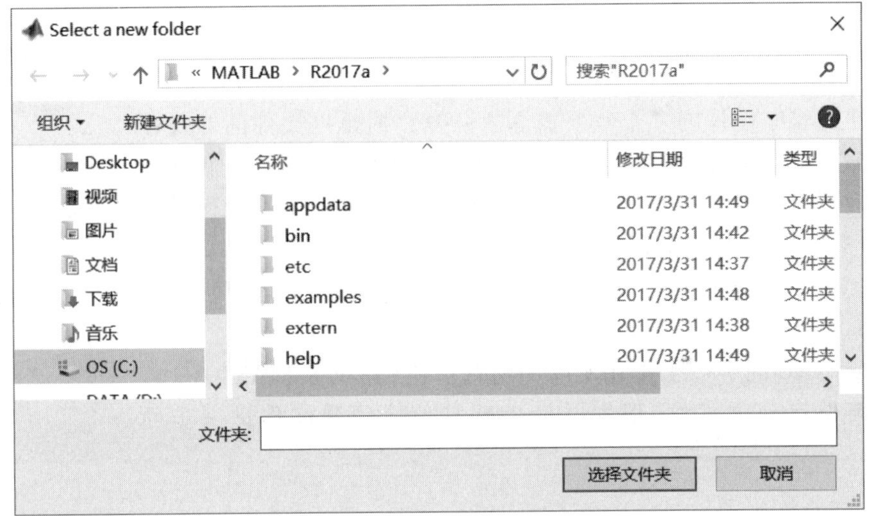

图 16-2　选择新的当前文件夹

表 16-1　常用的文件夹操作命令

命令	说　明	命令	说　明
pwd	返回当前的文件夹	mkdir newdir	创建名为 newdir 的文件夹
MATLAB Root	返回 MATLAB 的安装文件夹	rmdir newdir	删除名为 newdir 的文件夹
dir 或 is	显示当前文件夹中的文件和子文件夹	isdir(var)	判断变量 var 是否为文件夹
cd yourdir	更改文件夹	copyfile	复制文件或文件夹
cd..	进入上一层文件夹	movefile	移动文件或文件夹
what	显示当前文件夹下的 MATLAB 文件	tempdir	系统的临时存储目录
which filename	返回文件 filename 的文件夹	tempname	系统的临时文件名

【例 16-1】　获取和修改当前文件夹。

```
>> clear all;
>> d1 = pwd                    % 获取当前文件夹
d1 =
    'C:\Program Files\MATLAB\R2017a'
>> d2 = MATLAB Root            % 获取 MATLAB 安装文件夹
d2 =
    'C:\Program Files\MATLAB\R2017a'
```

当前文件夹如图 16-3 所示。

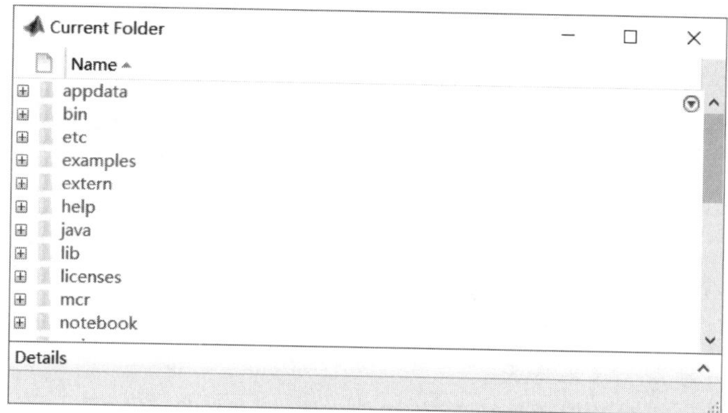

图 16-3 当前文件夹

【例 16-2】 显示当前文件夹下的文件。

```
>> clear all;
>> d1 = dir
d1 =
   29 × 1 struct array with fields:
     name
     folder
     date
     bytes
     isdir
     datenum
>> d2 = ls
d2 =
   29 × 21 char array
     '. '
     '.. '
     'MCR_license.txt '
     'VersionInfo.xml '
     'appdata '
     'bin '
     'etc '
     'examples '
     'extern '
     'help '
     'java '
     'lib '
     'license_agreement.txt'
     'licenses '
     'mcr '
     'notebook '
     'patents.txt '
     'polyspace '
     'remote '
     'resources '
     'rtw '
```

```
    'runtime '
    'settings '
    'simulink '
    'sys '
    'toolbox '
    'trademarks.txt '
    'ui '
    'uninstall '
```

提示：在程序中利用 dir 和 is 命令获取当前文件夹的信息，dir 返回一个结构体，包含文件名称、日期、时间、大小和是否为目录等。is 命令返回的是一个字符串，其中“.”为当前文件夹，“..”为上一级文件夹。

在某些应用中，需要获取系统的暂存文件夹来存放文件。在程序中，可利用 tempdir 命令来获取系统的临时暂存文件夹，利用 tempname 命令来获取临时文件的名称。

【例 16-3】 获取系统的临时文件夹和临时文件。

```
>> clear all;
>> tempdir                      % 获取系统的临时文件夹
ans =
    'C:\Users\ASUS\AppData\Local\Temp\'
>> tempname                     % 获取系统的临时文件
ans =
    'C:\Users\ASUS\AppData\Local\Temp\tpa2c436d1_7612_4003_930a_13acf4622fff'
```

16.1.2 创建文件夹

利用 MATLAB 提供的 mkdir 函数创建文件。函数的调用格式为：

mkdir folderName

mkdir parentFolder folderName

status=mkdir(…)

[status,msg]=mkdir(…)

[status,msg,msgID]=mkdir(…)

其中，status 为返回的状态值，如果为 1 代表创建成功，如果为 0 表示创建不成功；msg 为出错或文件夹已经存在时返回的信息；msgID 为返回的错误信息的 ID。

【例 16-4】 创建文件，不成功显示。

```
>> [status, msg, msgID] = mkdir('newFolder')
status =
   logical
    0
msg =
    '拒绝访问.
    '
msgID =
    'MATLAB:MKDIR:OSError'
```

16.1.3 删除文件夹

利用 MATLAB 提供的 rmdir 函数删除文件夹。函数的调用格式为：

rmdir folderName

rmdir folderName s

status=rmdir(…)

[status,msg]=rmdir(…)

[status,msg,msgID]=rmdir(…)

其中,status 为返回的状态值,如果为 1 代表删除成功,如果为 0 表示删除不成功；msg 为要删除的文件夹的信息；msgID 为返回的错误信息的 ID；参数 s 是可选的,表示将要移除指定的文件夹和文件夹内的所有内容。

【例 16-5】 删除利用 mkdir 所创建的文件夹,并返回信息。

```
>> mkdir myproject
[status, message, messageid] = rmdir('myproject')
status =
   logical
    1
message =
   0×0 empty char array
messageid =
   0×0 empty char array
```

16.1.4 复制或移动文件夹

对文件或文件夹进行复制或移动是对文件常用的操作。用户可以在资源管理器中用“复制”命令(快捷键为 Ctrl+C)或“剪切”命令(快捷键为 Ctrl+X)来复制或剪切所选的文件或文件夹,然后使用“粘贴”命令(快捷键为 Ctrl+V)将文件或文件夹粘贴到指定位置。

但是,如果能在 MATLAB 程序中直接调用 MATLAB 命令来实现相同的功能也不失为一种简捷的方法。

1. 复制文件/文件夹

MATLAB 提供了 copyfile 函数,允许用户复制文件/文件夹。函数的调用格式为：

copyfile source：用于复制原文件或原文件夹中的内容到目标文件或目标文件夹。如果 source 为一个文件夹,则 MATLAB 会复制文件夹中的所有内容到指定的文件夹中,而不是复制文件夹本身。

copyfile source destination：参数 destination 表示的文件名称可以和 source 不相同。如果 destination 表示的文件已存在,copyfile 会直接替换文件而不给出警告信息。在 source 参数中可以使用通配符“*”。

copyfile source destination f：把原文件或原文件夹中的内容复制到只读文件或文件

夹中。

[status,msg,msgID]=copyfile(…)：返回文件的状态值 status，msg 为返回文件的信息，msgID 返回文件的 ID。

【例 16-6】 复制当前文件夹中的文件到另一个文件夹中，并返回信息。

```
>> mkdir restricted
fileattrib restricted -w
>> [status,message,messageId] = copyfile('myfile1.m', 'restricted\myfile2.m')
status = %表示文件不存在
   logical
    0
message =
    'No matching files were found.'
messageId =
    'MATLAB:COPYFILE:FileDoesNotExist'
```

2. 移动文件/文件夹

MATLAB 提供了 movefile 函数，允许用户移动文件或文件夹。函数的调用格式为：

movefile source

movefile source destination

movefile source destination f

status = movefile(…)

[status,msg]=movefile(…)

[status,msg,msgID]=movefile(…)

movefile 函数调用格式中的参数与 copyfile 函数相同。

【例 16-7】 将当前目录中的文件 untitled. m 移动到目标文件 restricted 中。

```
>> [status,message,messageId] = movefile('untitled.m','restricted','f')
status =
   logical
    1
message =
   0×0 empty char array
messageId =
   0×0 empty char array
```

16.2 打开和关闭文件

16.2.1 打开文件

根据操作系统的要求，在程序要使用或创建一个磁盘文件时，必须向操作系统发出打开文件的命令，使用完毕后，还必须通知操作系统关闭这些文件。

在 MATLAB 中，使用 fopen 函数来完成这一功能。函数的调用格式为：

fileID= fopen（filename，permission）：参数 filename 是要打开的文件名称，permission 则表示要对文件进行处理的方式，可以是下列任一字符串。

- 'r'：只读文件（reading）。
- 'w'：只写文件，覆盖文件原有内容（如果文件不存在，则生成新文件）。
- 'a'：增补文件，在文件尾增加数据（如果文件名不存在，则生成新文件）。
- 'r+'：读/写文件（不生成文件）。
- 'w+'：创建一个新文件或删除已有文件内容，并进行读/写操作。
- 'a+'：读取和增补文件（如果文件名不存在，则生成新文件）。

文件可以以二进制的形式或文本形式打开（默认情况下是前者）。在二进制形式下，字符串不会被特殊对待。如果要求以文本形式打开，则在 permission 字符串后面加 t，如 rt+、wt+等。需要说明的是，在 UNIX 下，文本形式和二进制形式没有什么区别。

fid 是一个非负整数，称为文件标识，对于文件任何操作，都是通过这个标识值来传递的。MATLAB 通过这个值来标识已打开的文件，实现对文件的读/写和关闭等操作。正常情况下应该返回一个非负整数，这个值是由操作系统设定的。如果返回的文件标识为−1，则 fopen 无法打开该文件，原因可能是该文件不存在，也可能是用户无权限打开此文件。在程序设计中，每次打开文件，都要进行打开操作是否正确的测定。如果要知道 fopen 操作失败的原因，可以使用下述方式。

【例 16-8】 以只读方式打开 tan、sin、cos 函数和不存在的 sintan 函数对应的文件。

```
>> clear all;
>> [fid1,mag1] = fopen('tan.m','r')
fid1 =
     3
mag1 =
   0×0 empty char array
>> [fid2,mag2] = fopen('sin.m','r')
fid2 =
     4
mag2 =
   0×0 empty char array
>> [fid3,mag3] = fopen('cos.m','r')
fid3 =
     5
mag3 =
   0×0 empty char array
>> [fid4,mag4] = fopen('sintan.m','r')
fid4 =
    -1
mag4 =
    'No such file or directory'
```

需要说明的是，在以上结果中给出文件表示 3、4、5 这 3 个数字仅是一个例子，在不同的情况下运行，数值可能不同。

16.2.2 关闭文件

在进行完读/写操作后，必须关闭文件，以免打开文件过多，造成系统资源浪费。函数的调用格式为：

fclose(fileID)：参数 fileID 为关闭文件的文件标识，它也是打开该文件时的返回值。如果关闭成功，则返回值为 0，否则返回值为－1。

16.3 导入数据

在 MATLAB 中，可使用向导将外部的数据文件导入到 MATLAB 工作区中，然后进行分析和处理。

如果 MATLAB 的工作区没有显示，可通过选择 Layout|Workspace，如图 16-4 所示，打开工作区窗口，如图 16-5 所示。

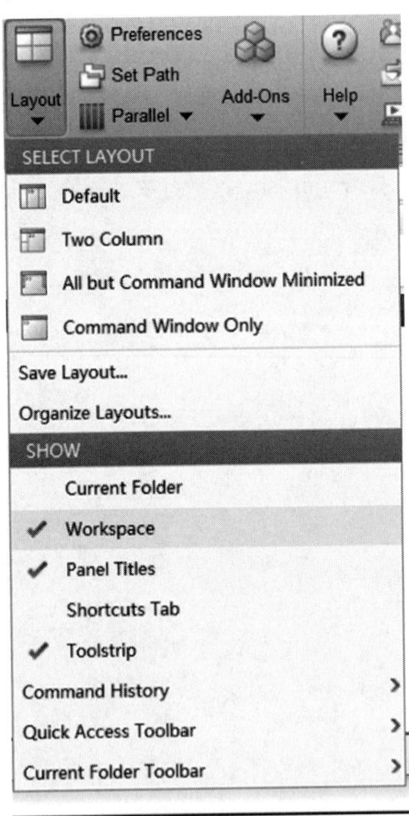

图 16-4　Layout 下拉菜单

(1) 在 MATLAB 中可通过单击工具栏中的 Import Data (导入数据)按钮，启动如图 16-6 所示的对话框来导入数据。

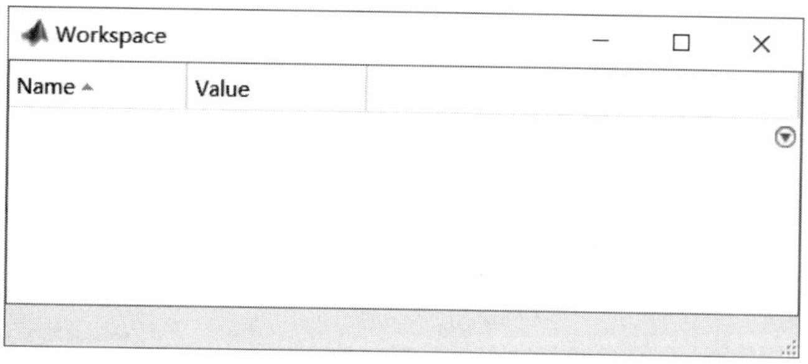

图 16-5 工作区窗口

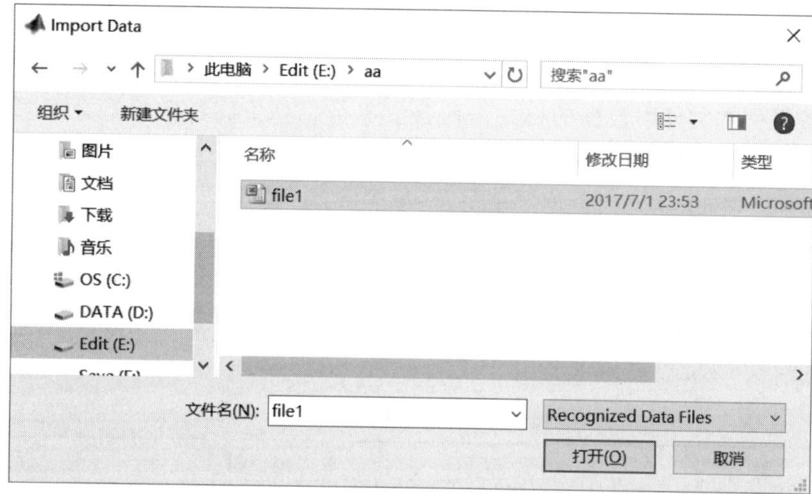

图 16-6 导入数据对话框

(2) 选择 file1. xls 文件，系统弹出如图 16-7 所示的数据预览对话框。

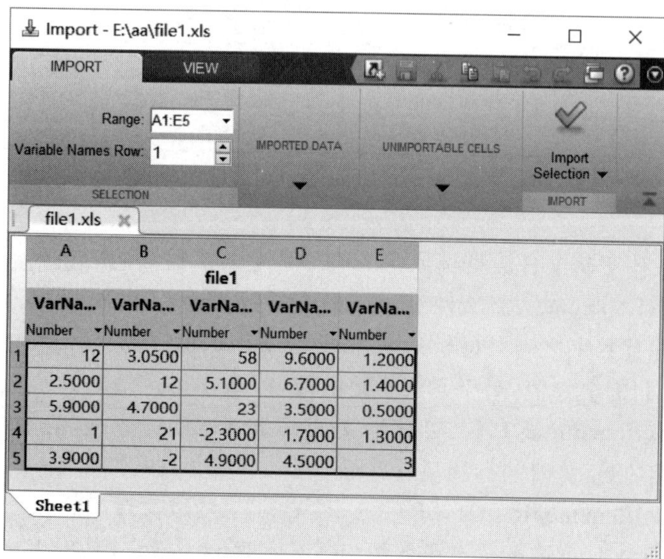

图 16-7 数据预览对话框

(3) 选择前 3 行 5 列数据并单击 Import Selection (导入数据)按钮,得到的工作区结果如图 16-8 所示。接下来可对数据进行进一步的分析和处理。

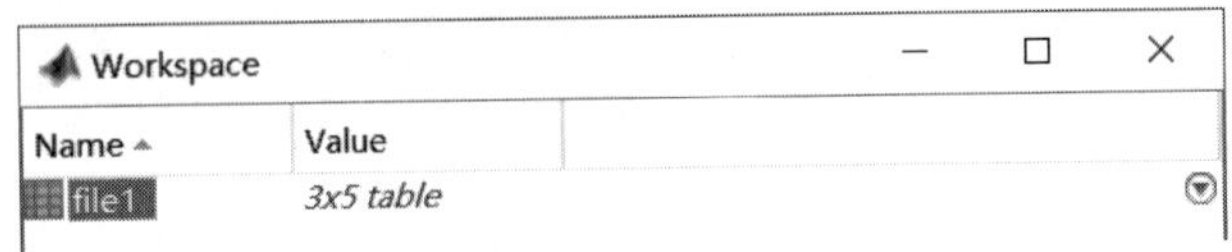

图 16-8　导入到工作区的变量

16.4　读取文本数据

如果要在命令行或在一个 M 文件中读取数据,必须使用 MATLAB 数据函数,函数的选择是依据文本文件中数据的格式。而且文本数据格式在行和列上必须采取一致的模式,并使用文本字符来分隔各个数据项,称该字符为分隔符或列分隔符。分隔符可以是 space、comma、semicolon、ab 或其他字符,单个的数据可以是字母、数值字符或它们的混合形式。

文本文件也可以包含称为头行的一行或多行文本,或可以使用文本头来标志各列或各行。在了解要输入数据的格式后,便可以使用 MATLAB 函数来读取数据了。如果对 MATLAB 函数不熟悉,可从表 16-2 中了解读取函数的使用特征。

表 16-2　读取函数的比较

函　数	数据类型	分　隔　符	返　回　值
csvread	数值数据	仅 comma	1
dlmread	数值数据	任何字符	1
fscanf	字母和数值	任何字符	1
load	数值数据	仅 space	1
fread	数值	任何字符	1
textread	字母和数值	任何字符	多返回值
fprintf	字母和数值	任何字符	1
fwrite	字母和数值	任何字符	1

1. csvread 函数

csvread 函数用于将文件数据读入 MATLAB 中。函数的调用格式为:

M=csvread(filename):将文件 filename 中的数据读入,并且保存为 M,filename 中只能包含数字,并且数字之间以逗号分隔。M 是一个数组,行数与 filename 的行数相同,列数为 filename 列的最大值,对于元素不足的行,以 0 补充。

M=csvread(filename,R1,C1):读取文件 filename 中的数据,起始行为 R1,起始列为 C1。需要注意的是,此时的行列从 0 开始。

M=csvread(filename,R1,C1,[R1 C1 R2 C2]):读取文件 filename 中的数据,起始行为 R1,起始列为 C1,读取的数据由数组[R1 C1 R2 C2]指定,其中 R1、C1 为读取区域左上角的行和列,R2、C2 为读取区域右下角的行和列。

2. dlmread 函数

dlmread 函数用于从文档中读入数据，其功能强于 csvread。函数的调用格式为：

M=dlmread(filename)

M=dlmread(filename,delimiter)

M=dlmread(filename,delimiter,R1,C1)

M=dlmread(filename,delimiter,[R1 C1 R2 C2])

其中，参数 delimiter 用于指定文件中的分隔符，其他参数的意义与 csvread 函数中参数的意义相同，在此不再赘述。dlmread 函数与 csvread 函数的差别在于，dlmread 函数在读入数据时可以指定分隔符，不指定时默认分隔符为逗号。

3. load 函数

如果用户的数据文件只包含数值数据，则可以使用许多 MATLAB 函数，这取决于这些数据采用的分隔符。如果数据为矩形形状，也就是说，每行有同样数目的元素，这时可以使用最简单的命令 load(load 也能用于导入 MAT 文件，该文件为用于存储工作空间变量的二进制文件，如果文件名后缀是.dat，则 MATLAB 会以 MAT 文件格式进行读取)。

例如，文件 data1.txt 包含了三行数据，各数据间由 space 字符隔开。当使用 load 时，它将读取数据并在工作空间中建立一个与该文件同名的变量，但不包括扩展名。

```
>> load data1.txt
```

调用 whos 命令查看工作空间的变量。

```
>> whos
 Name          Size           Bytes  Class     Attributes
 data1         3x4               96  double
```

查看与该文件同名的变量的值。

```
>> data1
data1 =
     0.6377    0.6761    0.6951    0.2240
     0.9577    0.2891    0.0680    0.6678
     0.2407    0.6718    0.2548    0.8444
```

如果想将工作空间的变量以该文件名命名，则可以使用函数形式的 load，下面的语句将文件导入工作空间并赋值给变量 a。

```
>> a = load('data1.txt');
```

4. textread 函数

要读取一个包含文本头的 ASCII 码数据文件时，可以使用 textread 函数，并指定头行参数。调用函数 textread 同样非常简单,同时对文件读取的格式处理能力更强,函数接收一组预先定义好的参数,由这些参数来控制变量的不同方面。textread 既能处理有固定格式的文件,也可以处理无格式的文件,还可以对文件中每行数据按列逐个读取。textread 函数的调用格式为:

[A,B,C,…]=textread(filename,format)

[A,B,C,…]=textread(filename,format,N)

参数 format 用来控制读取的数据格式,由%加上格式符组成,常见的格式符如表 16-3所示。

表 16-3　常见的格式符及说明

格　式　符	说　　明
%c	输出单个字符
%d	输出有符号十进制数
%e	采用指定数据格式,采用小写字母 e,如 3.14e+0
%E	采用指定数据格式,采用大写字母 E,如 3.14E+00
%f	以定点数的格式输出
%g	比%e 与%f 更紧凑的格式,不显示数字中无效的 0
%i	有符号十进制数
%o	无符号八进制数
%s	输出字符串
%u	无符号十进制数
%x	十六进制数(使用小写字母 a~f)
%X	十六进制数(使用大写字母 A~F)

例如,有一个文件 data2. txt,包含如下文件内容,有一行文本头且格式化的数值数据。

```
num1      num2      num3      num4
0.3445    0.0067    0.9160    0.4243
0.7805    0.6022    0.0012    0.4609
0.6753    0.3868    0.4624    0.7702
```

因为有文件头,所以要使用 textread 命令来读取文件中的数据。

```
>> [num1,num2,num3,num4] = textread('data2.txt','%f %f %f %f','headerlines',1)
```

运行程序,输出如下:

```
num1 =
     0.3445
     0.7805
     0.6753
num2 =
     0.0067
     0.6022
     0.3868
```

```
num3 =
    0.9160
    0.0012
    0.4624
num4 =
    0.4243
    0.4609
    0.7702
```

如果数据文件中包含了字母和数值混合的 ASCII 码数据，也可以使用函数 textread 来读取数据。因为 textread 是可以返回多个输出变量的，所以用户可以通过参数指定每个变量的数据类型。

例如，要把文件 data3.txt 的全部内容读入工作空间，需要在 textread 行数的输入参数中指定数据文件的名称和格式。

文件 data3.txt 包含混合的字母和数值为：

```
Lili     gradeA    5.0    pass
Biboy    gradeC    2.1    fail
Cici     gradeB    3.6    pass
Dedi     gradeA    4.8    pass
```

如果想把这 4 列数据全部读出放在 4 个变量中，则需：

```
>> [name gra grades answer] = textread('data3.txt','%s %s %f %s')
name =
    'Lili'
    'Biboy'
    'Cici'
    'Dedi'
gra =
    'gradeA'
    'gradeC'
    'gradeB'
    'gradeA'
grades =
    5.0000
    2.1000
    3.6000
    4.8000
answer =
    'pass'
    'fail'
    'pass'
    'pass'
```

另外，textread 函数可以有选择地读取数据，如不需要取出中间几列数据，只读取第一列和最后一列数据，则需：

```
>> [name answer] = textread('data3.txt','%s %*s %*f %s')
name =
```

```
    'Lili'
    'Biboy'
    'Cici'
    'Dedi'
answer =
    'pass'
    'fail'
    'pass'
    'pass'
```

如果文件采用的分隔符不是空格，则必须使用函数 textread，将该分隔符作为它的参数。例如，如果文件 data3.txt 使用分号作为分隔符，则需：

```
>> [name gra trades answer] = textread('data3.txt','%s %s %f %s','delimiter',';')
name =
    'Lili'
    'Biboy'
    'Cici'
    'Dedi'
gra =
    'gradeA'
    'gradeC'
    'gradeB'
    'gradeA'
trades =
    5.0000
    2.1000
    3.6000
    4.8000
answer =
    'pass'
    'fail'
    'pass'
    'pass'
```

5. fread 函数

使用 fread 函数可从文件中读取二进制数据，它将每个字节看成整数，并将结果以矩阵形式返回。对于读取二进制文件，fread 必须指定正确的数据精度。函数的调用格式为：

A=fread(fileID)：fileID 是一个整型变量，是通过调用 fopen 函数获得的，表示要读取的文件标识符，输出变量 A 为矩阵，用于保存从文件中读取数据。

例如，文件 data4.txt 的内容为：

```
Traning it
```

用 fread 函数读取文件，代码为：

```
>> f = fopen('data4.txt','r');
>> A = fread(f)
```

```
A =
    84
   114
    97
   110
   105
   110
   103
    32
   105
   116
```

输出变量的内容是文件数据的 ASCII 码值，如果要验证读入的数据是否正确，可通过以下命令验证。

```
>> disp(char(A'))
Traning it
```

fread 函数的第二个输入参数可以控件返回矩阵的大小，例如：

```
>> f = fopen('data4.txt','r');
>> A = fread(f,3)
A =
    84
   114
    97
```

也可以把返回矩阵定义为指定的矩阵格式，例如：

```
>> f = fopen('data4.txt','r');
>> A = fread(f,[3,4])
A =
    84   110   103   116
   114   105    32     0
    97   110   105     0
```

使用 fread 函数的第三个输入变量，可控制 fread 将二进制数据转成 MATLAB 矩阵用的精度，包括一次读取的位数和这些位数所代表的数据类型。

常用的精确度类型有以下几种，如表 16-4 所示。

表 16-4 常用的数据精度类型

数 据 类 型	说 明
char	带符号的字符
uchar	无符号的字符(通常是 8 位)
short	短整数(通常是 16 位)
long	长整数(通常是 16 位)
float	单精度浮点数(通常是 32 位)
double	双精度浮点数(通常是 64 位)

6. fscanf 函数

fscanf 函数与 C 语言中的 fscanf 函数在结构、含义和使用上都很相似，即能够从一个有格式的文件中读入数据，并将它赋给一个或多个变量。fscanf 函数可以读取文本文件的内容，并按指定格式存入矩阵，函数的调用格式为：

A=fscanf(fileID,formatSpec)

A=fscanf(fileID,formatSpec,sizeA)

[A,count]=fscanf(…)

其中，A 用来存放读取的数据；count 返回所读取的数据元素个数。fileID 为文件句柄；formatSpec 用来控制读取的数据格式，由%加上格式符组成，在%与格式符之间还可以插入附加格式说明符，如数据宽度说明等；sizeA 为可选项，决定矩阵 A 中的数据排列形式，它可以取下列值：N(读取 N 个元素到一个列向量)、inf(读取整个文件)、[M,N](读数据到 M×N 的矩阵中，数据按列存放)。

已知文件数据 data5.txt 内容如下：

```
81.4724  90.5792  12.6987  91.3376
63.2359   9.7540  27.8498  54.6882
```

利用 fscanf 函数读取文件数据，代码为：

```
>> f = fopen('data5.txt','r');
>> A = fscanf(f,'%g') %将该文件中的数据读取到列向量 A 中
>> f = fopen('data5.txt','r');
>> A = fscanf(f,'%g')
A =
   81.4724
   90.5792
   12.6987
   91.3376
   63.2359
    9.7540
   27.8498
   54.6882
```

也可以通过以下代码把文件数据读取到一个 2×3 矩阵 A 中。

```
>> A = fscanf(f,'%g',[2,3])
A =
  81.4724  12.6987  63.2359
  90.5792  91.3376   9.7540
```

7. fprintf 函数

fprintf 函数将数据转换为字符串，并将它们输出到屏幕或文件中。一个格式控制字符串包含转换指定符和可选的文本字符，通过它们来指定输出格式。转换指定符用于控制阵列元素的输出。fprintf 函数可以将数据按指定格式写入文本文件中。函数的调用

格式为：

fprintf(fileID,formatSpec,A)：参数 fileID 为文件句柄，指定要写入数据的文件；formatSpec 是用来控制所写数据格式的格式符，与 fscanf 函数相同；A 是用来存放数据的矩阵。

下面代码用于创建一个字符矩阵并存入磁盘，再读出赋值给另一个矩阵。

```
>> A1 = [9.9, 9900];
A2 = [8.8, 7.7 ; ...
      8800, 7700];
formatSpec = 'X is %4.2f meters or %8.3f mm\n';
fprintf(formatSpec,A1,A2)
```

运行程序，输出如下：

```
X is 9.90 meters or 9900.000 mm
X is 8.80 meters or 8800.000 mm
X is 7.70 meters or 7700.000 mm
```

8. fwrite 函数

二进制文件在不同的计算机架构上可能存储方式不同，所以二进制文件存在兼容性问题，而文本文件则不存在这种兼容性问题。不同的存储方式导致在不同架构上保存的二进制文件在另外的平台上无法读取，这主要是因为多字节数据类型在计算机硬件上的存储顺序不同。在 MATLAB 中，无论计算机上的数据存储顺序是哪一种，都可以读/写二进制文件，但要正确地调用 fopen 函数打开文件。

使用 fwrite 函数可将矩阵按所指定的二进制格式写入文件，并返回成功写入文件的大小。fwrite 函数按照指定的数据类型将矩阵中的元素写入到文件中。函数的调用格式为：

C=fwrite(fileID,A,precision)：C 为返回所写的数据元素个数，fileID 为文件句柄，A 用来存放写入文件的数据，precision 用于控制所写数据的类型，其形式与 fread 函数相同。

注意：fwrite 函数读/写文件时，必须以二进制方式打开文件。

例如，向文件 data6.dat 中写入数据的代码为：

```
>> y = rand(5)
fid = fopen('data6.dat','w');
fprintf(fid,'%6.3f',y);
fclose(fid);
fid = fopen('data6.dat','r');
y = fscanf(fid,'%f');
ey1 = y'
fclose(fid);
fid = fopen('data6.dat','r');
ey2 = fscanf(fid,'%f',[5,5])
fclose(fid)
```

运行程序，输出如下：

```
y =
    0.4173    0.4893    0.7803    0.1320    0.2348
    0.0497    0.3377    0.3897    0.9421    0.3532
    0.9027    0.9001    0.2417    0.9561    0.8212
    0.9448    0.3692    0.4039    0.5752    0.0154
    0.4909    0.1112    0.0965    0.0598    0.0430
ey1 =
  Columns 1 through 20
    0.4170    0.0500    0.9030    0.9450    0.4910    0.4890    0.3380    0.9000
0.3690    0.1110    0.7800    0.3900    0.2420    0.4040    0.0960    0.1320
0.9420    0.9560    0.5750    0.0600
  Columns 21 through 25
    0.2350    0.3530    0.8210    0.0150    0.0430
ey2 =
    0.4170    0.4890    0.7800    0.1320    0.2350
    0.0500    0.3380    0.3900    0.9420    0.3530
    0.9030    0.9000    0.2420    0.9560    0.8210
    0.9450    0.3690    0.4040    0.5750    0.0150
    0.4910    0.1110    0.0960    0.0600    0.0430
```

16.5 文件的定位与状态

每一次打开文件时，MATLAB 就会保持一个文件位置，由它决定下一次进行数据读取或写入的位置。控制位置指针的函数如表 16-5 所示。

表 16-5 控制位置指针的函数

函数	说　明	函数	说　明
feof	测试指针是否在文件结束位置	ftell	获取文件指针位置
fseek	设定文件指针位置	frewind	重设指针至文件起始位置

1. feof 函数

在 MATLAB 中，feof 函数用于测试指针是否在文件结束位置。函数的调用格式为：

status＝feof(fileID)：如果标识为 fileID 的文件的末尾指示值被设置了文件结束标志，则此命令返回 1，说明指针在文件末尾，否则返回 0。

2. fseek 函数

在 MATLAB 中，fseek 函数用于设定指标位置。函数的调用格式为：

status＝fseek(fileID, offset, origin)：fileID 是指定的文件标识符，offset 为整数型变量，表示相对于指定位置需要的偏移字节数，正数表示向文件末尾偏移，负数表示向文件开头偏移。origin 可以是特定字符串，也可以是整数，表示文件中的参考位置。参考位置参数的说明如表 16-6 所示。

表 16-6 参考位置参数的说明

参考位置参数(str)	说　　明
bof 或者 −1	文件开头
cof 或者 0	文件中当前位置
eof 或者 1	文件末尾

3. ftell 函数

在 MATLAB 中，ftell 函数用于返回现在的位置指标。函数的调用格式为：

position=ftell(fileID)：返回值 position 为距离文件起始位置的字节数，如果返回 −1，则说明操作失败。

4. frewind 函数

在 MATLAB 中，frewind 函数用来把文件指针重新复位到文件开头。函数的调用格式为：

frewind(fileID)：fileID 为指定的文件标识符，其作用和 fseek(fid,0,−1)是等效的。

【例 16-9】 控制指针函数的使用实例。

```
>> fid = fopen('data5.txt','r');
fseek(fid,0,'eof');                %指定文件末尾位置
x = ftell(fid);                    %获得当前文件指针的位置
fprintf(1,'File Size = %d\n',x);
frewind(fid);                      %重新回到文件开头
x = ftell(fid);
fprintf(1,'File Position = %d\n',x);
fclose(fid)
```

运行程序，输出如下：

```
File Size = 69
File Position = 0
```

【例 16-10】 文件内位置控制综合实例。

```
>> clear all;
A = magic(4)
fid = fopen('data6.txt','w');              %打开文件
fprintf(fid,'%d\n','int8',A)               %把 A 写入文件
fclose(fid);
fid = fopen('data6.txt','r');
frewind(fid);                              %将指针放在文件开头
if feof(fid) == 0                          %如果没有到文件结尾,读取数据
     [b,count1] = fscanf(fid,'%d\n')       %把数据放入 b 中
     position = ftell(fid)                 %得到当前指针位置
end
if feof(fid) == 1                          %如果指针已在文件结尾,重新设置指针
     status = fseek(fid, - 4,'cof')        %把读取到的数据放入 c
```

```
    [c,count2] = fscanf(fid,'%d\n')
end
fclose(fid);                                    %关闭数据
```

运行程序,输出如下:

```
A =
    16   2   3  13
     5  11  10   8
     9   7   6  12
     4  14  15   1
ans =
     54
b =
     105
     110
     116
      56
      16
       5
       9
       4
       2
      11
       7
      14
       3
      10
       6
      15
      13
       8
      12
       1
count1 =
      20
position =
      54
status =
       0
c =
       2
       1
count2 =
       2
```

【例 16-11】 利用文件内的位置控制读取实例。

```
>> fid = fopen('magic.m','r');
p1 = ftell(fid)
a1 = fread(fid,[5,5])
status = fseek(fid,10,'cof');
```

```
p2 = ftell(fid)
a2 = fread(fid,[5,5])
frewind(fid);
p3 = fread(fid,[5,5])
status = fseek(fid,0,'eof');
p4 = ftell(fid)
d = feof(fid)
fclose(fid)
```

运行程序,输出如下:

```
p1 =
     0
a1 =
   102   105    32   103    41
   117   111    61   105    10
   110   110    32    99    37
    99    32   109    40    77
   116    77    97   110    65
p2 =
    35
a2 =
    32   114    32    71    41
   115   101    32    73    32
   113    46    32    67   105
   117    10    77    40   115
    97    37    65    78    32
p3 =
   102   105    32   103    41
   117   111    61   105    10
   110   110    32    99    37
    99    32   109    40    77
   116    77    97   110    65
p4 =
   939
d =
     0
```

参考文献

[1] 吴礼斌,李柏年.数学实验与建模[M].北京:国防工业出版社,2007.

[2] 葛超,王蕾,曹秀爽. MATLAB 技术大全[M].北京:人民邮电出版社,2013.

[3] 刘浩,韩晶. MATLAB R2014a 完全自学一本通[M].北京:电子工业出版社,2015.

[4] 王爱玲,叶明生,邓秋香. MATLAB 图像处理技术与应用[M].北京:电子工业出版社,2007.

[5] 葛哲学,陈仲生. MATLAB 时频分析技术及其应用[M].北京:人民邮电出版社,2006.

[6] 高成,等. MATLAB 小波分析与应用[M].2 版.北京:国防工业出版社,2006.

[7] 杨丹,赵海滨,龙哲. MATLAB 图像处理实例详解[M].北京:清华大学出版社,2013.

[8] 张铮,等.精通 MATLAB 数字图像处理与识别[M].北京:人民邮电出版社,2012.

[9] 吴礼斌,李柏年.数学实验与建模[M].北京:国防工业出版社,2007.

[10] 宋叶志. MATLAB 数值分析与应用[M].北京:机械工业出版社,2013.

[11] 唐培培,戴晓霞,谢龙汉.MATLAB 科学计算及分析[M].北京:电子工业出版社,2012.

[12] 包研科,李娜.数值统计与 MATLAB 数据处理[M].沈阳:东北大学出版社,2008.

[13] 郭仕剑,王宝顺,贺志国,等.MATLAB 7.x 数字信号处理[M].北京:人民邮电出版社,2006.

[14] 徐明远,邵玉斌. MATLAB 仿真在通信与电子工程中的应用[M].2 版.西安:西安电子科技大学出版社,2010.

[15] 王华.李有军,刘建存. MATLAB 电子仿真与应用教程[M].2 版.北京:国防工业出版社,2007.

[16] 香港中文大学精密工程研究所. MATLAB 工程计算及分析[M].北京:清华大学出版社,2011.

[17] 李明.详解 MATLAB 在最优化计算中的应用[M].北京:电子工业出版社,2011.

[18] 龚纯,王正林.精通 MATLAB 最优化计算[M].3 版.北京:电子工业出版社,2014.

[19] 王江,付文利.基于 MATLAB/Simulink 系统仿真权威指南[M].北京:机械工业出版社,2013.

[20] MATLAB 技术联盟,石良臣. MATLAB/Simulink 系统仿真超级学习手册[M].北京:人民邮电出版社,2014.

[21] 周俊杰. MATLAB/Simulink 实例详解[M].北京:中国水利水电出版社,2014.